U0192151

国家科学技术学术著作出版基金资助出版

500m口径球面射电望远镜FAST主动反射面主体支承结构设计

Design of Active Reflector's Primary Supporting Structure of Five-hundred-meter Aperture Spherical radio Telescope

朱忠义　著

中国建筑工业出版社

图书在版编目（CIP）数据

500m 口径球面射电望远镜 FAST 主动反射面主体支承结构设计 = Design of Active Reflector's Primary Supporting Structure of Five-hundred-meter Aperture Spherical radio Telescope / 朱忠义著. —北京：中国建筑工业出版社，2021.3

ISBN 978-7-112-25791-1

Ⅰ. ①5… Ⅱ. ①朱… Ⅲ. ①射电望远镜-支撑-结构设计-研究 Ⅳ. ①TN16

中国版本图书馆 CIP 数据核字（2020）第 267534 号

500m 口径球面射电望远镜 FAST 是中国科学院国家天文台组织实施的国家重大科技基础设施项目，为世界最大单口径、最灵敏的射电望远镜。FAST 主动反射面主体支承结构由格构柱、圈梁、索网和促动器组成，索网具有主动变位功能，能够实现高精度的多目标形态，同常规土木工程结构有较大差异。本书系统介绍了 FAST 主动反射面主体支承结构设计的关键技术，主要内容包括：绪论、圈梁与格构柱结构体系、可主动变位的索网结构分析、索网误差敏感性分析、断索分析、风环境数值模拟、反射面单元变位分析、促动器故障影响分析、索网结构施工模拟分析和 BIM 技术开发和应用等。

本书可供建筑结构领域的科研和设计人员参考，也可供高等院校土木、力学等相关专业的研究生学习使用。

责任编辑：杨　允　赵梦梅
责任校对：党　蕾

国家科学技术学术著作出版基金资助出版

500m 口径球面射电望远镜 FAST 主动反射面主体支承结构设计

Design of Active Reflector's Primary Supporting Structure of Five-hundred-meter Aperture Spherical radio Telescope

朱忠义　著

*

中国建筑工业出版社出版、发行(北京海淀三里河路 9 号)
各地新华书店、建筑书店经销
北京鸿文瀚海文化传媒有限公司制版
北京富诚彩色印刷有限公司印刷

*

开本：787 毫米×1092 毫米　1/16　印张：21½　字数：534 千字
2021 年 4 月第一版　2021 年 4 月第一次印刷
定价：**289.00** 元
ISBN 978-7-112-25791-1
(36985)

序

500m 口径球面射电望远镜（Five-hundred-meter Aperture Spherical radio Telescope，简称 FAST）是国家重大科技基础设施项目，由我国天文学家南仁东教授等人于 1994 年提出构想，历时 22 年建成，于 2016 年 9 月 25 日落成启用、2020 年 1 月 11 日通过国家验收。FAST 是世界上最大、最灵敏的单口径射电望远镜，被誉为“中国天眼”，2016 年《自然》杂志将 FAST 列为 2016 年全球产生重大影响的科学事件。

FAST 由主动反射面系统、馈源支撑系统、测量与控制系统、馈源与接收机系统四大部分构成。主动反射面是一个口径 500m、半径 300m 的球冠，由反射面单元和反射面主体支承结构组成。主体支承结构为格构柱、圈梁、索网和促动器组成的超大空间结构，反射面单元支承于索网上。为实现 FAST 跟踪观测功能，利用 2225 个促动器的主动控制，反射面可以在任意 300m 范围内变为抛物面，6670 根钢索组成的索网能够实现多目标形态、具有主动变位功能，显著区别于其他土木工程索网结构。索网张拉完成后，钢索始终处于高应力工作状态，并且索网形态变化引起严重的疲劳问题，产生高达 459MPa 的应力幅，远超国内外规范 300MPa 的最高疲劳性能要求。另外，作为高精度天文观测仪器的支承系统，索网的法向偏差 RMS 要求不大于 2mm，要实现复杂山区环境下的超大型索网结构毫米级精度控制，难度极大，无先例可循。因此，建造满足性能要求的 FAST 反射面结构是一个巨大的挑战。

朱忠义博士在主持 FAST 反射面主体支承结构设计、科研和施工配合过程中，聚焦结构设计的关键技术问题，开拓新思路，取得了一系列创新性成果，主要内容有：复杂山区地形下圈梁与格构柱结构体系、可主动变位的索网结构分析、主体支承结构误差敏感性分析、断索分析、风环境数值模拟、反射面单元变位分析、促动器故障分析、索网结构施工模拟分析、BIM 技术开发和应用等。这些工作为 FAST 工程的顺利实施奠定了基础，以高水平打造了这项规模大、难度高、要求严的超级工程。

FAST 反射面主体支承结构代表了我国现代空间结构的发展水平，也站在了世界空间结构发展的前沿。本书的出版有利于促进我国空间结构的应用和发展，这是科技界和工程界一本难能可贵的著作，其意义和价值十分深远。

中国工程院院士、浙江大学教授

董石麟

2020 年 10 月

前　言

500m 口径球面射电望远镜（Five-hundred-meter Aperture Spherical radio Telescope，简称 FAST）位于贵州省平塘县喀斯特地貌的大窝凼，于 2016 年 9 月 25 日竣工，2020 年 1 月 11 日通过国家验收，是目前全球最大、最灵敏的单口径射电望远镜。

FAST 主动反射面主体支承结构由格构柱、圈梁、索网和促动器组成，用于支承反射面单元。圈梁内径 500.8m，外径 522.8m，支承在 50 根格构柱上，作为索网的边界。索网口径 500m，是迄今为止全球最大的索网结构，它存在球面基准态和抛物面态两种形态：半径 300.4m 的球冠为索网球面基准态；通过促动器主动控制使索网发生变位，在球面任意 300m 范围内形成抛物面，实现跟踪观测，即为抛物面态。不同形态之间的转换要求索网具有主动变位功能，能够实现多目标形态，这是 FAST 工程最大的创新和挑战。另外，FAST 反射面的高精度要求和复杂的山区建设环境，也同常规土木工程有较大区别。针对工程特点，需要在结构体系、多目标形态的索网分析、索网疲劳性能、节点构造、误差敏感性、系统冗余度以及抗风等方面创新突破，才能实现 FAST 的各项性能目标。

从 1994 年大望远镜构想被提出到 2016 年 FAST 项目竣工，历时 22 年，期间中国科学院国家天文台组织了几十所高校、科研机构和企业开展相关研究与设计工作。2010 年开始，北京市建筑设计研究院有限公司在国家天文台、哈尔滨工业大学、同济大学、中国中元国际工程有限公司等单位开展的工作基础上，对 FAST 主动反射面主体支承结构设计中的关键问题进行了系统研究，于 2012 年 12 月完成了结构设计并通过验收，之后持续提供技术服务至项目建成。

本书系统总结了 FAST 主动反射面主体支承结构设计的关键技术，共 10 章，包括绪论、圈梁与格构柱结构体系、可主动变位的索网结构分析、索网误差敏感性分析、断索分析、风环境数值模拟、反射面单元变位分析、促动器故障影响分析、索网结构施工模拟分析以及 BIM 技术开发和应用等内容。

本书中的工作得以完成，首先要感谢南仁东先生及其团队的信任、帮助和支持。作为 FAST 项目首席科学家、总工程师，南仁东先生将 22 年的宝贵时光奉献给了这项伟大工程，为 FAST 的建成做出了不可磨灭的杰出贡献，对此深表敬意！参与 FAST 项目的 6 年多时间里，我的团队与南仁东先生团队精诚合作，结下了深厚的友谊。先生严谨求实的学风和淡泊名利、朴实无华的精神深深感染着每一个人，值得我们永远学习、继承和发扬！

感谢东南大学、柳州欧维姆机械股份有限公司、中国建筑科学研究院有限公司、江苏沪宁钢机股份有限公司、中国电子科技集团公司第五十四研究所、浙江东南网架股份有限公司等单位，在项目开展过程中为我团队提供支持和帮助，特别感谢东南大学郭正兴教授对我团队的支持和指导！

本书的编写得到了我的团队成员刘传佳、白光波、张琳、王哲、刘飞、梁宸宇、李华峰、崔建华、王玮、閤东东、王毅、陈一等的大力支持和帮助，在此表示衷心感谢！

本书的出版得到了国家科学技术学术著作出版基金、北京市百千万人才工程和“北京学者计划”的资助，在此表示感谢！

朱忠义

2020年10月于

北京市建筑设计研究院有限公司

目　　录

第1章　绪论

1.1　工程背景

500m 口径球面射电望远镜（Five-hundred-meter Aperture Spherical radio Telescope，简称 FAST）位于贵州省平塘县喀斯特地貌的大窝凼，是中国科学院国家天文台组织实施的国家重大科技基础设施项目，为世界最大单口径、最灵敏的射电望远镜[1]，被誉为“中国天眼”，如图 1.1-1 所示。FAST 拥有约 30 个足球场大的接收面积，与号称“地面最大的机器”的德国波恩 100m 望远镜相比，灵敏度提高约 10 倍；与排在阿波罗登月之前、被评为人类 20 世纪十大工程之首、口径 305m 的美国 Arecibo 望远镜相比，其综合性能提高约 10 倍。

图 1.1-1　FAST 照片

1993 年，在日本东京召开的国际无线电科学联盟大会上，包括中国在内的 10 国天文学家提出建造新一代射电“大望远镜”[2]，他们期望，在全球电信号环境恶化到不可收拾之前，能多收获一些射电信号。建造 FAST 的动机肇始于此。1994 年 7 月，原北京天文台提出了利用中国西南部的喀斯特地貌建造阿雷西博型 LT 的中国方案，即 FAST 工程概念。FAST 于 2011 年 3 月正式开工建设，2016 年 9 月 25 日竣工，项目总投资 11.7 亿元[1]。2020年1月11日，FAST顺利通过国家验收，投入正式运行，将在未来10～20年保持世界一流设备的地位，具有极其重大的科学意义。

FAST由主动反射面系统、馈源支撑系统、测量与控制系统、馈源与接收机四大部分构成，如图1.1-2中2、3、4、5部分所示[3]。反射面系统是一个口径为500m、半径为300m的球冠，由反射面单元和反射面主体支承结构组成。其中反射面单元由穿孔铝板和三角形铝合金网架组成[4,5]；反射面主体支承结构为格构柱、圈梁、索网和促动器组成的可主动变位的超大空间结构。反射面单元支承于索网结构上。

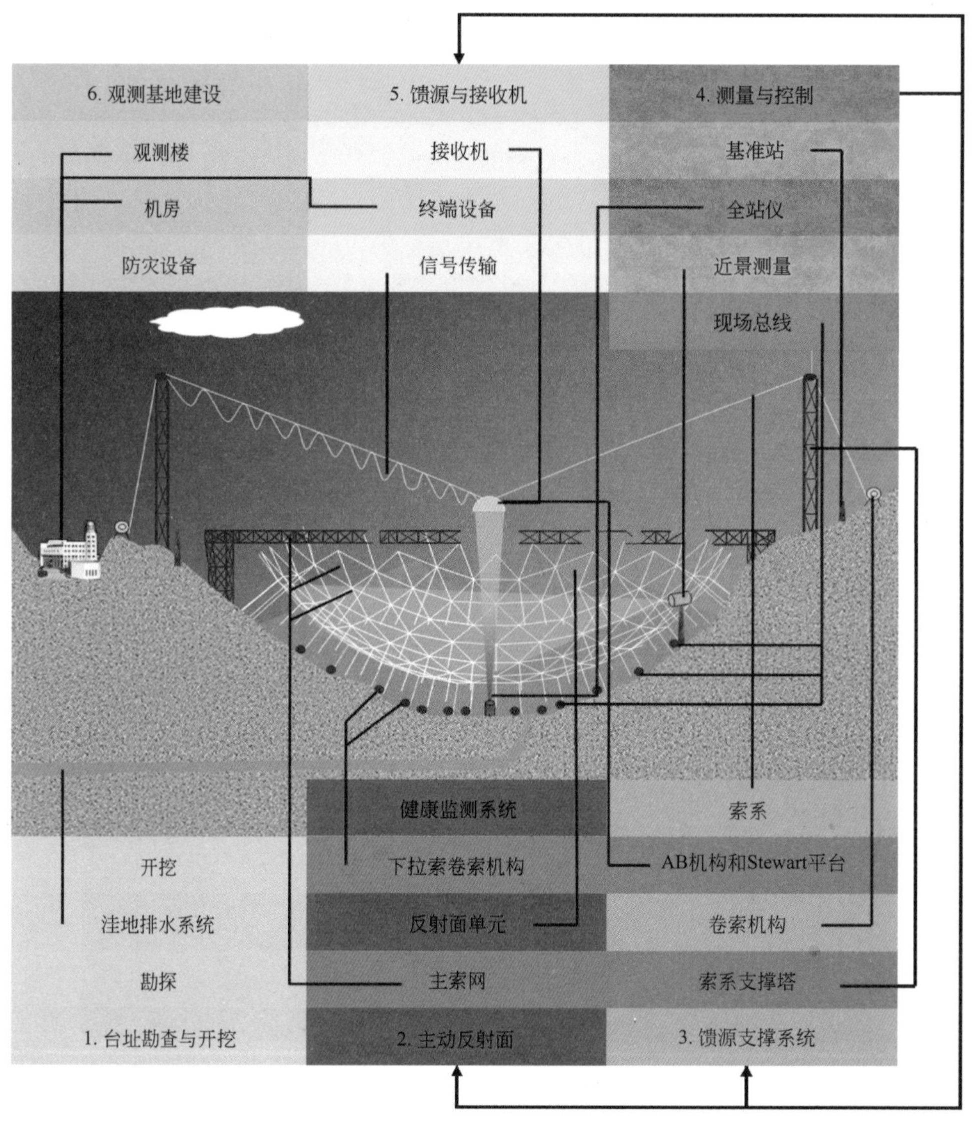

图1.1-2　FAST建设系统的构成

国内学者对FAST主动反射面系统进行了系列研究。罗永峰等[6,7]基于六边形网格划分方式，研究了钢结构、铝合金结构和张拉整体结构应用于反射面支承结构的可行性；沈黎元等[8～10]将四边形网格索网应用于反射面支承结构，采用逆迭代法求解索网零状态位形，并进行了风振反应等分析；钱宏亮等[11,12] 以索网作为反射面支承结构，对四边形、凯威特型和短程线型等网格划分方式进行了对比研究，采用逆迭代法求解索网零状态位形、支座位移法求解抛物面态，发现短程线型是一种较优的网格划分方案，并研究了与之配套的刚性、半刚性背架结构方案；沈世钊等[4] 对由索网结构、背架结构和周边支承结构组成的反射面总体支承结构方案进行了研究，其中索网由 6985 根主索、2276 个节点组成；范峰等[13] 研究了反射面背架结构优化选型，并进行了单元足尺模型试验研究；郝成新等[14] 研究了铝合金网架作为反射单元背架结构；范峰等[15,16] 研究了结构疲劳寿命和结构安全预警等问题。

作为 FAST 主动反射面主体支承结构设计方，北京市建筑设计研究院有限公司从 2010 年开始，在上述研究的基础上对结构体系、形态分析、节点设计、误差敏感性、疲劳性能等关键问题进行了系统研究，于 2012 年 12 月完成了结构设计并通过验收。最终设计方案[17] 中，组成主体支承结构各部分的关系如图 1.1-3 和图 1.1-4 所示，具体为：

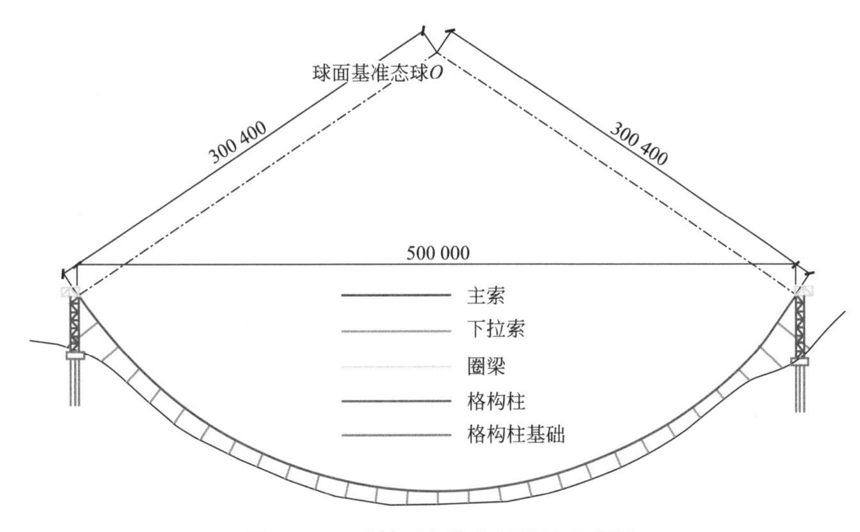

图 1.1-3　反射面主体支承结构示意图

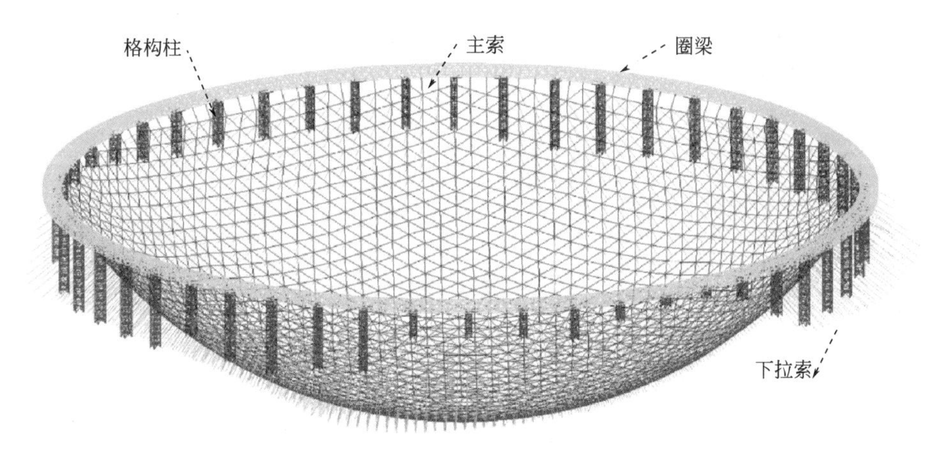

图 1.1-4　反射面主体支承结构布置三维图

1. 格构柱与圈梁

圈梁内径 500.8m、外径 522.8m，支承在 50 根格构柱上，用于支承 FAST 索网。

2. 索网

索网包括主索网和下拉索。

（1）主索网：开口口径为 500m，按照三角形网格方式编织，用于支承反射面单元。主索网节点位于以 O 点为球心、300.4m 半径的球冠上，共计 6670 根。其中，反射面单元包括单元式铝合金网架和反射面板，铝合金网架为三角形，边长为 10.4～12.4m，与主索网网格对应，简支于主索网节点上；反射面板为 1mm 厚的穿孔铝板，穿孔率 50%，支承于铝合金网架节点上，如图 1.1-5 所示。

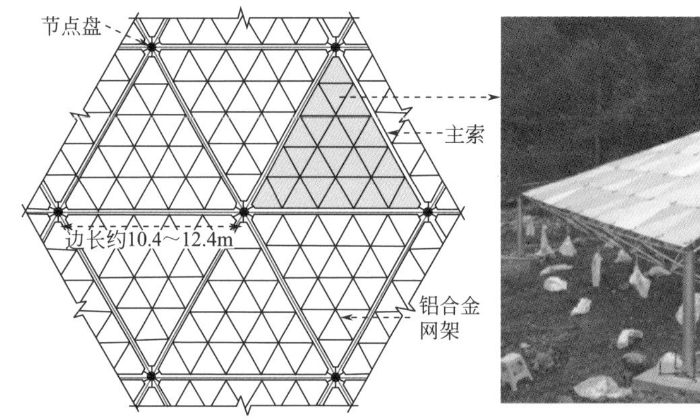

图 1.1-5　反射面单元

（2）下拉索：每个主索节点对应一根下拉索，共计 2225 根。下拉索沿径向（部分索的方向有微调）布置。下拉索下端连接促动器，通过促动器拉伸或者放松下拉索，可使索网变形，形成不同的抛物面，促动器现场照片如图 1.1-6 所示。

图 1.1-6　下拉索和促动器

3. 格构柱和促动器基础

格构柱基础为独立柱基，促动器基础为受拉锚杆。

为实现跟踪观测功能，FAST 在工作过程中反射面可以在任意 300m 范围内变为抛物面，即 FAST 反射面具有主动变位功能，这是 FAST 反射面最显著的创新。为实现主动变位功能，FAST索网存在两类形态[18]——球面基准态和抛物面态（图1.1-7），其具体含义为：

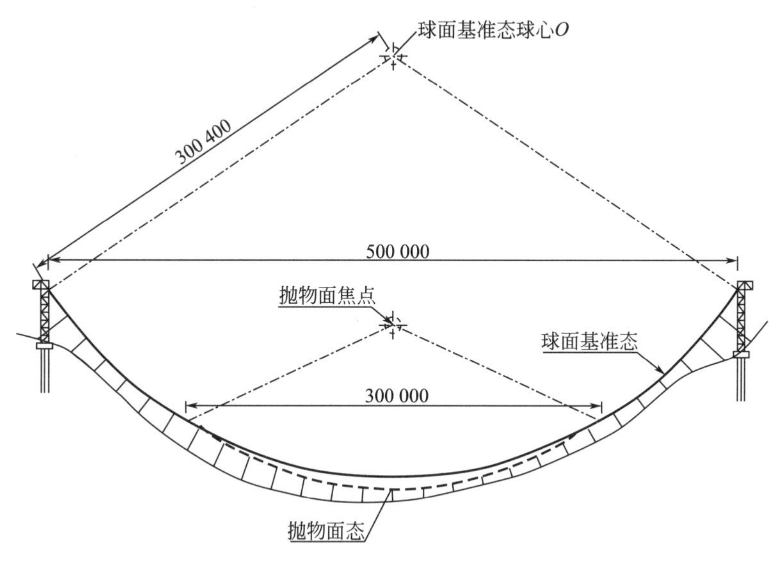

图1.1-7 FAST索网形态示意图

（1）索网拼装完成后，通过促动器张拉下拉索，使索网节点位于半径300.4m的球冠上，即为球面基准态；

（2）为实现观测功能，基于球面基准态，通过促动器调节下拉索长度，反射面形成连续变化的300m口径的抛物面，即索网的抛物面态。索网具有主动变位功能，是具有多目标形态的索网结构，这是同其他土木工程索网结构最大的区别。以球面基准态球心为坐标系原点，坐标系 z 轴沿竖直方向向上，当抛物面顶点位于球面最低点时，反射面所在的抛物面方程为 $x^2+y^2+2pz+c=0$，其中 $p=-276.647$，$c=-166\ 250$。

1.2 设计条件和参数

1.2.1 气象条件

平塘县属亚热带季风湿润气候，四季分明，冬暖夏凉。按照国家天文台提供的资料，主要气象数据如下：

1. 日照

年平均日照时数1316.9h，占可照时数的30%，夏季较多，冬季较少。

2. 气温

年平均气温16.3℃，最冷月为1月，平均6.8℃，极端最低−7.7℃；最热月为7月，平均25.4℃，极端最高38.1℃。年平均最高气温≥30℃的日数为65.7d，日最低气温≤0℃的日数为14.1d。年平均无霜期316.7d。

3. 降水量

年平均降雨量1259.0mm，集中于下半年。年平均降雨日数（日降水量≥0.1mm）

174.5d，日降水量≥5.0mm的日数57.1d，暴雨日（日降水量≥50.0mm）3.6d，大暴雨日（日降水量≥100.0mm）0.3d，最大一日降水量曾达172.0mm，降水形式有雨、雪、雹、雾等。年平均相对湿度81%，年平均雨凇日数1.6d，最长持续时数可达36h以上，雨凇最多出现在1月和2月。

4. 风速

根据贵州省山地气候所提供的30年风速统计，平塘县年平均风速1.5m/s，月平均最大风速12m/s，出现在4月，30年里有4d出现。全年以东北（NE）风为多，夏季盛行南（S）风，冬季盛行东北（NE）风。全年静风频率为48%，1月静风频率为39%，7月静风频率为50%。年风速大于8m/s的天数少于3d。

5. 冰雪情况

年降雹率0.6次/a，降雹密度20～40粒/(m^2·次)，历史最大尺寸20mm。年均降雪日数5.4d，年均积雪日数1.5d，积雪最大深度14mm，年均降霜日数59d，年均冰雹日数2.6d。

6. 雷暴日

参考平塘县气象记录，年平均58.1d。

1.2.2 荷载和作用

1. 恒荷载

（1）反射面单元荷载：按图1.2-1拟合公式施加[19]，共1972t。

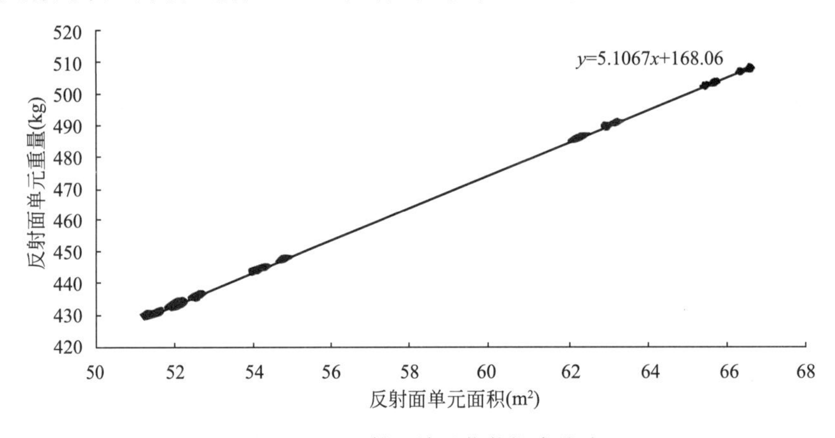

图1.2-1 反射面单元荷载拟合公式

（2）索体自重：考虑索PE保护套的影响，索体按照实际重量取值[20,21]。

（3）索网节点与索头锚具：按照实际的索头锚具重量和连接节点重量，转换成集中荷载施加到节点上[20,21]。

2. 球面基准态下的索网预应力（SP）

3. 抛物面变位工况（PP）

在FAST使用过程中，通过张拉下拉索成为抛物面，索网应力发生变化。可以将连续变化的抛物面形式简化为550种独立的抛物面，对应550种抛物面工况[22,23]。

4. 活荷载

《建筑结构荷载规范》GB 50009—2001表4.3.1规定：不上人屋面活荷载标准值取为

0.5kN/m²，对不同结构应按有关设计规范的规定，将标准值做 0.2kN/m² 的增减。《钢结构设计规范》GB 50017—2003 第 3.2.1 条条文说明指出，对支承轻屋面的构件或结构(檩条、屋架、框架等)，当仅有一个可变荷载且受荷水平投影面积超过 60m² 时，屋面均布活荷载标准值取为 0.3kN/m²。在计算 FAST 索结构时，活荷载遵照规范的取值。考虑到面板 50%的穿孔率，活荷载做折减，具体为：（1）球面基准态，取活荷载为 0.15kN/m²，按照投影面积施加；（2）各种抛物面工作状态下，不计算活荷载。

5. 温度作用

项目的合拢温度为 15±2℃，设计温差取±25℃。

6. 风荷载

FAST 工作风速小于 4m/s，现场极限风速 14m/s[24]。极限风速 14m/s 对应的风压为 0.12kN/m²，而《建筑结构荷载规范》GB 50009—2001 规定结构设计的基本风压不应小于 0.3kN/m²。风荷载按照规范取值时，应力比或者强度指标适当放松。

根据风荷载数值模拟报告[25]，三个典型风向角的体型系数如图 1.2-2 所示。

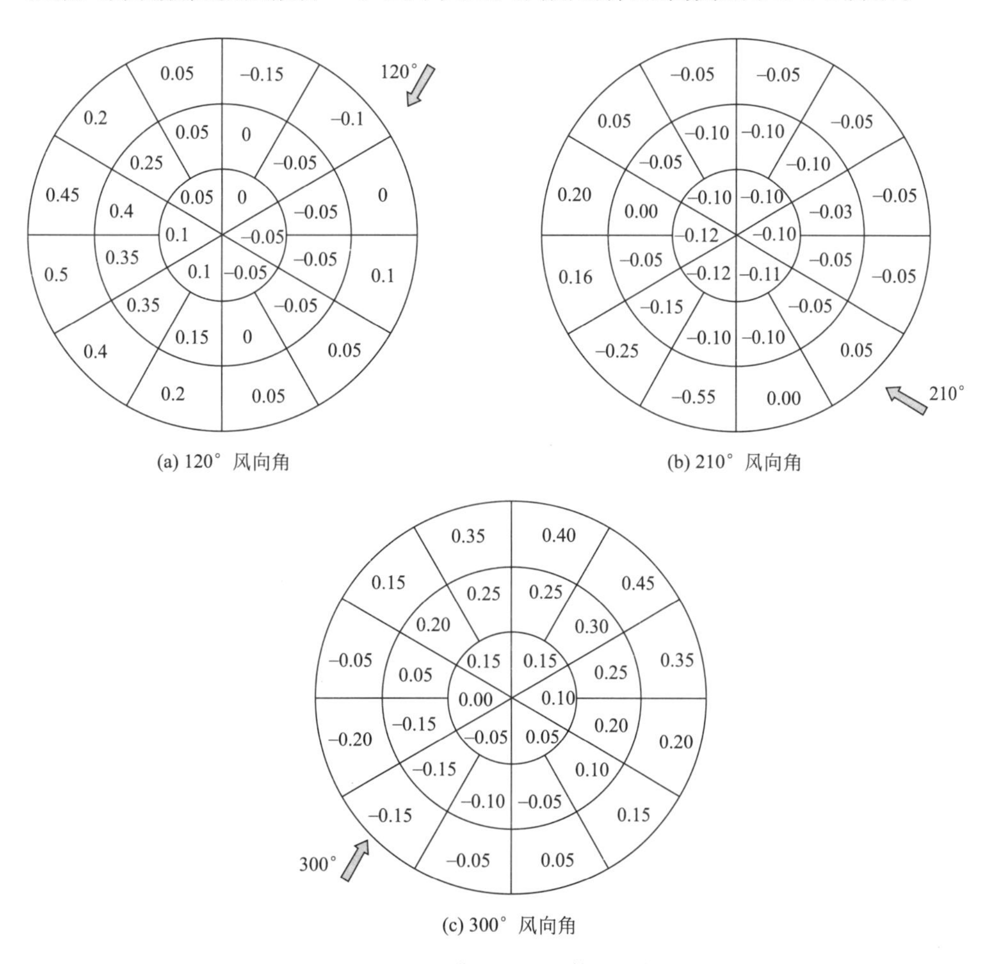

(a) 120° 风向角

(b) 210° 风向角

(c) 300° 风向角

图 1.2-2　典型风向角体型系数

7. 雪荷载

《建筑结构荷载规范》GB 50009—2001 未给出平塘县的雪荷载。根据气象资料给出的积雪最大深度，按照《建筑结构荷载规范》GB 50009—2001 给出的公式计算，雪荷载为 0.03kN/m^2。由于该数值小于施加的活荷载，因此在设计中可以不考虑雪荷载的影响。

由于当地气温较高[25]，未发生过电缆结冰现象，本项目未考虑钢索结冰荷载。如发生钢索结冰现象，可以通过促动器放松下拉索，降低主索网应力，保证结构安全。

8. 地震作用

设防烈度为 6 度，地震动参数[26] 见表 1.2-1。由于场地设防烈度低，反射面自身及其主体支承结构质量小，结构地震响应对结构设计不起控制作用，因此本书对结构抗震分析的内容不作赘述。

地震动参数 **表 1.2-1**

超越概率	峰值加速度 A_{max}(cm/s^2)	峰值速度 v_{max}(cm/s)	地震系数 K	反应谱最大值 β_{max}	特征周期 $T_g(s)$	衰减指数 γ	地震影响系数最大值 α_{max}
50 年 63%	14.4	0.72	0.0147	2.4	0.28	1.0	0.0352
50 年 10%	46.7	2.34	0.0476	2.4	0.30	1.0	0.1143
50 年 5%	66.8	3.05	0.0681	2.4	0.30	1.0	0.1634
50 年 2%	101.7	4.01	0.1037	2.4	0.30	1.0	0.2488
50 年 1%	133.2	4.78	0.1358	2.4	0.30	1.0	0.3259

9. 索网检修荷载

索网检修荷载取 1.0kN，可作用于索网任意节点处，总数不超过 50 个点。

10. 反射面板吊装施工荷载

在圈梁上每隔 0.5°，布置设备荷载起吊点，用来模拟吊装设备（转运机车与轨道单机车）在圈梁上行走时的移动荷载，其中转运机车重约 27.5t，轨道单机车重约 33t，同时考虑运行过程中的动荷载[27,28]，如图 1.2-3 所示。设计时，取 1/5 圈梁（平面位置－18°～－90°），考虑吊装设备荷载，在圈梁上每隔 0.5°放置设备荷载起始点用来模拟吊装设备在圈梁上行走时的移动荷载，共计 130 个工况。1/5 圈梁复核完成后，将圈梁构件进行 1/5 对称。

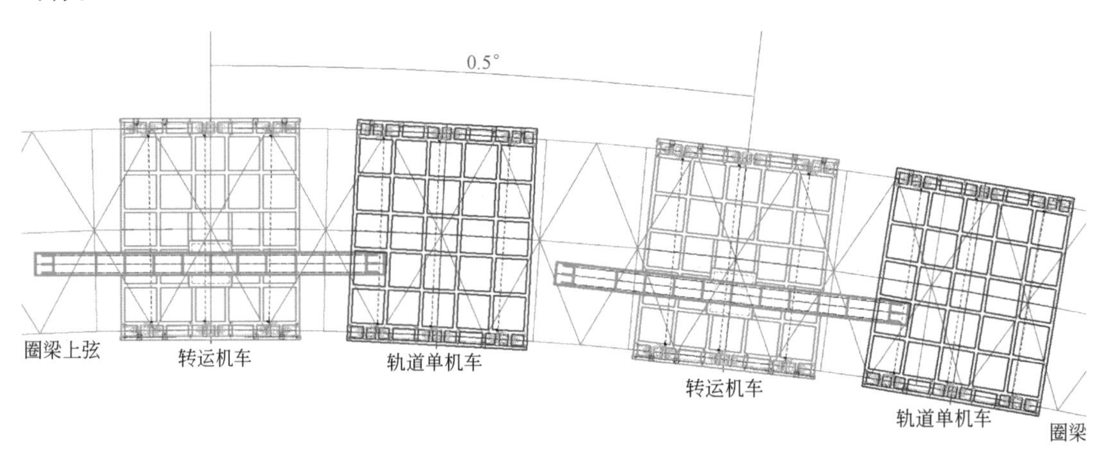

图 1.2-3 吊装设备荷载示意图

11. 马道荷载

马道荷载布置于圈梁下弦内侧，荷载为 2.5kN/m。

1.2.3 结构重要性系数

FAST 设计使用年限为 30 年，考虑结构各部分的重要程度，参考《工程结构可靠度设计统一标准》GB 50153—2008，钢圈梁及支承结构的安全等级为一级，重要性系数为 $\gamma_0=1.1$；索网结构的安全等级为二级，重要性系数为 $\gamma_0=1.0$。

1.2.4 控制应力比

1. 圈梁和格构柱构件应力比限值

应力比限值见表 1.2-2。本工程为非线性结构，荷载效应为标准值组合，考虑结构安全度和重要性系数后，本工程控制应力比为 0.65，安全系数为 1.74，与美国钢结构设计规范[29] 的安全系数 1.67 相当。现场风荷载非常小，极限风压仅 0.12kN/m^2，而《建筑结构荷载规范》GB 50009—2001 规定结构设计的基本风压不应小于 0.3kN/m^2。为了不与规范冲突，基本风压取 0.3kN/m^2，风荷载参与的工况，应力比不超过 0.72。

钢材规格与构件应力比 **表 1.2-2**

材质	设计规范	设计强度		本工程控制应力比
Q345C	《钢结构设计规范》GB 50017—2003	$t\leqslant$16mm	310MPa	0.65/0.72
		16<$t\leqslant$35mm	295MPa	

2. 钢索应力限值

应力限值见表 1.2-3。按照《预应力钢结构技术规程》CECS 212：2006 第 3.3 节之规定，“钢索强度的设计值不应大于索材极限抗拉强度的 40%～55%，重要索取低值，次要索取高值”。本工程索的设计强度取 0.48 倍破断荷载，为 893MPa。风荷载参与的工况，索的设计强度取 0.55 倍破断荷载，即 1023MPa。考虑 1.2 的荷载分项系数，上述数值分别为 744MPa 和 853MPa。

钢索规格与应力限值 **表 1.2-3**

规格	抗拉强度(MPa)	设计规范	控制应力(MPa)
1860 级	1860	《预应力钢结构技术规程》CECS 212:2006	893/1023

1.2.5 工况组合

非抗震验算的工况组合共 1789 种，见表 1.2-4。

非抗震工况组合 **表 1.2-4**

工况编号	工况描述	圈梁应力比	索网应力
1	索网球面基准态 SP+圈梁恒荷载	≤0.65	≤744MPa
2	索网球面基准态 SP+圈梁恒荷载+活荷载	≤0.65	≤744MPa

续表

工况编号	工况描述	圈梁应力比	索网应力
3、4	索网球面基准态 SP+圈梁恒荷载+温度作用	≤0.65	≤744MPa
5～554	索网抛物面态 PP+圈梁恒荷载	≤0.65	≤744MPa
555～1654	索网抛物面态 PP+圈梁恒荷载+温度作用	≤0.65	≤744MPa
1655、1656	索网球面基准态 SP+圈梁恒荷载+活荷载+温度作用	≤0.65	≤744MPa
1657、1659	索网球面基准态 SP+圈梁恒荷载+活荷载+风荷载	≤0.72	≤853MPa
1660、1789	索网球面基准态 SP+圈梁恒荷载+吊装荷载	≤0.72	不验算

采用反应谱和时程法复核结构抗震承载力。

1.3 主要内容

1. 圈梁与格构柱结构体系

FAST 位于地形复杂的山区，每个格构柱高度均不同且相差较大，造成格构柱侧向刚度有较大差异，对结构受力产生不利影响，为此提出了圈梁沿径向释放、环向固定的边界条件，格构柱、圈梁和索网成为受力均衡的体系；推导了圈梁和格构柱径向刚度的解析解，用于确定圈梁的边界条件；提出了一种带链杆的滑动支座构造，实现了圈梁的理论边界条件，消除了现有支座容易卡住的问题；研究了圈梁和格构柱的网格布置形式、力学性能等，为结构设计提供了依据。

2. 可主动变位的索网结构分析

为实现跟踪观测，FAST 索网通过促动器控制，可在 500m 口径的球面上连续变位形成不同抛物面形态，因此索网具有主动变位功能，能够实现多目标位形。提出一种索网形态分析新方法——目标位形应变补偿法，可在严格实现目标位形的前提下求解索网预应力，实现索网零状态与初始态的位形和应变一致，实现索网在球面基准态与抛物面态之间转换；提出了索网预应力优化方法，显著提高了索网结构效率，预应力降低 29%；求解了索网球面基准态和抛物面态各工况下的内力和变形，与长期监测数据对比，大部分索力误差在 5%以内；研究了索网的疲劳性能，主索最大应力幅为 459.1MPa，30 年观测最大应力循环次数为 780 641，为 FAST 钢索 500MPa 的疲劳性能要求提供了理论依据；研发了适应主动变位的索网节点，满足索网主动变位和高精度连接的要求，将 8895 根钢索连接成整体；推导了考虑钢索锚具和节点盘刚度的钢索刚度修正公式，提高了索网分析精度；研究了钢索悬链线效应对钢索下料长度、工作状态索长、促动器变位的影响，表明采用直线钢索分析满足工程精度要求。

3. 主体支承结构误差敏感性分析

反射面主体结构体量巨大、体系复杂，索网部分由 53 515 个关键部件编织而成，加工制作和安装过程存在各种误差，理论分析模型同实际结构也有差异，这些因素会对结构产生不同影响。为评估各类误差对结构的影响，采用单参数和多参数结合的方法进行误差敏感性分析，全面、直观地评价不同误差对结构性能的影响。误差敏感性分析的结果为制定钢索和圈梁的加工制作以及安装标准提供了理论依据。

4. 断索分析

FAST索网共有近9000根拉索。张拉完成后，拉索始终处于高应力工作状态，并且由于抛物面成型需要不断调节索力，应力不断变化，应力幅高达459MPa。如此庞大数量的拉索在承受多次疲劳荷载之后，存在断索的可能。为此，对偶然断索的情况进行模拟分析，考察断索对其周边局部乃至整个结构体系的影响，研究连续破坏进而引起连续倒塌的可能性。

5. 风环境数值模拟

FAST体型巨大且位于群山环抱中，无法通过风洞试验模拟FAST及其周边地形的风环境。为此，利用计算流体力学方法（CFD）对FAST表面风压及周围风环境进行数值模拟，得到FAST表面风压数据，研究不同挡风墙设置方式对风环境的影响，为FAST反射面主体支承结构抗风设计提供了依据。

6. 反射面单元变位分析

反射面单元为三角形，各单元之间留有间隙。反射面单元通过连接机构简支于索网结构上，不参与索网受力，索网变位不引起反射面单元的内力。为求解反射面单元的变位，推导了反射面单元变位的解析公式，通过数值模拟及解析公式分析反射面单元的变位机理；优化连接机构的自适应拓扑关系，减小连接机构节点尺寸；通过分析连接机构运行空间，给出了相邻反射面单元间隙、连接机构的位移等参数。

7. 促动器故障对反射面影响分析

FAST索网结构共有2225根下拉索，每根下拉索串联一个促动器与地锚点相连，通过促动器的伸长或缩短实现索网的主动变位。在索网的运行过程中，个别促动器极有可能出现故障，从而影响索网的正常运行。为了评估促动器故障的影响，考虑促动器各类不利故障工况和索网不同形态，进行数值模拟计算，分析各类故障对索网性能、运行工作状态以及反射面单元的影响。另外，还研究促动器的过载保护机制，为促动器的选型和设计提供理论支持。

8. 索网结构施工模拟分析

FAST索网的150根边缘主索悬挂在圈梁上，2250根下拉索通过促动器连接到地面。基于这一特点，与圈梁相连的150根主索加工为可调节索、其余各主索全部为定长索，通过促动器对索网张拉施工。促动器同步张拉近9000根钢索不现实，需要分批、分区张拉。不同的分区、分批张拉方案，索网的应力、变形有较大差异。为此，对不同的张拉方案进行施工模拟分析，为张拉方案的选择提供理论依据。

9. BIM技术开发和应用

自主开发并建立了项目级BIM数据库，结合参数化建模技术，实现全部索节点的三维自动建模；开发了基于BIM的节点优化技术，规避了各节点中可能出现的干涉现象，节点重量减小16.5%，获得了良好的经济效益。结合FAST特点，在设计阶段就将BIM模型达到加工制造级别，可以直接用于下游制造单位进行数控加工和成本控制，避免了制造企业的大量重复建模和深化工作，提高了工作效率。因此，与目前其他项目的BIM应用不同，本项目设计阶段的BIM模型及信息成功地延续到制造和施工阶段，避免了数据传递过程造成的精度损失，并且信息不断补充和完善，充分体现了BIM的价值和作用。

参考文献

[1] 中国科学院国家天文台. 500m 口径球面射电望远镜（FAST）建设总结报告 [R]. 2020 年 1 月.

[2] 南仁东. 500m 球反射面射电望远镜 FAST [J]. 中国科学 G 辑：物理学力学天文学. 2005，35（5）：449-466.

[3] 南仁东，李会贤. FAST 的进展——科学、技术与设备 [J]. 中国科学：物理学力学天文学，2014，44（10）：1063-1074.

[4] 沈世钊，范峰，钱宏亮. FAST 主动反射面支承结构总体方案研究 [J]. 建筑结构学报，2010，31（12）：1-8.

[5] 朱忠义，刘飞，张琳，等. 500m 口径球面射电望远镜反射面主体支承结构设计 [J]. 空间结构，2017，23（2）：3-8.

[6] 罗永峰，邓长根，李国强，等. 500m 口径主动球面望远镜反射面支撑结构分析 [J]. 同济大学学报（自然科学版），2000，28（4）：497-500.

[7] 罗永峰，于庆祥，陆燕，等. 大射电望远镜反射面支承张拉结构非线性分析 [J]. 同济大学学报（自然科学版），2003，31（1）：1-5.

[8] 沈黎元，李国强，罗永峰，等. FAST 全球面预应力索网可行性分析 [C] //第三届全国现代结构工程学术研讨会. 天津：天津大学，2003：324-331.

[9] 沈黎元，李国强，罗永峰. 大射电望远镜反射面结构分析 [C] //第十四届全国结构工程学术会议. 北京：中国力学学会结构工程专业委员会，2005：525-528.

[10] 沈黎元，李国强，罗永峰. FAST 全球面预应力索网风振反应分析 [C] //第五届全国现代结构工程学术研讨会. 天津：天津大学，2005：419-423.

[11] 钱宏亮，范峰，沈世钊，等. FAST 反射面支承结构整体索网方案研究 [J]. 土木工程学报，2005，38（12）：18-23.

[12] 钱宏亮，范峰，沈世钊，等. FAST 反射面支承结构整体索网分析 [J]. 哈尔滨工业大学学报，2005，37（6）：750-752.

[13] 范峰，牛爽，钱宏亮，等. FAST 背架结构优化选型及单元足尺模型试验研究 [J]. 建筑结构学报，2010，31（12）：9-16.

[14] 郝成新，宋涛，钱基宏，等. 铝结构在 FAST 反射单元样机中的研究与应用 [C] //第十四届空间结构学术会议论文集，2012.

[15] 范峰，金晓飞，钱宏亮. 长期主动变位下 FAST 索网支承结构疲劳寿命分析 [J]. 建筑结构学报，2010，31（12）：17-23.

[16] 范峰，王化杰，钱宏亮，等. FAST 主动反射面支承结构安全预警系统研究与应用 [J]. 建筑结构学报，2010，31（12）：24-31.

[17] 北京市建筑设计研究院有限公司. FAST 工程圈梁索网设计报告　第 1 部分计算书 [R]. 2012 年 12 月.

[18] 朱忠义，刘飞，王哲，等. FAST 索网结构疲劳分析 [C] //工业建筑与特种结构新进展. 北京：中国建筑工业出版社，2016：68-82.

[19] 中国建筑科学研究院. FAST 反射面单元方案优化设计报告 [R]. 2012 年 1 月.

[20] 柳州欧维姆机械股份有限公司. OVM. ST 高应力幅拉索体系 [R]. 2012 年 10 月.

[21] 柳州欧维姆机械股份有限公司. FAST 高疲劳性能钢索可行性试验研究验收资料 [R]. 2012. 5.

[22] 中国科学院国家天文台. FAST 观测模式简述 [R]. 2011 年 1 月.

[23] 骆亚波，郑勇，朱丽春. FAST 射电望远镜天文轨迹规划 [J]. 测绘科学技术学报，2011，28（2）：105-107.

[24] 中国科学院国家天文台. FAST 工程技术文档 [R]. 2012 年 4 月.
[25] 中国科学院国家天文台. FAST 风环境数值模拟研究报告 [R]. 2010 年 3 月.
[26] 武汉地震工程研究院. 中国科学院国家天文台 500m 口径球面射电望远镜建设项目工程场地地震安全性评价报告书 [R]. 2010 年 6 月.
[27] 北京起重运输机械设计研究院. 500m 口径球面射电望远镜（FAST）反射面单元吊装方案初步研究报告 [R]. 2012 年 7 月.
[28] 北京起重运输机械设计研究院. 500m 口径球面射电望远镜反射面单元吊装方案、吊装设备与圈梁接口初步设计 [R]. 2012 年 5 月.
[29] American National Standard. Specification for Structural Steel Buildings：ANSI/AISC 360-10 [S]. Chicago，Illinois 60601-1802：American Institute of Steel Construction，2010.

第 2 章　圈梁与格构柱结构体系

2.1　圈梁与格构柱结构布置

圈梁支承于高度变化的格构柱上，图 2.1-1 为圈梁与格构柱施工时的照片。

图 2.1-1　圈梁与格构柱照片

2.1.1　圈梁

圈梁[1,2] 作为主索网张拉的边界，其自身的边界条件与刚度对主索网的成形与受力有重要影响。圈梁内径 500.8m，外径 522.8m，沿径向宽度 11m，高度 5.5m。图 2.1-2 是五十分之一圈梁结构，图 2.1-3 表达了格构柱与圈梁的关系。从图中可以看出，圈梁结构由以下系统构成：（1）沿径向按照 5.5m 等间距布置三道竖向环桁架，用于抵抗竖向荷载；（2）在三道竖向环桁架的上、下弦平面内，布置斜杆形成两层水平桁架，用于抵抗水平荷载；（3）在三道竖向环桁架之间，设置径向桁架，提高结构的抗扭刚度和整体性。在每个格构柱柱顶设置一组圈梁支座，共 50 组，将圈梁沿环向分为 50 等份，形成一个 50 跨的圆环形圈梁。每组支座由两个支座组成，分别支承圈梁内侧环桁架和中间环桁架，外侧环桁架无支座支承。

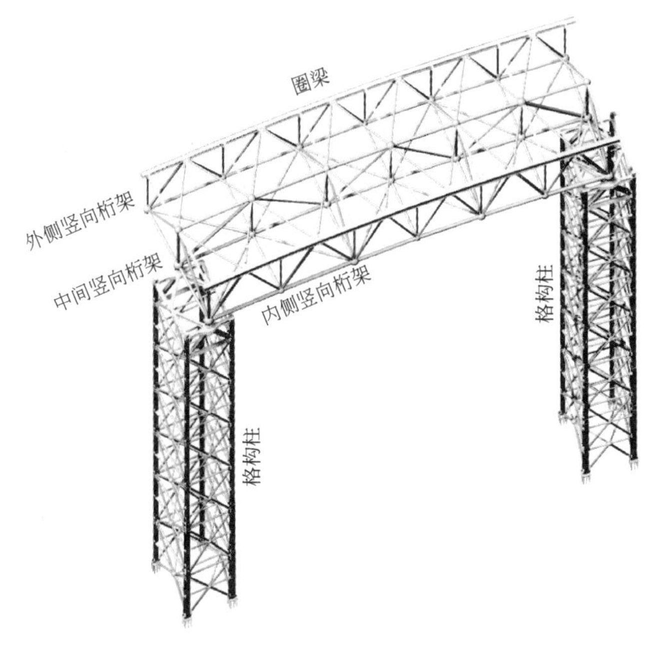

图 2.1-2 1/50 圈梁与格构柱

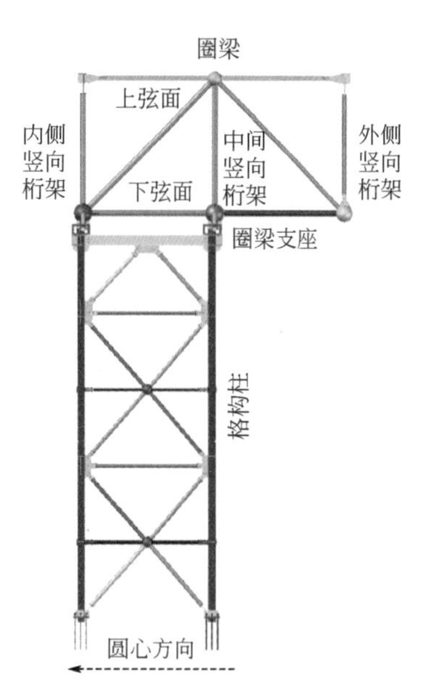

图 2.1-3 圈梁与格构柱关系图

因安装场地限制，圈梁、索网和背架结构的现场运输、安装以及 FAST 运行阶段的维修都要依靠设置于圈梁上的运输系统和行走式吊机完成。因此，在圈梁内、外侧上弦杆上需设置轨道，支承运输系统和行走式吊机[3,4]。运输系统和行走式吊机的竖向荷载以及刹车产生的两个方向的水平荷载，通过轮轨作用于圈梁内、外侧上弦杆，产生较大的节间弯矩。为减小轮轨竖向荷载引起的节间弯矩，内、外侧竖向桁架的腹杆采用“人”字形布置（如图 2.1-4 所示）；为减小轮轨水平荷载引起的节间弯矩，提高内、外侧上弦杆平面外稳定性，减小杆件的计算长度，上弦面内腹杆也布置为“人”字形，上弦面形成“米”字形网格（如图 2.1-5 所示）。中间竖向桁架的腹杆和下弦面内的腹杆为单斜式（如图 2.1-6 所示）。在钢索与圈梁连接处，设置径向桁架（如图 2.1-7 所示），共 150 榀，以便钢索内力

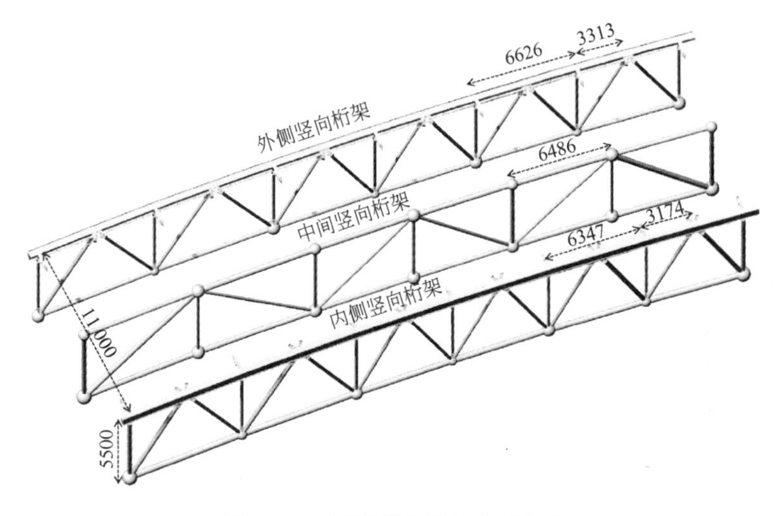

图 2.1-4 圈梁竖向桁架布置方式

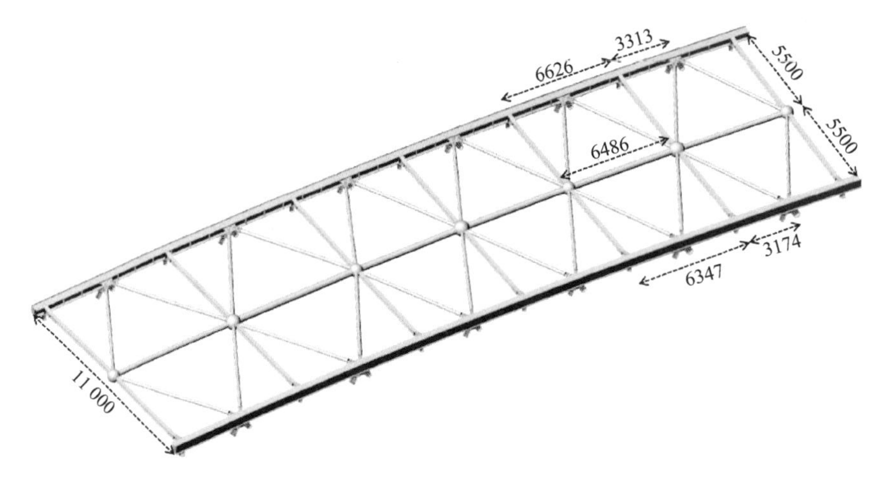

图 2.1-5　圈梁上弦面布置方式

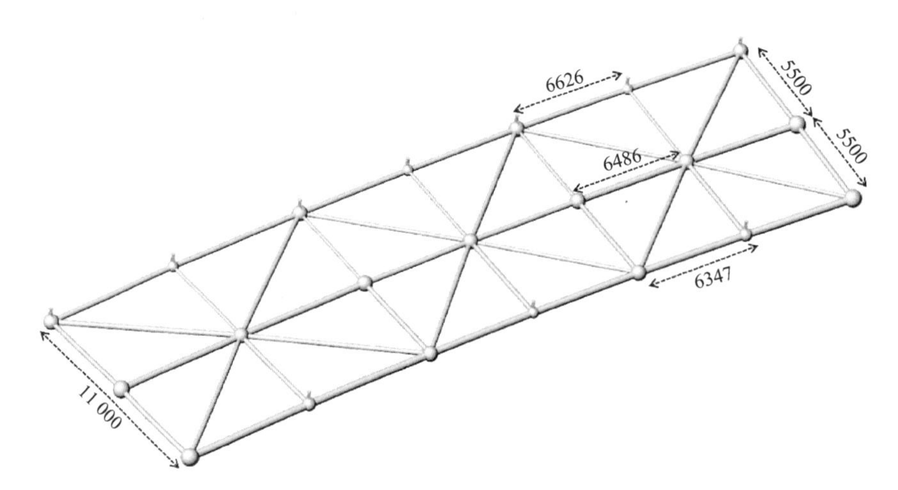

图 2.1-6　圈梁下弦面布置方式

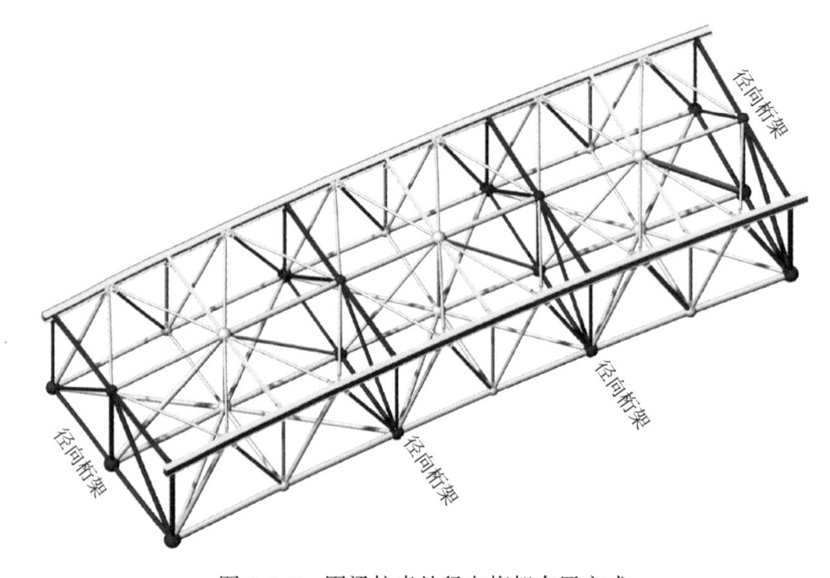

图 2.1-7　圈梁拉索处径向桁架布置方式

可靠地传递给圈梁，并增加结构的整体性，使圈梁具有较好的抗扭刚度。可以看出，作者提出的圈梁结构形式传力明确；上弦内、外侧杆件的跨度减小一半，杆件的局部弯矩减小75%，节省了钢材；结构布置合理，杆件数量少，简化了节点构造和安装工程量。

圈梁构件由圆钢管和焊接异形截面组成。焊接异形截面高 400mm，宽 400mm，用于圈梁上弦内、外侧弦杆，便于在构件上表面焊接运输系统和行走吊机的轨道，如图 2.1-8 所示。连接上弦内、外侧弦杆的径向构件为 200×200×8×10 的工字钢，其他构件采用圆钢管，弦杆截面从 P245×10 到 P351×18，圈梁腹杆截面从 P133×5 到 P299×12。圈梁总用钢量约 2500t。

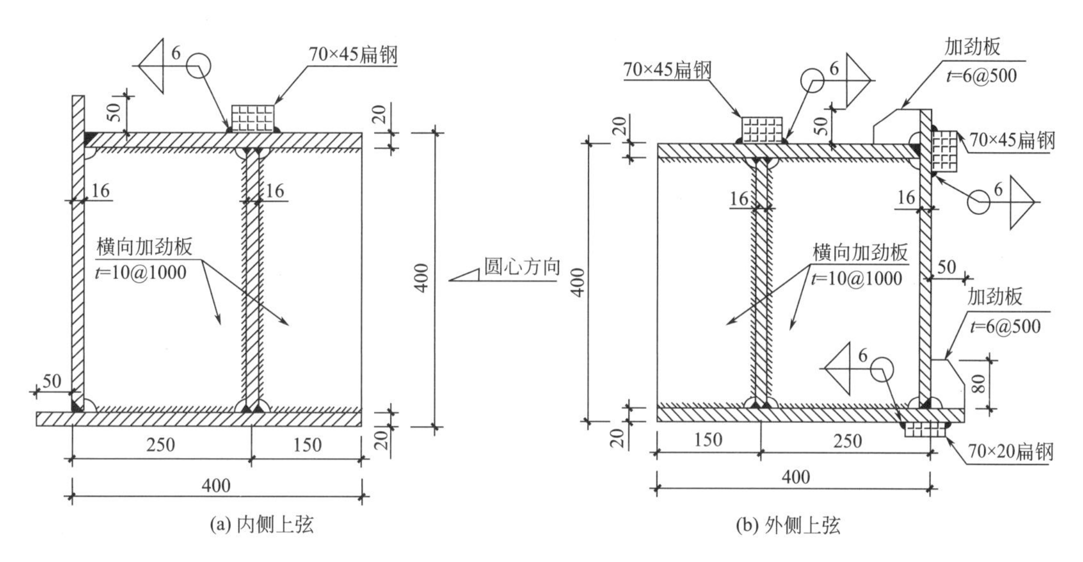

图 2.1-8　圈梁上弦内、外侧异形截面

圈梁采用焊接球和节点板两种节点形式，如图 2.1-9 所示。与异形截面连接的杆件通过节点板采用高强螺栓连接，其他部分采用焊接球节点。为避免焊接球节点处杆件焊缝重叠、影响节点疲劳强度，中间杆件也通过节点板采用高强螺栓与焊接球连接。圈梁焊接球共计 1200 个，重量 388t。圈梁摩擦型高强螺栓共计 42 200 套。圈梁节点板重量 236t。

2.1.2　格构柱

格构柱[1,2] 共 50 根，为矩形四肢柱，沿径向与圈梁内侧和中间竖向环桁架对应，径向长度为 5.5m，环向宽度为 4m。格构柱的四个分肢在柱底与基础铰接，格构柱柱底整体刚接。受场地地形影响，格构柱高度各不相同，介于 6.419～50.419m 之间。典型格构柱布置如图 2.1-10 所示。格构柱的 4 个分肢柱以及顶部横梁为工字钢，其他构件为圆管。工字钢截面为 H300×300×10×15、H350×350×12×19、H400×400×13×21，总重量 890t，圆管截面 P133×5、P159×5、P180×8，总重量 587t。圆管与分肢柱通过节点板用高强度螺栓连接，共采用 68 000 套摩擦型高强度螺栓。圆管之间通过焊接球连接，焊接球共计 1136 个，重量 58t。格构柱顶设置支座支承圈梁，可以通过调整支座布置和类型实现不同的圈梁边界条件。

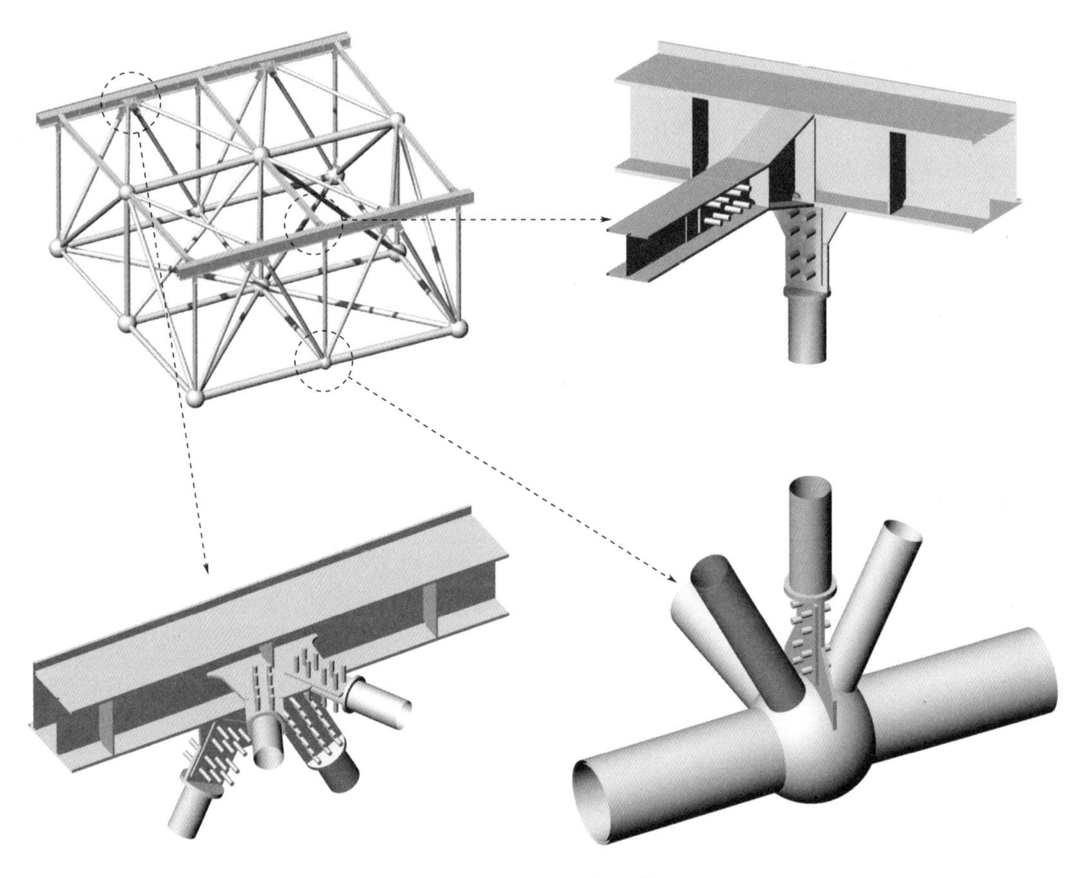

图 2.1-9　圈梁节点示意图

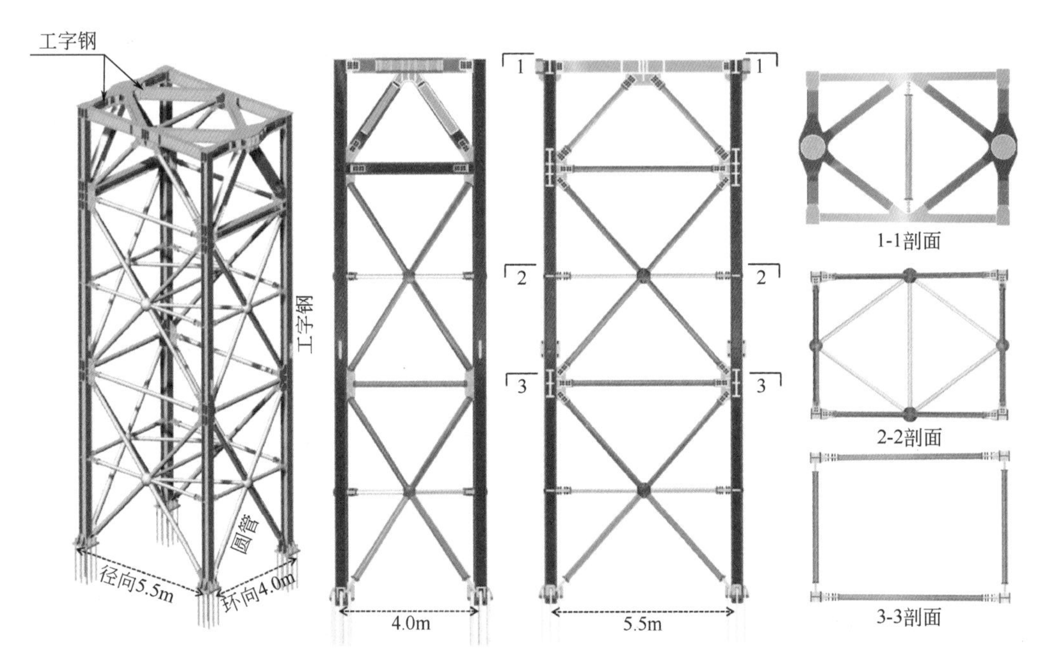

图 2.1-10　典型格构柱布置图

2.2　不同边界条件的结构性能

2.2.1　圈梁、格构柱刚度研究

由于 50 根格构柱高度不同，最高 50.419m、最低 6.419m，导致格构柱水平刚度差异很大。如果圈梁采用固定铰支座与格构柱连接，二者整体受力、变形协调，格构柱刚度的不均匀性对包括格构柱、圈梁以及索网在内的整体结构受力有较大影响。

1. 格构柱侧向刚度

格构柱可以看作一个竖向放置的桁架，忽略构件的次弯矩，构件仅承受轴力。格构柱平面尺寸为 5.5m×4m，柱高 6.419～50.419m，平面尺寸与柱高相比不是小量，需要考虑剪切变形对格构柱刚度的影响。图 2.2-1 是柱顶作用水平集中荷载 f_r，计算格构柱弯曲变形和剪切变形的示意图。格构柱两侧弦杆的面积和惯性矩之和分别为 I_a、A_a 和 I_b、A_b，格构柱斜腹杆和水平腹杆的面积分别为 A_c 和 A_d，斜腹杆与弦杆夹角为 α，格构柱截面宽度为 d，节间高度为 h_i，总高度为 h。格构柱材料弹性模量为 E。

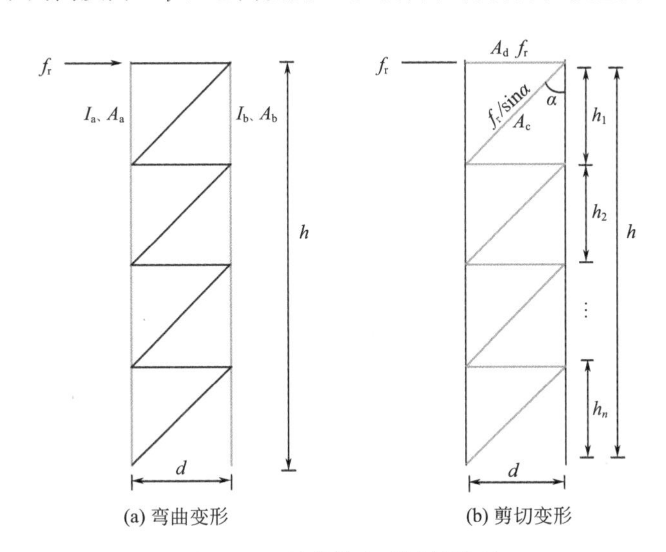

图 2.2-1　格构柱变形计算模型

（1）弯曲变形对应的侧向刚度

格构柱的惯性矩为：

$$I = I_a + A_a\frac{d^2}{4} + I_b + A_b\frac{d^2}{4} \tag{2.2-1}$$

假定格构柱两侧弦杆截面相同，则上式简化为：

$$I = 2I_a + A_a\frac{d^2}{2} \tag{2.2-2}$$

格构柱顶部施加集中荷载 f_r，则高度为 h 的柱顶侧移 δ_b 为：

$$\delta_b = \frac{f_r h^3}{3EI} \tag{2.2-3}$$

弯曲变形对应的侧向刚度 K_b^c 为：

$$K_b^c = \frac{f_r}{\delta_b} = \frac{3EI}{h^3} \tag{2.2-4}$$

（2）剪切变形对应的侧向刚度

假定竖腹杆、斜腹杆变形后仍然保持直线，剪切刚度由腹杆构件承担，由虚功原理求得剪切变形 δ_v 为：

$$\delta_v = \sum_i \left(\frac{f_r d}{EA_d} + \frac{\frac{f_r}{\sin\alpha} \cdot \frac{1}{\sin\alpha} \cdot \frac{h_i}{\cos\alpha}}{EA_c} \right) \tag{2.2-5}$$

将 $d = h_i \tan\alpha$ 代入得：

$$\delta_v = \left(\frac{f_r \tan\alpha}{EA_d} + \frac{\frac{f_r}{\sin\alpha} \cdot \frac{1}{\sin\alpha} \cdot \frac{1}{\cos\alpha}}{EA_c} \right) \cdot \sum_i h_i \tag{2.2-6}$$

式中格构柱总高度为：

$$h = \sum_i h_i \tag{2.2-7}$$

格构柱剪切变形对应的侧向刚度 K_v^c 为：

$$K_v^c = \frac{f_r}{\delta_v} = \frac{EA_c A_d \sin^2\alpha \cos\alpha}{(A_c \sin^3\alpha + A_d)h} \tag{2.2-8}$$

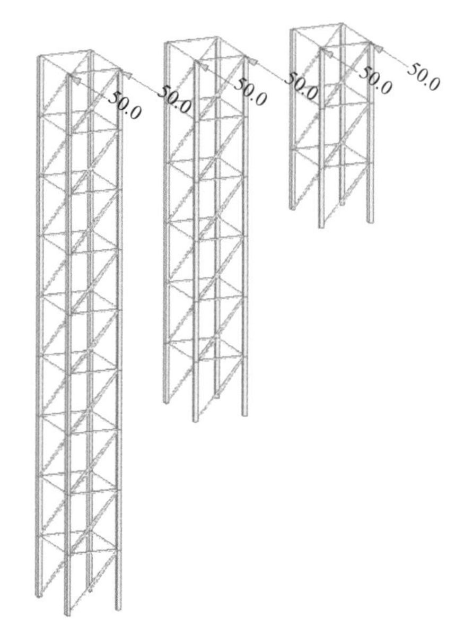

图 2.2-2　算例模型

（3）格构柱弯剪组合刚度

考虑格构柱弯曲变形和剪切变形后，格构柱侧向刚度 K^c 为弯曲刚度 K_b^c 和剪切刚度 K_v^c 的串联，如下式：

$$K^c = K_b^c K_v^c / (K_b^c + K_v^c) \tag{2.2-9}$$

（4）算例

格构柱平面尺寸 5.5m×4m，弦杆截面 H300×300×10×15，斜腹杆和竖腹杆截面 P159×5，斜腹杆与弦杆夹角 α 为 39°，材料弹性模量 $E = 2.06 \times 10^{11}$Pa。分析 3 个不同高度的模型，如图 2.2-2 所示，高度分别为 40.084m、26.723m 和 13.361m；格构柱柱顶两个角部各施加 50kN 的集中力，总计 100kN 合力。采用有限元验证上述解析公式，两种方法计算的侧向刚度列于表 2.2-1，两种结果偏差小于 7%，解析解可以用于格构柱刚度分析。

算例模型有限元结果与理论分析结果对比　　**表 2.2-1**

模型高度(m)	有限元解		解析解刚度(N/m)	误差(%)
	侧移(mm)	刚度(N/m)		
40.084	45.0	2.22×10^6	2.19×10^6	1%
26.723	19.0	5.26×10^6	5.11×10^6	3%
13.361	6.1	1.64×10^7	1.53×10^7	7%

（5）各格构柱刚度值

格构柱布置及构件尺寸同上述算例。根据格构柱高度，可求得 50 根格构柱的侧向刚度，见表 2.2-2。

50 根格构柱侧向刚度列表 **表 2.2-2**

编号	高度(m)	刚度(N/m)	折算刚度(N/m)	编号	高度(m)	刚度(N/m)	折算刚度(N/m)
1	43.92	1.77×10^6	5.90×10^5	26	15.42	1.26×10^7	4.19×10^6
2	44.42	1.72×10^6	5.74×10^5	27	12.42	1.69×10^7	5.62×10^6
3	44.42	1.72×10^6	5.74×10^5	28	18.42	9.66×10^6	3.22×10^6
4	30.92	3.84×10^6	1.28×10^6	29	24.42	6.03×10^6	2.01×10^6
5	13.42	1.52×10^7	5.07×10^6	30	28.42	4.54×10^6	1.51×10^6
6	6.42	3.66×10^7	1.22×10^7	31	28.42	4.54×10^6	1.51×10^6
7	7.42	3.12×10^7	1.04×10^7	32	29.42	4.24×10^6	1.41×10^6
8	12.42	1.69×10^7	5.62×10^6	33	28.42	4.54×10^6	1.51×10^6
9	21.42	7.57×10^6	2.52×10^6	34	32.42	3.48×10^6	1.16×10^6
10	18.42	9.66×10^6	3.22×10^6	35	31.42	3.71×10^6	1.24×10^6
11	16.42	1.15×10^7	3.83×10^6	36	33.42	3.27×10^6	1.09×10^6
12	18.42	9.66×10^6	3.22×10^6	37	39.92	2.21×10^6	7.37×10^5
13	41.42	2.03×10^6	6.77×10^5	38	44.42	1.72×10^6	5.74×10^5
14	41.42	2.03×10^6	6.77×10^5	39	44.42	1.72×10^6	5.74×10^5
15	48.42	1.40×10^6	4.66×10^5	40	42.42	1.92×10^6	6.40×10^5
16	45.42	1.63×10^6	5.45×10^5	41	40.42	2.15×10^6	7.16×10^5
17	34.42	3.07×10^6	1.02×10^6	42	40.42	2.15×10^6	7.16×10^5
18	49.42	1.33×10^6	4.44×10^5	43	41.42	2.03×10^6	6.77×10^5
19	49.42	1.33×10^6	4.44×10^5	44	40.42	2.15×10^6	7.16×10^5
20	48.42	1.40×10^6	4.66×10^5	45	38.42	2.41×10^6	8.03×10^5
21	50.42	1.27×10^6	4.22×10^5	46	36.42	2.71×10^6	9.04×10^5
22	48.42	1.40×10^6	4.66×10^5	47	36.42	2.71×10^6	9.04×10^5
23	38.42	2.41×10^6	8.03×10^5	48	39.42	2.27×10^6	7.58×10^5
24	21.42	7.57×10^6	2.52×10^6	49	41.42	2.03×10^6	6.77×10^5
25	16.42	1.15×10^7	3.83×10^6	50	41.42	2.03×10^6	6.77×10^5

注：由于每根格构柱负担 3 根径向索的拉力，下面与环梁刚度比较时采用折算刚度，其大小为格构柱刚度数值除 3。

2. 圈梁径向刚度

圈梁为圆形平面，沿环向网格等距，假定圈梁节点受到指向圆心的集中荷载，圈梁处于受压状态。构件材料弹性模量为 E。

（1）弦杆提供的径向刚度

图 2.2-3 为圈梁单圈弦杆承受径向节点荷载 f_r 的计算简图，弦杆节点处于半径为 r

的圆上，弦杆截面面积为A，弦杆两端点对应的圆心角为θ，弦杆轴力为 f_c，在 f_r 作用下弦杆的径向变形为δ。

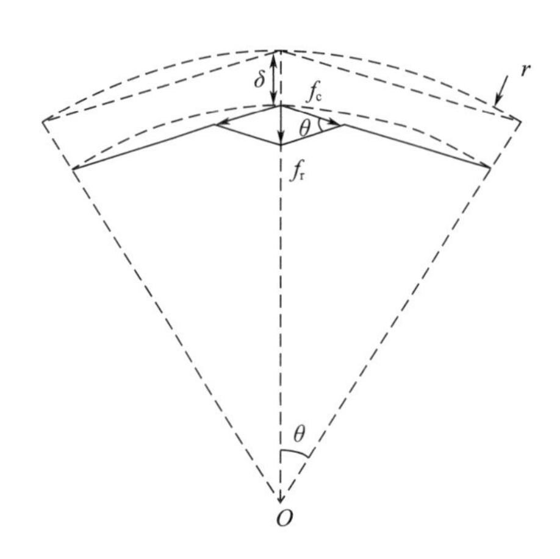

图 2.2-3　单圈弦杆计算简图

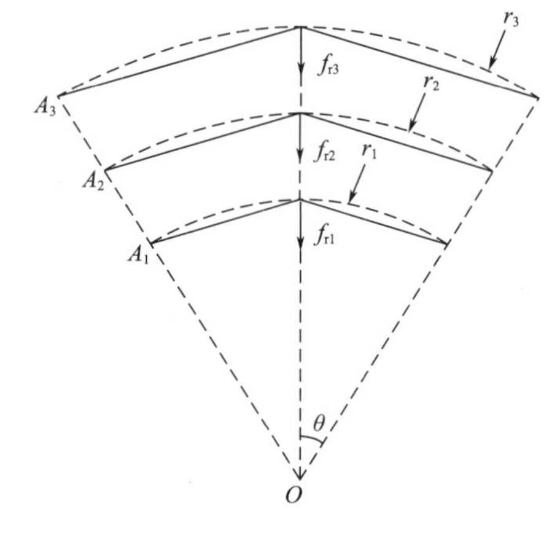

图 2.2-4　三圈弦杆计算简图

由计算简图，得到平衡关系为：

$$\frac{f_r}{2f_c}=\sin\left(\frac{\theta}{2}\right) \tag{2.2-10}$$

几何关系为：

$$\varepsilon=\frac{\Delta C}{C}=\frac{C-C'}{C}=\frac{2\pi r-2\pi(r-\delta)}{2\pi r}=\frac{\delta}{r} \tag{2.2-11}$$

式中，C 为半径为r 的弦杆变形前周长；C' 为变形后周长；ΔC 为周长变化量。

物理方程：

$$\varepsilon=\frac{f_c}{AE} \tag{2.2-12}$$

式（2.2-10）～式（2.2-12）3 个方程联立，可以求得单圈弦杆提供的径向刚度 k_n^b：

$$f_r=2f_c\sin\left(\frac{\theta}{2}\right)=2AE\sin\left(\frac{\theta}{2}\right)\frac{\delta}{r} \tag{2.2-13}$$

$$K_n^b=\frac{f_r}{\delta}=\frac{2AE\sin\left(\frac{\theta}{2}\right)}{r} \tag{2.2-14}$$

FAST 圈梁由三圈弦杆组成，如图 2.2-4 所示。从内到外，三圈弦杆分担的径向集中力分别为 f_{r1}、f_{r2} 和 f_{r3}，三圈弦杆的半径分别为 r_1、r_2 和 r_3，三圈弦杆的截面面积分别为 A_1、A_2 和 A_3，弦杆两端点对应的圆心角为θ。

由式（2.2-13），可得：

$$f_r=f_{r1}+f_{r2}+f_{r3}=2E\sin\left(\frac{\theta}{2}\right)\left(\frac{A_1}{r_1}+\frac{A_2}{r_2}+\frac{A_3}{r_3}\right)\delta \tag{2.2-15}$$

则三圈弦杆提供的径向刚度 K_n^b 为：

$$K_n^b=\frac{f_r}{\delta}=2E\sin\left(\frac{\theta}{2}\right)\left(\frac{A_1}{r_1}+\frac{A_2}{r_2}+\frac{A_3}{r_3}\right) \tag{2.2-16}$$

（2）剪切变形对应的径向刚度

图 2.2-5 为圈梁剪切刚度计算示意图，图中 A_c 为斜腹杆截面面积，A_d 为竖腹杆截面面积，α 为斜腹杆与弦杆夹角，S 表示节间长度，f_r 表示径向集中荷载。

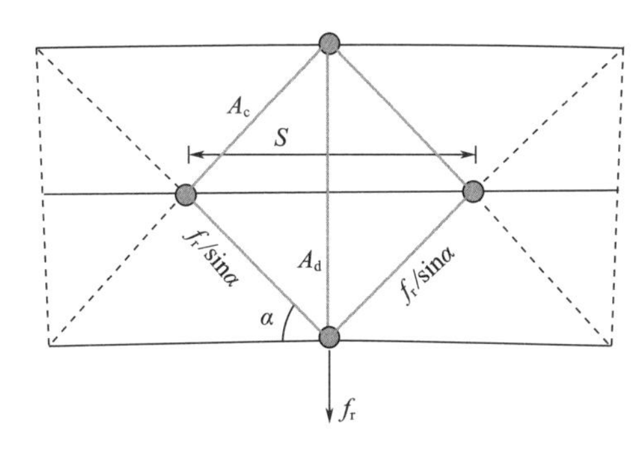

图 2.2-5 圈梁剪切变形计算简图

剪切变形对应的径向刚度推导参考格构柱剪切刚度推导过程，可以得到：

$$K_v^b = \frac{EA_cA_d\sin^2\alpha\cos\alpha}{(A_c\sin^3\alpha + A_d)S} \tag{2.2-17}$$

式中，S 为节间宽度。

(3) 轴向和剪切组合的径向刚度

考虑圈梁的剪切变形后，圈梁径向刚度 K^b 为弦杆刚度 K_n^b 和剪切刚度 K_v^b 的串联，如下式：

$$K^b = K_n^b K_v^b / (K_n^b + K_v^b) \tag{2.2-18}$$

(4) 理论与有限元分析结果比对

有限元分析模型见图 2.2-6，三圈弦杆截面面积 A_1、A_2、A_3 分别为 $4.12\times10^{-2}\text{m}^2$、

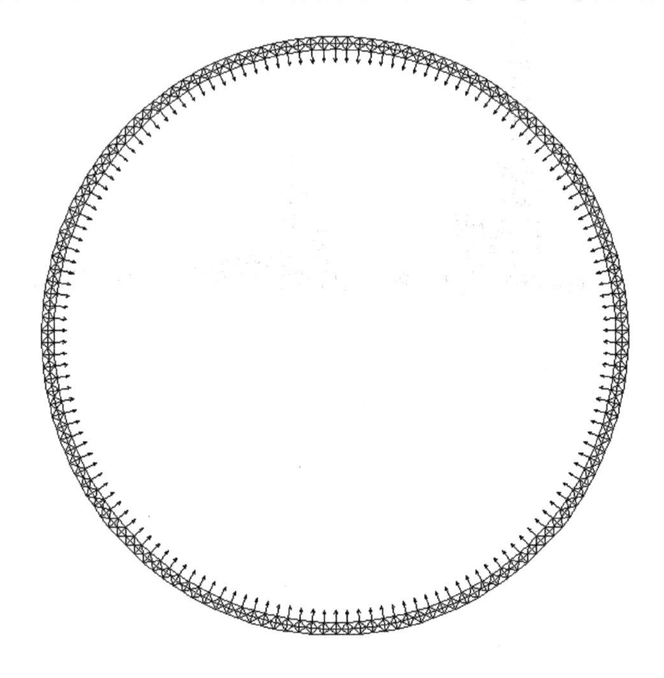

图 2.2-6 有限元分析模型

$2.164\times10^{-2}\text{m}^2$、$4.12\times10^{-2}\text{m}^2$，半径 r_1、r_2、r_3 分别为 250.4m、255.9m、261.4m，θ 为 $\frac{\pi}{75}$，代入抗弯刚度公式（2.2-16），得 $K_n^b=3.51\times10^6\text{N/m}$。

斜腹杆 A_c 为 $2.12\times10^{-2}\text{m}^2$，竖腹杆 A_d 为 $1.06\times10^{-2}\text{m}^2$，节间宽度 S 为 10.718m，α 为 46.65°，代入抗剪刚度公式（2.2-17），得 $K_v^b=8.36\times10^7\text{N/m}$。

将 K_n^b 和 K_v^b 代入公式（2.2-18），得到总刚度 $K^b=3.37\times10^6\text{N/m}$。

需要说明的是，本算例圈梁沿环向没有变化截面规格。但为节省用钢量，实际工程的圈梁按照构件内力匹配截面，沿环向截面是变化的，因此实际工程的圈梁刚度同本算例不完全相同。

FAST 初始态索力 744kN，水平向分力 506kN，解析解求得径向变形 506/3.37＝150mm，有限元求解的变形值也为 150mm，解析解与有限元分析结果一致，说明解析解可以用于圈梁刚度分析。

3. 格构柱和圈梁径向刚度比较

比较圈梁径向刚度和格构柱沿径向的刚度，如图 2.2-7 所示。从图中可以看出，格构柱径向刚度差别很大，且大部分格构柱径向刚度远小于圈梁的径向刚度；同样如图所示，圈梁和格构柱组合刚度差异大，会造成圈梁、索网变形不均匀；圈梁径向刚度比组合刚度小，但在大部分范围内两者刚度差别不大。因此，基于以上原因，格构柱不参与承担径向荷载，仅由圈梁承担径向荷载也是合理可行的。

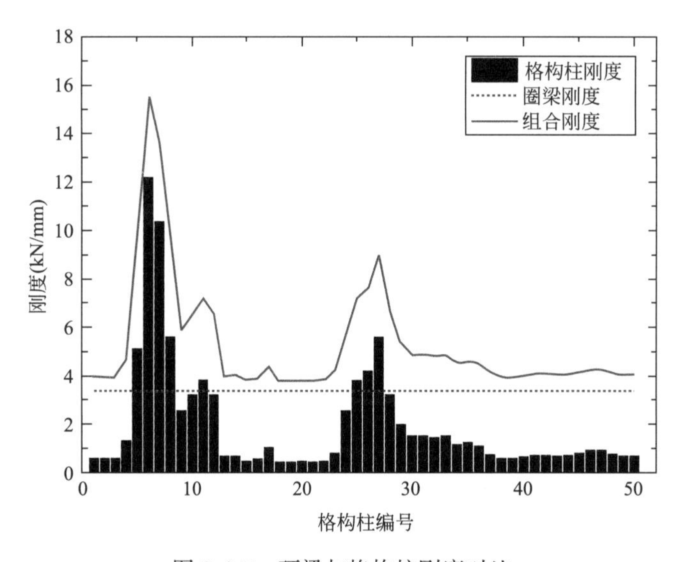

图 2.2-7　环梁与格构柱刚度对比

2.2.2　不同边界条件的结构性能

圈梁为宽度 11m、高度 5.5m 的均匀圆环，根据上一节的分析，该圆环本身具有较大的弹性刚度，可以利用圈梁自身的弹性刚度给主索网提供弹性边界，将圈梁与格构柱“脱开”，靠圈梁支座联系两部分结构。为比较不同支座对结构性能的影响，研究以下三种支座形式的结构性能：（1）方案一：环向与径向均释放；（2）方案二：环向约束、径向释放；(3) 方案三：三向固定铰约束。

首先按照相同的标准，设计三种边界条件的整体结构，结构模型包括格构柱、圈梁和索网。为便于快速比较不同方案，未考虑圈梁上弦的运输和行走吊机荷载，格构柱和圈梁构件均采用圆钢管。各方案设计时，采用了以下统一标准：(1) 仅进行索网球面基准态分析，未进行索网抛物面态分析；(2) 索网分析时，仅控制索网节点坐标在球面法线方向1mm以内，不控制其在球面上的变形，索网最大内力控制80t以内；(3) 杆件控制应力比不超过0.85；(4) 杆件长细比限值，拉杆小于200，压杆小于150。对于按照统一标准设计的结构，从圈梁变形、索网变形、格构柱底反力、温度效应以及用钢量等方面，研究各方案的受力性能。

1. 球面基准态索力引起的圈梁径向水平变形

三个方案的圈梁径向水平变形如图2.2-8所示。方案一的圈梁径向水平变形为−138.1～22.5mm（负值为指向圆心的变形），方案二的圈梁径向水平变形为−133.1～2.5mm，方案三的圈梁径向水平变形为−206.3～0mm。受格构柱刚度的影响，方案三变形最大，且变形最不均匀；方案一和方案二的变形接近，变形均匀性较方案三大幅改善。

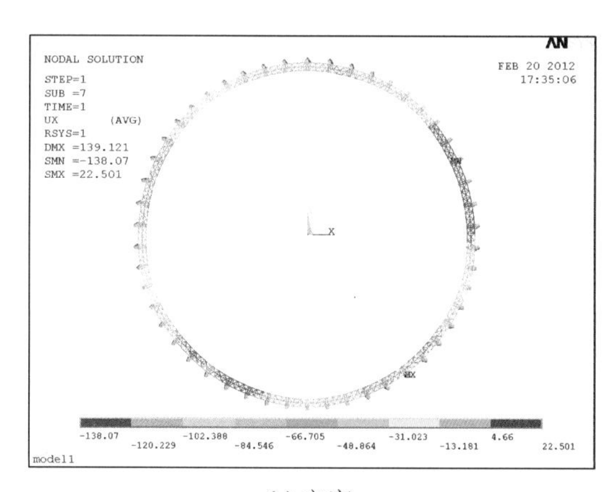

(a) 方案一

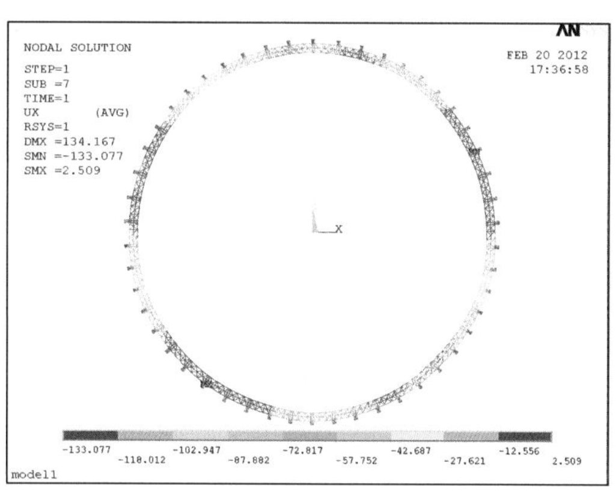

(b) 方案二

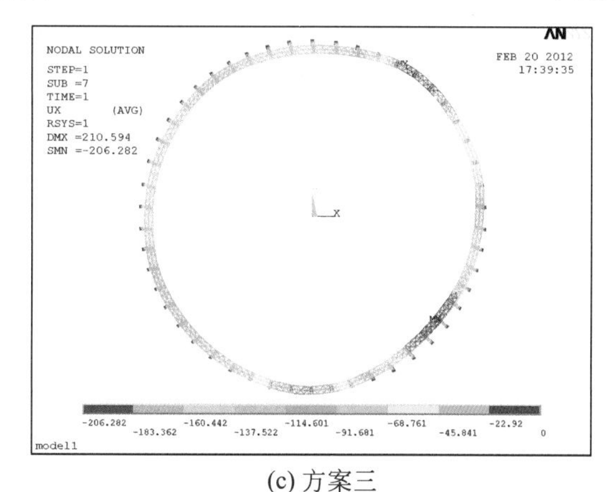

(c) 方案三

图2.2-8 圈梁径向水平变形图（mm）

2. 球面基准态的索网变形

因方案一和方案二的索网变形差别不大，未给出方案一的索网变形图。图 2.2-9 和图 2.2-10 分别是方案二和方案三的索网在球面内的变形图。从图中可以看出，方案二从内向外，变形均匀增加，边缘达到最大，为 77.2mm；虽然方案三的最大变形为 64.8mm，小于方案二的最大值，但受格构柱刚度不均匀的影响，变形差异大。

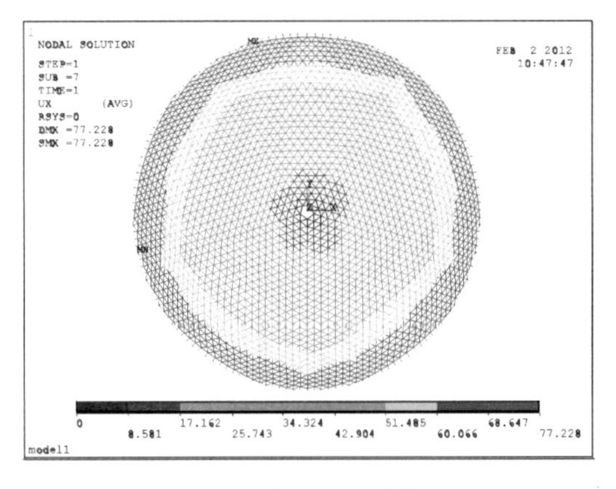

图 2.2-9　方案二索网变形（mm）

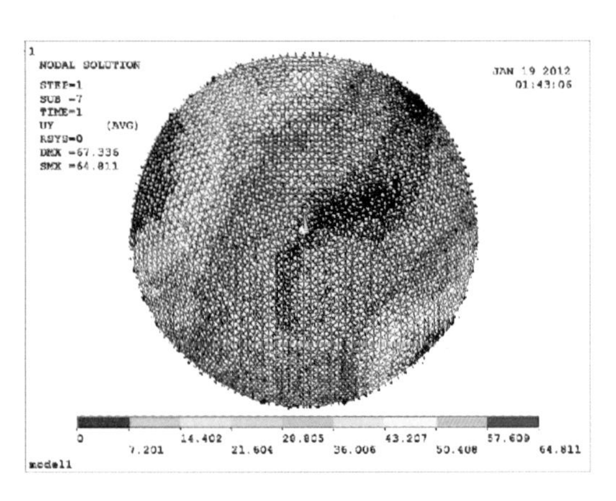

图 2.2-10　方案三索网变形（mm）

3. 球面基准态索力引起的格构柱柱底反力

不同边界条件下格构柱底径向、环向和竖向反力分别如图 2.2-11～图 2.2-13 所示，表 2.2-3 汇总了各方案的反力。图表中的格构柱反力表示格构柱四个柱肢反力之和。

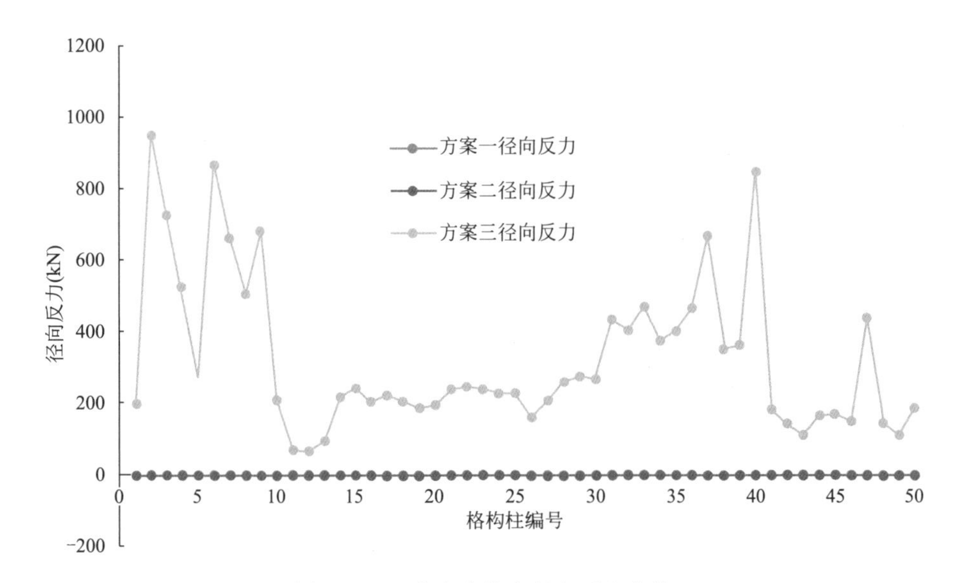

图 2.2-11　各方案柱底径向反力曲线

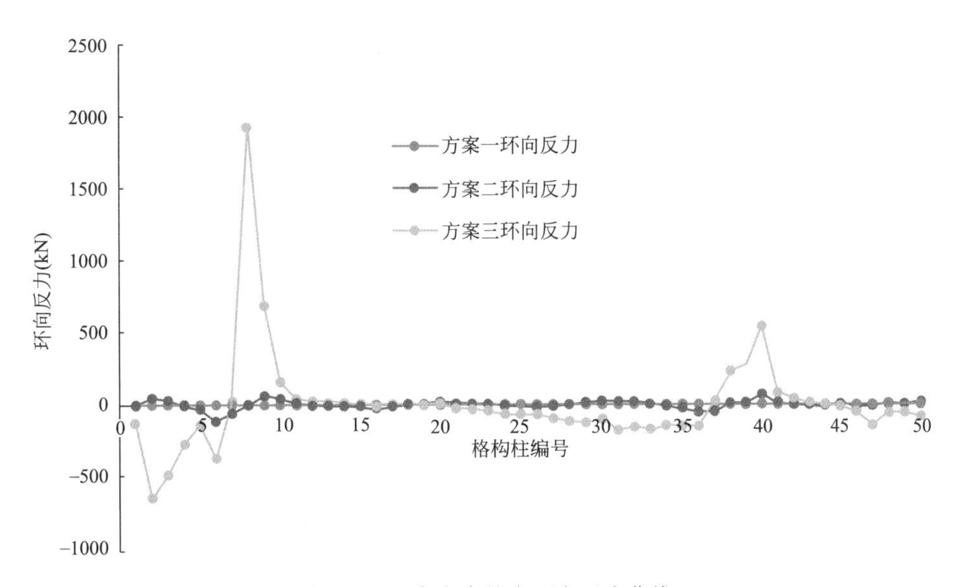

图 2.2-12 各方案柱底环向反力曲线

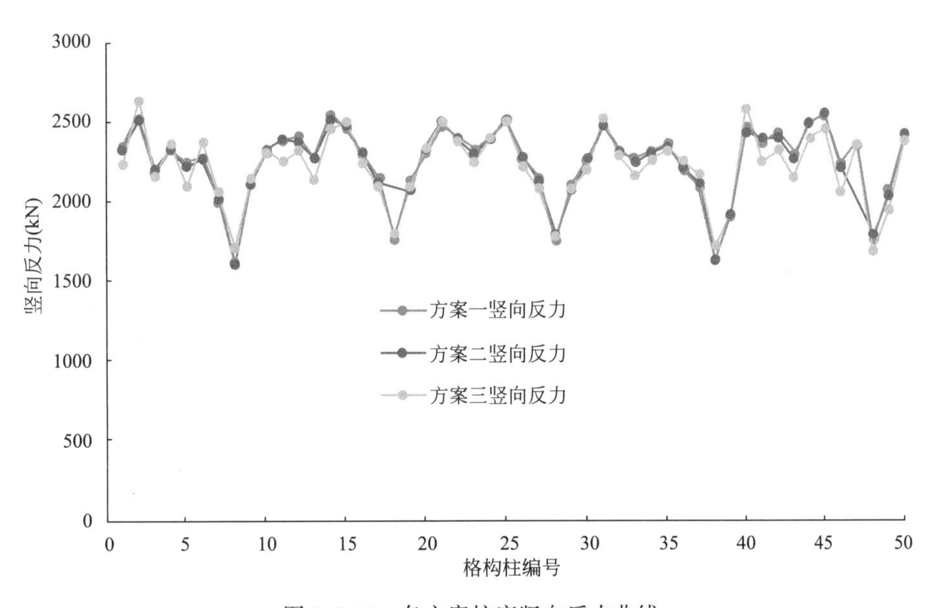

图 2.2-13 各方案柱底竖向反力曲线

柱底反力 **表 2.2-3**

	格构柱反力(kN)			分肢柱最大拔力(kN)
	径向	环向	竖向	
方案一	无	无	1612～2539	无
方案二	无	0～116	1604～2544	无
方案三	66～957	−639～1912	1679～2632	1525

从图表中可以看出以下规律：

（1）方案一和方案二的圈梁支座径向释放，柱底无径向反力；方案三柱底径向反力最大957kN、最小66kN，反力变化大，分布不均匀。

（2）方案一的圈梁支座环向释放，柱底无环向反力；方案二柱底环向反力最大值为116kN，反力分布不均匀，但反力峰值低；方案三环向反力最大1912kN，最小－639kN，反力分布极不均匀，峰值高。

（3）三个方案格构柱的竖向反力差别不大，但方案一和方案二格构柱的每个分肢柱均受压，方案三格构柱的分肢柱有拔力，最大拔力达1525kN。

（4）综上分析，方案三的径向和环向水平反力大、反力数值极不均匀，且分肢柱竖向上拔反力达到1525kN，使复杂山区喀斯特地貌环境下的基础设计更加困难。

4. 温度荷载引起的圈梁径向变形

本章2.4节分析了温度变化引起的圈梁径向变形。温度变化时，与方案二相比，方案三的圈梁变形极不均匀，详见2.4节。

5. 用钢量

不包括节点重量，不同方案的圈梁与格构柱用钢量见表2.2-4，其中方案三的用钢量最小，为2480t，用到的最大杆件截面为650×25（mm）的圆管；方案一与方案二用钢量分别为2690t和2674t，相差不大，用到的最大杆件截面均为426×20（mm）的圆管，方案一和方案二较方案三用钢量高8%左右。上述用钢量和杆件为理论值，实际工程要调整杆件级配，使结构杆件截面变化均匀，杆件直径越大，调整级配增加的用钢量越大。另外，大直径的杆件也需要较大的连接节点，连接节点的用钢量也越大。因此，调整杆件级配和考虑节点重量后，方案三增加重量较多，与方案一和方案二的用钢量差别会进一步缩小，特别是考虑基础造价后，方案三的造价会超过方案一和方案二。

用钢量比较 **表2.2-4**

边界条件	用钢量(t)	杆件最大截面(mm)
环向与径向均释放(方案一)	2690	圆管 426×20
环向约束、径向释放(方案二)	2674	圆管 426×20
三向固定铰约束(方案三)	2480	圆管 650×25

6. 总结

综合比较三个方案，方案三的圈梁和索网变形均匀性差，柱底水平反力大，柱肢竖向拔力达到1525kN，基础设计困难，且用钢量无优势。方案一和方案二力学性能相近，克服了方案三的缺点。但是，方案二有环向约束，结构可靠性更好，因此，实施方案采用方案二，即环向约束、径向释放的边界条件。以下章节的计算分析均基于方案二的边界条件。

2.3 整体稳定性分析

圈梁为一圆环，在索网的拉力作用下，圈梁处于整体受压状态，需研究圈梁结构的整体稳定性。索网球面基准态的预应力和抛物面变位引起的索网内力是作用在圈梁上的主要荷载，因此稳定分析考虑上述两种荷载模式。

2.3.1 稳定分析的基本理论

稳定分析分为非线性稳定分析和线性屈曲分析，可以通过有限元方法求解。非线性稳定考虑结构的大变形，通过求解荷载和变形的加载曲线，得到非线性稳定系数和失稳形态。线性屈曲不考虑结构的大变形，通过求解结构的特征值，得到结构的线性稳定系数和屈曲模态。求解非线性有限元方程退化为刚度矩阵的特征值求解，就是屈曲分析，因此屈曲分析是非线性稳定分析的特例。本节从推导空间梁单元的非线性有限元方程入手[5]，介绍稳定分析理论。

图 2.3-1 所示空间梁单元，其基本假定是：

（1）梁单元的初始形状为直杆，并且截面沿梁轴线不变；

（2）在变形过程中，梁截面保持为平面；

（3）材料为弹性、均质、各向同性。

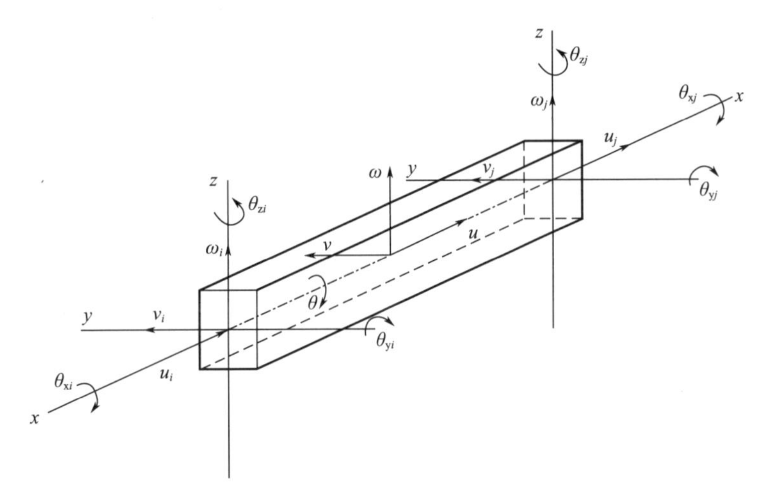

图 2.3-1　空间梁单元

设梁单元在局部坐标系下的杆端位移增量和杆端力向量分别为：

$$\bar{\boldsymbol{q}} = \{\bar{u}_i\ \bar{v}_i\ \bar{\omega}_i\ \bar{\theta}_{xi}\ \bar{\theta}_{yi}\ \bar{\theta}_{zi}\ \bar{u}_j\ \bar{v}_j\ \bar{\omega}_j\ \bar{\theta}_{xj}\ \bar{\theta}_{yj}\ \bar{\theta}_{zj}\}^{\mathrm{T}}$$

$$\boldsymbol{F} = \{N_{xi}\ N_{yi}\ N_{zi}\ M_{xi}\ M_{yi}\ M_{zi}\ N_{xj}\ N_{yj}\ N_{zj}\ M_{xj}\ M_{yj}\ M_{zj}\}^{\mathrm{T}}$$

单元中性轴上的增量位移场为：

$$\bar{\boldsymbol{u}} = \{\bar{u}\quad \bar{v}\quad \bar{\omega}\quad \bar{\theta}_x\}^{\mathrm{T}} = \boldsymbol{N}\bar{\boldsymbol{q}} \tag{2.3-1}$$

式中，$\boldsymbol{N}$ 取与线性分析时同样的插值函数。

设单元截面上任一点的位移增量 $\bar{\boldsymbol{u}}_r = \{\bar{u}_i\ \bar{v}_i\ \bar{\omega}_i\}^{\mathrm{T}}$ 为：

$$\left.\begin{aligned} \bar{u}_i &= \bar{u} - y\frac{\partial \bar{v}}{\partial x} - z\frac{\partial \bar{\omega}}{\partial x} \\ \bar{v}_i &= \bar{v} - \bar{\theta}_x \cdot z \\ \bar{\omega}_i &= \bar{\omega} + \bar{\theta}_x \cdot y \end{aligned}\right\} \tag{2.3-2}$$

写成矩阵形式：

$$\bar{\boldsymbol{u}}_r = \boldsymbol{N}_r\bar{\boldsymbol{q}} \tag{2.3-3}$$

式中，$\boldsymbol{N}_r$ 可由式（2.3-1）和式（2.3-2）求得。

梁单元是典型的一维单元，在 U.L. 坐标系中，其格林应变增量 $\boldsymbol{\varepsilon}=\{\varepsilon_{xx}\quad 2\varepsilon_{xy}\quad 2\varepsilon_{xz}\}^{T}$ 正好等于格林应变本身：

$$\left.\begin{aligned}\varepsilon_{xx}&=\left(\frac{\partial\bar{u}_i}{\partial x}\right)_L+\frac{1}{2}\left[\left(\frac{\partial\bar{u}_i}{\partial x}\right)^2+\left(\frac{\partial\bar{v}_i}{\partial x}\right)^2+\left(\frac{\partial\bar{\omega}_i}{\partial x}\right)^2\right]_N\\ \varepsilon_{xy}&=\frac{1}{2}\left(\frac{\partial\bar{u}_i}{\partial y}+\frac{\partial\bar{v}_i}{\partial x}\right)_L+\frac{1}{2}\left[\frac{\partial\bar{u}_i}{\partial x}\frac{\partial\bar{u}_i}{\partial y}+\frac{\partial\bar{v}_i}{\partial x}\frac{\partial\bar{v}_i}{\partial y}+\frac{\partial\bar{\omega}_i}{\partial x}\frac{\partial\bar{\omega}_i}{\partial y}\right]_N\\ \varepsilon_{xz}&=\frac{1}{2}\left(\frac{\partial\bar{u}_i}{\partial z}+\frac{\partial\bar{\omega}_i}{\partial x}\right)_L+\frac{1}{2}\left[\frac{\partial\bar{u}_i}{\partial x}\frac{\partial\bar{u}_i}{\partial z}+\frac{\partial\bar{v}_i}{\partial x}\frac{\partial\bar{v}_i}{\partial z}+\frac{\partial\bar{\omega}_i}{\partial x}\frac{\partial\bar{\omega}_i}{\partial z}\right]_N\end{aligned}\right\}\tag{2.3-4}$$

式中，等号右边的下角标“L”表示应变增量的线性项 $\boldsymbol{e}=\{e_{xx}2e_{xy}2e_{xz}\}^{T}$；“N”表示应变增量的非线性项 $\boldsymbol{\eta}=\{\eta_{xx}\quad 2\eta_{xy}\quad 2\eta_{xz}\}^{T}$。

应力 $\boldsymbol{\sigma}=\{\sigma_{xx}\quad \tau_{xy}\quad \tau_{xz}\}^{T}$ 为：

$$\left.\begin{aligned}\sigma_{xx}&=\frac{p}{A}+[-M_{yi}N_1+M_{yj}N_2]\frac{z}{I_y}+[M_{zi}N_1-M_{zj}N_2]\frac{y}{I_z}\\ \tau_{xy}&=\frac{V_y}{A}\\ \tau_{xz}&=\frac{V_z}{A}\end{aligned}\right\}\tag{2.3-5}$$

式中，A、I_z 和 I_y 分别为单元的截面面积和惯性矩；p、V_y、V_z、M_{yi}、M_{zi} 为单元内力，N_1、N_2 为形函数。

本构关系为

$$\boldsymbol{D}=\begin{bmatrix}E&0&0\\0&G&0\\0&0&G\end{bmatrix}\tag{2.3-6}$$

将式（2.3-3）代入式（2.3-4）可得：

$$\boldsymbol{e}=\overline{\boldsymbol{B}}_L\overline{\boldsymbol{q}}\tag{2.3-7}$$

$$\boldsymbol{\eta}=\overline{\boldsymbol{B}}_N\overline{\boldsymbol{q}}\tag{2.3-8}$$

对应变求变分得：

$$\delta\boldsymbol{e}=\boldsymbol{B}_L\overline{\boldsymbol{q}}\tag{2.3-9}$$

$$\delta\boldsymbol{\eta}=\boldsymbol{B}_N\overline{\boldsymbol{q}}\tag{2.3-10}$$

式中，$\overline{\boldsymbol{B}}_L$、$\overline{\boldsymbol{B}}_N$、$\boldsymbol{B}_L$、$\boldsymbol{B}_N$ 都可求得显式。

在 U.L. 坐标系下的虚功原理为：

$$\int_V C_{ijrs}\varepsilon_{rs}\delta\varepsilon_{ij}\,dV+\int_V\sigma_{ij}\delta\eta_{ij}\,dV=R-\int_V\sigma_{ij}\delta e_{ij}\,dV\tag{2.3-11}$$

式中，C_{ijrs} 是本构关系；R 为外荷载做的虚功。将式（2.3-11）线性化得：

$$\int_V C_{ijrs}e_{rs}\delta e_{ij}\,dV+\int_V\sigma_{ij}\delta\eta_{ij}\,dV=R-\int_V\sigma_{ij}\delta e_{ij}\,dV\tag{2.3-12}$$

将式（2.3-5）～式（2.3-10）代入式（2.3-12），可得单元切线刚度矩阵 $\boldsymbol{K}_t$，如式（2.3-13）。等式左边第一项导出线性刚度矩阵 $\boldsymbol{K}_l$，第二项导出几何刚度矩阵 $\boldsymbol{K}_g$，等式右端第一项导出节点荷载向量，第二项导出节点等效荷载向量。

$$\boldsymbol{K}_t=\boldsymbol{K}_l+\boldsymbol{K}_g\tag{2.3-13}$$

如果将式（2.3-5）～式（2.3-10）代入式（2.3-11），除得到线性刚度矩阵 $\boldsymbol{K}_{\mathrm{l}}$ 和几何刚度矩阵 $\boldsymbol{K}_{\mathrm{g}}$ 外，还可得到大位移刚度矩阵 $\boldsymbol{K}_{\mathrm{d}}$，它是单元变形的函数。单元的切线刚度矩阵为：

$$\boldsymbol{K}_{\mathrm{t}}=\boldsymbol{K}_{\mathrm{l}}+\boldsymbol{K}_{\mathrm{g}}+\boldsymbol{K}_{\mathrm{d}} \tag{2.3-14}$$

这样，便可形成单元的增量平衡方程：

$$\boldsymbol{K}_{\mathrm{t}}\overline{\boldsymbol{q}}=\boldsymbol{R}-\boldsymbol{f} \tag{2.3-15}$$

式中，$\boldsymbol{R}$ 是外荷载向量；$\boldsymbol{f}$ 是等效节点力向量。

通过增量法求解式（2.3-13），可以得到结构的非线性稳定承载力。式（2.3-13）退化为式（2.3-16），求解式（2.3-16）得到的特征值 λ 即为线性屈曲荷载，得到的特征向量即为屈曲模态。

$$\left|\boldsymbol{K}_{\mathrm{l}}+\lambda\boldsymbol{K}_{\mathrm{g}}\right|=0 \tag{2.3-16}$$

2.3.2　圈梁的特征值屈曲分析

由于在使用过程中索网会形成不同抛物面形态，不同抛物面形态对应的索力不同，因此不同状态下圈梁的稳定性能也不相同。本节选取四种状态进行计算，分别为：球面基准态、天顶角最小时的抛物面态（见图 3.4-3）、天顶角居中时的抛物面态（见图 3.4-6）以及天顶角最大时的抛物面态（见图 3.4-12）。基准态和不同抛物面状态下，索网对圈梁刚度贡献不同。为了体现索网对圈梁稳定性能的影响，进行两种模型的屈曲分析：（1）不带索网的圈梁与格构柱模型（模型 1）；（2）带索网、圈梁与格构柱的整体模型（模型 2）。

球面基准态和 3 种典型抛物面态下，两种模型计算的圈梁屈曲因子汇总于表 2.3-1，圈梁第一屈曲模态如图 2.3-2～图 2.3-5 所示。不考虑索网的单独圈梁模型，球面基准态和各种抛物面状态下，圈梁为整体屈曲，屈曲因子都大于 9.0，表明圈梁具有较高的整体稳定性。考虑索网的模型中，与圈梁相连的钢索拉力在 800kN 左右，具有较大的弹性刚度和几何刚度，与圈梁形成整体结构，限制了圈梁发生整体屈曲，圈梁的屈曲模式表现为局部杆件的屈曲形式，索网显著提高了圈梁的整体稳定性。

圈梁一阶屈曲因子　　表 2.3-1

结构状态＼模型	模型 1(不考虑索网)		模型 2(考虑索网)	
	屈曲因子	屈曲模式	屈曲因子	屈曲模式
球面基准态	9.72	整体屈曲	10.50	局部屈曲
抛物面态 1	10.72		11.40	
抛物面态 2	10.41		11.47	
抛物面态 3	9.99		11.30	

2.3.3　非线性承载力分析

对第 2.3.2 节提到的 4 种状态进行非线性承载力分析，分析时考虑了几何和材料非线性，其中材料为理想弹塑性模型，并按照 2.3.2 节中的圈梁屈曲模态施加初始缺陷，最大初始缺陷为圈梁跨度的 1/300，即 1667mm。由于三种抛物面态的承载力相近，下面仅介绍球面基准态和抛物面态 1 的计算结果。

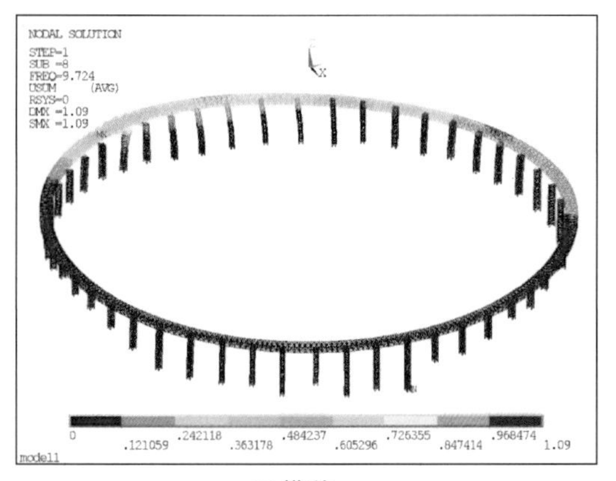

(a) 模型1

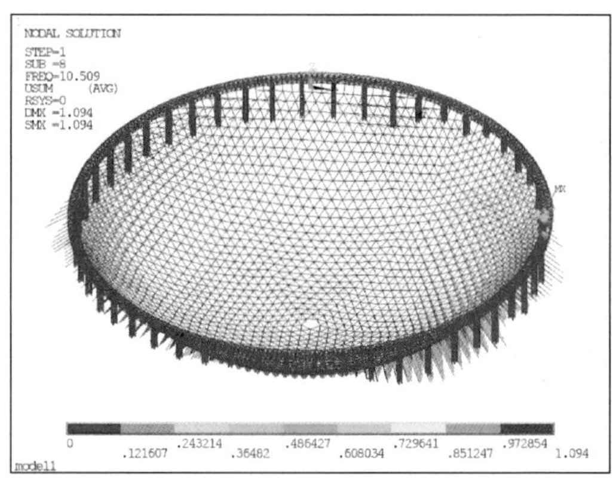

(b) 模型2

图 2.3-2 球面基准态圈梁屈曲模态

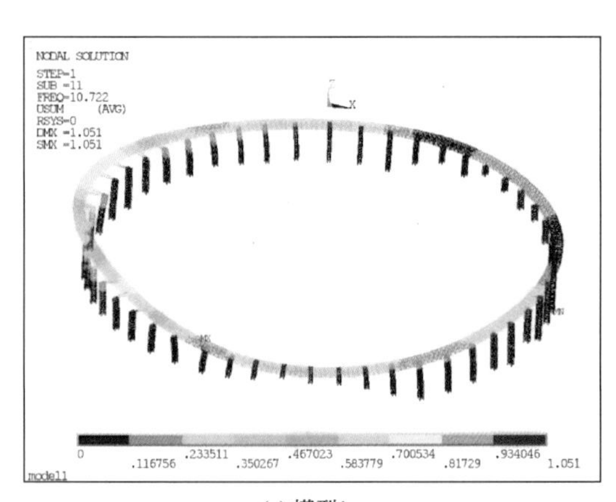

(a) 模型1

(b) 模型2

图 2.3-3 抛物面态 1 圈梁屈曲模态

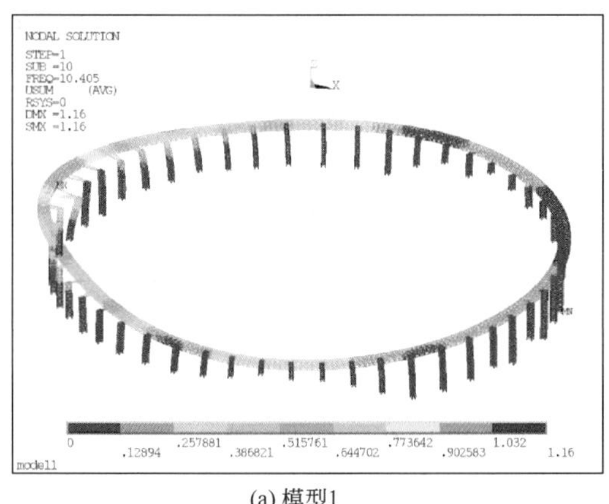

(a) 模型1

(b) 模型2

图 2.3-4 抛物面态 2 圈梁屈曲模态

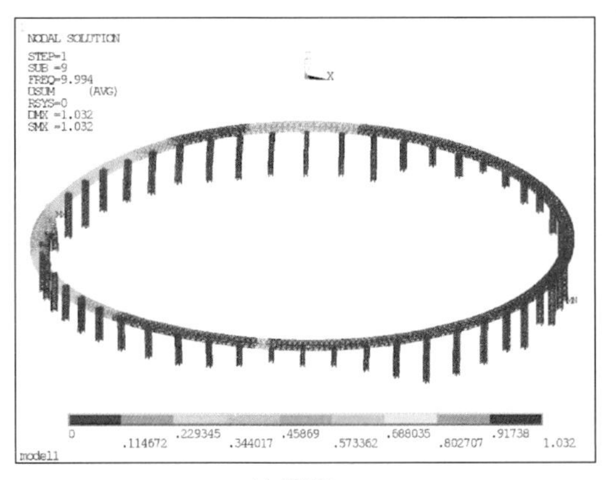

(a) 模型1

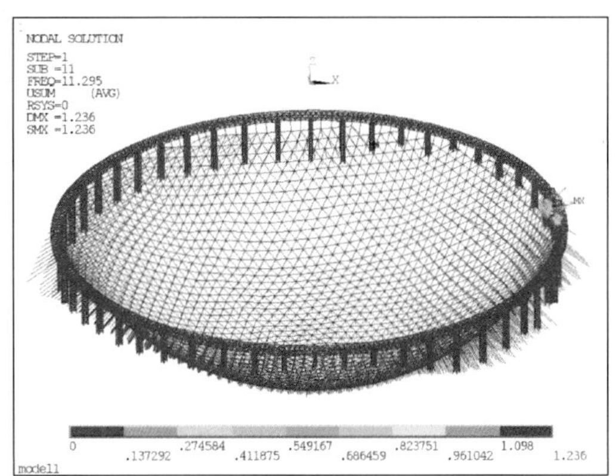

(b) 模型2

图 2.3-5　抛物面态 3 圈梁屈曲模态

1. 球面基准态下的圈梁非线性承载力

图 2.3-6 是极限状态时结构的变形云图，图 2.3-7 是圈梁位移最大点的荷载-变形曲线。可以看出，荷载系数在 2.5 以前，荷载-变形曲线为直线，结构为弹性；荷载系数大于 2.5 之后，部分构件屈服或屈曲，曲线斜率有所降低，但变化不大，结构仍能继续承载；随着荷载继续增加，屈服或屈曲的构件越来越多，结构刚度逐渐下降，当荷载系数达到 2.9 左右时，结构达到极限承载力，最大变形为 690.9mm。

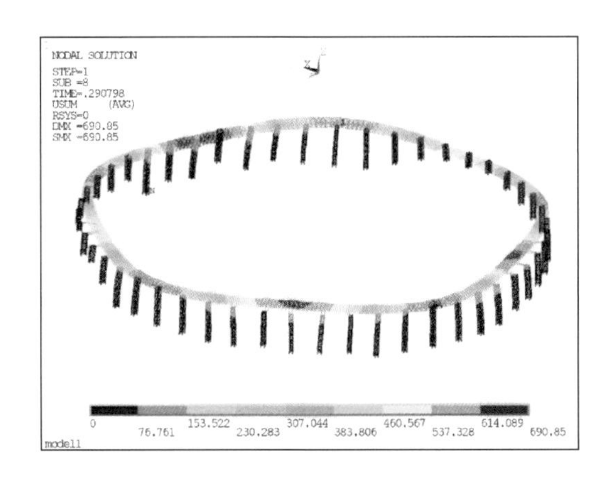

图 2.3-6　变形云图（mm）

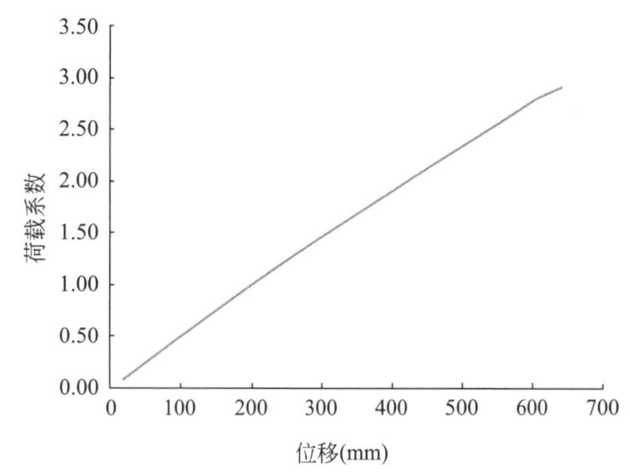

图 2.3-7　荷载-变形曲线

2. 抛物面态 1 下的圈梁非线性承载力

图 2.3-8 是极限状态时结构的变形云图，图 2.3-9 是圈梁位移最大点的荷载-变形曲线。可以看出，荷载系数在 2.9 以前，荷载-变形曲线为直线，结构为弹性；荷载系数大于 2.9 之后，部分构件屈服或屈曲，曲线斜率有所降低，但变化不大，结构仍能继续承载；随着荷载的继续增加，屈服或屈曲的构件越来越多，结构刚度逐渐下降，荷载系数达到 3.2 左右时，结构达到极限承载力，最大变形为 677.7mm。

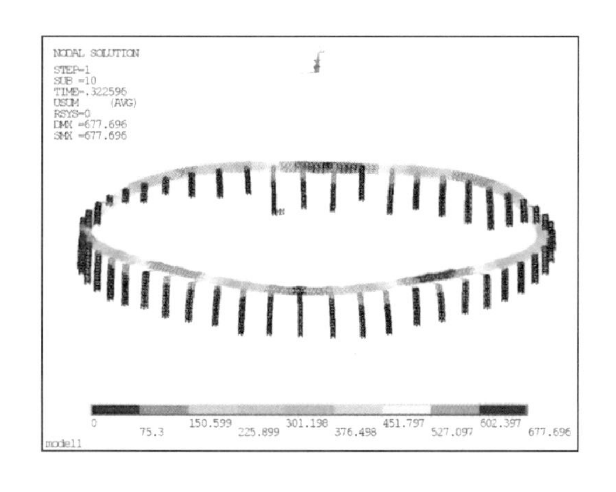

图 2.3-8　变形云图（mm）

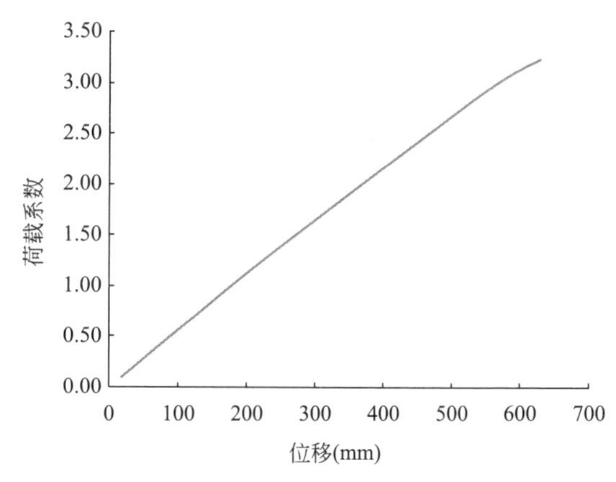

图 2.3-9　荷载-变形曲线

2.3.4　总结

屈曲分析结果表明，索网球面基准态和抛物面态下，圈梁的屈曲因子均大于 9.0；相比于球面基准态，抛物面态下的圈梁屈曲因子更高；考虑索网参与工作后，圈梁屈曲模态由整体屈曲转变为局部屈曲，索网可以显著提高圈梁的整体稳定性。

考虑几何非线性、材料非线性以及缺陷的极限承载力分析结果表明，球面基准态和抛物面态的承载力均大于 2.0，具有较高的安全储备；同线性屈曲分析的规律一致，抛物面态下的圈梁极限承载力更高。

2.4　圈梁支座径向位移

由于圈梁支座径向约束释放，圈梁会在径向产生位移。本节研究不同工况下圈梁支座产生的径向滑移变形。支座编号如图 2.4-1 所示，表 2.4-1 列出了 50 个支座的径向位移（负值指向圆心），基准态下的滑移量为相对于安装位置的数值，其他工况下的滑移量为相对于基准态下的数值。将表 2.4-1 中的数据整理成曲线，如图 2.4-2 和图 2.4-3 所示。

FAST 在 30 年的运行周期内，按照观测规划，索网会连续变成不同的抛物面。在形成不同抛物面的过程中，圈梁相应产生径向位移，图 2.4-4 与图 2.4-5 分别为圈梁 16 号和 42 号支座的径向滑移历程，并给出了这两个支座在 1 年与 1 天观测过程中的径向滑移量曲线。

由表 2.4-1、图 2.4-2～图 2.4-5，可以得到以下结论：

（1）基准态下，支座径向滑动量最小 80mm，最大 134.1mm，均指向内侧。

（2）550 个抛物面工况相对于基准态位置的径向滑移量不大，其中向内最大滑移量为 12.6mm，向外最大滑移量为 21.6mm。在连续观测的过程中，每步的相对滑动量更小。

（3）活荷载引起的圈梁径向向内最大滑移量为 14.4mm，最小为 2.5mm。

（4）升温引起圈梁径向向外最大滑移量为 81.1mm，最小为 71.7mm；降温时结构向内滑动，滑移量与升温产生的滑移量类似。升降温产生的滑移量较大，但温度变化是一个渐变的过程，结构滑移也是一个累积的过程，不会影响 FAST 的使用。

（5）综上所述，在给索网施加预应力形成球面基准态的建造过程中，支座产生的滑移量最大，其次是温度影响，正常使用即抛物面变位引起的支座滑移不大。

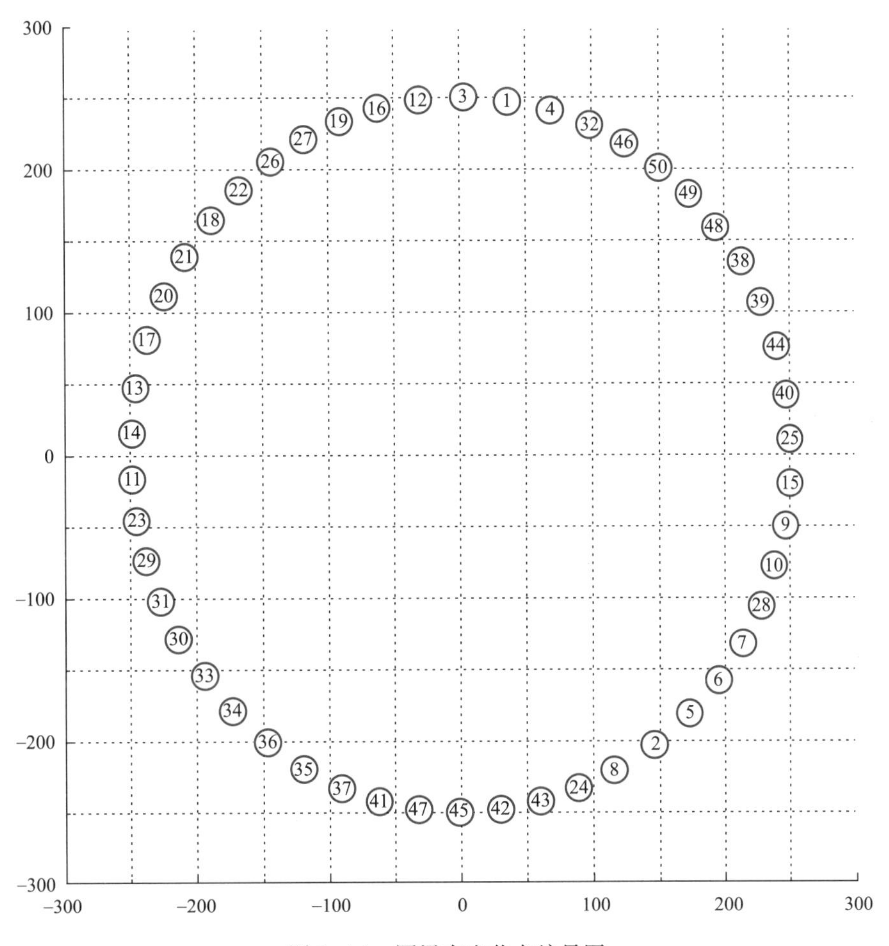

图 2.4-1　圈梁支座节点编号图

圈梁支座径向滑移量（mm）　　　　**表 2.4-1**

支座	基准态变形	550个抛物面		基准态+活载	基准态+升温	基准态+降温	基准态+活荷载+升温	基准态+活荷载+降温
		最大值	最小值					
1	−84.0	13.5	−6.1	−2.6	71.7	−71.5	68.9	−73.9
2	−81.0	12.8	−8.7	−2.9	73.1	−73.0	70.2	−75.8
3	−80.0	11.4	−9.5	−2.5	72.5	−72.4	69.9	−74.9
4	−105.4	16.8	−5.3	−6.1	72.2	−71.9	65.9	−77.7
5	−86.0	10.4	−10.9	−4.1	73.1	−73.0	68.9	−77.0
6	−100.4	12.5	−10.5	−6.7	72.4	−72.3	65.5	−78.7
7	−112.5	13.0	−6.7	−9.3	72.1	−72.0	62.5	−81.1
8	−91.8	15.8	−5.2	−4.8	74.4	−74.2	69.6	−78.9

续表

支座	基准态变形	550个抛物面		基准态+活载	基准态+升温	基准态+降温	基准态+活荷载+升温	基准态+活荷载+降温
		最大值	最小值					
9	−121.5	15.5	−6.1	−11.2	73.0	−72.8	61.4	−83.6
10	−121.9	16.7	−2.2	−12.0	72.9	−72.7	60.5	−84.4
11	−119.5	17.6	−5.6	−10.5	74.5	−74.4	63.8	−84.6
12	−90.7	11.8	−12.0	−5.3	74.6	−74.5	69.2	−79.8
13	−98.4	11.5	−7.9	−6.3	76.9	−76.9	70.6	−83.0
14	−110.8	14.5	−8.1	−8.4	75.8	−75.7	67.2	−83.9
15	−131.1	14.6	−9.5	−11.8	75.7	−75.6	63.5	−87.0
16	−102.6	13.5	−12.6	−7.7	74.5	−74.3	66.7	−81.9
17	−92.6	11.7	−7.1	−5.4	77.7	−77.7	72.2	−83.0
18	−122.9	18.9	−7.1	−11.0	76.0	−75.8	64.8	−86.6
19	−118.9	16.1	−9.9	−10.6	75.0	−74.8	64.3	−85.3
20	−99.3	12.7	−9.8	−6.5	77.5	−77.5	70.9	−83.9
21	−112.7	15.9	−9.7	−8.7	76.7	−76.6	67.9	−85.2
22	−127.5	20.5	−3.9	−12.5	75.8	−75.6	63.2	−87.9
23	−125.4	19.5	−2.1	−12.5	74.9	−74.7	62.2	−86.9
24	−112.2	18.8	−4.4	−8.5	75.7	−75.4	67.1	−83.8
25	−117.8	15.2	−12.4	−9.8	77.1	−77.0	67.0	−86.5
26	−125.1	20.6	−3.5	−12.9	75.7	−75.5	62.7	−88.3
27	−121.4	18.9	−6.6	−12.1	75.4	−75.2	63.2	−87.2
28	−128.9	16.9	−1.4	−13.1	75.0	−74.9	61.6	−87.7
29	−127.0	20.2	−3.1	−13.5	75.3	−75.1	61.6	−88.4
30	−128.1	16.7	−8.3	−12.3	76.1	−75.9	63.6	−88.0
31	−128.3	19.0	−5.7	−13.3	75.6	−75.4	62.1	−88.5
32	−127.0	20.4	−2.1	−11.3	76.4	−76.1	64.9	−87.0
33	−118.9	14.8	−10.5	−10.5	77.4	−77.3	66.8	−87.6
34	−106.1	13.7	−9.4	−8.3	78.3	−78.2	69.9	−86.4
35	−102.5	12.2	−3.0	−7.9	78.8	−78.6	70.8	−86.4
36	−100.1	12.3	−5.9	−7.3	79.0	−78.9	71.6	−86.2
37	−114.6	14.5	−4.1	−9.9	78.7	−78.5	68.6	−88.2
38	−117.2	14.4	−1.3	−10.1	79.8	−79.5	69.4	−89.4
39	−106.9	13.5	−2.3	−8.6	80.6	−80.5	71.9	−88.9
40	−111.1	15.7	−10.9	−9.4	80.6	−80.5	71.0	−89.7
41	−130.4	17.5	−3.2	−12.7	79.3	−79.0	66.4	−91.5
42	−133.7	21.6	−1.8	−13.8	79.1	−78.7	65.1	−92.4

续表

支座	基准态变形	550个抛物面		基准态+活载	基准态+升温	基准态+降温	基准态+活荷载+升温	基准态+活荷载+降温
		最大值	最小值					
43	−132.9	21.4	−1.8	−12.8	79.0	−78.7	66.2	−91.4
44	−103.5	13.6	−7.2	−8.1	81.0	−80.9	72.8	−88.9
45	−133.7	20.8	−1.7	−14.4	79.5	−79.2	65.0	−93.4
46	−132.8	21.0	−1.1	−13.7	79.2	−78.9	65.3	−92.3
47	−133.7	19.6	−2.1	−14.2	79.7	−79.4	65.4	−93.5
48	−133.0	16.8	−0.5	−13.0	80.7	−80.4	67.5	−93.1
49	−134.1	18.5	0.0	−14.1	81.1	−80.8	66.8	−94.5
50	−133.8	20.0	−0.3	−14.3	80.8	−80.5	66.3	−94.4

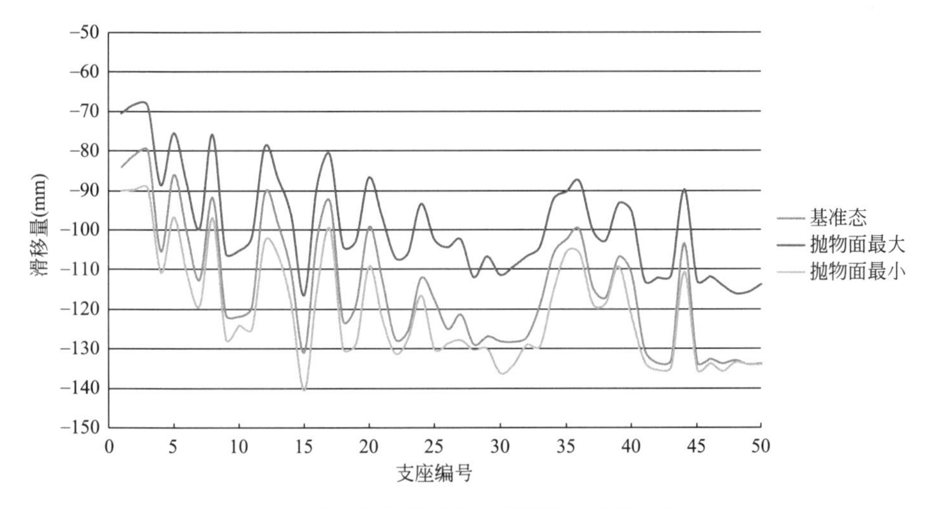

图 2.4-2　基准态与抛物面态支座滑移量变化曲线（mm）

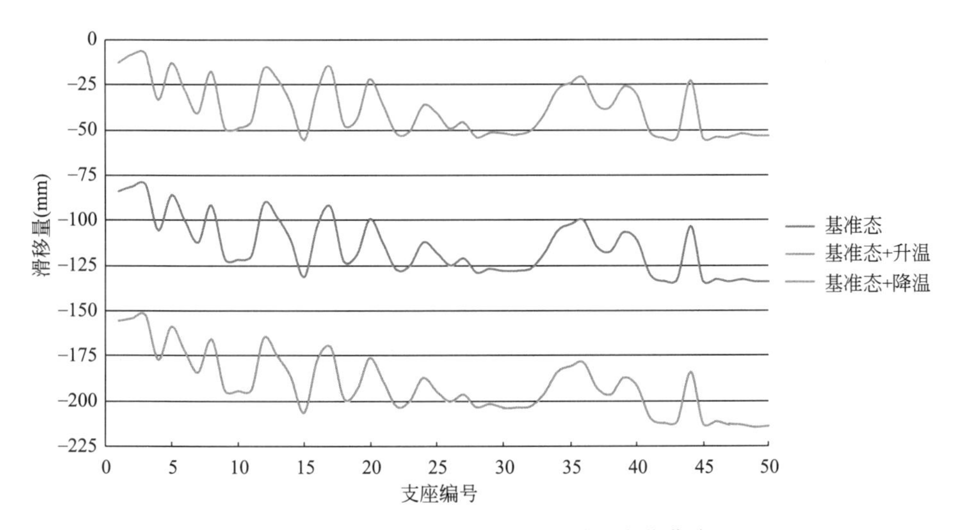

图 2.4-3　基准态与温度作用下支座滑移量变化曲线（mm）

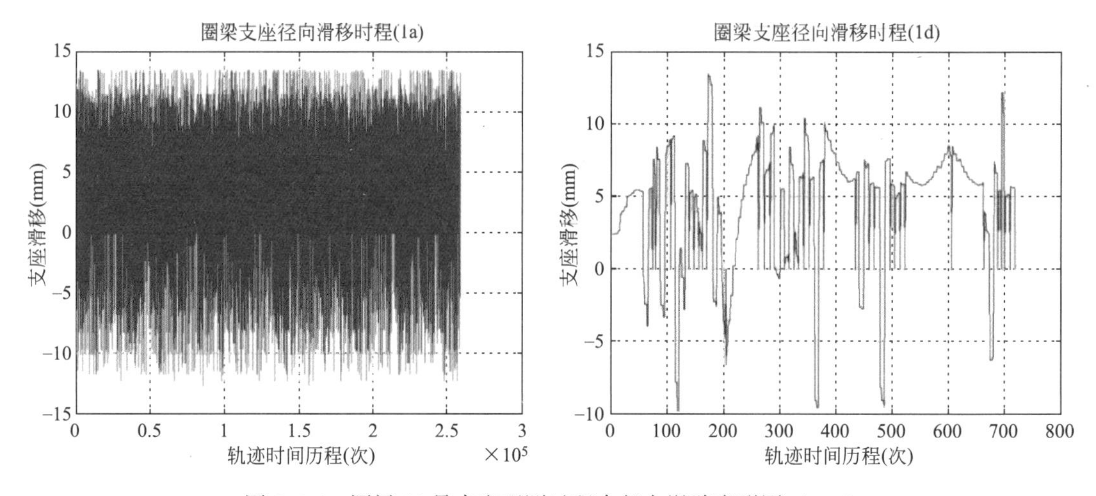

图 2.4-4　圈梁 16 号支座观测过程中径向滑移变形图（mm）

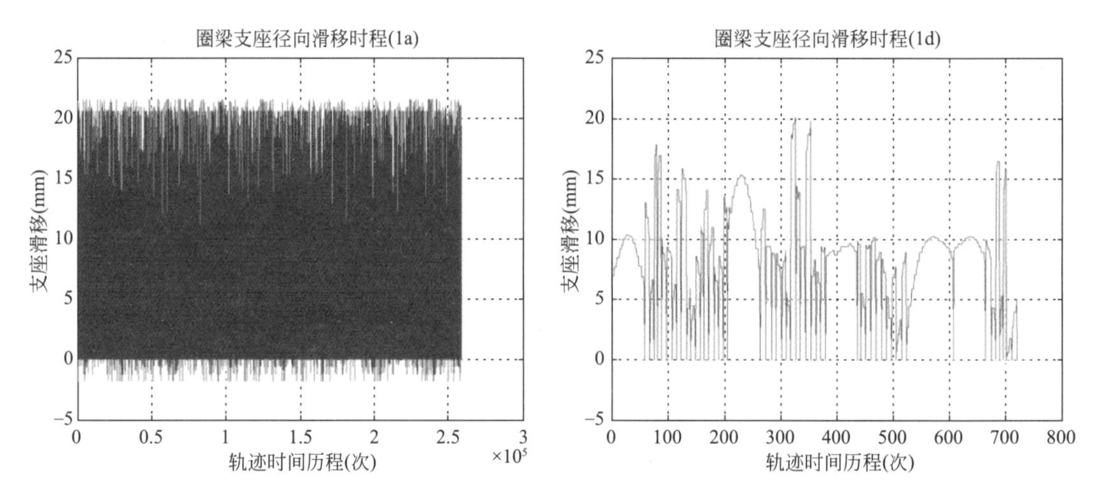

图 2.4-5　圈梁 42 号支座观测过程中径向滑移变形图（mm）

对于如此大的结构，不论支座径向释放，还是径向约束，在温度荷载下结构都会产生比较大的变形。图 2.4-6 是圈梁径向约束（即三向约束）后在温度荷载下的径向变形，从图中可以看出，温度荷载下圈梁相对无温度荷载时最大变形 104.4mm，超过了径向释放边界条件圈梁的变形量，而且变形不均匀。

为了更直接地体现圈梁本身的温度变形，将索网与荷载删除，单独考虑圈梁与格构柱在温度荷载下的变形。图 2.4-7 为径向释放时圈梁在温度荷载下的径向支座滑移，温度荷载下最大滑移 60～76.9mm，变形相对均匀。图 2.4-8 为三向约束时圈梁在温度荷载下的径向变形，温度荷载下圈梁最大变形 5～113.1mm，变形极不均匀。可见对如此大的圈梁结构，温度作用下圈梁本身就会产生较大变形，与释放边界条件无关。

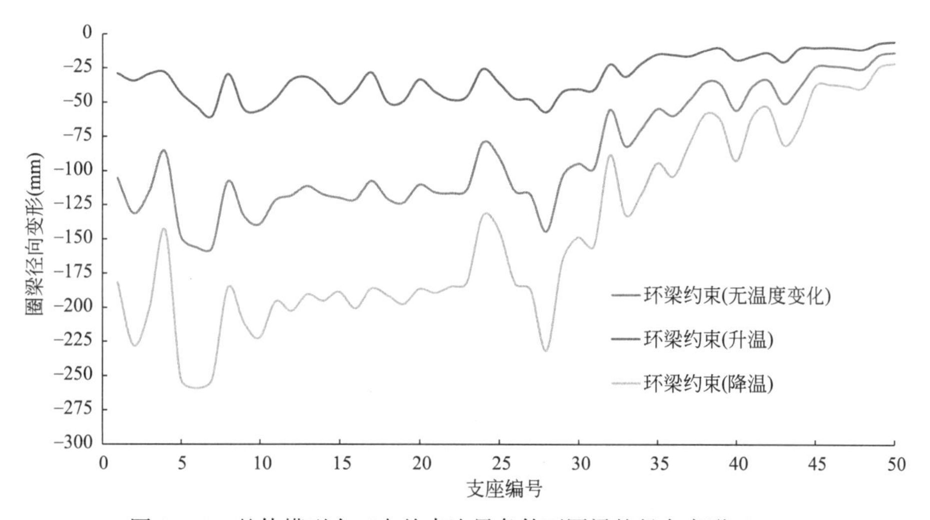

图 2.4-6 整体模型在三向约束边界条件下圈梁的径向变形（mm）

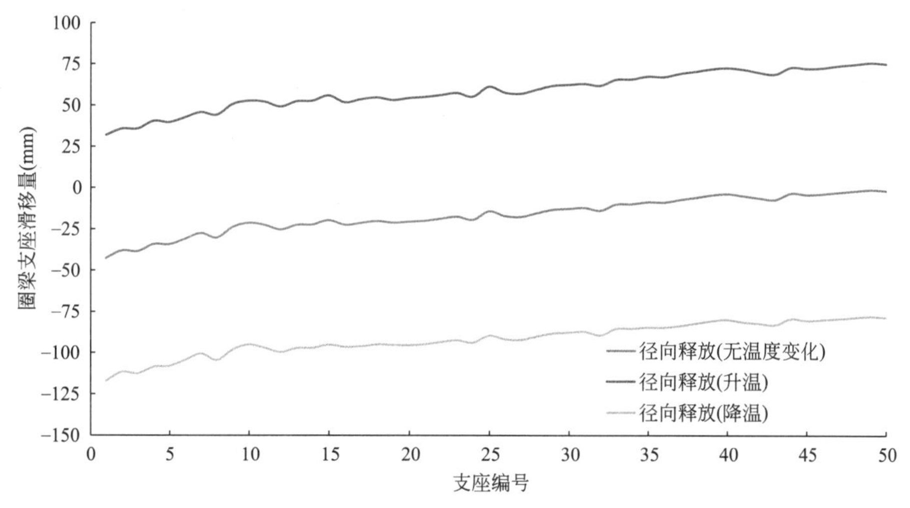

图 2.4-7 径向释放边界条件下圈梁的支座滑移量（mm）

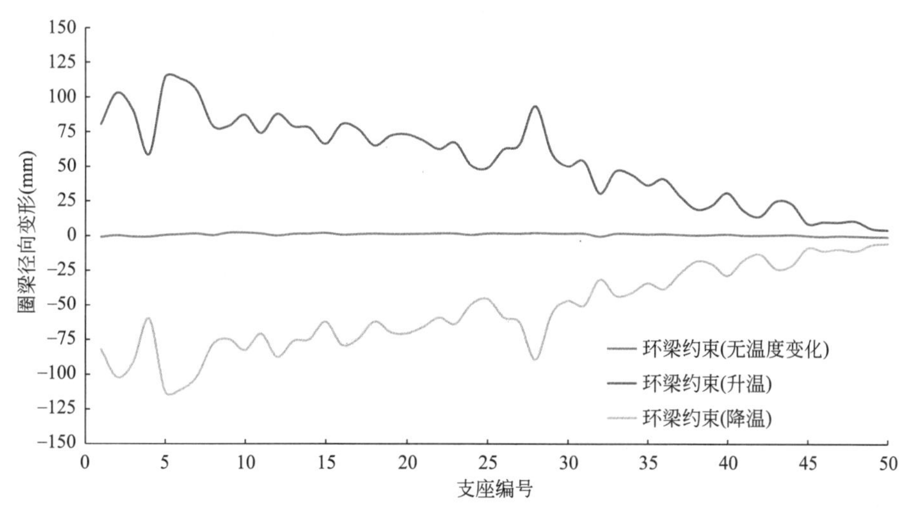

图 2.4-8 三向约束边界条件下圈梁的径向变形（mm）

2.5 带链杆的单向滑动铰支座

圈梁支座采用了径向释放、环向固定的单向滑动铰支座。单向滑动铰支座是广泛应用于建筑工程，尤其适用于大跨度结构和下部支承结构的铰接连接，可以实现以下功能：(1) 支座具有各方向的转动能力；(2) 能够将上部结构产生的竖向荷载传递到下部支承结构；(3) 能够将上部结构产生的某一方向的水平荷载传递到下部支承结构；(4) 能够释放垂直方向的水平荷载并允许结构在此水平方向滑动。

《桥梁球型支座》GB/T 17955—2009 给出的成品单向滑动铰支座如图 2.5-1 所示，支座主要由上支座板 01、下支座板 02、不锈钢板 03、聚四氟乙烯板 04、中间球冠板 05 和挡板 06 等组成。这种类型的单向滑动铰支座通过上支座板 01 侧边的挡板 06 实现上述的第 (3)、(4) 项功能，即采用挡板 06 抵抗上部结构产生的垂直于挡板 06 方向的水平荷载，同时挡板 06 又起导向作用，使支座可以顺挡板 06 方向滑动。但是，由于此类单向滑动铰支座采用挡板构造，在受力复杂或存在安装偏差的情况下，可能会产生支座卡住、丧失滑动功能的问题。

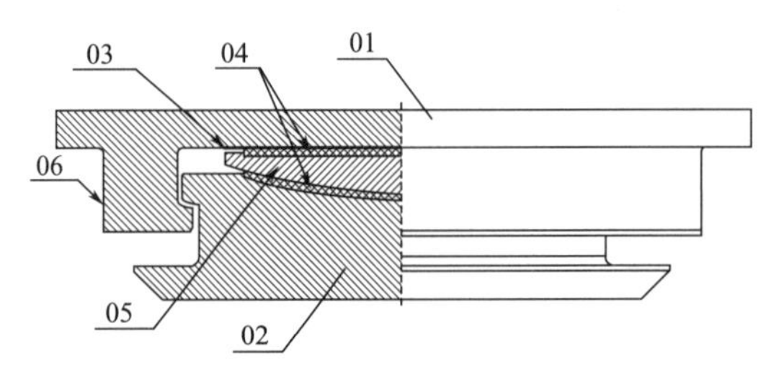

图 2.5-1 规范给出的单向滑动铰支座

针对图 2.5-1 支座存在的问题，提出了一种带链杆的整体式单向滑动铰支座[6]，构造如图 2.5-2、图 2.5-3 所示，主要由上支座板 1、下支座板 2、不锈钢板 3、聚四氟乙烯板 4、中间球冠板 5、链杆 6 下连接耳板 7、上连接耳板 8、下支座连接杆 9 和上支座连接杆 10 等组成。提出的支座同规范支座的区别就是由链杆 6 代替图 2.5-1 中的挡板 06，由链杆传递上部结构产生的沿链杆方向的支座反力，释放垂直于链杆方向的位移，实现了单向滑动铰支座的单向约束功能，滑动顺畅、传力明确、构造简单，消除了现有支座可能卡住的问题。

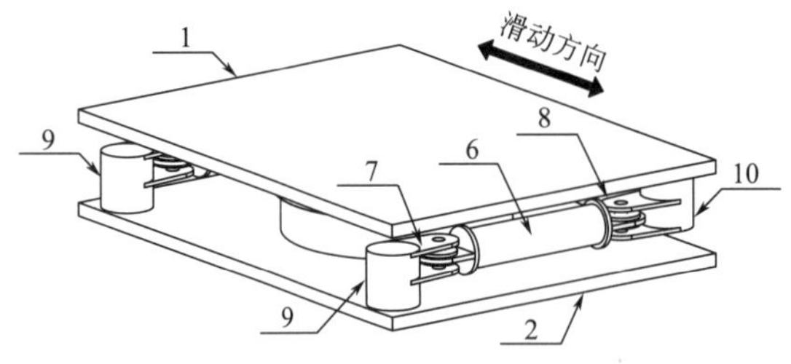

图 2.5-2 带链杆的整体式单向滑动铰支座的透视图

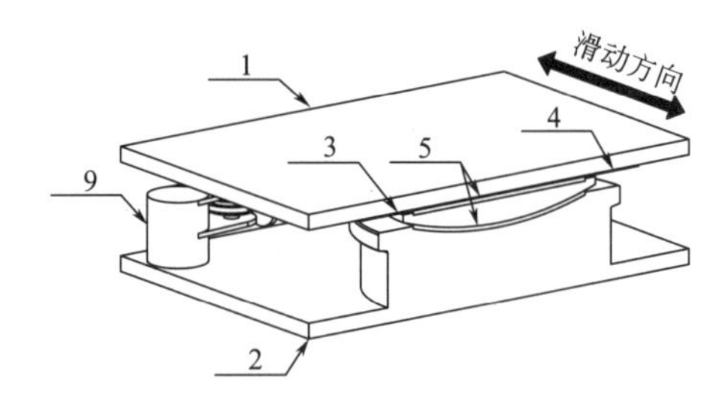

图 2.5-3 带链杆的整体式单向滑动铰支座剖切图

但整体式支座由于尺寸的限值，链杆长度有限，因此滑动位移量不大，无法满足 FAST 支座滑动位移量的要求，为此将链杆移到支座体外，构造如图 2.5-4 所示[7]。支座为双向滑动铰支座，起到传递竖向力和转动功能；链杆 6 直接与上、下部结构相连，传递水平荷载，这两部分组合也实现了单向滑动铰支座的功能。由于链杆移出支座体外，链杆长度可以按照滑动位移量设计，解决了整体式支座滑移量小的问题。FAST 工程中的支座连接构造如图 2.5-5 所示，目前支座使用正常，滑动位移量和设计位移吻合。

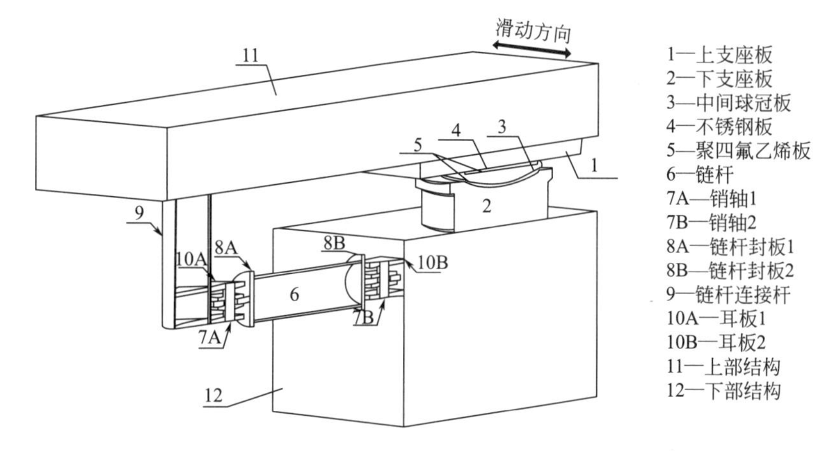

图 2.5-4　链杆与支座分离的铰支座剖切图

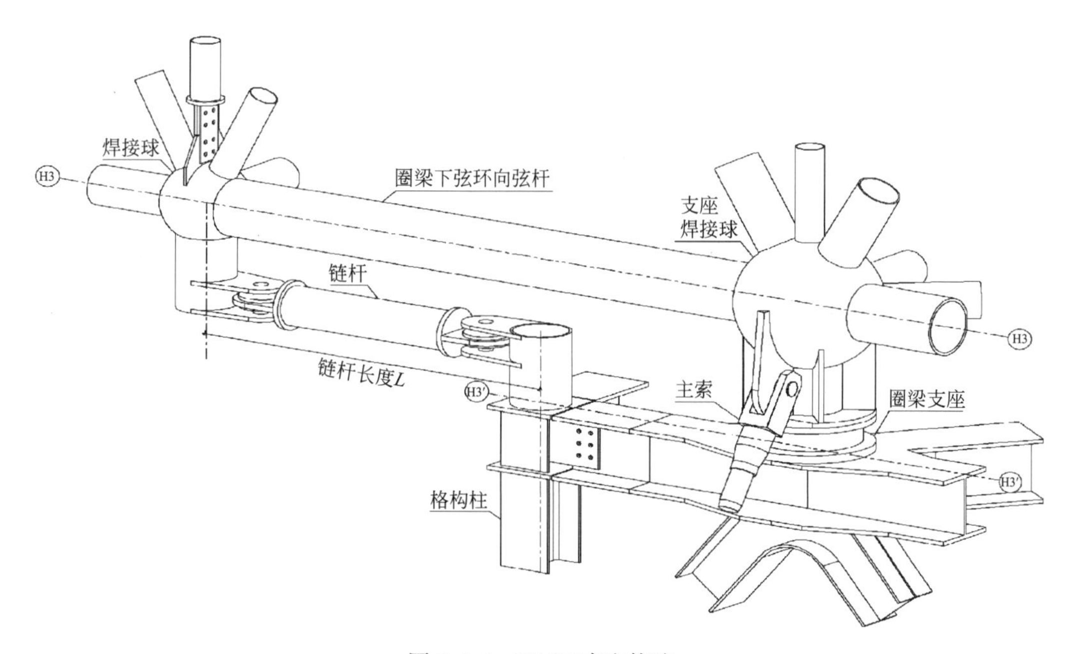

图 2.5-5　FAST 支座构造

参考文献

[1] 朱忠义，刘飞，张琳，等. 500m 口径球面射电望远镜反射面主体支承结构设计 [J]. 空间结构，2017，23 (2)：3-8.

[2] 北京市建筑设计研究院有限公司. FAST 工程圈梁索网设计报告　第 1 部分计算书 [R]. 2012 年 12 月.

[3] 北京起重运输机械设计研究院. 500m 口径球面射电望远镜（FAST）反射面单元吊装方案初步研究报告 [R]. 2012 年 7 月.
[4] 北京起重运输机械设计研究院. 500m 口径球面射电望远镜反射面单元吊装方案、吊装设备与圈梁接口初步设计 [R]. 2012 年 5 月.
[5] 朱忠义，董石麟. 单层穹顶网壳结构的几何非线性跳跃失稳及分歧屈曲的研究 [J]. 空间结构，1995，2 (2)：8-17.
[6] 张琳，朱忠义，王哲，等. 一种整体单向滑动铰支座 [P]. 中国专利：ZL201510580943.0，2017.4.5.
[7] 朱忠义，王启明，王哲，等. 一种分体式单向滑动铰支座 [P]. 中国专利：ZL201510581077.7，2017.5.10.

第 3 章　可主动变位的索网结构分析

3.1　FAST 索网结构概述

3.1.1　结构布置

FAST 索网由主索网和下拉索组成[1]。主索网由 6670 根钢索采用 1/5 对称的短程线型三角形网格编织而成，沿球面径向划分 28 个网格。图 3.1-1 给出了 1/5 区域的主索网布置。为简化索网与圈梁的连接构造，对与圈梁相邻的主索网网格进行调整，使每个内部网格仅通过一根主索与圈梁连接（图 3.1-1），整个索网共通过 150 根边界主索连接于圈梁。边界钢索索长变化较大，在 2.897～12.433m 之间变化，钢索间夹角为 44.9°～51.8°；内部钢索索长相对均匀，在 10.393～12.418m 之间变化，钢索间夹角为 54.0°～59.9°。

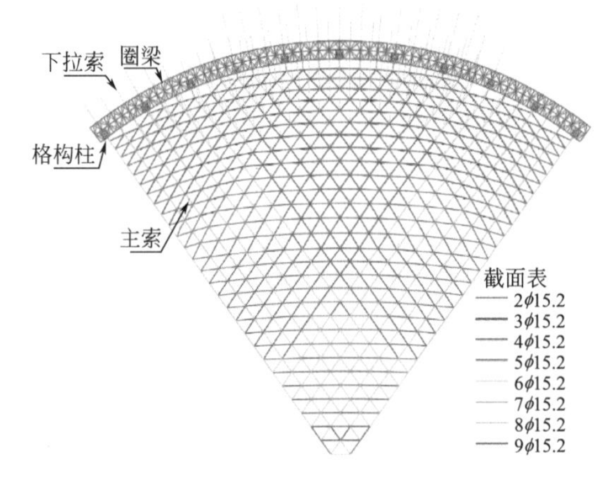

图 3.1-1　主索网 1/5 区域布置示意图

图 3.1-2　下拉索和促动器

除与圈梁连接的边界索节点外，主索网共计 2225 个节点，每个主索网节点均设有一根下拉索，下拉索下端设有促动器，通过促动器锚接于基础，见图 3.1-2。大部分下拉索沿球面径向布置，对少量下拉索的方向进行了调整，以避免与格构柱、道路等干涉。由于地形变化，下拉索长度变化较大，大部分下拉索长度在 4m 左右，边缘处最长可达 60m。主索与主索之间、主索与下拉索之间通过节点盘连接，如图 3.1-3 所示。最内圈索网节点盘连接 4 根主索和 1 根下拉索，外圈与圈梁相邻节点盘连接 4～6 根主索和 1 根下拉索，其他节点盘连接 6 根主索和 1 根下拉索。

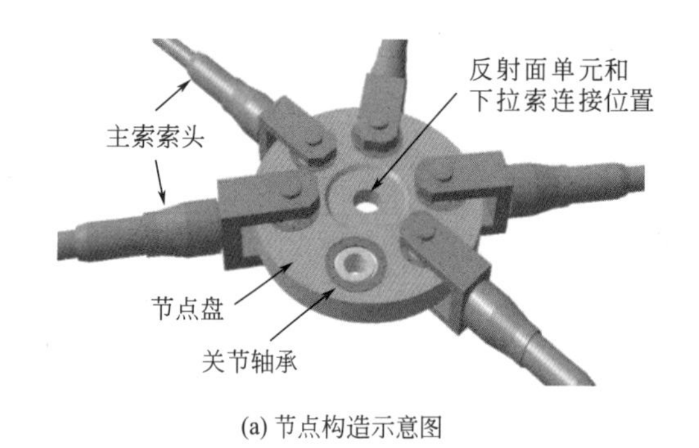

(a) 节点构造示意图

(b) 节点实物图

图 3.1-3　索网节点

3.1.2　钢索

FAST 主索网采用的钢索由 1860MPa 级 ϕ15.2 的低松弛环氧涂层钢绞线和直径 5mm 的低松弛环氧涂层钢丝组成[2,3]，钢绞线和钢索外侧采用高密度聚乙烯（HDPE）护套防护，如图 3.1-4 所示。下拉索为单根钢绞线索。

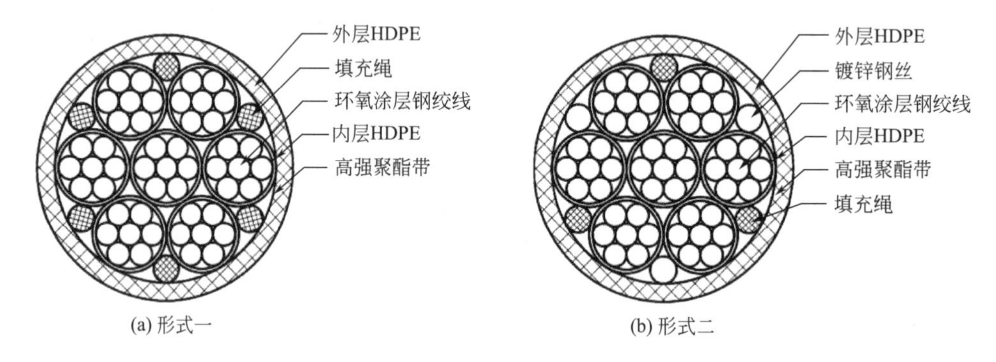

(a) 形式一　　(b) 形式二

图 3.1-4　钢索剖面形式

主索截面共 8 类，最小为 2 根钢绞线索，最大为 9 根钢绞线索，图 3.1-1 中用不同的颜色表示 1/5 区域的主索截面类型，图中的截面表是主索用到的 8 类钢索，如 3ϕ15.2 代表由 3 根 ϕ15.2 钢绞线组成的钢索。每类钢索有两种形式，一种为纯钢绞线索（图 3.1-4a），另一种在钢绞线基础上增加 3 根镀锌钢丝（图 3.1-4b），以减小不同类型钢索的截面面积差，使钢索截面面积、刚度变化更均匀，各钢索的公称截面面积如图 3.1-5 所示。以图 3.1-4（a）所示的 7 根钢绞线索（对应图 3.1-5 中 ST7）为例，其公称截面面积为 9.8cm^2，而图 3.1-5 中 ST8 公称截面面积为 11.2cm^2，较 ST7 增加 14.3%；增设图 3.1-4（b）所示的 7 根钢绞线加 3 根钢丝组成的索（对应图 3.1.5 中 ST7+3，公称截面面积为 10.388cm^2）后，ST7、ST7+3、ST8 的公称截面面积增加比例依次为 6.0%和 7.8%，变化更加均匀。下拉索的公称截面面积为 1.4cm^2。

图 3.1-6 给出了各钢索的破断力。可以看到，与公称截面积变化趋势一致，不同钢索的破断力也呈现均匀的增长趋势。下拉索的破断力为 260kN。

根据柳州欧维姆提供的测试结果[3]，钢索索体的弹性模量在 $1.95\times10^5\sim2.0\times10^5$MPa 之间。在结构分析计算中，索体弹性模量取 $E=2.0\times10^5$MPa，但计算模型中的

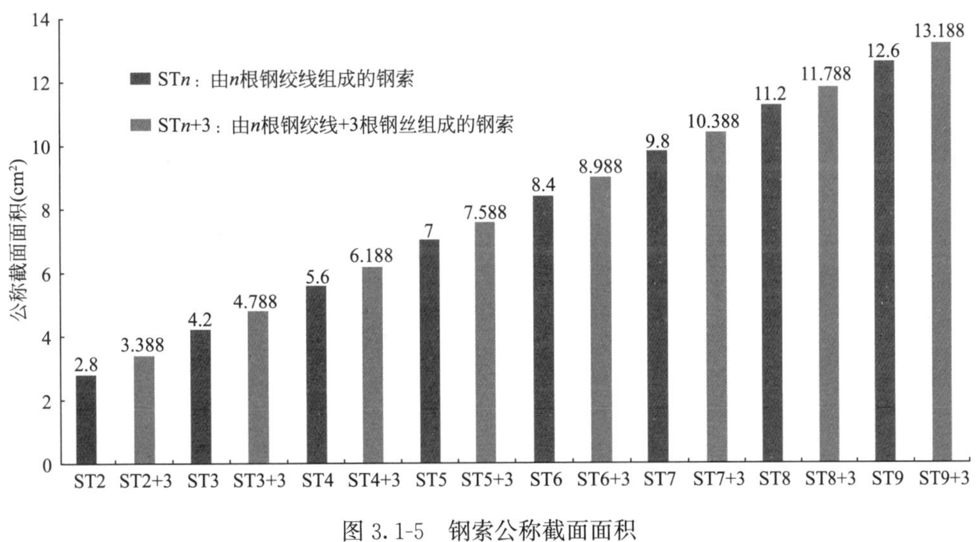

图 3.1-5　钢索公称截面面积

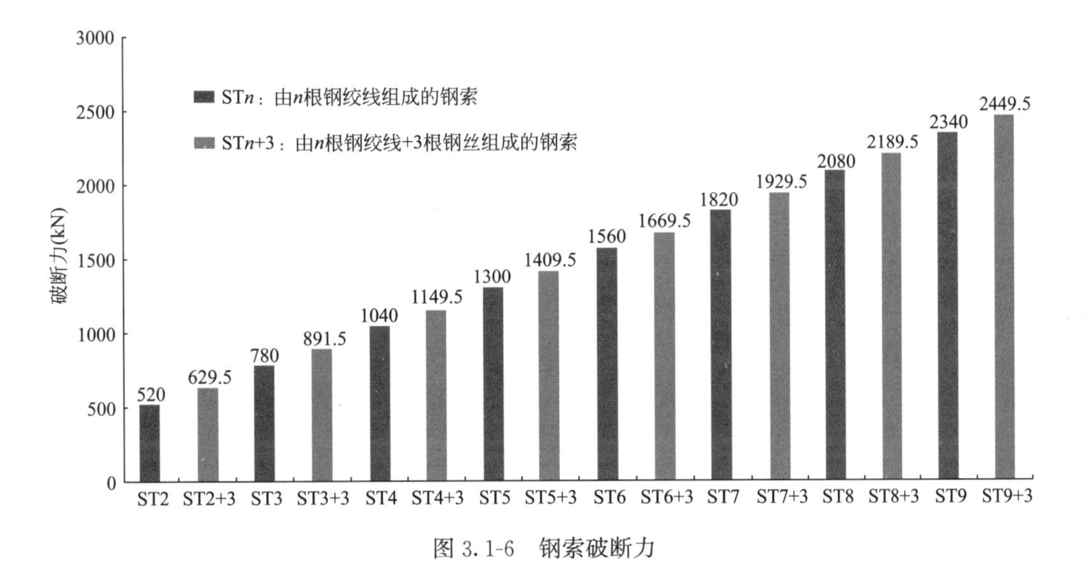

图 3.1-6　钢索破断力

索单元弹性模量需要考虑索头和节点盘的刚度进行修正，以模拟整根钢索的实际刚度，详见 3.8 节。

3.2　FAST 索网形态分析方法

3.2.1　形态分析概述

索网结构是典型的预应力结构，其分析和设计有别于传统的刚性结构。在未施加预应力的情况下，索网结构本身不具有刚度，无法形成具备承载能力的结构体系；通过对钢索施加预应力，索网才能形成与其对应的形状、获得承载所必需的刚度，即预应力分布、大小决定了结构的形状和刚度。因此对于索网结构，求解结构形状（形）和预应力状态

（态）的对应关系，即形态分析，是结构设计的第一步。

形态分析可根据求解目标的不同分为两类[4]：第一类是目标几何位形已知，求解满足平衡条件的预应力分布，称为“找力”分析（Force-finding），但如无另外附加条件，解通常不唯一；第二类为目标预应力已知，求解相应的几何位形，称为“找形”分析（Form-finding），这类问题在边界条件确定的前提下，一般情况下解是唯一的。目前常用的形态分析方法主要有平衡矩阵理论[5,6]、动力松弛法[7]、力密度法[8]、非线性有限元法[9,10]等。在实际应用中，平衡矩阵理论主要用于在确定的几何位形下求解满足平衡条件的预应力分布，即“找力”；力密度法主要用于在索网内力分布（力密度）模式已知的前提下确定索网结构的几何位形，即“找形”；动力松弛法不要求刚度矩阵正定，广泛应用于索网尚处于机构状态下的张拉施工过程模拟；非线性有限元法应用较为全面，但由于索网结构在未施加合理的预应力时收敛性较差，需要多次迭代才能求解出理想的结果。

对于FAST索网结构，其球面基准态的几何位形为标准球面，在抛物面态下的几何位形为抛物面，各状态下的几何位形明确。形态分析需要解决的问题主要是确定球面基准态和各抛物面态下的预应力分布，即“找力”问题。本节主要基于“平衡矩阵理论”和“非线性有限元法”，研究FAST索网的形态分析问题。

3.2.2 平衡矩阵理论及应用

1. 平衡矩阵理论

索网结构可归类到铰接空间杆系结构。对于此类结构，由“Maxwell准则”可知，可以通过结构的杆件数 b、节点数 j 和约束链杆数 c 之间的关系判定结构的几何可变性，即：

$$W=(3j-c)-b \tag{3.2-1}$$

当 $W>0$，结构为几何可变；当 $W=0$，结构为静定；当 $W<0$，结构为超静定。传统结构设计分析通常遵守Maxwell准则，但Maxwell准则只提供了判断结构是否为几何不变的必要条件，现实中存在 $W>0$ 的稳定体系，也存在 $W<0$ 的几何不稳定体系。Pellegrino和Calladine通过挖掘这类结构平衡矩阵中蕴含的丰富的静动特性，给出了结构体系机动分析和预应力分析的完备准则。

对于铰接杆系中的任意节点 i，都可以在整体笛卡尔坐标系下为其三个方向的自由度建立式（3.2-2）所示的一组平衡方程：

$$\begin{aligned}\sum_k \frac{x_i-x_k}{l_k}f_k&=q_{ix}\\ \sum_k \frac{y_i-y_k}{l_k}f_k&=q_{iy}\\ \sum_k \frac{z_i-z_k}{l_k}f_k&=q_{iz}\end{aligned} \tag{3.2-2}$$

式中，(x_i, y_i, z_i) 为节点 i 的坐标；(q_{ix}, q_{iy}, q_{iz}) 为作用在节点 i 处的外力；l_k、f_k 和 (x_k, y_k, z_k) 分别表示和节点 i 相连的第 k 根杆件的长度、内力和另一端节点的坐标。对每一个节点均建立类似的平衡方程（被约束的自由度除外），并按节点和杆件编号顺序进行组集，可以得到整体结构的平衡方程

$$\boldsymbol{A}\boldsymbol{f}=\boldsymbol{q} \tag{3.2-3}$$

其中 $(3j-c)\times b$ 矩阵 $\boldsymbol{A}$ 即体系的平衡矩阵，$\boldsymbol{f}$ 和 $\boldsymbol{q}$ 分别为体系的杆件内力向量和外荷载向量。

然后，以 $\boldsymbol{d}$、$\boldsymbol{e}$ 分别表示体系的节点位移和杆长变化，则根据虚功原理，当 $\boldsymbol{d}$、$\boldsymbol{e}$ 都为小量，且忽略杆长变化引起的内力变化时，有

$$\boldsymbol{q}^{\mathrm{T}}\boldsymbol{d}=\boldsymbol{f}^{\mathrm{T}}\boldsymbol{e} \tag{3.2-4}$$

将式（3.2-3）代入，可以得到

$$\boldsymbol{f}^{\mathrm{T}}\boldsymbol{A}^{\mathrm{T}}\boldsymbol{d}=\boldsymbol{f}^{\mathrm{T}}\boldsymbol{e} \tag{3.2-5}$$

即 $\boldsymbol{f}^{\mathrm{T}}(\boldsymbol{A}^{\mathrm{T}}\boldsymbol{d}-\boldsymbol{e})=0$。由于该式对任何满足平衡条件的内力 $\boldsymbol{f}$ 都成立，故

$$\boldsymbol{A}^{\mathrm{T}}\boldsymbol{d}=\boldsymbol{e} \tag{3.2-6}$$

令 $\boldsymbol{B}=\boldsymbol{A}^{\mathrm{T}}$，则 $b\times(3j-c)$ 的矩阵 $\boldsymbol{B}$ 建立了体系节点位移和杆件伸长量的对应关系，称为协调矩阵（compatibility matrix）或运动矩阵（kinematic matrix）。

利用高斯消去法（Gaussian Elimination）[5] 或者矩阵的奇异值分解（Singular Value Decomposition，SVD）[6] 技术，可以求得平衡矩阵 $\boldsymbol{A}$ 的秩 r。当 $r<\min(3j-c,\ b)$ 时，可得到矩阵 $\boldsymbol{A}$ 和 $\boldsymbol{A}^{\mathrm{T}}$（即 $\boldsymbol{B}$）的零空间 $\boldsymbol{S}$ 和 $\boldsymbol{M}$，即

$$\boldsymbol{AS}=\boldsymbol{0} \tag{3.2-7}$$

$$\boldsymbol{BM}=\boldsymbol{0} \tag{3.2-8}$$

结合式（3.2-3）和式（3.2-6），可知两个零空间列向量的物理意义分别为体系的预应力模态和机构位移模态。$\boldsymbol{S}$ 和 $\boldsymbol{M}$ 的列向量个数分别为

$$s=b-r \tag{3.2-9}$$

和

$$m=3j-c-r \tag{3.2-10}$$

s 和 m 分别表示体系的预应力模态数和机构位移模态数。

依据 m 和 s 的值可以把铰接杆系结构分为四种类型[11]，如表 3.2-1 所示。

结构体系分类表 **表 3.2-1**

结构类型	体系特性	结构情况
Ⅰ	$s=0$ 静定；$m=0$ 动定	静定结构
Ⅱ	$s=0$ 静定；$m>0$ 动不定	几何可变结构
Ⅲ	$s>0$ 静不定；$m=0$ 动定	超静定结构，可施加预应力
Ⅳ	$s>0$ 静不定；$m>0$ 动不定	需进一步判断结构稳定性，可施加预应力

2. 平衡矩阵理论在 FAST 形态分析中的应用

对于索网结构，在目标几何位形已经确定的情况下，可以采用上述方法求解结构的所有预应力模态，进而通过对模态进行线性组合，得到满足自平衡条件的预应力分布。

采用平衡矩阵理论求解 FAST 索网在球面基准态下预应力分布。由 3.1.1 节可知，FAST 主索网为 1/5 对称，因此可以依据对称关系，取索网 1/5 的扇形区域进行分析。在一个 1/5 区域内，索网又关于中间径向轴线对称，为减小计算量，选取索网 1/10 区域进行求解分析，索网其余部分的预应力分布可以依据对称关系确定。索网 1/10 区域如图 3.2-1 红色区域所示，约束主索网边缘节点、下拉索下端点以及对称轴上的节点，建立含有 788 根主索和 244 根下拉索的分析模型，如图 3.2-2 所示。

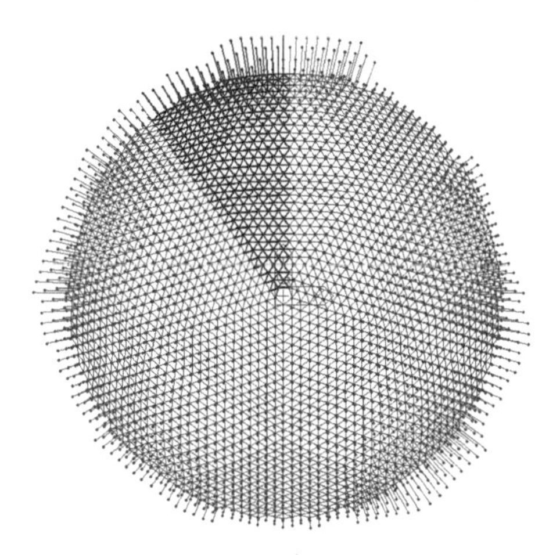

图 3.2-1　索网 1/10 区域示意

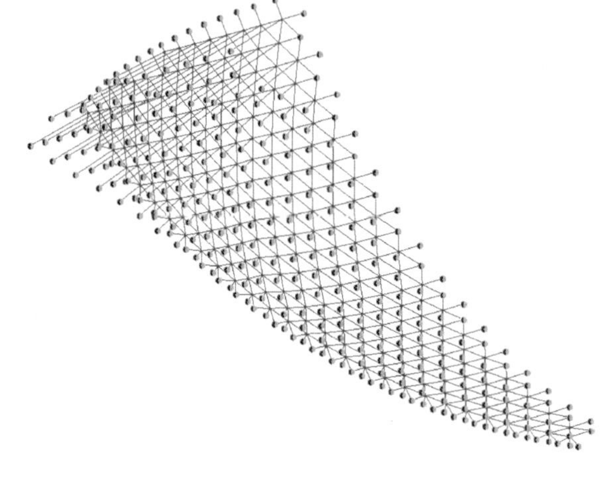

图 3.2-2　分析模型轴测图

不考虑结构自重及其他外荷载作用，即令式（3.2-3）中 $\boldsymbol{q}=\mathbf{0}$，由式（3.2-2）及式（3.2-3）建立图 3.2-2 所示索网的平衡矩阵，通过奇异值分解求得其预应力模态数 s 和机构位移模态数 m，分别为 $s=300$、$m=0$。由表 3.2-1 可知，该索网属于类型Ⅲ，即静不定、动定结构，可通过施加预应力形成稳定的结构体系。表 3.2-2 给出了索网结构前 8 阶预应力模态的部分数据。

索网结构前 8 阶预应力模态的部分数据　　表 3.2-2

单元编号	模态 1	模态 2	模态 3	模态 4	模态 5	模态 6	模态 7	模态 8
2609	−0.0289	0.0155	−0.0106	−0.0074	−0.0094	0.0081	−0.0059	−0.0236
2610	−0.0182	0.0266	0.0129	0.0256	−0.0020	−0.0156	−0.0162	−0.0113
2611	0.0289	−0.0408	0.0183	−0.0175	−0.0212	−0.0221	0.0120	0.0053
2612	−0.0261	0.0175	0.0276	0.0454	−0.0463	−0.0273	0.0202	−0.0282
2617	0.0189	0.0230	−0.0166	0.0215	0.0062	−0.0328	−0.0059	0.0106
2621	0.0503	−0.0049	−0.0251	−0.0111	0.0262	−0.0220	0.0042	0.0059
2622	−0.0366	0.0156	−0.0180	0.0188	−0.0235	−0.0029	−0.0012	−0.0130
2623	−0.0506	0.0232	−0.0255	0.0107	0.0026	0.0002	−0.0147	−0.0152
2624	−0.0299	0.0071	−0.0070	0.0073	0.0386	−0.0171	−0.0092	−0.0423
2625	−0.0273	−0.0188	0.0211	0.0071	0.0266	−0.0141	−0.0153	−0.0201
2626	−0.0247	0.0099	0.0173	−0.0103	−0.0122	0.0067	−0.0083	−0.0123
2627	−0.0041	−0.0110	−0.0259	−0.0356	−0.0001	−0.0032	−0.0064	0.0114
2638	−0.0248	−0.0082	−0.0106	−0.0156	0.0066	0.0197	−0.0062	0.0157
2640	−0.0167	−0.0116	0.0119	−0.0074	−0.0063	0.0347	−0.0086	0.0227
2643	−0.0019	0.0138	−0.0052	0.0051	−0.0102	0.0203	0.0061	0.0438
2644	−0.0034	0.0073	0.0126	0.0296	−0.0193	0.0132	−0.0147	0.0225
2645	−0.0486	−0.0220	−0.0097	0.0289	0.0002	0.0187	0.0138	0.0321
2646	−0.0696	−0.0001	−0.0140	−0.0097	0.0234	0.0407	0.0314	0.0433

续表

单元编号	模态 1	模态 2	模态 3	模态 4	模态 5	模态 6	模态 7	模态 8
2649	0.0065	−0.0117	−0.0106	0.0074	−0.0093	0.0182	0.0078	0.0381
2650	−0.0085	−0.0017	0.0165	0.0020	−0.0003	0.0246	−0.0152	0.0378
2652	0.0171	−0.0056	0.0352	0.0129	0.0104	−0.0077	−0.0164	0.0052
2653	0.0170	−0.0025	0.0105	−0.0184	0.0172	0.0023	−0.0105	0.0243
2654	0.0360	−0.0002	−0.0115	−0.0334	0.0014	−0.0406	−0.0189	−0.0226
2655	−0.0022	−0.0045	0.0117	−0.0136	−0.0009	−0.0171	−0.0392	−0.0183
2656	−0.0072	−0.0057	0.0029	−0.0188	0.0466	−0.0155	−0.0043	0.0035
2657	−0.0141	0.0310	0.0140	−0.0215	0.0082	−0.0001	−0.0055	0.0164
2658	0.0440	0.0327	0.0177	0.0241	−0.0008	−0.0195	−0.0460	0.0174
2660	0.0130	0.0343	−0.0036	0.0192	0.0081	−0.0166	−0.0029	−0.0306
2663	−0.0142	0.0095	−0.0036	0.0152	−0.0087	−0.0223	0.0001	−0.0138
2664	−0.0156	0.0270	0.0165	0.0115	−0.0004	−0.0424	−0.0033	−0.0087
2665	−0.0323	0.0051	−0.0179	−0.0030	0.0093	−0.0116	−0.0027	0.0313
2666	−0.0099	0.0281	−0.0143	0.0042	0.0188	0.0088	0.0032	0.0153
2667	−0.0434	−0.0140	−0.0332	−0.0016	−0.0193	−0.0225	−0.0084	0.0222
2669	−0.0050	0.0095	−0.0179	0.0122	0.0156	0.0128	−0.0222	0.0267
2670	−0.0360	0.0271	−0.0282	0.0381	0.0134	0.0142	−0.0172	0.0026
2680	−0.0279	0.0173	−0.0362	0.0348	0.0186	−0.0350	−0.0404	0.0208
2681	−0.0402	0.0075	−0.0111	0.0340	−0.0048	−0.0313	−0.0322	−0.0011
2682	0.0238	0.0278	0.0024	0.0033	0.0221	−0.0134	−0.0278	−0.0065

表 3.2-2 给出的预应力模态中，各索单元对应的数据有正有负，不符合钢索只受拉的实际情况，因此不能直接作为索网预应力，需要给定约束条件，对各预应力模态进行线性组合，优化确定合理的预应力分布。

设定预应力优化约束条件为以下 3 条：

(1) 主索索力大于 0kN；

(2) 下拉索内力不小于 30kN；

(3) 所有主索内力之和最小。

通过线性优化，得到各预应力模态的线性组合系数，如表 3.2-3 所示。组合得到的主索最大和最小索力分别为 636.4kN 和 31.6kN，下拉索索力在 30.1～30.4kN 之间。

通过上述方式，可以求得满足自平衡条件的预应力分布，但由于未考虑结构自重，计算出的索力与实际情况存在差异。当不考虑结构自重，即 $\boldsymbol{q}=\boldsymbol{0}$ 时，式 (3.2-3) 为齐次线性方程组，通过奇异值分解方法可以求解方程组的通解 $\boldsymbol{f}=\sum_{i=1}^{s}\beta_i\boldsymbol{t}_i$ ，其中 $\boldsymbol{t}_i$ 为预应力模态，β_i 为对应各预应力模态的组合系数；若要求解考虑结构自重（即 $\boldsymbol{q}\neq\boldsymbol{0}$ 的情况）的预应力分布，需得到非齐次线性方程组式 (3.2-3) 的一个特解 $\boldsymbol{t}^*$，结合齐次线性方程组的通解，得到非齐次线性方程组的通解 $\boldsymbol{f}=\boldsymbol{t}^*+\sum_{i=1}^{s}\beta_i\boldsymbol{t}_i$ 。针对 $\boldsymbol{f}$ 进行优化，即可得到考虑结构自重的预应力分布。

预应力模态的线性组合系数 **表 3.2-3**

模态数	系数	模态数	系数	模态数	系数	模态数	系数
1	16.40	37	26.58	73	102.84	109	-82.75
2	26.01	38	8.46	74	51.17	110	27.12
3	-27.38	39	14.90	75	-22.12	111	-30.52
4	52.08	40	-94.01	76	72.59	112	93.51
5	6.14	41	29.79	77	-77.67	113	41.64
6	87.55	42	-79.90	78	4.77	114	-82.17
7	-41.80	43	-11.60	79	30.54	115	-76.84
8	-18.84	44	104.55	80	-37.39	116	-21.07
9	110.22	45	93.70	81	55.03	117	19.75
10	33.61	46	-5.06	82	-13.65	118	114.17
11	-46.20	47	-0.52	83	-60.29	119	-7.73
12	-108.93	48	82.94	84	-20.85	120	-125.67
13	20.79	49	-56.46	85	35.70	121	-137.58
14	75.57	50	59.70	86	147.44	122	149.16
15	-40.17	51	79.90	87	47.77	123	-20.05
16	78.23	52	52.25	88	7.03	124	-94.88
17	-1.24	53	25.41	89	13.23	125	42.84
18	13.97	54	32.88	90	102.95	126	-19.93
19	68.64	55	-12.97	91	-15.47	127	-22.41
20	-4.41	56	21.96	92	-6.36	128	24.09
21	16.81	57	142.73	93	47.25	129	20.08
22	-29.23	58	-26.51	94	27.57	130	69.62
23	-38.15	59	-26.61	95	40.95	131	14.18
24	-2.97	60	53.35	96	-118.58	132	107.21
25	-20.33	61	13.58	97	4.82	133	-70.49
26	16.08	62	-13.07	98	-4.45	134	-5.98
27	93.97	63	-34.59	99	83.40	135	-57.04
28	53.46	64	-141.40	100	12.95	136	-3.84
29	32.42	65	44.60	101	164.99	137	-18.85
30	35.07	66	47.11	102	83.62	138	19.05
31	-141.31	67	-45.40	103	19.97	139	18.18
32	121.34	68	-44.73	104	89.87	140	-11.98
33	-0.63	69	52.57	105	85.99	141	46.65
34	-110.24	70	133.54	106	8.18	142	-106.82
35	40.14	71	79.71	107	23.11	143	-0.94
36	-10.42	72	56.32	108	5.12	144	30.32

续表

模态数	系数	模态数	系数	模态数	系数	模态数	系数
145	−120.03	181	−39.67	217	38.48	253	−59.05
146	36.49	182	17.29	218	24.69	254	−114.67
147	−86.68	183	−1.13	219	−32.04	255	−10.27
148	−70.66	184	−103.15	220	−3.86	256	−60.42
149	9.57	185	109.99	221	−54.26	257	155.39
150	−73.16	186	120.62	222	11.59	258	−55.33
151	−24.65	187	−53.29	223	−22.26	259	−80.02
152	16.74	188	46.89	224	−56.51	260	−1.58
153	91.83	189	111.46	225	−7.10	261	4.11
154	120.40	190	25.24	226	22.42	262	−103.51
155	−43.42	191	−18.76	227	0.41	263	29.13
156	93.85	192	−7.17	228	−28.63	264	−37.77
157	147.94	193	−25.73	229	−101.82	265	−87.70
158	42.22	194	−19.69	230	89.81	266	−5.15
159	82.72	195	66.46	231	72.68	267	95.11
160	−38.23	196	−49.89	232	111.47	268	42.83
161	−71.03	197	12.77	233	−30.21	269	−7.26
162	29.12	198	71.90	234	−132.29	270	60.50
163	−19.13	199	35.92	235	−67.41	271	1.37
164	1.74	200	11.83	236	−65.62	272	116.64
165	12.01	201	−20.03	237	158.81	273	−23.04
166	−55.08	202	12.94	238	−10.72	274	169.62
167	15.57	203	−139.07	239	−107.91	275	−52.00
168	−3.35	204	24.81	240	141.93	276	11.29
169	27.49	205	−104.27	241	−47.85	277	−70.52
170	8.30	206	−101.90	242	−15.99	278	−96.75
171	85.59	207	−56.60	243	88.17	279	108.18
172	21.73	208	−60.03	244	−88.36	280	−86.02
173	17.21	209	−64.19	245	35.59	281	−91.52
174	100.20	210	15.99	246	35.87	282	−22.45
175	44.70	211	48.82	247	23.51	283	50.39
176	−132.90	212	−0.89	248	76.16	284	61.07
177	−96.42	213	95.83	249	−2.66	285	−10.66
178	49.46	214	41.41	250	−11.25	286	120.24
179	25.50	215	−46.99	251	−45.43	287	−20.16
180	97.38	216	1.47	252	29.31	288	−47.56

续表

模态数	系数	模态数	系数	模态数	系数	模态数	系数
289	1.75	292	58.99	295	24.67	298	−1.63
290	−45.94	293	−35.49	296	57.14	299	−190.31
291	−52.83	294	153.16	297	79.06	300	−3.15

对于特解 $\boldsymbol{t}^*$ 的获取，可以采用两种方式：

（1）指定特定索的索力（数量不少于索网结构的预应力模态数 s，即超静定次数，且满足平衡条件），代入式（3.2-3）后，直接求取特解 $\boldsymbol{t}^*$。图 3.2-2 所示的 1/10 索网是 300 次超静定结构，若采用该方法，需要至少指定其中 300 个单元的内力，且给出的内力需要满足考虑自重时的平衡条件，这无疑是十分困难的。

（2）由前文分析可知，图 3.2-2 所示的 1/10 索网是动定结构。因此可以将所有单元采用可受拉、压的杆单元模拟，考虑结构自重并指定各根索的截面后，采用线性有限元方法求解当前位形下与自重平衡的内力分布 $\boldsymbol{t}_{\mathrm{G}}$。显然，$\boldsymbol{t}_{\mathrm{G}}$ 满足 $\boldsymbol{A}\boldsymbol{t}_{\mathrm{G}}=\boldsymbol{q}$，表明 $\boldsymbol{t}_{\mathrm{G}}$ 可作为非齐次线性方程组式（3.2-3）的特解，即 $\boldsymbol{t}^*=\boldsymbol{t}_{\mathrm{G}}$。

上述方法理论上可以解决球面基准态的形态分析问题，但对于抛物面态的形态分析并不适用。在 FAST 索网结构的设计过程中，可以采用平衡矩阵理论对结构进行定性研究和分析，在球面基准态和抛物面态的形态分析以及后续的荷载态分析中，则统一采用非线性有限元法。

3.2.3 传统非线性有限元法及应用

采用非线性有限元法进行索网结构形态分析，首先要明确结构在不同阶段对应形态之间的差异与联系。索网结构计算过程可以分为以下几个状态：

（1）零状态，对应数值模型建立完毕而未进行计算时的状态；

（2）初始态，即结构在自重和预应力作用下的平衡状态，对应数值模型在考虑自重情况下施加预应力、计算完毕后的状态；

（3）荷载态，在初始态基础上，结构在后续荷载作用下的平衡状态。

形态分析主要涉及索网零状态与初始态的确定。在利用非线性有限元法进行形态分析时，零状态的参数主要包括零状态几何位形和初应变，初始态的信息主要包括初始态位形和初始态索力。将索网零状态和初始态几何位形的节点坐标集合分别表示为 $\boldsymbol{G}_{\mathrm{A}}$、$\boldsymbol{G}_{\mathrm{B}}$，初应变集合表示为 $\boldsymbol{\varepsilon}_{\mathrm{A}}$，初始态索力集合表示为 $\boldsymbol{F}_{\mathrm{B}}$，即

$$\boldsymbol{G}_{\mathrm{A}}=\begin{bmatrix} x_{\mathrm{A}1} & y_{\mathrm{A}1} & z_{\mathrm{A}1} \\ \vdots & \vdots & \vdots \\ x_{\mathrm{A}i} & y_{\mathrm{A}i} & z_{\mathrm{A}i} \\ \vdots & \vdots & \vdots \\ x_{\mathrm{A}p} & y_{\mathrm{A}p} & z_{\mathrm{A}p} \end{bmatrix} \tag{3.2-11}$$

$$\boldsymbol{G}_{\mathrm{B}}=\begin{bmatrix} x_{\mathrm{B}1} & y_{\mathrm{B}1} & z_{\mathrm{B}1} \\ \vdots & \vdots & \vdots \\ x_{\mathrm{B}i} & y_{\mathrm{B}i} & z_{\mathrm{B}i} \\ \vdots & \vdots & \vdots \\ x_{\mathrm{B}p} & y_{\mathrm{B}p} & z_{\mathrm{B}p} \end{bmatrix} \tag{3.2-12}$$

$$\boldsymbol{\varepsilon}_{\mathrm{A}}=\{\varepsilon_{\mathrm{A1}} \quad \cdots \quad \varepsilon_{\mathrm{Aj}} \quad \cdots \quad \varepsilon_{\mathrm{Aq}}\}^{\mathrm{T}} \tag{3.2-13}$$

$$\boldsymbol{F}_{\mathrm{B}}=\{f_{\mathrm{B1}} \quad \cdots \quad f_{\mathrm{Bj}} \quad \cdots \quad f_{\mathrm{Bq}}\}^{\mathrm{T}} \tag{3.2-14}$$

式中，$\{x_{\mathrm{A}i} \quad y_{\mathrm{A}i} \quad z_{\mathrm{A}i}\}$ 和 $\{x_{\mathrm{B}i} \quad y_{\mathrm{B}i} \quad z_{\mathrm{B}i}\}$ 分别为零状态和初始态下第 i 个节点的坐标，$\varepsilon_{\mathrm{A}j}$ 和 $f_{\mathrm{B}j}$ 分别为第 j 个索单元的初应变和初始态索力，p 和 q 分别为节点总数和索单元总数。$\boldsymbol{G}_{\mathrm{B}}$ 代表了索网结构张拉完成后的几何位形，可称为结构的目标位形。

依据现有形态分析方法，根据给定分析目标和求解参数的不同，可以形成以下两种形态分析策略：

（1）给定零状态下施加的索网初应变 $\boldsymbol{\varepsilon}_{\mathrm{A}}$，以实现初始态位形 $\boldsymbol{G}_{\mathrm{B}}$ 为目标，求解零状态的几何位形 $\boldsymbol{G}_{\mathrm{A}}$；

（2）给定零状态下结构的几何位形 $\boldsymbol{G}_{\mathrm{A}}$，以实现初始态索力 $\boldsymbol{F}_{\mathrm{B}}$ 为目标，求解零状态所需施加的索网初应变 $\boldsymbol{\varepsilon}_{\mathrm{A}}$。

1. 已知 $\boldsymbol{\varepsilon}_{\mathrm{A}}$ 和 $\boldsymbol{G}_{\mathrm{B}}$，求解 $\boldsymbol{G}_{\mathrm{A}}$

对于 $\boldsymbol{\varepsilon}_{\mathrm{A}}$ 和 $\boldsymbol{G}_{\mathrm{B}}$ 给定的形态分析问题，可通过下述逆迭代法[12~14] 求解零状态的几何位形 $\boldsymbol{G}_{\mathrm{A}}$：

（1）按式（3.2-13）指定索网初应变 $\boldsymbol{\varepsilon}_{\mathrm{A}}$，$\boldsymbol{\varepsilon}_{\mathrm{A}}$ 在迭代过程中保持不变。同时令零状态几何位形$\boldsymbol{G}_{\mathrm{A}}^{(0)}=\boldsymbol{G}_{\mathrm{B}}$。

（2）计算结构的平衡状态，得到当前平衡位形 $\boldsymbol{G}^{(1)}$ 及其与 $\boldsymbol{G}_{\mathrm{B}}$ 的差 $\boldsymbol{U}^{(1)}$：

$$\boldsymbol{G}^{(1)}=\begin{bmatrix} x_1^{(1)} & y_1^{(1)} & z_1^{(1)} \\ \vdots & \vdots & \vdots \\ x_i^{(1)} & y_i^{(1)} & z_i^{(1)} \\ \vdots & \vdots & \vdots \\ x_p^{(1)} & y_p^{(1)} & z_p^{(1)} \end{bmatrix} \tag{3.2-15}$$

$$\boldsymbol{U}^{(1)}=\boldsymbol{G}^{(1)}-\boldsymbol{G}_{\mathrm{B}}=\begin{bmatrix} x_1^{(1)}-x_{\mathrm{B1}} & y_1^{(1)}-y_{\mathrm{B1}} & z_1^{(1)}-z_{\mathrm{B1}} \\ \vdots & \vdots & \vdots \\ x_i^{(1)}-x_{\mathrm{B}i} & y_i^{(1)}-y_{\mathrm{B}i} & z_i^{(1)}-z_{\mathrm{B}i} \\ \vdots & \vdots & \vdots \\ x_p^{(1)}-x_{\mathrm{B}p} & y_p^{(1)}-y_{\mathrm{B}p} & z_p^{(1)}-z_{\mathrm{B}p} \end{bmatrix} \tag{3.2-16}$$

其中，$\{x_i^{(1)} \quad y_i^{(1)} \quad z_i^{(1)}\}$ 为当前平衡位形中第 i 个节点的坐标。

（3）将 $-\boldsymbol{U}^{(1)}$ 作为索网零状态修正量，按式（3.2-17）更新零状态几何位形：

$$\boldsymbol{G}_{\mathrm{A}}^{(1)}=\boldsymbol{G}_{\mathrm{A}}^{(0)}-\boldsymbol{U}^{(1)} \tag{3.2-17}$$

（4）重复第（2）、（3）步，得到$\boldsymbol{G}_{\mathrm{A}}^{(2)}$、$\boldsymbol{G}_{\mathrm{A}}^{(3)}\cdots\boldsymbol{G}_{\mathrm{A}}^{(n)}$，其中

$$\boldsymbol{G}_{\mathrm{A}}^{(n)}=\boldsymbol{G}_{\mathrm{A}}^{(n-1)}-\boldsymbol{U}^{(n)} \tag{3.2-18}$$

$$\boldsymbol{U}^{(n)}=\boldsymbol{G}^{(n)}-\boldsymbol{G}_{\mathrm{B}}=\begin{bmatrix} x_1^{(n)}-x_{\mathrm{B1}} & y_1^{(n)}-y_{\mathrm{B1}} & z_1^{(n)}-z_{\mathrm{B1}} \\ \vdots & \vdots & \vdots \\ x_i^{(n)}-x_{\mathrm{B}i} & y_i^{(n)}-y_{\mathrm{B}i} & z_i^{(n)}-z_{\mathrm{B}i} \\ \vdots & \vdots & \vdots \\ x_p^{(n)}-x_{\mathrm{B}p} & y_p^{(n)}-y_{\mathrm{B}p} & z_p^{(n)}-z_{\mathrm{B}p} \end{bmatrix} \tag{3.2-19}$$

其中，$\{x_i^{(n)} \quad y_i^{(n)} \quad z_i^{(n)}\}$ 为第 n 轮迭代后的平衡位形中第 i 个节点的坐标。

（5）计算当前平衡位形 $\boldsymbol{G}^{(n+1)}$ 以及该位形中各节点与目标位形 $\boldsymbol{G}_\mathrm{B}$ 中相应节点的距离

$$\boldsymbol{D}^{(n+1)}=\{d_1^{(n+1)} \quad \cdots \quad d_i^{(n+1)} \quad \cdots \quad d_p^{(n+1)}\}^\mathrm{T} \tag{3.2-20}$$

其中，$d_i^{(n+1)}=\sqrt{(x_i^{(n+1)}-x_{\mathrm{B}i})^2+(y_i^{(n+1)}-y_{\mathrm{B}i})^2+(z_i^{(n+1)}-z_{\mathrm{B}i})^2}$，$\{x_i^{(n+1)} \quad y_i^{(n+1)} \quad z_i^{(n+1)}\}$ 为当前平衡位形中第 i 个节点的坐标。若 $\|\boldsymbol{D}^{(n+1)}\|\leqslant\delta$（$\delta$ 为预先设定的收敛精度，n 为迭代次数），则停止迭代，$\boldsymbol{G}_\mathrm{A}^{(n)}$ 为满足精度要求的零状态几何位形，即 $\boldsymbol{G}_\mathrm{A}=\boldsymbol{G}_\mathrm{A}^{(n)}$；若 $\|\boldsymbol{D}^{(n+1)}\|>\delta$，则返回第（4）步，继续修正零状态几何位形。

对于目标位形确定且唯一的索网结构，可利用上述过程求得零状态几何位形。仅就 FAST 索网的球面基准态而言，利用上述传统方法进行形态分析，寻找索网的零状态几何位形是可行的。在前期的 FAST 索网球面基准态形态分析中，均采用了上述逆迭代法[12,14]。然而，FAST 在工作过程中需要在球面基准态和 550 种抛物面态之间进行转换，从结构分析角度而言，球面基准态和抛物面态均可看作索网的初始态（目标位形 $\boldsymbol{G}_\mathrm{B}$），因此 FAST 索网属于“多目标位形”（即存在多个初始态）的结构。由于球面基准态和各种抛物面态的几何位形和索网内力各不相同，如果采用上述方法分别针对各状态进行形态分析，将得到多个零状态几何位形，这显然与实际情况相悖，因而上述逆迭代法不适用于 FAST 抛物面态的形态分析。

2. 已知 $\boldsymbol{G}_\mathrm{A}$ 和 $\boldsymbol{F}_\mathrm{B}$，求解 $\boldsymbol{\varepsilon}_\mathrm{A}$

对于 $\boldsymbol{G}_\mathrm{A}$ 和 $\boldsymbol{F}_\mathrm{B}$ 给定的形态分析问题，可通过下述张力补偿法[15] 求解索网初应变 $\boldsymbol{\varepsilon}_\mathrm{A}$：

（1）根据给定的零状态几何位形 $\boldsymbol{G}_\mathrm{A}$（通常与目标初始态位形 $\boldsymbol{G}_\mathrm{B}$ 一致）建立计算模型，对索网施加初应变 $\boldsymbol{\varepsilon}^{(0)}$。

（2）计算结构的平衡状态，得到当前索力 $\boldsymbol{F}^{(1)}$ 及其与 $\boldsymbol{F}_\mathrm{B}$ 的差对应的应变量 $\boldsymbol{e}^{(1)}$：

$$\boldsymbol{F}^{(1)}=\{f_1^{(1)} \quad \cdots \quad f_j^{(1)} \quad \cdots \quad f_q^{(1)}\}^\mathrm{T} \tag{3.2-21}$$

$$\boldsymbol{e}^{(1)}=\left\{\frac{f_{\mathrm{B}1}-f_1^{(1)}}{E_1A_1} \quad \cdots \quad \frac{f_{\mathrm{B}j}-f_j^{(1)}}{E_jA_j} \quad \cdots \quad \frac{f_{\mathrm{B}q}-f_q^{(1)}}{E_qA_q}\right\}^\mathrm{T} \tag{3.2-22}$$

其中，$f_j^{(1)}$ 为当前平衡状态中第 j 个索单元的内力；E_j 和 A_j 分别为第 j 个索单元的材料弹性模量和截面面积。

（3）将 $\boldsymbol{e}^{(1)}$ 作为应变补偿量，按式（3.2-23）更新索网初应变：

$$\boldsymbol{\varepsilon}^{(1)}=\boldsymbol{\varepsilon}^{(0)}+\boldsymbol{e}^{(1)} \tag{3.2-23}$$

（4）重复第（2）、（3）步，得到 $\boldsymbol{\varepsilon}^{(2)}$、$\boldsymbol{\varepsilon}^{(3)}$、…、$\boldsymbol{\varepsilon}^{(n)}$，其中

$$\boldsymbol{\varepsilon}^{(n)}=\boldsymbol{\varepsilon}^{(n-1)}+\boldsymbol{e}^{(n)} \tag{3.2-24}$$

$$\boldsymbol{e}^{(n)}=\left\{\frac{f_{\mathrm{B}1}-f_1^{(n)}}{E_1A_1} \quad \cdots \quad \frac{f_{\mathrm{B}j}-f_j^{(n)}}{E_jA_j} \quad \cdots \quad \frac{f_{\mathrm{B}q}-f_q^{(n)}}{E_qA_q}\right\}^\mathrm{T} \tag{3.2-25}$$

其中，$f_j^{(n)}$ 为第 n 轮迭代后的平衡状态中第 j 个索单元的内力。

（5）计算当前平衡状态，得到当前索力 $\boldsymbol{F}^{(n+1)}$ 及其与 $\boldsymbol{F}_\mathrm{B}$ 的差 $\boldsymbol{E}^{(n+1)}$

$$\boldsymbol{E}^{(n+1)}=\{f_{\mathrm{B}1}-f_1^{(n+1)} \quad \cdots \quad f_{\mathrm{B}j}-f_j^{(n+1)} \quad \cdots \quad f_{\mathrm{B}q}-f_q^{(n+1)}\}^\mathrm{T} \tag{3.2-26}$$

其中，$f_j^{(n+1)}$ 为当前平衡状态中第 j 个索单元的内力。若 $\|\boldsymbol{E}^{(n+1)}\|\leqslant\delta$（$\delta$ 为预先设定的收敛精度，n 为迭代次数），则停止迭代，$\boldsymbol{\varepsilon}^{(n)}$ 为满足精度要求的索网初应变，即 $\boldsymbol{\varepsilon}_\mathrm{A}=\boldsymbol{\varepsilon}^{(n)}$；若 $\|\boldsymbol{E}^{(n+1)}\|>\delta$，则返回第（4）步，继续修正初应变。

上述过程要求预先给定初始态的目标索力 $\boldsymbol{F}_{\mathrm{B}}$，通常仅适用于对初始态位形没有严格要求，仅控制内力水平的情况。对于 FAST 索网结构，首要控制目标是初始态位形，在满足目标位形的情况下，给出完全符合要求的初始态索力是非常困难的，因此上述张力补偿法不适用于 FAST 索网的形态分析。

3.2.4 目标位形应变补偿法

为解决 FAST 多目标位形索网形态分析问题，本节提出一种索网形态分析新方法——目标位形应变补偿法[16]。该方法以索网初应变为迭代对象，在严格实现目标位形的前提下求解初始态索力 $\boldsymbol{F}_{\mathrm{B}}$，可实现索网球面基准态和抛物面态形态分析过程的统一。

1. 球面基准态形态分析

FAST 索网球面基准态按照下述流程进行形态分析。

（1）按目标位形 $\boldsymbol{G}_{\mathrm{B}}$ 建立结构模型，模型中各根索的长度用 $\boldsymbol{L}_{\mathrm{B}}$ 表示

$$\boldsymbol{L}_{\mathrm{B}}=\{l_1 \quad \cdots \quad l_j \quad \cdots \quad l_q\}^{\mathrm{T}} \tag{3.2-27}$$

其中，l_j 为目标位形中第 j 根索的长度。

（2）指定索网初应变 $\boldsymbol{\varepsilon}^{(0)}$

$$\boldsymbol{\varepsilon}^{(0)}=\{\varepsilon_1^{(0)} \quad \cdots \quad \varepsilon_j^{(0)} \quad \cdots \quad \varepsilon_q^{(0)}\}^{\mathrm{T}} \tag{3.2-28}$$

其中，$\varepsilon_j^{(0)}$ 为第 j 根索的初应变。

（3）计算得到结构平衡状态，提取当前平衡位形中各根索的长度：

$$\boldsymbol{L}^{(1)}=\{l_1^{(1)} \quad \cdots \quad l_j^{(1)} \quad \cdots \quad l_q^{(1)}\}^{\mathrm{T}} \tag{3.2-29}$$

其中，$l_j^{(1)}$ 为当前平衡位形中第 j 根索的长度。

（4）计算各根索的应变变化

$$\Delta\boldsymbol{\varepsilon}^{(1)}=\{\Delta\varepsilon_1^{(1)} \quad \cdots \quad \Delta\varepsilon_j^{(1)} \quad \cdots \quad \Delta\varepsilon_q^{(1)}\}^{T}=\left\{\frac{l_1^{(1)}-l_1}{l_1} \quad \cdots \quad \frac{l_j^{(1)}-l_j}{l_j} \quad \cdots \quad \frac{l_q^{(1)}-l_q}{l_q}\right\}^{\mathrm{T}} \tag{3.2-30}$$

（5）将 $\Delta\boldsymbol{\varepsilon}^{(1)}$ 作为索网初应变的修正量，按式（3.2-31）更新初应变：

$$\boldsymbol{\varepsilon}^{(1)}=\boldsymbol{\varepsilon}^{(0)}+\Delta\boldsymbol{\varepsilon}^{(1)} \tag{3.2-31}$$

（6）重复第（3）～（5）步，得到 $\boldsymbol{\varepsilon}^{(2)}$、$\boldsymbol{\varepsilon}^{(3)}$、…、$\boldsymbol{\varepsilon}^{(n)}$，其中

$$\boldsymbol{\varepsilon}^{(n)}=\boldsymbol{\varepsilon}^{(n-1)}+\Delta\boldsymbol{\varepsilon}^{(n)} \tag{3.2-32}$$

$$\Delta\boldsymbol{\varepsilon}^{(n)}=\{\Delta\varepsilon_1^{(n)} \quad \cdots \quad \Delta\varepsilon_j^{(n)} \quad \cdots \quad \Delta\varepsilon_q^{(n)}\}^{\mathrm{T}}=\left\{\frac{l_1^{(n)}-l_1}{l_1} \quad \cdots \quad \frac{l_j^{(n)}-l_j}{l_j} \quad \cdots \quad \frac{l_q^{(n)}-l_q}{l_q}\right\}^{\mathrm{T}} \tag{3.2-33}$$

其中，$l_j^{(n)}$ 为第 n 轮迭代后的平衡位形中第 j 根索的长度。

（7）计算当前平衡位形 $\boldsymbol{G}^{(n+1)}$ 中各节点与目标位形 $\boldsymbol{G}_{\mathrm{B}}$ 中相应节点的距离

$$\boldsymbol{D}^{(n+1)}=\{d_1^{(n+1)} \quad \cdots \quad d_i^{(n+1)} \quad \cdots \quad d_p^{(n+1)}\}^{\mathrm{T}} \tag{3.2-34}$$

其中，$d_i^{(n+1)}=\sqrt{[u_{\mathrm{x}i}^{(n+1)}]^2+[u_{\mathrm{y}i}^{(n+1)}]^2+[u_{\mathrm{z}i}^{(n+1)}]^2}$，$\{u_{\mathrm{x}i}^{(n+1)} \quad u_{\mathrm{y}i}^{(n+1)} \quad u_{\mathrm{z}i}^{(n+1)}\}$ 为当前平衡位形中第 i 个节点沿三个坐标轴方向相对目标位形的偏差。若 $\|\boldsymbol{D}^{(n+1)}\|\leqslant\delta$（$\delta$ 为预先设定的收敛精度，n 为迭代次数），则停止迭代，$\boldsymbol{\varepsilon}^{(n)}$ 为满足精度要求的索网初应变，即 $\boldsymbol{\varepsilon}_{\mathrm{A}}=\boldsymbol{\varepsilon}^{(n)}$；

若 $\| \boldsymbol{D}^{(n+1)} \| > \delta$，则返回第（6）步，继续修正索网初应变。

基于上述流程，可求得在目标位形达到平衡所需输入的索网初应变，以及相应的初始态索力 $\boldsymbol{F}_{\mathrm{B}}$。对球面基准态，采用得到的初应变，索网由零状态到达初始态的过程中不会产生位移，因此二者的几何位形一致。在 FAST 索网球面基准态分析中，若按照主索网应力 600MPa、下拉索应力 400MPa 的原则，换算得到初应变迭代初值 $\boldsymbol{\varepsilon}^{(0)}$，则按照上述目标位形应变补偿法进行形态分析时，相对目标位形的最大偏差 D 随迭代步数 n 的变化关系如图 3.2-3 所示。由图 3.2-3 可以看到，迭代 3 次后，最大偏差即降低到 1mm 以下，满足收敛准则，表明该方法具有很高的收敛效率。

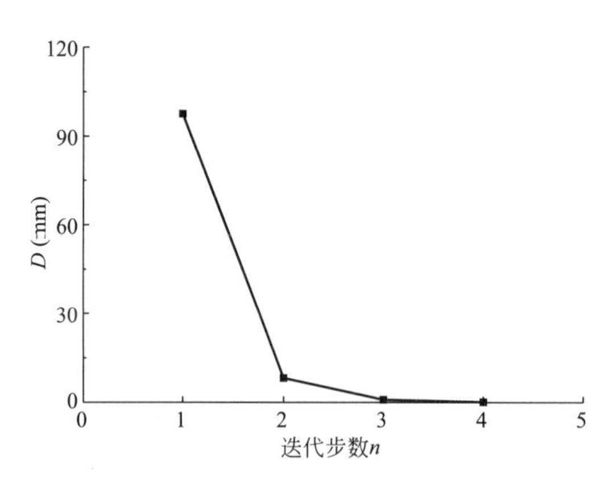

图 3.2-3　相对偏差与迭代步数的关系

需要说明的是，对于给定的目标位形，与之匹配的初始态索力 $\boldsymbol{F}_{\mathrm{B}}$ 通常并不是唯一的。实际上，通过上述流程得到的初始态索力 $\boldsymbol{F}_{\mathrm{B}}$ 直接受索网初应变迭代初值（即步骤（2）中的 $\boldsymbol{\varepsilon}^{(0)}$ ）的影响。因此，在按目标位形应变补偿法完成索网形态分析后，需要根据得到的初始态索力 $\boldsymbol{F}_{\mathrm{B}}$ 与索力控制目标的差异，修正索网初应变迭代的初值 $\boldsymbol{\varepsilon}^{(0)}$，并重新执行上述目标位形应变补偿法的迭代过程。在实际工程应用中，根据索力控制目标的不同，需要有针对性地采取专门的修正策略。下面以控制某个索单元的初始态索力等于特定值为例，阐述 $\boldsymbol{\varepsilon}^{(0)}$ 的修正策略：

（1）设定索力控制目标，如控制第 j 个索单元的初始态索力等于 $f_{\mathrm{T}j}$ 。

（2）按简便原则（如所有索单元内力相等或应力相等）初步指定索网初应变迭代初值 $\boldsymbol{\varepsilon}^{(0)}$。

（3）采用目标位形应变补偿法完成形态分析，提取第 j 个索单元的初始态索力 $f_{\mathrm{B}j}$ 。

（4）若 $f_{\mathrm{B}j}=0$，则说明第 j 个索单元的初应变迭代初值 $\varepsilon_j^{(0)}$ 偏小，需要将 $\varepsilon_j^{(0)}$ 放大，重新执行形态分析；若 $f_{\mathrm{B}j} \neq 0$，则进入下一步。

（5）若 $|f_{\mathrm{B}j}-f_{\mathrm{T}j}| \leqslant \eta$（$\eta$ 为预先设定的索力控制精度），则当前初应变迭代初值 $\boldsymbol{\varepsilon}^{(0)}$ 取值合理，形态分析结束；若 $|f_{\mathrm{B}j}-f_{\mathrm{T}j}| > \eta$，则将当前初始态的所有索单元应变统一乘以 $f_{\mathrm{T}j}/f_{\mathrm{B}j}$ 后，作为新的初应变迭代初值 $\boldsymbol{\varepsilon}^{(0)}$，并返回本修正策略第（3）步。

通过上述修正策略，可以获得合理的索网初应变迭代初值，使按照目标位形应变补偿法得到的索网初始态不仅几何与目标位形一致，且索力也符合控制目标。

目标位形应变补偿法的本质是通过迭代索的初应变来修正索的原长（即无应力长度），

使各根索由原长拉伸到目标位形中的长度时，产生的内力在目标位形满足平衡条件。按照本方法确定 FAST 索网球面基准态后，即可根据主索网各根索的长度及相应初始态索力确定其下料长度。

2. 抛物面态形态分析

FAST 主索网采用定长索，通过上述方法确定球面基准态后，主索网各根索的下料长度随之确定；而每根下拉索均串联有促动器，其长度可通过后者进行主动调节。因此，索网球面基准态和各抛物面态之间的转换只能通过调节下拉索长度实现。在前期研究 FAST 抛物面形态时，基本都通过对下拉索下端节点施加位移的方式来模拟下拉索的长度变化[12,17]，而不是采用 3.2.3 节中球面基准态形态分析采用的逆迭代法。本节中提出的目标位形应变补偿法除了可以用于 FAST 球面基准态的形态分析，还适用于抛物面态的形态分析，由此解决了多目标位形的索网形态分析问题。

采用目标位形应变补偿法，对索网的任意一个抛物面态，可按下述流程对其进行形态分析。

（1）将前文得到的球面基准态索网初应变 $\boldsymbol{\varepsilon}_{\mathrm{A}}$ 中的元素按主索和下拉索排序，

$$\boldsymbol{\varepsilon}_{\mathrm{A}}=[\boldsymbol{\varepsilon}_{\mathrm{P}}^{\mathrm{T}} \quad \boldsymbol{\varepsilon}_{\mathrm{S}}^{\mathrm{T}}]^{\mathrm{T}} \tag{3.2-35}$$

其中，$\boldsymbol{\varepsilon}_{\mathrm{P}}$ 为对应球面基准态的主索初应变；$\boldsymbol{\varepsilon}_{\mathrm{S}}$ 为下拉索的初应变。

（2）进一步将下拉索初应变 $\boldsymbol{\varepsilon}_{\mathrm{S}}$ 分为 300m 直径抛物面范围内和范围外的两部分，

$$\boldsymbol{\varepsilon}_{\mathrm{S}}=[\boldsymbol{\varepsilon}_{\mathrm{Sa}}^{(0)\mathrm{T}} \quad \boldsymbol{\varepsilon}_{\mathrm{Sb}}^{(0)\mathrm{T}}]^{\mathrm{T}} \tag{3.2-36}$$

其中，$\boldsymbol{\varepsilon}_{\mathrm{Sa}}^{(0)}$ 和 $\boldsymbol{\varepsilon}_{\mathrm{Sb}}^{(0)}$ 分别为抛物面范围内和范围外的下拉索初应变；$\boldsymbol{\varepsilon}_{\mathrm{Sa}}^{(0)}$ 将作为下拉索初应变迭代修正的初始值；$\boldsymbol{\varepsilon}_{\mathrm{Sb}}^{(0)}$ 保持不变。

（3）计算得到结构平衡位形，进而求得该平衡位形中抛物面范围内各下拉索上端节点与目标抛物面的法向距离 $\boldsymbol{U}_{\mathrm{SN}}^{(1)}$ ，

$$\boldsymbol{U}_{\mathrm{SN}}^{(1)}=\{u_{\mathrm{SN1}}^{(1)} \quad \cdots \quad u_{\mathrm{SN}m}^{(1)} \quad \cdots \quad u_{\mathrm{SN}r}^{(1)}\}^{\mathrm{T}} \tag{3.2-37}$$

式中，$u_{\mathrm{SN}m}^{(1)}$ 为第 m 根下拉索上端节点与目标抛物面的法向距离，如图 3.2-4 所示，当节点位于抛物面外时为负，位于抛物面内时为正。r 为抛物面范围内下拉索的个数。

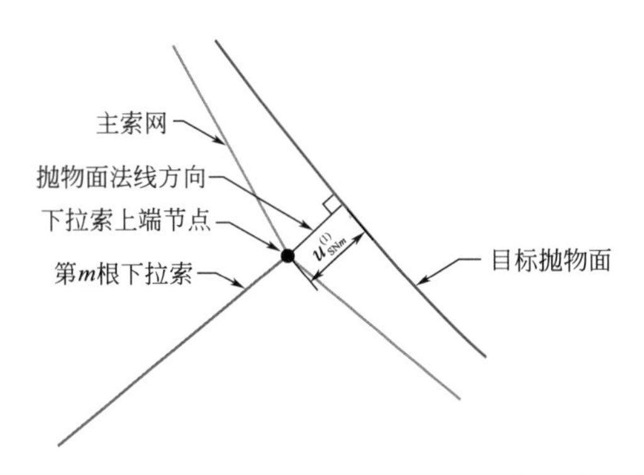

图 3.2-4 下拉索上端节点与目标抛物面法向距离示意图

（4）根据 $\boldsymbol{U}_{\mathrm{SN}}^{(1)}$ 计算抛物面范围内各下拉索应变修正量：

$$\Delta\boldsymbol{\varepsilon}_{\mathrm{Sa}}^{(1)}=\{\Delta\varepsilon_{\mathrm{Sa1}}^{(1)} \quad \cdots \quad \Delta\varepsilon_{\mathrm{Sa}m}^{(1)} \quad \cdots \quad \Delta\varepsilon_{\mathrm{Sa}r}^{(1)}\}^{\mathrm{T}}=\left\{\frac{u_{\mathrm{SN1}}^{(1)}}{l_1} \quad \cdots \quad \frac{u_{\mathrm{SN}m}^{(1)}}{l_m} \quad \cdots \quad \frac{u_{\mathrm{SN}r}^{(1)}}{l_r}\right\}^{\mathrm{T}} \tag{3.2-38}$$

其中，l_m 为第 m 根下拉索在球面基准态中的长度。

（5）基于 $\Delta\boldsymbol{\varepsilon}_{\mathrm{Sa}}^{(1)}$ 修正抛物面范围内下拉索初应变，

$$\boldsymbol{\varepsilon}_{\mathrm{Sa}}^{(1)}=\boldsymbol{\varepsilon}_{\mathrm{Sa}}^{(0)}+\Delta\boldsymbol{\varepsilon}_{\mathrm{Sa}}^{(1)} \tag{3.2-39}$$

（6）重复第（3）～（5）步，得到 $\boldsymbol{\varepsilon}_{\mathrm{Sa}}^{(2)}$、$\boldsymbol{\varepsilon}_{\mathrm{Sa}}^{(3)}$、…、$\boldsymbol{\varepsilon}_{\mathrm{Sa}}^{(n)}$，其中

$$\boldsymbol{\varepsilon}_{\mathrm{Sa}}^{(n)}=\boldsymbol{\varepsilon}_{\mathrm{Sa}}^{(n-1)}+\Delta\boldsymbol{\varepsilon}_{\mathrm{Sa}}^{(n)} \tag{3.2-40}$$

$$\Delta\boldsymbol{\varepsilon}_{\mathrm{Sa}}^{(n)}=\{\Delta\boldsymbol{\varepsilon}_{\mathrm{Sa1}}^{(n)} \quad \cdots \quad \Delta\boldsymbol{\varepsilon}_{\mathrm{Sa}m}^{(n)} \quad \cdots \quad \Delta\boldsymbol{\varepsilon}_{\mathrm{Sa}r}^{(n)}\}^{\mathrm{T}}=\left\{\frac{u_{\mathrm{SN1}}^{(n)}}{l_1} \quad \cdots \quad \frac{u_{\mathrm{SN}m}^{(n)}}{l_m} \quad \cdots \quad \frac{u_{\mathrm{SN}r}^{(n)}}{l_r}\right\}^{\mathrm{T}} \tag{3.2-41}$$

其中，$u_{\mathrm{SN}m}^{(n)}$ 为第 n 轮迭代后的平衡位形中第 m 根下拉索上端节点与目标抛物面的法向距离。

（7）计算当前平衡位形的 $\boldsymbol{U}_{\mathrm{SN}}^{(n+1)}$，若 $\|\boldsymbol{U}_{\mathrm{SN}}^{(n+1)}\|\leqslant\delta$，则停止迭代，$\boldsymbol{\varepsilon}_{\mathrm{Sa}}^{(n)}$ 为满足精度要求的下拉索初应变，即 $\boldsymbol{\varepsilon}_{\mathrm{Sa}}=\boldsymbol{\varepsilon}_{\mathrm{Sa}}^{(n)}$；若 $\|\boldsymbol{U}_{\mathrm{SN}}^{(n+1)}\|>\delta$，则返回第（6）步，继续修正下拉索初应变。其中，$\delta$ 为预先设定的收敛精度，n 为迭代次数。

上述流程的基本思路是通过调整抛物面范围内的下拉索初应变（即借助促动器调整下拉索的原长），使索网结构达到平衡后，该范围内的索网节点位于目标抛物面上。从 FAST 观测要求来看，只需保证平衡后索网节点位于抛物面上即可，而对节点在抛物面上的具体位置没有要求，这正是仅将节点与抛物面法向距离作为索初应变修正依据的原因。运用该方法，可以分别求得对应所有抛物面的索网初始态。

与前文采用目标位形应变补偿法得到球面基准态一致，上述抛物面态形态分析也是基于迭代索初应变，二者在方法上实现了统一。

3.3 索网球面基准态分析结果

3.3.1 初始态荷载

索网结构在确定球面基准态时，考虑结构的恒荷载，主要包括以下几个部分：

（1）面板单元荷载，共 1972t；

（2）索体自重，考虑索 PE 保护套的影响，索体按照柳州欧维姆提供的重量取值；

（3）索网节点与索头重量，索网节点重量按照实际取值，索头重量按照柳州欧维姆提供的重量取值。

3.3.2 索网预应力优化

为便于 FAST 索网实现变位功能，应尽量减小索网刚度，实现小功率促动器驱动索网变形、降低系统造价和运行费用。在钢索材料确定的条件下，降低索网预应力从而减小钢索截面面积，是降低索网刚度最有效的方式。在球面基准态下，150 根边界主索将主索网内力传递给圈梁，与 2225 根下拉索内力平衡，是索网内力最大的区域，并且影响整个索

网内力的分布和大小。

图 3.3-1 为边界主索的受力简图，以基准态为参考构形，主索控制点 A 在球面上。索力 F_1、F_2 和 F_3 的平衡关系如下：

$$F_1\cos\alpha + F_2\cos\beta = F_3 \tag{3.3-1}$$

$$F_1\sin\alpha = F_2\sin\beta \tag{3.3-2}$$

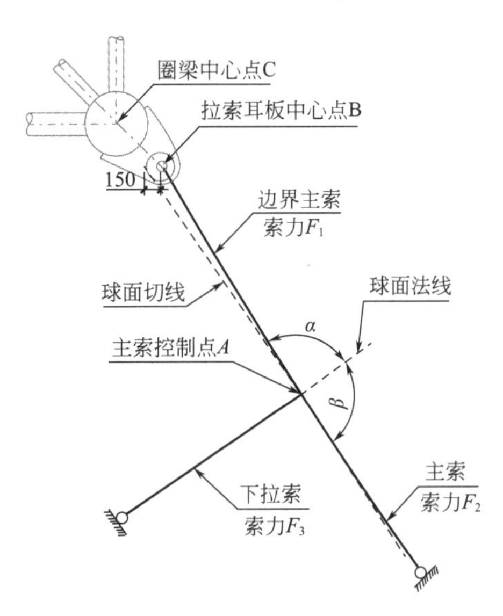

图 3.3-1　边界主索受力简图

当 $\alpha\approx\beta$，且 α 和 β 均接近 90°时，有：

$$\sin\alpha \approx \sin\beta \tag{3.3-3}$$

结合式（3.3-2），有：

$$F_1 \approx F_2 \tag{3.3-4}$$

代入式（3.3-1），得到：

$$F_1 \approx \frac{F_3}{\cos\alpha + \cos\beta} \tag{3.3-5}$$

由于主索控制点 A 位于球面上，因而角度 β 的值固定。由式（3.3-5）可知，边界主索索力 F_1 的大小主要由下拉索索力 F_3 和角度 α 两个参数决定。由此，可以通过以下两方面措施减小索力，从而优化索网预应力：

（1）减小下拉索索力。由式（3.3-5）可知，当 α 不变时，边界主索索力与下拉索索力呈等比例关系，因而可以通过降低下拉索索力，使边界主索索力按同等比例减小，进而降低整个索网的内力水平。为保证促动器正常工作，应保证在各种抛物面形态及其温度作用下，下拉索应力不低于 50MPa。以此为准则，确定球面基准态下大部分下拉索索力在 28kN 左右。

（2）提高边界主索效率。在式（3.3-5）中，假定 F_3 不变，当 α 减小 $\Delta\alpha$，变为 $\alpha-\Delta\alpha$ 时，F_1 变为：

$$F'_1 = \frac{F_3}{\cos(\alpha-\Delta\alpha) + \cos\beta} \tag{3.3-6}$$

进而可求得边界主索索力变化量，即：

$$\Delta F_1 = F'_1 - F_1 = \frac{F_3[\cos\alpha - \cos(\alpha - \Delta\alpha)]}{[\cos(\alpha - \Delta\alpha) + \cos\beta](\cos\alpha + \cos\beta)} \tag{3.3-7}$$

将式（3.3-5）代入式（3.3-7），得到：

$$\Delta F_1 = \frac{F_1[\cos\alpha - \cos(\alpha - \Delta\alpha)]}{\cos(\alpha - \Delta\alpha) + \cos\beta} \tag{3.3-8}$$

再由式（3.3-8），可求得 F_1 的变化率 R_T，即：

$$R_T = \frac{\Delta F_1}{F_1} = \frac{\cos\alpha - \cos(\alpha - \Delta\alpha)}{\cos(\alpha - \Delta\alpha) + \cos\beta} \tag{3.3-9}$$

当图 3.3-1 中 $\alpha=89°$，$\beta=89°$，R_T 关于 $\Delta\alpha$ 的变化关系如图 3.3-2 所示。可以看到，F_1 的变化率 R_T 对 $\Delta\alpha$ 较为敏感，较小的 $\Delta\alpha$ 就会引起较大的 F_1 改变。由于与圈梁相邻的周圈反射面板无观测功能需求，钢索耳板中心点 B 可不在球面上，因而可以将其由球面内移，减小角度 α，进而运用上述规律优化索力。以边界主索长度为 10m 的情况为例，B 点内移 150mm 后，α 的变化量 $\Delta\alpha$ 为 0.86°，由式（3.3-9）和图 3.3-2 可知，此时对应的 F_1 降幅达 30%。整体模型分析结果也表明，维持下拉索索力基本不变，将边界主索与圈梁连接节点向内平移 150mm 后，主索最大内力 F_1 由 1083.4kN 变为 764.3kN，降低 29%，验证了该措施的有效性。

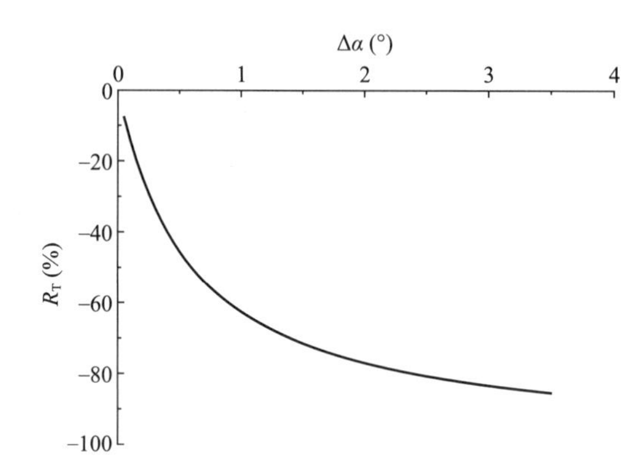

图 3.3-2　边界主索内力随 $\Delta\alpha$ 变化曲线

3.3.3　球面基准态索网内力

球面基准态下，索网的位形已知，采用“目标位形应变补偿法”确定索网内力。主要分析结果为：

（1）主索网索力为 60.1～764.3kN（图 3.3-3a），对应的应力为 214.6～641.8MPa；下拉索索力为 28.0～35.8kN（图 3.3-3b），对应的应力为 199.9～255.5MPa。

（2）索网 1/5 对称，1/5 区域与圈梁连接的边界主索共 30 根，编号如图 3.3-4 所示。计算得到这 30 根边界主索索力列于表 3.3-1，表中还列出了 2018 年 9 月 17 日实测的索力，测量的平均温度 20.6℃。30 根边界钢索中，有 25 根钢索测得索力，5 根钢索的传感器无数据。从表中可以看出，边界主索索力理论值在 446.3～758.6kN 之间。理论计算时假定合拢温度为 20℃，忽略 0.6℃的温差作用，理论索力与实测索力相比，相对误差在 5%以内的有 14 根，相对误差在 5%～10%的有 7 根，相对误差超过 10%的有 4 根。总体上，理论计算与实测值吻合较好。

（3）索网 1/5 对称，1/5 对称轴处索力 F 随钢索标高 H 的变化关系如图 3.3-5 所示，索网底部 H 为零。从图中可以看出，边界附近以及索网中心到边界连线中点附近的钢索出现内力峰值。

（4）圈梁位移 141mm，主索网内部节点的位移 0.01～0.87mm（图 3.3-6），满足 1mm 的精度控制要求，零状态和初始态的位形吻合。

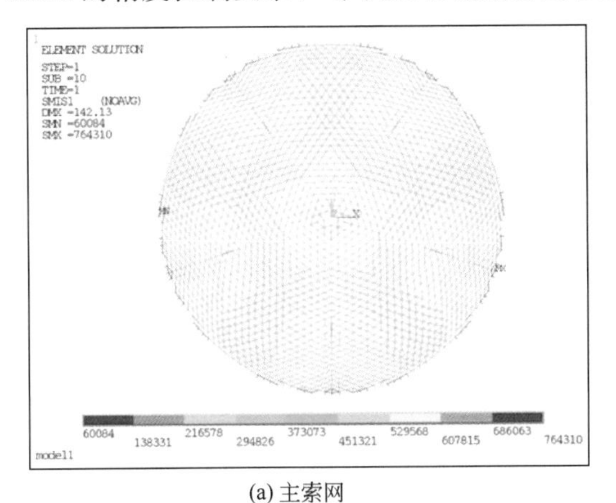

(a) 主索网

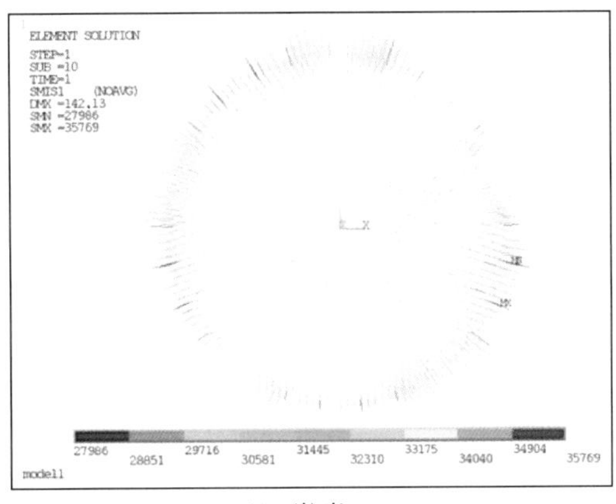

(b) 下拉索

图 3.3-3　球面基准态索网内力（N）

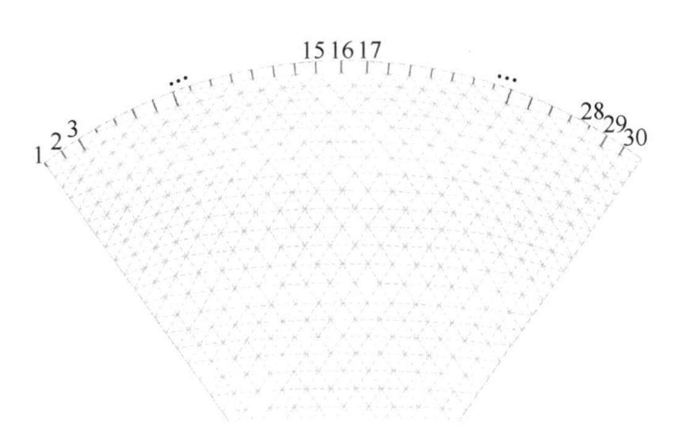

图 3.3-4　边界主索编号

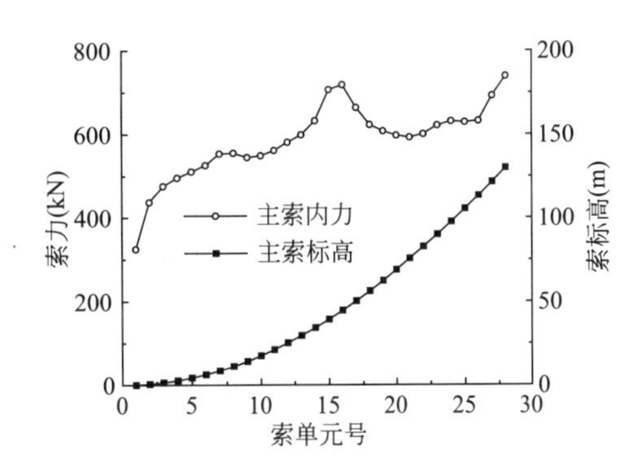

图 3.3-5　对称轴位置主索内力分布

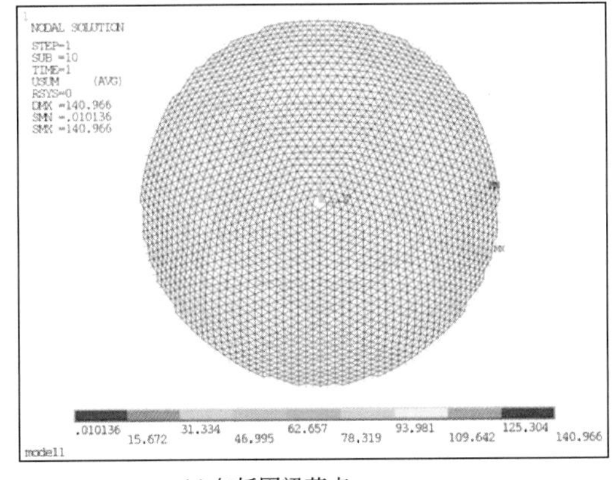

(a) 包括圈梁节点

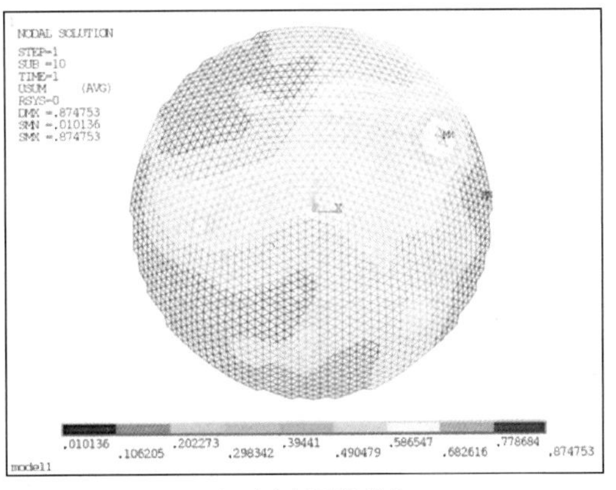

(b) 未包括圈梁节点

图 3.3-6　球面基准态索网位移（mm）

球面基准态边界主索理论索力与实测索力对比　　表 3.3-1

边界索编号	设计索力 F_B(kN)	监测索力 F_D(kN)	e(%)	边界索编号	设计索力 F_B(kN)	监测索力 F_D(kN)	e/%
1	739.0	755.5	2	16	595.6	—	—
2	725.5	733.2	1	17	605.7	624.0	3
3	604.8	577.1	−5	18	637.7	674.9	6
4	695.2	765.2	10	19	663.5	666.6	0
5	756.7	—	—	20	696.8	705.6	1
6	711.1	744.0	5	21	711.4	734.4	3
7	653.6	687.8	5	22	758.6	—	—
8	446.3	428.5	−4	23	715.2	736.9	3
9	713.3	752.0	5	24	456.1	—	—
10	744.3	873.8	17	25	649.4	730.7	13
11	732.2	751.4	3	26	728.7	763.9	5
12	699.2	738.6	6	27	748.4	806.8	8
13	671.9	726.6	8	28	693.4	—	—
14	633.1	702.7	11	29	600.9	599.4	0
15	595.6	629.5	6	30	739.8	742.0	0

注：$e=\dfrac{F_D-F_B}{F_B}$。

3.3.4　索网球面基准态下荷载态受力性能

在球面基准态基础上，考虑建成后可能承受的荷载和作用，分析 FAST 索网的受力性能。各荷载工况的取值详见 1.2.2 节。

1. 活荷载

在球面基准态基础上施加活荷载，可求得主索索力在 57.6～843.8kN 之间，应力在 240.0～678.1MPa 之间；下拉索索力在 9.7～39.7kN 之间，应力在 69.5～283.9MPa 之间。见图 3.3-7 和图 3.3-8。

2. 温度作用

在球面基准态基础上，升温 25℃时，主索网索力在 51.8～723.7kN 之间，应力在 185.1～613.7MPa 之间；下拉索索力在 20.2～30.4kN 之间，应力在 144.5～217.5MPa 之间。降温 25℃时，主索网索力在 67.2～819.2kN 之间，应力在 240.0～678.1MPa 之间；下拉索索力在 30.8～55.9kN 之间，应力在 220.1～399.3MPa 之间。总体上，在 25℃温度作用下，索网的索力变化不大，见图 3.3-9～图 3.3-12。

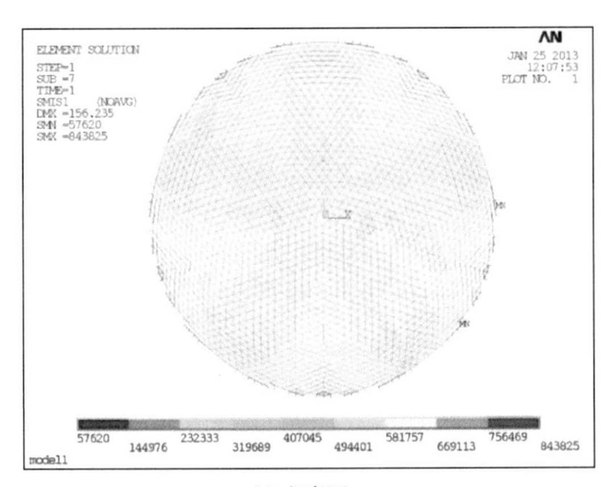

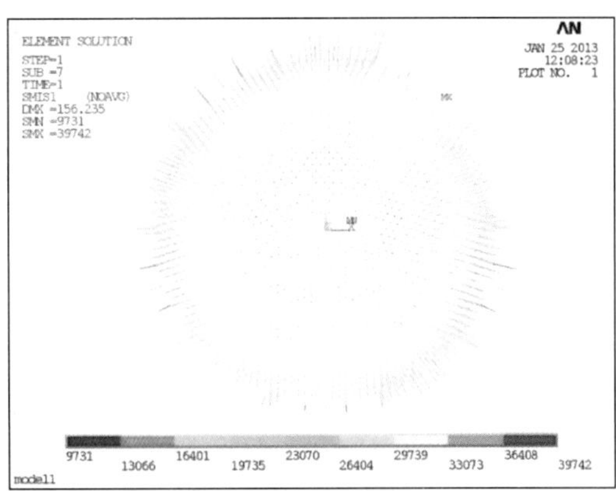

(a) 主索网　　　　(b) 下拉索

图 3.3-7　活荷载下的索网内力（N）

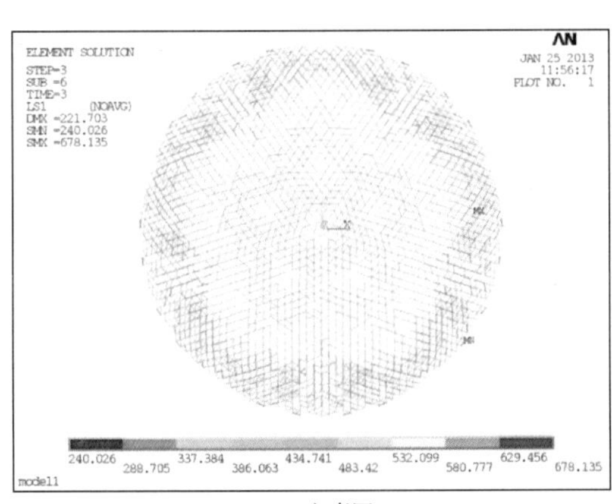

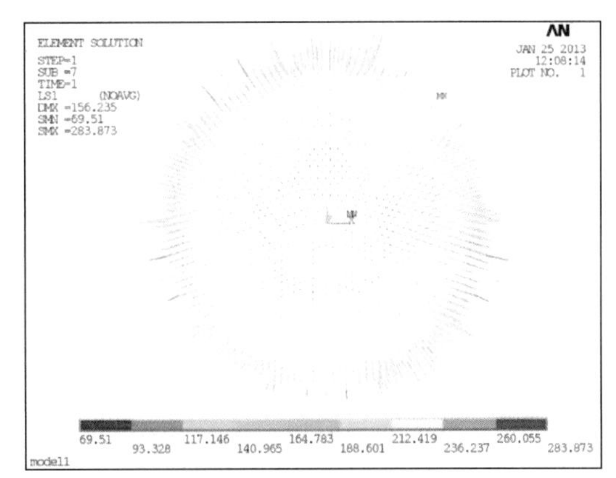

(a) 主索网　　　　(b) 下拉索

图 3.3-8　活荷载下的索网应力（MPa）

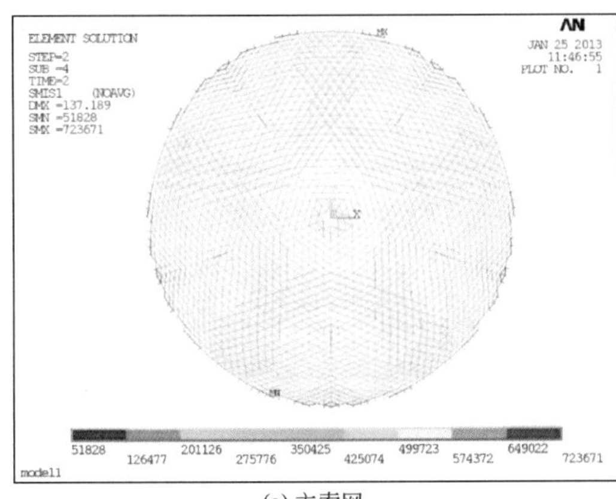

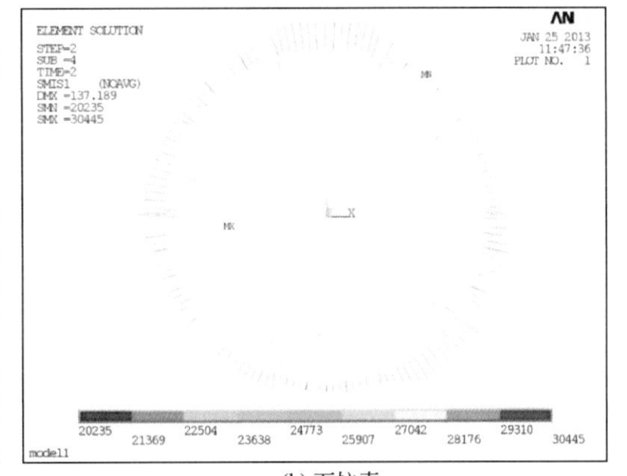

(a) 主索网　　　　(b) 下拉索

图 3.3-9　升温 25℃下的索网内力（N）

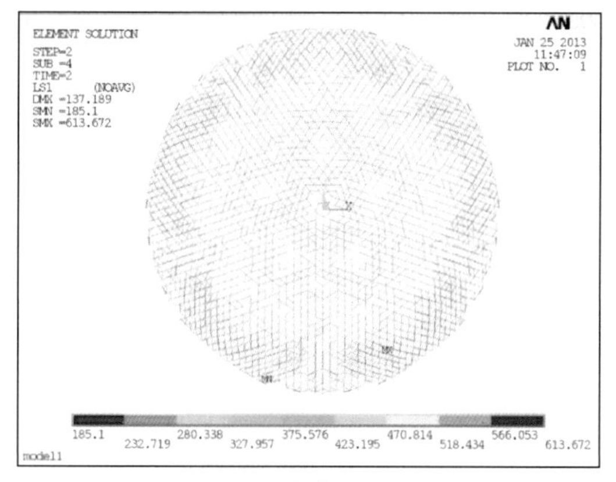

(a) 主索网

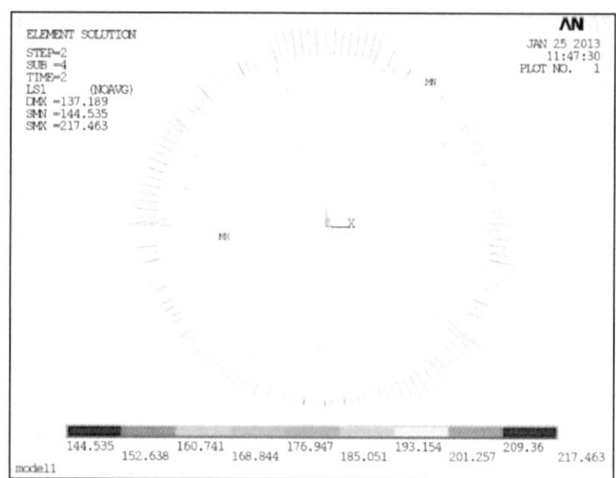

(b) 下拉索

图 3.3-10　升温 25℃下的索网应力（MPa）

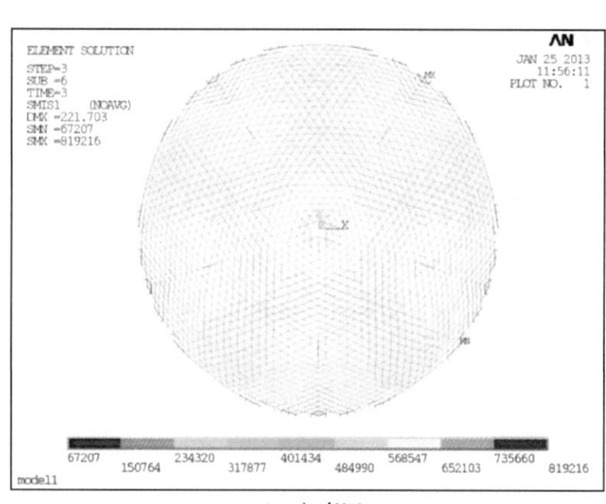

(a) 主索网

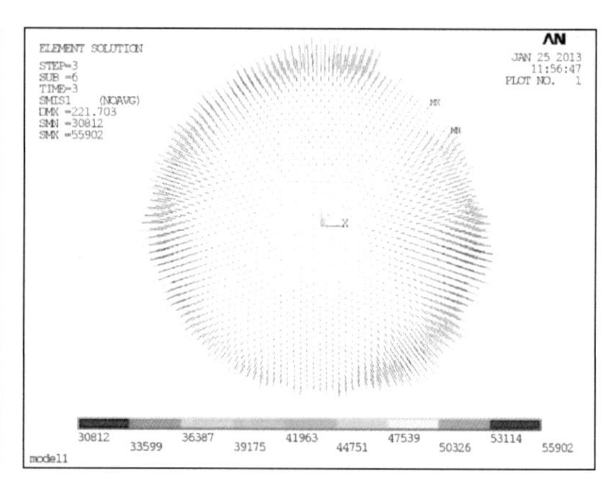

(b) 下拉索

图 3.3-11　降温 25℃下的索网内力（N）

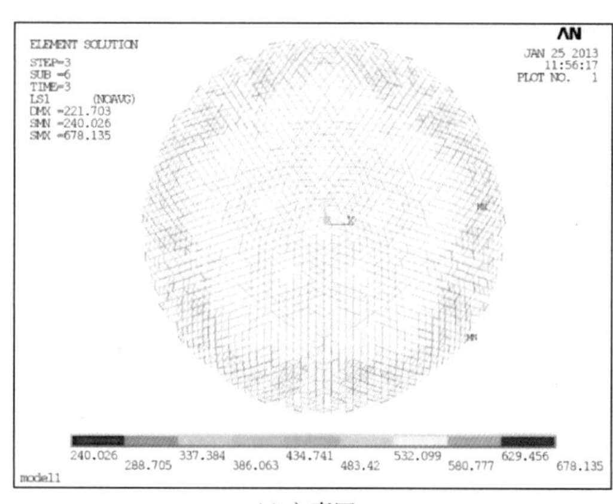

(a) 主索网

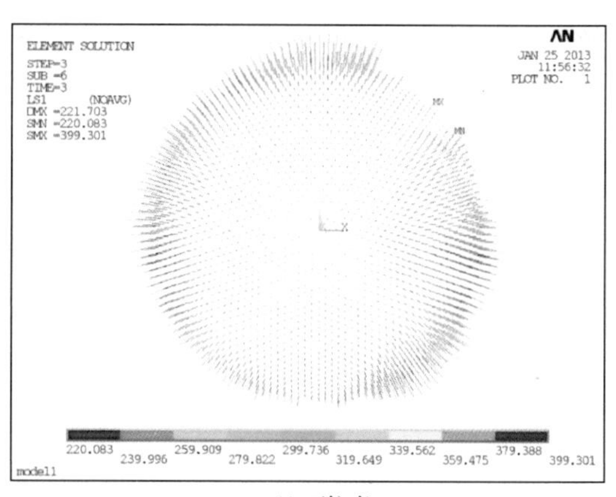

(b) 下拉索

图 3.3-12　降温 25℃下的索网应力（MPa）

3. 风荷载

210°风向角下，上吸风荷载最大，此工况下主索网索力在 59.7～765.5kN 之间，应力在 213.4～644.1MPa 之间；下拉索索力在 10.2～83.9kN 之间，应力在 72.6～599.4MPa 之间。由结果可以看出，主索网索力变化较小，下拉索索力增大较多，如图 3.3-13 和图 3.3-14 所示。

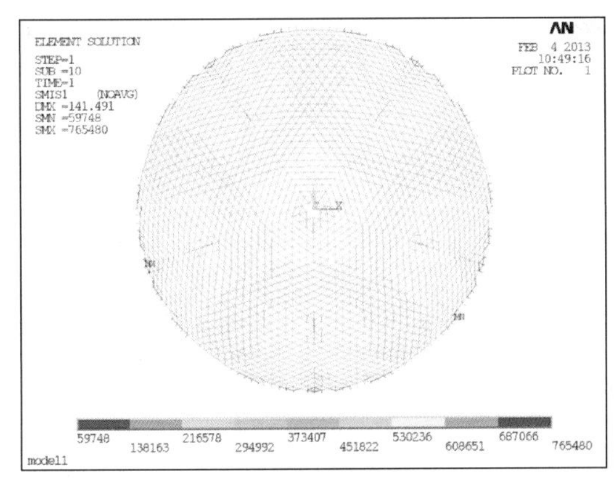

(a) 主索网

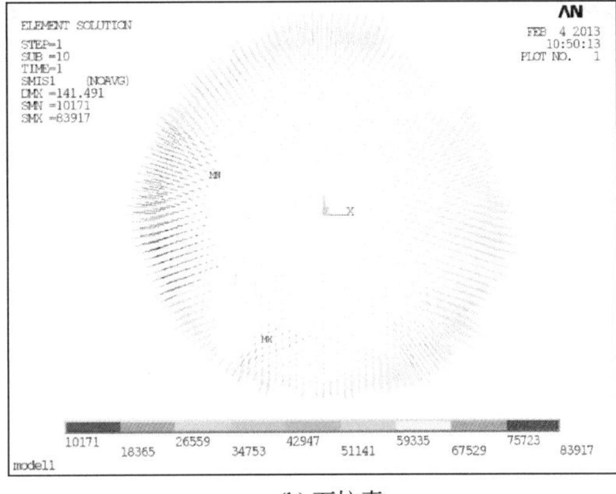

(b) 下拉索

图 3.3-13　210°风向角下的索网内力（N）

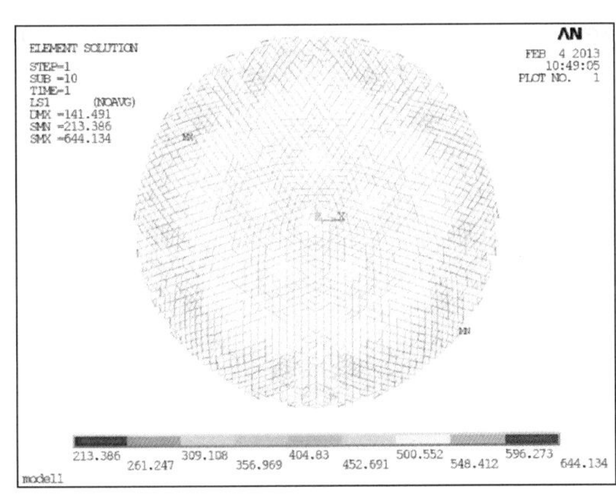

(a) 主索网

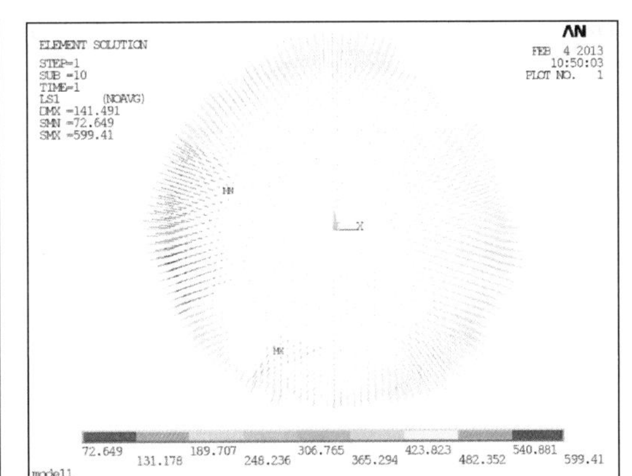

(b) 下拉索

图 3.3-14　210°风向角下的索网应力（MPa）

3.3.5　温度作用对索网球面基准态的影响

FAST 在观测使用过程中，会不定期回到球面基准态。使用过程中，不同时刻的温度存在差异，即 FAST 回到球面基准态时的温度不一定是设计的基准温度，这就要求 FAST 可以通过促动器调整下拉索的长度，使主索网在不同温度下到达球面基准态。

不同温度下的球面基准态通常对应着不同的索网内力分布，为了研究在不同温度下回到球面基准态对内力分布的影响，本节对三种情况下的索网内力进行比较：

（1）在本章 3.3.3 节中形态分析得到的球面基准态，以下称为“0℃球面基准态”。

（2）索网在升温（或降温）25℃下回到球面基准态时，采用3.2.4节中的目标位形应变补偿法，通过调整下拉索初应变进行形态分析（类似于3.2.4节中抛物面态形态分析的方法），得到考虑温度作用影响进行修正的球面基准态，称为“25℃球面基准态”（或“－25℃球面基准态”）

（3）在本章3.3.3节中“0℃球面基准态＋升温25℃”和“0℃球面基准态＋降温25℃”两种工况的计算结果。

1. 升温25℃对球面基准态的影响

图3.3-15和图3.3-16给出了升温25℃下的位移和内力结果比较。可以看出：

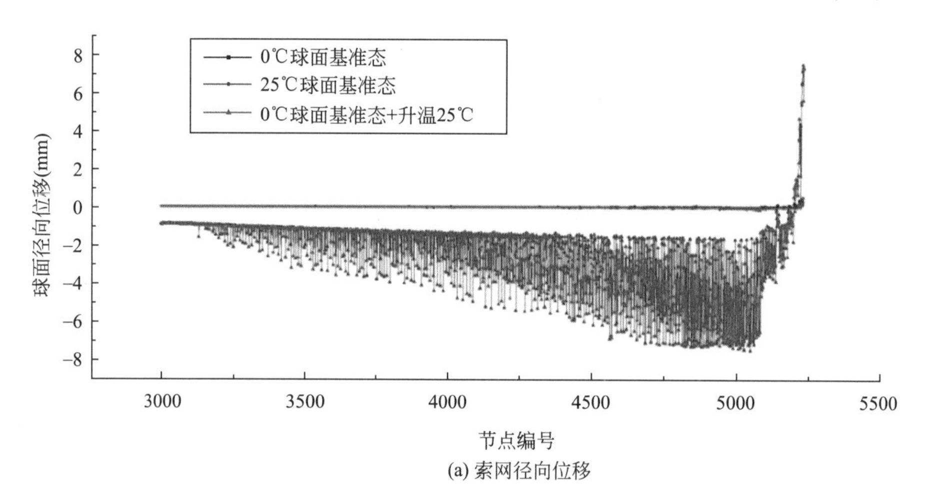

(a) 索网径向位移

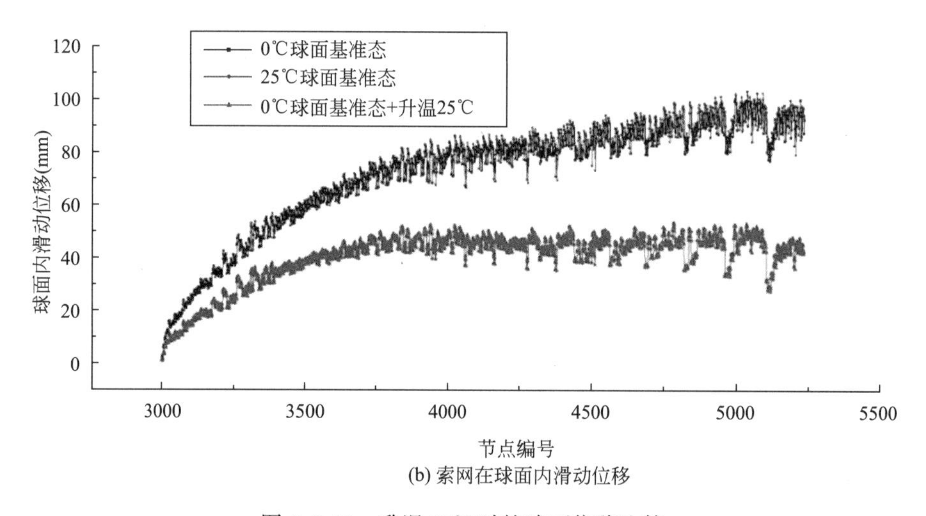

(b) 索网在球面内滑动位移

图3.3-15　升温25℃时的球面位移比较

（1）“0℃球面基准态”和“25℃球面基准态”下球面径向位移均小于1mm，二者的球面径向位移曲线重合，表明两种温度下的索网位形均为标准球面，而“0℃球面基准态＋升温25℃”工况下的球面径向位移最大为－7.5mm；

（2）“25℃球面基准态”和“0℃球面基准态＋升温25℃”下的索网节点均发生了球面内的滑动位移，两种情况下的球面内滑动位移趋势基本一致，但数值相差较大；

（3）“25℃球面基准态”和“0℃球面基准态＋升温 25℃”索网内力分布基本一致，都稍小于“0℃球面基准态”的索网内力。

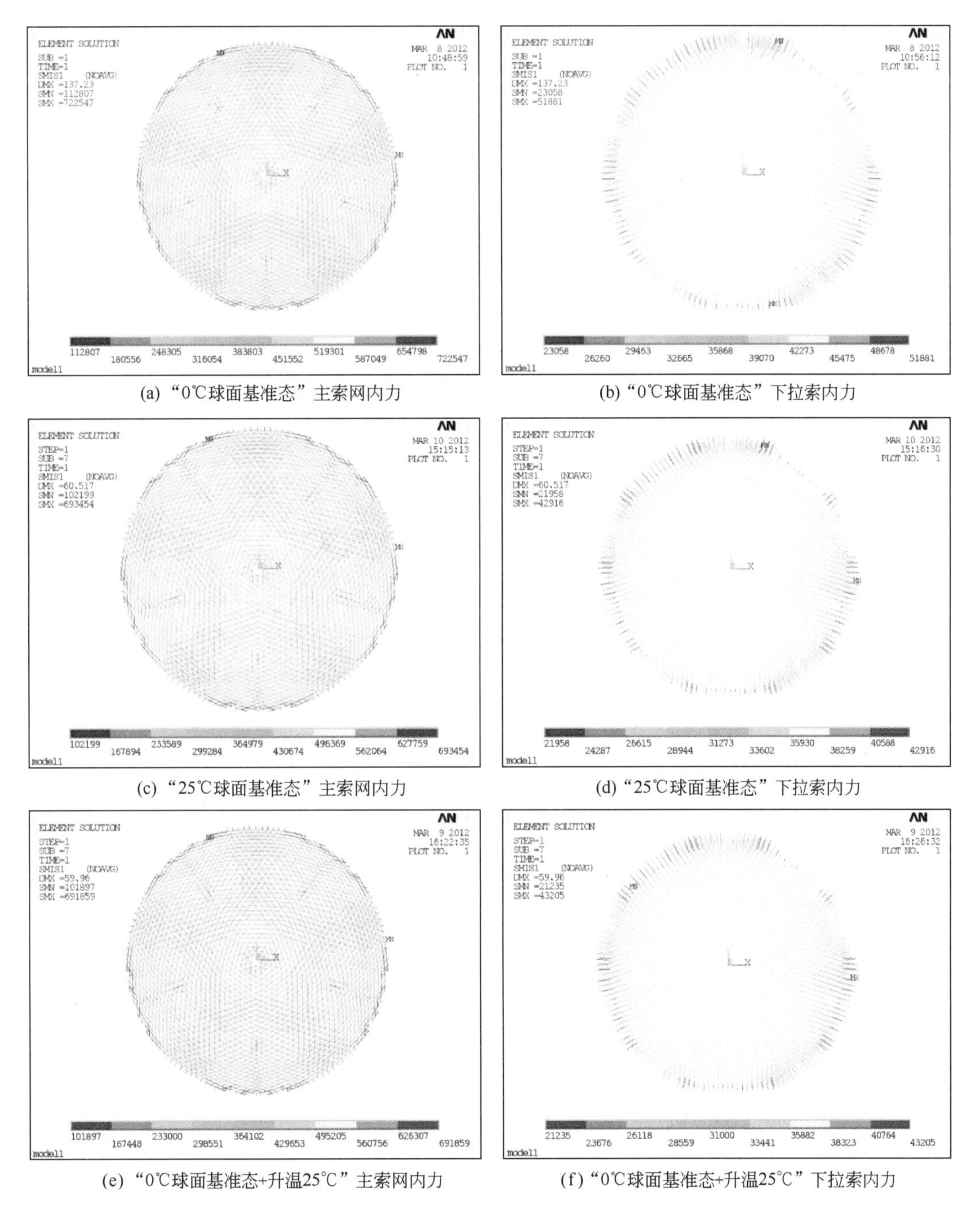

(a)“0℃球面基准态”主索网内力　(b)“0℃球面基准态”下拉索内力

(c)“25℃球面基准态”主索网内力　(d)“25℃球面基准态”下拉索内力

(e)“0℃球面基准态+升温25℃”主索网内力　(f)“0℃球面基准态+升温25℃”下拉索内力

图 3.3-16　升温 25℃时的索网内力比较（N）

2. 降温 25℃对球面基准态的影响

图 3.3-17 和图 3.3-18 给出了降温 25℃下的位移和内力结果比较。可以看出：

（1）“0℃球面基准态”和“－25℃球面基准态”下球面径向位移均小于 1mm，二者的球面径向位移曲线重合，表明两种温度下的索网位形均为标准球面，而“0℃球面基准态＋降温25℃”工况下的球面径向位移最大为8.1mm；

（2）“－25℃球面基准态”和“0℃球面基准态＋降温25℃”下的索网节点均发生了球面内的滑动位移，两种情况下的球面内滑动位移趋势基本一致，但数值相差较大；

（3）“－25℃球面基准态”和“0℃球面基准态＋降温25℃”索网内力分布基本一致，都稍大于“0℃球面基准态”的索网内力。

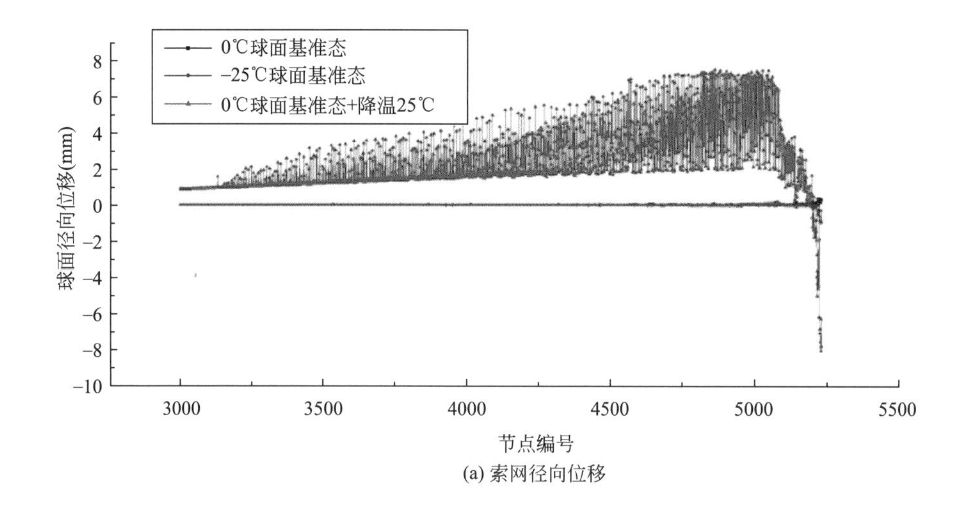

(a) 索网径向位移

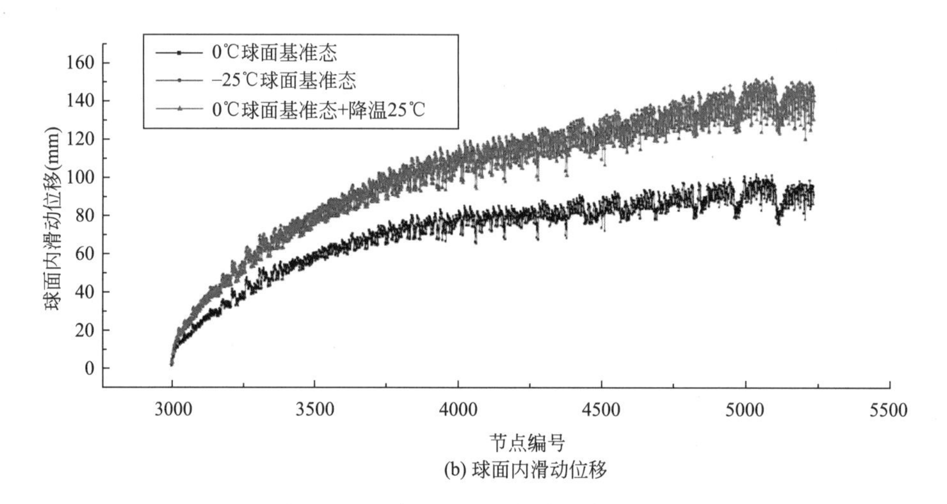

(b) 球面内滑动位移

图3.3-17　降温25℃时的球面位移比较

图3.3-19给出了四种情况下的主索网相对于“0℃球面基准态”的内力变化幅度。可以看到，相对“0℃球面基准态”，“25℃球面基准态”与“0℃球面基准态＋升温25℃”工况、“－25℃球面基准态”与“0℃球面基准态＋降温25℃”工况的索网内力变化情况基本一致，主索网内力变化幅度都在2％～12％之间。综上可知，考虑温度作用影响进行修正的球面基准态索力与在“0℃球面基准态”基础上直接考虑温度作用产生的索力基本一致，而且升温和降温对索网内力的影响幅度也基本一致。

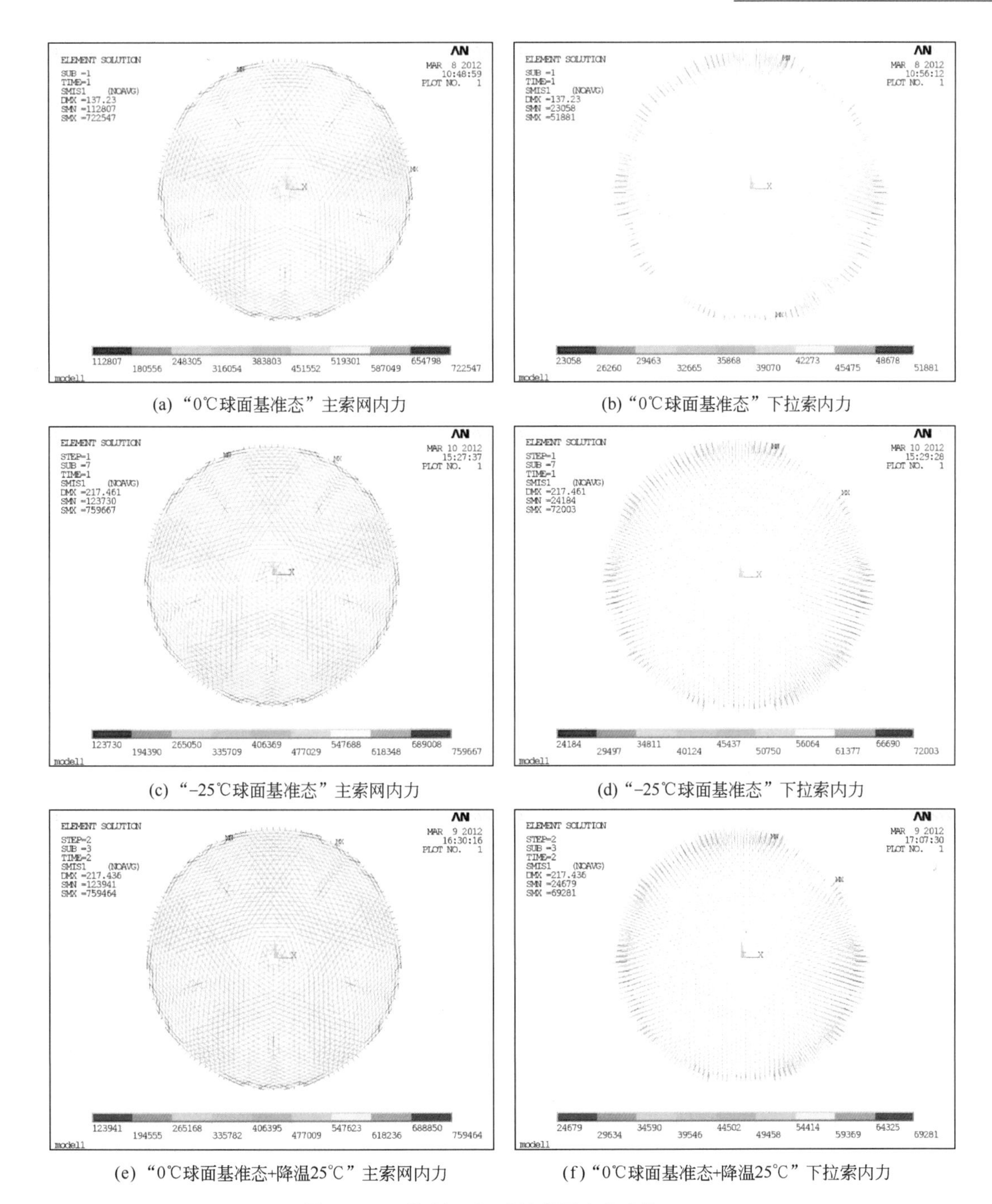

(a)“0℃球面基准态”主索网内力

(b)“0℃球面基准态”下拉索内力

(c)“−25℃球面基准态”主索网内力

(d)“−25℃球面基准态”下拉索内力

(e)“0℃球面基准态+降温25℃”主索网内力

(f)“0℃球面基准态+降温25℃”下拉索内力

图 3.3-18　降温 25℃时的索网内力比较（N）

3.3.6　反射单元对索网球面基准态的影响

反射面单元为三角形，三个节点通过单向滑动铰、双向滑动铰和三向固定铰三种连接方式与主索节点连接，即反射面单元为静定结构支承于索网上。为评估反射面单元对索网受力的影响，在索网模型中建立反射面单元，来模拟反射面单元与索网的相互作用，如图 3.3-20 所示。

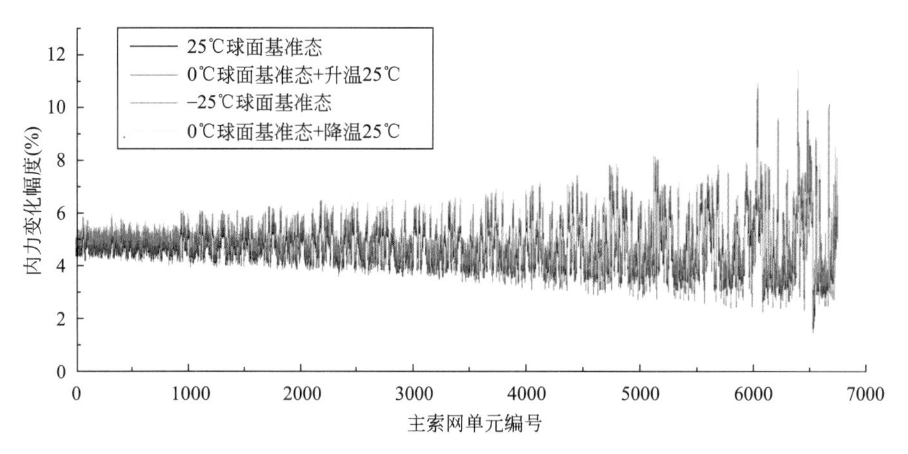

图 3.3-19　温度作用对球面基准态索力的影响

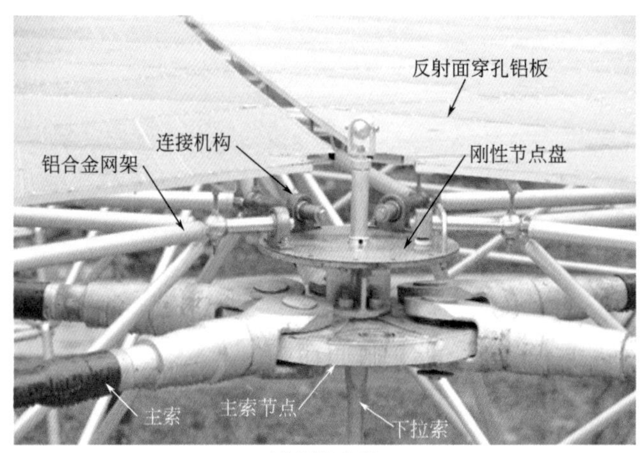

(a) 实际连接构造

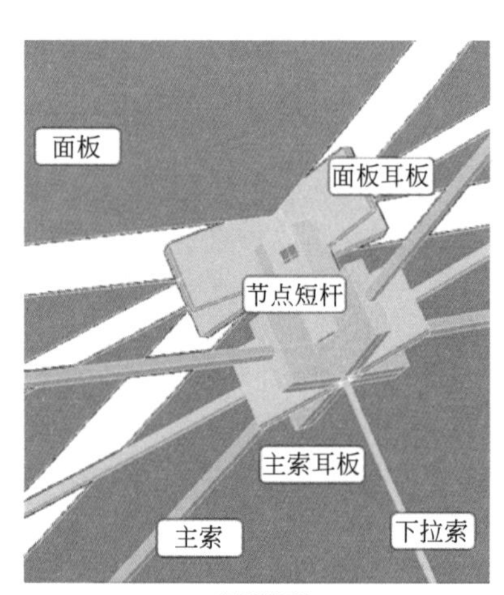

(b) 计算模型

图 3.3-20　面板与主索连接节点示意

在计算模型中考虑反射面单元后，反射面单元与索网连接节点处的径向水平作用力在－2.23～0.43kN之间，切向水平作用力在－0.30～0.30kN之间，竖向作用力在－9.77～－4.55kN之间，如图 3.3-21 所示。

采用带反射面单元的整体模型进行球面基准态形态分析，把得到的各根下拉索初始应变施加到不考虑反射面板的纯索网模型中进行计算，比较两个计算模型的变形，如图 3.3-22 所示。可以看到，采用相同的下拉索初始应变（即相同的下拉索无应力长度）时，两个模型的位形基本一致，计算结果差距在 1mm 以内。

由以上分析可知，反射面单元为静定结构，支承于索网上，反射面单元对索网受力影响很小，在索网结构的分析计算中可以忽略反射面板的影响。

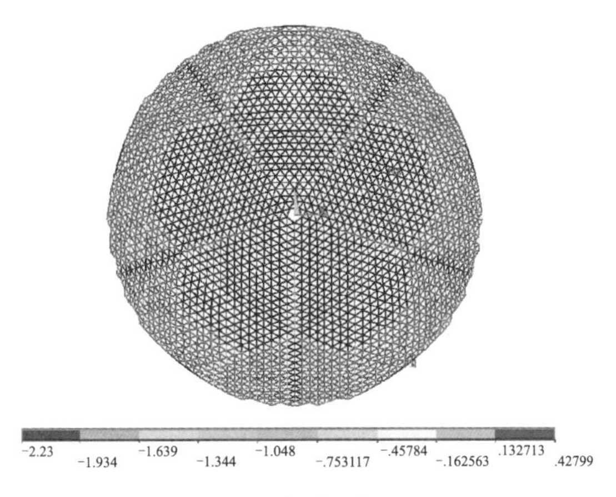

(a) 径向水平作用力

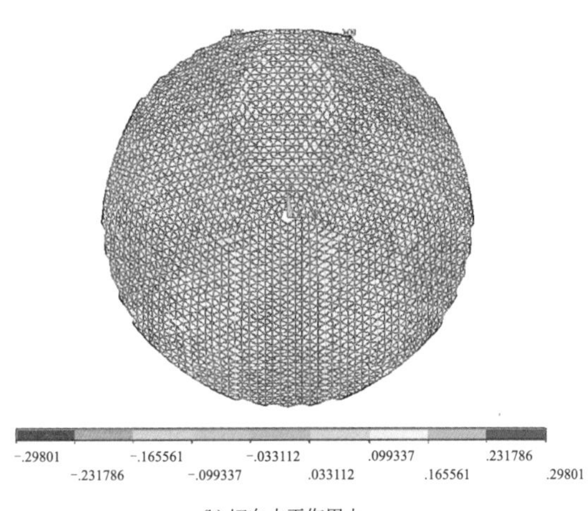

(b) 切向水平作用力

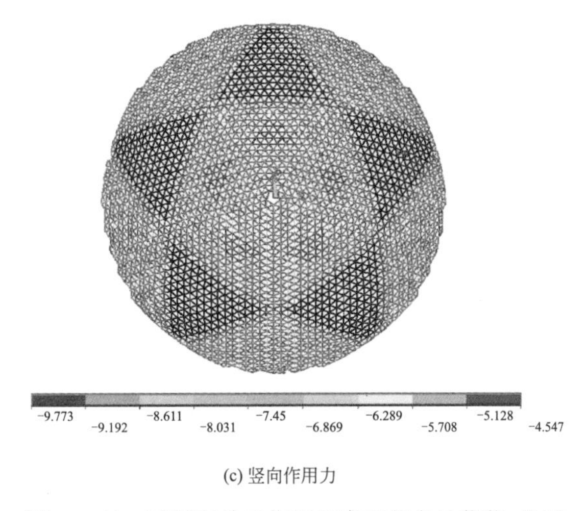

(c) 竖向作用力

图 3.3-21　反射面单元作用于索网节点的荷载（kN）

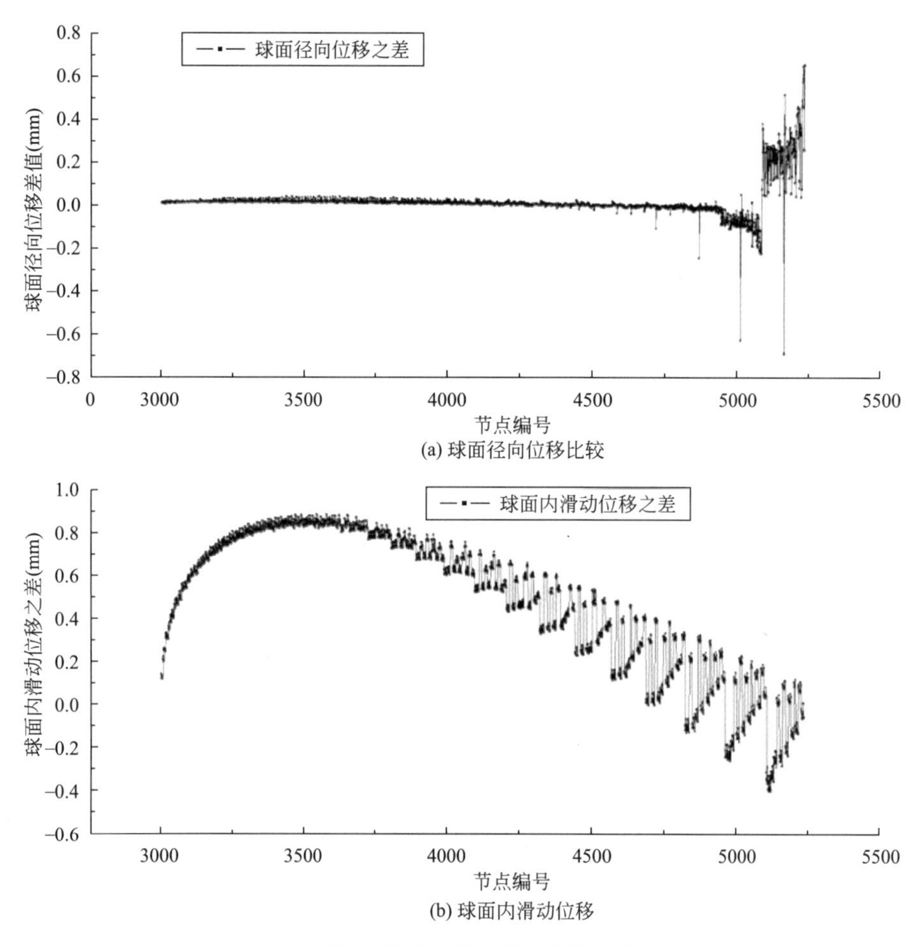

(a) 球面径向位移比较

(b) 球面内滑动位移

图 3.3-22 反射面单元对索网球面基准态位形的影响

3.4 索网抛物面态分析

3.4.1 抛物面中心点轨迹生成

主动变位是FAST索网结构相对传统土木工程结构的最大区别。在FAST工作过程中，通过主动控制，在观测方向形成300m口径瞬时抛物面以汇聚电磁波，为克服地球自转影响，抛物面需要在500m口径球冠上移动，从而实现跟踪观测功能。

中国科学院国家天文台提供了FAST的观测轨迹及对应的索网抛物面中心点坐标随时间变化的关系[18,19]。抛物面中心点位置由水平方位角 θ 和垂直俯仰角 φ 两个参数决定，其中水平方位角 θ 是中心点到球心连线的水平投影与 x 轴的夹角，变化范围为0°～360°，以逆时针转动为正方向；俯仰角 φ 是中心点到球心连线与水平面的夹角，按FAST抛物面变形区域不超出500m边缘的要求，最大观测天顶角为26.4°，可得到 φ 的变化范围为[−90°，−63.6°]。本节研究四种观测模式按预计科学目标分配所得到的轨迹点分布，按照 30 年使用期、70%的观测效率，观测次数为 228 715 次、轨迹点有 3 410 008 个，图 3.4-1 给出了不同观测周期抛物面中心点的轨迹图。可以看出，抛物面中心点均位于半径为 130.6m 的索网中心区域，将此区域中的 550 个节点作为抛物面中心点（图 3.4-2），对应了 550 种抛物面态工况。

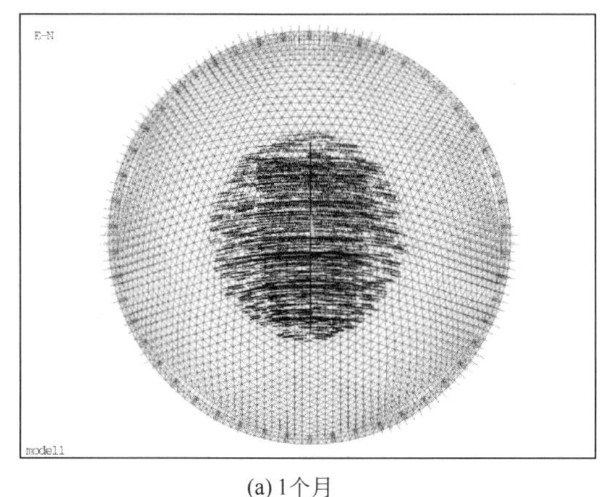

(a) 1个月

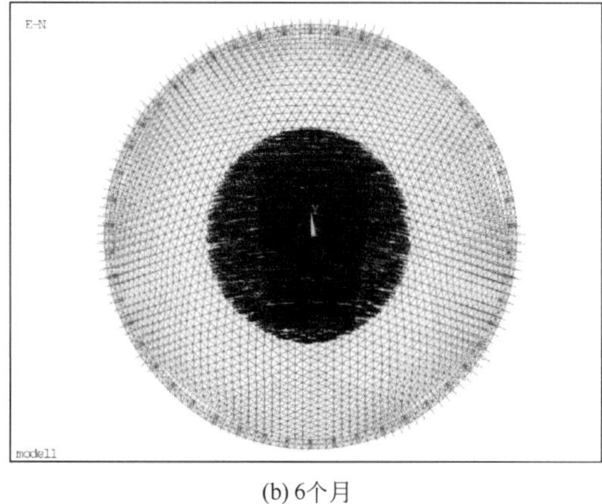

(b) 6个月

图 3.4-1　抛物面中心点轨迹图

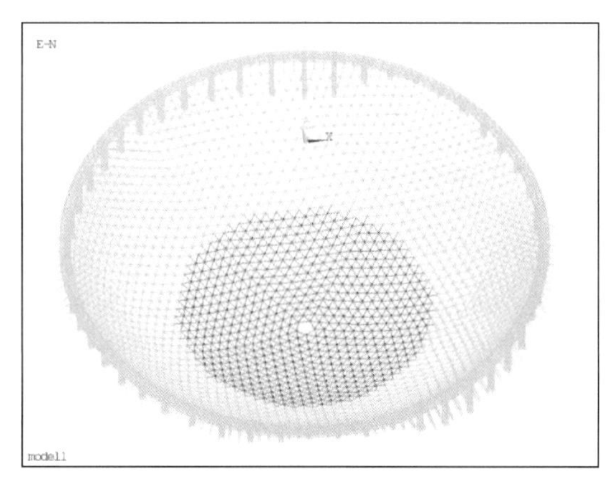

图 3.4-2　550 种抛物面态的中心点

3.4.2　典型抛物面态工况分析

基于已确定的球面基准态预应力，采用目标位形应变补偿法迭代工作区域内下拉索的初应变，使索网由球面基准态变位为目标抛物面，位形允许误差为 1mm。对 550 种抛物面态工况进行形态分析，可以得到每种抛物面态工况下主索、下拉索的索力和应力。

以下给出了 4 个典型抛物面态的分析结果。

1. 抛物面态 1 分析结果（$\theta=-90°$，$\varphi=-88.02°$）

抛物面中心位于球面底部，如图 3.4-3 所示。可以看出，该抛物面态相对球面基准态的变形具有很好的对称性，最大变形值为 474.1mm。图 3.4-4 和图 3.4-5 给出了该抛物面态下的索网内力和应力，其中主索的最大内力为 707.2kN，最大应力为 689.1MPa；下拉索的最大内力和最小内力分别为 44.3kN 和 14.0kN，对应的最大应力和最小应力分别为 316.7MPa 和 99.6MPa。

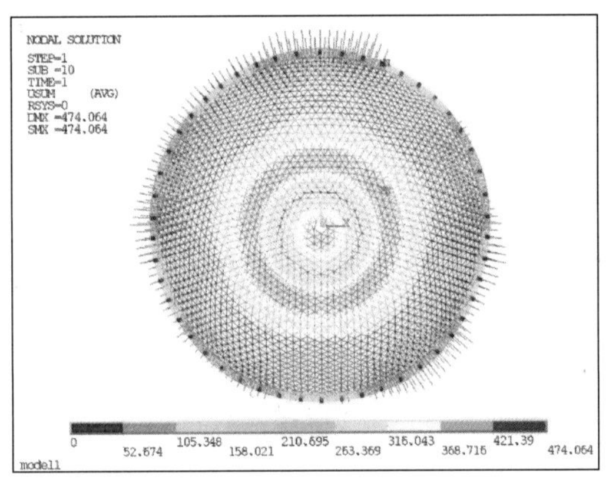

(a) 平面

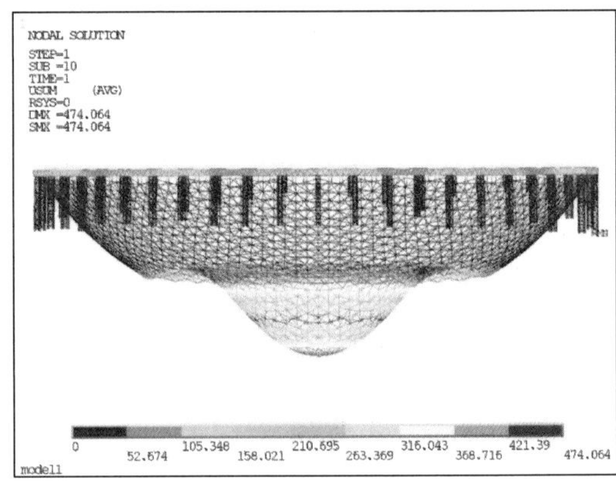

(b) 立面(比例放大)

图 3.4-3　抛物面态 1 总体变形图（mm）

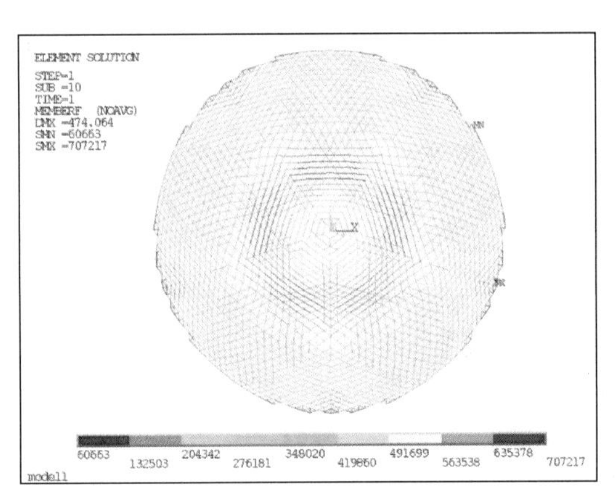

(a) 主索

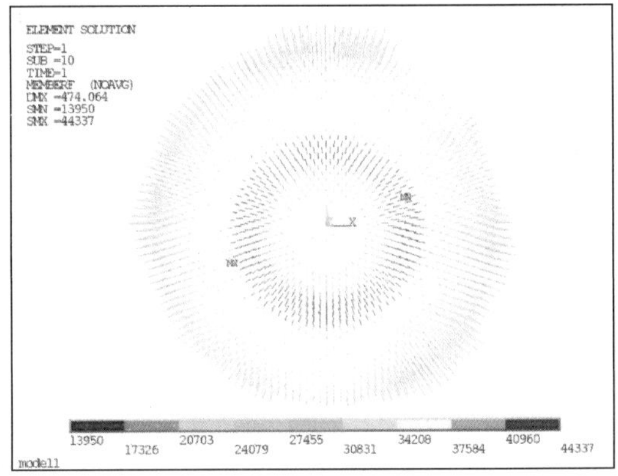

(b) 下拉索

图 3.4-4　抛物面态 1 索网内力（N）

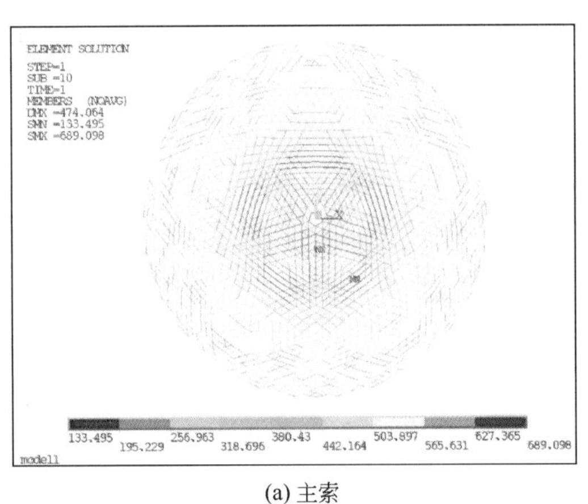

(a) 主索

ELEMENT SOLUTION
STEP=1
SUB =10
TIME=1
MEMBERS (NOAVG)
DMX =474.064
SMN =99.644
SMX =316.689
99.644
123.761
147.877
171.993
196.109
220.225
244.341
268.457
292.573
316.689
model1

(b) 下拉索

图 3.4-5　抛物面态 1 索网应力（MPa）

2. 抛物面态 2 分析结果（$\theta=-162°$，$\varphi=-76.12°$）

抛物面中心位于球面左侧中间区域，如图 3.4-6 所示。可以看出，该抛物面态相对球面基准态的最大变形值为 475.6mm，和 3.4.2.1 节中的典型工况 1 接近。图 3.4-7 和图 3.4-8 给出了该抛物面态下的索网内力和应力，其中主索的最大内力为 746.2kN，最大应力为 685.8MPa；下拉索的最大内力和最小内力分别为 43.7kN 和 13.6kN，对应的最大应力和最小应力分别为 312.2MPa 和 97.0MPa。

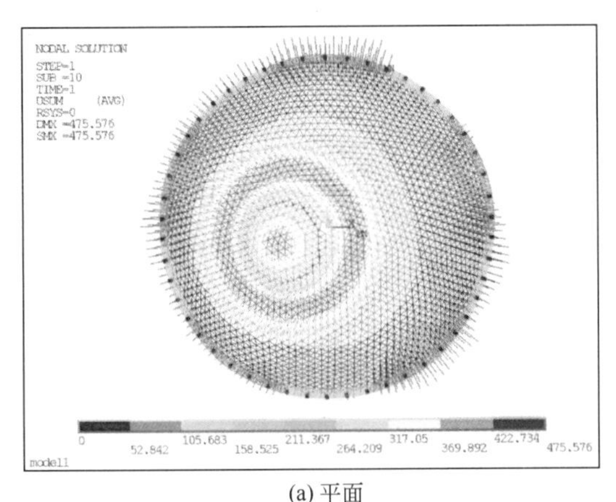

(a) 平面

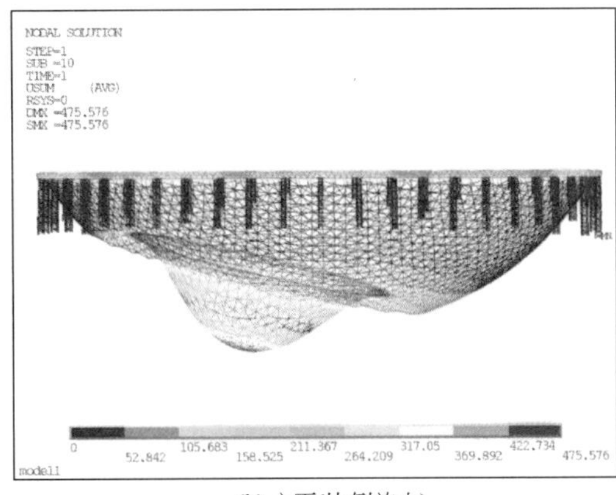

(b) 立面(比例放大)

图 3.4-6　抛物面态 2 总体变形图（mm）

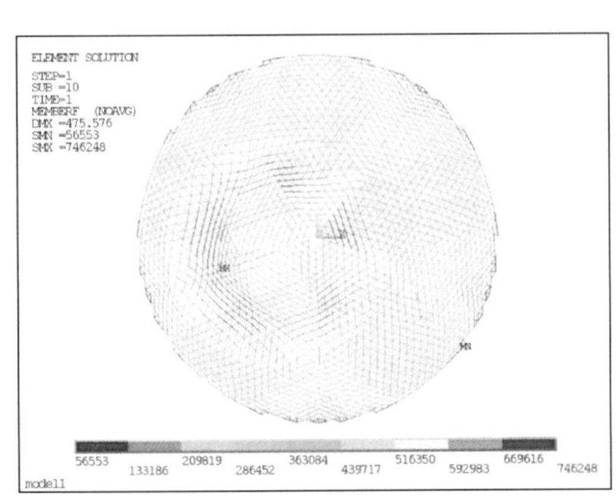

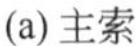
(a) 主索

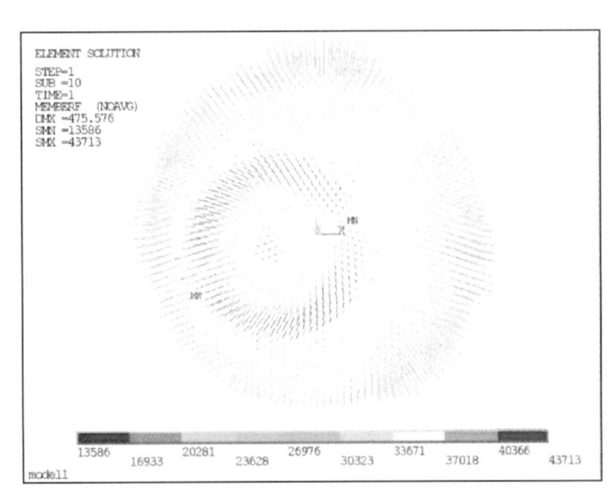

(b) 下拉索

图 3.4-7　抛物面态 2 索网内力（N）

3. 抛物面态 3 分析结果（$\theta=-0.14°$，$\varphi=-71.0°$）

抛物面中心位于球面右侧中间区域，如图 3.4-9 所示。可以看出，该抛物面态下的最大变形值为 476.4mm。图 3.4-10 和图 3.4-11 给出了该抛物面态下的索网内力和应力，其中主索的最大内力为 722.9kN，最大应力为 675.3MPa；下拉索的最大内力和最小内力分别为 45.1kN 和 13.5kN，对应的最大应力和最小应力分别为 321.8MPa 和 96.8MPa。

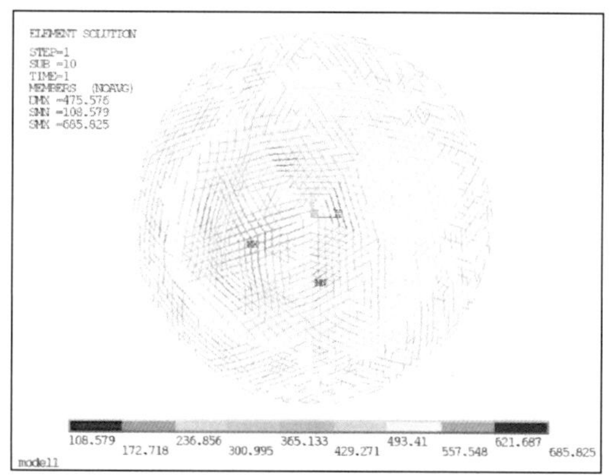

(a) 主索

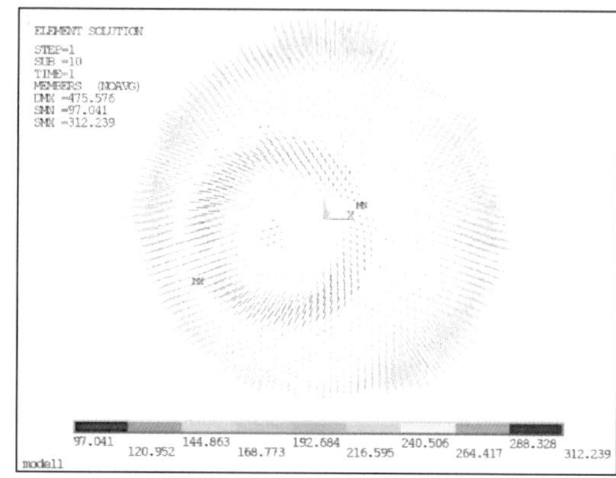

(b) 下拉索

图 3.4-8　抛物面态 2 索网应力（MPa）

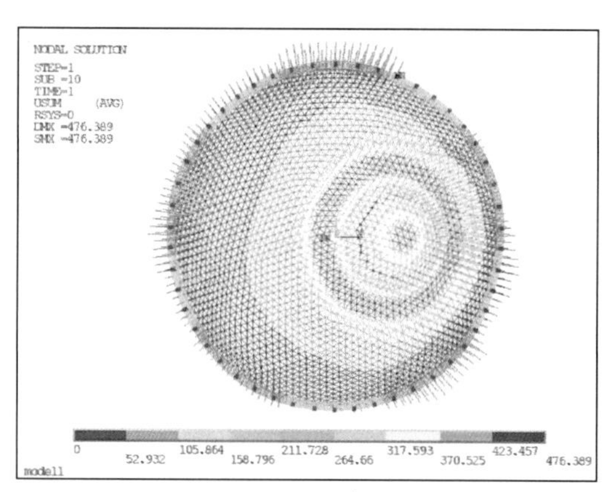

(a) 平面

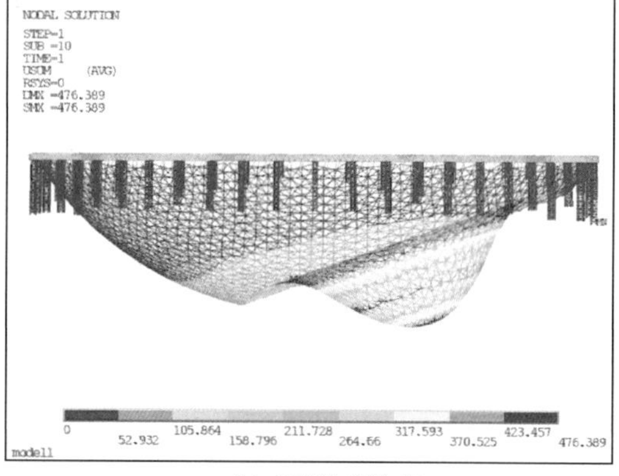

(b) 立面(比例放大)

图 3.4-9　抛物面态 3 总体变形图（mm）

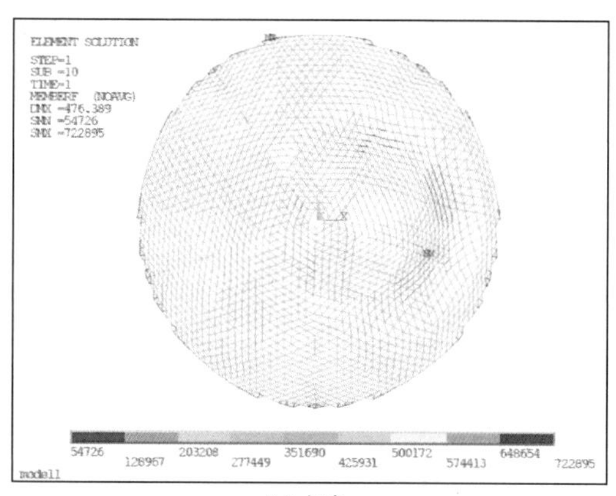

(a) 主索

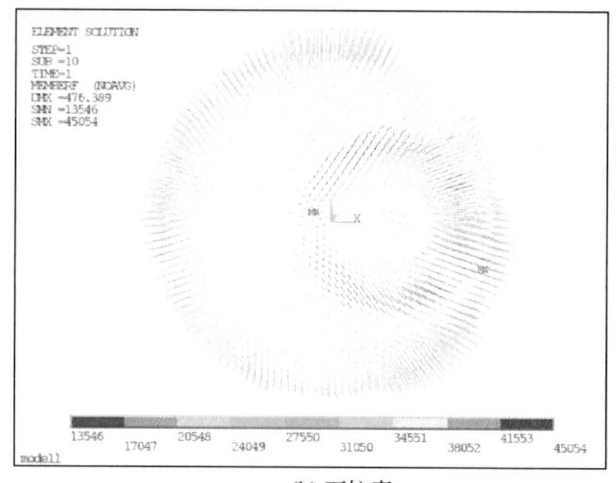

(b) 下拉索

图 3.4-10　抛物面态 3 索网内力（N）

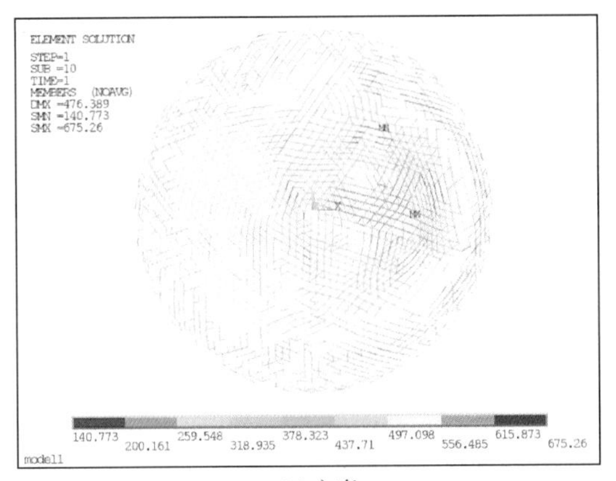

(a) 主索

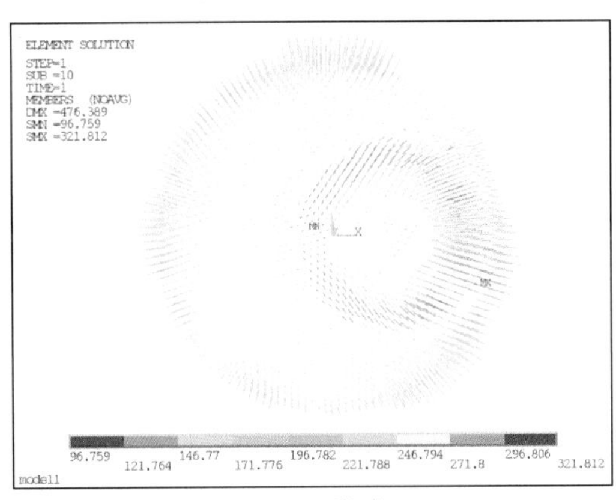

(b) 下拉索

图 3.4-11 抛物面态 3 索网应力（MPa）

4. 抛物面态 4 分析结果（$\theta=-179.68°$，$\varphi=-63.98°$）

抛物面中心位于球面左侧上部区域，如图 3.4-12 所示。可以看出，该抛物面态下的最大变形值为 477.3mm。图 3.4-13 和图 3.4-14 给出了该抛物面态下的索网内力和应力，

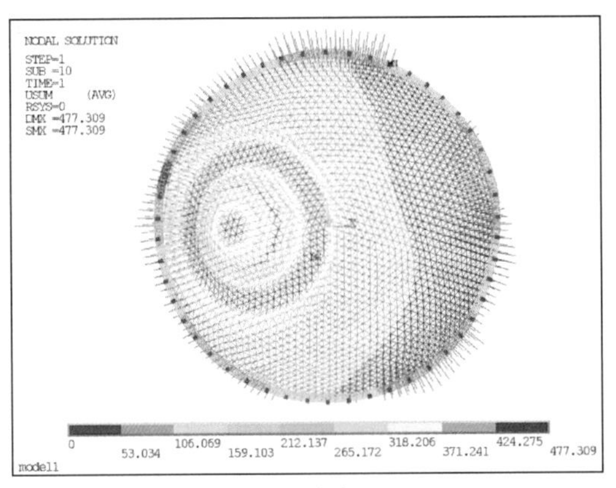

(a) 平面

(b) 立面(比例放大)

图 3.4-12 抛物面态 4 总体变形图（mm）

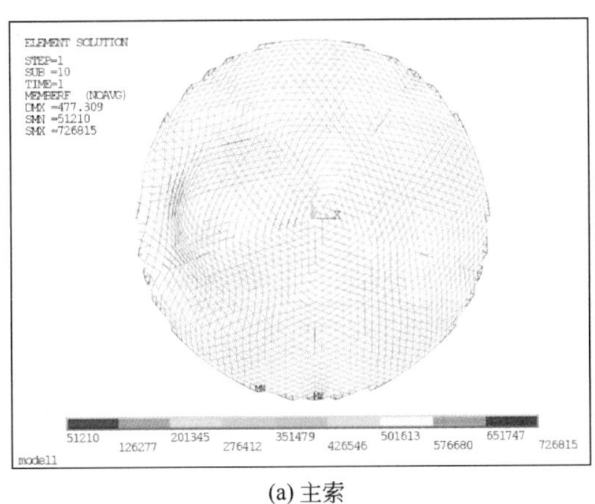

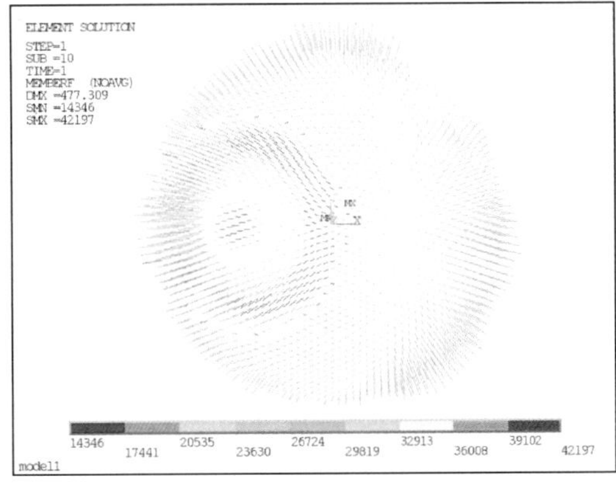

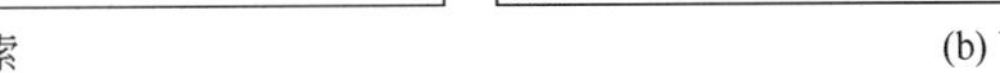

(a) 主索

(b) 下拉索

图 3.4-13 抛物面态 4 索网内力（N）

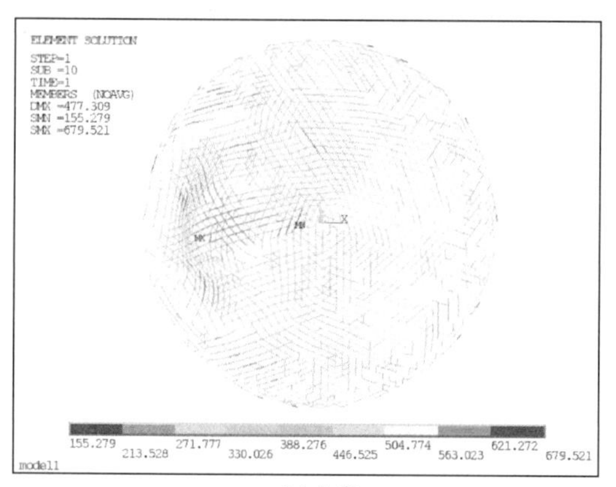

(a) 主索

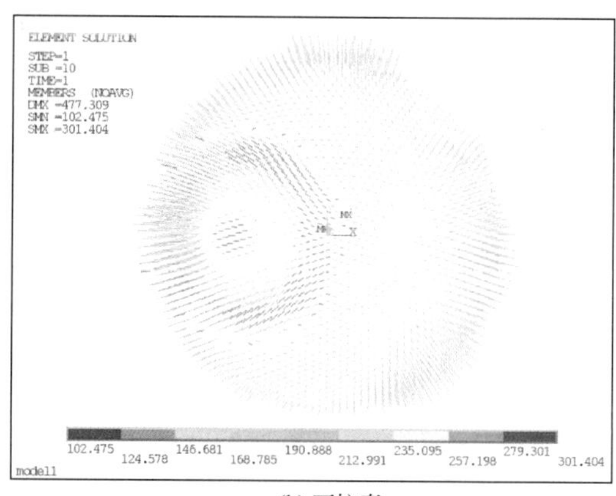

(b) 下拉索

图 3.4-14　抛物面态 4 索网应力（MPa）

其中主索的最大内力为 726.8kN，最大应力为 679.5MPa；下拉索的最大内力和最小内力分别为 42.2kN 和 14.3kN，对应的最大应力和最小应力分别为 301.4MPa 和 102.5MPa。

3.4.3　理论计算结果与实测值对比

某典型抛物面态下，30 根边界主索（编号如图 3.3-4 所示）索力列于表 3.4-1，表中还列出了 2018 年 9 月 15 日实测的索力，测量的平均温度 20.8℃。30 根边界主索中，有 26 根测得索力，4 根主索的传感器无数据。从表中可以看出，主索索力理论值在 485.4～755.4kN 之间。理论计算假定合拢温度 20℃，忽略 0.8℃的温差作用，理论索力与实测索力相比，误差在 5%以内的有 14 根，误差在 5%～10%的有 6 根，误差超过 10%的有 6 根。总体上，理论计算与实测值吻合较好。

抛物面态边界主索理论索力与实测索力对比　　**表 3.4-1**

边界索编号	设计索力 F_B(kN)	监测索力 F_D(kN)	e(%)	边界索编号	设计索力 F_B(kN)	监测索力 F_D(kN)	e(%)
1	716.4	689.3	−4	13	709.5	725.8	2
2	715.2	672.9	−6	14	674.7	652.5	−3
3	634.0	533.5	−16	15	638.1	585.9	−8
4	725.4	701.5	−3	16	636.0	554.1	−8
5	746.6	—	—	17	646.2	581.9	−10
6	748.9	747.1	0	18	676.8	669.1	−1
7	682.2	665.4	−2	19	701.6	674.5	−4
8	485.4	401.1	−17	20	737.8	653.0	−11
9	729.9	691.9	−5	21	755.4	672.0	−11
10	732.4	823.0	12	22	712.9	—	—
11	726.9	757.0	4	23	732.9	735.1	0
12	740.5	689.3	−7	24	499.8	—	—

续表

边界索编号	设计索力 $\boldsymbol{F}_{\mathrm{B}}$(kN)	监测索力 $\boldsymbol{F}_{\mathrm{D}}$(kN)	e(%)	边界索编号	设计索力 $\boldsymbol{F}_{\mathrm{B}}$(kN)	监测索力 $\boldsymbol{F}_{\mathrm{D}}$(kN)	e(%)
25	677.5	680.9	1	28	729.2	—	—
26	723.4	708.4	−2	29	635.4	557.3	−12
27	742.2	739.7	0	30	734.6	691.1	−6

注：$e=\dfrac{F_{\mathrm{D}}-F_{\mathrm{B}}}{F_{\mathrm{B}}}$。

3.4.4　温度作用对抛物面态的影响

索网处于抛物面态时，还需要考虑温度作用的影响。在 550 种抛物面态的基础上，再考虑±25℃的均匀温度作用，共计 1100 种荷载工况组合。各工况组合的结果分析详见 3.4.5 节。

以下以 3.4.2.1 节中的抛物面态 1 为例，分析温度作用对索网内力的影响。图 3.4-15 和图 3.4-16 给出了考虑升温 25℃的计算结果，主索的最大内力为 665.8kN，最大应力为

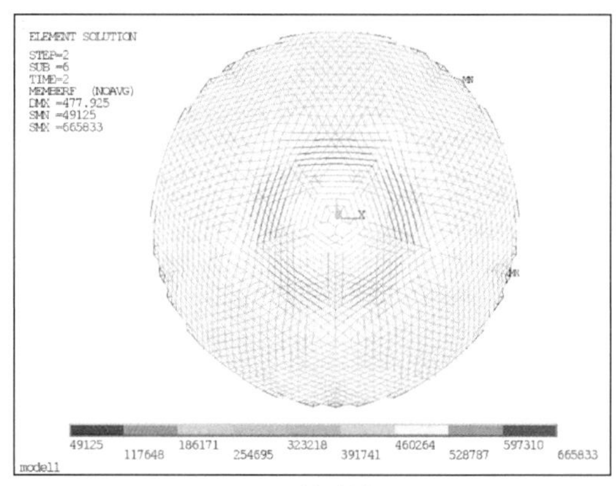

(a) 主索

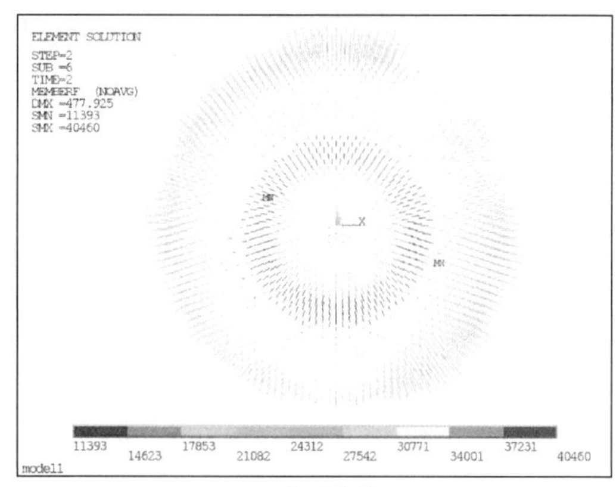

(b) 下拉索

图 3.4-15　升温 25℃抛物面态 1 索网内力（N）

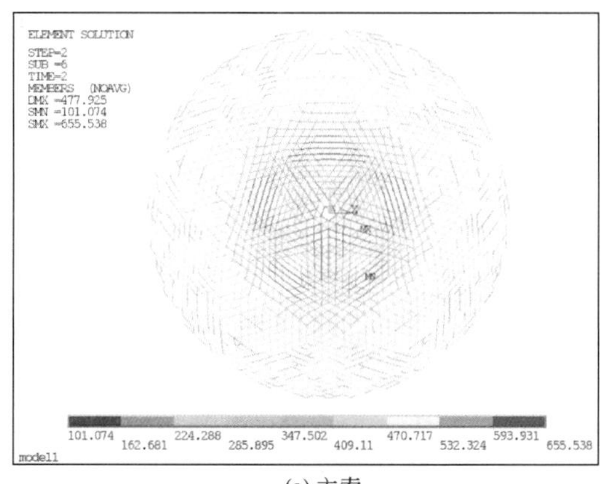

(a) 主索

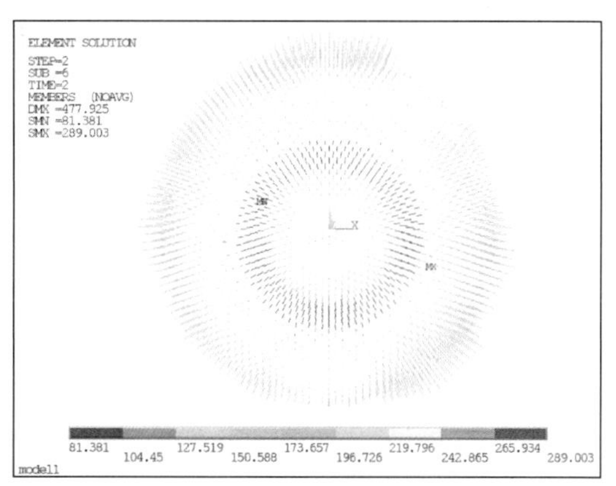

(b) 下拉索

图 3.4-16　升温 25℃抛物面态工况 1 索网应力（MPa）

655.5MPa；下拉索的最大内力和最小内力分别为 40.5kN 和 11.4kN，对应的最大应力和最小应力分别为 289.0MPa 和 81.4MPa。

图 3.4-17 和图 3.4-18 给出了考虑降温 25℃的计算结果，主索的最大内力为 754.9kN，最大应力为 718.5MPa；下拉索的最大内力和最小内力分别为 49.0kN 和 16.2kN，对应的最大应力和最小应力分别为 349.7MPa 和 115.8MPa。

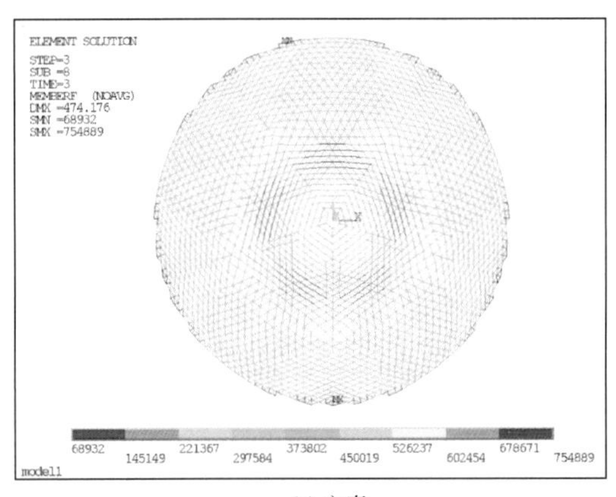

(a) 主索

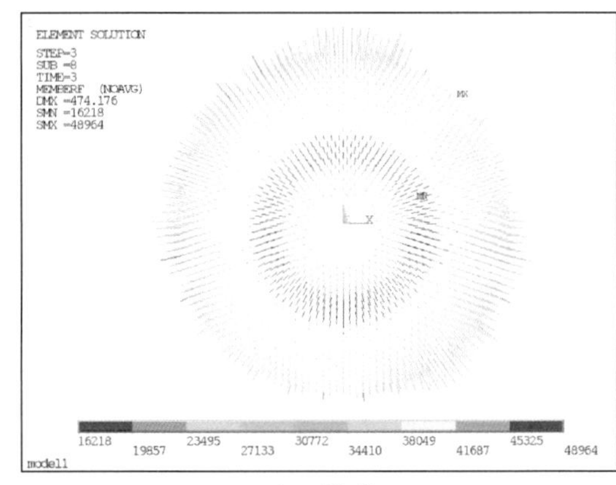

(b) 下拉索

图 3.4-17 降温 25℃抛物面态工况 1 索网内力（N）

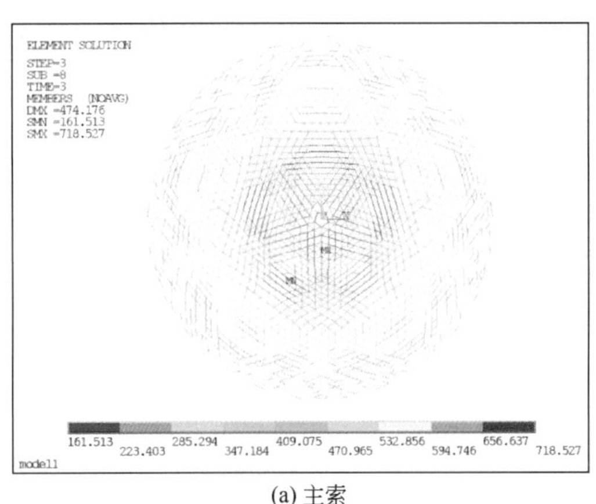

(a) 主索

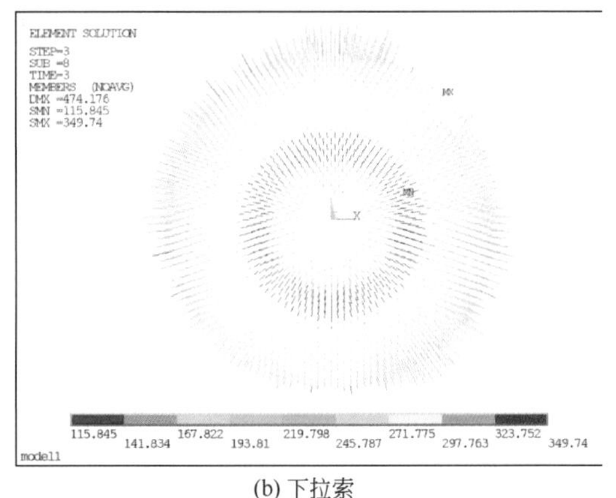

(b) 下拉索

图 3.4-18 降温 25℃抛物面态工况 1 索网应力（MPa）

考虑升、降温的温度作用，分析 1100 种抛物面态工况，索网承载力均满足要求，且下拉索无松弛现象。

3.4.5 抛物面态索网内力包络值

1. 各抛物面态下的索网内力包络值

为直观反映抛物面态对索内力的影响，图 3.4-19 和图 3.4-20 给出了常温、升温和降温下球面基准态及 550 种抛物面态下的最大索力和最小索力。可以看到：抛物面中心点位置对索力影响较大；升温和降温下的各工况内力变化规律和常温下一致，对于同一工况，升温时索力减小，降温时索力增大。

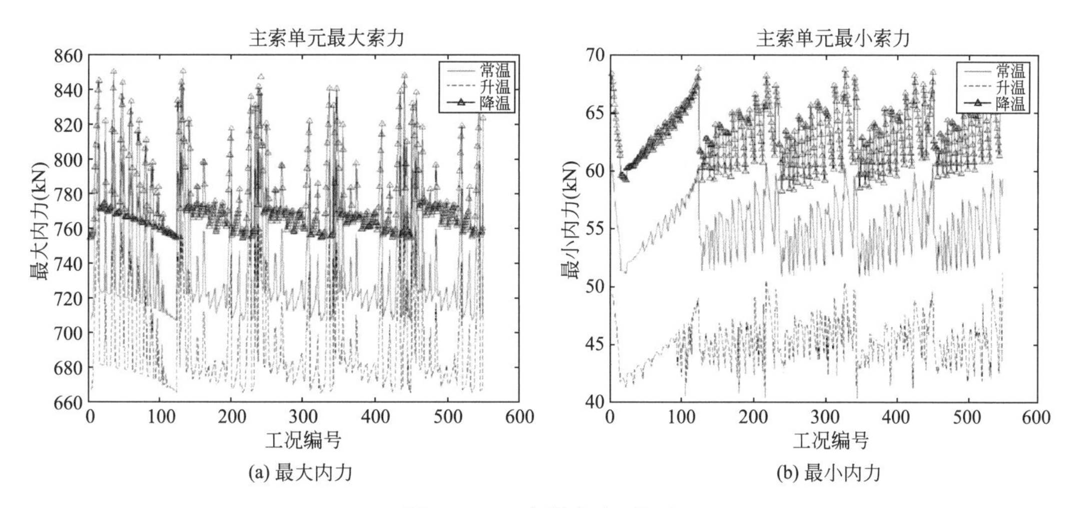

(a) 最大内力　(b) 最小内力

图 3.4-19　主索内力（kN）

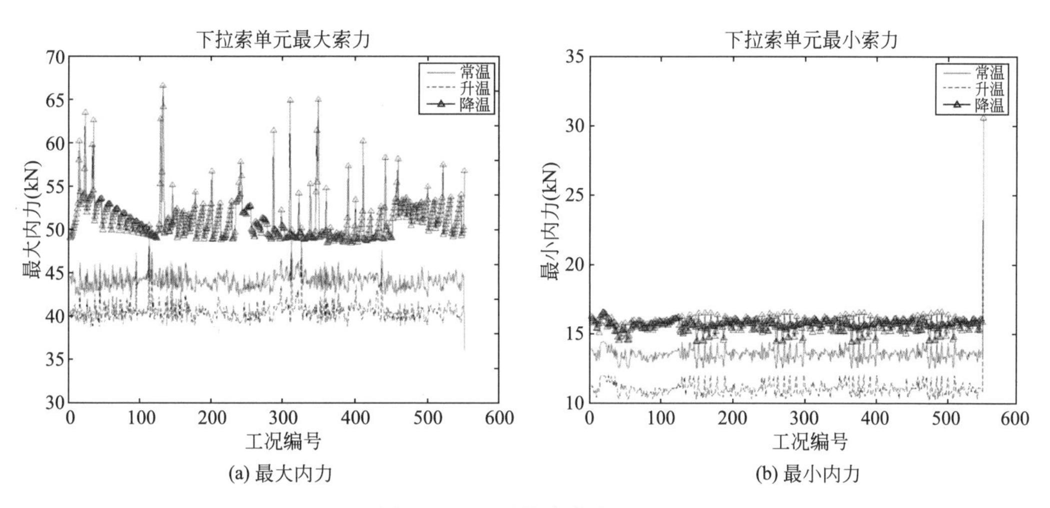

(a) 最大内力　(b) 最小内力

图 3.4-20　下拉索内力（kN）

图 3.4-21 和图 3.4-22 给出了抛物面中心点位置与最大索力和最小索力的对应关系，

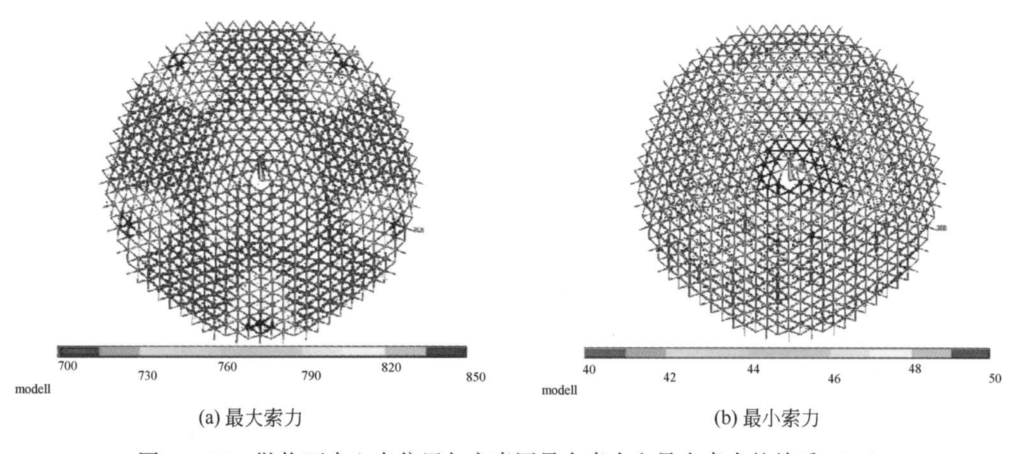

(a) 最大索力　(b) 最小索力

图 3.4-21　抛物面中心点位置与主索网最大索力和最小索力的关系（kN）

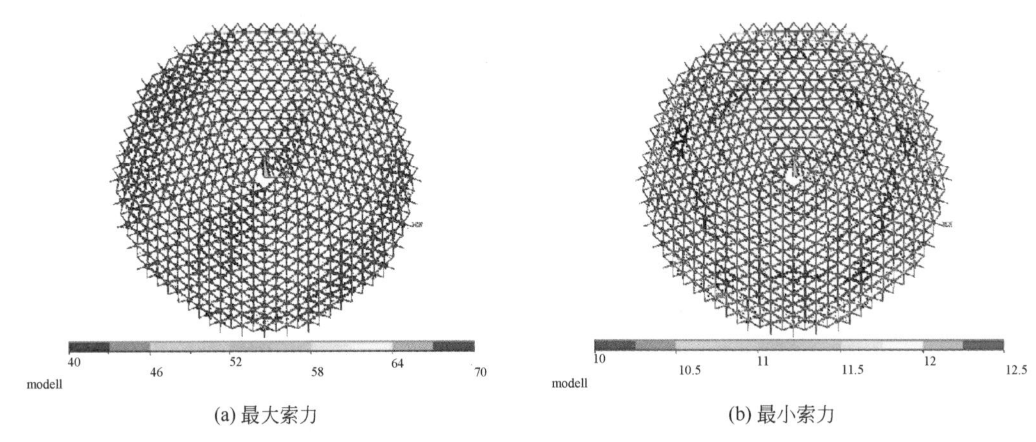

(a) 最大索力　　(b) 最小索力

图 3.4-22　抛物面中心点位置与下拉索最大索力和最小索力的关系（kN）

图中绘制了抛物面中心点所在区域的索网（即图中的红色区域），各位置标示出的索力表示抛物线中心点位于此处时整个索网的最大或最小内力，而不是该处的索力。可以看到，主索的最大拉力出现在抛物面中心点位于1/5对称位置的最大天顶角区域，最小拉力出现在抛物面中心点靠近球面底部的区域；下拉索的最大索力出现在抛物面中心点位于最大天顶角的区域，最小索力出现在抛物面中心点位于较大天顶角的区域。

2. 最大内力超过50kN的下拉索

FAST通过控制促动器拉伸或放松下拉索实现望远镜变位驱动，下拉索的最大拉力决定了促动器的吨位。表3.4-2统计了降温25℃时，球面基准态和550种抛物面态下的最大内力超过50kN的下拉索，其中最大内力超过50kN的共有49根。这49根下拉索全部位于索网边缘区域，如图3.4-23所示。

下拉索内力（50kN以上）统计　　**表3.4-2**

内力范围(kN)	50～60	60～70	70～80
根数	44	5	0

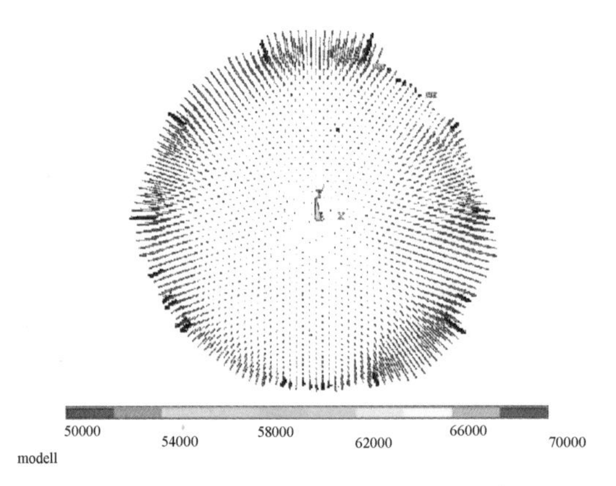

图 3.4-23　最大内力超过50kN的下拉索位置

3. 小结

表 3.4-3 列出了抛物面态索网内力包络值的统计结果。

不考虑温度作用时，主索索力最大值（805.5kN）出现在抛物面中心点位于 1/5 对称位置最外侧，主索索力最小值（51.9kN）出现在中心点位于球面底部区域；下拉索最大索力和最小索力均出现在抛物面中心点位于靠近外侧区域时，分别为 49.6kN 和 12.5kN。

温度变化±25℃引起的主索最大应力变化在 33.1MPa 以内，与不考虑温度作用的索力相比，变化 5%左右，可见温度作用对索力影响不大。

升温 25℃时，下拉索最小索力为 10.1kN，对应应力 72.3MPa，可以满足促动器正常工作要求；降温 25℃时，下拉索最大索力为 65.8kN，最大索力超过 50kN 的共有 49 根，其余 2176 根钢索最大索力没有超过 50kN，可以选择吨位较小的促动器、降低促动器的造价。

抛物面态钢索内力、应力包络　　　　**表 3.4-3**

工况类型	索类别	最大索力(kN)	最大应力(MPa)	最小索力(kN)	最小应力(MPa)
不考虑温度作用	主索	805.5	691.2	51.9	87.0
	下拉索	49.6	354.2	12.5	89.6
升温	主索	763.6	658.1	39.4	56.3
	下拉索	47.4	338.4	10.1	72.3
降温	主索	846.6	724.1	58.9	110.7
	下拉索	65.8	470.0	14.5	103.3

3.5　单索悬链线效应分析

FAST 索网由 6670 根主索和 2225 根下拉索组成，主索长度大部分在 10～12m 之间，下拉索长度差异较大，大部分在 4m 左右，而在索网边缘处最长可达 60m。在 3.3 节和 3.4 节中的球面基准态与各抛物面态计算分析中，主索和下拉索均采用只拉不压的杆单元模拟，未考虑单索的悬链线效应。本节从单索悬链线解析公式入手，评估悬链线效应对 FAST 的影响。

3.5.1　单索悬链线解析公式

对于图 3.5-1 所示处于平衡状态的单索，假定其为理想柔性，即只能承受拉力，不能承受压力和弯矩。取单索的微段如图 3.5-2 所示，以 H 表示索力的水平分量，建立 x 向和 z 向的平衡方程[20] 如下：

$$\sum F_x = 0:\ \frac{\mathrm{d}H}{\mathrm{d}x}\mathrm{d}x + q_x\mathrm{d}x = 0 \tag{3.5-1}$$

$$\sum F_z = 0:\ \frac{\mathrm{d}}{\mathrm{d}x}\left(H\frac{\mathrm{d}z}{\mathrm{d}x}\right)\mathrm{d}x + q_z\mathrm{d}x = 0 \tag{3.5-2}$$

由式（3.5-1）和式（3.5-2）可得：

$$\frac{\mathrm{d}H}{\mathrm{d}x} + q_x = 0 \tag{3.5-3}$$

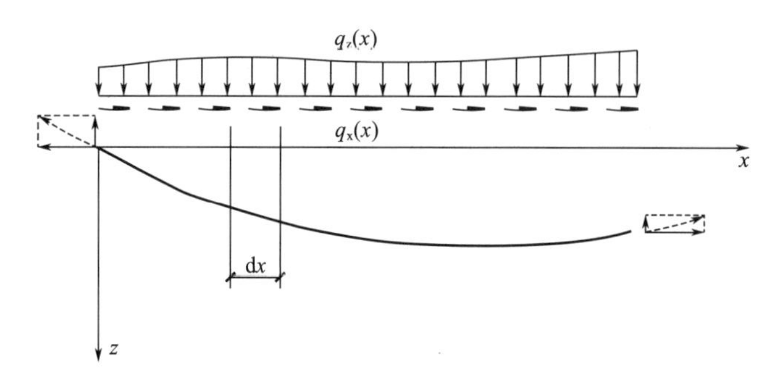

图 3.5-1　单索示意图

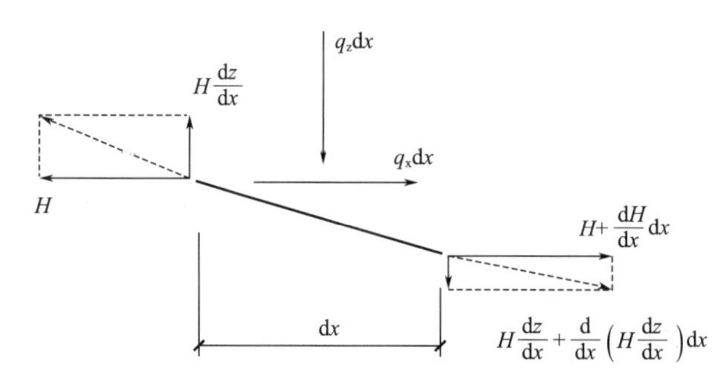

图 3.5-2　索微段图

$$\frac{\mathrm{d}}{\mathrm{d}x}\left(H\frac{\mathrm{d}z}{\mathrm{d}x}\right)+q_z=0 \tag{3.5-4}$$

当 x 向无外荷载（即 $q_x=0$）时，由式（3.5-3）可知 H 为常量；进而可将 z 向平衡方程式（3.5-4）变换为：

$$H\frac{\mathrm{d}^2z}{\mathrm{d}x^2}+q_z=0 \tag{3.5-5}$$

对于 FAST 索网的每根单索，作用在索上的荷载只有索的自重，即荷载沿索长均匀分布（图 3.5-3），有：

$$q\mathrm{d}s=q_z\mathrm{d}x \tag{3.5-6}$$

式中，q 为索的线密度。

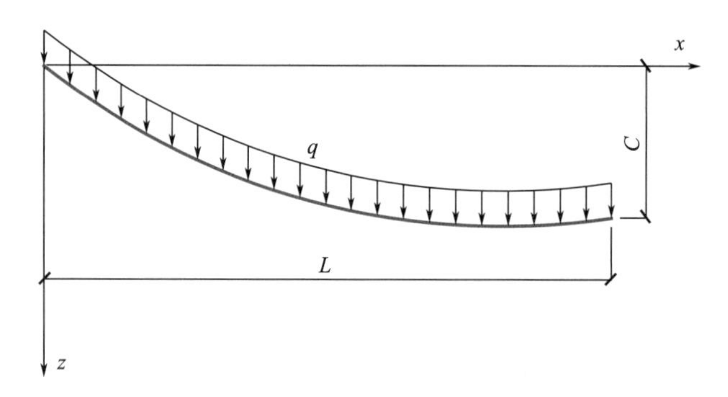

图 3.5-3　索均布荷载作用示意图

由式（3.5-6）可得：

$$q_z = q\frac{\mathrm{d}s}{\mathrm{d}x} = q\sqrt{1+\left(\frac{\mathrm{d}z}{\mathrm{d}x}\right)^2} \tag{3.5-7}$$

代入式（3.5-5），有：

$$H\frac{\mathrm{d}^2 z}{\mathrm{d}x^2} + q\sqrt{1+\left(\frac{\mathrm{d}z}{\mathrm{d}x}\right)^2} = 0 \tag{3.5-8}$$

求解式（3.5-8）并代入边界条件，可得悬链线方程：

$$z = \frac{H}{q}\left[\cosh\alpha - \cosh\left(\frac{2\beta x}{L} - \alpha\right)\right] \tag{3.5-9}$$

式中，$\alpha = \sinh^{-1}\left[\frac{\beta\left(\frac{c}{L}\right)}{\sinh\beta}\right] + \beta$；$\beta = \frac{qL}{2H}$；$L$ 为索的水平投影长度；C 为索两端的高度差。

利用式（3.5-9），可得索长：

$$S = \int_0^L \sqrt{1+\left(\frac{\mathrm{d}z}{\mathrm{d}x}\right)^2}\,\mathrm{d}x = \frac{H}{q}[\sinh(2\beta - \alpha) + \sinh\alpha] \tag{3.5-10}$$

式（3.5-10）即为考虑悬链线效应的索长解析解。

3.5.2 悬链线效应对工作状态索长的影响

利用式（3.5-10），可以求取 FAST 工作状态下考虑悬链线效应的任意一根钢索的长度，并计算其与计算模型中的索单元长度（即不考虑悬链线效应的索长）的差值，作为评估悬链线效应对工作状态索长影响的指标：

$$IS = S - S_L \tag{3.5-11}$$

式中，S_L 为计算模型中的索单元长度，即连接索端点的线段长度：

$$S_L = \sqrt{L^2 + C^2} \tag{3.5-12}$$

图 3.5-4 给出了球面基准态下各根主索和下拉索长度受悬链线效应的影响 IS。主索长度受悬链线效应的影响不超过 0.015mm，表明悬链线效应对球面基准态下的主索长度影

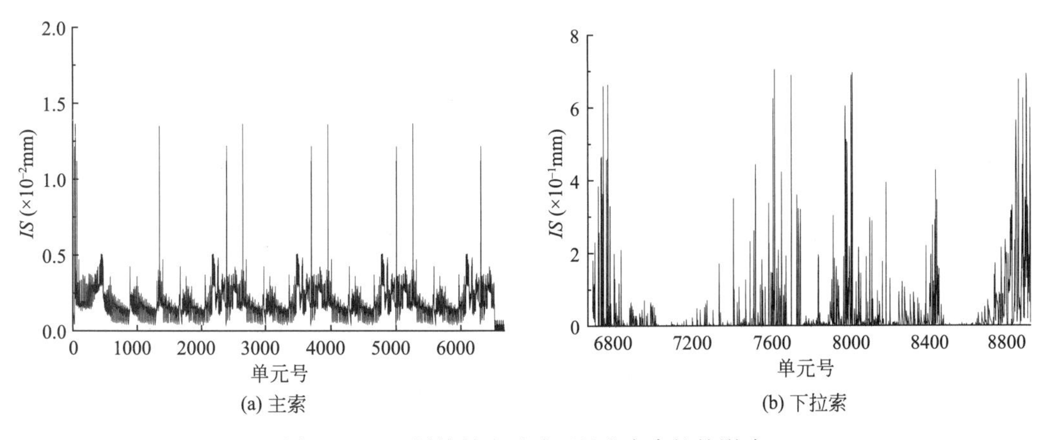

(a) 主索　(b) 下拉索

图 3.5-4 悬链线效应对球面基准态索长的影响

响非常微小；对于下拉索，考虑悬链线效应的长度比不考虑悬链线效应的长度最多增加了0.630mm，接近索长控制精度1mm，在实际工作状态中，可通过促动器调整下拉索长度，消除悬链线效应的影响。

图3.5-5所示为所有抛物面态下的各根主索和下拉索长度受悬链线效应影响IS的包络值。主索长度受悬链线效应的影响不超过0.1mm，表明悬链线效应对抛物面态下的主索长度影响非常微小；对于下拉索，考虑悬链线效应的长度比不考虑悬链线效应的长度最多增加了1.386mm，超过索长控制精度1mm，在实际工作状态中，可通过促动器调整下拉索长度，消除悬链线效应的影响。

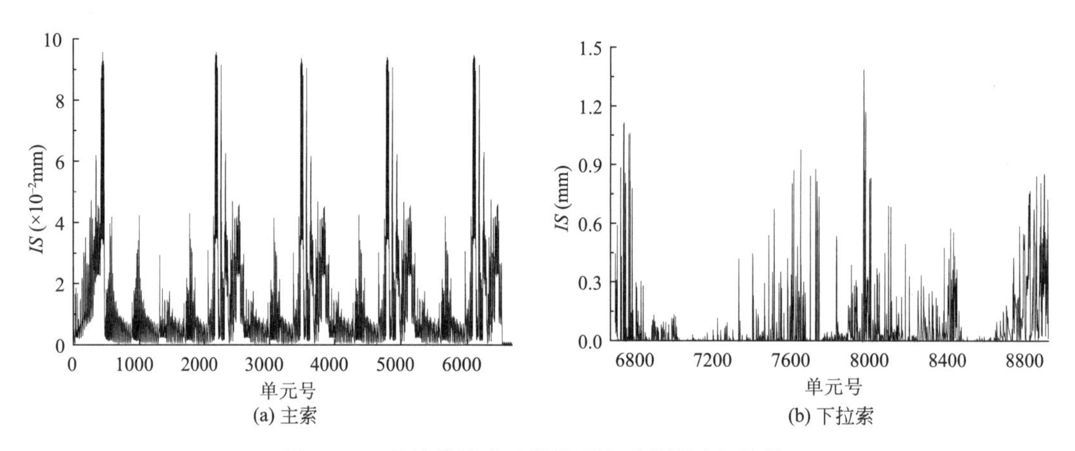

图3.5-5　悬链线效应对抛物面态索长影响包络值

由以上分析可以得知：

（1）在球面基准态和所有抛物面态下，FAST主索的各根单索长度受悬链线效应的影响均不超过0.1mm，可忽略悬链线效应的影响。

（2）球面基准态下，FAST下拉索的单索长度受悬链线效应的影响最大值为0.630mm，接近索长控制精度1mm；抛物面态下的影响最大值为1.386mm，超过了索长控制精度。因此在工作状态下，需要通过促动器调整下拉索长度，以消除悬链线效应的影响。

3.5.3　悬链线效应对单索无应力下料长度的影响

1. 考虑悬链线效应的单索无应力下料长度

假定索体材料满足胡克定律，则对于图3.5-2中的微元段ds，其伸长量为：

$$\Delta \mathrm{d}s=\frac{F\mathrm{d}s}{EA}=\left(H\frac{\mathrm{d}s}{\mathrm{d}x}\right)\frac{\mathrm{d}s}{EA}=\frac{H}{EA}\left[1+\left(\frac{\mathrm{d}z}{\mathrm{d}x}\right)^2\right]\mathrm{d}x \tag{3.5-13}$$

式中，F为索的内力。

将式（3.5-9）代入式（3.5-13），并对$\Delta \mathrm{d}s$积分，可得考虑悬链线效应的钢索伸长量：

$$\Delta S_0=\frac{HL}{2EA}+\frac{H^2}{4EAq}[\sinh(4\beta-2\alpha)+\sinh 2\alpha] \tag{3.5-14}$$

结合式（3.5-10），可求得钢索的无应力下料长度：

$$S_0=S-\Delta S_0 \tag{3.5-15}$$

2. 不考虑悬链线效应的单索无应力下料长度

如果不考虑悬链线效应的影响，基于胡克定律，可得内力 F 作用下的索长 S_{L} 与无应力长度 S_{L0} 的关系：

$$S_{\mathrm{L0}}+S_{\mathrm{L0}}\frac{F}{EA}=S_{\mathrm{L}} \tag{3.5-16}$$

进而有：

$$S_{\mathrm{L0}}=\frac{S_{\mathrm{L}}}{1+F/EA} \tag{3.5-17}$$

$$\Delta S_{\mathrm{L0}}=S_{\mathrm{L}}-S_{\mathrm{L0}}=\frac{FS_{\mathrm{L}}/EA}{1+F/EA} \tag{3.5-18}$$

式中，ΔS_{L0} 为不考虑悬链线效应的钢索伸长量。

3. 无应力下料长度对比

利用式（3.5-15）和式（3.5-17）分别求得考虑和不考虑悬链线效应的单索无应力下料长度，二者差值可作为单索无应力下料长度受悬链线效应影响的评估指标：

$$IS_0=S_0-S_{\mathrm{L0}} \tag{3.5-19}$$

图 3.5-6 给出了以球面基准态长度和内力为基准，求得的各根主索和下拉索的无应力下料长度受悬链线效应的影响 IS_0。可以看到：

（1）考虑悬链线效应主索无应力下料长度普遍小于不考虑悬链线效应的无应力下料长度，但二者最大差值不超过 0.13mm，表明悬链线效应对主索无应力长度的影响非常微小，可以忽略不计。

（2）对于下拉索，考虑悬链线效应的长度比不考虑悬链线效应的无应力下料长度最多增加了 0.643mm，接近索长控制精度 1mm，表明悬链线效应对下拉索无应力下料长度的影响较大，但在 FAST 工作过程中，可以通过促动器调整下拉索长度，消除悬链线效应的影响。

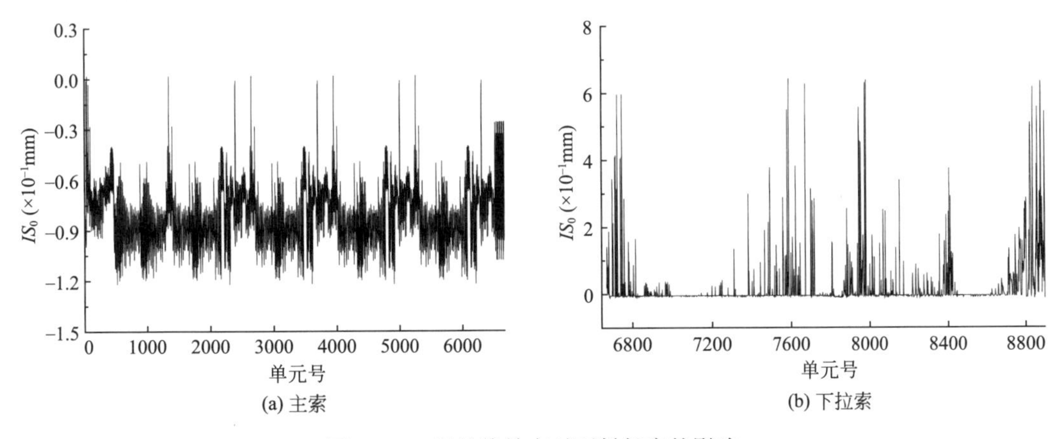

图 3.5-6 悬链线效应对下料长度的影响

3.5.4 悬链线效应对促动器变位影响分析

FAST 索网在使用过程中，通过促动器主动张拉下拉索，在球面基准态基础上形成各种抛物面来实现跟踪观测。在工作过程中，由于下拉索的弹性变形以及悬链线效应的影响，主索节点变形与促动器变位会存在不同步现象，即促动器变位与相应的主索节点变形存在差异。

FAST 索网由球面基准态变位到抛物面态过程中，下拉索和促动器的状态如图 3.5-7 所示。假定通过促动器的作用，主索节点由球面基准态的点 A 变位到抛物面态点 B，则在该过程中，下拉索（含促动器）长度变化由促动器变位和下拉索弹性变形两部分组成，即

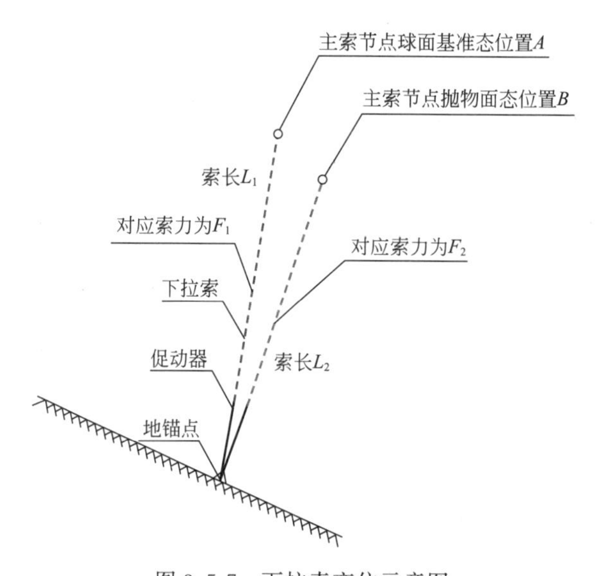

图 3.5-7　下拉索变位示意图

$$\Delta L=\Delta L_{\mathrm{A}}+\Delta L_{\mathrm{e}} \tag{3.5-20}$$

式中，ΔL 为抛物面态相对球面基准态的下拉索（含促动器）长度变化；ΔL_{A} 为促动器变位，ΔL_{e} 为由球面基准态变位到抛物面态过程中下拉索的弹性变形。

由式（3.5-20）可得促动器变位量为

$$\Delta L_{\mathrm{A}}=\Delta L-\Delta L_{\mathrm{e}} \tag{3.5-21}$$

ΔL 按式（3.5-22）计算：

$$\Delta L=L_1-L_0 \tag{3.5-22}$$

式中，L_0 和 L_1 分别为球面基准态和抛物面态的下拉索索长，当考虑悬链线效应时，按式（3.5-10）求取；当不考虑悬链线效应时，按式（3.5-12）求取，即计算模型中的索单元长度。

ΔL_{e} 按式（3.5-23）计算：

$$\Delta L_{\mathrm{e}}=\Delta L_{\mathrm{e1}}-\Delta L_{\mathrm{e0}} \tag{3.5-23}$$

式中，ΔL_{e0} 和 ΔL_{e1} 分别为球面基准态和抛物面态的下拉索伸长量，当考虑悬链线效应时，按式（3.5-14）求取；当不考虑悬链线效应时，按式（3.5-18）求取。

由式（3.5-21）～式（3.5-23），可分别求得考虑和不考虑悬链线效应时的下拉索促动器变位量。为了考察悬链线效应对促动器变位的影响，选取长度为 30m、40m、50m 和 60m 的 4 根典型下拉索，计算其从球面基准态变位到两种抛物面态时的促动器变位量。表 3.5-1～

表 3.5-4 给出了 4 根下拉索的信息和相应的计算结果，其中索弹性模量 $E=2.0\times10^{8}\mathrm{kN/m^2}$，截面面积 $A=0.000\ 140\mathrm{m^2}$，索体自重 $q=0.0137\mathrm{kN/m}$。

长度 30m 下拉索促动器悬链线效应分析　　表 3.5-1

			球面基准态	抛物面态 1	抛物面态 2
下拉索信息	索力 F(kN)		30.1277	46.0462	20.1114
	直线长度 S_L(m)		30.0000	30.0027	30.3057
	投影长度 L(m)		23.9267	23.9207	24.1696
	高差 C(m)		18.0973	18.1096	18.2829
	索力水平分量 H(kN)		24.0286	36.7120	16.0394
计算结果	考虑悬链线效应索长 S(m)		30.0001	30.0027	30.3060
	考虑悬链线效应弹性伸长 ΔS_0(m)		0.0323	0.0493	0.0218
	不考虑悬链线效应弹性伸长 ΔS_{L0}(m)		0.0322	0.0493	0.0218
	考虑悬链线效应	索长变化 ΔL(m)	—	0.0026	0.3059
		索弹性伸长 ΔL_e(m)	—	0.0171	−0.0105
		促动器变位 ΔL_A(m)	—	−0.0145	0.3164
	不考虑悬链线效应	索长变化 ΔL(m)	—	0.0027	0.3057
		索弹性伸长 ΔL_e(m)	—	0.0170	−0.0105
		促动器变位 ΔL_A(m)	—	−0.0143	0.3162
	悬链线效应对促动器变位的影响(m)		—	−0.0001	0.0002

长度 40m 下拉索促动器悬链线效应分析　　表 3.5-2

			球面基准态	抛物面态 1	抛物面态 2
下拉索信息	索力 F(kN)		30.0956	45.9119	20.1061
	直线长度 S_L(m)		40.0000	40.0031	40.3056
	投影长度 L(m)		31.9023	31.8966	32.1451
	高差 C(m)		24.1297	24.1423	24.3152
	索力水平分量 H(kN)		24.0030	36.6080	16.0353
计算结果	考虑悬链线效应索长 S(m)		40.0004	40.0033	40.3064
	考虑悬链线效应弹性伸长 ΔS_0(m)		0.0430	0.0656	0.0289
	不考虑悬链线效应弹性伸长 ΔS_{L0}(m)		0.0429	0.0655	0.0289
	考虑悬链线效应	索长变化 ΔL(m)	—	0.0029	0.3060
		索弹性伸长 ΔL_e(m)	—	0.0226	−0.0141
		促动器变位 ΔL_A(m)	—	−0.0197	0.3201
	不考虑悬链线效应	索长变化 ΔL(m)	—	0.0031	0.3056
		索弹性伸长 ΔL_e(m)	—	0.0225	−0.0140
		促动器变位 ΔL_A(m)	—	−0.0194	0.3196
	悬链线效应对促动器变位的影响(m)		—	−0.0003	0.0005

长度 50m 下拉索促动器悬链线效应分析 **表 3.5-3**

			球面基准态	抛物面态 1	抛物面态 2
下拉索信息	索力 F(kN)		30.0660	45.9920	20.1154
	直线长度 S_L(m)		50.0000	50.0026	50.3053
	投影长度 L(m)		39.8779	39.8718	40.1205
	高差 C(m)		30.1622	30.1745	30.3475
	索力水平分量 H(kN)		23.9793	36.6738	16.0428
计算结果	考虑悬链线效应索长 S(m)		50.0007	50.0029	50.3069
	考虑悬链线效应弹性伸长 ΔS_0(m)		0.0537	0.0821	0.0361
	不考虑悬链线效应弹性伸长 ΔS_{L0}(m)		0.0536	0.0820	0.0361
	考虑悬链线效应	索长变化 ΔL(m)	—	0.0022	0.3062
		索弹性伸长 ΔL_e(m)	—	0.0284	−0.0175
		促动器变位 ΔL_A(m)	—	−0.0262	0.3238
	不考虑悬链线效应	索长变化 ΔL(m)	—	0.0026	0.3053
		索弹性伸长 ΔL_e(m)	—	0.0284	−0.0175
		促动器变位 ΔL_A(m)	—	−0.0258	0.3228
	悬链线效应对促动器变位的影响(m)		—	−0.0005	0.0009

长度 60m 下拉索促动器悬链线效应分析 **表 3.5-4**

			球面基准态	抛物面态 1	抛物面态 2
下拉索信息	索力 F(kN)		30.0408	45.8981	20.1378
	直线长度 S_L(m)		60.0000	60.0028	60.3050
	投影长度 L(m)		47.8534	47.8476	48.0958
	高差 C(m)		36.1946	36.2070	36.3798
	索力水平分量 H(kN)		23.9592	36.6001	16.0608
计算结果	考虑悬链线效应索长 S(m)		60.0012	60.0034	60.3077
	考虑悬链线效应弹性伸长 ΔS_0(m)		0.0644	0.0984	0.0434
	不考虑悬链线效应弹性伸长 ΔS_{L0}(m)		0.0643	0.0982	0.0433
	考虑悬链线效应	索长变化 ΔL(m)	—	0.0022	0.3065
		索弹性伸长 ΔL_e(m)	—	0.0340	−0.0210
		促动器变位 ΔL_A(m)	—	−0.0318	0.3275
	不考虑悬链线效应	索长变化 ΔL(m)	—	0.0028	0.3050
		索弹性伸长 ΔL_e(m)	—	0.0339	−0.0210
		促动器变位 ΔL_A(m)	—	−0.0310	0.3260
	悬链线效应对促动器变位的影响(m)		—	−0.0008	0.0015

由上述结果可知，随着下拉索长度增加，悬链线效应对促动器变位的影响逐渐增大，当索长达到 60m 时，悬链线效应对促动器变位的影响可达到 1.5mm。建议在设计促动器控制策略时，对于索长大于 50m 的下拉索，应考虑悬链线效应的影响。

3.6 索网疲劳分析

运行状态下频繁主动变位是FAST索网体系的最大特点，且主动变位是在钢索高应力状态下发生的。结构形态变化引起应力改变，钢索产生疲劳问题，对钢索在高应力状态下的疲劳性能提出了高要求。本节对FAST索网进行疲劳分析，并根据分析结果制定钢索疲劳性能要求。

3.6.1 钢索疲劳验算方法概述

1. Miner准则

FAST索网在工作过程中，钢索的应力历程与抛物面位置的移动路径有关，其疲劳属于变幅疲劳问题。对于此类问题，目前采用最为广泛的疲劳累积损伤判别准则是Miner准则[21,22]，《钢结构设计规范》GB 50017—2003关于变幅疲劳的验算公式即基于该准则，其基本内容为：

（1）将钢索变幅疲劳应力历程分解为应力谱，得到一系列不同应力幅的应力循环和对应的循环次数n_i，各应力循环的应力幅为$\Delta\sigma_i=\sigma_{i\max}-\sigma_{i\min}$，其中$\sigma_{i\max}$和$\sigma_{i\min}$为第$i$个应力循环的应力上限和应力下限。

（2）以N_i表示应力幅为$\Delta\sigma_i$的常幅应力循环的疲劳寿命，则认为当n_i和N_i满足式（3.6-1）所示的关系时，构件发生疲劳破坏

$$\sum_i \frac{n_i}{N_i}=1 \tag{3.6-1}$$

Miner准则认为，对于常幅疲劳寿命为N_i的应力幅$\Delta\sigma_i$，其循环n_i次会引起构件n_i/N_i的损伤，当所有应力循环引起的累积损伤份额达到1时，构件即发生疲劳破坏。

在利用Miner准则评估构件的疲劳性能时，主要涉及两方面的工作：1）将变幅疲劳应力历程分解为应力谱；2）获得各应力循环对应的常幅疲劳寿命。下文分别进行介绍。

2. 变幅疲劳应力历程分解为应力谱

雨流计数法[23]是应用最为广泛的变幅疲劳应力谱分解方法，可以识别全部的应力循环，获取各应力循环的应力幅，并统计不同应力幅区间的循环频次。

雨流计数法的核心为基本应力循环的识别，较为典型的识别方法是对比相邻几个历程数据的变化量[24]。下文以图3.6-1所示的四个连续应力历程数据点S_1、S_2、S_3和S_4为例进行说明，其中图3.6-1（a）和图3.6-1（c）为应力历程曲线，图3.6-1（b）和图3.6-1（d）为相应的应力-应变曲线。

记应力变化量为$\Delta S_1=|S_1-S_2|$、$\Delta S_2=|S_2-S_3|$和$\Delta S_3=|S_3-S_4|$，判断是否满足$\Delta S_2<\Delta S_1$且$\Delta S_2<\Delta S_3$。

（1）若满足，即ΔS_2小于相邻的两个变化量，则提炼出图3.6-1（b）和图3.6-1（d）所示的以S_2和S_3作为应力上限和下限（或下限和上限）的一个应力循环，然后删去S_2和S_3，并连接S_1和S_4，以剩余数据为基础重复计数过程。

（2）若不满足，表明相邻的四个数据点无法提炼出应力循环，则利用S_2、S_3、S_4和下一个数据点组成新的序列，重新执行计数过程。

雨流计数法在循环计数领域应用广泛，具有较多的改进和变形。其算法具体实施和相关变化可参考文献［24］。

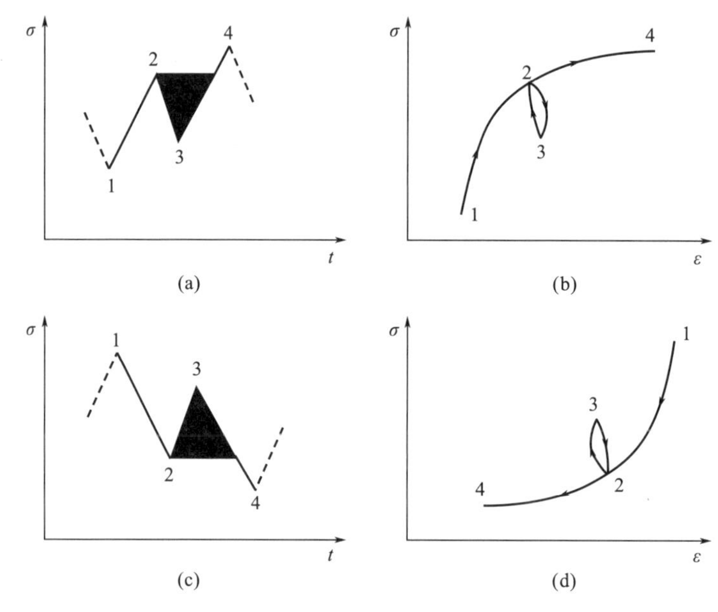

图 3.6-1　雨流计数法基本原理示意图

3. 不同应力幅对应的常幅疲劳寿命

常幅疲劳寿命通常可以通过 S-N 曲线获取。S-N 曲线给出的是应力幅和疲劳寿命的关系，是结构疲劳性能评估的重要依据。我国曾针对国产的 1860 级低松弛钢绞线进行过疲劳性能试验，通过对试验结果回归分析，得到 1860 级低松弛预应力钢绞线的 S-N 曲线表达式[25] 为：

$$\log N = 13.84 - 3.5\log\Delta\sigma \tag{3.6-2}$$

在上述试验中，构件的应力下限 σ_{min} 固定为 950MPa。由于 σ_{min}（或应力上限 σ_{max}，二者换算关系为 $\Delta\sigma=\sigma_{max}-\sigma_{min}$）对疲劳性能有直接影响，而变幅疲劳的各应力循环的 σ_{min} 不一定等于 950MPa，因此无法将不同应力循环的应力幅 $\Delta\sigma_i$ 直接代入式（3.6-2）求解疲劳寿命，需要考虑应力下限的影响。求取 $\sigma_{min}=950$MPa 时的等效应力幅后，方可代入式（3.6-2）求取各应力循环对应的疲劳寿命 N_i。

考虑应力下限影响的等效应力幅可采用极限应力线图求解。针对不同的材料或构件、基于不同的假定，极限应力线图有不同的形式。对于钢索和钢绞线，可以采用美国工程师协会斜拉桥委员会于 1990 年出版的《斜拉桥设计指南》中提供的 Smith 曲线[26,27]，如图 3.6-2 所示，图中横轴和纵轴

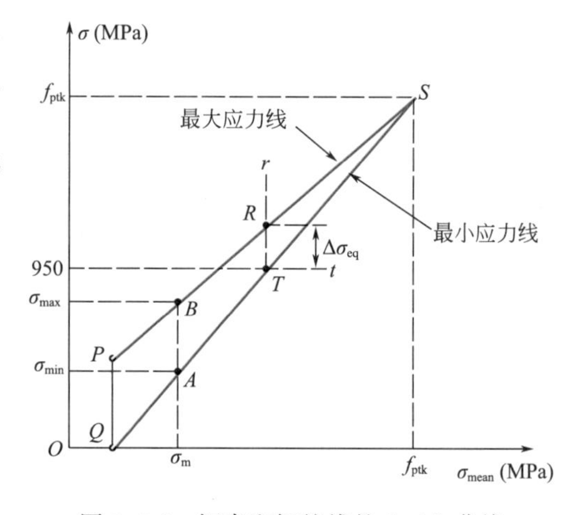

图 3.6-2　钢索和钢绞线的 Smith 曲线

分别表示平均应力 σ_{mean} 和应力变化 σ，f_{ptk} 为钢索和钢绞线的抗拉强度，红线 PS 和 QS 分别表示应力循环的最大应力线和最小应力线。

Smith 曲线对应特定的疲劳寿命，即在给定的一条 Smith 曲线中，PS 和 QS 围合的边界表征相同的疲劳寿命。以图 3.6-2 中的 Smith 曲线为例：假定该曲线对应的疲劳寿命为 N_0，令任意一条平行于纵轴的直线与最大应力线 PS 和最小应力线 QS 交点的纵坐标分别为应力上限 σ_{max} 和应力下限 σ_{min}，则由 σ_{max} 和 σ_{min} 定义的常幅应力循环的疲劳寿命等于 N_0。

利用上述特性，可以作任意常幅应力循环的 Smith 曲线，然后以疲劳寿命不变、应力下限 $\sigma_{minT}=950$MPa 为目标，求解该应力循环的等效应力幅，进而获得其疲劳寿命。假定已知任意常幅应力循环的应力上限 σ_{max} 和应力下限 σ_{min}，对照图 3.6-2，求解步骤为：

（1）在坐标系中作抗拉强度点 S（f_{ptk}，f_{ptk}）；

（2）求解应力循环的平均应力 $\sigma_m=$（$\sigma_{max}+\sigma_{min}$）/2；

（3）作点 A（σ_m，σ_{min}）和点 B（σ_m，σ_{max}）；

（4）连接点 S 和点 A，延长后与横轴交于点 Q，得最小应力线 QS；

（5）连接点 S 和点 B，延长后与过点 Q 的纵向直线交于点 P，得最大应力线 PS；

（6）过点（0，σ_{minT}）作平行于横轴的直线 t，再过直线 t 与最小应力线 BC 的交点 T 作平行于纵轴的直线 r，得到直线 r 与最大应力线 AC 交点 R 的纵坐标 σ_{maxT}；

（7）求解等效应力幅 $\Delta\sigma_{eq}=\sigma_{maxT}-\sigma_{minT}$；

（8）将 $\Delta\sigma_{eq}$ 代入式（3.6-2），可求得应力上限和应力下限分别为 σ_{maxT} 和 σ_{minT} 的常幅应力循环的疲劳寿命，由于该应力循环的疲劳寿命与已知应力循环的疲劳寿命相等，从而得到已知应力循环的疲劳寿命。

3.6.2 FAST 索网疲劳性能分析方法

由于现有钢索和钢绞线产品无法满足 FAST 索网的疲劳性能要求，需要专门研制高疲劳性能的钢索，这意味着式（3.6-2）给出的 S-N 曲线无法用于 FAST 索网的疲劳性能分析，3.6.1 节所述的钢索疲劳性能验算的流程也不再适用。

为解决缺少 S-N 曲线导致无法进行疲劳验算的问题，同时为制定 FAST 钢索疲劳性能指标提供依据，在第 3.6.3 和 3.6.4 节中将采用如下策略进行 FAST 索网的疲劳分析：

（1）利用雨流计数法统计 FAST 工作过程中所有钢索的应力历程，得到不同的应力幅及各应力幅区间对应的循环次数；

（2）统计所有应力循环的最大应力幅 $\Delta\sigma_{Amax}$；

（3）统计 FAST 工作过程中各钢索总应力循环数的最大值 N_{Amax}；

（4）计算 FAST 工作过程中的索网包络应力 σ_{Amax}；

（5）以应力幅 $\Delta\sigma_{Amax}$、应力上限 σ_{Amax} 和疲劳寿命 N_{Tmax} 为基准，制定 FAST 钢索的疲劳性能指标。

本质上，上述方法是假定对于 FAST 工作过程中经历最大应力循环次数的钢索，其经历了由最大应力幅 $\Delta\sigma_{Amax}$ 和应力上限 σ_{Amax} 定义的常幅应力循环。该应力循环是所有应力循环中最不利的（即疲劳寿命最小），因此上述方法偏于安全。

3.6.3 FAST索网疲劳性能

1. 索网应力变化历程

根据轨迹点的坐标值，寻求离轨迹点最近的索网节点；以抛物面中心位于该索网节点时的工况应力作为该轨迹点的工况应力代表值；根据轨迹点序列，求解每个轨迹点对应抛物面的形态，可得到主索网的应力变化历程，并计算各索的应力变化幅值及次数，统计出轨迹全过程（约13.8年）的数据，进行疲劳分析。按照截面规格，将钢索分为规格1（ST2和ST2+3）、规格2（ST3和ST3+3）、规格3（ST4和ST4+3）、规格4（ST5和ST5+3）、规格5（ST6和ST6+3）、规格6（ST7和ST7+3）、规格7（ST8和ST8+3）、规格8（ST9和ST9+3）和规格9（下拉索）9类。图3.6-3列出了各规格典型钢索单元前4个月的应力变化时程。

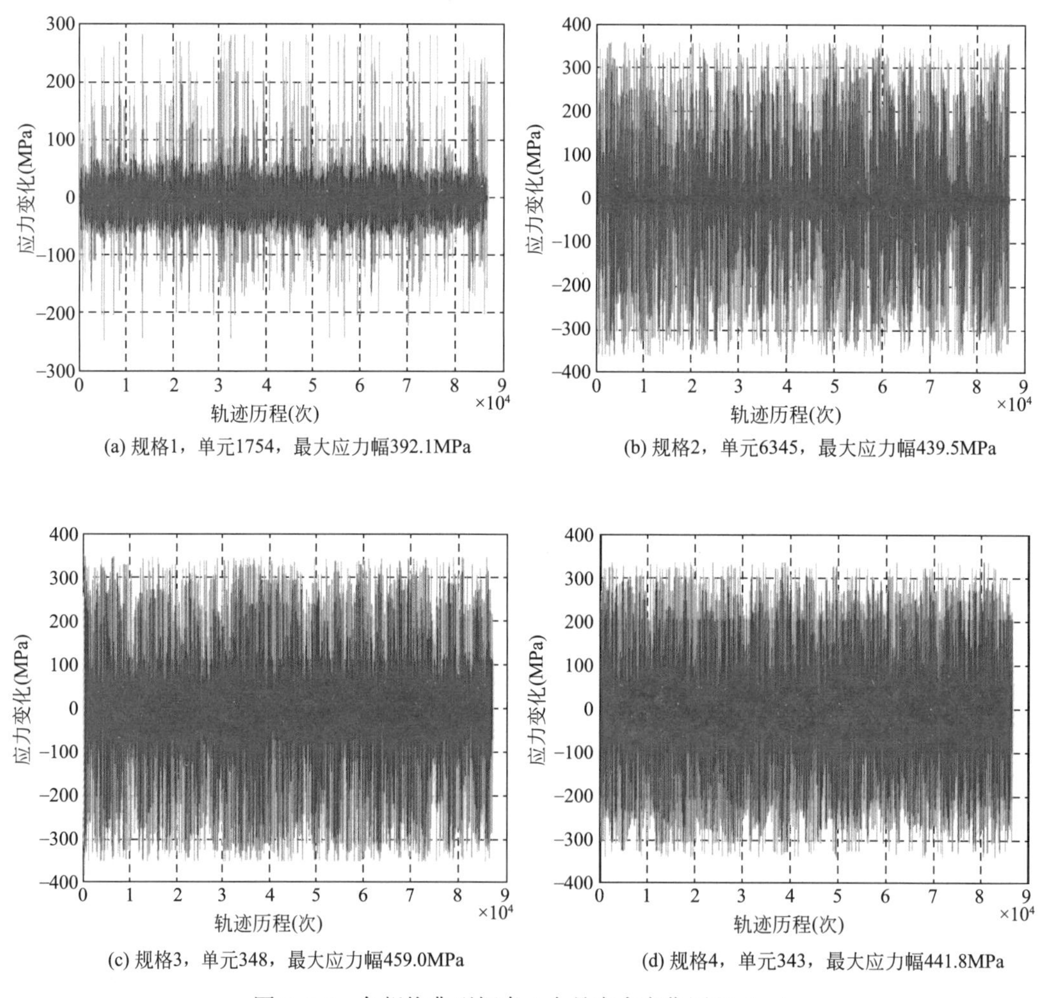

图3.6-3 各规格典型钢索4个月应力变化历程（一）

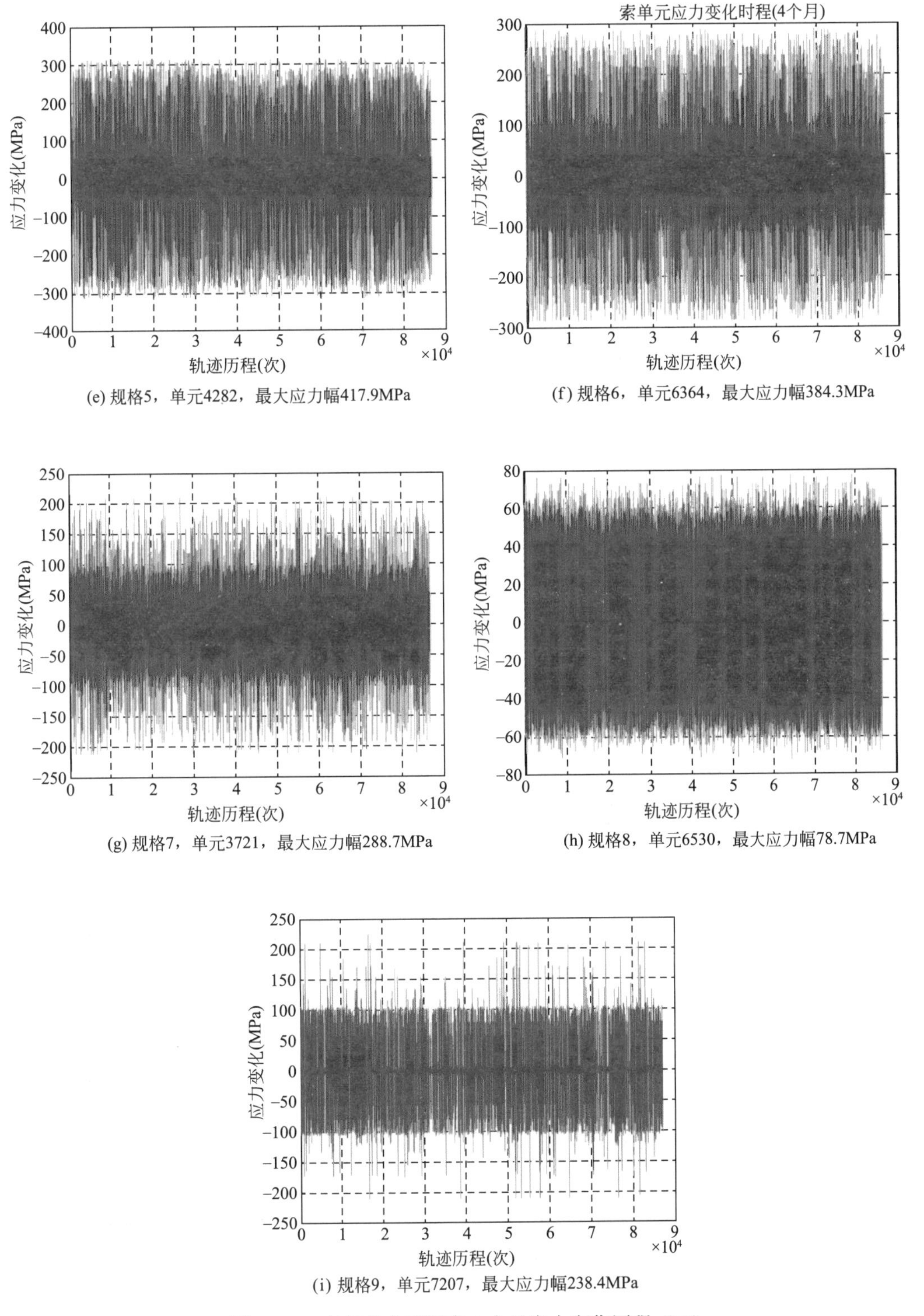

(e) 规格5，单元4282，最大应力幅417.9MPa

(f) 规格6，单元6364，最大应力幅384.3MPa

(g) 规格7，单元3721，最大应力幅288.7MPa

(h) 规格8，单元6530，最大应力幅78.7MPa

(i) 规格9，单元7207，最大应力幅238.4MPa

图 3.6-3 各规格典型钢索 4 个月应力变化历程（二）

2. 索网疲劳性能分析

采用雨流计数法统计 13.8 年观测期的 FAST 索网应力历程，可以得到每根钢索的应力幅、循环次数等疲劳性能数据。

（1）钢索的疲劳性能

根据雨流计数法的统计结果，可以得到每根索在不同应力状态的应力幅及其对应的循环次数。图 3.6-4 给出了图 3.6-3 中各规格典型钢索的疲劳性能，图中 x 轴为半疲劳应力

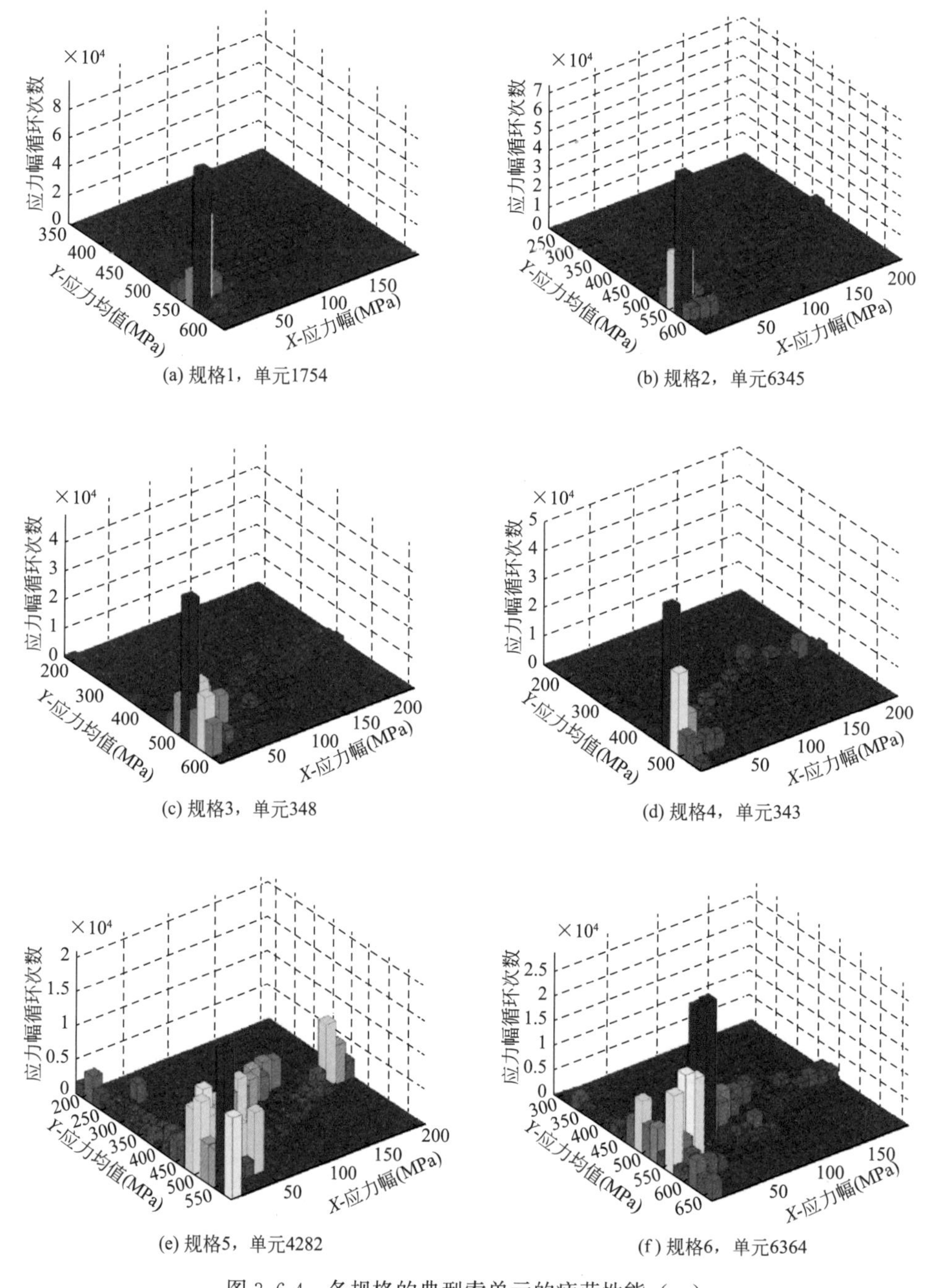

图 3.6-4　各规格的典型索单元的疲劳性能（一）

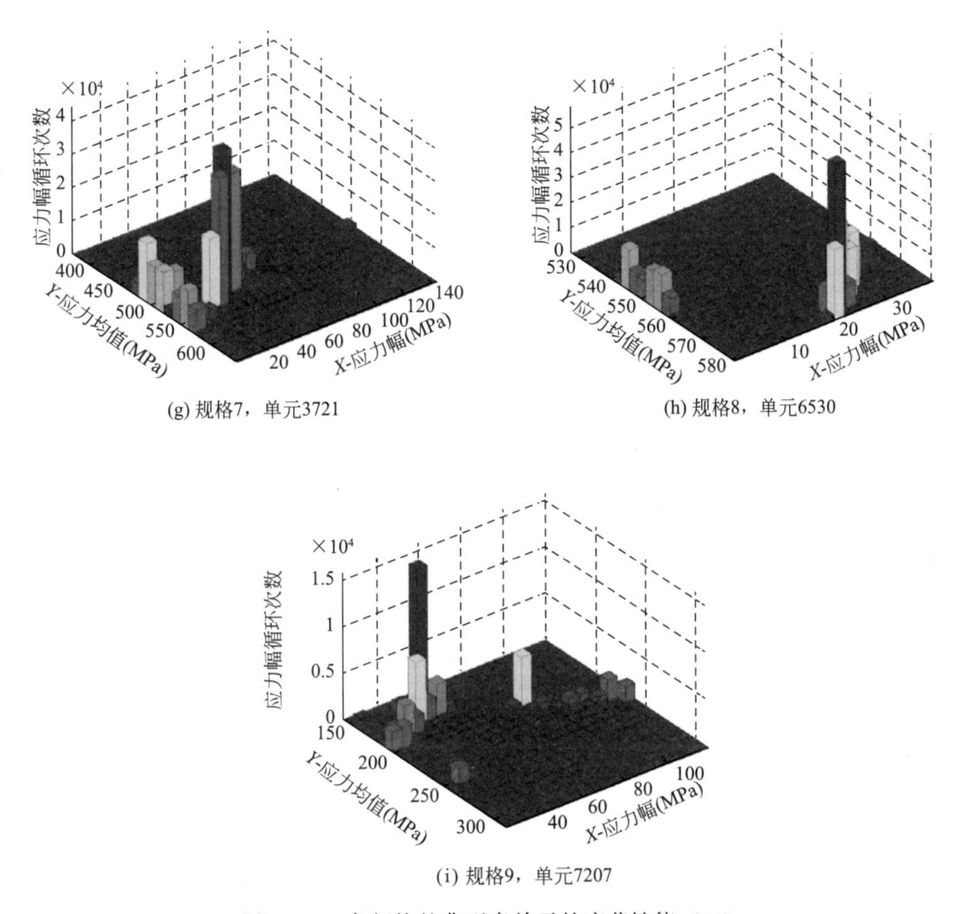

图 3.6-4 各规格的典型索单元的疲劳性能（二）

幅，y 轴为应力均值，z 轴为应力循环次数。图 3.6-5 为统计的各规格钢索的最大应力幅，可以看到：钢索最大应力幅的最大值为 459.0MPa，出现在中心区部位的规格 3 主索；最

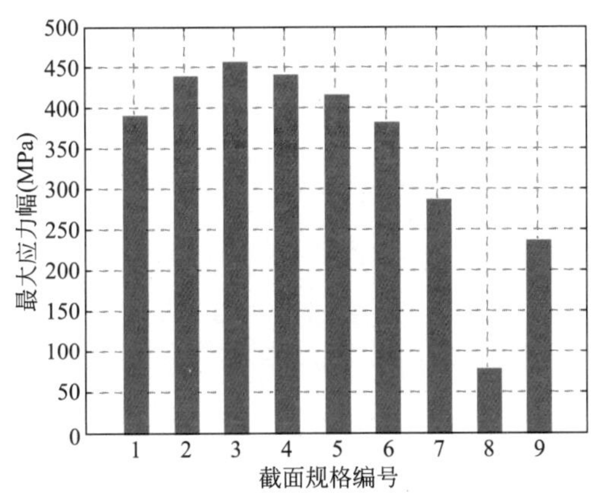

图 3.6-5 各规格钢索的最大应力幅统计

大应力幅的最小值为 78.7MPa，出现在与圈梁连接的规格 8 主索；下拉索（规格 9）的最大应力幅为 238.4MPa。

（2）应力循环次数

对于同一根钢索，不同疲劳应力幅对应循环次数的总和即为总应力循环次数。基于对 13.8 年观测期应力历程的雨流计数法统计结果，绘制了所有主索和下拉索的总应力循环次数散点图，如图 3.6-6 所示。图 3.6-7～图 3.6-10、图 3.6-11 和图 3.6-12 按不同应力上限和应力幅分别给出了主索和下拉索的应力循环次数分布图。可以看到，主索和下拉索的总应力循环次数最大值分别为 359 095 和 376 367。

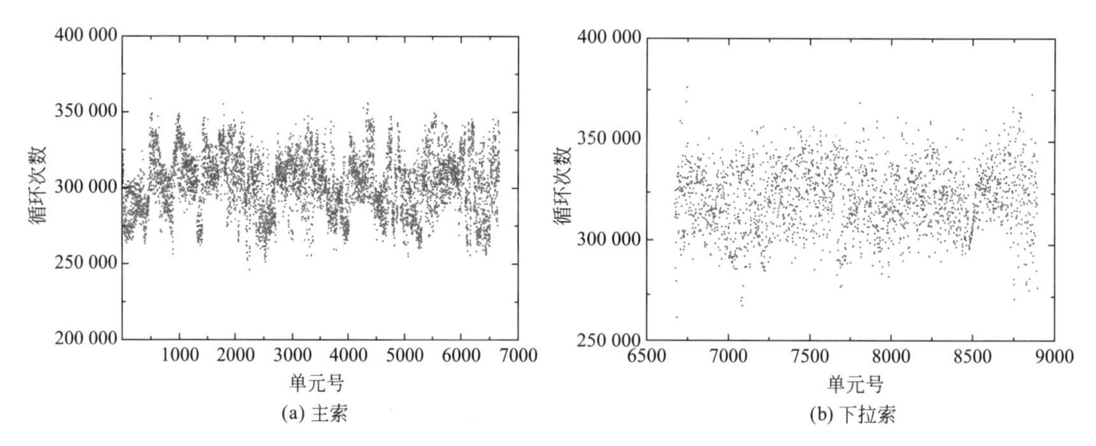

图 3.6-6　索网总应力循环次数统计

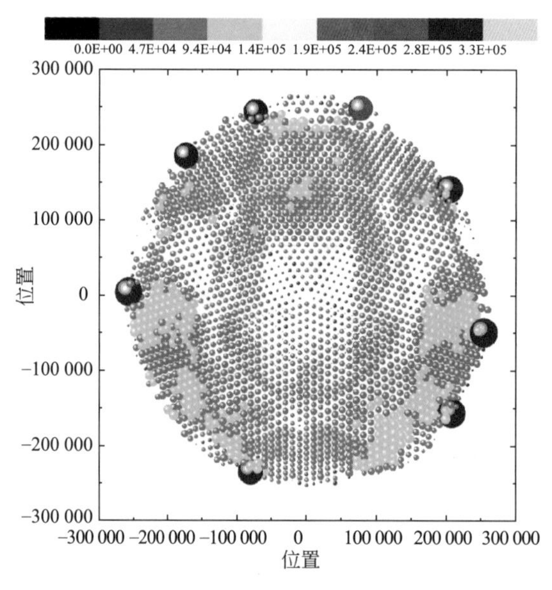

图 3.6-7　主索应力循环次数（应力上限 0～200MPa，应力幅 0～150MPa）

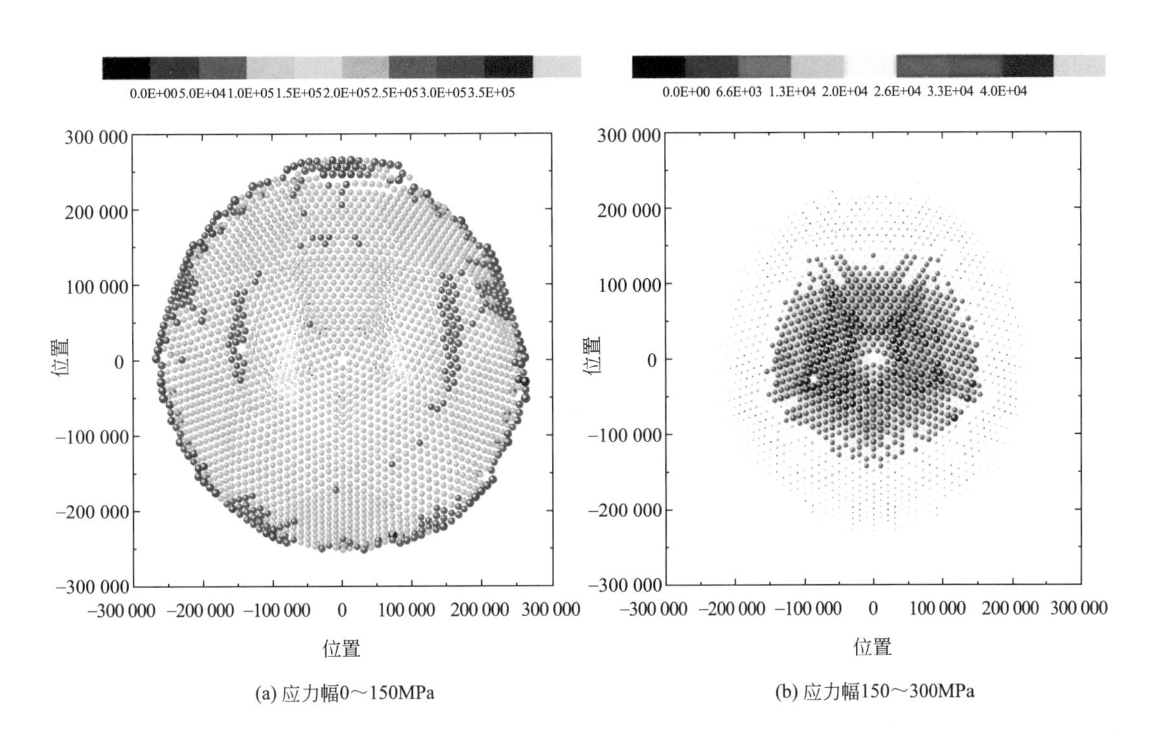

(a) 应力幅0～150MPa

(b) 应力幅150～300MPa

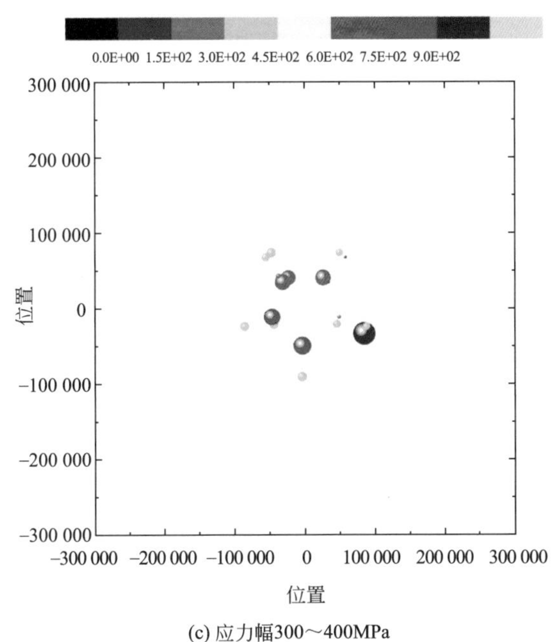

(c) 应力幅300～400MPa

图 3.6-8　主索应力循环次数（应力上限 200～400MPa）

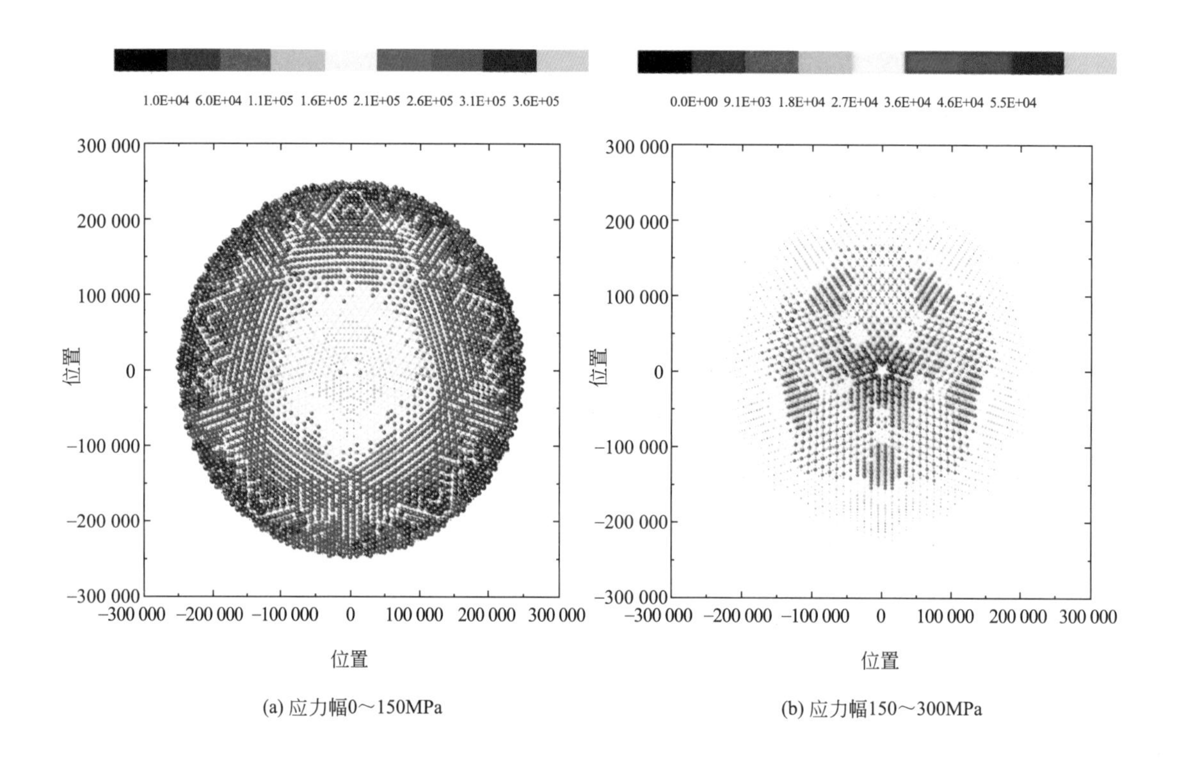

(a) 应力幅0～150MPa

(b) 应力幅150～300MPa

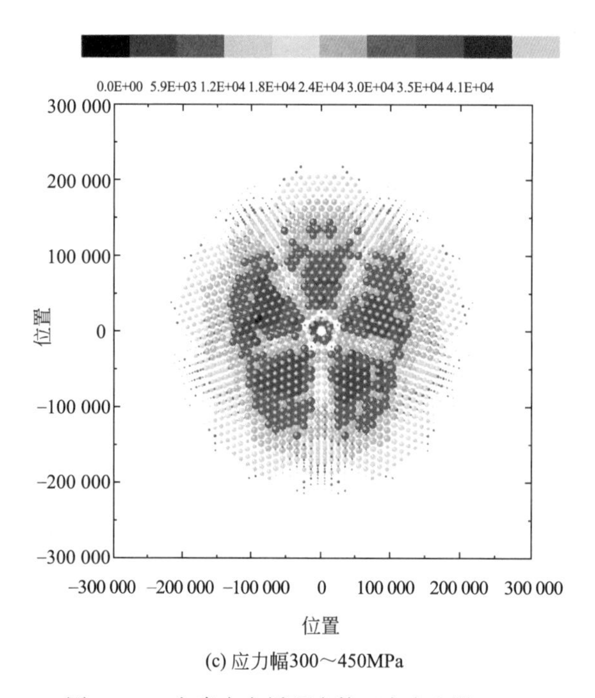

(c) 应力幅300～450MPa

图 3.6-9　主索应力循环次数（应力上限 400～600MPa）

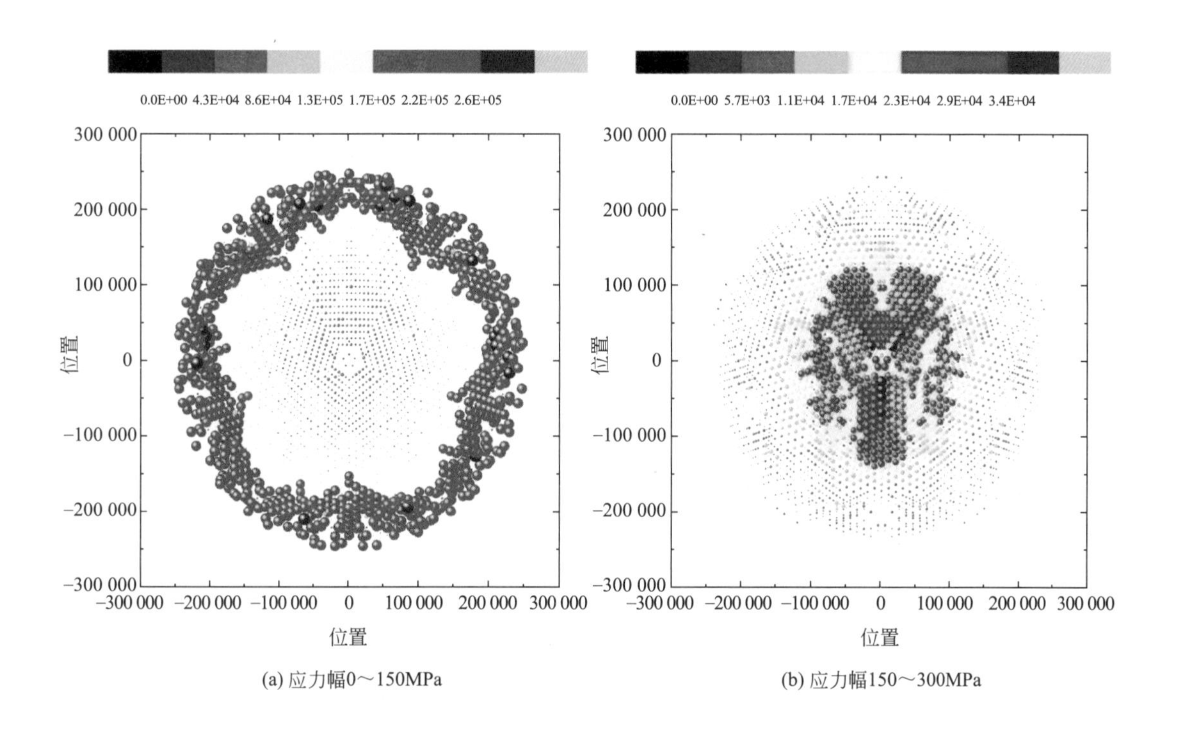

(a) 应力幅0～150MPa

(b) 应力幅150～300MPa

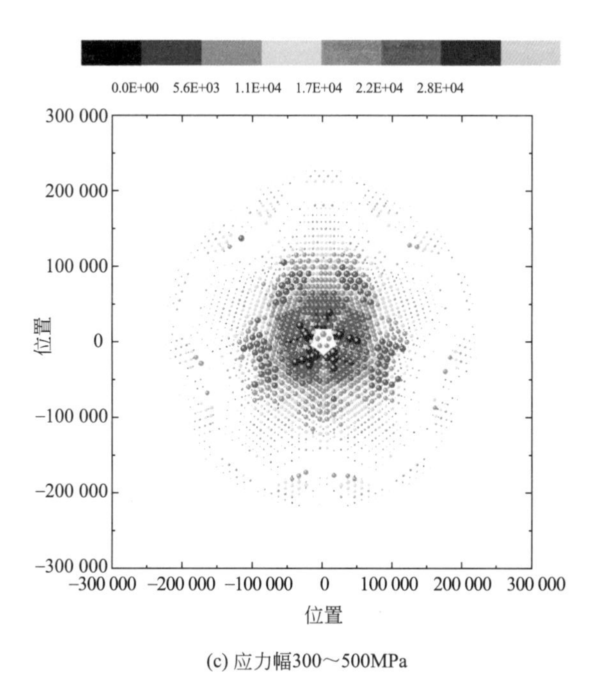

(c) 应力幅300～500MPa

图 3.6-10 主索应力循环次数（应力上限 600～750MPa）

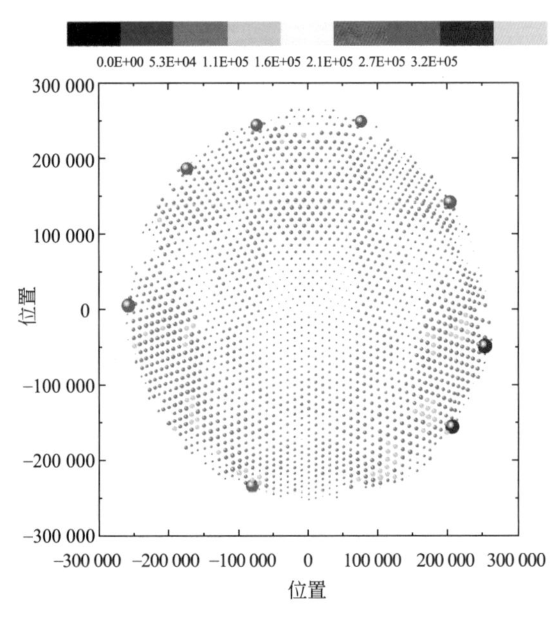

图 3.6-11 下拉索应力循环次数（应力上限 0～200MPa，应力幅 0～150MPa）

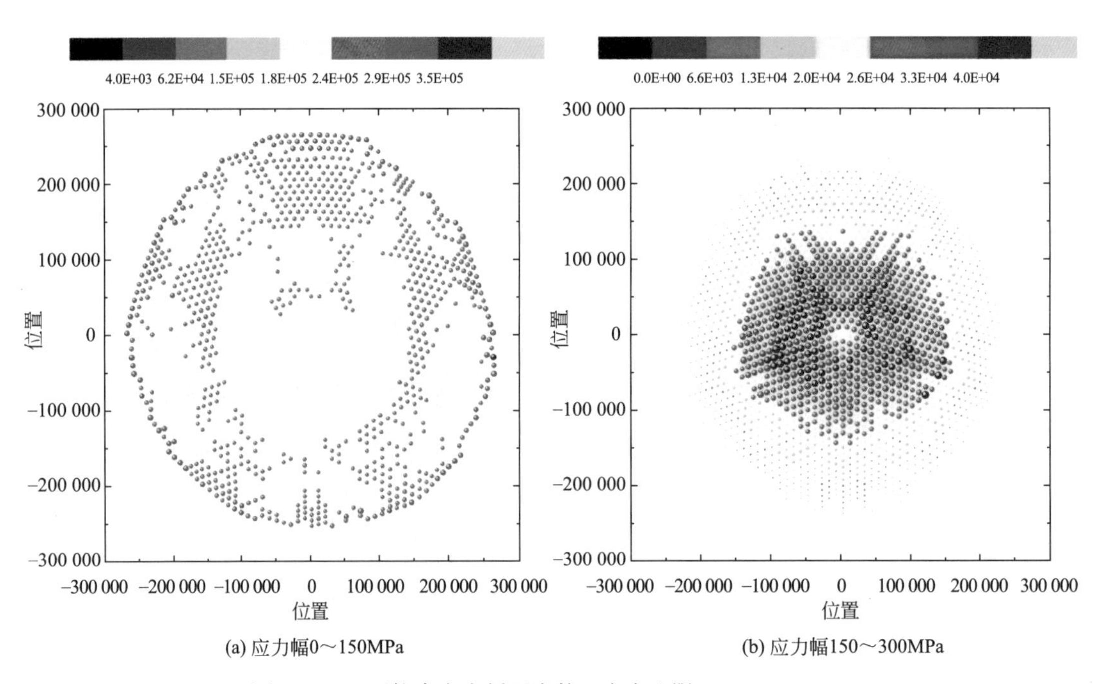

图 3.6-12 下拉索应力循环次数（应力上限 200～400MPa）

按线性相关性原则，可以由上述 13.8 年观测期统计数据推导出 30 年观测期的主索和下拉索应力循环次数，如表 3.6-1 所示。表中按不同应力上限和应力幅给出了各规格钢索的总应力循环次数，其中主索和下拉索的最大总应力循环次数分别为 780 641 和 818 189。

30 年观测期索网总应力循环次数统计　　表 3.6-1

应力上限（MPa）	应力幅（MPa）	索规格编号								
		1	2	3	4	5	6	7	8	9
0～200	0～150	29 739	11 170	53 296	64 622	2498	—	—	—	714 954
200～400	0～150	718 511	338 986	129 757	317 778	72 841	21 578	1126	—	765 341
	150～300	—	4176	6928	51 964	—	—	—	—	99 900
	300～400	—	—	—	2204	—	—	—	—	—
400～600	0～150	767 235	772 678	780 641	760 520	744 580	759 652	750 580	751 053	—
	150～300	30 098	72 737	122 039	137 740	134 887	64 080	15 716	—	—
	300～450	54	54 613	90 128	76 585	77 668	200	—	—	—
600～750	0～150	564 237	646 840	635 175	507 585	526 324	509 889	497 205	497 205	—
	150～300	23 142	34 346	42 773	86 289	81 013	67 624	43 302	—	—
	300～500	6654	48 729	66 468	72 466	66 818	37 726	—	—	—
总计	最小周次	566 290	565 330	549 504	547 000	535 736	596 684	604 835	598 772	576 411
	最大周次	767 235	772 678	**780 641**	760 520	749 409	759 652	750 580	751 053	**818 189**

3.6.4　钢索疲劳性能指标要求

由 3.6.3 节的数据分析可知：

（1）FAST 主索最大应力幅为 459.1MPa，下拉索最大应力幅为 242.4MPa，因此取 $\Delta\sigma_{Amax}=459.1$MPa；

（2）雨流法统计的 13.8 年的主索和下拉索最大应力循环次数分别为 359 095 和 376 367，按照线性相关的原则推导出 30 年观测最大应力循环次数分别为 780 641 和 818 189，考虑 2.0 倍的安全系数，取 $N_{Amax}=818\ 189\times2=1\ 636\ 378$。

由 3.4.5 节可知，FAST 索网的包络应力为 $\sigma_{Amax}=724.1\text{MPa}\approx0.389f_{ptk}$，其中 $f_{ptk}=1860$MPa，为钢索抗拉强度。

根据上述数据和 3.6.2 节阐述的原则，制定 FAST 索网的钢索疲劳性能指标，如表 3.6-2 所示。

钢索疲劳性能指标　　表 3.6-2

应力上限	应力幅(MPa)	疲劳寿命(万次)
$0.4f_{ptk}$	500	200

3.7　索网节点设计

3.7.1　节点功能及性能要求

FAST 索网张拉形成球面基准态过程中，相邻构件之间会产生较大的相对转动；而在运行状态下，FAST 在基准态与抛物面态之间转换的过程中，钢索之间的夹角也会发生一定幅度的变化，同时还会带来索网曲率的改变。这些都对索网节点的面内和面外转动能力提出了要求。

主索网的每个节点都由一根下拉索通过促动器锚接于地面，同时还有连接固定反射面背架结构的功能。因此，索网节点除了要保证上文提出的转动能力，还必须兼顾与上部反射面单元和下拉索的连接。合理的构造不仅是结构安装顺利进行的前提，也是 FAST 正常运行的重要保证。

运行状态下频繁主动变位是 FAST 索网体系的最大特点，且主动变位是在钢索高应力状态下发生的。对于索网结构，结构形态的变化通常伴随着内力的改变，这对包括节点在内的所有索网构件在高应力状态下的抗疲劳性能提出了较高要求。对于节点区域的部件，除了疲劳问题，还会在索网主动变位过程中产生持续的摩擦，部件抗摩擦磨损的能力对于 FAST 的耐久性具有非常重要的影响。对于这些因素，需要通过试验研究得到材料的实际性能，并在设计和施工中予以考虑，从而保证 FAST 的安全运行。

3.7.2 节点构造和材料

1. 节点构造

FAST 索网的主索节点采用“节点盘＋向心关节轴承”的构造，如图 3.7-1 所示。除边界节点外，沿每个节点的圆形节点盘环向开设若干孔（具体由钢索规格和数量决定），每个孔中均设有向心关节轴承[28,29]；钢索索头通过销轴、关节轴承与节点盘相连。索头在

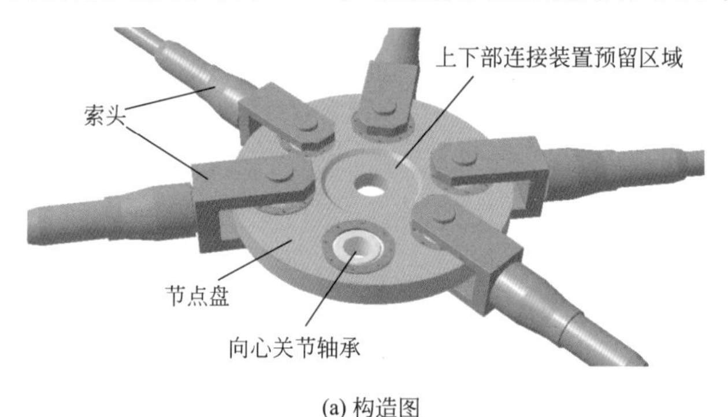

(a) 构造图

(b) 现场照片

图 3.7-1 主索节点构造示意图（一）

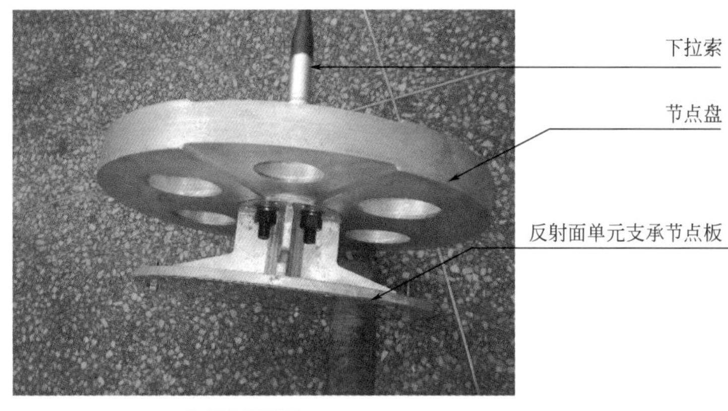

(c) 上部连接装置

(d) 下部连接装置

图 3.7-1 主索节点构造示意图（二）

节点盘面内、外的转动通过向心关节轴承实现。销轴和关节轴承内圈过盈配合，可以消除现场安装误差。节点盘中部预留下拉索和反射面背架的连接构造，二者通过额外的部件与节点盘相连。节点盘采用热浸锌防腐。

根据节点盘连接的钢索规格、钢索间夹角，节点盘直径在 530～690mm 之间、厚度在 50～70mm 之间。为减轻节点盘重量，节点盘不同区域厚度与所连接钢索的规格匹配，不同区域采用不同厚度。节点盘几何定义见图 3.7-2，图中所示为 1/6 个节点盘模型，图中 R 为节点盘半径，d 为关节轴承孔中心距离节点盘边缘的最小距离，R_d 为轴承孔半径，t 为节点盘厚度，其中 d、R_d、t 由匹配的钢索规格决定，每种规格的钢索对应一套参数，如表 3.7-1 所示（对于纯钢绞线索和钢绞线与 3 根钢丝组成的钢索，二者对应的节点盘尺寸相同，表中仅给出了钢绞线与 3 根钢丝组成的钢丝规格）。节点盘上相邻孔洞对应的圆心角（即相邻钢索之间的

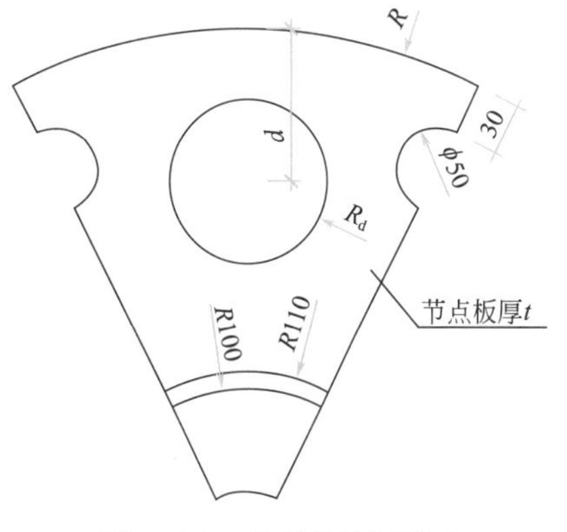

图 3.7-2 节点盘几何尺寸

夹角）依节点位置的不同而变化，其中边界索的夹角范围从44.92°～51.78°，其余节点盘上相邻孔洞的夹角范围从54.0°～59.9°。

各类型钢索对应的节点盘相关参数　　　　表3.7-1

钢索规格	ST2+3	ST3+3	ST4+3	ST5+3	ST6+3	ST7+3	ST8+3	ST9+3
板厚 t(mm)	46	46	50	55	60	65	70	70
轴承外径 R_d(mm)	90	90	105	120	130	150	160	160
距离 d(mm)	75	75	95	110	115	125	140	140
钢索0.4倍破断荷载(kN)	251.8	356.6	459.8	563.6	667.8	771.8	875.8	979.8

根据节点连接钢索规格和数量的不同，可以将整个结构中的节点归纳为4种直径的节点盘，表3.7-2给出了不同类型节点的个数和连接的钢索规格[30,31]。

各类型节点连接钢索索径及个数统计　　　　表3.7-2

节点盘直径(mm)	最大索规格	节点数	节点连接的钢索类型							
			ST2(+3)	ST3(+3)	ST4(+3)	ST5(+3)	ST6(+3)	ST7(+3)	ST8(+3)	ST9(+3)
620	ST4	5		■	■					
	ST5	485		■	■	■				
670	ST6	1010	■	■	■	■	■			
690	ST7	505	■	■	■	■	■	■		
740	ST8	105	■	■	■	■		■	■	
	ST9	115	■	■		■	■	■	■	■
节点总数			2225							

注：表中填充区域表示节点与该类型钢索连接，未填充表示未与该类型钢索连接。

2. 节点材料

为保证节点盘具有足够的强度和抗疲劳性能，采用具有良好淬透性和热处理稳定的42CrMo材料[32]，热处理后机械性能如下：

（1）屈服强度、抗拉强度、断后伸长率、断面收缩率试验数据见表3.7-3。由表中数据可见，42CrMo材料的强度高，延性好，力学性能指标优异。

42CrMo热处理后的力学性能试验数据　　　　表3.7-3

采样编号	处理状态	屈服强度(MPa)	抗拉强度(MPa)	断后伸长率(%)	断面收缩率(%)
2号-Ⅰ	调质	817	937	18.5	66
2号-Ⅱ		807	933	19.0	68
2号-Ⅲ		831	950	16.0	65
2号-Ⅳ		812	935	18.0	66

（2）模拟节点盘的实际受力状态进行材料疲劳试验，疲劳强度达到467.5MPa。测试对象为3个42CrMo钢材轴向疲劳标准试样155-ϕ10，采用0～36.69kN正弦波形式加载，试验频率为10Hz。试验参数如表3.7-4所示，经200万次加载后，3个试样的加载力值、

位移均保持稳定，试验表面均无损伤。42CrMo 材料的疲劳性能超过 450MPa 要求，疲劳强度高，疲劳性能好。

42CrMo 钢材疲劳试验测试结果 表 3.7-4

试样编号	荷载(kN)		应力(N/mm^2)		疲劳次数(万次)	试验频率 f(Hz)
	P_{max}	P_{min}	σ_{max}	σ_{min}		
1	36.69	0	467.5	0	200	10
2	36.69	0	467.5	0	200	10
3	36.69	0	467.5	0	200	10

(3) 42CrMo 材料的洛氏硬度达到 20～28HRC。

向心关节轴承采用不锈钢材质，摩擦副由 PTFE 织物和镀铬面组成。[30,31]

3.7.3 节点受力性能分析

1. 计算模型

为考察节点的承载能力，采用通用有限元软件 ABAQUS 对节点盘进行有限元分析。计算模型中，销轴采用刚性体模拟，轴承及节点盘选用 1 阶六面体缩减积分单元 C3D8R，单元尺度 5mm。材料弹性模量取 $2.06\times10^{11}N/m^2$，泊松比取 0.3，密度取 $7850kg/m^3$。在销轴与轴承内环之间、轴承内环与轴承外环之间、轴承外环与节点盘开孔孔壁之间均定义允许分离的接触，摩擦系数依次取为 0.1、0.04 和 0.1。销轴与轴承内环之间、轴承内环与外环之间、轴承外环与节点盘之间紧密接触。

为节省计算时间、提高计算效率，考虑到节点的对称性，将分析对象设定为 1/6 节点盘区域，如图 3.7-3 所示。由于索间夹角的最小值为 54.0°，所以计算模型对应的圆心角取为 54.0°。不同钢索规格对应的计算模型单元数见表 3.7-5。

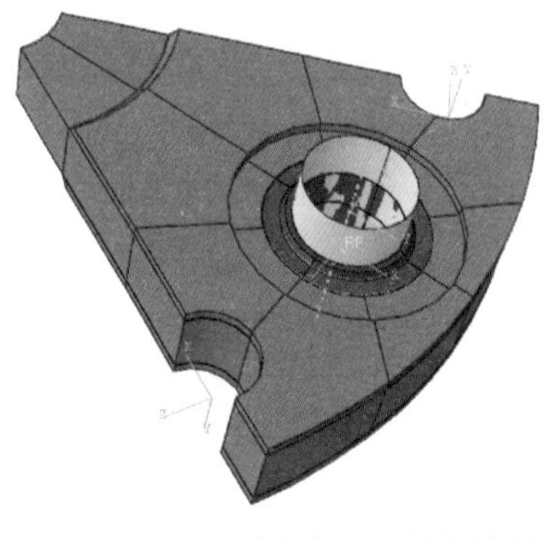

图 3.7-3 1/6 节点盘区域几何模型

计算模型单元数统计 表 3.7-5

钢索类型	ST2	ST3	ST4	ST5	ST6	ST7	ST8	ST9
节点盘	13 952	13 952	14 684	13 826	18 200	20 454	24 056	24 056
轴承外环	1536	1536	1920	2880	3040	4032	4224	4224
轴承内环	1280	1280	1760	2464	2880	3808	4032	4032
总计	16 768	16 768	18 364	19 170	24 120	28 294	32 312	32 312

图 3.7-4 所示为有限元模型的边界条件，计算时令位于对称边界上的节点局部坐标系的对称位移为 0，即 $U_z=UR_x=UR_y=0$；荷载施加在向心关节轴承的中心点，如图 3.7-5 所示，图中 RP 点为荷载施加位置，荷载大小见表 3.7-1 的最后一行。

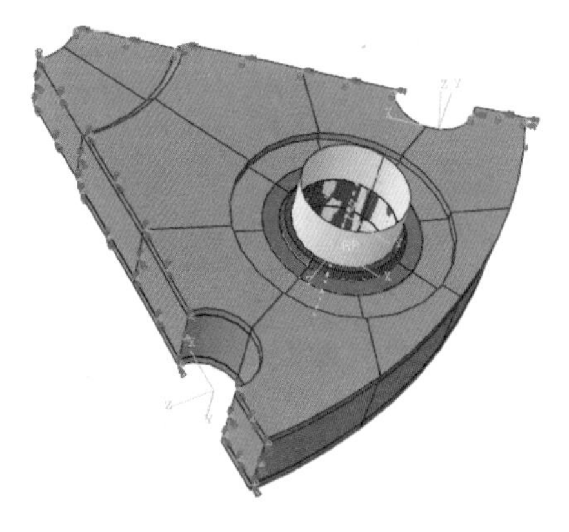

图 3.7-4　节点边界条件

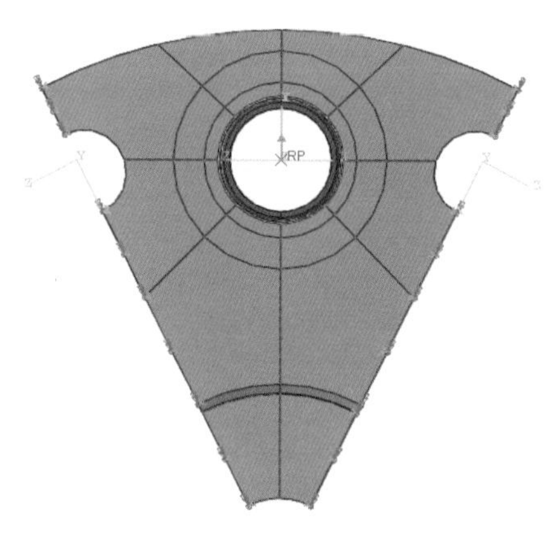

图 3.7-5　节点荷载

2. 计算模型简化

（1）下拉索的影响

在图 3.7-5 中，主索施加于节点盘的荷载完全作用在节点盘平面内，但实际构造中的主索与节点盘平面之间存在一个很小的夹角。为了考察忽略主索与节点盘平面夹角对分析结果的影响，以 ST6 钢索及其对应的节点盘区域为例，在施加索力相同（均为 0.4 倍破断索力，即 667.8kN）的条件下，计算两种荷载施加方向下的节点盘应力，如图 3.7-6 和图 3.7-7 所示。可以看到，不考虑此夹角时的最大 Misses 应力为 265.1MPa；考虑此夹角时，轴孔周围应力下降，最大 Misses 应力为 248.1MPa，小于不考虑此夹角时的应力。因此，在后续分析过程中忽略钢索与节点盘的夹角，所有索力均作用于节点盘平面内。

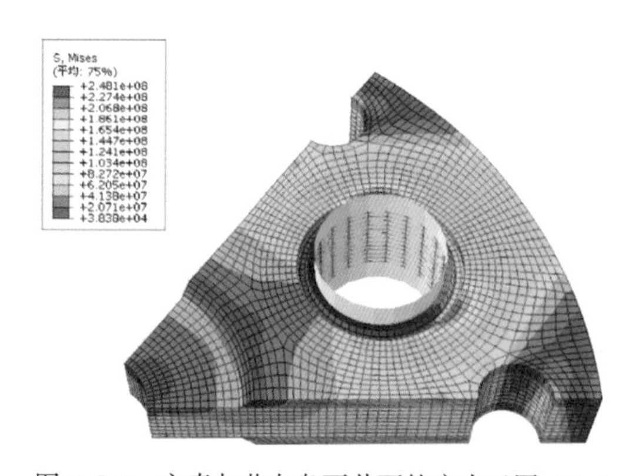

图 3.7-6　主索与节点盘不共面的应力云图（Pa）

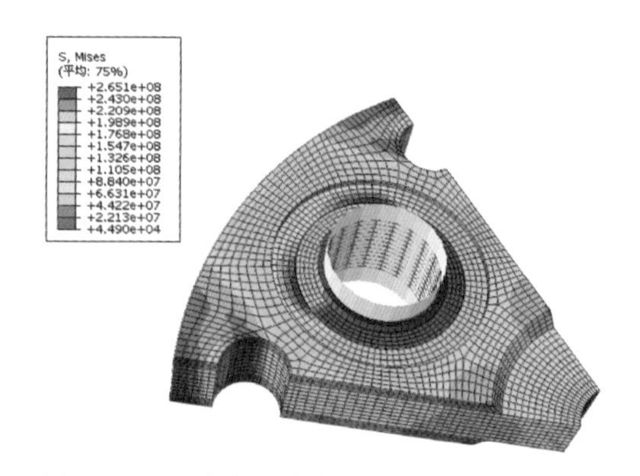

图 3.7-7　主索与节点盘共面的应力云图（Pa）

（2）1/6 节点盘模型精度分析

为了考察 1/6 节点盘计算模型能否正确反映整个节点盘的受力状况，以节点类型 2 为例，对比 1/6 模型与整体模型的计算结果。

节点盘整体模型如图 3.7-8 所示，在各轴承处沿钢索方向向外施加荷载，在圆盘中心处施加固定约束。与该节点盘相连的有 4 根 ST6 钢索和 2 根 ST5 钢索。

图 3.7-9 为节点盘整体模型的网格划分。节点盘采用混合网格划分的形式，在与轴承相接触的圆孔周边以及节点盘中心区域采用 6 面体单元，其余区域采用 4 面体单元；轴承

外环和内环采用 6 面体单元。6 面体单元和 4 面体单元总数分别为 63 738 个和 137 674 个，节点总数为 116 086 个。

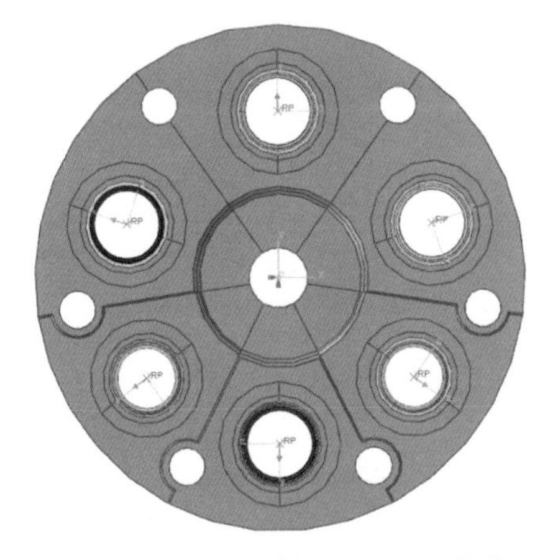

图 3.7-8　节点整体模型边界及荷载

图 3.7-9　节点盘网格划分

在各钢索拉力达到 0.4 倍破断荷载时，节点盘整体模型 Misses 应力云图和位移云图如图 3.7-10 和图 3.7-11 所示。最大 Misses 应力为 251.2MPa，最大位移为 0.176mm，均出现在与 ST6 相连的节点盘开孔处。在 ST6 对应的 1/6 节点盘模型中，相应的计算结果分别为 265.1MPa 和 0.185mm。由此可见，整体模型的最大应力低于 1/6 计算模型中的结果，同时二者应力和位移接近，因此采用 1/6 模型的计算结果偏于安全，可以用于节点分析。

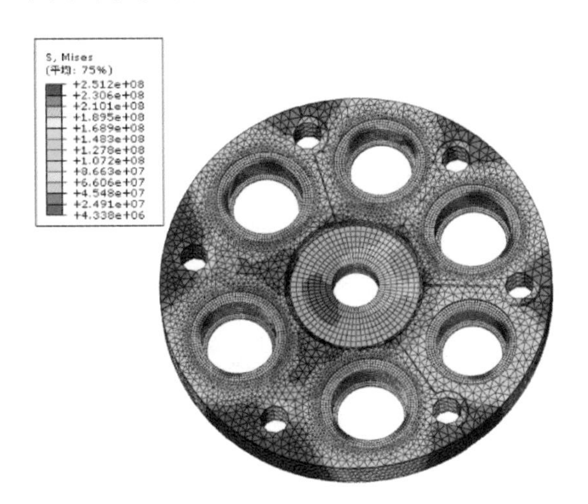

图 3.7-10　Misses 应力图（Pa）

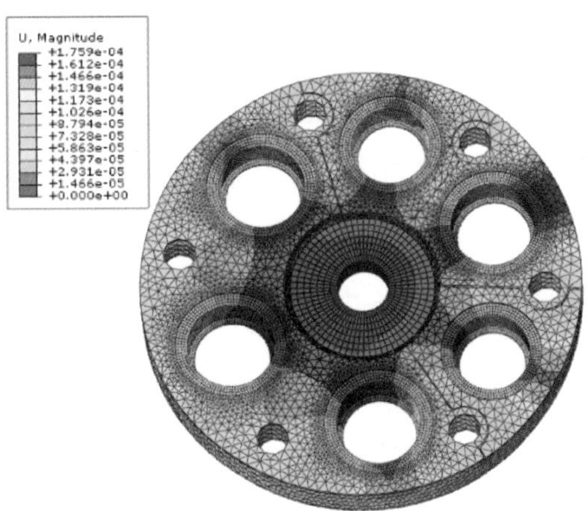

图 3.7-11　位移云图（m）

3. 1/6 节点盘模型计算结果

由上述分析结果可知，采用 1/6 节点盘计算模型并忽略主索与节点盘平面间的夹角时，所得结果偏于保守，可用于节点有限元分析。因此，本节以 1/6 节点盘为分析对象，分析不同规格钢索对应节点区域的受力状况。

(1) 应力计算结果

各钢索对应 1/6 节点盘的 Misses 应力云图如图 3.7-12 所示。从图 3.7-12 可以看出，

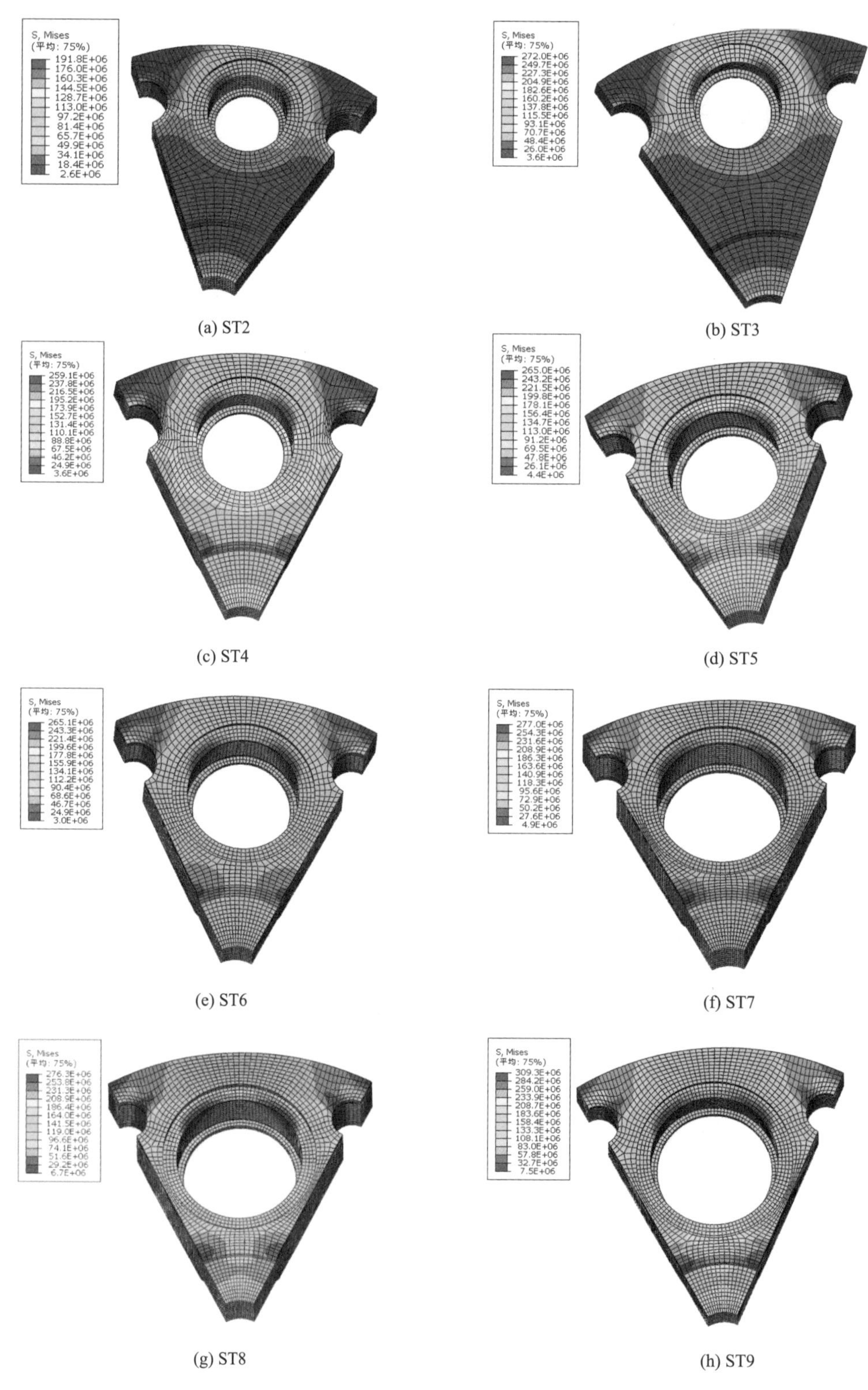

(a) ST2　(b) ST3

(c) ST4　(d) ST5

(e) ST6　(f) ST7

(g) ST8　(h) ST9

图 3.7-12　不同规格钢索对应节点盘的 Mises 应力云图（Pa）

各节点盘最大应力均出现在钢索拉力方向两侧呈 45°角的轴承孔边缘区域，因此轴承盖板开螺栓孔时尽量避开该区域。各钢索对应节点盘区域的最大 Misses 应力汇总见表 3.7-6。从表格中可以看出，ST2～ST8 对应节点区的 Misses 应力均在 300MPa 以内；ST9 对应的节点区应力最大为 309.3MPa。所有节点盘的应力均不到材料屈服强度的 40%，表明节点具有较高的安全储备。

节点盘最大 Misses 应力汇总 **表 3.7-6**

索类型	ST2	ST3	ST4	ST5	ST6	ST7	ST8	ST9
应力(MPa)	191.8	272	259.1	265	265.1	277	276.3	309.3

（2）位移计算结果

各钢索对应 1/6 节点盘的位移云图如图 3.7-13 所示。从图 3.7-13 可以看出，节点盘最大位移发生在节点盘受拉方向的板边处，距离该区域越远，变形越小。各钢索对应节点盘区域的最大位移值汇总见表 3.7-7。从表格中可以看出，节点的变形最大为 0.267mm，变形很小，节点刚度大，能够满足 FAST 正常使用对节点变形的要求。

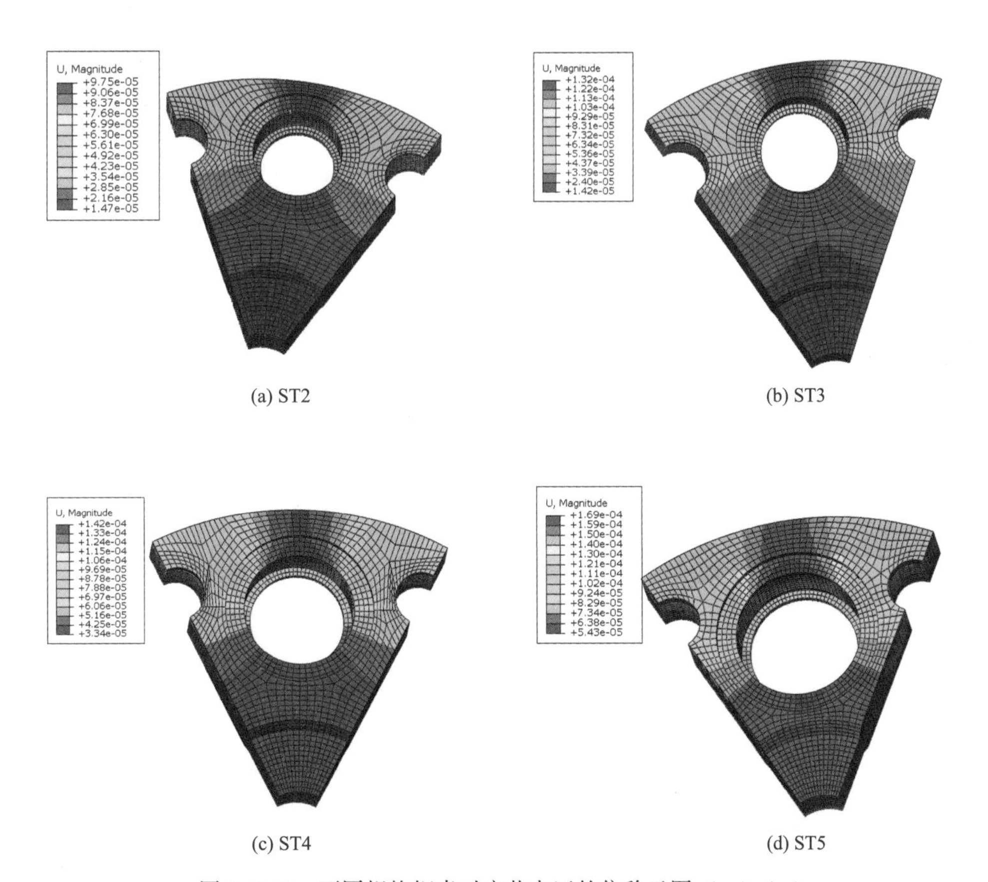

(a) ST2 (b) ST3

(c) ST4 (d) ST5

图 3.7-13 不同规格钢索对应节点区的位移云图（一）（m）

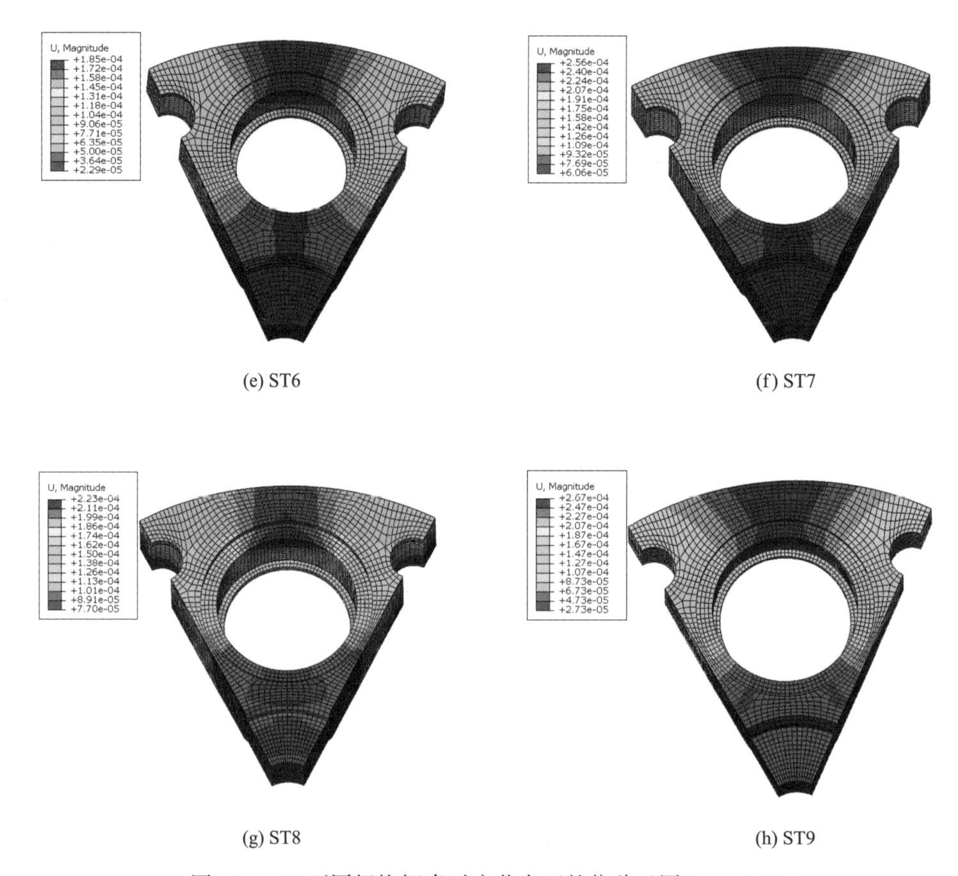

(e) ST6　　(f) ST7

(g) ST8　　(h) ST9

图 3.7-13　不同规格钢索对应节点区的位移云图（二）（m）

节点盘最大位移值汇总　　**表 3.7-7**

索类型	ST15-2	ST15-3	ST15-4	ST15-5	ST15-6	ST15-7	ST15-8	ST15-9
位移(mm)	0.0975	0.132	0.142	0.169	0.185	0.256	0.223	0.267

4. 关于节点疲劳承载力的讨论

在上述分析中，施加的荷载为 0.4 倍的钢索破断荷载，相当于索体应力为 744MPa。由 3.6 节可知，钢索的最大应力变化幅度为 459MPa，按照等比例原则换算，索网工作过程中的节点区最大应力变化幅度为 191MPa。根据 3.7.2 节中的材料性能测试结果，本项目采用的 42CrMo 的疲劳强度不低于 467.5MPa，因此可以判定节点的疲劳承载力满足要求。为进一步验证节点的疲劳性能，对节点的疲劳性能进行试验，验证节点的安全性，相关内容见 3.7.4 节。

3.7.4　节点试验

为获得更为可靠的节点受力性能，在 3.7.3 节的有限元分析基础上，从不同方面对节点的受力性能进行试验验证，包括节点盘受力性能试验、向心关节轴承相关性能测试、节点盘和向心关节轴承疲劳性能试验以及节点盘和上下部连接装置的匹配试验等。

1. 节点盘受力性能试验

节点盘的受力性能试验基于柳州欧维姆机械公司的试验设备进行，对编号为22的典型节点盘开展了静载和疲劳性能试验，节点盘外径为640mm，最大厚度为65mm。

(1) 节点盘静载性能试验

图3.7-14和图3.7-15分别为节点盘静载性能试验装置示意图和测试照片。试验中同时考虑了主索和下拉索的作用。主索规格包括ST5、ST6、ST6+3和ST7四种，加载过程中张拉至各自的150%标准极限承载力，依次为1950kN、2240kN、2504.3kN和2730kN；下拉索拉力维持在100kN。为保证测试结果的可靠性，取两组试样分别进行加载。两组测试结果均表明，节点盘未产生变形、裂纹及其他破坏，向心关节轴承未产生破坏及损伤，且能正常转动。

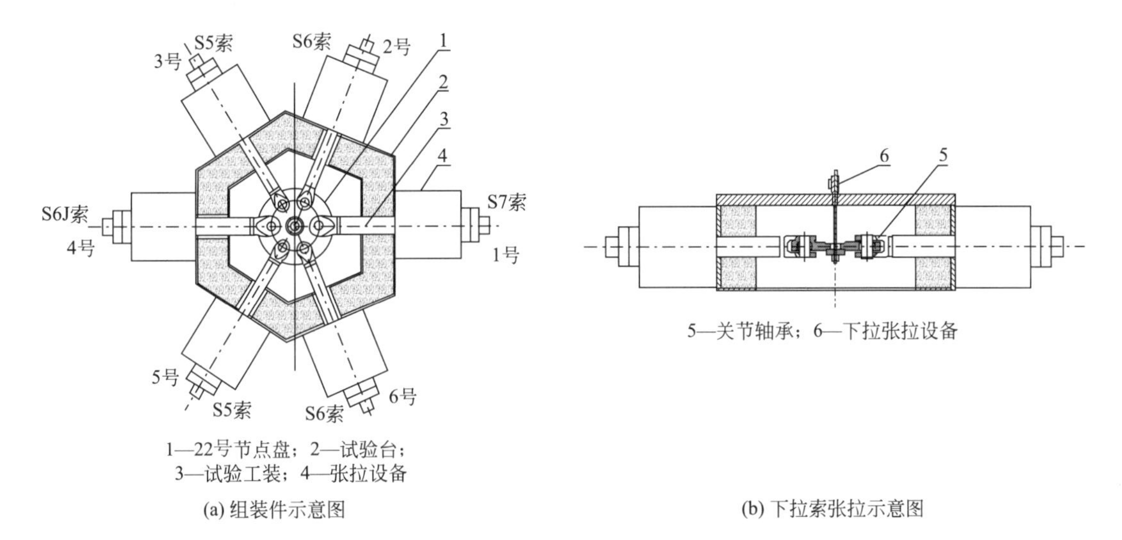

(a) 组装件示意图

(b) 下拉索张拉示意图

图3.7-14 节点盘静载性能试验装置示意图

图3.7-15 节点盘静载性能试验照片

（2）节点盘单向疲劳性能试验

疲劳性能试验采用柳州欧维姆机械公司的 PMW800-4000 型电液式脉动疲劳试验机进行，图 3.7-16 和图 3.7-17 分别为节点盘疲劳性能测试装置示意图和加载实况。两根钢索

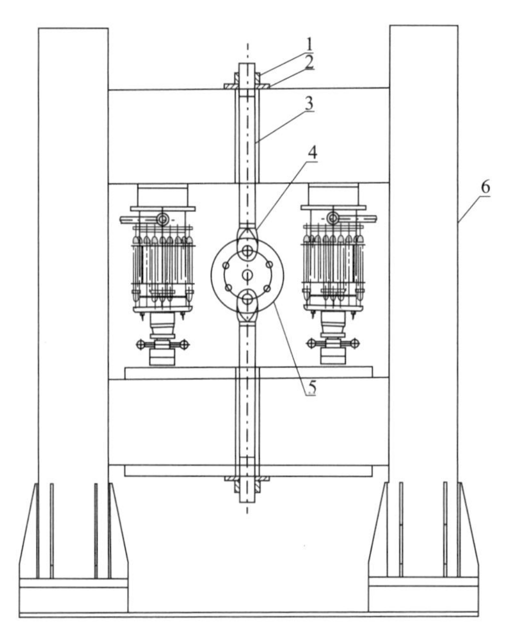

图 3.7-16　节点盘疲劳性能试验装置示意图

1—螺母；2—垫环；3—钢拉杆；4—叉耳组件；5—节点盘；6—疲劳试验机

图 3.7-17　节点盘疲劳性能试验照片

方向分别配备型号为 GEG80ET-2GS/XK 和 GEG90ET-2GS/XK 的向心关节轴承。测试中的钢索应力上限取 ST6+3 型钢索破断应力的 40%，应力幅值为 500MPa，应力循环次数 200 万次。加载结束后，节点盘未出现明显变形和裂纹。

综合上述测试情况，节点盘具有良好的静力承载能力和疲劳性能，满足设计要求。

2. 向心关节轴承性能试验

向心关节轴承是保证 FAST 索网节点承载和转动能力、进而实现 FAST 正常运行的关键部件。为了获取可靠的向心关节轴承相关性能，对关节轴承的静载性能和抗摩擦磨损能力进行了试验。

(1) 关节轴承静载性能试验

关节轴承的静载性能试验由柳州欧维姆机械公司完成，试验对象型号为 GEG100XT-2GS/XK，试样数为 2 个。图 3.7-18 和图 3.7-19 为试验装置示意图和加载照片。加载时索力最大值为 1400kN，等分为 5 级进行加载。卸载后，轴承没有出现裂纹及变形，轴承内圈转动顺畅。

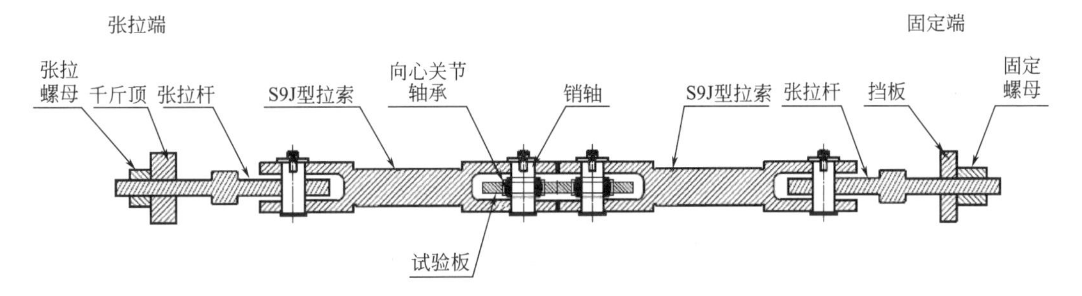

图 3.7-18 向心关节轴承静载性能试验装置示意图

图 3.7-19 向心关节轴承静载性能试验照片

(2) 关节轴承摩擦磨损试验

关节轴承的摩擦磨损试验采用福建龙溪轴承公司的 ZHZS600/14000 型恒定载荷关节轴承寿命试验机进行，测试对象型号为 GEG50ET-2GS/XK，试样数为 3 个。试验过程中的轴承径向载荷恒定为 600kN，摆动角和频率分别为 70°和 0.1Hz，对三个试件分别进行了 61 450 个、62 300 个、60 610 个周期（均大于标准规定的周期数 59 130）的摩擦系数测试。图 3.7-20 给出了三个关节轴承试样的摩擦磨损试验记录，三个试样的摩擦系数分别为 0.038、0.038 和 0.037，均小于标准值（0.04）。

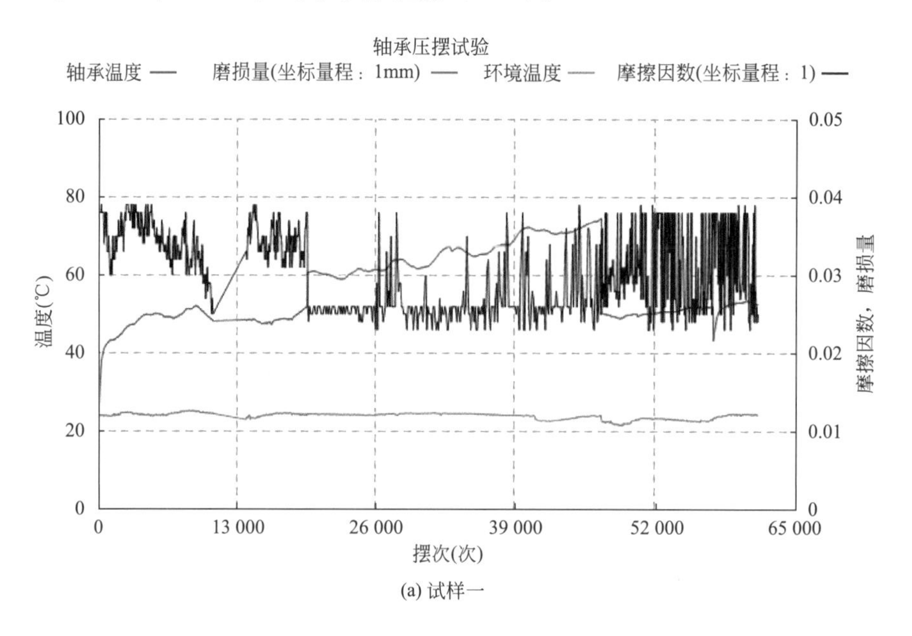

(a) 试样一

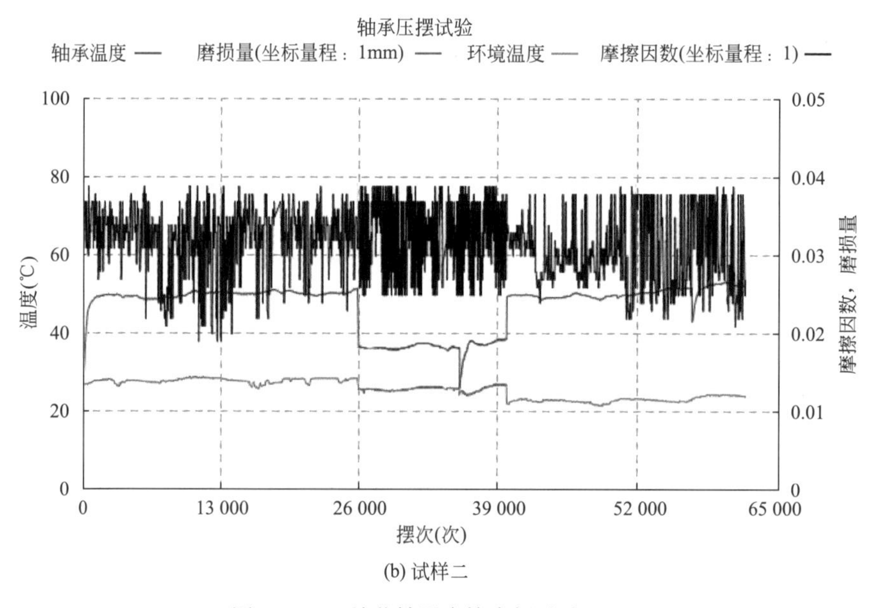

(b) 试样二

图 3.7-20 关节轴承摩擦磨损试验（一）

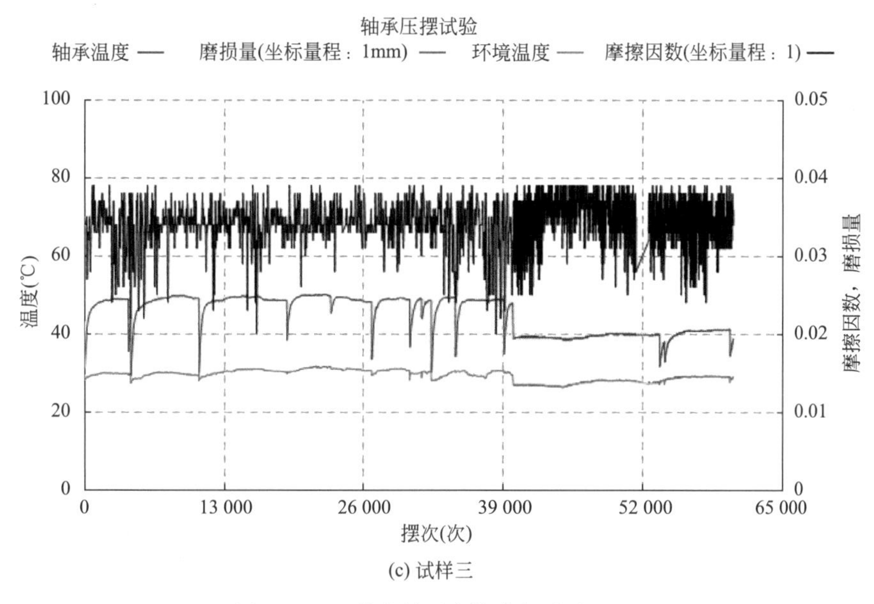

(c) 试样三

图 3.7-20 关节轴承摩擦磨损试验（二）

综合上述测试情况，轴承具有良好的静力承载能力和抗摩擦磨损能力，能够满足节点承载、转动、摩擦系数和耐久性的要求。

3. 节点盘和向心关节轴承多向疲劳性能试验

为了考察 FAST 索网节点在实际工作状态下的疲劳性能，进行了同时考虑节点盘和向心关节轴承的整体节点疲劳性能试验。试验采用柳州欧维姆机械公司的 PMW800-4000 型电液式脉动疲劳试验机进行，图 3.7-21 和图 3.7-22 分别为节点盘疲劳性能测试示意图和加载照片。节点盘规格为外径 670mm，厚度 60mm，连接主索规格、索力及配备的向心关节轴承如表 3.7-8 所示，其中大规格轴承的外、内径分别为 130mm 和 90mm，小规格轴承的外、内径分别为 90mm 和 60mm。试验过程中检查关节轴承，加载至 50 万次拆换 1

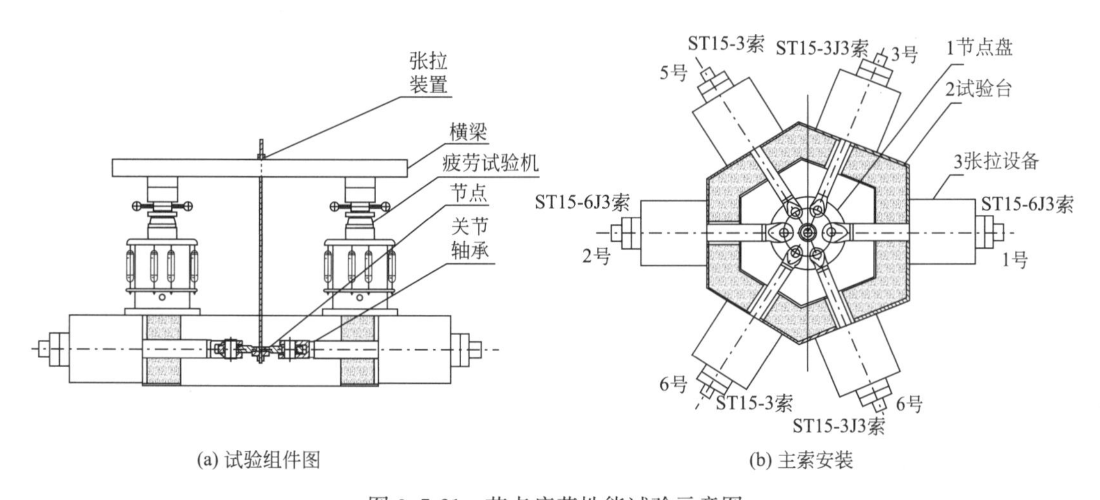

(a) 试验组件图 (b) 主索安装

图 3.7-21 节点疲劳性能试验示意图

图 3.7-22 节点疲劳性能试验照片

号和 5 号索关节轴承、100 万次时拆换 3 号和 6 号索关节轴承，200 万次时检查所有轴承 PTFE 的磨损情况，加载频率为 2Hz。通过对 50 万次、100 万次和 200 万次试验后的样品状态进行观察，节点均无异常，向心关节轴承均未破坏或出现裂纹，且无锈蚀，PTFE 润滑材料的磨损情况正常，表明 FAST 索网采用的节点体系疲劳性能完全能满足需求。

节点疲劳试验模型主索规格、索力及轴承规格　　　　表 3.7-8

主索编号	1	2	3	4	5	6
主索规格	ST6+3		ST3+3		ST3	
钢索张拉力幅值(kN)	534.9	538.8	259.1	253.7	255.2	262.9
向心关节轴承规格	大	大	小	小	小	小

3.8 索网刚度修正

3.8.1 考虑索头刚度的钢索刚度修正

FAST 主索网采用的钢索由索体和索头（包括锚具和插耳）组成，如图 3.8-1 所示，其中两端的索头长度均为 L_1，索体长度为 L_2。在整体计算模型中，包括索头在内的每根钢索均采用索单元模拟，由于索头长度相对索体长度不可忽略，而前者刚度大于后者，因此在索网结构的计算分析中，需要考虑索头对钢索的刚度贡献，并通过修正计算模型中的索单元材料弹性模量，使索单元刚度与钢索刚度一致。

各规格钢索的索体弹性模量取 $E=2.0\times10^5$MPa，索体截面面积见图 3.1-5。按照柳州欧维姆公司提供的各规格钢索对应的节点构造[2]，建立索头有限元模型，计算其沿索体方向的轴向刚度，然后求得索体和索头串联的等效弹性模量。等效弹性模量的计算方法为：

(1) 建立索头有限元模型，沿索体方向施加作用力 F，计算得到索头沿索体方向的伸

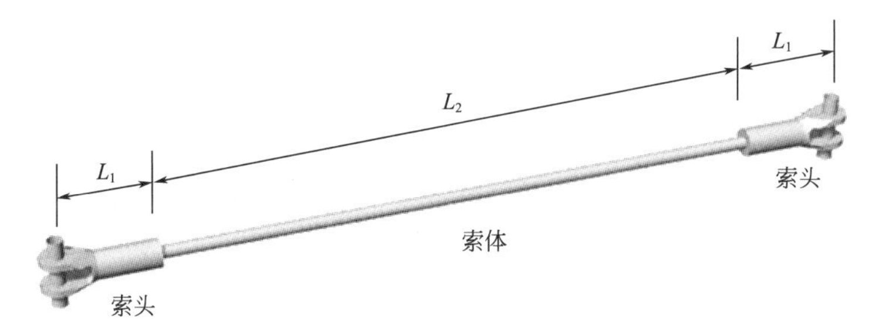

图 3.8-1　钢索示意图

长量 ΔL_1，求得索头的线刚度 $k_1=F/\Delta L_1$。

（2）计算索体线刚度 $k_2=EA/L_2$，其中 A 为索体公称截面面积。

（3）计算整根钢索等效线刚度

$$k_{eq}=\frac{1}{1/k_1+1/k_2+1/k_1}=\frac{E_{eq}A}{L} \tag{3.8-1}$$

式中，L 为包含索头的钢索长度，$L=2L_1+L_2$，E_{eq} 为索单元的等效弹性模量。

由式（3.8-1）可得

$$E_{eq}=\frac{L}{A(2/k_1+1/k_2)} \tag{3.8-2}$$

表 3.8-1 列出了按式（3.8-2）计算的典型钢索的等效弹性模量。可以看到，索头对钢索等效弹性模量的影响较大，均超过 7%，特别是对较短的钢索，可达到 15%。因此对于精度较高的 FAST 索网，不能忽略索头刚度的影响。

典型钢索等效弹性模量　　**表 3.8-1**

钢索编号	钢索规格	截面面积 A(mm^2)	钢索长度 L(mm)	索头		索体		等效弹性模量	
				长度 L_1 (mm)	线刚度 k_1 (N/mm)	长度 L_2 (mm)	线刚度 k_2 (N/mm)	E_{eq} (MPa)	E_{eq}/E
2973	ST2	280	11 196	390	1 660 000	10 416	5376	213 593	1.07
36	ST3	420	9396	390	2 090 000	8616	9749	216 090	1.08
93	ST4	560	9509	430	2 590 000	8649	12 949	217 710	1.09
4721	ST5	700	11 698	450	2 630 000	10 798	12 965	214 554	1.07
4	ST6	840	9573	470	3 060 000	8633	19 460	218 992	1.09
8	ST7	980	9588	480	3 320 000	8628	22 717	219 253	1.10
6536	ST8	1120	9148	540	3 260 000	8068	27 764	222 974	1.11
6623	ST9	1260	7935	540	3 700 000	6855	36 761	226 999	1.13
6632	ST9+3	1318.8	7258	540	3 700 000	6178	42 693	229 663	1.15

表 3.8-2 所示为不同长度钢索的等效弹性模量范围。可以看到，不同长度的钢索受索头刚度的影响不同，索头刚度对短索的等效弹性模量影响更大，如 2m 长钢索的整索弹性模量达到了 2.95MPa，比索体弹性模量大 48%。

等效弹性模量分类表　　表 3.8-2

索类型	索头刚度 ($\times10^9$N/m)	等效弹性模量($\times10^{11}$N/m^2)			
		9～10m	10～11m	11～12m	12m 以上
ST15-2	1.66	1.91～2.13	1.91～2.12	1.89～2.11	—
ST15-3	2.09	1.91～2.12	1.91～2.12	1.89～2.11	—
ST15-4	2.59	1.93～2.15	1.93～2.14	1.91～2.13	—
ST15-5	2.63	1.93～2.14	1.92～2.14	1.91～2.13	1.91～2.12
ST15-6	3.06	1.94～2.15	1.93～2.15	1.91～2.13	—
ST15-7	3.32	1.95～2.17	1.94～2.16	1.92～2.13	—
ST15-8	3.26	1.97～2.19	1.97～2.18	—	—
ST15-9	3.70	均为边界索，索长：2～8m，等效弹模：2.03$\times10^{11}$～2.95$\times10^{11}$N/m^2			

3.8.2　考虑节点盘刚度的索网刚度修正

在 FAST 索网结构中，每个节点盘连接 4～6 根钢索，节点盘刚度对索网结构的影响也需要在结构计算分析中体现。对于不同规格钢索对应的节点盘区域，可以根据 3.7.3 节的受力性能分析结果求得其沿钢索轴线方向的等效刚度，即

$$k_{N}=\frac{F_{0.4}}{U_{0.4}} \tag{3.8-3}$$

式中，$F_{0.4}$ 为钢索索体的 0.4 倍破断力，$U_{0.4}$ 为与 $F_{0.4}$ 对应的沿钢索轴线方向的位移。

表 3.8-3 给出了各规格钢索对应的节点盘等效刚度。

节点盘等效刚度　　表 3.8-3

钢索规格	ST2+3	ST3+3	ST4+3	ST5+3	ST6+3	ST7+3	ST8+3	ST9+3
$F_{0.4}$(kN)	251.8	356.6	459.8	563.6	667.8	771.8	875.8	979.8
$U_{0.4}$(mm)	0.0975	0.132	0.142	0.169	0.185	0.256	0.223	0.267
k_{N}(N/mm)	2 582 564	2 701 515	3 238 028	3 334 911	3 609 730	3 014 844	3 927 354	3 669 663

考虑节点盘刚度对索网刚度进行修正有两种方式：

（1）在索网结构计算模型中，将节点盘等代为杆单元，杆单元数量与节点盘连接的钢索数量相等，杆单元刚度等于表 3.8-3 中相应的节点盘等效刚度。计算模型中的索单元长度等于钢索实际长度。

（2）在索网结构计算模型中，将钢索和节点盘统一用索单元模拟，索单元截面面积等于钢索索体公称截面面积 A，通过式（3.8-4）求解考虑节点盘刚度的索单元组合弹性模量。

$$E_{c}=\frac{L_{T}}{A(2/k_{N}+1/k_{eq})} \tag{3.8-4}$$

式中，L_{T} 为钢索两端连接的两个节点盘的中心距离，即计算模型中的索单元长度。表

3.8-4 列出了典型钢索考虑节点盘刚度的组合弹性模量，可以看到，节点盘对钢索刚度的影响不超过 5%，小于索头的影响。

典型钢索组合弹性模量　　表 3.8-4

钢索编号	钢索规格	总长度 L_T (mm)	节点盘等效刚度 k_N(N/mm)	钢索				组合弹性模量	
				长度 L (mm)	面积 A (mm^2)	E_{eq} (MPa)	等效线刚度 k_{eq}(N/mm)	E_c (MPa)	E_c/E_{eq}
2973	ST2	11 706	2 582 564	11 196	280	213 593	5342	222 403	1.04
36	ST3	9906	2 701 515	9396	420	216 090	9 659	226 201	1.05
93	ST4	9999	3 238 028	9509	560	217 710	12 821	227 130	1.04
4721	ST5	12 058	3 334 911	11 698	700	214 554	12 839	219 467	1.02
4	ST6	9983	3 609 730	9573	840	218 992	19 216	225 965	1.03
8	ST7	9988	3 014 844	9588	980	219 253	22 410	225 054	1.03
6536	ST8	9548	3 927 354	9148	1120	222 974	27 299	229 533	1.03
6623	ST9	8335	3 669 663	7935	1260	226 999	36 045	233 848	1.03
6632	ST9+3	7658	3 669 663	7258	1330	229 663	42 085	236 886	1.03

参考文献

[1] 朱忠义，刘飞，张琳，等. 500m 口径球面射电望远镜反射面主体支承结构设计 [J]. 空间结构，2017，23 (2)：3-8.

[2] 柳州欧维姆机械股份有限公司. OVM. ST 高应力幅拉索体系 [R]. 柳州：柳州欧维姆机械股份有限公司，2012.

[3] 柳州欧维姆机械股份有限公司. FAST 高疲劳性能钢索可行性试验研究研制报告 [R]. 柳州：柳州欧维姆机械股份有限公司，2012.

[4] 董石麟，罗尧治，赵阳，等. 新型空间结构分析、设计与施工 [M]. 北京：人民交通出版社，2006.

[5] PELLEGRINO S，CALLADINE C R. Matrix analysis of statically and kinematically indeterminate frameworks [J]. International Journal of Solids and Structures，1986，22 (4)：409-428.

[6] PELLEGRINO S. Structural computations with the singular value decomposition of the equilibrium matrix [J]. International Journal of Solids and Structures，1993，30 (21)：3025-3035.

[7] BARNES M R. Form finding and analysis of tension structures by dynamic relaxation [J]. International Journal of Space Structures，1999，14 (2)：89-104.

[8] SCHEK H J. The force density method for form finding and computation of general networks [J]. Computer Methods in Applied Mechanics & Engineering，1974，3 (1)：115-134.

[9] HAUG E. Analytical shape finding for cable nets [C] //IASS Pacific Symposium-Part II on Tension Structures and Space Frames. Madrid：International Association for Shell and Spatial Structures，1971.

[10] ARGYRIS J H，ANGELOPOULOS T，Bichat B. A general method for the shape finding of lightweight tension structures [J]. Computer Methods in Applied Mechanics and Engineering，1974，3 (1)：135-149.

[11] 罗尧治，陆金钰. 杆系结构可动性判定准则 [J]. 工程力学，2006，23 (11)：70-74.

[12] 钱宏亮，范峰，沈世钊，等. FAST 反射面支承结构整体索网分析 [J]. 哈尔滨工业大学学报，

2005，37（6）：750-752.
[13] 李国强，沈黎元，罗永峰. 索结构形状确定的逆迭代法 [J]. 建筑结构，2006，36（4）：74-76.
[14] 沈黎元，李国强，罗永峰，等. FAST 全球面预应力索网可行性分析 [C] //第三届全国现代结构工程学术研讨会. 天津：天津大学，2003：324-331.
[15] 陈志华，刘红波，周婷，等. 空间钢结构 APDL 参数化计算与分析 [M]. 北京：中国水利水电出版社，2013.
[16] 朱忠义，张琳，王哲，等. 500m 口径球面射电望远镜索网结构形态和受力分析 [J]. 建筑结构学报，2021，42（01）：18-29.
[17] 沈黎元，李国强，罗永峰. 大射电望远镜反射面结构分析 [C] //第十四届全国结构工程学术会议. 北京：中国力学学会结构工程专业委员会，2005：525-528.
[18] 中国科学院国家天文台. FAST 观测模式简述（R）. 2011 年 1 月.
[19] 骆亚波，郑勇，朱丽春. FAST 射电望远镜天文轨迹规划 [J]. 测绘科学技术学报，2011，28（2）：105-107.
[20] 肖炽，马少华，王伟成. 空间结构设计与施工 [M]. 南京：东南大学出版社，1993.
[21] 倪侃. 随机疲劳累积损伤理论研究进展 [J]. 力学进展，1999，29（1）：43-65.
[22] 朱忠义，刘飞，王哲，等. FAST 索网结构疲劳分析 [C] //工业建筑与特种结构新进展. 北京：中国建筑工业出版社，2016：68-82.
[23] 阎楚良. 卓宁生，高镇同. 雨流法实时计数模型 [J]. 北京航空航天大学学报，1998，24（5）：623-624.
[24] Amzallag C，Gerey J P，Robert J L，et al. Standardization of the rainflow counting method for fatigue analysis [J]. International Journal of Fatigue，1994，16（4）：287-293.
[25] 马林. 国产 1860 级低松弛预应力钢绞线疲劳性能研究 [J]. 铁道标准设计，2000，20（5）：21-23.
[26] 苏善根，鲍卫刚，李正熔，万国朝. 斜拉桥设计指南（上）[J]. 国外公路，1993，13（1）：18-22.
[27] 范峰，金晓飞，钱宏亮. 长期主动变位下 FAST 索网支承结构疲劳寿命分析 [J]. 建筑结构学报，2010，31（12）：17-23.
[28] 中华人民共和国国家质量监督检验检疫总局，中国国家标准化管理委员会. 关节轴承 通用技术规则：GB/T 304.9—2008 [S]. 北京：中国标准出版社，2008.
[29] 中华人民共和国国家质量监督检验检疫总局. 关节轴承 向心关节轴承：GB/T 9163—2001 [S]. 北京：中国标准出版社，2001.
[30] 中华人民共和国工业和信息化部. 关节轴承 额定静载荷：JB/T 8567—2010 [S]. 北京：机械工业出版社，2010.
[31] 中华人民共和国工业和信息化部. 关节轴承 额定动载荷与寿命：JB/T 8565—2010 [S]. 北京：机械工业出版社，2010.
[32] 中华人民共和国国家标准. 合金结构钢：GB/T 3077—2015 [S]. 北京：中国标准出版社，2015.

第4章　索网误差敏感性分析

FAST反射面主体支承结构由6670根主索、2225根下拉索、50根格构柱和内圈直径500.8m的钢圈梁共同组成的复杂结构系统，其索网部分作为一种典型的预应力结构，刚度主要由预应力提供。索网实际内力与设计内力是否一致，不仅影响到结构承载力和刚度，还影响到望远镜主动变位功能的现实。

结构本身体量巨大、体系复杂，索网部分由553 515个关键部件编织而成，在施工和运行过程中出现的各种误差都会对索网内力产生影响。为了评估各误差对索网内力的影响，需要对索网进行误差敏感性分析。

参数敏感性分析一般可分为单参数变化的敏感性分析和多参数变化的敏感性分析。单参数变化的敏感性分析，只检验单个参数的变化对模型结果的影响程度，其他参数只取其中心值并保持不变。多参数变化的敏感性分析则检验多个参数的变化对模型结果产生的影响，并分析每一个参数及参数之间的相互作用对模型结果的影响[1~5]。

FAST反射面主体支承结构构件数量多，涉及的参数多，为了更加全面地评价不同误差对索网的影响，采用单参数和多参数结合的方法进行误差敏感性分析。考虑到数据处理的方便性和直观性，通过提取索内力与标准内力的比值作为评价内力变化水平的标准，从而评估各种误差产生的影响。

4.1　分析参数

通过分析FAST反射面主体支承结构本身的结构特点以及施工、运行过程中可能遇到的各种问题，选取钢索索体弹性模量、钢索下料长度、面板和节点自重、主索边缘节点位置、下拉索地锚点位置、滑动支座摩擦系数、圈梁及格构柱刚度、格构柱基础变形等8种结构参数进行误差敏感性分析。结构参数及对应的误差范围见表4.1-1。

误差敏感性分析参数　　**表4.1-1**

分析参数	误差范围
钢索索体弹性模量	±10GPa
钢索下料长度	±1mm，±0.025%L
面板和节点自重	±10%
主索边缘节点位置	±1cm
下拉索地锚点位置	1.5°
滑动支座摩擦系数	3%，5%，15%
圈梁及格构柱刚度	圈梁±10%、格构柱±5%
格构柱基础变形	水平变形10mm，沉降10mm，偏转0.001rad

误差的分布需要利用一定的数学模型进行描述。一般而言，此类分布规律可以假定为相互独立，且各因素造成正偏差或负偏差的可能性相同。根据林德伯格-莱维中心极限定理[6]，可以认为误差一般服从正态分布（如图 4.1-1），误差 e_i^0 的正态分布概率密度函数为：

$$p(e_i^0)=N(\mu_{ei},\ \sigma_{ei}^2) \tag{4.1-1}$$

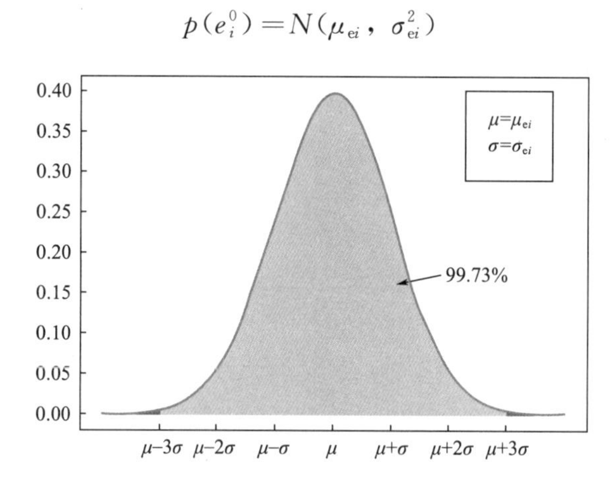

图 4.1-1　正态分布示意图

式中：μ_{ei}、σ_{ei}^2 分别为 e_i^0 的均值和方差。易知，e_i^0 在区间（$\mu_{ei}-3\sigma_{ei}$，$\mu_{ei}+3\sigma_{ei}$）内取值的概率 $P\{\mu_{ei}-3\sigma_{ei}<e_i^0<\mu_{ei}+3\sigma_{ei}\}=99.73\%$。如工业生产中通常限制索 i 实际加工长度误差或弹性模量偏差与 μ_{ei} 的偏差不超过 $3\sigma_{ei}$，即为质量控制的“3σ 原则”[7]。如果规定误差允许范围是 $[a,\ c]$，其中 c、a 分别为误差的上、下限值，则 μ_{ei}、σ_{ei} 的近似值为：

$$\mu_{ei}=\frac{a+c}{2};\ \sigma_{ei}=\frac{1}{6}(c-a) \tag{4.1-2}$$

当然，针对索长这个因素，其误差的概率密度亦可认为服从随机分布的统计学规律。具体分析中，可为每根索定义一个合适的随机分布区间，通过在区间内生成随机数的方式确定该索的长度误差，并用于计算。

4.2　分析方法

对 FAST 反射面主体支承结构进行参数敏感性分析时，考虑如下原则：

1. 只改变主索相关参数，不改变下拉索参数

下拉索不论是在施工张拉，还是后期的实际工作过程中，都可以通过促动器的伸缩来调控，所以在参数敏感性分析时只考虑主索相关参数的误差，不改变下拉索相关参数。

2. 先“找形”后计算原则

进行误差敏感性分析时，在改变模型参数后，先进行“找形”分析，将主索节点位置调整到基准态球面上，然后再进行各个抛物面工况的计算。

3. 取索力比值评判误差的影响

将标准模型下索力作为参照值（记做 F_c），考虑误差进行计算后提取对应索力（记作 F）。如式（4.2-1）所示计算二者的比值 r，并将 r 作为评价内力变化水平的依据。

$$r=F/F_c \tag{4.2-1}$$

4. 考虑结构对称性

主索网满足五分之一旋转对称，可以将主索分为五个相同的对称区域，而且每个对称区域内又基于自身中轴线反对称，因此主索网还具有十分之一对称性。考虑索网五分之一及十分之一对称性后，可以通过计算一个抛物面工况来评估指定误差对其他对称位置工况索力的影响，有效地减小计算工作量，计算抛物面工况中心点位置如图 4.2-1 所示（红色节点表示相应的抛物面中心点位置），共 65 种抛物面工况。

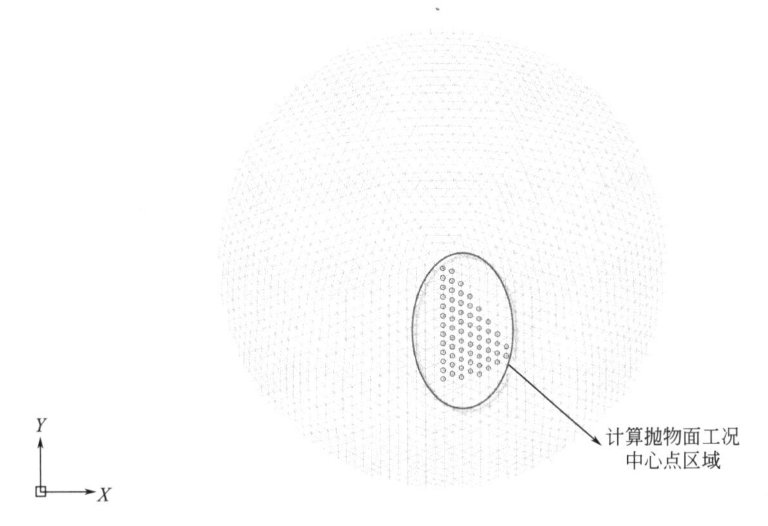

图 4.2-1　抛物面工况中心点位置

5. 多工况计算

计算过程中，分别考虑升温（+25℃）、常温（0℃）和降温（−25℃）三种情况下，球面基准态和 65 种抛物面工作态，共计 198 种工况。

6. 索网分区域统计内力变化情况

为了直观地体现误差对不同区域钢索索力的影响，在主索和下拉索分开讨论的基础上，再把边缘区域的 150 根主索和 150 根下拉索同中间区域的钢索分开讨论，各区域钢索的分布如图 4.2-2 和图 4.2-3 所示（图中红色部分为相应区域的钢索）。计算模型中主索单元编号为 1～6670，下拉索单元编号为 6671～8895。

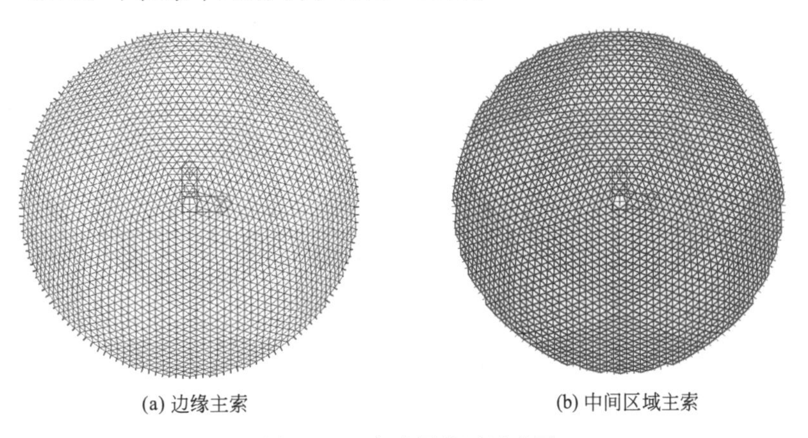

(a) 边缘主索　　(b) 中间区域主索

图 4.2-2　主索网分区示意图

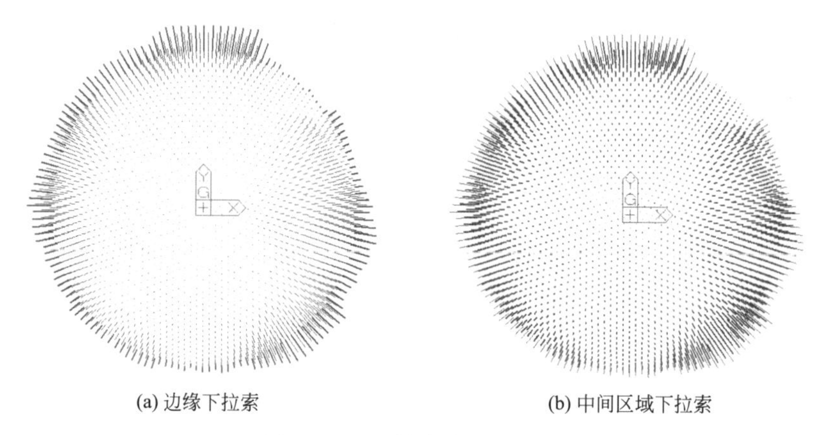

(a) 边缘下拉索　　(b) 中间区域下拉索

图 4.2-3　下拉索分区示意图

4.3　单参数误差敏感性分析

4.3.1　钢索弹性模量误差

考虑主索索体弹性模量的误差，标准模型主索索体弹性模量取值为 200GPa，弹性模量误差分布考虑以下三种模式：

（1）主索索体弹性模量统一取值 180GPa；

（2）主索索体弹性模量统一取值 190GPa；

（3）主索索体弹性模量为 190GPa，误差满足正态分布，标准差为 10/3GPa，保证率为 99.73%。

考虑以上三种误差分布模式进行计算，分析结果如表 4.3-1～表 4.3-3 所示，每根钢索索力变化系数 r 的最大值和最小值如图 4.3-1 所示。从上述图表可以看出，弹性模量误差对索网内力的影响如下：

弹性模量为 180GPa 时索力变化系数 r 统计表　　**表 4.3-1**

温度	统计指标	主索		下拉索	
		中间区域	边缘区域	中间区域	边缘区域
+25℃	Max	**0.929 62**	**0.929 31**	**0.906 86**	0.901 39
	Min	**0.890 31**	0.911 47	**0.739 76**	**0.789 08**
	均值	0.907 89	0.922 68	0.856 36	0.867 86
	标准差	0.006 92	0.004 17	0.028 81	0.022 23
	变异系数	0.007 63	0.004 52	0.033 64	0.025 62
0℃	Max	0.927 98	0.928 36	0.906 24	0.903 30
	Min	0.893 09	0.911 64	0.773 19	0.846 74
	均值	0.907 51	0.921 59	0.861 86	0.881 75
	标准差	0.006 53	0.004 50	0.023 84	0.011 62
	变异系数	0.007 20	0.004 88	0.027 66	0.013 18

续表

温度	统计指标	主索		下拉索	
		中间区域	边缘区域	中间区域	边缘区域
−25℃	Max	0.927 51	0.928 63	0.906 47	**0.906 05**
	Min	0.895 43	**0.910 83**	0.793 87	0.868 44
	均值	0.907 53	0.921 04	0.866 13	0.890 63
	标准差	0.006 24	0.004 73	0.020 58	0.007 10
	变异系数	0.006 87	0.005 13	0.023 76	0.007 97

注：表中变异系数为标准差/均值，余同。

弹性模量为190GPa时索力变化系数 *r* 统计表　　表4.3-2

温度	统计指标	主索		下拉索	
		中间区域	边缘区域	中间区域	边缘区域
+25℃	Max	**0.965 11**	**0.964 98**	**0.953 76**	0.950 86
	Min	**0.946 22**	0.956 41	**0.870 73**	**0.892 63**
	均值	0.954 17	0.961 53	0.928 53	0.933 86
	标准差	0.003 45	0.002 17	0.014 29	0.011 31
	变异系数	0.003 62	0.002 26	0.015 39	0.012 11
0℃	Max	0.964 27	0.964 48	0.953 41	0.951 82
	Min	0.947 33	0.955 84	0.887 29	0.922 28
	均值	0.953 97	0.960 98	0.931 25	0.940 90
	标准差	0.003 26	0.002 34	0.011 83	0.005 92
	变异系数	0.003 42	0.002 44	0.012 70	0.006 29
−25℃	Max	0.964 04	0.964 62	0.953 52	**0.953 37**
	Min	0.948 27	**0.955 42**	0.897 56	0.933 47
	均值	0.953 98	0.960 71	0.933 37	0.945 39
	标准差	0.003 12	0.002 46	0.010 21	0.003 66
	变异系数	0.003 27	0.002 56	0.010 94	0.003 87

弹性模量为正态分布时索力变化系数 *r* 统计表　　表4.3-3

温度	统计指标	主索		下拉索	
		中间区域	边缘区域	中间区域	边缘区域
+25℃	Max	**1.054 60**	**0.974 89**	0.965 99	0.961 03
	Min	**0.853 20**	0.945 52	**0.844 06**	**0.884 85**
	均值	0.954 14	0.961 57	0.928 65	0.933 60
	标准差	0.011 07	0.006 63	0.016 50	0.013 19
	变异系数	0.011 60	0.006 89	0.017 76	0.014 13

续表

温度	统计指标	主索		下拉索	
		中间区域	边缘区域	中间区域	边缘区域
0℃	Max	1.031 60	0.974 58	0.966 15	0.962 16
	Min	0.873 05	0.945 03	0.859 87	0.912 88
	均值	0.953 94	0.961 01	0.931 36	0.940 64
	标准差	0.010 84	0.006 66	0.014 19	0.008 69
	变异系数	0.011 36	0.006 93	0.015 23	0.009 24
−25℃	Max	1.027 10	0.974 63	**0.966 42**	**0.963 37**
	Min	0.884 10	**0.945 01**	0.870 06	0.927 41
	均值	0.953 95	0.960 73	0.933 48	0.945 14
	标准差	0.010 69	0.006 68	0.012 70	0.007 17
	变异系数	0.011 20	0.006 95	0.013 60	0.007 59

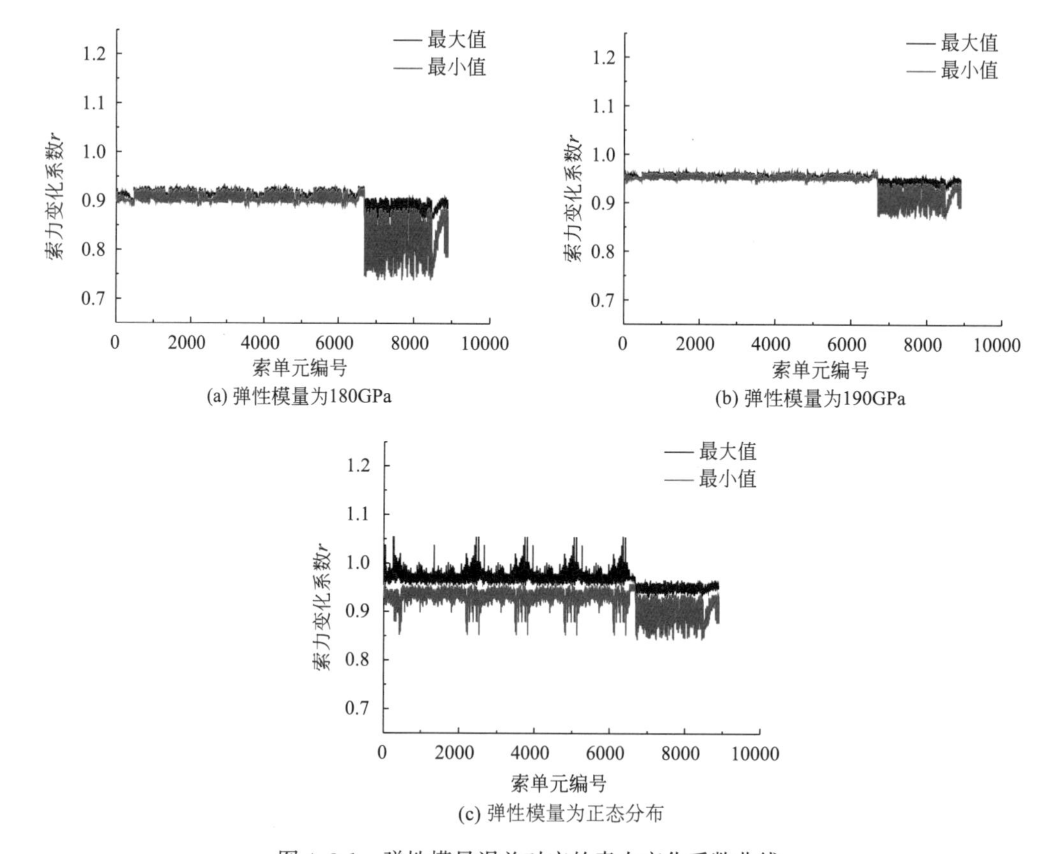

图 4.3-1　弹性模量误差对应的索力变化系数曲线

（1）由表 4.3-1 和图 4.3-1（a）可以看出，相对于标准模型钢索索力，索体弹模取 180GPa 时，中间区域主索内力减小 7%～11%，边缘区域主索内力减小 7%～9%，变化幅度不大；中间区域下拉索内力减小 10%～26%，边缘区域下拉索内力减小 10%～21%，变化幅度较大。

（2）由表 4.3-2 和图 4.3-1（b）可以看出，相对于标准模型钢索索力，索体弹模取

190GPa 时，中间区域主索内力减小 4%～6%，边缘区域主索内力减小 4%～5%，变化幅度较小；中间区域下拉索内力减小 5%～13%，边缘区域下拉索内力减小 5%～11%，变化幅度不大。

(3) 由表 4.3-3 和图 4.3-1 (c) 可以看出，相对于标准模型钢索索力，索体弹性模量正态分布（标准差 10/3GPa）时，中间区域主索内力在－15%～5%之间变化，边缘区域主索内力在－3%～5%之间变化，中间区域变化幅度稍大；中间区域下拉索内力减小 4%～16%，边缘区域下拉索内力减小 4%～12%，变化幅度较大。

(4) 综上所述，在不同温度下索力变化规律一致，主索索体弹性模量统一取 180GPa 或 190GPa 时，下拉索索力变化幅度较大；索体弹性模量正态分布（均值 190GPa，标准差 10/3GPa）时，主索和下拉索索力变化幅度相当。由于标准模型的索体弹性模量取 200GPa，考虑上述弹性模量误差分布模式时，钢索内力普遍减小，只有在正态分布时，主索内力才有一定的增大。

4.3.2　钢索下料长度误差

1. 误差水平 0.025%L

只改变主索无应力长度，不改变下拉索的参数，主索下料长度误差水平考虑为 0.025%L（L 为钢索原长），误差分布考虑以下四种模式：

(1) 主索下料长度统一减小 0.025%L；

(2) 主索下料长度统一增大 0.025%L；

(3) 主索下料长度误差满足正态分布，索长标准差为 0.025%L/3，保证率为 99.73%；

(4) 主索下料长度随机增大 0.025%L 或减小 0.025%L。

考虑以上四种误差分布模式进行分析，结果如表 4.3-4～表 4.3-7 所示，每根钢索索力变化系数 r 的最大值和最小值如图 4.3-2 所示。从上述图表可以看出，钢索下料长度误差水平为 0.025%L 时，对索网内力的影响如下：

索长统一减小 0.025%L 时索力变化系数 r 统计表　　　　**表 4.3-4**

温度	统计指标	主索		下拉索	
		中间区域	边缘区域	中间区域	边缘区域
+25℃	Max	**1.720 80**	**1.129 20**	**1.397 90**	**1.347 10**
	Min	1.067 70	1.060 00	1.099 50	1.118 50
	均值	1.115 10	1.090 80	1.174 30	1.167 40
	标准差	0.038 36	0.014 56	0.050 52	0.044 95
	变异系数	0.034 40	0.013 34	0.043 02	0.038 50
0℃	Max	1.482 00	1.118 70	1.316 70	1.221 20
	Min	1.064 20	1.057 20	1.093 40	1.108 70
	均值	1.106 40	1.085 80	1.155 60	1.137 80
	标准差	0.029 87	0.012 79	0.039 26	0.024 93
	变异系数	0.026 99	0.011 78	0.033 97	0.021 91

续表

温度	统计指标	主索		下拉索	
		中间区域	边缘区域	中间区域	边缘区域
−25℃	Max	1.372 00	1.109 70	1.267 90	1.169 60
	Min	**1.060 80**	**1.055 50**	**1.088 00**	**1.100 30**
	均值	1.099 50	1.081 50	1.141 80	1.119 00
	标准差	0.024 71	0.011 32	0.032 32	0.015 72
	变异系数	0.022 48	0.010 47	0.028 31	0.014 05

索长统一增大 0.025%L 时索力变化系数 r 统计表　　表 4.3-5

温度	统计指标	主索		下拉索	
		中间区域	边缘区域	中间区域	边缘区域
+25℃	Max	0.932 16	0.941 63	0.900 50	0.895 36
	Min	**0.280 23**	**0.871 58**	**0.602 62**	**0.696 16**
	均值	0.884 95	0.909 17	0.825 82	0.839 86
	标准差	0.038 27	0.014 42	0.05 040	0.03 779
	变异系数	0.043 25	0.015 86	0.061 03	0.045 00
0℃	Max	0.935 97	0.942 95	0.906 59	0.904 55
	Min	0.518 65	0.883 49	0.683 59	0.796 98
	均值	0.89 362	0.914 15	0.844 48	0.866 65
	标准差	0.029 81	0.012 70	0.039 19	0.021 39
	变异系数	0.033 36	0.013 89	0.046 41	0.024 68
−25℃	Max	**0.939 37**	**0.944 51**	**0.912 05**	**0.911 57**
	Min	0.628 47	0.890 54	0.732 29	0.853 90
	均值	0.900 54	0.918 47	0.858 27	0.883 98
	标准差	0.024 67	0.011 25	0.032 27	0.013 78
	变异系数	0.027 39	0.012 25	0.037 59	0.015 59

索长满足正态分布（标准差为 0.025%L/3mm）时索力变化系数 r 统计表　　表 4.3-6

温度	统计指标	主索		下拉索	
		中间区域	边缘区域	中间区域	边缘区域
+25℃	Max	**1.271 90**	**1.029 40**	**1.113 40**	**1.03 770**
	Min	**0.698 33**	**0.963 03**	**0.888 92**	**0.960 51**
	均值	1.000 10	1.000 20	0.999 96	1.001 50
	标准差	0.026 82	0.014 00	0.020 63	0.016 00
	变异系数	0.026 82	0.014 00	0.020 63	0.015 98

续表

温度	统计指标	主索		下拉索	
		中间区域	边缘区域	中间区域	边缘区域
0℃	Max	1.208 50	1.027 80	1.092 10	1.033 20
	Min	0.773 06	0.965 17	0.908 44	0.964 15
	均值	1.000 10	1.000 20	0.999 99	1.001 20
	标准差	0.024 16	0.013 17	0.018 10	0.013 91
	变异系数	0.024 16	0.013 17	0.018 10	0.013 90
−25℃	Max	1.174 00	1.026 40	1.079 00	1.029 60
	Min	0.812 98	0.966 95	0.920 78	0.967 48
	均值	1.000 10	1.000 30	1.000 00	1.001 00
	标准差	0.022 30	0.012 50	0.016 36	0.012 45
	变异系数	0.022 30	0.012 50	0.016 36	0.012 44

索长随机误差为 0.025%L 时索力变化系数 r 统计表　　表 4.3-7

温度	统计指标	主索		下拉索	
		中间区域	边缘区域	中间区域	边缘区域
+25℃	Max	**2.091 00**	**1.132 20**	**1.306 10**	**1.116 50**
	Min	**0.000 00**	0.903 10	**0.690 58**	**0.877 20**
	均值	0.998 50	0.999 62	0.997 72	0.997 92
	标准差	0.079 60	0.046 16	0.061 17	0.052 26
	变异系数	0.079 71	0.046 18	0.061 31	0.052 36
0℃	Max	1.807 50	1.126 70	1.249 80	1.097 80
	Min	0.287 94	0.907 87	0.739 37	0.892 31
	均值	0.998 65	0.999 67	0.997 99	0.998 36
	标准差	0.071 63	0.043 52	0.053 69	0.045 47
	变异系数	0.071 73	0.043 53	0.053 80	0.045 54
−25℃	Max	1.660 40	1.123 40	1.214 80	1.084 50
	Min	0.442 56	**0.899 87**	0.771 22	0.902 23
	均值	0.998 76	0.999 71	0.998 18	0.998 62
	标准差	0.066 07	0.041 46	0.048 54	0.040 73
	变异系数	0.066 16	0.041 47	0.048 63	0.040 79

（1）由表 4.3-4 和图 4.3-2（a）可以看出，相对于标准模型钢索索力，主索下料长度统一减小 0.025%L 时，中间区域主索内力增大 6%～72%，边缘区域主索内力增大 6%～

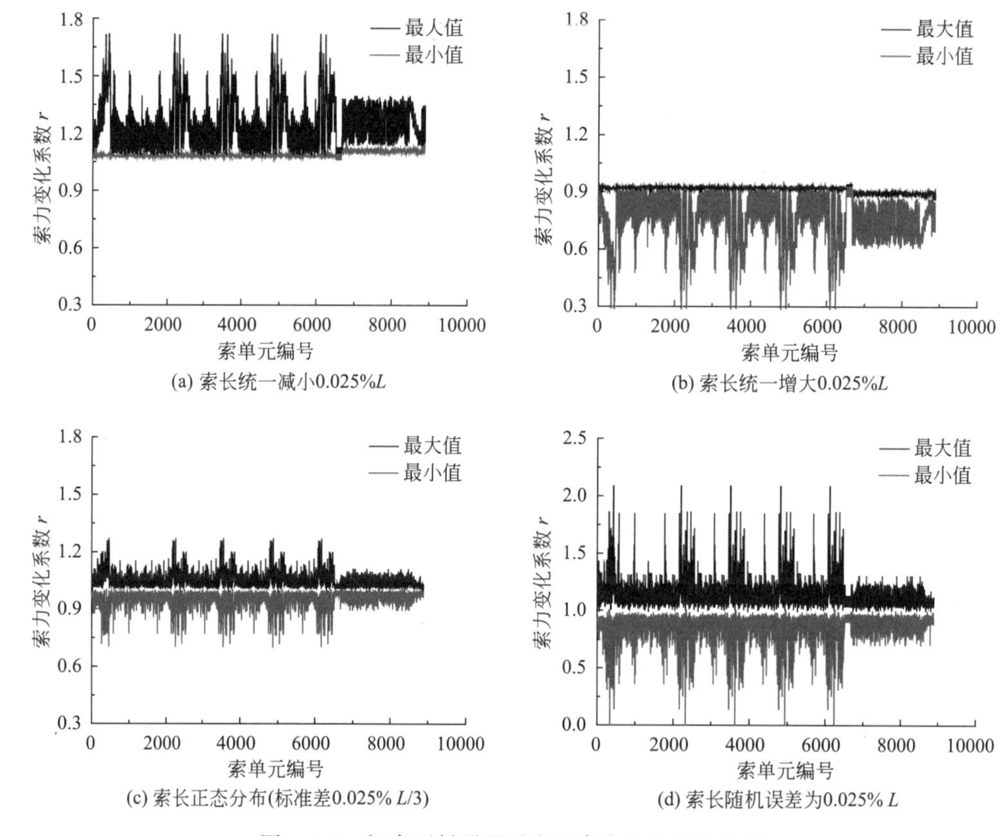

(a) 索长统一减小0.025%L

(b) 索长统一增大0.025%L

(c) 索长正态分布(标准差0.025% L/3)

(d) 索长随机误差为0.025% L

图 4.3-2 钢索下料误差对应的索力变化系数曲线

13%，中间区域增幅很大；中间区域下拉索内力增大 9%～40%，边缘区域下拉索内力增大 10%～35%，变化幅度也比较大。

(2) 由表 4.3-5 和图 4.3-2 (b) 可以看出，相对于标准模型钢索索力，主索下料长度统一增加 0.025%L 时，中间区域主索内力减小 6%～72%，边缘区域主索内力减小 6%～13%，中间区域变化幅度非常大；中间区域下拉索内力减小 9%～40%，边缘区域下拉索内力减小 9%～30%，变化幅度也比较大。

(3) 由表 4.3-6 和图 4.3-2 (c) 可以看出，相对于标准模型钢索索力，主索下料长度正态分布（标准差 0.025%L/3）时，中间区域主索内力在－30%～27%之间变化，边缘区域主索内力在－4%～3%之间变化，中间区域变化幅度比较大；中间区域下拉索内力在－12%～11%之间变化，边缘区域下拉索内力在－4%～4%之间变化，中间区域变化幅度相对稍大。

(4) 由表 4.3-7 和图 4.3-2 (d) 可以看出，相对于标准模型钢索索力，主索下料长度随机增大 0.025%L 或减小 0.025%L 时，中间区域主索内力在－100%～110%之间变化，边缘区域主索内力在－10%～13%之间变化，中间区域变化幅度非常大；中间区域下拉索内力在－30%～31%之间变化，边缘区域下拉索内力在－12%～12%之间变化，中间区域变化幅度相对较大。

(5) 综上所述，当主索下料长度误差水平考虑为 0.025%L 时，钢索索力变化幅度较大。主索下料长度统一减小 0.025%L 时，钢索内力普遍增大，中间区域的主索和下拉索增幅明显，最大达到 72%。主索下料长度统一增加 0.025%L 时，钢索内力普遍减小，中间区域的主索和下拉索减小明显，最大达到 72%。主索下料长度正态分布（均值 L，标准差 0.025%L/3）时，钢索内力增大和减小幅度基本相当，中间区域达到 30%，边缘区域不到 4%。主索下料长度随机增大 0.025%L 或减小 0.025%L 时，钢索内力改变非常巨大，中间区域部分主索出现松弛，另有部分主索索力增幅达一倍以上，中间区域的下拉索变化幅度也达到 30%。总之，主索下料长度误差对索力影响很大，索长误差水平控制在 0.025%L 时很难满足本工程的要求。

2. 进一步讨论：将主索下料长度误差水平控制为 1mm

鉴于主索下料长度误差水平控制为 0.025%L 时钢索索力变化幅度太大，结合索厂提供的钢索长度加工控制水平，将主索下料长度误差水平控制为 1mm，误差分布考虑以下四种模式：

（1）主索下料长度统一减小 1mm；

（2）主索下料长度统一增大 1mm；

（3）主索下料长度误差满足正态分布，标准差为 1/3mm，保证率为 99.73%；

（4）主索下料长度随机增大 1mm 或减小 1mm。

考虑以上四种误差分布模式进行分析，结果如表 4.3-8～表 4.3-11 所示，每根钢索索力变化系数 r 的最大值和最小值如图 4.3-3 所示。从上述图表可以看出，钢索下料长度误差水平为 1mm 时，对结构内力的影响如下：

索长统一减小 1mm 时索力变化系数 r 统计表 **表 4.3-8**

温度	统计指标	主索		下拉索	
		中间区域	边缘区域	中间区域	边缘区域
+25℃	Max	**1.248 90**	**1.048 40**	**1.147 50**	**1.127 40**
	Min	1.023 60	1.019 00	1.036 90	1.039 50
	均值	1.040 90	1.032 20	1.062 20	1.059 60
	标准差	0.013 32	0.006 69	0.018 30	0.017 71
	变异系数	0.012 79	0.006 48	0.017 23	0.016 71
0℃	Max	1.166 50	1.044 70	1.118 00	1.082 20
	Min	1.022 30	1.018 20	1.034 70	1.036 10
	均值	1.037 80	1.030 40	1.055 50	1.049 10
	标准差	0.010 40	0.005 99	0.014 25	0.010 42
	变异系数	0.010 02	0.005 82	0.013 50	0.009 93
−25℃	Max	1.128 50	1.041 30	1.100 20	1.063 30
	Min	**1.021 20**	**1.017 60**	**1.032 50**	**1.033 20**
	均值	1.035 30	1.028 90	1.050 60	1.042 40
	标准差	0.008 62	0.005 41	0.011 75	0.006 98
	变异系数	0.008 33	0.005 25	0.011 18	0.006 69

索长统一增大 1mm 时索力变化系数 r 统计表　　表 4.3-9

温度	统计指标	主索		下拉索	
		中间区域	边缘区域	中间区域	边缘区域
	Max	0.976 45	0.982 60	0.963 07	0.964 13
	Min	**0.751 22**	**0.955 33**	**0.852 60**	**0.880 35**
+25℃	均值	0.959 13	0.967 80	0.937 83	0.941 39
	标准差	0.013 30	0.006 67	0.018 29	0.016 62
	变异系数	0.013 87	0.006 89	0.019 50	0.017 65
	Max	0.977 69	0.982 98	0.965 24	0.966 93
	Min	0.833 59	0.958 21	0.882 06	0.927 32
0℃	均值	0.962 20	0.969 59	0.944 50	0.951 51
	标准差	0.010 39	0.005 98	0.014 24	0.009 84
	变异系数	0.010 80	0.006 16	0.015 08	0.010 35
	Max	**0.978 80**	**0.983 48**	**0.967 43**	**0.969 28**
	Min	0.871 54	0.960 54	0.899 87	0.940 56
−25℃	均值	0.964 66	0.971 13	0.949 42	0.958 00
	标准差	0.008 62	0.005 39	0.011 74	0.006 64
	变异系数	0.008 93	0.005 55	0.012 36	0.006 93

索长正态分布（标准差为 1/3mm）时索力变化系数 r 统计表　　表 4.3-10

温度	统计指标	主索		下拉索	
		中间区域	边缘区域	中间区域	边缘区域
	Max	**1.123 90**	**1.015 00**	**1.043 50**	**1.017 20**
	Min	**0.814 79**	**0.977 32**	**0.955 23**	**0.977 63**
+25℃	均值	0.999 95	0.999 95	1.000 00	1.000 20
	标准差	0.009 32	0.006 31	0.007 32	0.006 87
	变异系数	0.009 32	0.006 31	0.007 32	0.006 87
	Max	1.093 30	1.014 10	1.035 10	1.014 90
	Min	0.876 82	0.979 28	0.964 03	0.980 22
0℃	均值	0.999 95	0.999 96	1.000 00	1.000 10
	标准差	0.008 37	0.005 92	0.006 40	0.006 01
	变异系数	0.008 37	0.005 92	0.006 40	0.006 01
	Max	1.076 40	1.013 40	1.029 90	1.013 20
	Min	0.901 97	0.980 62	0.969 36	0.981 90
−25℃	均值	0.999 96	0.999 97	1.000 00	1.000 10
	标准差	0.007 72	0.005 61	0.005 77	0.005 41
	变异系数	0.007 72	0.005 61	0.005 77	0.005 41

索长满足随机增大 1mm 或减小 1mm 时索力变化系数 r 统计表　　表 4.3-11

温度	统计指标	主索		下拉索	
		中间区域	边缘区域	中间区域	边缘区域
+25℃	Max	**1.424 70**	**1.045 80**	**1.129 00**	**1.054 80**
	Min	**0.696 19**	**0.950 47**	**0.900 46**	**0.941 47**
	均值	1.000 20	1.000 30	1.000 40	1.001 60
	标准差	0.027 86	0.019 96	0.021 70	0.022 39
	变异系数	0.027 86	0.019 95	0.021 69	0.022 36
0℃	Max	1.296 40	1.042 70	1.105 80	1.042 70
	Min	0.773 01	0.953 07	0.916 08	0.951 39
	均值	1.000 20	1.000 30	1.000 30	1.001 10
	标准差	0.025 11	0.018 82	0.019 05	0.019 43
	变异系数	0.025 11	0.018 81	0.019 04	0.019 40
−25℃	Max	1.235 80	1.040 40	1.091 20	1.039 20
	Min	0.810 25	0.955 35	0.926 37	0.958 00
	均值	1.000 20	1.000 20	1.000 30	1.000 90
	标准差	0.023 19	0.017 88	0.017 23	0.017 38
	变异系数	0.023 18	0.017 88	0.017 22	0.017 36

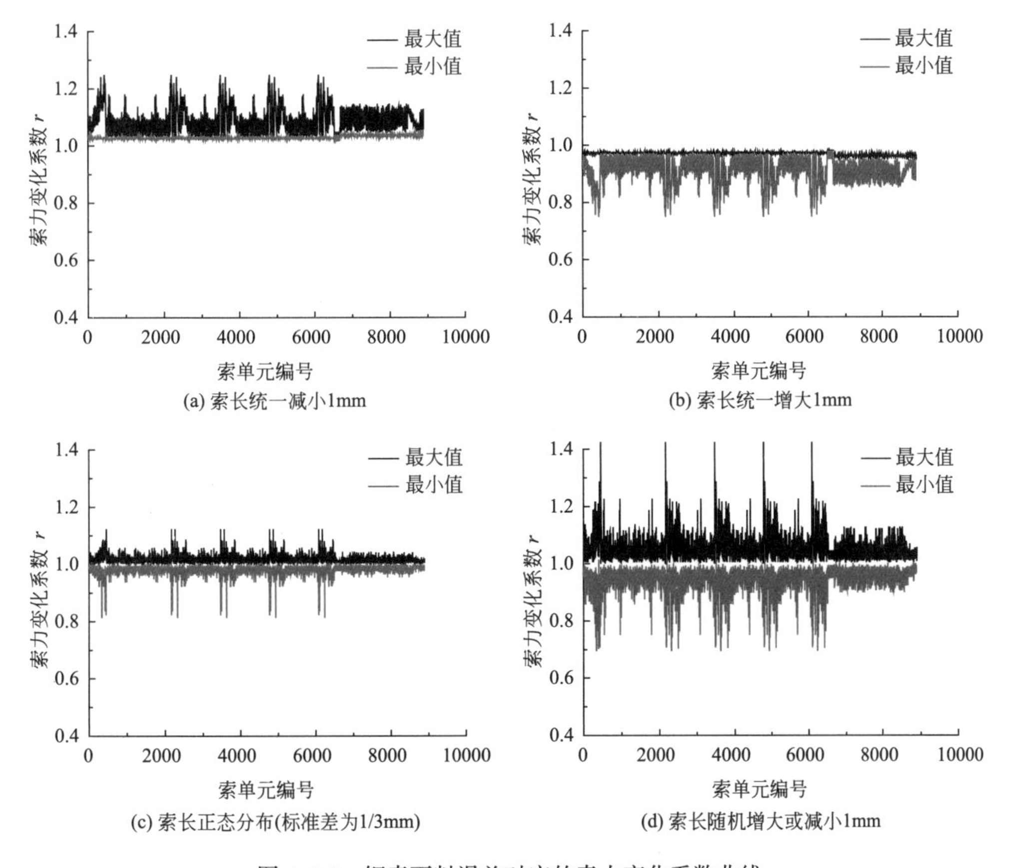

图 4.3-3　钢索下料误差对应的索力变化系数曲线

（1）由表4.3-8和图4.3-3（a）可以看出，相对于标准模型钢索索力，主索下料长度统一减小1mm时，中间区域主索内力增大2%～25%，边缘区域主索内力增大2%～5%，中间区域增大幅度较大；中间区域下拉索内力增大3%～14%，边缘区域下拉索内力增大3%～13%，变化幅度不大。

（2）由表4.3-9和图4.3-3（b）可以看出，相对于标准模型钢索索力，主索下料长度统一增加1mm时，中间区域主索内力减小2%～25%，边缘区域主索内力减小2%～5%，中间区域变化幅度较大；中间区域下拉索内力减小3%～15%，边缘区域下拉索内力减小3%～12%，变化幅度不大。

（3）由表4.3-10和图4.3-3（c）可以看出，相对于标准模型钢索索力，主索下料长度正态分布（标准差为1/3mm）时，中间区域主索内力在－19%～12%之间变化，边缘区域主索内力在－2%～2%之间变化，中间区域变化幅度稍大；中间区域下拉索内力在－5%～4%之间变化，边缘区域下拉索内力在－2%～2%之间变化，变化幅度较小。

（4）由表4.3-11和图4.3-3（d）可以看出，相对于标准模型钢索索力，主索下料长度随机增大1mm或减小1mm时，中间区域主索内力在－40%～42%之间变化，边缘区域主索内力在－5%～5%之间变化，中间区域变化幅度大；中间区域下拉索内力在－10%～13%之间变化，边缘区域下拉索内力在－6%～5%之间变化，中间区域变化幅度相对稍大。

（5）综上所述，当主索下料长度误差水平考虑为1mm时，钢索索力变化幅度相对较小。主索下料长度统一减小1mm时，钢索内力普遍增大，中间区域的主索和下拉索增幅较大，边缘区域增幅较小。主索下料长度统一增加1mm时，钢索内力普遍减小，中间区域的主索和下拉索减小较多，边缘区域减小较少。主索下料长度满足正态分布（均值L，标准差为1/3mm）时，钢索内力增大和减小幅度基本相当，中间区域变化幅度较大接近20%，边缘区域只有2%。主索下料长度随机增大1mm或减小1mm时，钢索内力改变相对较大，中间区域部分主索内力变化幅度达到40%。

4.3.3 面板和节点的自重误差

由于钢索索体的规格及对应的密度已经确定，其自重误差很小，可以忽略不计。本节主要考虑反射面单元、主索节点、钢索锚具重量不确定引起的误差，自重误差分布考虑以下两种模式：

（1）背架、节点、锚具自重统一减小10%；

（2）背架、节点、锚具自重统一增大10%。

考虑以上两种误差分布模式进行计算，分析结果如表4.3-12、表4.3-13所示，每根钢索索力变化系数r的最大值和最小值如图4.3-4所示。从上述图表可以看出，面板和节点自重误差对结构内力的影响如下：

（1）由表4.3-12和图4.3-4（a）可以看出，相对于标准模型钢索索力，背架、节点、锚具自重统一减小10%时，中间区域主索内力在－2%～6%之间变化，边缘区域主索内力在－1%～2%之间变化，变化幅度较小；中间区域下拉索内力在1%～17%之间变化，边缘区域下拉索内力在－2%～2%之间变化，中间区域变化幅度稍大。

背架、节点、锚具自重统一减小 10%时索力变化系数 r 统计表　　表 4.3-12

温度	统计指标	主索		下拉索	
		中间区域	边缘区域	中间区域	边缘区域
+25℃	Max	**1.061 90**	0.990 39	**1.169 10**	**1.014 50**
	Min	**0.984 91**	**0.985 34**	1.006 70	**0.985 66**
	均值	1.002 40	0.988 57	1.051 40	1.003 00
	标准差	0.007 17	0.001 06	0.028 59	0.005 87
	变异系数	0.007 16	0.001 07	0.027 19	0.005 85
0℃	Max	1.042 80	0.990 83	1.133 80	1.011 40
	Min	0.985 86	0.986 62	1.005 50	0.988 40
	均值	1.002 00	0.989 11	1.045 10	1.001 40
	标准差	0.006 48	0.000 95	0.023 45	0.004 97
	变异系数	0.006 46	0.000 96	0.022 44	0.004 96
−25℃	Max	1.034 20	**0.991 19**	1.113 20	1.008 80
	Min	0.986 67	0.987 51	**1.004 70**	0.988 54
	均值	1.001 80	0.989 56	1.040 80	0.999 82
	标准差	0.006 03	0.000 88	0.020 29	0.004 33
	变异系数	0.006 02	0.000 88	0.019 49	0.004 33

背架、节点、锚具自重统一增大 10%时索力变化系数 r 统计表　　表 4.3-13

温度	统计指标	主索		下拉索	
		中间区域	边缘区域	中间区域	边缘区域
+25℃	Max	**1.015 20**	**1.014 70**	0.993 30	**1.015 80**
	Min	**0.938 07**	1.009 80	**0.830 86**	**0.989 21**
	均值	0.997 62	1.011 40	0.948 59	0.997 15
	标准差	0.007 18	0.001 07	0.028 60	0.006 01
	变异系数	0.007 20	0.001 05	0.030 15	0.006 02
0℃	Max	1.014 20	1.013 70	0.994 49	1.013 10
	Min	0.957 19	1.009 40	0.866 18	0.992 49
	均值	0.997 98	1.010 90	0.954 90	0.998 74
	标准差	0.006 48	0.000 95	0.023 46	0.005 05
	变异系数	0.006 50	0.000 94	0.024 57	0.005 06
−25℃	Max	1.013 30	1.012 80	**0.995 33**	1.012 50
	Min	0.965 81	**1.009 00**	0.886 76	0.994 14
	均值	0.998 18	1.010 40	0.959 23	1.000 30
	标准差	0.006 04	0.000 88	0.020 30	0.004 38
	变异系数	0.006 05	0.000 87	0.021 16	0.004 38

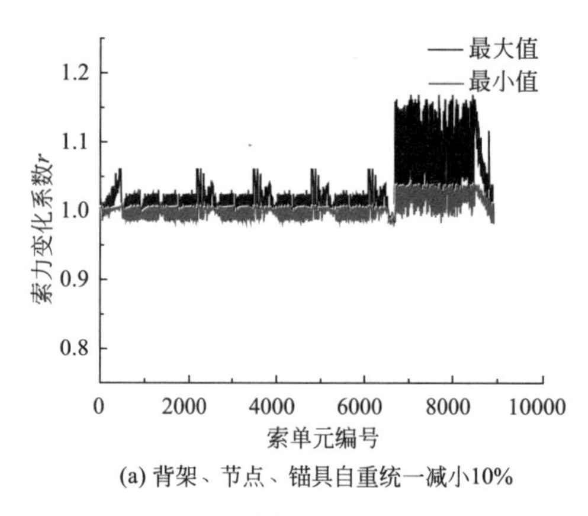

(a) 背架、节点、锚具自重统一减小10%

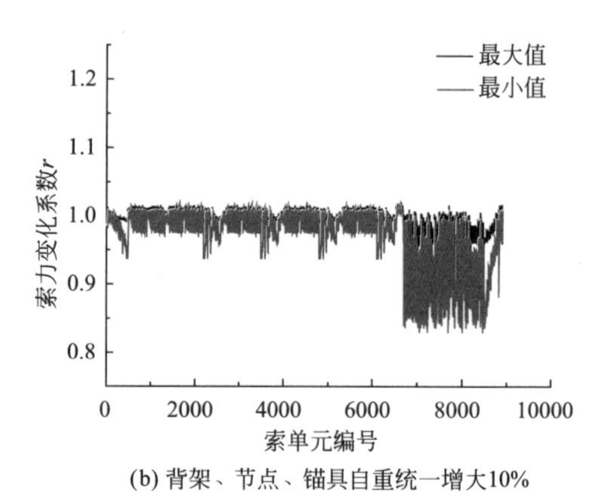

(b) 背架、节点、锚具自重统一增大10%

图 4.3-4 面板和节点自重误差对应的索力变化系数曲线

（2）由表 4.3-13 和图 4.3-4（b）可以看出，相对于标准模型钢索索力，背架，节点，锚具自重统一增大 10%时，中间区域主索内力在−6%～2%之间变化，边缘区域主索内力在 1%～2%之间变化，变化幅度较小；中间区域下拉索内力在−17%～−1%之间变化，边缘区域下拉索内力在−1%～2%之间变化，中间区域变化幅度稍大。

（3）综上所述，面板和节点自重误差对主索内力影响较小，对于下拉索内力影响相对较大，下拉索索力变化幅度最大约为 17%。

4.3.4 主索边缘节点位置误差

考虑主索边缘与钢圈梁相连的节点与理论计算位置偏差水平在 10mm 范围，误差分布考虑以下两种模式：

（1）主索边缘节点位置沿任意方向偏离，偏差满足正态分布，标准差为 10/3mm，保证率为 99.73%；

（2）主索边缘节点位置随机沿任意方向偏离 10mm。

考虑以上两种误差分布模式进行分析，结果如表 4.3-14、表 4.3-15 所示，每根钢索索力变化系数 r 的最大值和最小值如图 4.3-5 所示。从上述图表可以看出，主索边缘节点位置偏差对结构内力的影响如下：

主索边缘节点位置正态分布（标准差 10/3mm）时索力变化系数 r 统计表　表 4.3-14

温度	统计指标	主索		下拉索	
		中间区域	边缘区域	中间区域	边缘区域
+25℃	Max	**1.006 60**	**1.003 50**	**1.002 90**	**1.050 60**
	Min	**0.983 17**	**0.994 81**	**0.996 09**	**0.949 85**
	均值	0.999 97	0.999 99	0.999 97	0.999 32
	标准差	0.000 45	0.000 57	0.000 21	0.009 46
	变异系数	0.000 45	0.000 57	0.000 21	0.009 47

续表

温度	统计指标	主索		下拉索	
		中间区域	边缘区域	中间区域	边缘区域
0℃	Max	1.005 50	1.002 10	1.001 10	1.031 20
	Min	0.985 41	0.995 96	0.997 23	0.968 32
	均值	0.999 98	0.999 99	0.999 97	0.999 49
	标准差	0.000 37	0.000 56	0.000 15	0.007 04
	变异系数	0.000 37	0.000 56	0.000 15	0.007 05
−25℃	Max	1.005 90	1.002 20	1.001 30	1.021 50
	Min	0.986 00	0.995 58	0.996 90	0.974 46
	均值	0.999 98	1.000 00	0.999 98	0.999 61
	标准差	0.000 36	0.000 67	0.000 16	0.005 56
	变异系数	0.000 36	0.000 67	0.000 16	0.005 57

主索边缘节点位置沿任意方向偏离 10mm 时索力变化系数 *r* 统计表　　表 4.3-15

温度	统计指标	主索		下拉索	
		中间区域	边缘区域	中间区域	边缘区域
+25℃	Max	**1.020 20**	1.004 10	1.004 40	**1.093 00**
	Min	**0.986 23**	0.997 93	**0.996 87**	**0.934 96**
	均值	1.000 20	1.000 10	1.000 30	1.011 80
	标准差	0.001 55	0.001 04	0.001 02	0.023 94
	变异系数	0.001 55	0.001 04	0.001 02	0.023 67
0℃	Max	1.018 50	1.004 00	1.004 40	1.063 00
	Min	0.988 14	0.997 83	0.997 33	0.961 88
	均值	1.000 20	1.000 10	1.000 30	1.009 30
	标准差	0.001 46	0.001 13	0.000 96	0.017 62
	变异系数	0.001 46	0.001 12	0.000 96	0.017 46
−25℃	Max	1.017 40	**1.004 60**	**1.004 50**	1.045 50
	Min	0.988 84	**0.997 34**	0.997 38	0.973 03
	均值	1.000 20	1.000 10	1.000 30	1.007 40
	标准差	0.001 41	0.001 31	0.000 92	0.013 76
	变异系数	0.001 41	0.001 31	0.000 92	0.013 66

(1) 由表 4.3-14 和图 4.3-5 (a) 可以看出，相对于标准模型钢索索力，主索边缘节点位置正态分布（标准差为 10/3mm）时，中间区域主索内力在−2%～1%之间变化，边缘区域主索内力在−0.5%～0.4%之间变化，变化幅度很小；中间区域下拉索内力在−0.4%～0.3%之间变化，边缘区域下拉索内力在−5%～5%之间变化，边缘区域变化幅度稍大。

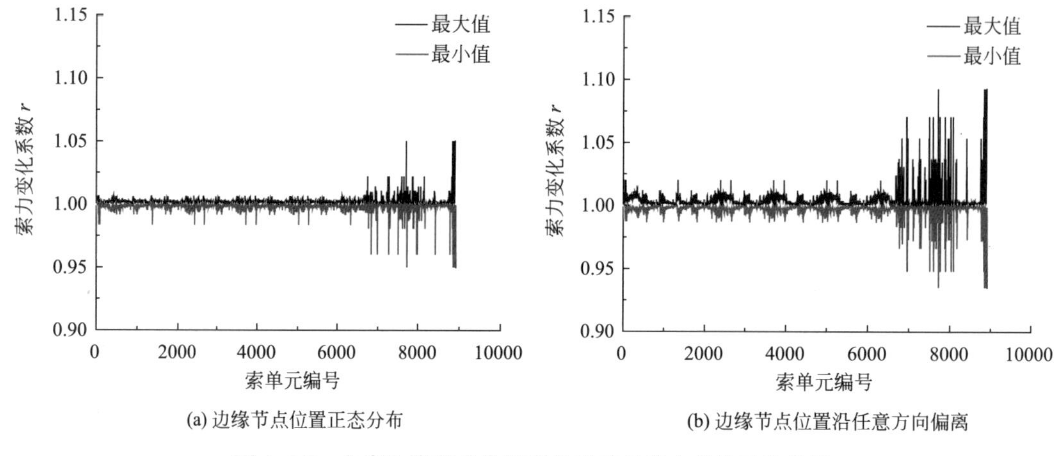

(a) 边缘节点位置正态分布　　(b) 边缘节点位置沿任意方向偏离

图 4.3-5　主索边缘节点位置误差对应的索力变化系数曲线

(2) 由表 4.3-15 和图 4.3-5 (b) 可以看出，相对于标准模型钢索索力，主索边缘节点位置沿任意方向偏离 10mm 时，中间区域主索内力在－1.5%～2%之间变化，边缘区域主索内力在－0.3%～0.5%之间变化，变化幅度很小；中间区域下拉索内力在－0.3%～0.5%之间变化，边缘区域下拉索内力在－7%～9%之间变化，边缘区域变化幅度稍大。

(3) 综上所述，主索边缘节点位置偏差对索网结构内力的影响较小，只对边缘区域的下拉索内力有一定的影响，索力变化幅度在 10%以内。

4.3.5　下拉索地锚点位置误差

下拉索地锚点位置误差分布模式考虑为：地锚点位置沿任意方向偏离 1.5°。考虑上述误差分布模式进行计算，分析结果如表 4.3-16 所示，每根钢索索力变化系数 r 的最大值和最小值如图 4.3-6 所示。从上述图表可以看出，下拉索地锚点位置偏差对结构内力的影响如下：

地锚点位置沿任意方向偏离 1.5 度时索力变化系数 r 统计表　　表 4.3-16

温度	统计指标	主索		下拉索	
		中间区域	边缘区域	中间区域	边缘区域
+25℃	Max	1.032 70	**1.004 70**	1.107 60	**1.029 60**
	Min	**0.963 88**	0.996 53	**0.878 10**	**0.981 01**
	均值	0.999 98	1.000 30	1.000 30	1.000 60
	标准差	0.001 99	0.001 29	0.008 98	0.009 22
	变异系数	0.001 99	0.001 29	0.008 98	0.009 21
0℃	Max	**1.034 10**	1.003 50	1.096 40	1.013 40
	Min	0.975 35	0.996 50	0.939 41	0.996 93
	均值	0.999 96	1.000 20	1.000 30	1.000 40
	标准差	0.001 84	0.001 08	0.005 67	0.003 88
	变异系数	0.001 84	0.001 08	0.005 67	0.003 88

续表

温度	统计指标	主索		下拉索	
		中间区域	边缘区域	中间区域	边缘区域
−25℃	Max	1.034 10	1.002 90	**1.131 90**	1.015 30
	Min	0.978 60	**0.996 40**	0.902 28	0.988 47
	均值	0.999 94	1.000 20	1.000 30	1.000 30
	标准差	0.001 90	0.000 92	0.006 19	0.005 16
	变异系数	0.001 90	0.000 92	0.006 19	0.005 16

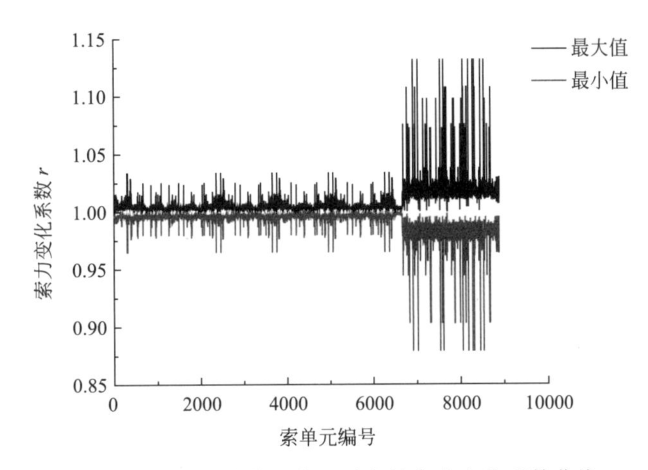

图 4.3-6 地锚点位置偏差对应的索力变化系数曲线

由表 4.3-16 和图 4.3-6 可以看出，相对于标准模型钢索索力，下拉索地锚点位置沿任意方向偏离 1.5°时，中间区域主索内力在−4%～4%之间变化，边缘区域主索内力在−0.4%～0.5%之间变化，变化幅度较小；中间区域下拉索内力在−12%～13%之间变化，边缘区域下拉索内力在−2%～3%之间变化，中间区域变化幅度较大。

4.3.6 滑动支座摩擦系数误差

标准模型中滑动支座摩擦系数为 0.03，滑动支座摩擦系数偏差分布考虑以下两种模式：

(1) 滑动支座摩擦系数为 0.05；

(2) 滑动支座摩擦系数为 0.15。

考虑上述偏差分布模式进行计算，分析结果如表 4.3-17、表 4.3-18 所示，每根钢索索力变化系数 r 的最大值和最小值如图 4.3-7 所示。从上述图表可以看出，滑动支座摩擦系数变化对结构内力的影响如下：

(1) 由表 4.3-17 和图 4.3-7 (a) 可以看出，相对于标准模型钢索索力，滑动支座摩擦系数为 0.05 时，中间区域主索内力在−8%～5%之间变化，边缘区域主索内力在−2%～2%之间变化，中间区域变化幅度稍大；中间区域下拉索内力在−5%～2%之间变化，边缘区域下拉索内力在−10%～13%之间变化，边缘区域变化幅度较大。

滑动支座摩擦系数为 0.05 时索力变化系数 r 统计表 **表 4.3-17**

温度	统计指标	主索		下拉索	
		中间区域	边缘区域	中间区域	边缘区域
+25℃	Max	**1.044 90**	**1.014 80**	**1.015 00**	**1.129 60**
	Min	**0.924 33**	**0.984 29**	**0.948 45**	**0.902 75**
	均值	0.998 85	0.998 95	0.998 23	1.002 10
	标准差	0.008 17	0.007 60	0.005 50	0.033 10
	变异系数	0.008 18	0.007 61	0.005 51	0.033 03
0℃	Max	1.017 40	1.007 70	1.010 00	1.001 70
	Min	0.997 24	0.999 58	0.999 13	0.948 99
	均值	1.003 10	1.002 70	1.004 70	0.983 57
	标准差	0.001 33	0.001 82	0.001 41	0.010 59
	变异系数	0.001 32	0.001 82	0.001 41	0.010 77
−25℃	Max	1.011 90	1.007 50	1.008 60	1.001 10
	Min	0.998 37	0.999 30	1.000 90	0.963 59
	均值	1.002 90	1.002 70	1.004 40	0.986 57
	标准差	0.001 02	0.001 69	0.001 16	0.007 91
	变异系数	0.001 02	0.001 69	0.001 16	0.008 02

滑动支座摩擦系数为 0.15 时索力变化系数 r 统计表 **表 4.3-18**

温度	统计指标	主索		下拉索	
		中间区域	边缘区域	中间区域	边缘区域
+25℃	Max	1.150 20	**1.055 30**	**1.078 70**	**1.250 20**
	Min	0.938 93	0.971 47	**0.887 13**	**0.571 80**
	均值	1.006 40	1.005 40	1.010 80	0.945 80
	标准差	0.017 08	0.017 77	0.014 30	0.102 86
	变异系数	0.016 97	0.017 67	0.014 15	0.108 76
0℃	Max	**1.175 90**	1.049 50	1.062 20	1.017 40
	Min	**0.909 19**	**0.959 86**	0.958 45	0.720 59
	均值	1.014 60	1.013 00	1.022 90	0.918 98
	标准差	0.018 31	0.019 23	0.012 88	0.067 48
	变异系数	0.018 05	0.018 99	0.012 59	0.073 43
−25℃	Max	1.125 30	1.050 40	1.054 00	1.017 20
	Min	0.959 92	0.974 57	0.973 40	0.747 18
	均值	1.017 10	1.015 40	1.025 50	0.923 55
	标准差	0.012 44	0.014 79	0.009 85	0.050 29
	变异系数	0.012 23	0.014 56	0.009 61	0.054 45

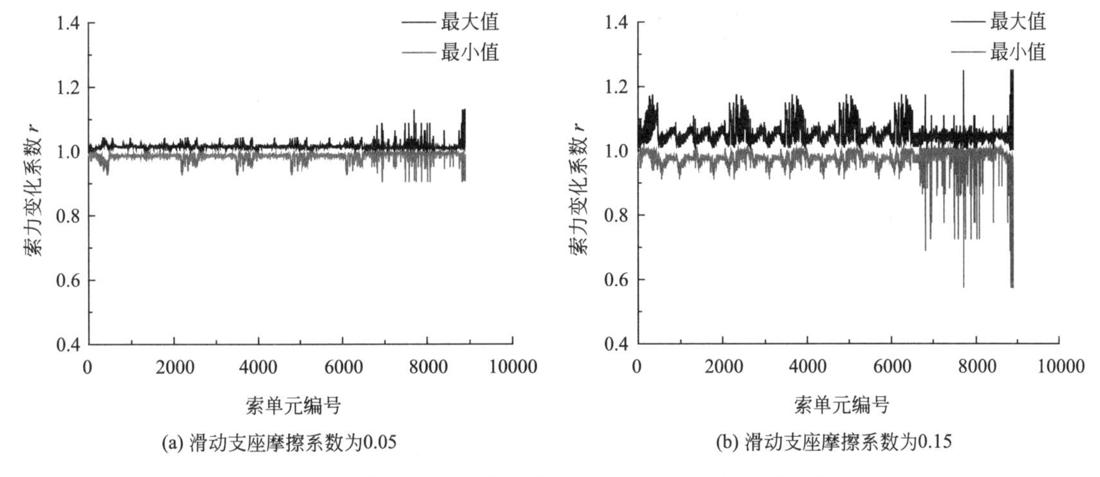

(a) 滑动支座摩擦系数为0.05　　(b) 滑动支座摩擦系数为0.15

图 4.3-7　滑动支座摩擦系数误差对应的索力变化系数曲线

(2) 由表 4.3-18 和图 4.3-7 (b) 可以看出，相对于标准模型钢索索力，滑动支座摩擦系数为 0.15 时，中间区域主索内力在－10%～18%之间变化，边缘区域主索内力在－4%～6%之间变化，中间区域变化幅度较大；中间区域下拉索内力在－12%～8%之间变化，边缘区域下拉索内力在－43%～25%之间变化，边缘区域变化幅度大。

(3) 综上所述，滑动支座摩擦系数增大，主索和下拉索的索力变化幅度都随之增大。其中滑动支座摩擦系数变化对中间区域主索和边缘区域下拉索影响较大，边缘区域下拉索索力减小幅度达到 43%。总之，增大摩擦系数对于结构整体来说是有利的。

4.3.7　圈梁及格构柱刚度误差

相对标准计算模型，考虑圈梁及格构柱刚度发生如下改变：

(1) 圈梁及格构柱刚度减小，其中圈梁刚度减小 15%、格构柱刚度减小 5%；

(2) 圈梁及格构柱刚度增大，其中圈梁刚度增大 15%、格构柱刚度增大 5%。

考虑上述刚度变化模式进行分析，结果如表 4.3-19、表 4.3-20 所示，每根钢索索力变化系数 r 的最大值和最小值如图 4.3-8 所示。从上述图表可以看出，圈梁及格构柱刚度变化对结构内力的影响：

圈梁及格构柱刚度减小时索力变化系数 r 统计表　　**表 4.3-19**

温度	统计指标	主索		下拉索	
		中间区域	边缘区域	中间区域	边缘区域
+25℃	Max	1.007 60	1.006 00	0.990 16	**1.234 00**
	Min	**0.876 44**	**0.972 87**	**0.931 39**	0.994 11
	均值	0.981 67	0.984 41	0.971 10	1.049 40
	标准差	0.007 35	0.010 34	0.009 22	0.052 46
	变异系数	0.007 49	0.010 50	0.009 50	0.049 99

续表

温度	统计指标	主索		下拉索	
		中间区域	边缘区域	中间区域	边缘区域
0℃	Max	1.013 20	1.006 30	0.992 44	1.133 90
	Min	0.924 93	0.973 79	0.948 43	0.993 56
	均值	0.983 94	0.985 83	0.975 59	1.033 90
	标准差	0.006 03	0.011 26	0.006 90	0.034 84
	变异系数	0.006 13	0.011 42	0.007 07	0.033 70
−25℃	Max	**1.015 90**	**1.007 00**	**0.994 77**	1.098 70
	Min	0.939 02	0.972 95	0.955 38	**0.993 01**
	均值	0.984 66	0.986 06	0.977 33	1.025 80
	标准差	0.005 56	0.011 68	0.005 91	0.026 61
	变异系数	0.005 65	0.011 85	0.006 05	0.025 95

圈梁及格构柱刚度增大时索力变化系数 *r* 统计表　　表 4.3-20

温度	统计指标	主索		下拉索	
		中间区域	边缘区域	中间区域	边缘区域
+25℃	Max	**1.096 90**	1.022 30	**1.053 00**	**1.008 50**
	Min	0.993 33	0.995 85	1.006 00	**0.823 58**
	均值	1.014 10	1.012 00	1.022 30	0.961 46
	标准差	0.005 75	0.007 91	0.007 18	0.039 89
	变异系数	0.005 67	0.007 82	0.007 02	0.041 49
0℃	Max	1.059 50	1.021 60	1.041 90	1.007 90
	Min	0.990 87	0.995 29	1.006 00	0.893 30
	均值	1.012 40	1.010 90	1.018 80	0.973 81
	标准差	0.004 70	0.008 58	0.005 38	0.026 09
	变异系数	0.004 64	0.008 49	0.005 28	0.026 79
−25℃	Max	1.047 30	**1.022 80**	1.043 60	1.008 00
	Min	**0.988 61**	**0.994 70**	**1.004 50**	0.927 55
	均值	1.011 80	1.010 70	1.017 50	0.980 14
	标准差	0.004 30	0.008 89	0.004 59	0.019 71
	变异系数	0.004 25	0.008 80	0.004 51	0.020 11

(1) 由表 4.3-19 和图 4.3-8 (a) 可以看出，相对于标准模型钢索索力，圈梁及格构柱刚度减小时，中间区域主索内力在−13%～2%之间变化，边缘区域主索内力在−3%～1%之间变化，中间区域变化幅度较大；中间区域下拉索内力在−7%～−0.5%之间变化，边缘区域下拉索内力在−0.7%～23%之间变化，边缘区域变化幅度较大。

(2) 由表 4.3-20 和图 4.3-8 (b) 可以看出，相对于标准模型钢索索力，圈梁及格构柱刚度增大时，中间区域主索内力在−2%～10%之间变化，边缘区域主索内力在−1%～

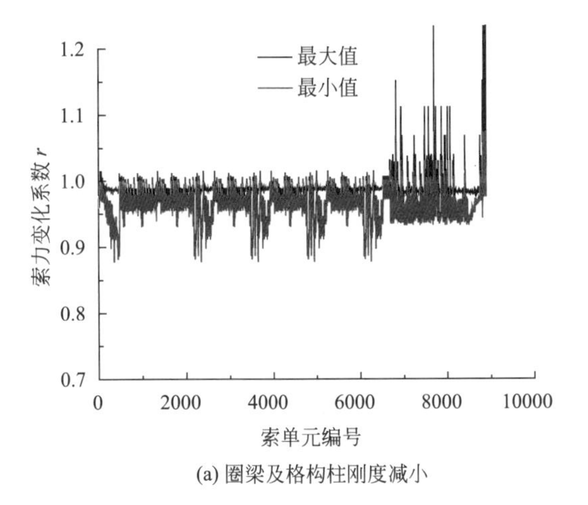

(a) 圈梁及格构柱刚度减小

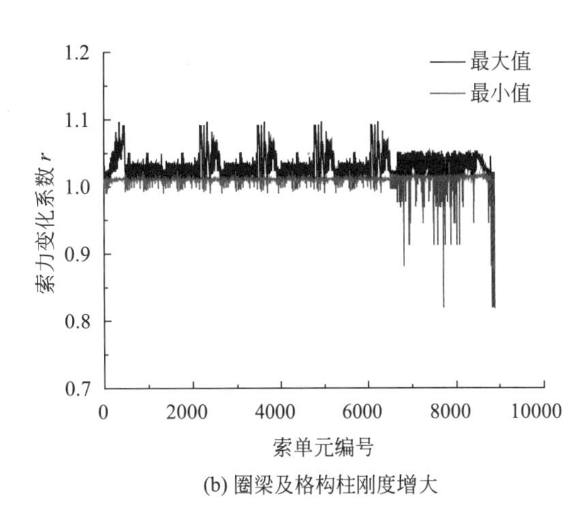

(b) 圈梁及格构柱刚度增大

图 4.3-8　圈梁及格构柱刚度误差对应的索力变化系数曲线

2%之间变化，中间区域变化幅度稍大；中间区域下拉索内力在 0.5%～5%之间变化，边缘区域下拉索内力在－18%～1%之间变化，边缘区域变化幅度较大。

（3）综上所述，圈梁及格构柱刚度变化对中间区域主索和边缘区域下拉索索力影响较大。圈梁刚度减小时，中间区域大多数主索索力减小，边缘区域下拉索索力有较大幅度的增大；圈梁刚度增大时，中间区域大多数主索索力增大，边缘区域下拉索索力有较大幅度的减小。

4.3.8　格构柱基础变形

1. 各抛物面工况下格构柱基础变形

分析格构柱基础变形对各个抛物面工况下索网内力的影响，格构柱基础变形的情况如下：

（1）格构柱基础沿水平径向向内滑动 10mm；

（2）格构柱基础竖向沉降 10mm；

（3）格构柱基础绕环向向内偏转 0.001rad。

考虑上述基础变形分布模式进行分析，结果如表 4.3-21～表 4.3-23 所示，每根钢索索力变化系数 r 的最大值和最小值如图 4.3-9 所示。从上述图表可以看出，基础变形对结构内力的影响如下：

格构柱基础水平滑动 10mm 时索力变化系数 r 统计表　　**表 4.3-21**

温度	统计指标	主索		下拉索	
		中间区域	边缘区域	中间区域	边缘区域
+25℃	Max	1.001 10	1.000 60	1.000 40	1.000 60
	Min	**0.997 76**	**0.998 85**	**0.998 91**	**0.994 53**
	均值	0.999 89	0.999 91	0.999 82	0.999 64
	标准差	0.000 12	0.000 21	0.000 09	0.000 63
	变异系数	0.000 12	0.000 21	0.000 09	0.000 63

续表

温度	统计指标	主索		下拉索	
		中间区域	边缘区域	中间区域	边缘区域
0℃	Max	1.000 00	1.000 00	1.000 00	1.000 10
	Min	0.999 92	0.999 99	0.999 94	0.999 96
	均值	1.000 00	1.000 00	1.000 00	0.999 99
	标准差	0.000 00	0.000 00	0.000 00	0.000 01
	变异系数	0.000 00	0.000 00	0.000 00	0.000 01
−25℃	Max	**1.001 60**	**1.001 00**	**1.000 90**	**1.002 50**
	Min	0.999 23	0.999 41	0.999 70	0.999 57
	均值	1.000 10	1.000 10	1.000 10	1.000 20
	标准差	0.000 10	0.000 19	0.000 07	0.000 36
	变异系数	0.000 10	0.000 19	0.000 07	0.000 36

格构柱基础竖向沉降 10mm 时索力变化系数 *r* 统计表　　表 4.3-22

温度	统计指标	主索		下拉索	
		中间区域	边缘区域	中间区域	边缘区域
+25℃	Max	0.995 56	0.993 05	0.989 79	0.984 70
	Min	**0.921 86**	0.986 11	**0.955 77**	**0.884 62**
	均值	0.987 97	0.989 89	0.981 22	0.959 10
	标准差	0.004 11	0.001 47	0.005 82	0.019 29
	变异系数	0.004 16	0.001 48	0.005 93	0.020 11
0℃	Max	0.996 02	0.993 49	0.990 67	0.985 85
	Min	0.948 43	0.986 79	0.965 09	0.934 24
	均值	0.988 94	0.990 48	0.983 35	0.967 54
	标准差	0.003 24	0.001 43	0.004 52	0.011 72
	变异系数	0.003 28	0.001 45	0.004 60	0.012 12
−25℃	Max	**0.996 54**	**0.994 29**	**0.992 58**	**0.986 87**
	Min	0.960 70	**0.986 03**	0.970 71	0.955 47
	均值	0.989 72	0.991 00	0.984 93	0.973 32
	标准差	0.002 74	0.001 47	0.003 71	0.007 76
	变异系数	0.002 76	0.001 48	0.003 77	0.007 98

格构柱基础绕环向向内偏转 0.001rad 时索力变化系数 *r* 统计表　　表 4.3-23

温度	统计指标	主索		下拉索	
		中间区域	边缘区域	中间区域	边缘区域
+25℃	Max	**1.026 10**	1.004 50	1.004 60	**1.026 00**
	Min	**0.963 92**	**0.988 70**	**0.989 19**	**0.920 23**
	均值	0.999 11	0.999 30	0.998 59	0.982 90
	标准差	0.002 84	0.002 61	0.001 69	0.015 18
	变异系数	0.002 85	0.002 61	0.001 70	0.015 44

续表

温度	统计指标	主索		下拉索	
		中间区域	边缘区域	中间区域	边缘区域
0℃	Max	1.007 70	**1.007 80**	**1.005 90**	1.015 90
	Min	0.980 43	0.989 17	0.989 92	0.947 74
	均值	0.996 93	0.997 42	0.995 51	0.996 33
	标准差	0.002 53	0.003 49	0.002 10	0.010 87
	变异系数	0.002 54	0.003 50	0.002 11	0.010 91
−25℃	Max	1.002 20	1.001 80	1.003 50	0.996 85
	Min	0.994 14	0.996 17	0.993 50	0.973 12
	均值	0.999 53	0.999 63	0.999 23	0.988 97
	标准差	0.000 39	0.000 93	0.000 41	0.004 77
	变异系数	0.000 39	0.000 93	0.000 41	0.004 83

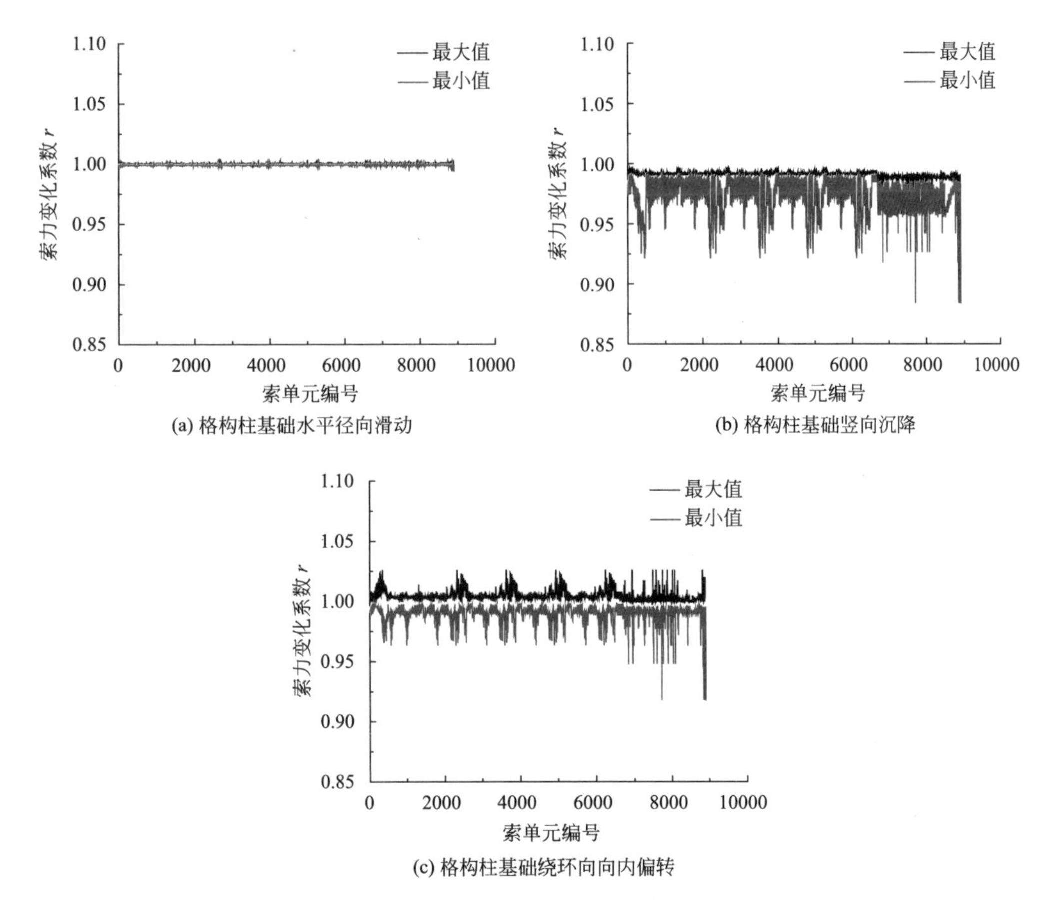

(a) 格构柱基础水平径向滑动

(b) 格构柱基础竖向沉降

(c) 格构柱基础绕环向向内偏转

图 4.3-9 基础变形对应的索力变化系数曲线

(1) 由表 4.3-21 和图 4.3-9 (a) 可以看出，相对于标准模型钢索索力，格构柱基础沿径向向内滑动 10mm 时，钢索索力变化非常小，变化幅度为−0.6%～0.3%。

（2）由表4.3-22和图4.3-9（b）可以看出，相对于标准模型钢索索力，格构柱基础竖向沉降10mm时，中间区域主索内力在−8%～−0.4%之间变化，边缘区域主索内力在−1.4%～0.6%之间变化，中间区域变化幅度稍大；中间区域下拉索内力在−5%～−0.8%之间变化，边缘区域下拉索内力在−12%～−1.3%之间变化，边缘区域变化幅度较大。

（3）由表4.3-23和图4.3-9（c）可以看出，相对于标准模型钢索索力，格构柱基础绕环向向内偏转0.001rad时，中间区域主索内力在−4%～3%之间变化，边缘区域主索内力在−1.2%～1%之间变化，中间区域变化幅度稍大；中间区域下拉索内力在−1%～0.6%之间变化，边缘区域下拉索内力在−8%～3%之间变化，边缘区域变化幅度稍大。

（4）综上所述，基础沿径向向内滑动10mm对结构内力影响很小，可以忽略不计；基础竖向沉降10mm主要引起钢索内力一定程度的减小，边缘区域的下拉索索力减小的幅度稍大；基础绕环向向内偏转0.001rad时，内力变化幅度较大的位置出现在边缘区域的下拉索，但变化比例不大。

2. 球面基准态下格构柱基础变形

分析格构柱基础变形对球面基准态下索网及钢结构内力的影响，基础变形的情况如下：

（1）格构柱基础沿水平径向向内滑动10mm；

（2）格构柱基础竖向沉降10mm；

（3）格构柱基础绕环向向内偏转0.001rad；

（4）单个格构柱基础分别绕环向向内偏转0.001rad（50个工况）；

（5）格构柱基础绕径向逆时针偏转0.001rad；

（6）格构柱基础绕径向顺时针偏转0.001rad；

（7）相邻两个格构柱基础绕径向相向转动0.001rad（50个工况）。

考虑上述基础变形分布模式进行分析，结果如表4.3-24～表4.3-30所示（其中第4、第7种变形模型选择对内力影响最大的工况提取数据），各根钢索索力变化系数r的最大值、最小值和钢结构杆件的应力变化最大值和最小值如图4.3-10～图4.3-16所示（其中第4、第7种变形模型选择对内力影响最大的工况提取数据）。从上述图表可以看出，基准态下基础变形对钢索内力和钢构件应力的影响如下：

格构柱基础水平滑动引起的内力变化表（滑动量：10mm）　　表4.3-24

温度	统计指标	主索索力变化系数r		下拉索索力变化系数r		钢构件应力变化值(MPa)
		中间区域	边缘区域	中间区域	边缘区域	
+25℃	Max	1.000 70	1.000 60	1.000 50	1.004 70	19.682 00
	Min	0.997 63	0.998 89	0.999 13	**0.998 65**	−6.500 30
	均值	0.999 97	0.999 98	0.999 95	1.000 50	0.074 97
	标准差	0.000 31	0.000 40	0.000 22	0.001 19	1.592 10
	变异系数	0.000 31	0.000 40	0.000 22	0.001 19	21.238 00

续表

温度	统计指标	主索索力变化系数 r		下拉索索力变化系数 r		钢构件应力变化值(MPa)
		中间区域	边缘区域	中间区域	边缘区域	
0℃	Max	1.000 90	1.000 90	1.000 70	1.003 20	25.003 00
	Min	0.998 02	0.998 92	0.999 10	0.999 59	−7.493 70
	均值	0.999 90	0.999 91	0.999 85	1.000 80	0.050 90
	标准差	0.000 35	0.000 47	0.000 24	0.000 83	1.855 50
	变异系数	0.000 35	0.000 47	0.000 24	0.000 83	36.456 00
−25℃	Max	**1.001 10**	**1.001 00**	**1.000 80**	**1.004 80**	**34.306 00**
	Min	**0.997 47**	**0.998 38**	**0.998 01**	1.000 10	**−10.093 00**
	均值	0.999 75	0.999 76	0.999 63	1.001 40	0.042 65
	标准差	0.000 45	0.000 61	0.000 31	0.001 06	2.637 40
	变异系数	0.000 45	0.000 61	0.000 31	0.001 06	61.842 00

格构柱基础竖向沉降引起的内力变化表（沉降量：10mm） 表4.3-25

温度	统计指标	主索索力变化系数 r		下拉索索力变化系数 r		钢构件应力变化值(MPa)
		中间区域	边缘区域	中间区域	边缘区域	
+25℃	Max	0.993 69	0.993 04	0.988 62	0.981 60	1.778 80
	Min	**0.980 20**	**0.987 09**	**0.980 98**	**0.909 66**	−2.133 40
	均值	0.989 58	0.990 76	0.984 73	0.962 11	0.133 65
	标准差	0.001 20	0.001 33	0.002 07	0.016 33	0.438 02
	变异系数	0.001 21	0.001 34	0.002 10	0.016 98	3.277 30
0℃	Max	0.994 50	0.993 50	0.989 35	0.983 20	1.870 70
	Min	0.982 53	0.987 36	0.982 82	0.940 74	−2.180 80
	均值	0.990 20	0.991 19	0.986 00	0.969 07	0.118 89
	标准差	0.001 11	0.001 33	0.001 78	0.010 73	0.427 17
	变异系数	0.001 12	0.001 34	0.001 81	0.011 08	3.593 10
−25℃	Max	**0.995 40**	**0.993 96**	**0.992 28**	**0.984 62**	**2.315 30**
	Min	0.984 23	0.987 55	0.984 22	0.955 68	**−2.293 30**
	均值	0.990 72	0.991 56	0.987 01	0.974 04	0.114 55
	标准差	0.001 06	0.001 35	0.001 58	0.007 50	0.441 68
	变异系数	0.001 07	0.001 36	0.001 60	0.007 70	3.855 60

格构柱基础绕环向向内偏转引起的内力变化表（偏转量：0.001rad） 表4.3-26

温度	统计指标	主索索力变化系数 r		下拉索索力变化系数 r		钢构件应力变化值(MPa)
		中间区域	边缘区域	中间区域	边缘区域	
+25℃	Max	**1.009 20**	**1.005 60**	**1.004 60**	**1.036 10**	42.971 00
	Min	**0.985 31**	**0.990 46**	**0.991 47**	**0.923 28**	−23.220 00
	均值	0.999 07	0.999 23	0.998 54	0.987 69	0.054 14
	标准差	0.003 06	0.003 46	0.002 04	0.016 63	4.373 40
	变异系数	0.003 06	0.003 46	0.002 04	0.016 84	80.774 00

续表

温度	统计指标	主索索力变化系数 *r*		下拉索索力变化系数 *r*		钢构件应力变化值(MPa)
		中间区域	边缘区域	中间区域	边缘区域	
0℃	Max	1.006 50	1.004 80	1.002 90	1.016 40	28.339 00
	Min	0.986 71	0.990 74	0.992 42	0.952 59	−25.127 00
	均值	0.996 97	0.997 35	0.995 74	0.999 36	−0.374 75
	标准差	0.001 74	0.003 13	0.001 32	0.010 45	5.549 90
	变异系数	0.001 75	0.003 14	0.001 32	0.010 46	−14.809 00
−25℃	Max	1.003 70	1.002 70	1.000 60	1.006 80	**43.100 00**
	Min	0.987 85	0.991 92	0.992 71	0.970 31	**−41.441 00**
	均值	0.998 24	0.998 47	0.997 45	0.995 72	−0.584 37
	标准差	0.001 52	0.002 67	0.001 05	0.006 29	6.401 80
	变异系数	0.001 53	0.002 67	0.001 05	0.006 32	−10.955 00

单个格构柱基础绕环向向内偏转引起的内力变化表（偏转量：0.001rad）　表 4.3-27

温度	统计指标	主索索力变化系数 *r*		下拉索索力变化系数 *r*		钢构件应力变化值(MPa)
		中间区域	边缘区域	中间区域	边缘区域	
+25℃	Max	**1.011 10**	**1.005 60**	**1.003 90**	**1.004 80**	31.008 00
	Min	**0.981 34**	**0.987 83**	**0.991 77**	**0.961 34**	−16.877 00
	均值	1.000 10	1.000 10	1.000 10	0.999 79	−0.134 10
	标准差	0.000 60	0.001 16	0.000 29	0.003 36	2.186 30
	变异系数	0.000 60	0.001 16	0.000 29	0.003 36	−16.303 00
0℃	Max	1.009 60	1.003 50	1.002 20	1.001 80	31.286 00
	Min	0.984 64	0.989 05	0.992 59	0.972 13	−17.093 00
	均值	0.999 99	0.999 99	0.999 98	0.999 64	−0.005 44
	标准差	0.000 50	0.000 98	0.000 25	0.002 40	0.631 80
	变异系数	0.000 50	0.000 98	0.000 25	0.002 40	−116.050 00
−25℃	Max	1.008 30	1.002 40	1.001 30	1.001 70	**31.908 00**
	Min	0.987 05	0.990 10	0.993 28	0.978 61	**−17.748 00**
	均值	0.999 91	0.999 92	0.999 86	0.999 52	0.121 86
	标准差	0.000 45	0.000 87	0.000 24	0.001 84	2.182 20
	变异系数	0.000 45	0.000 87	0.000 24	0.001 85	17.907 00

格构柱基础绕径向逆时针偏转引起的内力变化表（偏转量：0.001rad）　表 4.3-28

温度	极值	主索索力变化系数 *r*		下拉索索力变化系数 *r*		钢构件应力变化值(MPa)
		中间区域	边缘区域	中间区域	边缘区域	
+25℃	Max	**1.033 40**	**1.015 80**	**1.015 60**	**1.117 40**	48.966 00
	Min	**0.973 70**	**0.984 20**	**0.986 88**	**0.910 20**	−41.692 00
	均值	1.000 10	1.000 00	1.000 00	0.999 35	0.000 78
	标准差	0.008 29	0.006 85	0.004 47	0.035 23	3.748 70
	变异系数	0.008 29	0.006 85	0.004 47	0.035 26	4811.000 00

续表

温度	极值	主索索力变化系数 r		下拉索索力变化系数 r		钢构件应力变化值(MPa)
		中间区域	边缘区域	中间区域	边缘区域	
0℃	Max	1.029 90	1.015 20	1.013 10	1.084 20	59.938 00
	Min	0.976 48	0.985 05	0.989 44	0.944 93	−42.781 00
	均值	0.999 94	0.999 93	0.999 91	0.999 75	−0.016 33
	标准差	0.006 90	0.005 82	0.003 55	0.025 37	3.966 40
	变异系数	0.006 90	0.005 82	0.003 55	0.025 37	−242.850 00
−25℃	Max	1.026 30	1.014 00	1.010 50	1.059 20	**62.283 00**
	Min	0.978 97	0.986 21	0.991 05	0.961 82	**−59.827 00**
	均值	0.999 94	0.999 93	0.999 91	0.999 79	−0.032 71
	标准差	0.005 76	0.004 98	0.002 83	0.017 88	4.442 40
	变异系数	0.005 76	0.004 98	0.002 83	0.017 88	−135.810 00

格构柱基础绕径向顺时针偏转引起的内力变化表（偏转量：0.001rad）　表 4.3-29

温度	极值	主索索力变化系数 r		下拉索索力变化系数 r		钢构件应力变化值(MPa)
		中间区域	边缘区域	中间区域	边缘区域	
+25℃	Max	**1.026 40**	**1.015 70**	**1.013 40**	**1.084 90**	42.079 00
	Min	**0.967 52**	**0.984 08**	**0.984 59**	**0.878 28**	−49.327 00
	均值	0.999 97	1.000 00	1.000 00	0.999 81	−0.012 57
	标准差	0.008 18	0.006 77	0.004 42	0.034 95	3.742 70
	变异系数	0.008 18	0.006 77	0.004 42	0.034 96	−297.690 00
0℃	Max	1.023 50	1.014 70	1.010 70	1.056 20	55.813 00
	Min	0.970 81	0.984 94	0.987 41	0.915 22	−50.800 00
	均值	1.000 00	1.000 10	1.000 10	0.999 82	0.016 55
	标准差	0.007 04	0.005 91	0.003 62	0.025 48	3.935 60
	变异系数	0.007 04	0.005 91	0.003 62	0.025 48	237.850 00
−25℃	Max	1.021 00	1.013 80	1.008 80	1.036 30	**59.779 00**
	Min	0.973 58	0.985 94	0.989 62	0.938 92	**−62.584 00**
	均值	1.000 10	1.000 10	1.000 10	0.999 80	0.033 65
	标准差	0.005 73	0.004 97	0.002 82	0.017 87	4.462 00
	变异系数	0.005 73	0.004 97	0.002 82	0.017 87	132.580 00

相邻两个格构柱基础绕径向相向转动引起的内力变化表（转动量：0.001rad）

表 4.3-30

温度	极值	主索索力变化系数 r		下拉索索力变化系数 r		钢构件应力变化值(MPa)
		中间区域	边缘区域	中间区域	边缘区域	
+25℃	Max	**1.015 40**	**1.011 50**	**1.010 30**	1.004 60	58.257 00
	Min	**0.994 19**	0.998 31	**0.998 20**	**0.968 64**	−57.992 00
	均值	1.000 10	1.000 10	1.000 10	1.000 10	−0.138 23
	标准差	0.000 91	0.001 46	0.000 63	0.003 48	2.848 80
	变异系数	0.000 91	0.001 46	0.000 63	0.003 48	−20.608 00

续表

温度	极值	主索索力变化系数 r		下拉索索力变化系数 r		钢构件应力变化值(MPa)
		中间区域	边缘区域	中间区域	边缘区域	
0℃	Max	1.014 70	1.010 80	1.009 20	1.004 50	58.723 00
	Min	0.994 34	0.997 94	0.998 47	0.981 84	−58.576 00
	均值	1.000 00	0.999 99	1.000 00	0.999 89	−0.009 83
	标准差	0.000 80	0.001 34	0.000 53	0.002 30	2.023 30
	变异系数	0.000 80	0.001 34	0.000 53	0.002 30	−205.770 00
−25℃	Max	1.014 00	1.010 20	1.008 30	**1.005 30**	**59.044 00**
	Min	0.994 48	**0.997 52**	0.998 73	0.988 49	**−58.779 00**
	均值	0.999 92	0.999 92	0.999 90	0.999 73	0.111 59
	标准差	0.000 71	0.001 26	0.000 45	0.001 73	3.013 50
	变异系数	0.000 71	0.001 26	0.000 45	0.001 73	27.006 00

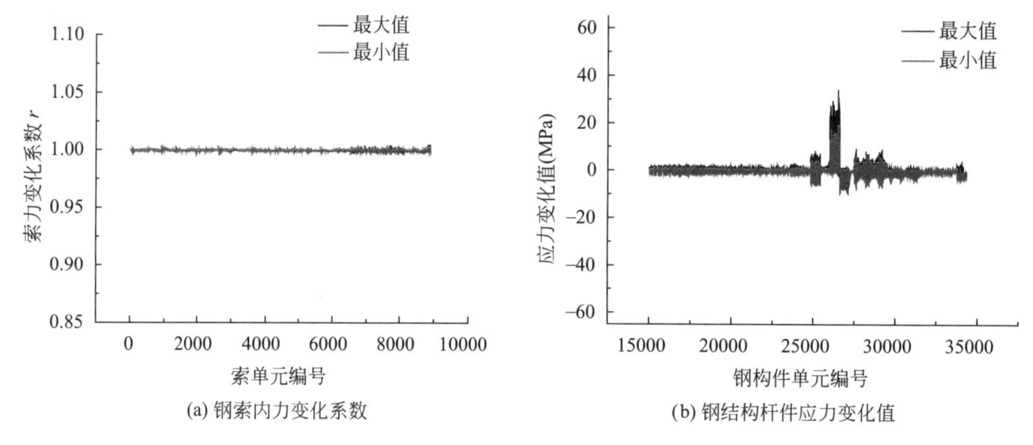

(a) 钢索内力变化系数　　(b) 钢结构杆件应力变化值

图 4.3-10　格构柱基础沿水平径向向内滑动对应的结构内力变化曲线

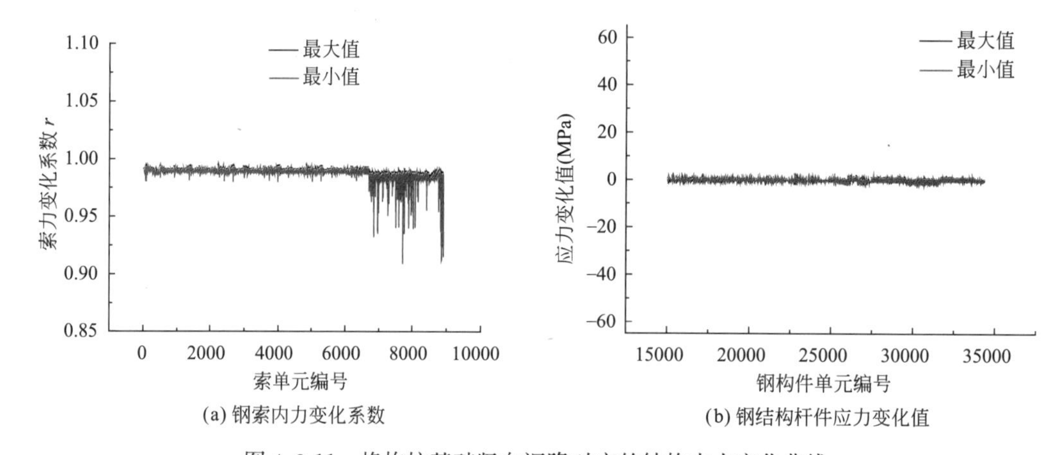

(a) 钢索内力变化系数　　(b) 钢结构杆件应力变化值

图 4.3-11　格构柱基础竖向沉降对应的结构内力变化曲线

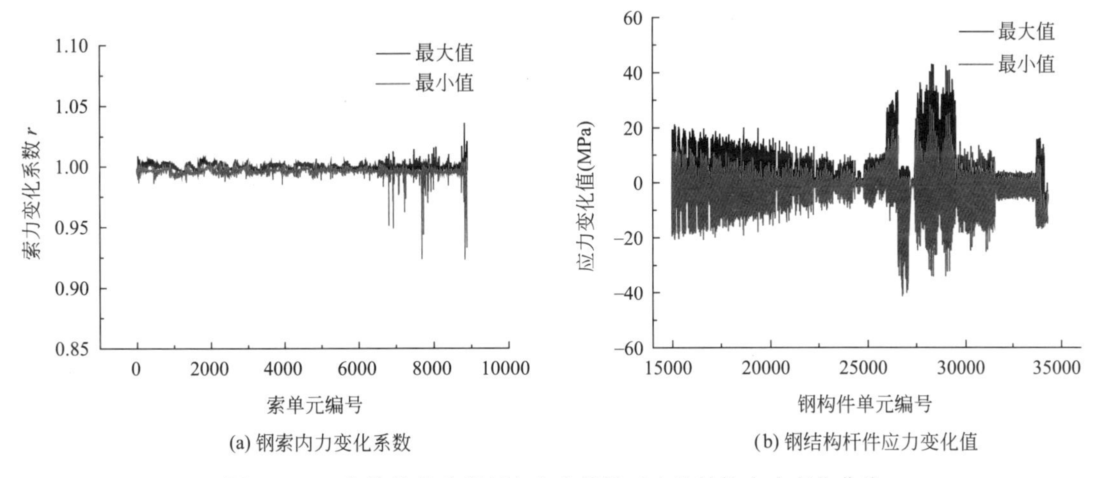

(a) 钢索内力变化系数　　(b) 钢结构杆件应力变化值

图 4.3-12　格构柱基础绕环向向内偏转对应的结构内力变化曲线

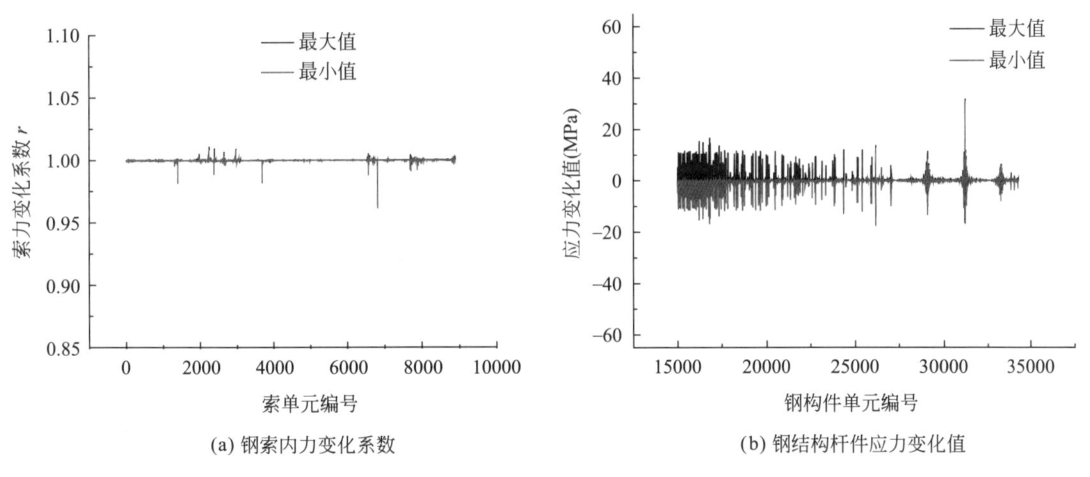

(a) 钢索内力变化系数　　(b) 钢结构杆件应力变化值

图 4.3-13　单个格构柱基础绕环向向内偏转对应的结构内力变化曲线

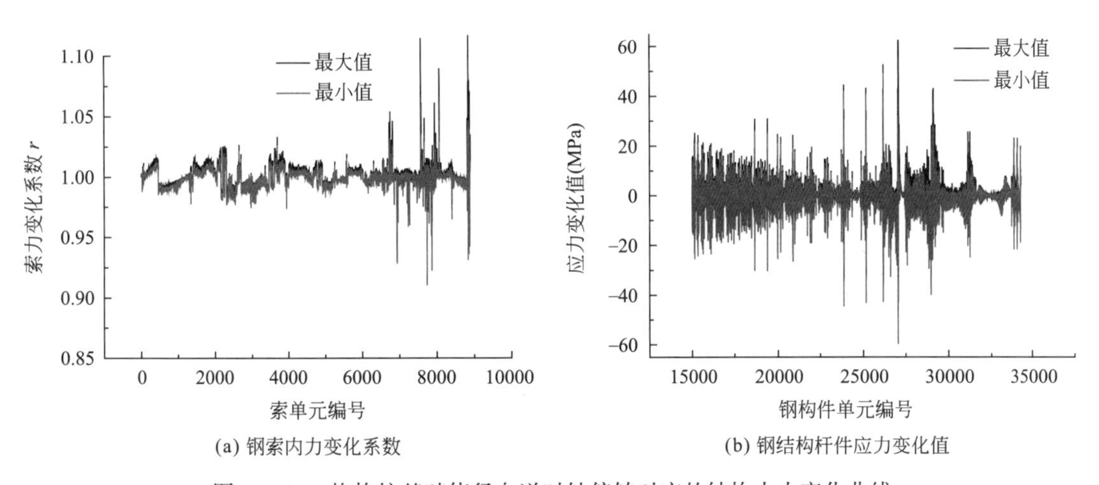

(a) 钢索内力变化系数　　(b) 钢结构杆件应力变化值

图 4.3-14　格构柱基础绕径向逆时针偏转对应的结构内力变化曲线

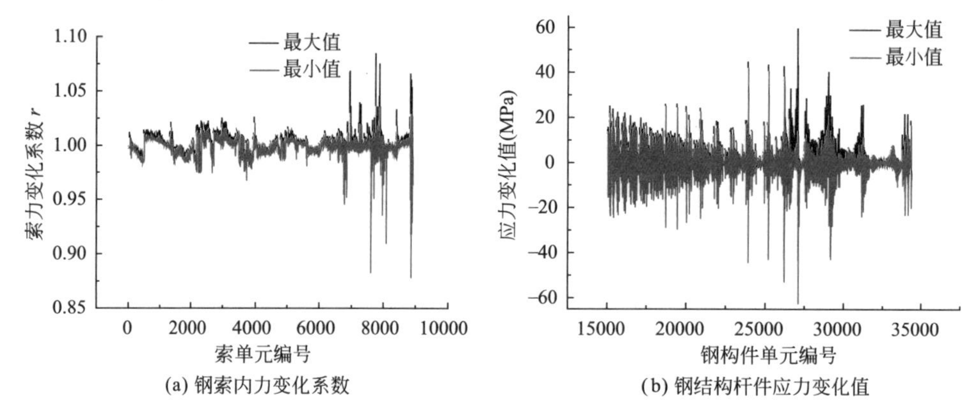

(a) 钢索内力变化系数　　(b) 钢结构杆件应力变化值

图 4.3-15　格构柱基础绕径向顺时针偏转对应的结构内力变化曲线

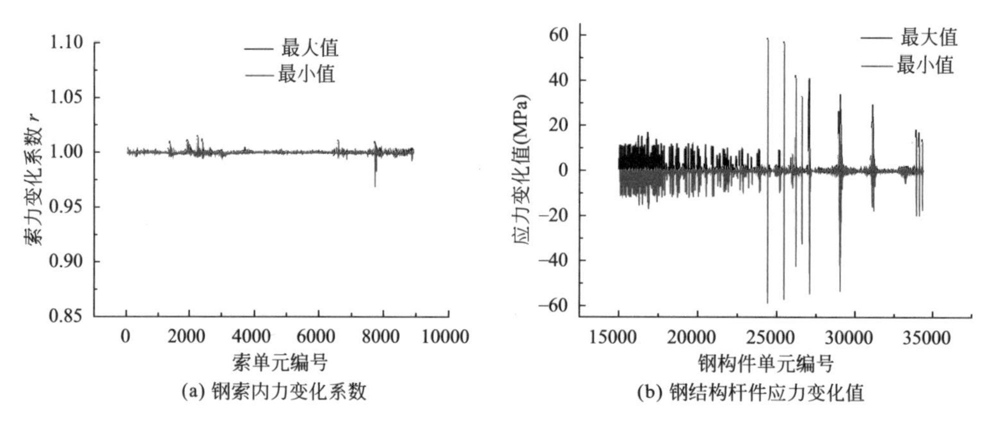

(a) 钢索内力变化系数　　(b) 钢结构杆件应力变化值

图 4.3-16　相邻两个格构柱基础绕径向相向转动对应的结构内力变化曲线

(1) 由表 4.3-24 和图 4.3-10 可以看出，相对于标准模型钢索索力和钢构件应力，格构柱基础沿径向向内滑动 10mm 时，钢索索力变化非常小，变化幅度为－0.3%～0.5%；钢构件应力在－10.1～34.1MPa 之间变化。

(2) 由表 4.3-25 和图 4.3-11 可以看出，相对于标准模型钢索索力和钢构件应力，格构柱基础竖向沉降 10mm 时，中间区域主索内力在－2%～－0.5%之间变化，边缘区域主索内力在－1.3%～－0.7%之间变化，变化幅度很小；中间区域下拉索内力在－2%～－0.8%之间变化，边缘区域下拉索内力在－10%～－2%之间变化，边缘区域变化幅度较大；钢构件应力最大变化 2.3MPa，变化幅度很小。

(3) 由表 4.3-26 和图 4.3-12 可以看出，相对于标准模型钢索索力和钢构件应力，格构柱基础绕环向向内偏转 0.001rad 时，中间区域主索内力在－1.5%～1%之间变化，边缘区域主索内力在－1%～0.6%之间变化，变化幅度很小；中间区域下拉索内力在－1%～0.5%之间变化，边缘区域下拉索内力在－8%～4%之间变化，边缘区域变化幅度稍大；钢构件应力在－41.4～43.1MPa 之间变化。

(4) 由表 4.3-27 和图 4.3-13 可以看出，相对于标准模型钢索索力和钢构件应力，单个格构柱基础绕环向向内偏转 0.001rad 时，中间区域主索内力在－2%～1%之间变化，边缘区域主索内力在－2%～0.6%之间变化，变化幅度很小；中间区域下拉索内力在

－1%～0.4%之间变化，边缘区域下拉索内力在－4%～0.5%之间变化，边缘区域变化幅度稍大；钢构件应力在－17.7～31.9MPa之间变化。

（5）由表4.3-28和图4.3-14可以看出，相对于标准模型钢索索力和钢构件应力，格构柱基础绕径向逆时针偏转0.001rad时，中间区域主索内力在－3%～3%之间变化，边缘区域主索内力在－1.5%～1.5%之间变化，变化幅度很小；中间区域下拉索内力在－1.3%～1.5%之间变化，边缘区域下拉索内力在－9%～12%之间变化，边缘区域变化幅度较大；钢构件应力在－59.8～62.3MPa之间变化，变化幅度较大。

（6）由表4.3-29和图4.3-15可以看出，相对于标准模型钢索索力和钢构件应力，格构柱基础绕径向顺时针偏转0.001rad时，中间区域主索内力在－3%～3%之间变化，边缘区域主索内力在－1.5%～1.6%之间变化，变化幅度很小；中间区域下拉索内力在－1.6%～1.3%之间变化，边缘区域下拉索内力在－12%～8%之间变化，边缘区域变化幅度较大；钢构件应力在－62.6～59.8MPa之间变化，变化幅度较大。

（7）由表4.3-30和图4.3-16可以看出，相对于标准模型钢索索力和钢构件应力，相邻两个格构柱基础绕径向相向转动0.001rad时，中间区域主索内力在－0.6%～1.5%之间变化，边缘区域主索内力在－0.3%～1.2%之间变化，变化幅度很小；中间区域下拉索内力在－0.2%～1%之间变化，边缘区域下拉索内力在－3.2%～0.5%之间变化，变化幅度很小；钢构件应力在－58.8～59.0MPa之间变化，变化幅度较大。

（8）综上所述，基础沿径向向内滑动10mm对索网内力影响很小，可以忽略不计，对钢构件的应力有一定的影响；基础竖向沉降10mm对边缘区域的下拉索有一定的影响，索力减小幅度达10%；基础绕环向向内偏转0.001rad对边缘区域的下拉索有一定的影响，索力减小幅度达8%，对钢构件的应力也有一定的影响；单个格构柱基础绕环向向内偏转0.001rad时，边缘下拉索最大减小幅度为4%，钢构件应力最大增加为32MPa；基础绕径向偏转0.001rad时，对边缘区域下拉索和钢构件的应力影响较大，下拉索减小12%，钢构件应力变化60MPa左右；相邻两个格构柱基础绕径向相向转动0.001rad时，主要对钢构件的应力影响较大，最大改变约60MPa。

4.3.9 单参数误差敏感性分析总结

综合比较各个参数对索网结构内力的影响，可以得到以下结论：

（1）索体弹性模量误差对钢索索力有较大的影响，当钢索索体弹性模量统一取180GPa、190GPa以及正态分布（均值190GPa，标准差10/3GPa，保证率为99.73%）时，钢索索力普遍小于标准模型（索体弹性模型取200GPa）的计算结果，因此索体弹性模量取200GPa已经涵盖了索体弹性模量误差产生的对钢索承载力的不利影响。

（2）钢索下料长度误差是影响钢索内力最主要的因素。主索下料长度误差越小，对钢索索力产生的影响越小，应控制下料误差在±1mm以内。

（3）面板及节点自重误差对下拉索力影响大，对主索索力影响小。当自重改变10%时，下拉索索力最大变化17%，主索索力最大变化6%。

（4）主索边缘节点位置误差对边缘区域的下拉索索力影响大，最大达10%，对主索和中间区域的下拉索基本无影响。

（5）下拉索地锚点位置的变化对中间区域的下拉索影响大，索力变化幅度为－13%～

13%，对主索和边缘区域的下拉索影响很小。

(6) 随着滑动支座摩擦系数的增大，索网内力改变幅度增大，摩擦系数取 0.15 时，主索内力改变幅度最大达 17%，下拉索内力改变幅度最大达 43%，因此需严格限制摩擦系数的变异性，并考虑较大摩擦系数对索网内力的不利影响。

(7) 圈梁和格构柱刚度变化时会对边缘下拉索产生较大的影响，刚度减小时边缘下拉索内力最大增幅达 23%，刚度增大时边缘下拉索内力最大减小 18%。

(8) 格构柱基础变形对中间区域的钢索内力影响较小，对边缘区域的下拉索内力会产生一定程度的影响，变化幅度最大为 12%。格构柱基础变形对钢构件应力影响较大，尤其当基础绕径向转动时，钢结构应力变化值会达到 60MPa。

4.4 多参数综合误差分析

基于上述单参数误差分析的结果，比较各种误差对钢索内力影响的大小，对 FAST 索网进行多参数综合误差分析。由于标准模型中索体弹性模量取值为 200GPa，已经考虑了弹性模量误差对钢索承载力的不利影响，在综合误差分析时不予考虑。由于主索边缘节点位置误差对索网内力影响较小，在综合误差分析时也不予考虑。区分考虑格构柱基础变形与否，进行两种模式的综合误差分析。

4.4.1 多参数误差分析工况 1

误差分布模式考虑如下：

(1) 综合考虑主索的初张力误差和下料长度误差，取主索下料长度满足正态分布，标准差为 1/3mm，保证率为 99.73%；

(2) 面板和节点自重统一减小 5%；

(3) 下拉索地锚点位置沿任意方向偏离 1.5°；

(4) 滑动支座摩擦系数取 0.05；

(5) 圈梁及格构柱刚度统一减小 5%。

考虑上述综合误差分布模式进行分析，结果如表 4.4-1 所示，每根钢索索力变化系数 r 的最大值和最小值如图 4.4-1 所示。由表 4.4-1 和图 4.4-1 可以看出，相对于标准模型钢索索力，综合考虑上述五种误差后，中间区域主索内力在−19%～27%之间变化，边缘区域主索内力在−5%～4%之间变化，中间区域变化幅度较大；中间区域下拉索内力在−7%～19%之间变化，边缘区域下拉索内力在−12%～6%之间变化，综合误差对下拉索影响较大。

工况 1 索力变化系数 r 统计表 **表 4.4-1**

温度	统计指标	主索		下拉索	
		中间区域	边缘区域	中间区域	边缘区域
+25℃	Max	**1.286 50**	1.037 80	1.146 40	**1.035 20**
	Min	**0.823 35**	0.951 87	0.939 25	0.907 38
	均值	1.002 70	0.996 09	1.028 80	0.983 04
	标准差	0.019 39	0.015 92	0.022 89	0.026 97
	变异系数	0.019 33	0.015 99	0.022 25	0.027 43

续表

温度	统计指标	主索		下拉索	
		中间区域	边缘区域	中间区域	边缘区域
0℃	Max	1.209 40	1.041 30	1.127 10	1.030 80
	Min	0.853 74	**0.950 13**	0.968 41	**0.885 14**
	均值	1.004 20	0.997 95	1.028 20	0.979 45
	标准差	0.017 84	0.015 41	0.019 43	0.027 14
	变异系数	0.017 77	0.015 44	0.018 89	0.027 71
−25℃	Max	1.167 00	**1.042 60**	**1.189 00**	1.027 30
	Min	0.893 20	0.961 26	**0.933 61**	0.908 34
	均值	1.007 50	1.001 20	1.030 50	0.971 26
	标准差	0.016 28	0.013 82	0.018 20	0.023 57
	变异系数	0.016 16	0.013 80	0.017 66	0.024 26

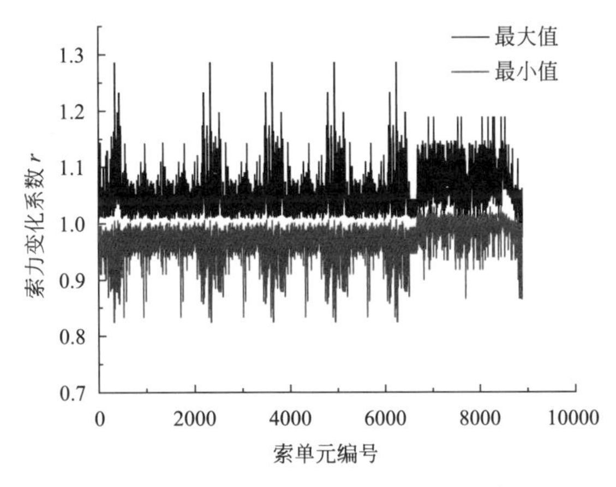

图 4.4-1 工况 1 钢索索力变化系数曲线

4.4.2 多参数误差分析工况 2

误差分布模式考虑如下：

（1）综合考虑主索的初张力误差和下料长度误差，取主索下料长度满足正态分布标准差为 1/3mm，保证率为 99.73%；

（2）面板和节点自重统一减小 5%；

（3）下拉索地锚点位置沿任意方向偏离 1.5°；

（4）滑动支座摩擦系数取 0.05；

（5）圈梁及格构柱刚度统一减小 5%；

（6）格构柱基础统一向内偏转 0.001rad。

考虑上述综合误差分布模式进行分析，结果如表 4.4-2 所示，每根钢索索力变化系数 r 的最大值和最小值如图 4.4-2 所示。由表 4.4-2 和图 4.4-2 可以看出，相对于标准模型钢索索力，综合考虑上述六种误差后，中间区域主索内力在−18%～29%之间变化，边缘区域主索内力在－5%～4%之间变化，中间区域变化幅度较大；中间区域下拉索内力在－7%～19%之间变化，边缘区域下拉索内力在－12%～4%之间变化，综合误差对下拉索影响较大。

工况 2 索力变化系数 *r* 统计表 **表 4.4-2**

温度	统计指标	主索		下拉索	
		中间区域	边缘区域	中间区域	边缘区域
+25℃	Max	**1.265 50**	1.037 00	1.152 30	**1.062 80**
	Min	**0.818 09**	**0.948 11**	0.936 37	**0.882 15**
	均值	1.004 90	0.997 86	1.032 20	0.992 39
	标准差	0.020 62	0.016 58	0.023 95	0.034 02
	变异系数	0.020 52	0.016 62	0.023 21	0.034 28
0℃	Max	1.218 00	1.042 10	1.137 20	1.031 00
	Min	0.875 29	0.959 32	0.974 46	0.911 62
	均值	1.008 40	1.001 50	1.034 30	0.977 36
	标准差	0.017 68	0.014 33	0.020 36	0.024 69
	变异系数	0.017 53	0.014 31	0.019 69	0.025 26
−25℃	Max	1.168 90	**1.042 30**	**1.194 00**	1.032 50
	Min	0.894 76	0.968 04	**0.933 62**	0.923 91
	均值	1.008 00	1.001 60	1.031 30	0.981 44
	标准差	0.016 31	0.013 68	0.018 23	0.020 66
	变异系数	0.016 18	0.013 66	0.017 68	0.021 05

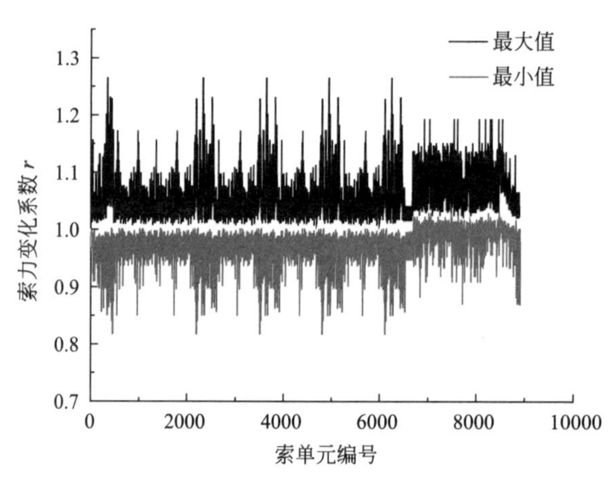

图 4.4-2 工况 2 钢索索力变化系数曲线

4.5 误差敏感性分析小结

综合上述单参数误差分析和多参数综合误差分析结果，可以得到以下结论：

（1）钢索索体弹性模型误差对索力计算结果影响较大。由于在 FAST 索网分析时采用了较大的索体弹性模量（200GPa），因此设计偏于保守。

（2）主索下料长度误差对索网内力影响很大，在钢索下料加工过程时需严格控制下料误差水平在±1mm 范围内。

（3）依据格构柱基础变形分析的结果，考虑基础变形对索网及钢结构内力的影响，需控制基础绝对沉降在 10mm 以内，基础转角在 0.001rad 以内。

（4）考虑各种误差的影响，在选择钢索截面规格和确定下拉索地锚点反力时，应考虑各种误差对索力的不利影响。在确定地锚点反力时对下拉索索力乘以 1.25 倍的放大系数。

（5）依据误差敏感性分析的结果，制定钢索下料长度、面板和节点自重、主索边缘节点位置、下拉索地锚点位置、格构柱基础转动的误差控制标准，见表 4.5-1。

各参数误差控制标准 **表 4.5-1**

结构参数	允许偏差
钢索下料长度	±1mm
面板和节点自重	±5%
主索边缘节点位置	±10mm
下拉索地锚点位置	不大于 1.5°
格构柱基础变形	绝对沉降不大于 10mm,转角不大于 0.001rad

4.6 实现索网精度要求的关键设计要素

为实现球面基准态下索网法向 RMS 偏差不大于 2mm 的精度要求，基于上述敏感性分析，兼顾建造可行性和经济性，解耦影响精度的因素，从边界、制造和节点连接三个关键因素入手，提出实现索网精度要求的关键设计要素。

1. 高精度边界

圈梁各段的安装温度不同，圈梁的合拢温度同钢索的加工温度也不同，造成索网边界在圈梁上的实际定位点与理论位置有差异；内径 500.8m 的圈梁安装完成后，有 80mm 左右的安装偏差，对索网的形态有较大影响；圈梁的真实刚度与理论刚度有差异，实际变形与理论值也有偏差。因此在周长 1600 多米的巨型结构上，控制主索边缘节点位置偏差不大于±10mm 极其困难。基于以上原因，提出基于均匀温度场的圈梁实测位形修正索网边界方法，实现索网边界的高精度定位（图 4.6-1）具体过程如下：

（1）在不同均匀温度场 T_1 和 T_2 环境下，对圈梁位形进行实测，位形分别为 P_1^C 和 P_2^C。

（2）根据环境温度 T_1 和 T_2 的位形 P_1^C 和 P_2^C，可以差值得到初始态温度 T_0 对应的实测位形 P_0^C 为：

$$P_0^C = P_1^C + \frac{(P_2^C - P_1^C)}{(T_2 - T_1)}(T_0 - T_1) \tag{4.6-1}$$

（3）初始态温度 T_0 对应的理论位置为 P_0^T。

（4）圈梁偏差修正量为：

$$\delta = P_0^{\mathrm{T}} - P_0^{\mathrm{C}} \tag{4.6-2}$$

通过以上方式，可以消除各种因素引起的偏差。

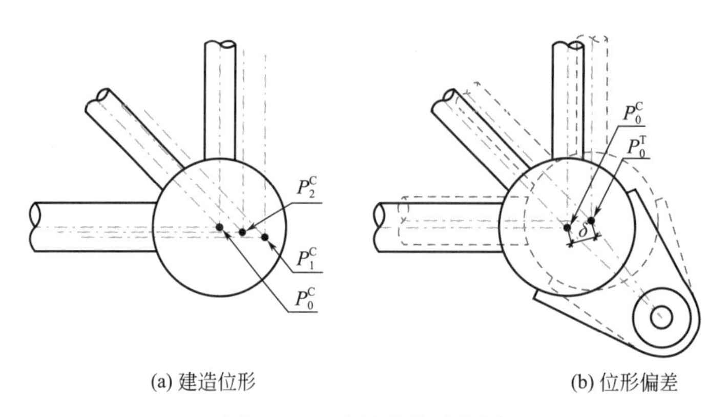

(a) 建造位形　　(b) 位形偏差

图 4.6-1　边界偏差示意图

2. 高精度索长

为减小加工偏差，提出恒温制索要求，主索在 20±1℃的恒温车间加工；提出索长带载调节原则，更好地消除钢索本构关系非线性的影响，实现索力与索长的高精度闭合，是制索行业的首次应用；索力测量采用精度为 0.3%的穿心式测力传感器，索长采用分辨率 0.1mm、精度 0.5mm 的激光位移传感器；研究了各种系统误差影响，并进行了修正。[8,9]

150 根边缘主索设置调节套筒，现场调节长度，其长度不做±1mm 要求，其余 6520 根主索长度偏差最大值为 0.55mm、最小值为－0.37mm，满足偏差不大于±1mm 的要求，并且符合平均值为－0.004mm、标准差为 0.15461mm 的正态分布规律，如图 4.6-2 所示。[8]

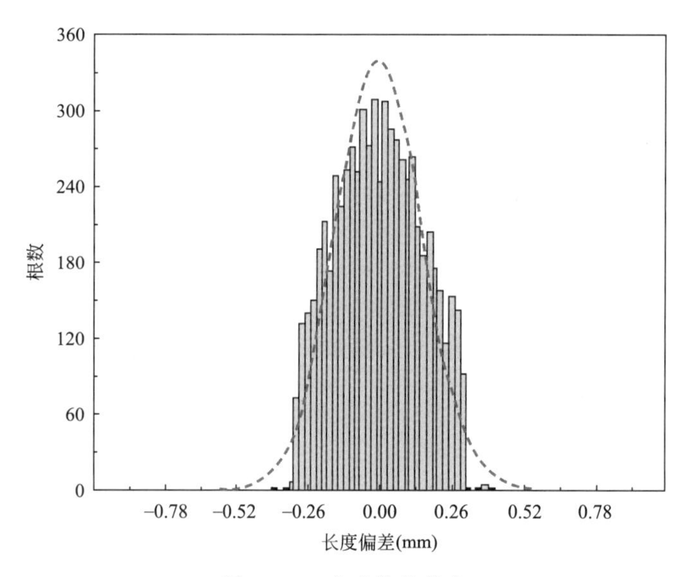

图 4.6-2　主索偏差分布

3. 高精度节点连接

为减小安装偏差，节点盘（图 3.7-1）设置关节轴承与钢索通过销轴连接，关节轴承的定位偏差不大于±0.1mm。通过专用工具，现场进行销轴与关节轴承过盈配合装配（图 4.6-3），实现销轴与关节轴承无间隙连接，消除了钢索的安装偏差。

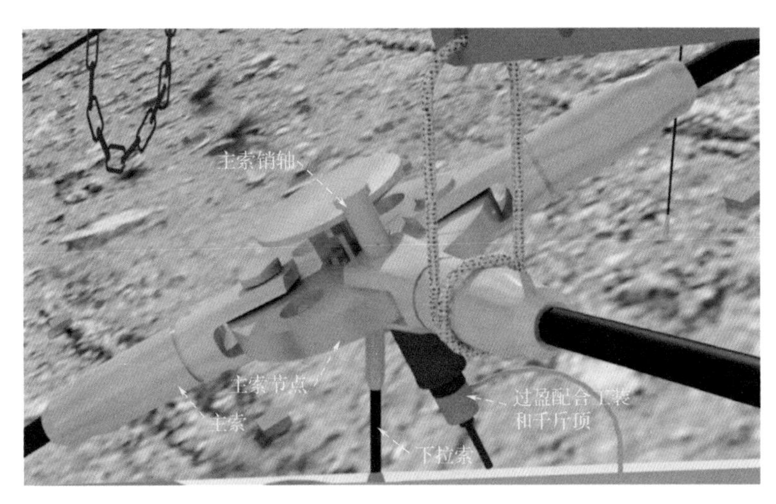

图 4.6-3　销轴安装示意图

以上措施实现了钢索索长综合偏差的要求，为索网成型偏差 RMS 小于 2mm 奠定了基础。

参考文献

[1] 罗晓群，吕颂晨，刘文锐. 体育场结构索长误差敏感性分析［J］. 建筑结构，2018，48（S2）：515-521.

[2] 郭彦林，王小安，田广宇，等. 车辐式张拉结构施工随机误差敏感性研究［J］. 施工技术，2009（03）：35-39.

[3] 刘占省，王竞超，韩泽斌，等. 车辐式索桁架长度误差敏感性试验及可靠性评估［J］. 天津大学学报（自然科学与工程技术版），2019（S2）.

[4] 程军，邓华，徐闽涛. 索杆张力结构的构件长度误差敏感性分析［C］// 第十届全国现代结构工程学术研讨会. 上海：2010.

[5] 邓华，宋荣敏. 面向控制随机索长误差效应的索杆张力结构张拉分析［J］. 建筑结构学报，2012，33（005）：71-78.

[6] 丁正生. 概率论与数理统计简明教程［M］. 北京：高等教育出版社，2005.

[7] 周纪芗，茆诗松. 质量管理统计方法［M］. 第 2 版. 北京：中国统计出版社，2008.

[8] 北京市建筑设计研究院有限公司，等. 世界首创 500m 口径球面射电望远镜圈梁与索网结构设计与施工的创新与实践［R］. 2015. 9.

[9] 朱万旭，邓礼娇，黄颖，等. FAST 索网的索长高精度测控［J］. 机械工程学报，2017，53（17）：17-22.

第 5 章　断索分析

5.1　断索分析的背景

我国现行国家标准《工程结构可靠性设计统一标准》GB 50153—2008 和《建筑结构可靠性设计统一标准》GB 50068—2018 中均规定，“当发生爆炸、撞击、人为错误等偶然事件时，结构能保持必需的整体稳固性，不出现与起因不相称的破坏后果，防止出现结构的连续倒塌”。现行国家标准《建筑结构可靠性设计统一标准》GB 50068—2018 中还规定，结构设计时应“采用当单个构件或结构的有限部分被意外移除或结构出现可接受的局部损坏时，结构的其他部分仍能保存的结构类型”“对于允许发生局部破坏的结构，局部破坏应控制在不引起结构整体倒塌的程度和范围内”。

结构连续倒塌是指结构因突发事件或严重超载而造成局部结构破坏失效，继而引发与失效破坏构件相连的构件连续破坏，最终导致相对于初始局部破坏更大范围的倒塌破坏。当偶然因素导致局部结构破坏失效时，如果整体结构不能形成有效的多重荷载传递路径，破坏范围就可能沿多方向蔓延，最终导致结构发生大范围的倒塌甚至是整体倒塌[1]。

结构连续倒塌事故在国内外均有先例。英国 Ronan Point 公寓煤气爆炸倒塌、美国 WTC 世贸中心大楼倒塌、我国湖南衡阳大厦特大火灾后倒塌、法国戴高乐机场候机厅倒塌等都是比较典型的结构连续倒塌事故，这些事故造成了重大人员伤亡和财产损失，给地区乃至整个国家都造成了严重的负面影响。因此，结构抗连续倒塌分析与设计是十分必要的[1]。

近年来，国内一些大型的、复杂的钢结构工程，如三亚海棠湾国际购物中心、靖江市文化中心、哈尔滨万达茂滑雪场、北京大兴机场航站楼等，在设计过程中都进行了抗连续倒塌分析[2~6]。FAST 索网共有近 9000 根拉索张拉完成后，拉索始终处于高应力工作状态，并且由于抛物面成型需要不断调节索力，应力不断变化，应力幅高达 459MPa。如此庞大数量的拉索在承受多次疲劳荷载之后，存在发生断索的可能。因此，有必要对偶然断索的情况进行模拟分析，考察断索对其周边局部结构乃至整个结构体系的影响，分析其能否引起周边其他拉索连续破坏进而引起结构连续倒塌。

5.2　断索分析方法

我国现行国家标准《建筑结构可靠性设计统一标准》GB 50068—2018 规定，进行结构整体稳固性设计时，“安全等级为三级的结构，可只进行概念设计和构造处理；安全等级为二级的结构，除应进行概念设计和构造处理外，可采用线性静力方法进行计算；安全等级为一级的结构，除应进行概念设计和构造处理外，宜采用非线性静力方法或非线性动力方法进行计算，也可采用线性静力方法进行计算”。

目前抗连续倒塌分析的主流方法是拆除构件法，即单纯通过删除某些构件来模拟失效，对剩余构件进行线性静力分析和构件截面验算[1]，荷载效应组合公式为：

$$S_{\mathrm{d}}=\eta_{\mathrm{d}}(S_{\mathrm{GK}}+\sum\varphi_{\mathrm{q}i}S_{\mathrm{Q}i,\mathrm{k}})+\psi_{\mathrm{w}}S_{\mathrm{wk}} \tag{5.2-1}$$

其中，η_{d} 为荷载动力放大系数，当构件直接与被拆除构件相连时取 2.0，其他构件取 1.0（即不考虑动力效应）。

此方法对构件失效产生的动力效应进行了简化，不能准确反应结构的动力响应、内力重分布的过程和失效状态。本章采用动力方法进行计算，以得到与真实情况更为接近的计算结果。

结构动力学方程为：

$$\boldsymbol{M}\ddot{\boldsymbol{u}}+\boldsymbol{C}\dot{\boldsymbol{u}}+\boldsymbol{K}\boldsymbol{u}=\boldsymbol{F}(t) \tag{5.2-2}$$

其中，$\boldsymbol{M}$ 为结构质量矩阵；$\boldsymbol{C}$ 为结构阻尼矩阵；$\boldsymbol{K}$ 为结构刚度矩阵；$\boldsymbol{F}(t)$ 为随时间变化的载荷函数；$\boldsymbol{u}$ 为节点位移矢量；$\dot{\boldsymbol{u}}$ 为节点速度矢量；$\ddot{\boldsymbol{u}}$ 为节点加速度矢量[7]。

求解上述运动方程主要有两种方法，即模态叠加法和直接积分法。模态叠加法按自振频率和模态将完全耦合的运动方程转化为一组独立的非耦合方程，直接积分法则是通过时间积分的方法直接求解运动方程，可通过显式或隐式的方法求解。显式求解法也称为闭式求解法或预测求解法，积分时间步 Δt 必须很小，但求解速度很快且没有收敛问题，其当前时间点的位移 $\{u\}_t$ 由包含时间点 $t-1$ 的方程推导出来，如果 Δt 超过结构最小周期的确定百分数，计算位移和速度将无限增加。隐式求解法也称为开式求解法或修正求解法，积分时间步 Δt 可以较大，但方程求解时间较长，其当前时间点的位移 $\{u\}_t$ 由包含时间点 t 的方程推导出来，Δt 的大小仅仅受精度条件控制，无条件稳定。

通用有限元分析软件 ANSYS 动力分析方法为 Newmark 时间积分法，包含完全法、缩减法和模态叠加法三种方法。完全法在三种方法中功能最强，可包括塑性、大变形、大应变等各类非线性特性，一次分析就能得到所有的位移和应力，可施加所有类型的荷载[8]。

ANSYS 提供了单元的生死功能，可以通过选定单元的添加和删除模拟实际工程中的开挖、结构安装和拆除、破坏等问题。ANSYS 对于被杀死的单元仅仅是将单元刚度乘以一个极小的因子，并不是真正的将其从模型中删除[9]。再利用动力分析方法进行计算，可得到与真实情况更为接近的计算结果。在使用生死单元技术时，杀死单元的操作可能会导致个别节点不与任何未被杀死的单元相连，从而导致这些节点出现“漂移”[9]，最终导致计算不收敛，此时务必约束这些可能出现漂移的节点，从而减少求解方程的数目，防止位移出错引起求解不收敛。

本章采用 ANSYS 瞬态动力分析方法（完全法）模拟断索的整个动力过程，应用生死单元技术模拟钢索失效，考虑大变形进行非线性动力分析。索网阻尼比取 0.01，钢圈梁阻尼比取 0.02。假定断索发生在第 1s 末，断索卸载时间取 0.001s，动力分析时长取 6s，断索卸载过程[10] 见图 5.2-1。

本章亦采用构件拆除法进行静力分析，并与上述动力分析结果进行比较，得出断索引起的动力效应系数。位移动力系数 $\eta_{\mathrm{d}}^{\mathrm{d}}$ 由下式进行计算：

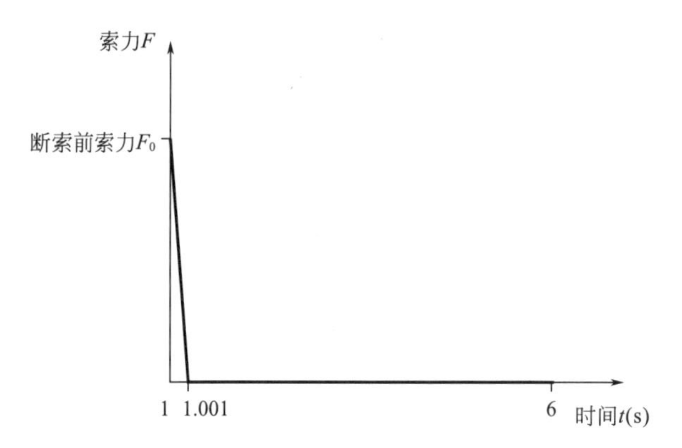

图 5.2-1　断索卸载过程

$$\eta_{d}^{d}=d_{d}/d_{s} \tag{5.2-3}$$

$$d_{d}=d_{m}-d_{0} \tag{5.2-4}$$

$$d_{s}=d_{1}-d_{0} \tag{5.2-5}$$

其中，d_{d} 为动力分析得到的断索引起的结构位移峰值；d_{s} 为静力分析得到的断索引起的结构位移；d_{m} 为动力分析得到的断索后结构位移峰值；d_{0} 为断索前结构位移；d_{1} 为静力分析得到的断索后结构位移。

应力动力系数 η_{d}^{σ} 由下式进行计算：

$$\eta_{d}^{\sigma}=\sigma_{d}/\sigma_{s} \tag{5.2-6}$$

$$\sigma_{d}=\sigma_{m}-\sigma_{0} \tag{5.2-7}$$

$$\sigma_{s}=\sigma_{1}-\sigma_{0} \tag{5.2-8}$$

其中，σ_{d} 为动力分析得到的断索引起的结构应力；σ_{s} 为静力分析得到的断索引起的结构应力；σ_{m} 为动力分析得到的断索后结构应力峰值；σ_{0} 为断索前结构应力；σ_{1} 为静力分析得到的断索后结构应力。

5.3　断索分析结果

5.3.1　分析工况

根据主索、下拉索应力最大、应力幅最大以及典型部位、对称性等因素，选取 15 个断索工况进行分析，见表 5.3-1。各工况对应的断索位置如图 5.3-1（a）所示，断索工况 4～15 的抛物面形态如图 5.3-1（b）所示。第 5.3.2 节给出了表 5.3-1 中的 6 个典型工况详细分析结果。

断索分析工况　　**表 5.3-1**

断索工况号	断索单元编号	断索两端节点编号	工作状态	工作工况号	断索类型
1	6077	2162、2220	基准球面	551	主索应力最大
2	6541	31、2246	基准球面	551	边缘主索应力最大
3	8884	67、10067	基准球面	551	下拉索应力最大

续表

断索工况号	断索单元编号	断索两端节点编号	工作状态	工作工况号	断索类型
4	348	351、352	抛物面	18	对称区域主索，应力幅在440MPa以上
5	337	340、341	抛物面	17	
6	437	440、441	抛物面	352	
7	439	442、443	抛物面	375	
8	418	421、422	抛物面	346	
9	581	15、353	抛物面	177	
10	343	346、347	抛物面	14	
11	429	432、433	抛物面	357	
12	411	414、415	抛物面	228	
13	370	373、374	抛物面	22	
14	8114	5、10005	抛物面	262	下拉索，假定拉力200kN时发生断索
15	8263	743、10743	抛物面	326	

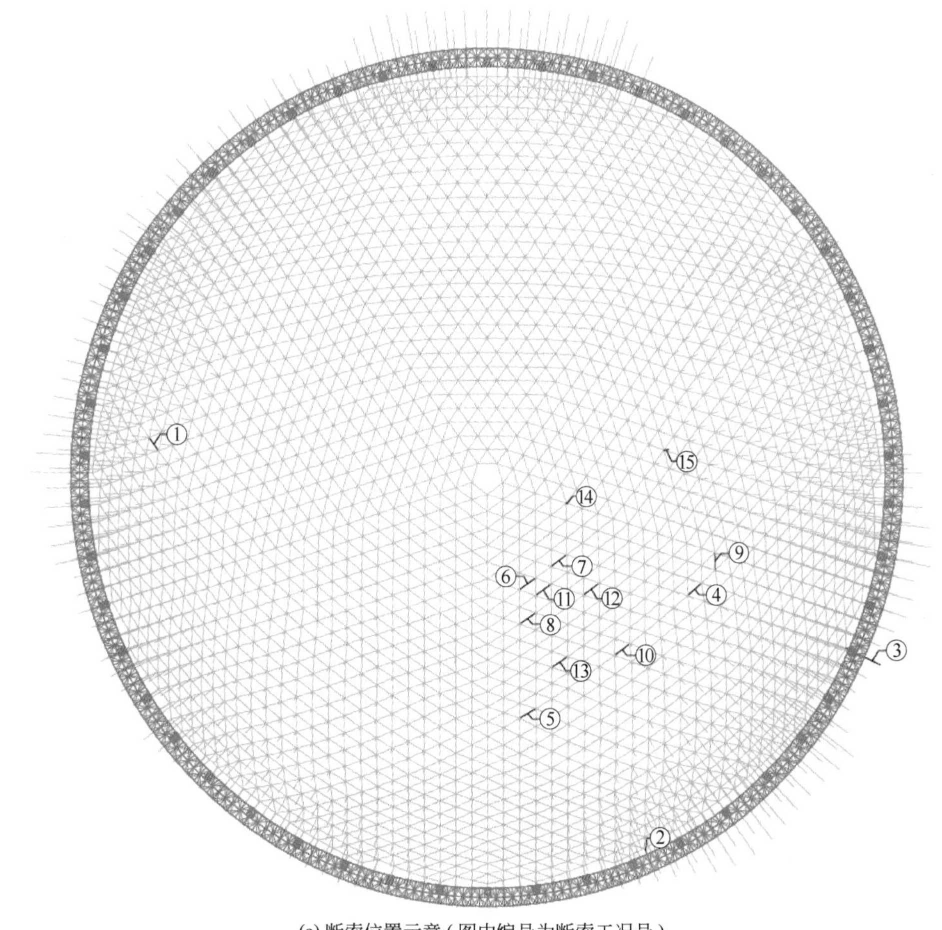

(a) 断索位置示意（图中编号为断索工况号）

图 5.3-1 断索位置及抛物面形态（一）

(b) 抛物面工作状态位形

图 5.3-1　断索位置及抛物面形态（二）

5.3.2　典型工况分析结果

1. 工况 1

工况 1 为基准球面状态下应力最大的主索发生断索。断索单元编号为 6077，两端节点号分别为 2162、2220，该索周边构件、节点编号见图 5.3-2，其中圆圈标记单元发生断索。

（1）位移

断索后，两端节点（编号 2162、2220）位移时程曲线如图 5.3-3、图 5.3-4 所示。由图可见，节点 2162 断索前位移为 0，断索后位移迅速增大，断索后 0.05s 达到位移峰值 30.9mm，随后位移减小、增大往复变化，变化幅度不断减小，断索后 5s 位移基本稳定在 29.8mm；节点 2220 断索前位移为 0，断索后位移迅速增大，断索后 1.48s 达到位移峰值 32.3mm，随后位移减小、增加往复变化，变化幅度不断减小，断索后 5s 位移基本稳定在 31.8mm。断索前、断索后位移达到峰值时以及断索后 5s 时的结构位移云图如图 5.3-5～图 5.3-7 所示。

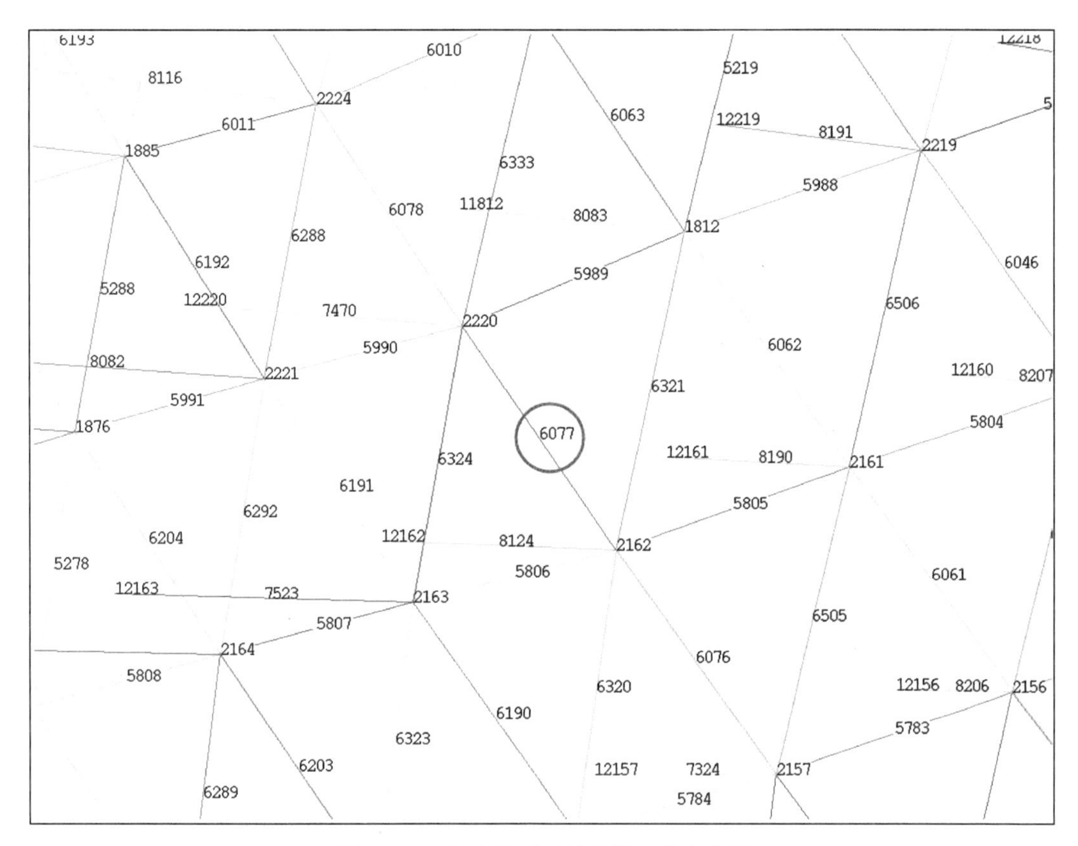

图 5.3-2　断索附近区域构件、节点编号

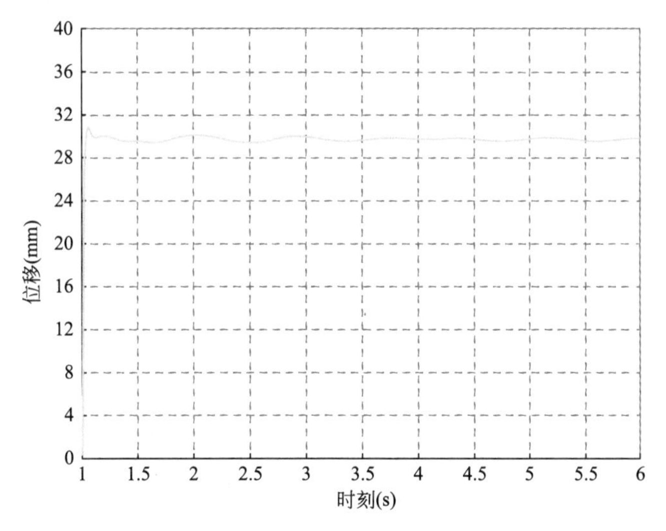

图 5.3-3　节点 2162 位移时程曲线

采用拆除构件法进行静力分析，得到断索后结构位移如图 5.3-8 所示。将动力分析结果与静力分析结果比较，根据式（5.2-3）～式（5.2-5）得到位移动力系数，如表 5.3-2 所示。

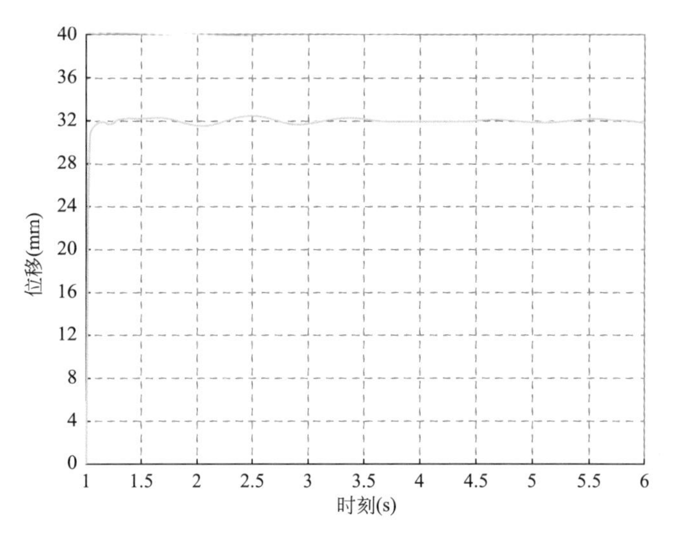

图 5.3-4　节点 2220 位移时程曲线

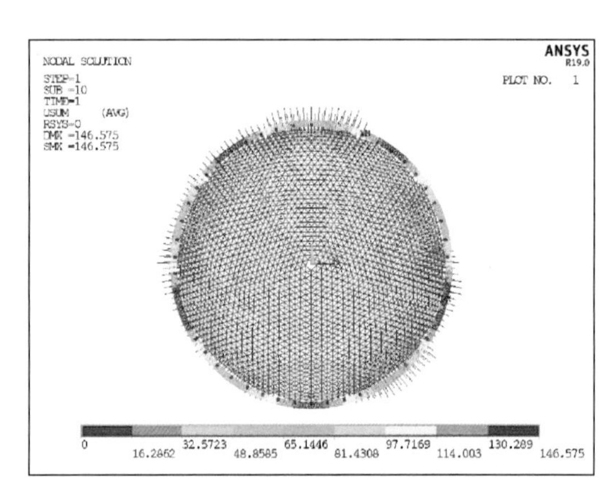

图 5.3-5　断索前结构位移图（mm）

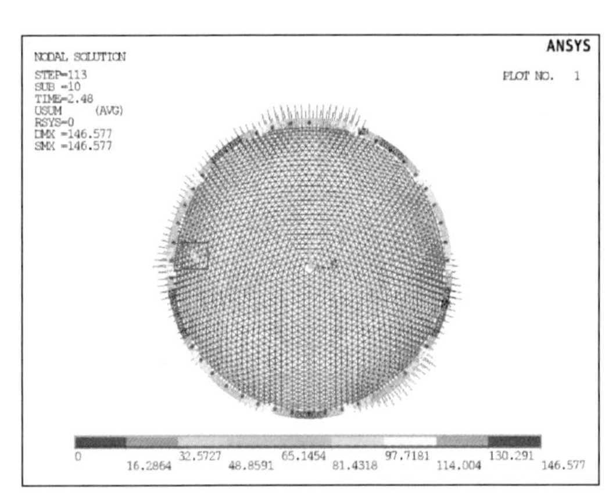

(a) 结构整体

NODAL SOLUTION
STEP=113
SUB =10
TIME=2.48
USUM (AVG)
RSYS=0
DMX =32.293
SMX =32.293
ANSYS
PLOT NO. 1
MX
最大 32.3
0
3.58811
7.17621
10.7643
14.3524
17.9405
21.5286
25.1167
28.7048
32.293

(b) 断索附近区域(圆圈标记单元为断索)

图 5.3-6　断索后 1.48s 结构位移图（mm）

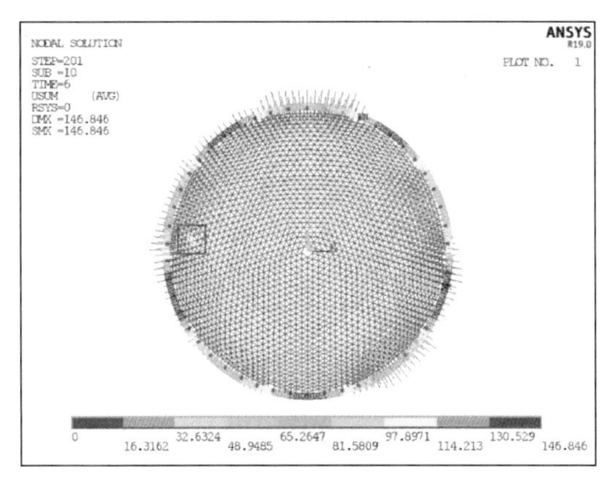

(a) 结构整体

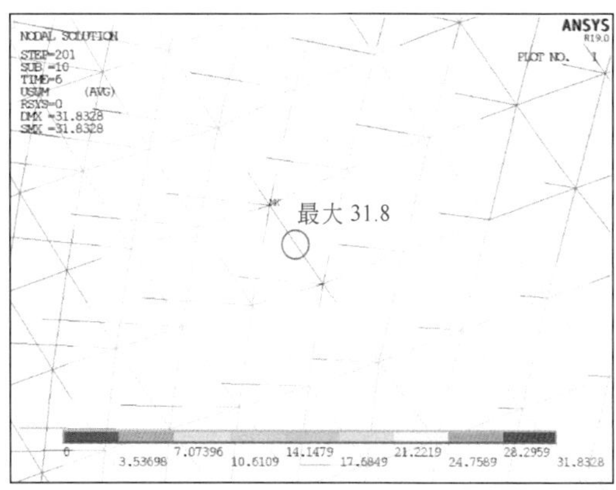

(b) 断索附近区域 (圆圈标记单元为断索)

图 5.3-7 断索后 5s 结构位移图 (mm)

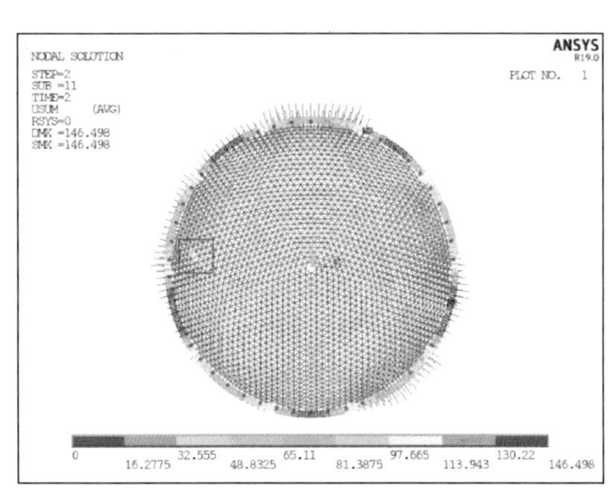

(a) 结构整体

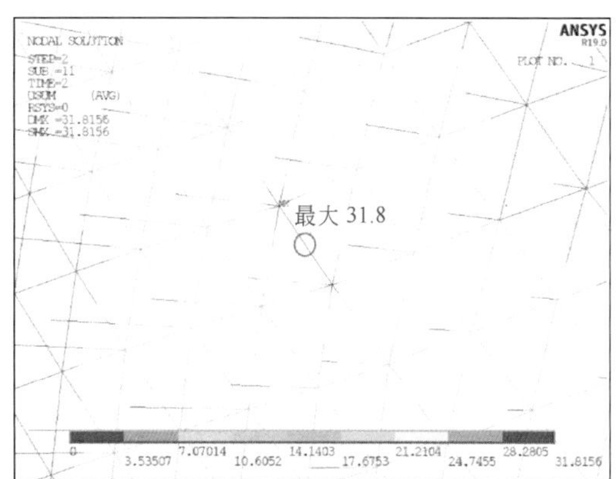

(b) 断索附近区域 (圆圈标记单元为断索)

图 5.3-8 静力分析断索后结构位移图 (mm)

静、动力分析的位移比较及动力系数 **表 5.3-2**

节点号	断索前位移 d_0 (mm)	动力分析			静力分析		动力系数 η_d^d (d_d/d_s)
		断索后位移峰值 d_m(mm)	断索后 5s 位移 d_T(mm)	断索引起的位移峰值 d_d(mm)	断索后位移 d_1 (mm)	断索引起的位移 d_s(mm)	
2162	0	30.9	29.8	+30.9	29.8	+29.8	1.04
2220	0	32.3	31.8	+32.3	31.8	+31.8	1.02

(2) 应力

发生断索后，与该索两端节点（编号 2162、2220）相连的其他钢索应力时程曲线如图 5.3-9、图 5.3-10 所示，与该索两侧相邻节点（编号 1812、2163）相连的钢索应力时程曲线如图 5.3-11、图 5.3-12 所示。由图可见，断索后，与断索相连的各钢索中，与断索夹角小于 90°的主索应力增大，其余主索、下拉索应力均减小，应力增幅最大的钢索（编号

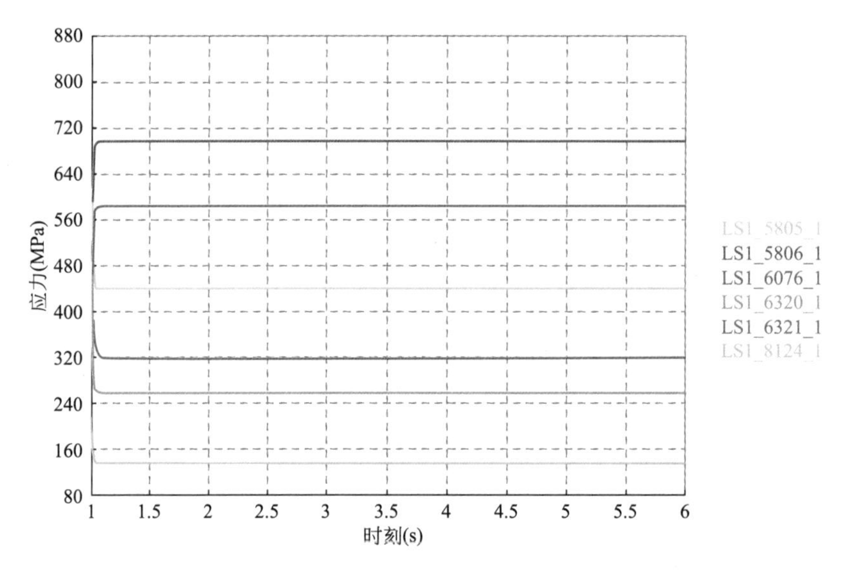

图 5.3-9　与节点 2162 相连的 6 根索（断索除外）应力时程曲线

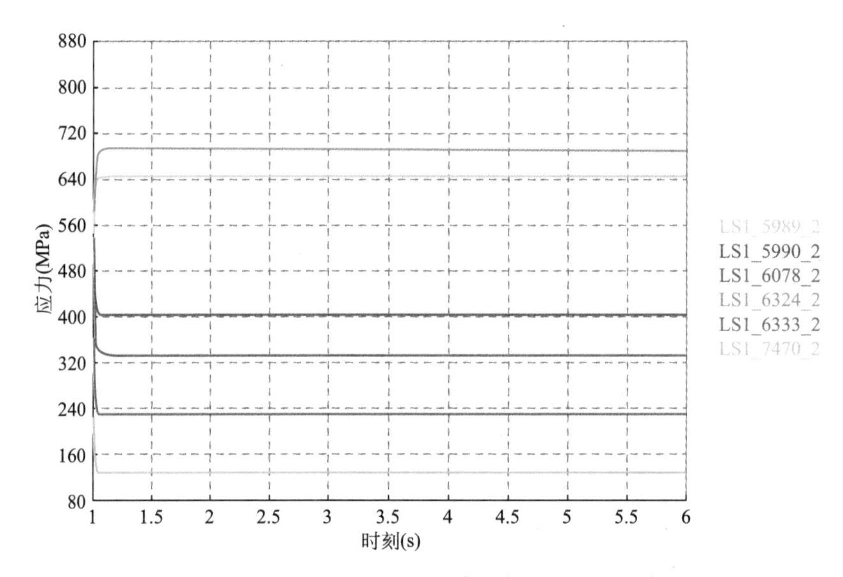

图 5.3-10　与节点 2220 相连的 6 根索（断索除外）应力时程曲线

6324）断索前应力为 540.0MPa，断索后 0.61s 达到应力峰值 693.0MPa，随后应力减小、增大往复变化，变化幅度很小，断索后 5s 应力基本稳定在 692.7MPa；应力降幅最大的钢索（编号 6078）断索前应力为 620.9MPa，断索后 0.13s 达到应力峰值 333.8MPa，随后应力增大、减小往复变化，变化幅度很小，断索后 5s 应力基本稳定在 334.2MPa。与断索两侧相邻节点相连的各钢索中，各主索、下拉索应力均增大，应力最大的钢索（编号 6190）断索前应力为 615.0MPa，断索后 0.05s 达到应力峰值 783.8MPa，随后应力减小、增大往复变化，变化幅度很小，断索后 5s 应力基本稳定在 779.5MPa。断索前、断索后应力达到峰值时以及断索后 5s 时的结构应力云图如图 5.3-13～图 5.3-15 所示。

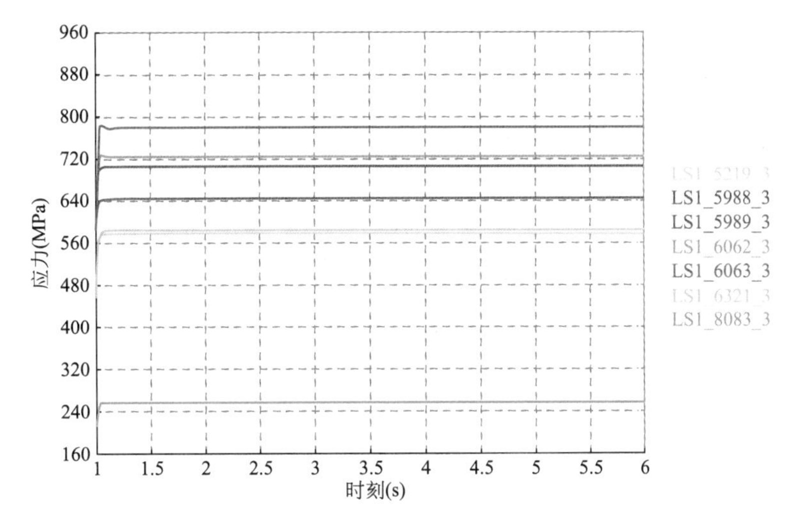

图 5.3-11　与节点 1812 相连的 7 根索应力时程曲线

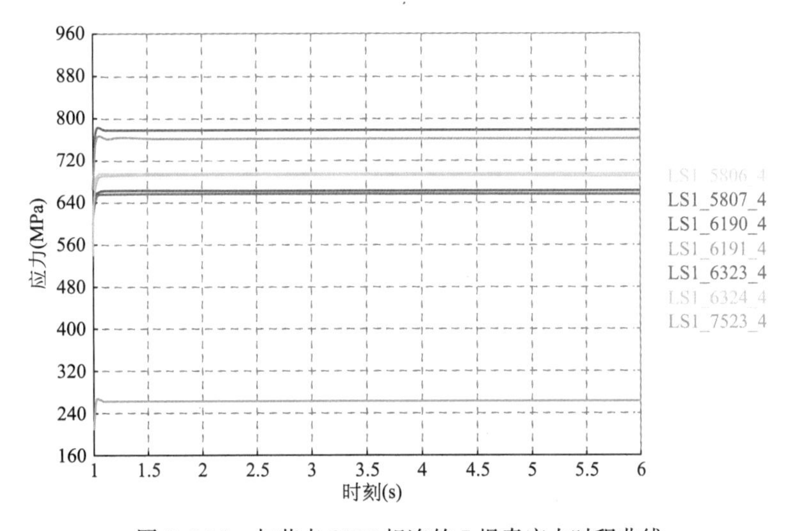

图 5.3-12　与节点 2163 相连的 7 根索应力时程曲线

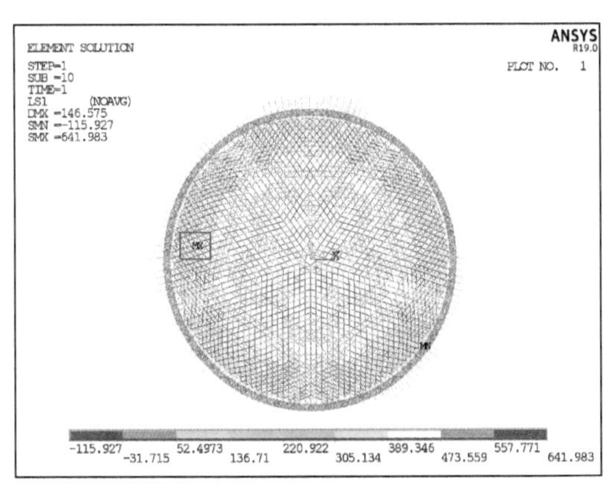

(a) 结构整体

(b) 断索附近区域 (圆圈标记单元为断索)

图 5.3-13　断索前结构应力图（MPa）

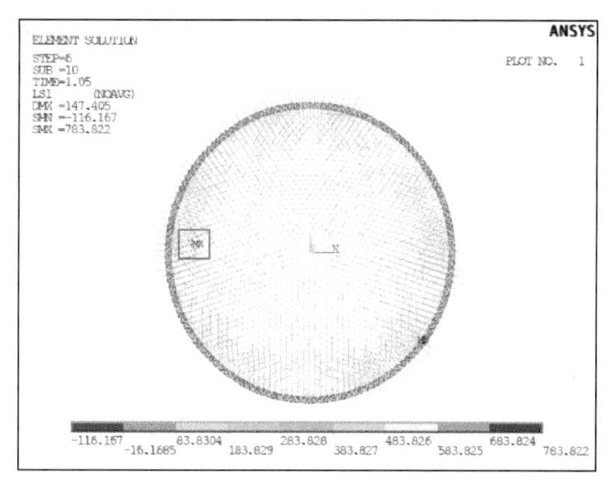

(a) 结构整体

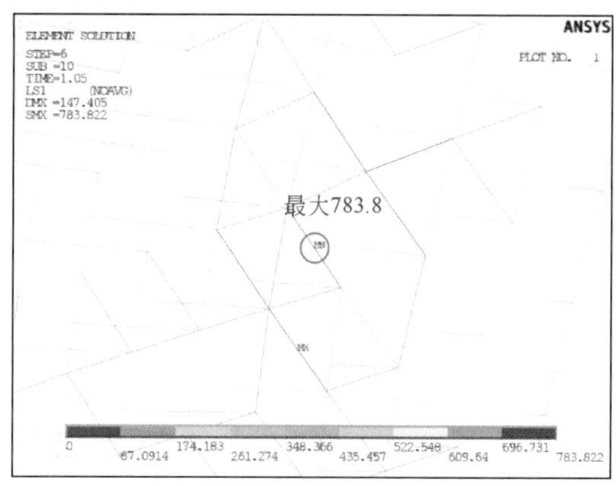

(b) 断索附近区域 (圆圈标记单元为断索)

图 5.3-14 断索后 0.05s 结构应力图（MPa）

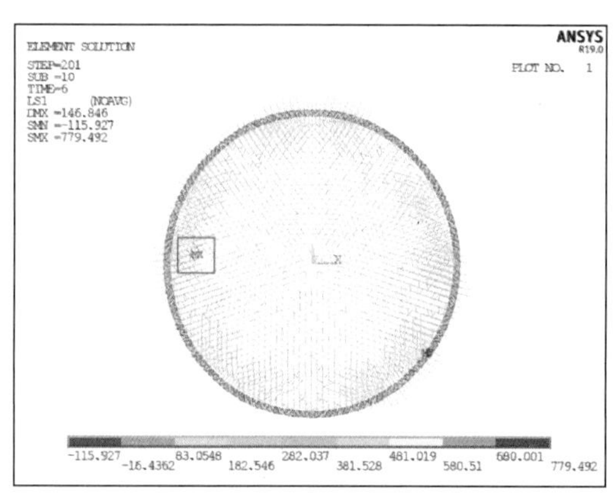

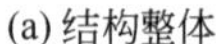
(a) 结构整体

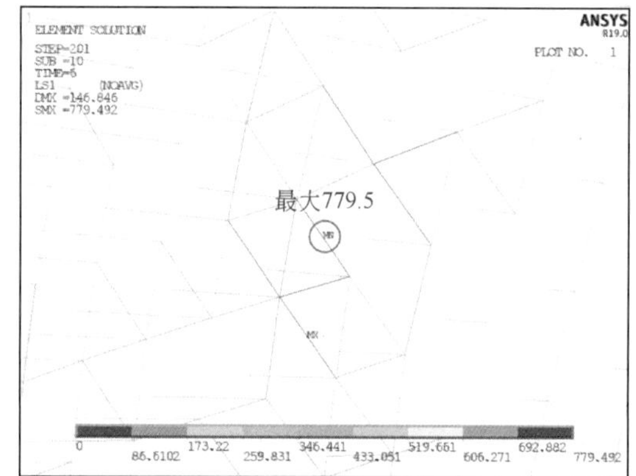

(b) 断索附近区域 (圆圈标记单元为断索)

图 5.3-15 断索后 5s 结构应力图（MPa）

采用拆除构件法进行静力分析，得到断索后结构应力如图 5.3-16 所示。将动力分析结果与静力分析结果比较，根据式（5.2-6）～式（5.2-8）得到应力动力系数，如表 5.3-3 所示。

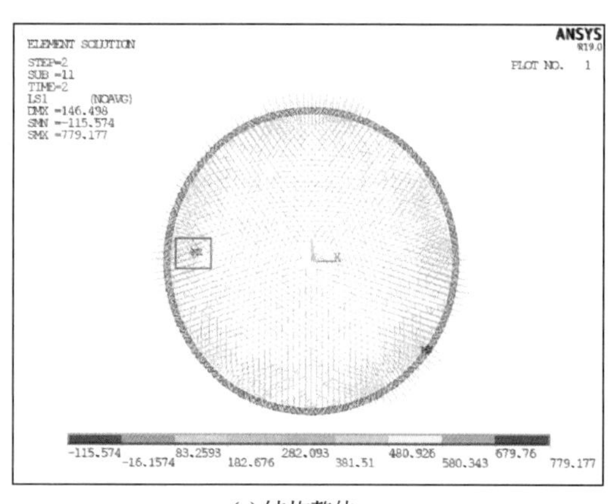

(a) 结构整体

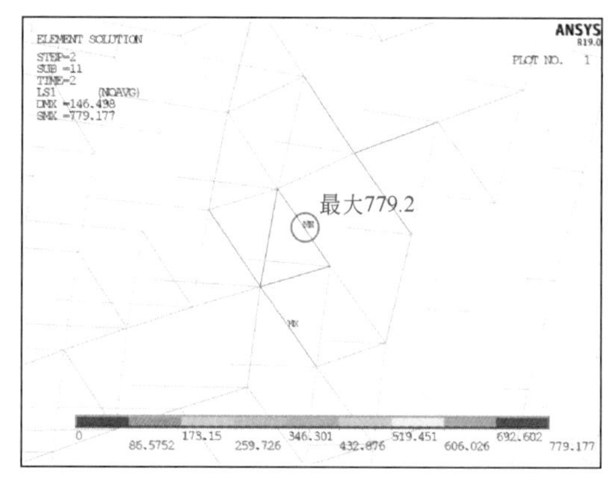

(b) 断索附近区域 (圆圈标记单元为断索)

图 5.3-16 静力分析断索后结构应力图（MPa）

静、动力分析的应力比较及动力系数　　表 5.3-3

构件类别	构件号	断索前应力 σ_0(MPa)	动力分析			静力分析		动力系数 η_d^σ (σ_d/σ_s)
			断索后应力峰值 σ_m(MPa)	断索后5s应力 σ_T(MPa)	断索引起的应力峰值 σ_d(MPa)	断索后应力 σ_1(MPa)	断索引起的应力 σ_s(MPa)	
直接相连索	6324	540.0	693.0	692.7	+153.0	692.9	+152.9	1.00
	6078	620.9	333.8	334.2	−287.1	334.0	−286.9	1.00
非直接相连索	6190	615.0	783.8	779.5	+168.8	779.2	+164.2	1.03

从上述分析结果可知，基准球面状态下，应力最大的内部主索发生断索，引起相邻主索应力变化较大，最大增加和减小分别为 169MPa 和 287MPa；下拉索应力相对变化较小，最大增加和减小分别为 57MPa 和 90MPa；断索后，其他钢索最大应力达到 784MPa，小于 0.5 倍钢索破断应力，不会发生连续性破坏。断索后节点最大变形为 32.3mm。节点位移动力系数和应力动力系数均小于 1.05，内部主索断索引发的动力效应不大。断索对附近结构的变形和应力影响大，对其他部位影响很小。

2. 工况 2

工况 2 为基准球面状态下，边缘主索中应力最大的钢索发生断索。断索单元编号为 6541，两端节点号分别为 31、2246，其中节点 31 为索节点，节点 2246 与钢圈梁相连，该索周边构件、节点编号见图 5.3-17，其中圆圈标记单元发生断索。

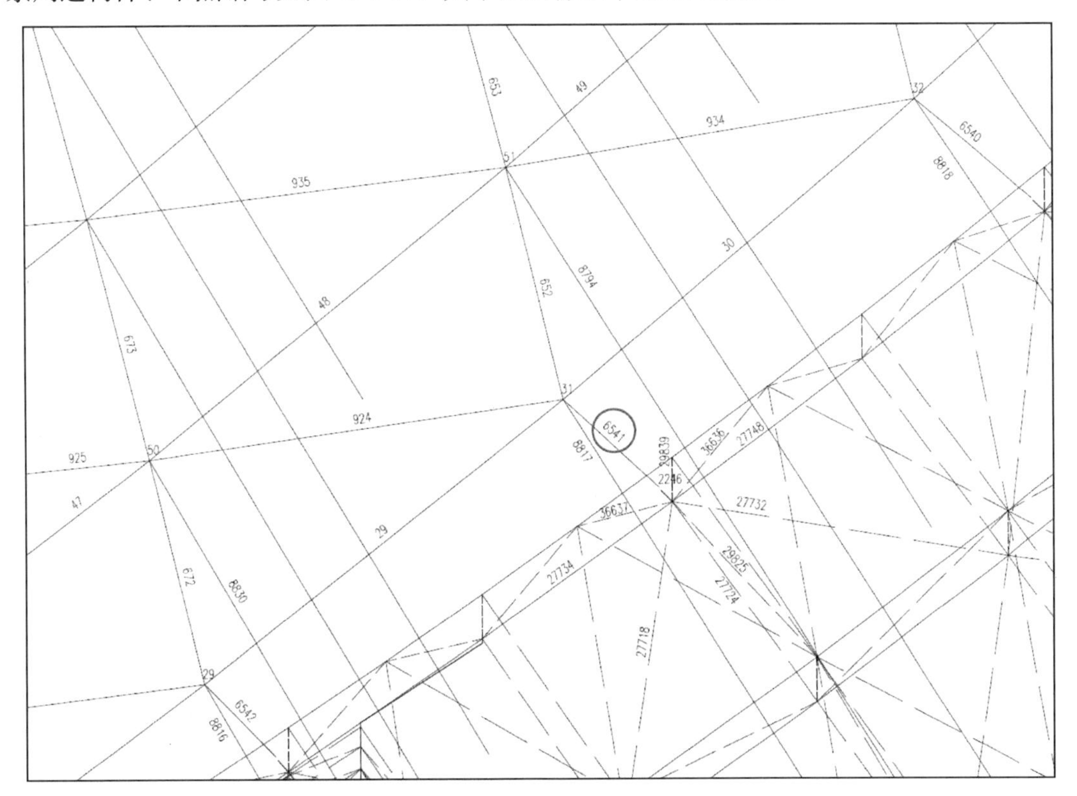

图 5.3-17　断索附近区域构件、节点编号

（1）位移

断索后，两端节点（编号 31、2246）位移时程曲线如图 5.3-18、图 5.3-19 所示。由图可见，节点 31（索连接端）断索前位移为 0，断索后位移迅速增大，断索后 0.22s 达到位移峰值 567.8mm，随后位移减小、增大往复变化，变化幅度不断减小，断索后 5s 位移基本稳定在 392.0mm；节点 2246（圈梁连接端）断索前位移为 91.7mm，断索后位移迅速减小，断索后 0.31s 达到位移峰值 84.2mm，随后位移增加、减小往复变化，变化幅度不断减小，断索后 5s 位移基本稳定在 85.7mm。断索前、断索后位移达到峰值时以及断索后 5s 时的结构位移云图如图 5.3-20～图 5.3-22 所示。

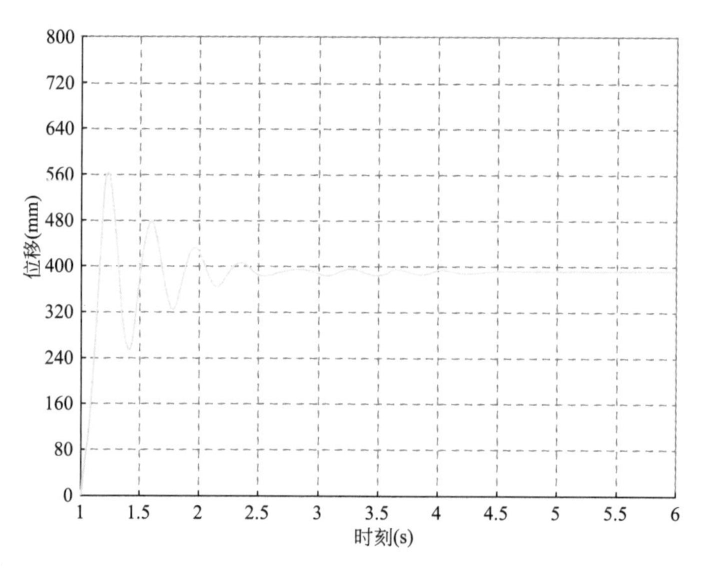

图 5.3-18　节点 31 位移时程曲线

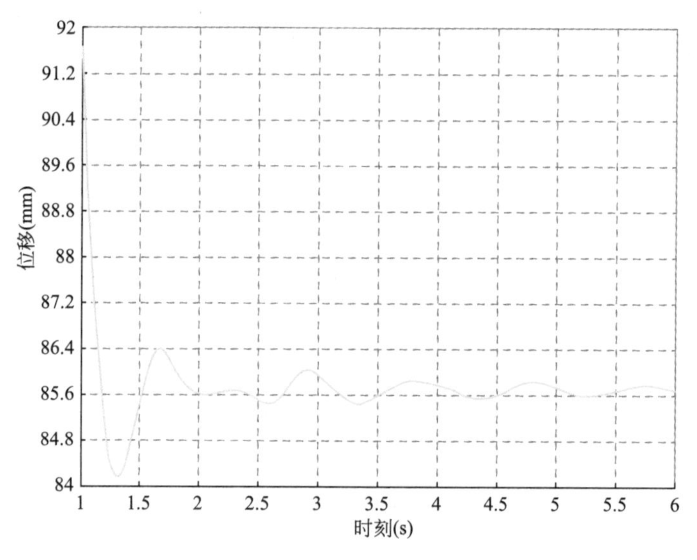

图 5.3-19　节点 2246 位移时程曲线

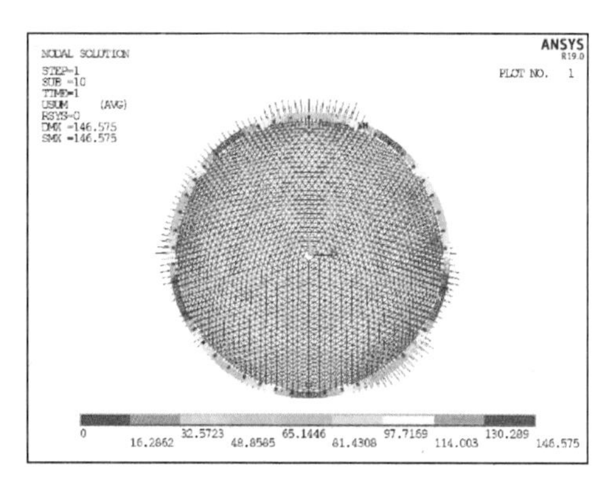

图 5.3-20 断索前结构位移图（mm）

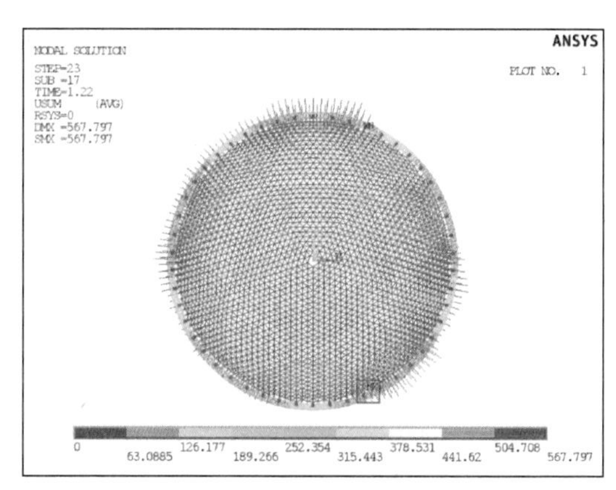

(a) 结构整体

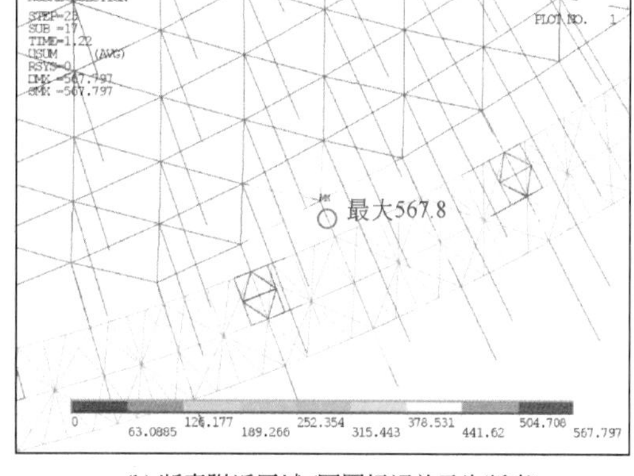

(b) 断索附近区域（圆圈标记单元为断索）

图 5.3-21 断索后 0.22s 结构位移图（mm）

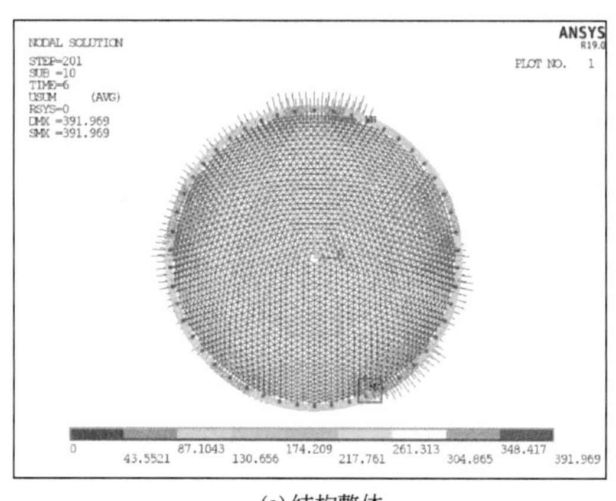

(a) 结构整体

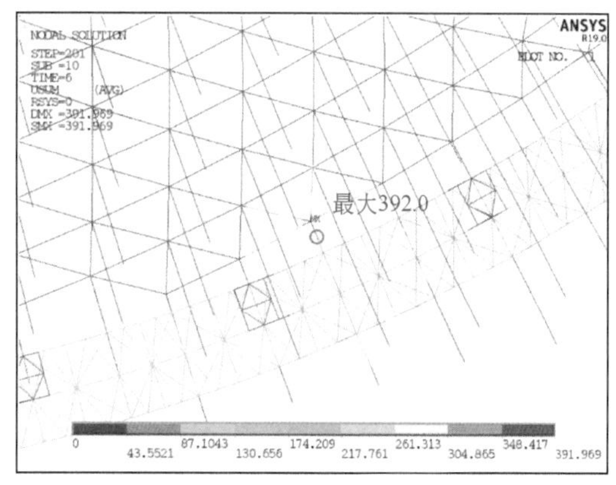

(b) 断索附近区域（圆圈标记单元为断索）

图 5.3-22 断索后 5s 结构位移图（mm）

采用拆除构件法进行静力分析，得到断索后结构位移如图 5.3-23 所示。将动力分析结果与静力分析结果比较，根据式（5.2-3）～式（5.2-5）得到位移动力系数，如表 5.3-4 所示。

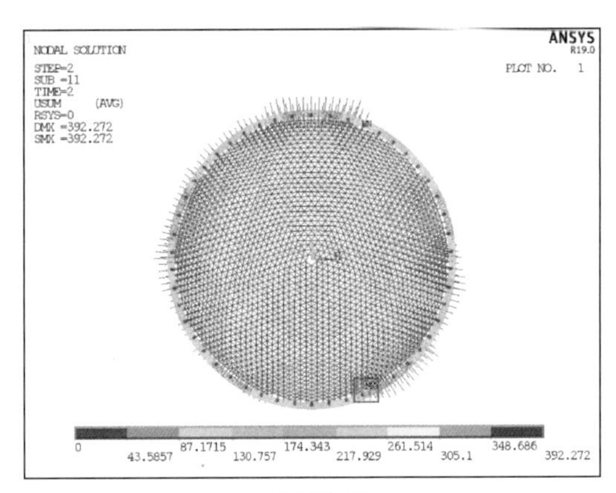

(a) 结构整体

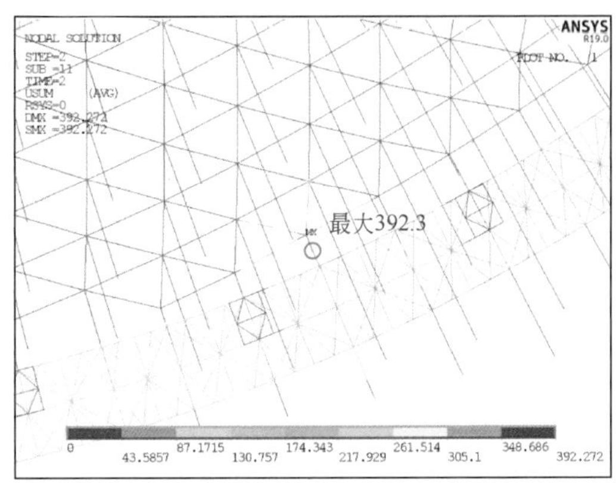

(b) 断索附近区域(圆圈标记单元为断索)

图 5.3-23　静力分析断索后结构位移图（mm）

静、动力分析的位移比较及动力系数　　**表 5.3-4**

节点号	断索前位移 d_0(mm)	动力分析			静力分析		动力系数 η_d^d (d_d/d_s)
		断索后位移峰值 d_m(mm)	断索后5s位移 d_T(mm)	断索引起的位移峰值 d_d(mm)	断索后位移 d_1 (mm)	断索引起的位移 d_s(mm)	
31	0	567.8	392.0	+567.8	392.3	+392.3	1.45
2220	91.7	84.2	85.7	−7.5	85.7	−6.0	1.25

（2）应力

断索后，与该索端节点（编号 31）相连的其他钢索应力时程曲线如图 5.3-24、图 5.3-25 所示。由图可见，断索后，与断索相连的各钢索应力均迅速减小，其中，两根径向主索 652、924 迅速松弛，下拉索 8817 经数次震荡后在断索后 1.04s 完全松弛。另外两根

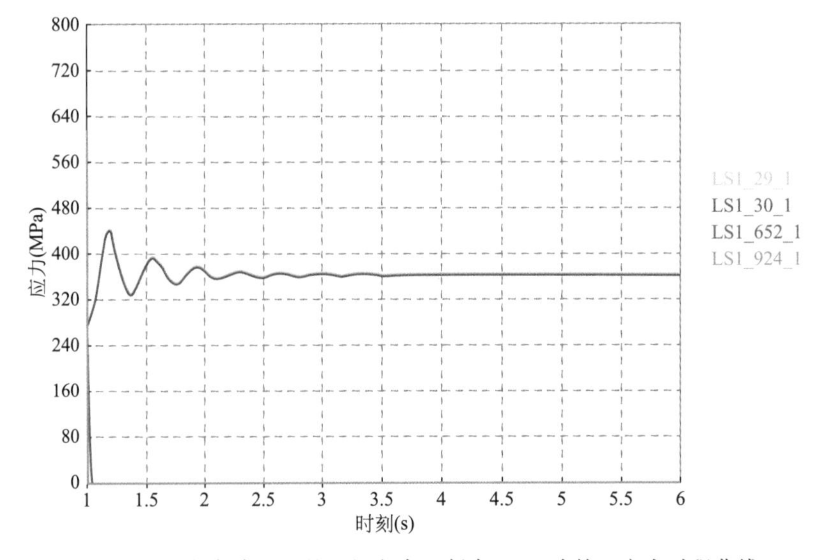

图 5.3-24　与断索相连的 4 根主索（断索 6541 除外）应力时程曲线

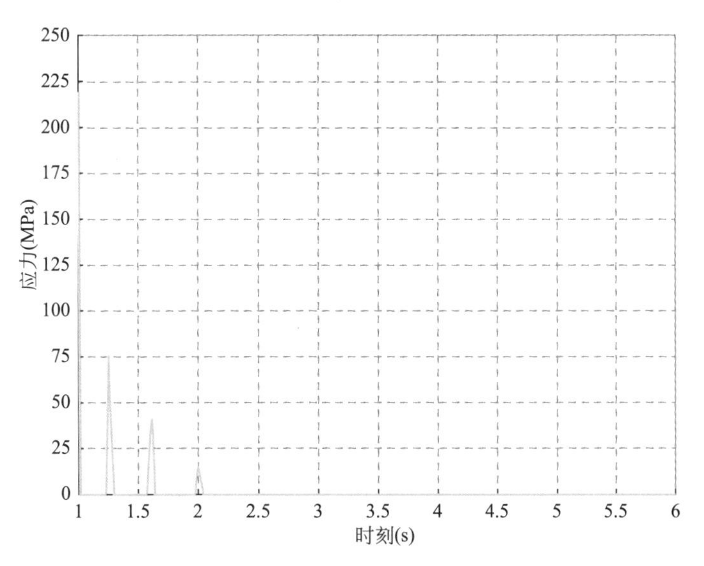

图 5.3-25 与断索相连的下拉索 8817 应力时程曲线

环向主索应力震荡下降，应力变化最大的环向主索（编号 30）断索前应力为 463MPa，断索后 0.02s 达到应力峰值 267MPa，断索后 5s 应力基本稳定在 361MPa。

松弛主索 652 另一端节点号为 51，与该节点相连的 6 根索（索 652 除外）应力变化如图 5.3-26 所示。松弛主索 924 另一端节点号为 50，与该节点相连的 6 根索（索 924 除外）应力变化如图 5.3-27 所示。由图可见，断索后，与松弛主索相连的各钢索中，与松弛主索夹角小于 90°的主索应力增大，其余主索、下拉索应力均减小，应力增幅最大的钢索（编号 934）断索前应力为 561MPa，断索后 0.04s 达到应力峰值 912MPa（0.49 倍钢索破断应力），随后应力减小、增大往复变化，变化幅度很小，断索后 5s 应力基本稳定在 887MPa；应力降幅最大的钢索（编号 653）断索前应力为 581MPa，断索后 0.21s 达到应

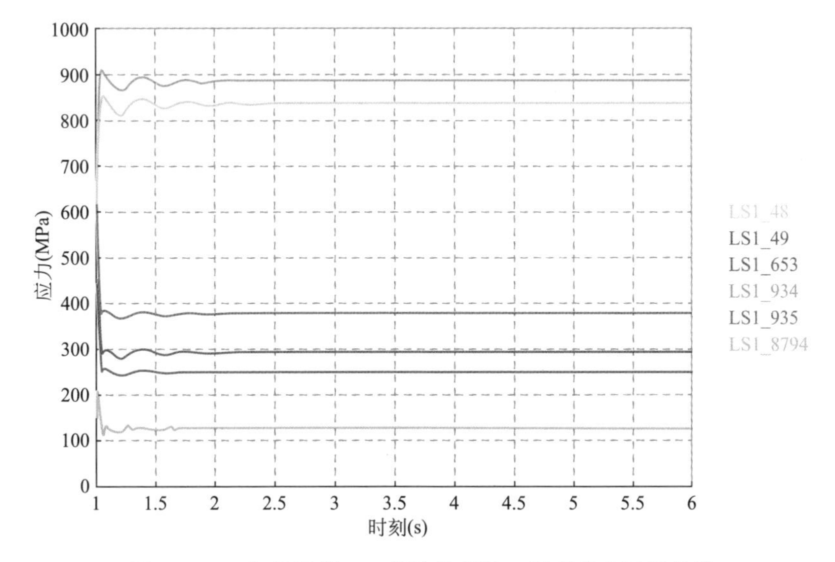

图 5.3-26 与松弛索 652 相连的其他 6 根索应力时程曲线

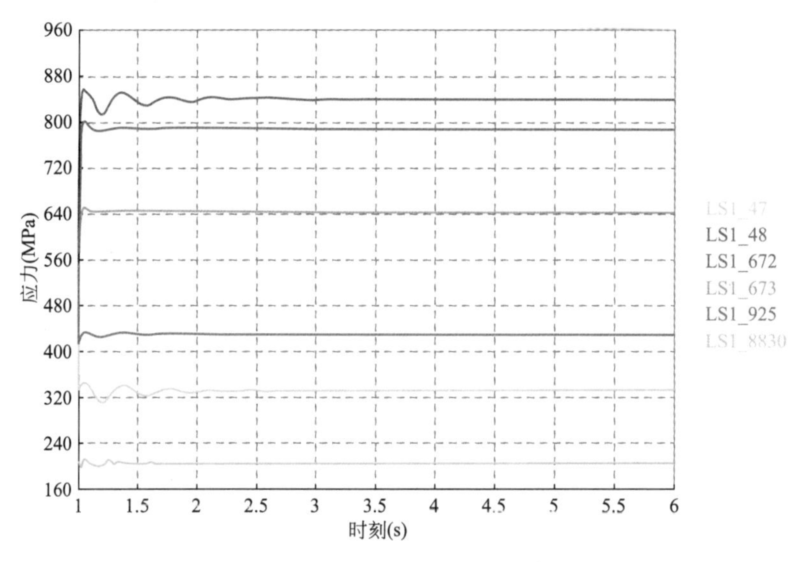

图 5.3-27　与松弛索 924 相连的其他 6 根索应力时程曲线

力峰值 247MPa，随后应力增大、减小往复变化，变化幅度很小，断索后 5s 应力基本稳定在 254MPa。

与断索端节点（编号 2246）相连的钢圈梁杆件应力时程曲线如图 5.3-28 所示。由图可见，钢圈梁受拉杆件拉应力减小，受压杆件压应力增大，受拉杆件拉应力降幅最大的圈梁杆件（编号 36637）断索前应力为 123.8MPa，断索后 0.09s 达到应力峰值 36.8MPa，随后应力往复变化，变化幅度很小，断索后 5s 应力基本稳定在 37.5MPa；受压杆件压应力增幅最大的圈梁杆件（编号 36636）断索前应力为－11.4MPa，断索后 0.22s 达到应力峰值－52.1MPa，随后应力往复变化，变化幅度很小，断索后 5s 应力基本稳定在－51.7MPa。断索前、断索后应力达到峰值时以及断索后 5s 时的结构应力云图如图 5.3-29～图 5.3-31 所示。

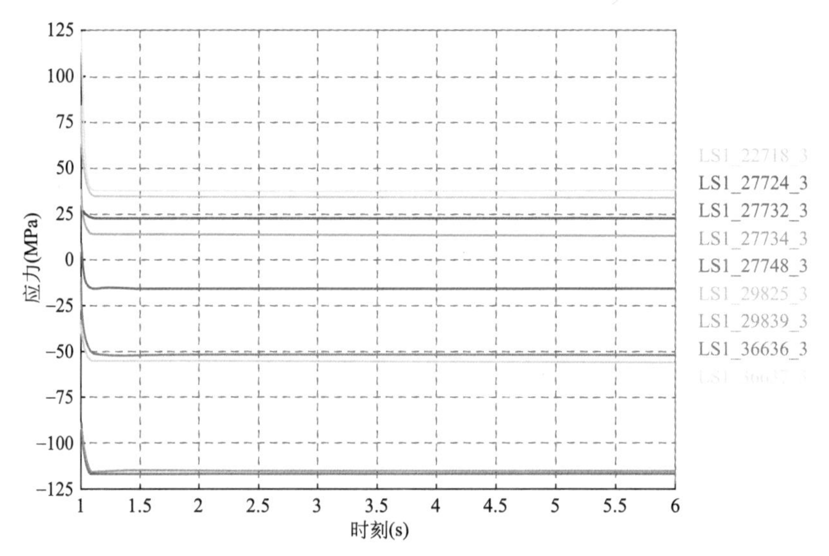

图 5.3-28　与断索相连的 9 根钢圈梁杆件应力时程曲线

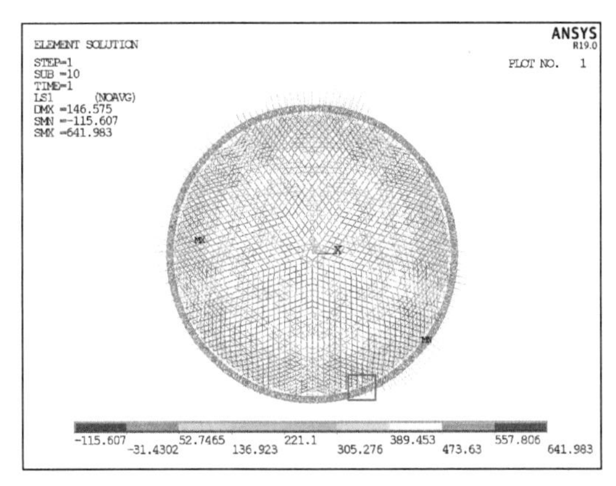

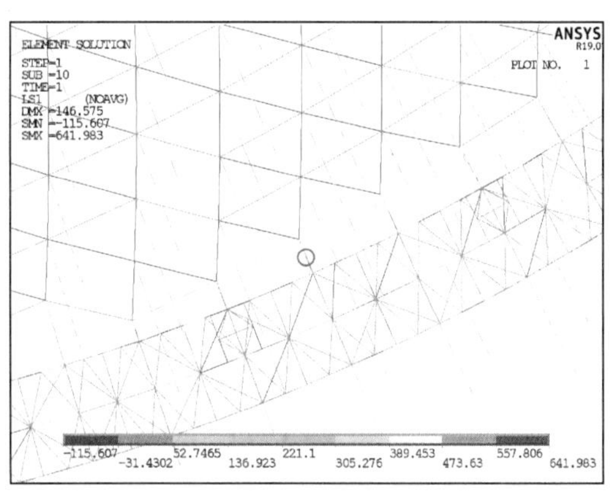

(a) 结构整体　　(b) 断索附近区域 (圆圈为断索)

图 5.3-29　断索前结构应力图（MPa）

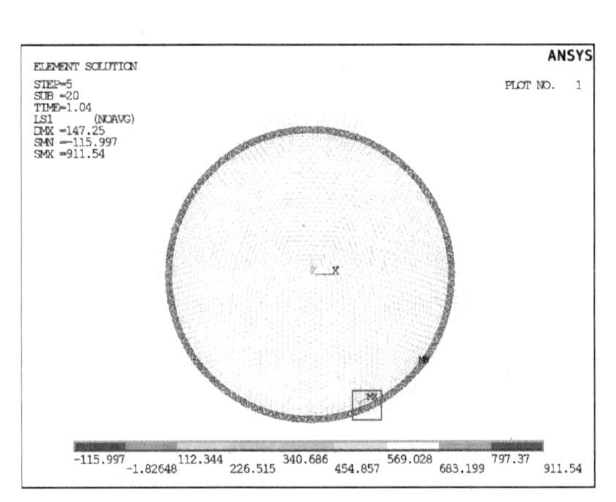

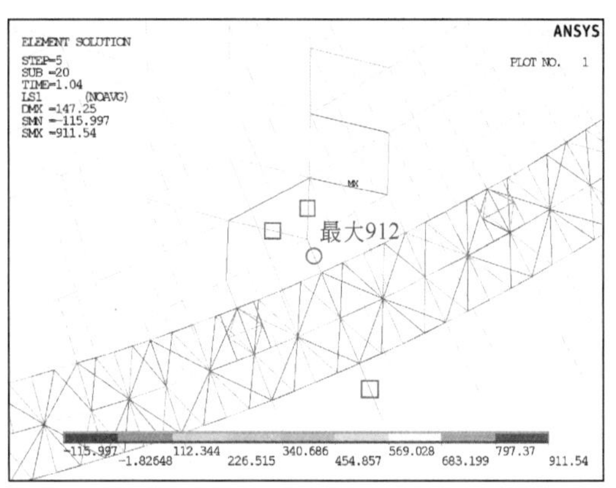

(a) 结构整体　　(b) 断索附近区域 (圆圈为断索，方框为松弛索)

图 5.3-30　断索后 0.04s 结构应力图（MPa）

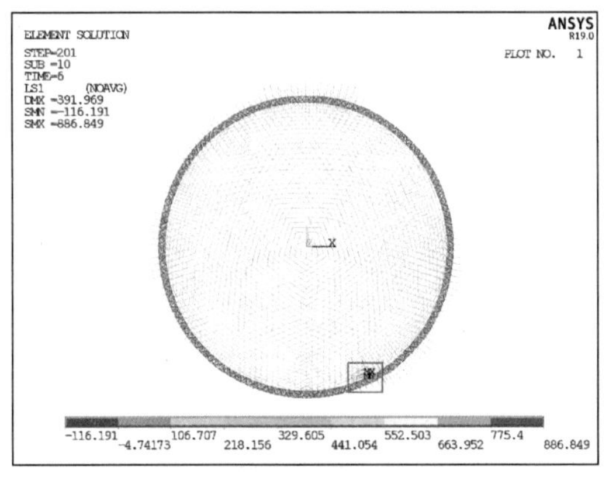

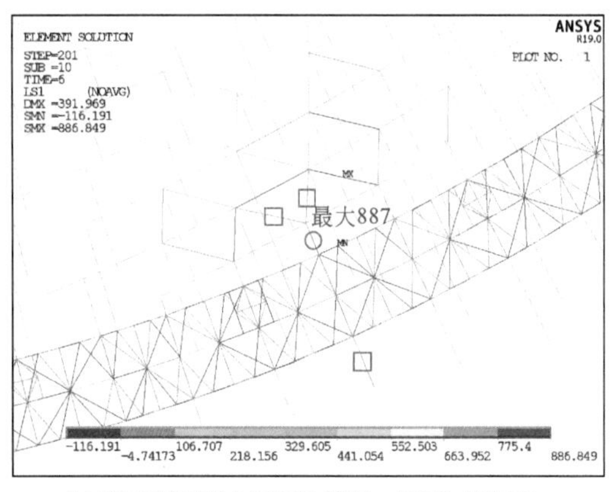

(a) 结构整体　　(b) 断索附近区域 (圆圈为断索，方框为松弛索)

图 5.3-31　断索后 5s 结构应力图（MPa）

采用拆除构件法进行静力分析，得到断索后结构应力如图 5.3-32 所示。将动力分析结果与静力分析结果比较，根据式（5.2-6）～式（5.2-8）得到应力动力系数，如表 5.3-5 所示。

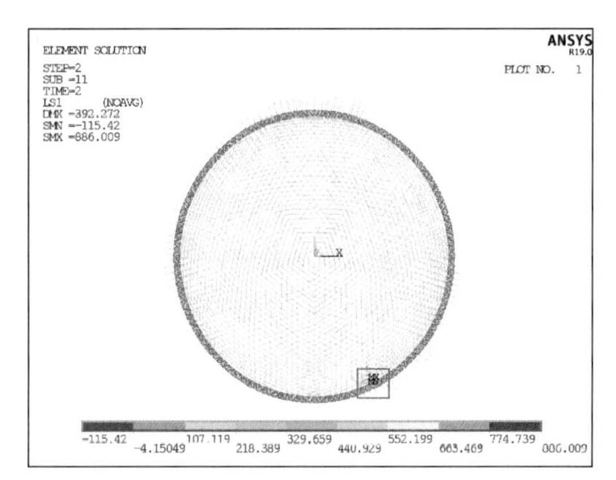

(a) 结构整体

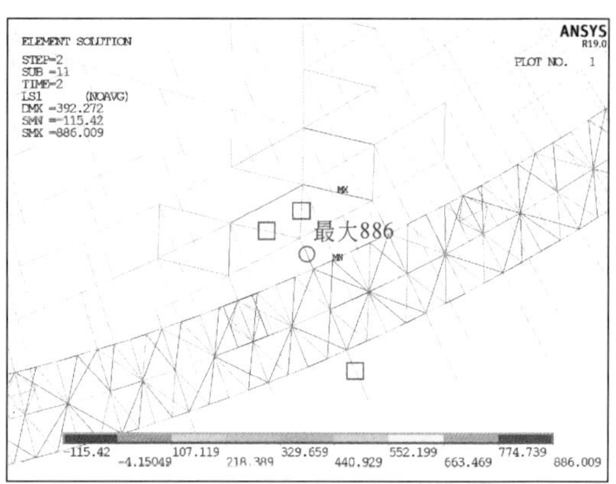

(b) 断索附近区域（圆圈为断索，方框为松弛索）

图 5.3-32 静力分析断索后结构应力图（MPa）

静、动力分析的应力比较及动力系数 **表 5.3-5**

构件类别	构件号	断索前应力 σ_0(MPa)	动力分析			静力分析		动力系数 η_d^σ (σ_d/σ_s)
			断索后应力峰值 σ_m(MPa)	断索后5s应力 σ_T(MPa)	断索引起的应力峰值 σ_d(MPa)	断索后应力 σ_1(MPa)	断索引起的应力 σ_s(MPa)	
直接相连索	30	463	267	361	−196	360	−103	1.90
非直接相连索	934	561	912	887	+351	886	+325	1.08
	653	581	247	254	−334	253	−328	1.02
直接相连圈梁	36637	123.8	36.8	37.5	−87.0	37.8	−86.0	1.01
	36636	−11.4	−52.1	−51.7	−40.7	−51.7	−40.3	1.01

从上述分析结果可知，基准球面状态下，与钢圈梁连接的应力最大边缘主索发生断索，引起相邻主索应力大幅下降、个别索松弛退出工作，同时少量相邻索应力大幅增加，断索后最大应力达到 912MPa，但仍小于 0.5 倍钢索破断应力；相邻钢圈梁杆件应力也有较大幅度增加，断索后最大应力为−119MPa；断索引起相邻索连接节点出现较大变位，最大相对位移达到 567.8mm，与钢圈梁连接节点变位很小。从断索引发的动力效应来看，索节点位移动力系数小于 1.5，直接相连钢索应力动力系数接近 2.0，非直接相连的钢索应力动力系数小于 1.1；断索与钢圈梁连接节点的位移动力系数小于 1.3，钢圈梁杆件应力动力系数均小于 1.05，可见边缘主索断索对直接相连的钢索产生的动力效应大，对钢圈梁和非直接相连的钢索产生的动力效应小。结构其他部位应力和位移变化均很小，断索对结构其他部位影响不大。

3. 工况 3

工况 3 为基准球面状态下，下拉索应力最大的钢索发生断索。断索单元编号为 8884，两端节点号分别为 67、10067，其中节点 67 为索节点，节点 10067 与地锚相连，该索周边构件、节点编号见图 5.3-33，其中圆圈标记单元发生断索。

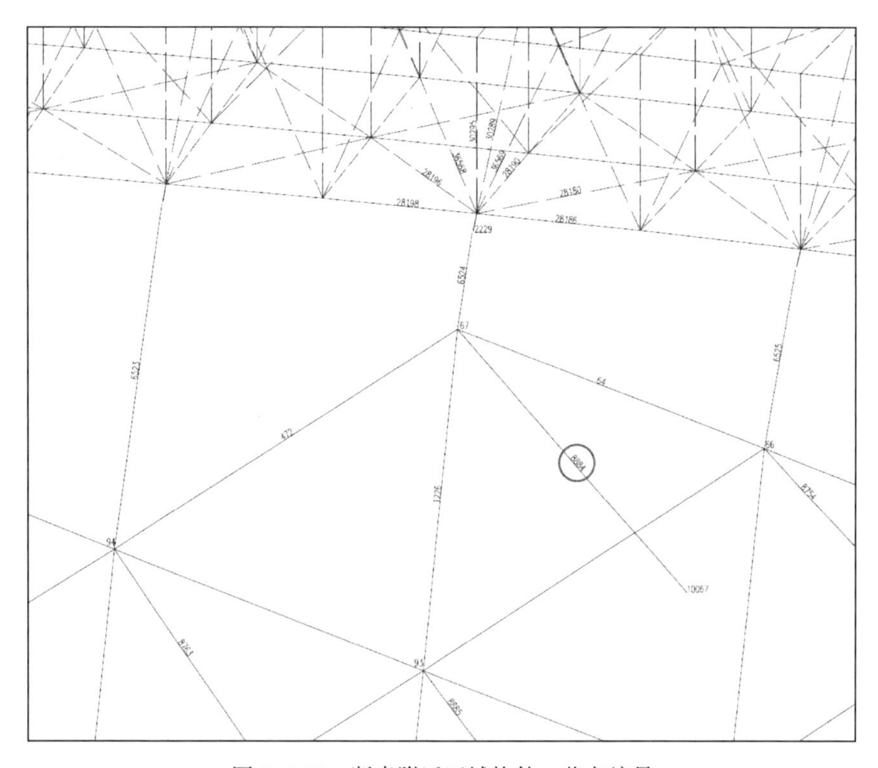

图 5.3-33 断索附近区域构件、节点编号

（1）位移

断索后，索节点（编号 67）位移时程曲线如图 5.3-34 所示。由图可见，索节点（编号 67）断索前位移为 0，断索后位移迅速增大，断索后 0.05s 达到位移峰值 144.6mm，随

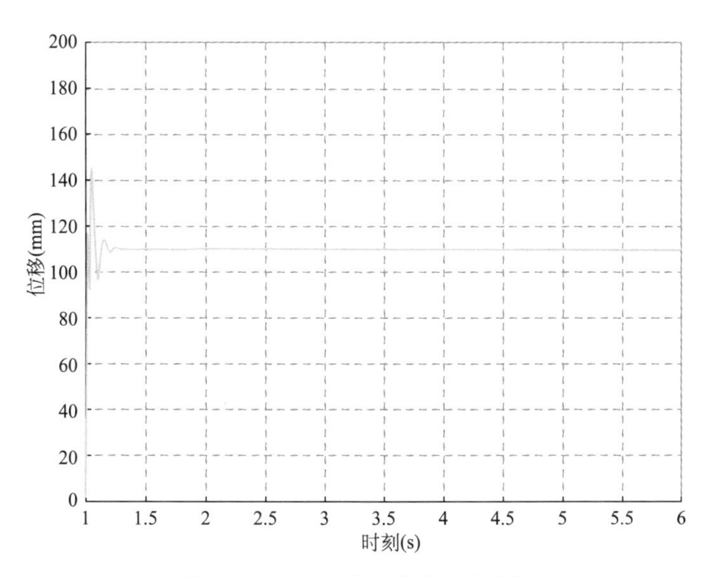

图 5.3-34 断索节点位移时程曲线

后位移减小、增大往复变化，变化幅度不断减小，断索后 5s 位移基本稳定在 109.8mm。断索前、断索后位移达到峰值时以及断索后 5s 时的结构位移云图如图 5.3-35～图 5.3-37 所示。

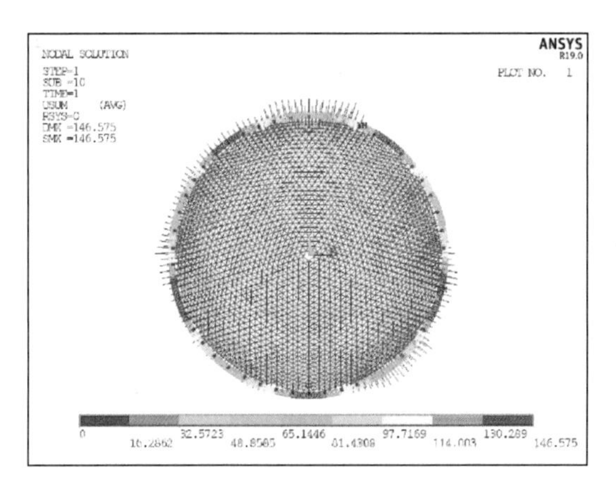

图 5.3-35　断索前结构位移图（mm）

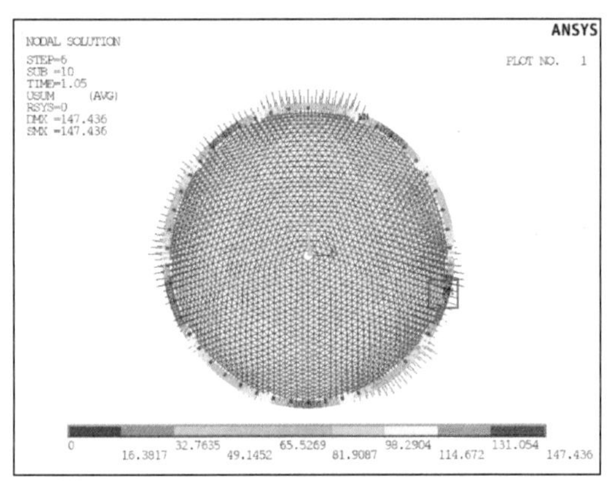

(a) 结构整体

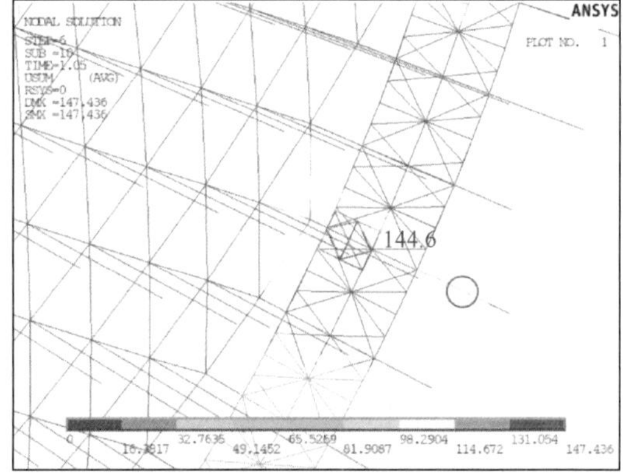

(b) 断索附近区域 (圆圈标记单元为断索)

图 5.3-36　断索后 0.05s 结构位移图（mm）

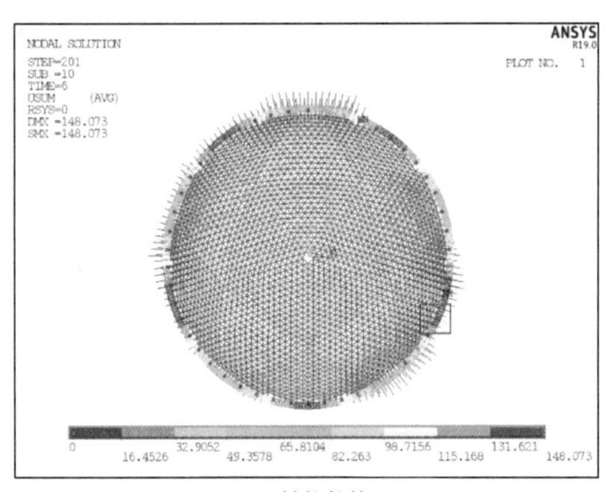

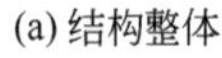
(a) 结构整体

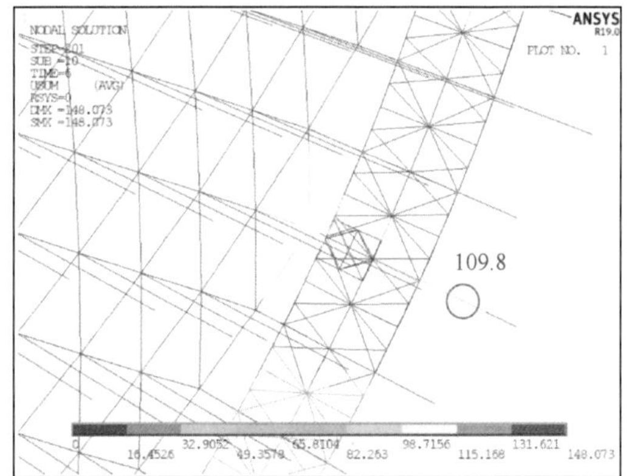

(b) 断索附近区域 (圆圈标记单元为断索)

图 5.3-37　断索后 5s 结构位移图（mm）

采用拆除构件法进行静力分析，得到断索后结构位移如图 5.3-38 所示。将动力分析结果与静力分析结果比较，根据式（5.2-3）～式（5.2-5）得到位移动力系数，如表 5.3-6 所示。

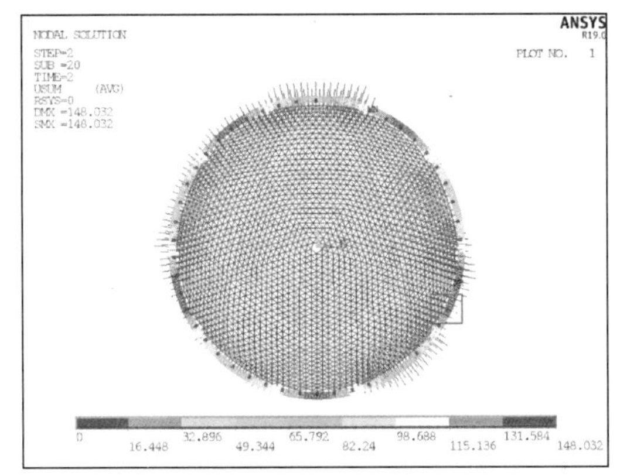

(a) 结构整体

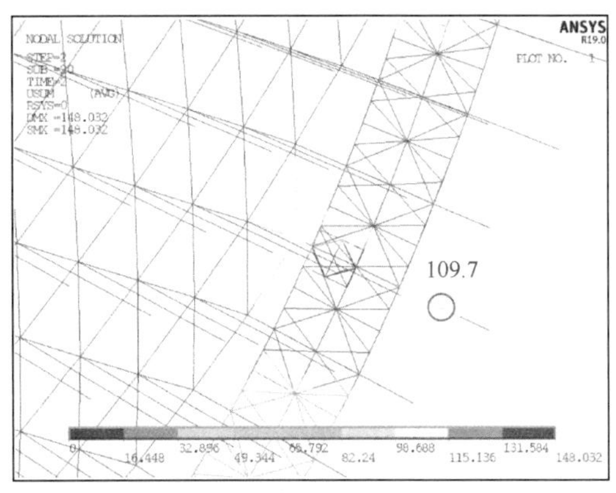

(b) 断索附近区域 (圆圈标记单元为断索)

图 5.3-38 静力分析断索后结构位移图（mm）

静、动力分析的位移比较及动力系数 **表 5.3-6**

节点号	断索前位移 d_0(mm)	动力分析			静力分析		动力系数 η_d^d (d_d/d_s)
		断索后位移峰值 d_m(mm)	断索后5s位移 d_T(mm)	断索引起的位移峰值 d_d(mm)	断索后位移 d_1(mm)	断索引起的位移 d_s(mm)	
67	0	144.6	109.8	+144.6	109.7	+109.7	1.32

（2）应力

断索后，与该索节点（编号 67）相连的其他钢索应力时程曲线如图 5.3-39 所示，与该索相邻的下拉索应力时程曲线如图 5.3-40 所示，相邻的钢圈梁应力时程曲线如图 5.3-41

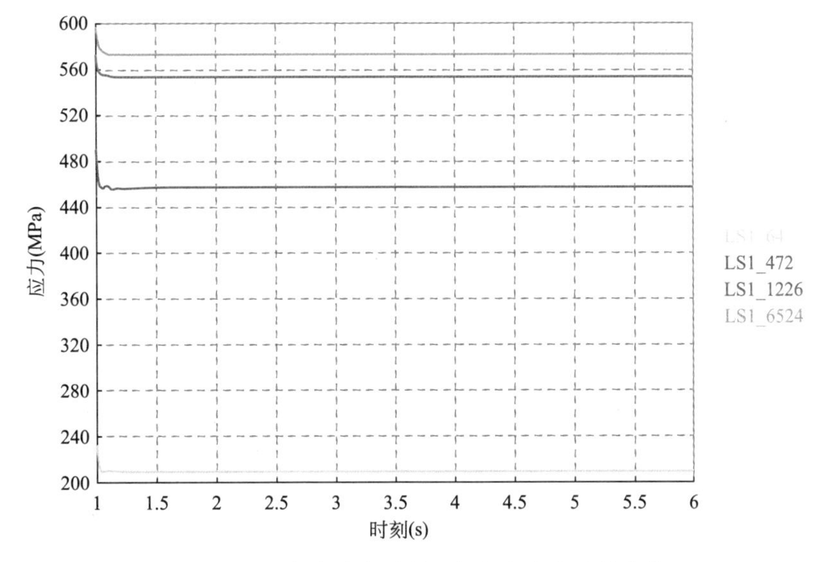

图 5.3-39 与断索相连的 4 根主索应力时程曲线

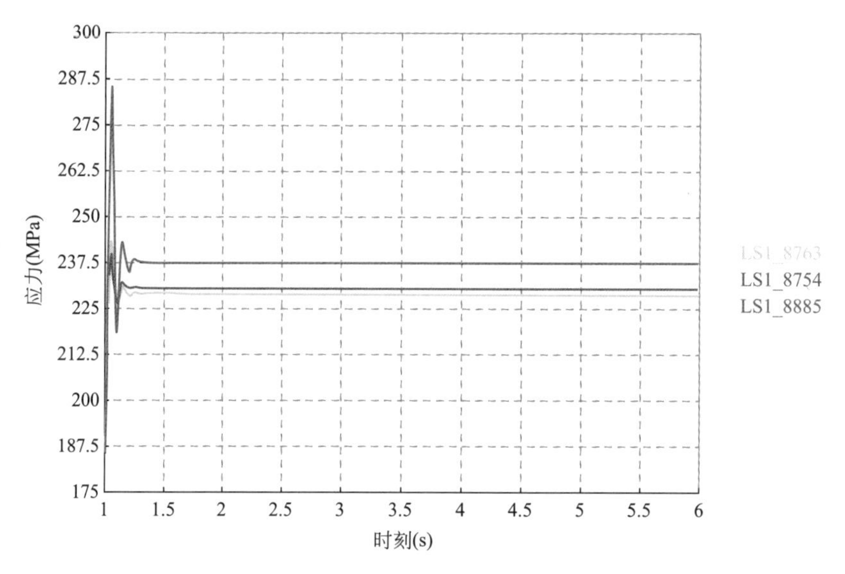

图 5.3-40　与断索相邻的 3 根下拉索应力时程曲线

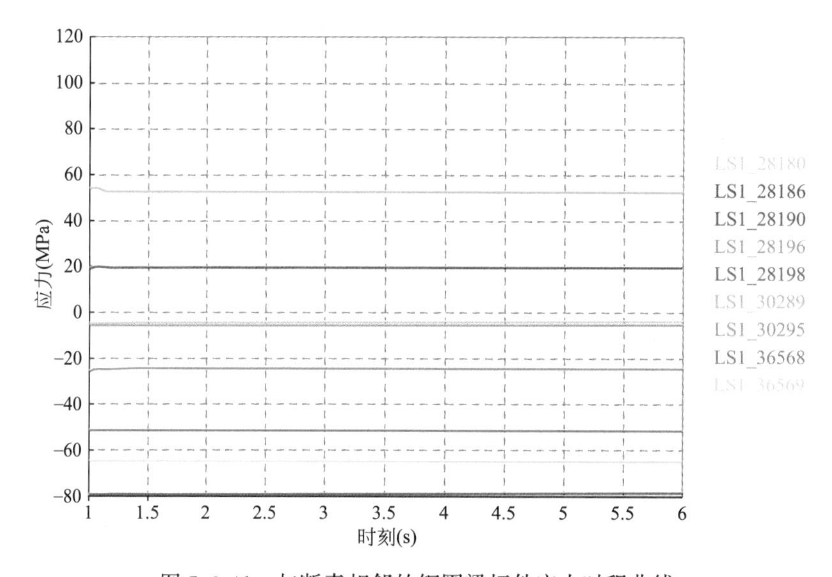

图 5.3-41　与断索相邻的钢圈梁杆件应力时程曲线

所示。由图可见，断索后，与断索相连的各钢索应力均减小，应力降幅最大的钢索（编号 472）断索前应力为 494.1MPa，断索后 0.15s 达到应力峰值 456.9MPa，随后应力增大、减小往复变化，变化幅度很小，断索后 5s 应力基本稳定在 457.7MPa。断索后，与断索相邻的下拉索应力均振荡后增大，应力增幅最大的下拉索（编号 8885）断索前应力为 200.6MPa，断索后 0.02s 达到应力最低峰值 186.5MPa（降幅 14.1MPa），随后应力迅速反弹增大，断索后 0.06s 达到应力最高峰值 284.6MPa（增幅 84.0MPa），随后应力振荡幅度减小，断索后 5s 应力基本稳定在 237.2MPa。断索后，断索相邻的钢圈梁杆件应力小幅波动，应力变化很小，变化幅度均在±1MPa 以内。断索前、断索后应力达到峰值时以及断索后 5s 时的结构应力云图如图 5.3-42～图 5.3-44 所示。

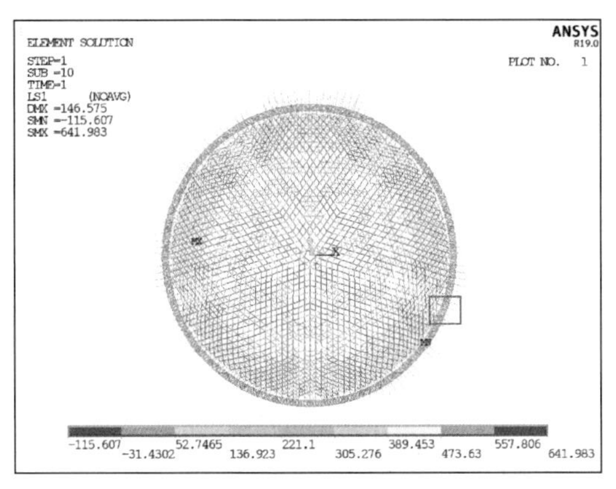

(a) 结构整体

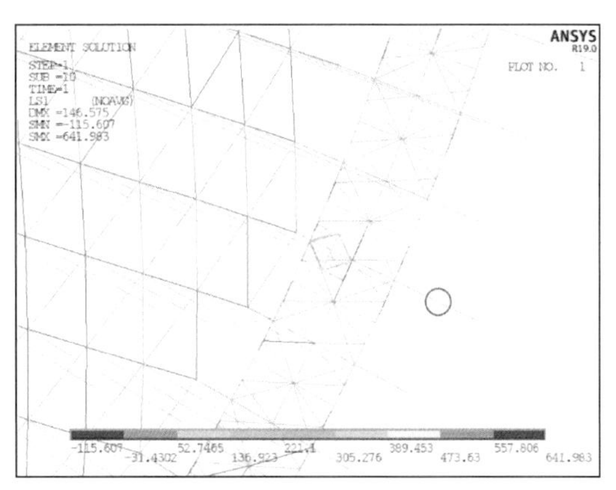

(b) 断索附近区域（圆圈标记单元为断索）

图 5.3-42 断索前结构应力图（MPa）

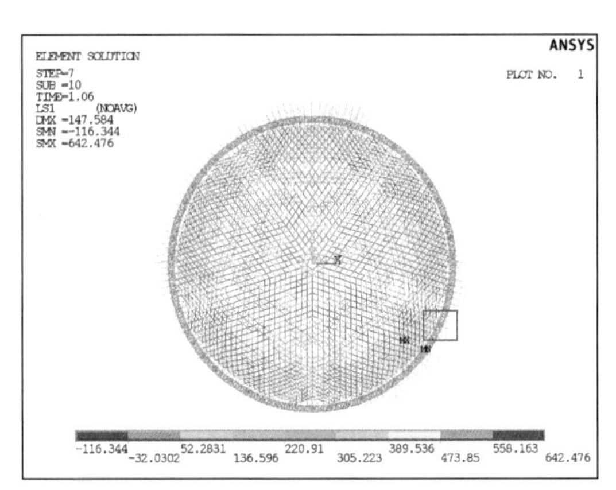

(a) 结构整体

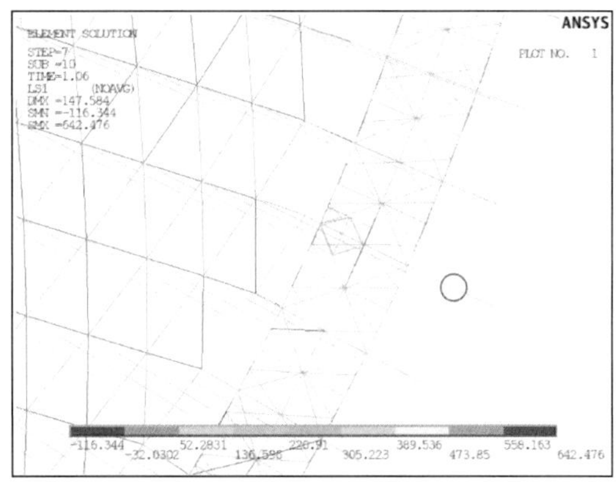

(b) 断索附近区域（圆圈标记单元为断索）

图 5.3-43 断索后 0.06s 结构应力图（MPa）

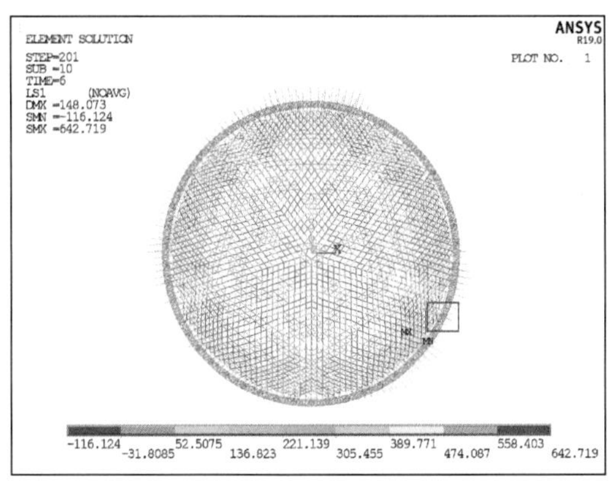

(a) 结构整体

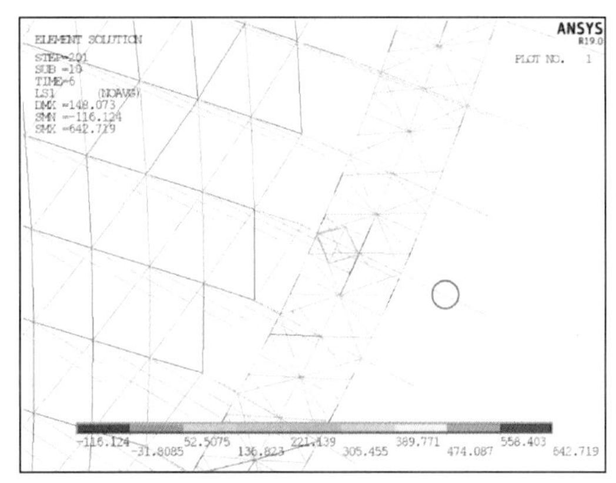

(b) 断索附近区域（圆圈标记单元为断索）

图 5.3-44 断索后 5s 结构应力图（MPa）

采用拆除构件法进行静力分析，得到断索后结构应力如图 5.3-45 所示。将动力分析结果与静力分析结果比较，根据式（5.2-6）～式（5.2-8）得到应力动力系数，如表 5.3-7 所示。断索相邻的钢圈梁应力变化非常小，故相应动力系数不作考察。

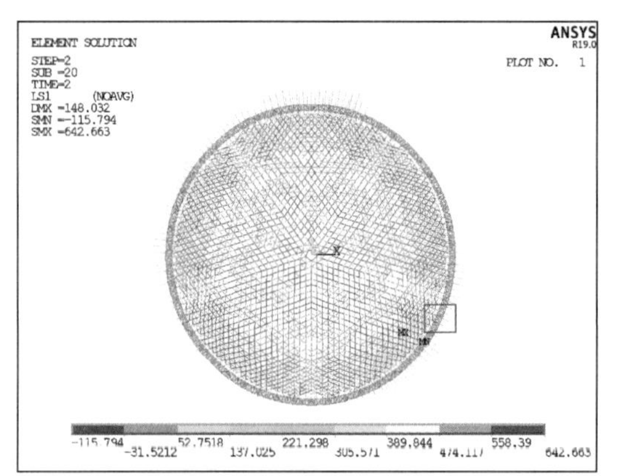

(a) 结构整体

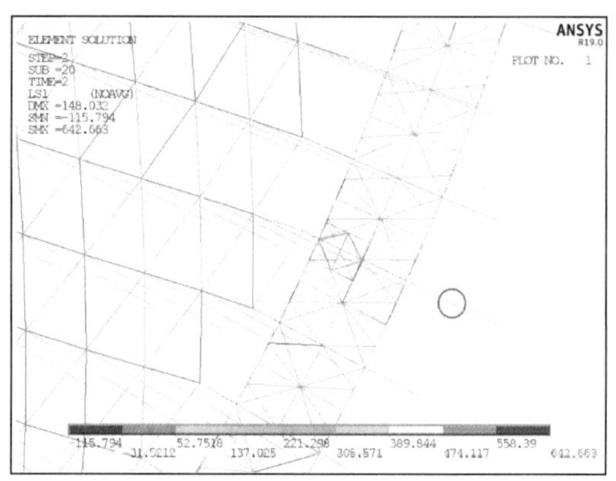

(b) 断索附近区域 (圆圈标记单元为断索)

图 5.3-45　静力分析断索后结构应力图（MPa）

静、动力分析的应力比较及动力系数　　表 5.3-7

构件类别	构件号	断索前应力 σ_0(MPa)	动力分析			静力分析		动力系数 η_d^σ (σ_d/σ_s)
			断索后应力峰值 σ_m(MPa)	断索后5s应力 σ_T(MPa)	断索引起的应力峰值 σ_d(MPa)	断索后应力 σ_1(MPa)	断索引起的应力 σ_s(MPa)	
直接相连索	472	494.1	456.9	457.7	−37.2	457.7	−36.4	1.02
相邻下拉索	8885	200.6	284.6	237.2	+84.0	237.1	+36.5	2.30

从上述分析结果可知，基准球面状态下，应力最大的下拉索发生断索，引起相邻主索应力小幅下降，相邻下拉索应力增加；此断索通过边缘主索与钢圈梁相连，圈梁杆件应力产生微小幅度变化；断索与相邻索连接节点的最大相对位移为 144.6mm。从断索引发的动力效应来看，索节点位移动力系数小于 1.4，直接相连主索的应力动力系数小于 1.05，周边相邻下拉索的应力动力系数达到 2.3，可见下拉索断索对主索网产生的动力效应较小，对周边下拉索产生的动力效应较大。结构其他部位应力和位移变化均很小，断索对结构其他部位影响不大。

4. 工况 4

工况 4 为应力幅在 440MPa 以上的对称区域主索发生断索。断索单元编号为 348，两端节点号分别为 351、352，该索周边构件、节点编号见图 5.3-46，其中圆圈标记单元发生断索。

（1）位移

断索后，两端节点（编号 351、352）位移时程曲线如图 5.3-47、图 5.3-48 所示。由

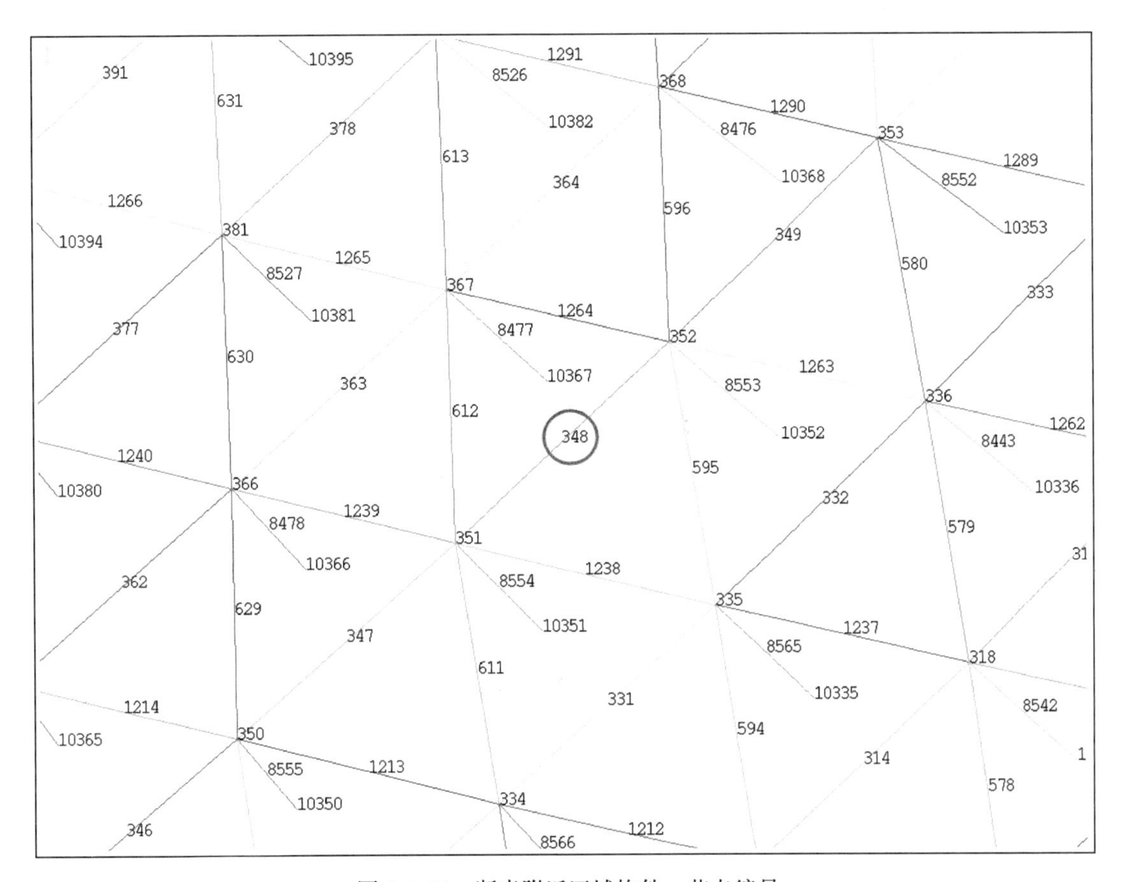

图 5.3-46 断索附近区域构件、节点编号

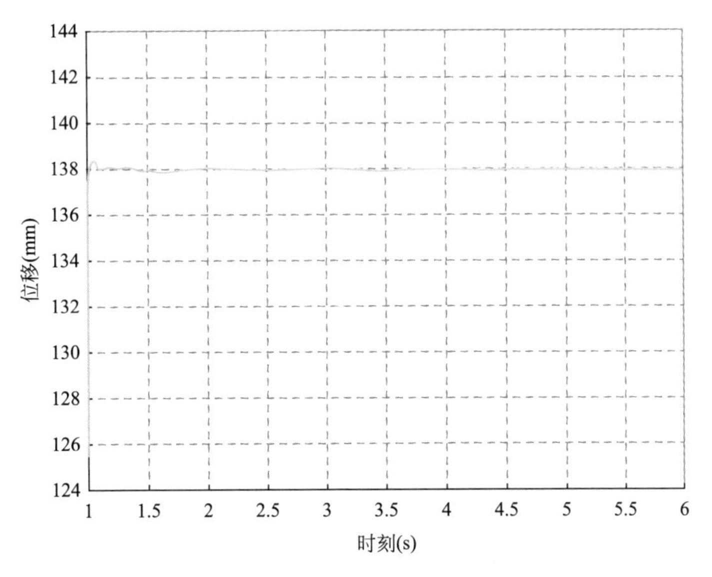

图 5.3-47 节点 351 位移时程曲线

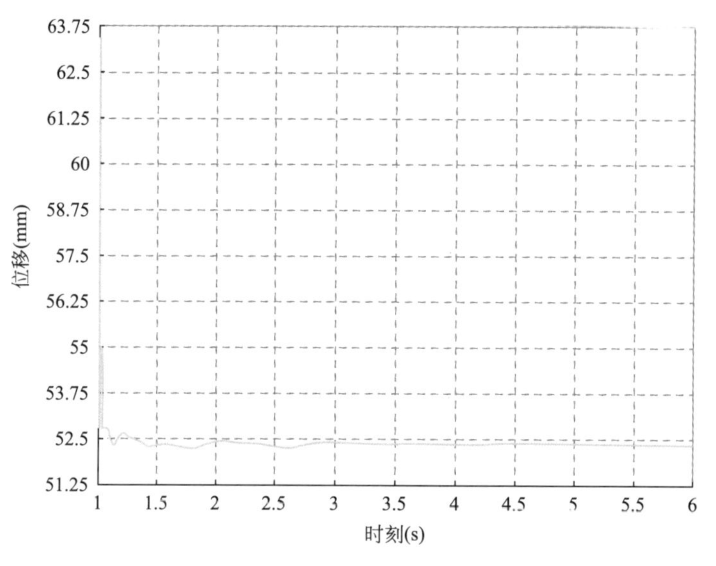

图 5.3-48　节点 352 位移时程曲线

图可见，节点 351 断索前位移为 125.6mm，断索后位移迅速增大，断索后 0.05s 达到位移峰值 138.4mm，随后位移减小、增大往复变化，变化幅度不断减小，断索后 5s 位移基本稳定在 137.9mm；节点 352 断索前位移为 63.4mm，断索后位移迅速减小，断索后 0.79s 达到位移峰值 52.2mm，随后位移增加、减小往复变化，变化幅度不断减小，断索后 5s 位移基本稳定在 52.3mm。断索前、断索后位移达到峰值时以及断索后 5s 时的结构位移云图如图 5.3-49～图 5.3-51 所示。

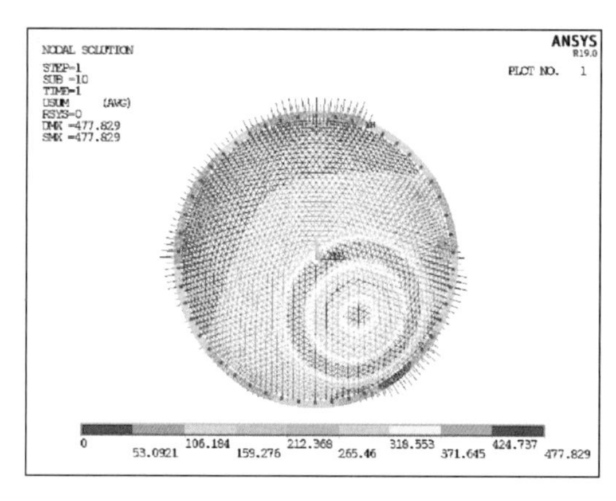

图 5.3-49　断索前结构位移图（mm）

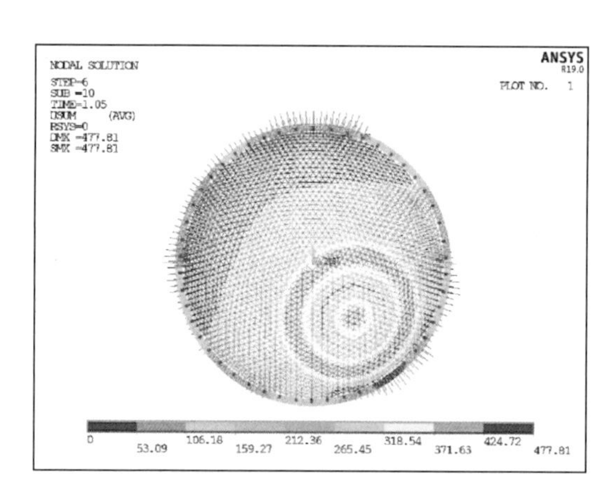

图 5.3-50　断索后 0.05s 结构位移图（mm）

采用拆除构件法进行静力分析，得到断索后结构位移如图 5.3-52 所示。将动力分析结果与静力分析结果比较，根据式（5.2-3）～式（5.2-5）得到位移动力系数，如表 5.3-8 所示。

（2）应力

断索后，与断索两端节点（编号 351、352）相连的其他钢索应力时程曲线如图 5.3-53、图 5.3-54 所示，与该索两侧相邻节点（编号 335、367）相连的钢索应力时程曲线如图 5.3-55、

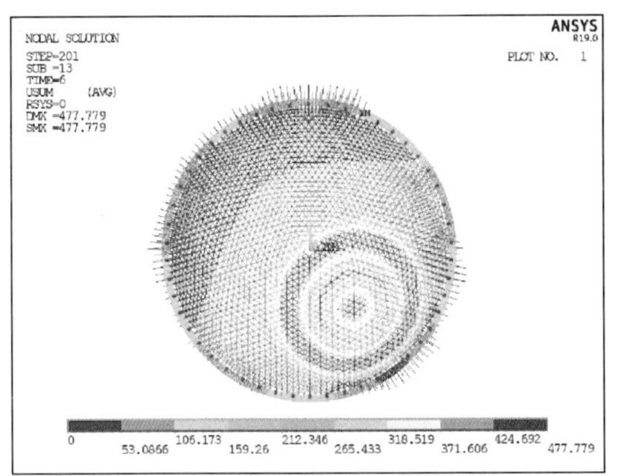

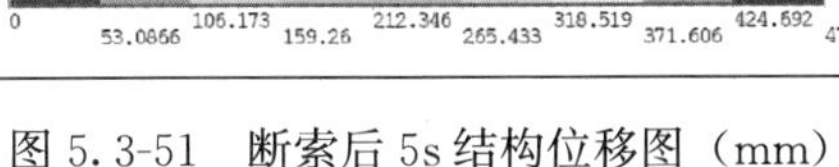

图 5.3-51 断索后 5s 结构位移图（mm）

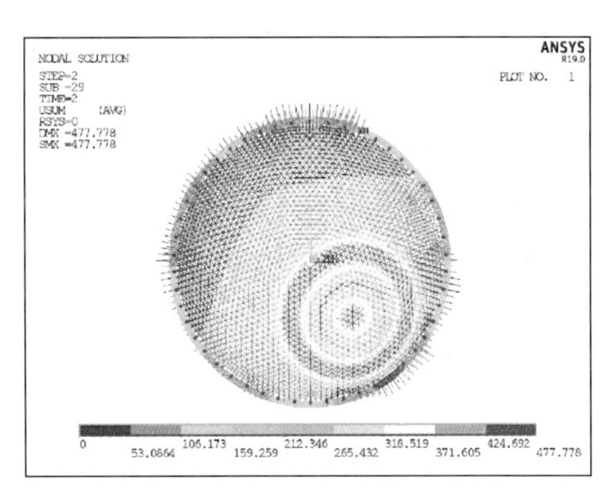

图 5.3-52 静力分析断索后结构位移图（mm）

静、动力分析的位移比较及动力系数 **表 5.3-8**

节点号	断索前位移 d_0(mm)	动力分析			静力分析		动力系数 η_d^d (d_d/d_s)
		断索后位移峰值 d_m(mm)	断索后5s位移 d_T(mm)	断索引起的位移峰值 d_d(mm)	断索后位移 d_1(mm)	断索引起的位移 d_s(mm)	
351	125.6	138.4	137.9	+12.8	137.9	+12.3	1.04
352	63.4	52.2	52.3	−11.2	52.4	−11.0	1.02

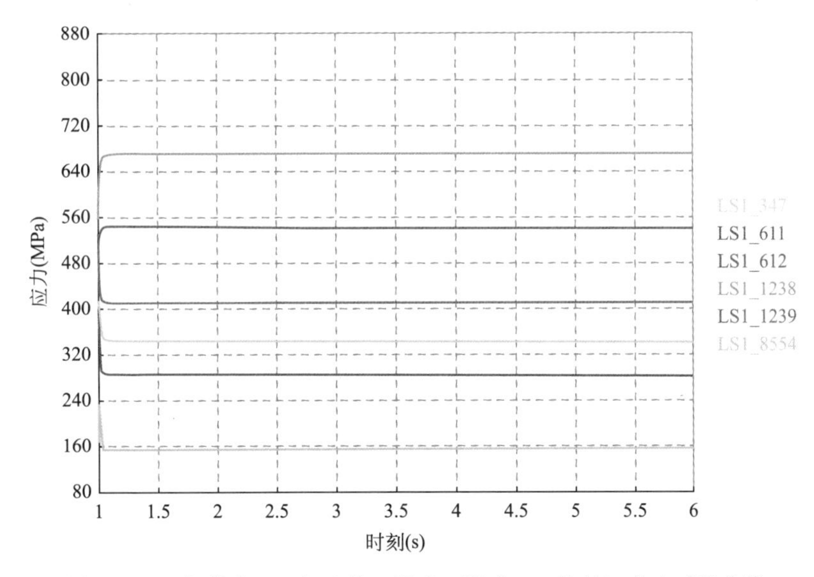

图 5.3-53 与节点 351 相连的 6 根索（断索 348 除外）应力时程曲线

图 5.3-56 所示。由图可见，断索后，与断索相连的各钢索中，与断索夹角小于 90°的主索应力增大，其余主索、下拉索应力均减小，应力增幅最大的钢索（编号 612）断索前应力为 418.6MPa，断索后 0.26s 达到应力峰值 543.3MPa，随后应力减小、增大往复变化，变化幅度很小，断索后 5s 应力基本稳定在 542.8MPa；应力降幅最大的钢索（编号 349）

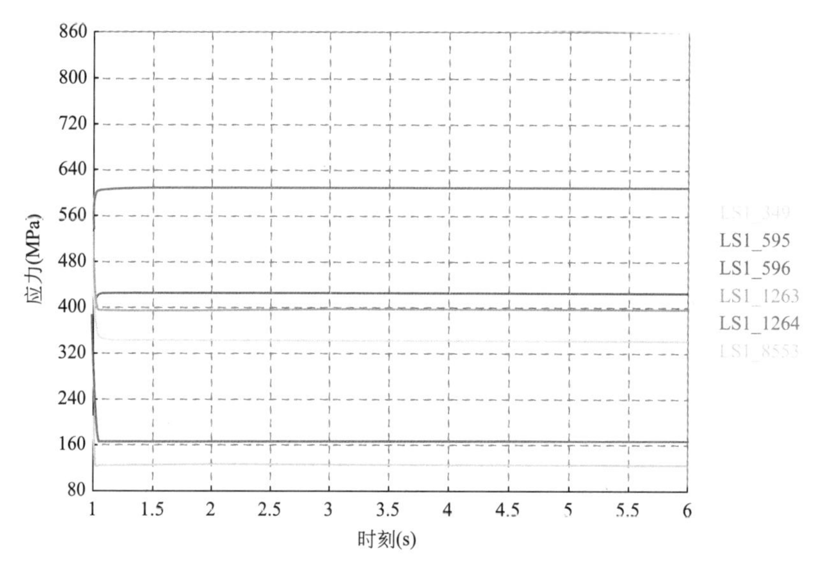

图 5.3-54　与节点 352 相连的 6 根索（断索 348 除外）应力时程曲线

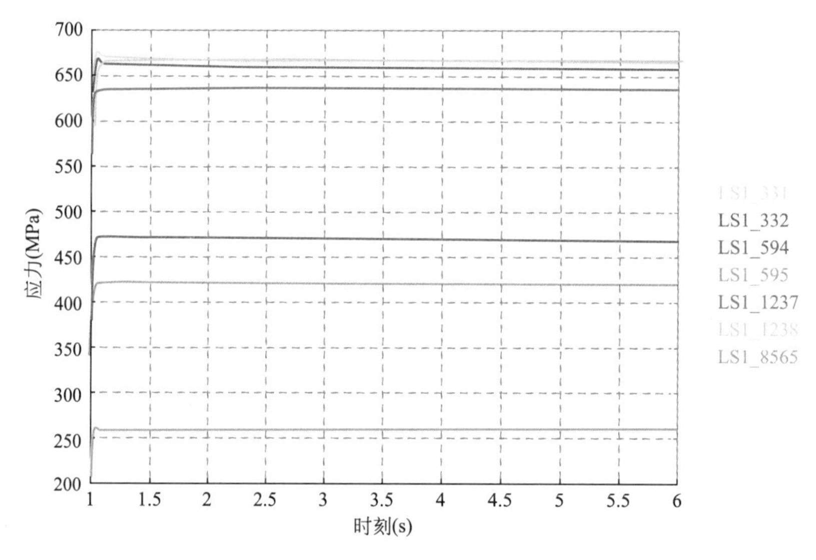

图 5.3-55　与节点 335 相连的 7 根索应力时程曲线

断索前应力为 596.6MPa，断索后 0.74s 达到应力峰值 342.3MPa，随后应力增大、减小往复变化，变化幅度很小，断索后 5s 应力基本稳定在 342.5MPa。与断索两侧相邻节点相连的各钢索中，各主索、下拉索应力均增大，应力最大的钢索（编号 364）断索前应力为 584.3MPa，断索后 0.05s 达到应力峰值 741.8MPa，随后应力减小、增大往复变化，变化幅度很小，断索后 5s 应力基本稳定在 736.0MPa。断索前、断索后应力达到峰值时以及断索后 5s 时的结构应力云图分别如图 5.3-57、图 5.3-58 和图 5.3-59 所示。

采用拆除构件法进行静力分析，得到断索后结构应力如图 5.3-60 所示。将动力分析结果与静力分析结果比较，根据式（5.2-6）～式（5.2-8）得到应力动力系数，如表 5.3-9 所示。

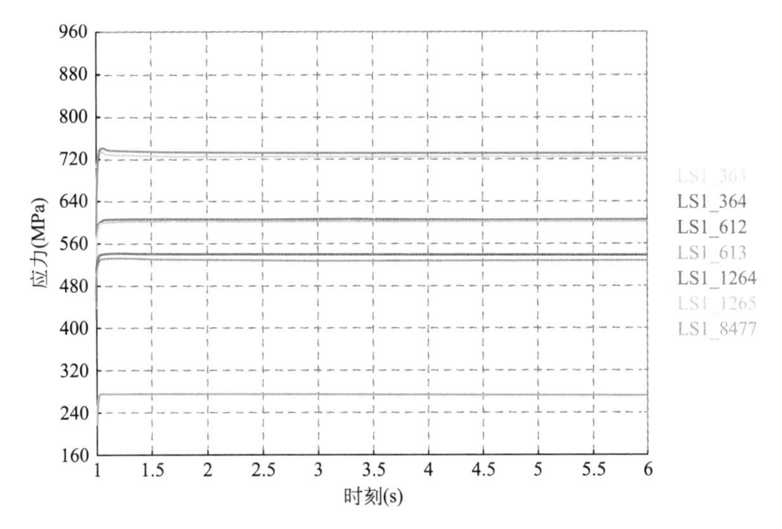

图 5.3-56　与节点 367 相连的 7 根索应力时程曲线

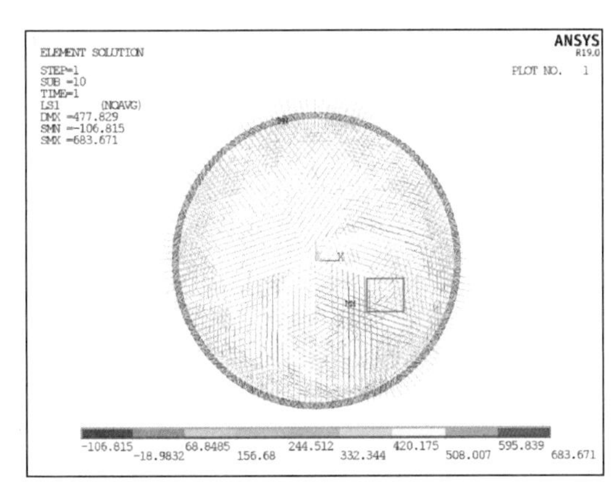

(a) 结构整体

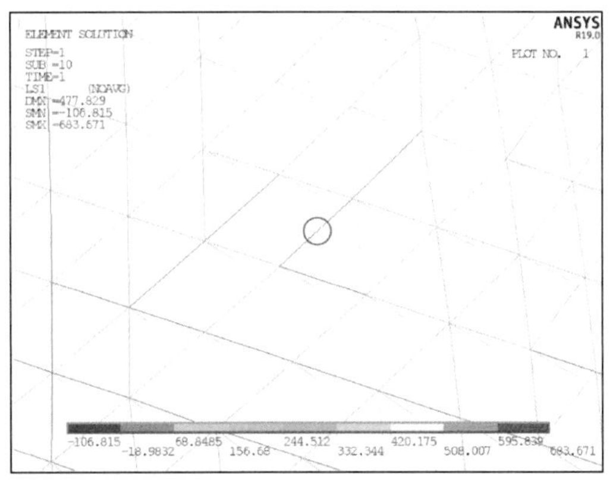

(b) 断索附近区域 (圆圈标记单元为断索)

图 5.3-57　断索前结构应力图（MPa）

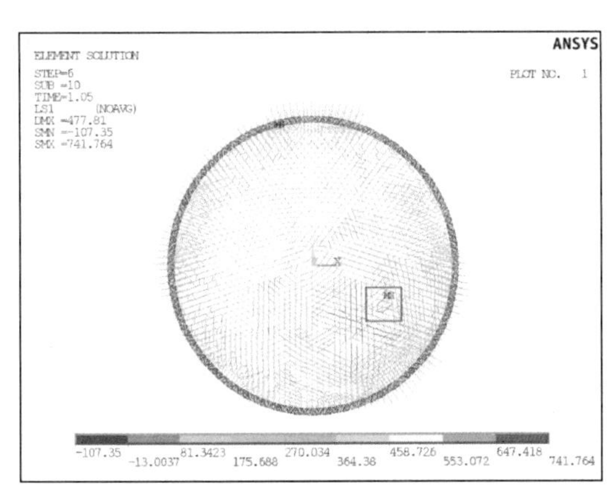

(a) 结构整体

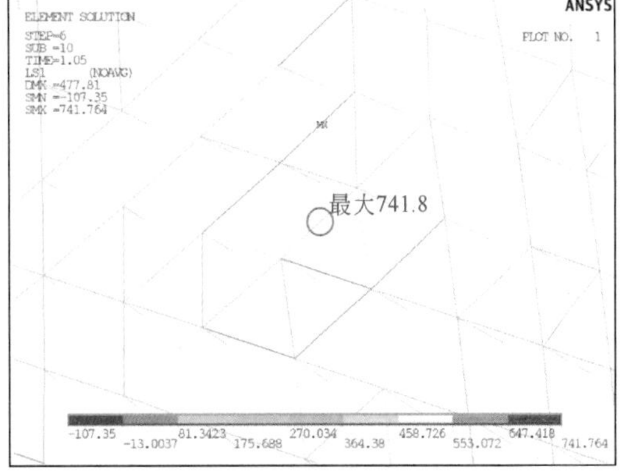

(b) 断索附近区域 (圆圈标记单元为断索)

图 5.3-58　断索后 0.05s 结构应力图（MPa）

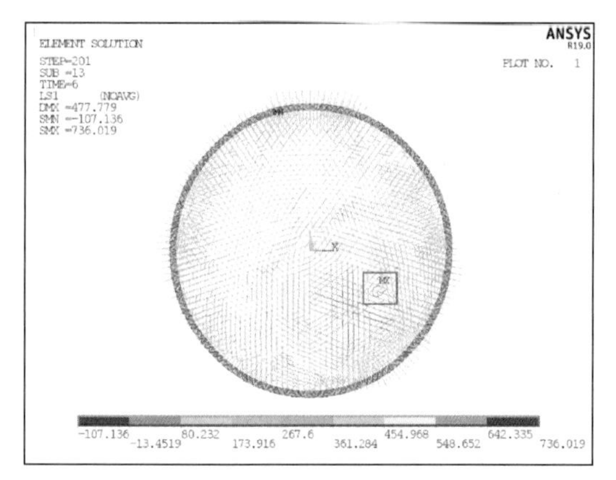

(a) 结构整体

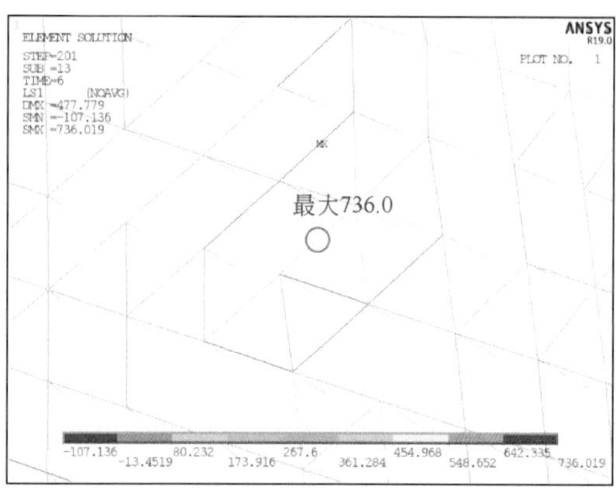

(b) 断索附近区域（圆圈标记单元为断索）

图 5.3-59　断索后 5s 结构应力图（MPa）

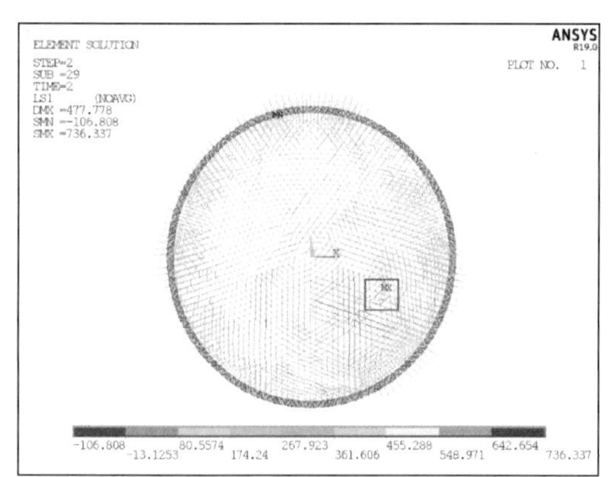

(a) 结构整体

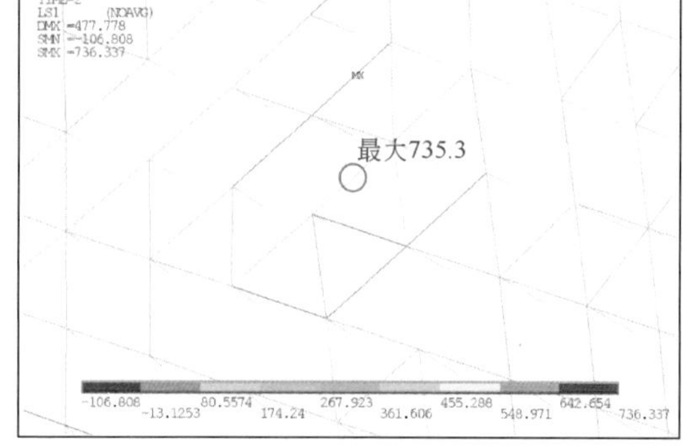

(b) 断索附近区域（圆圈标记单元为断索）

图 5.3-60　静力分析断索后结构应力图（MPa）

静、动力分析的应力比较及动力系数　　　　**表 5.3-9**

构件类别	构件号	断索前应力 σ_0(MPa)	动力分析			静力分析		动力系数 η_d^σ (σ_d/σ_s)
			断索后应力峰值 σ_m(MPa)	断索后5s应力 σ_T(MPa)	断索引起的应力峰值 σ_d(MPa)	断索后应力 σ_1(MPa)	断索引起的应力 σ_s(MPa)	
直接相连索	612	418.6	543.3	542.8	+124.7	542.8	+124.2	1.00
	349	596.6	342.3	342.5	−254.3	342.6	−254.0	1.00
非直接相连索	364	584.3	741.8	736.0	+157.5	736.3	+152.0	1.04

从上述分析结果可知，抛物面状态下，应力幅在 440MPa 以上的主索（编号 348）发生断索，引起相邻主索应力变化较大，最大增加和减小分别为 158MPa 和 254MPa；相邻下拉索应力相对变化较小，最大增加和减小分别为 61MPa 和 88MPa；断索后相邻钢索最大应力达到 742MPa，小于 0.5 倍钢索破断应力，不会发生连续性破坏；断索前后两端节

点最大相对位移为 12.8mm。断索两端节点位移动力系数和断索附近构件应力动力系数均小于 1.05，可见该主索断索引发的动力效应较小。结构其他部位应力和位移变化均很小，断索对结构其他部位影响不大。

5. 工况 11

工况 11 为应力幅在 440MPa 以上的对称区域主索发生断索。断索单元编号为 429，两端节点号分别为 432、433，周边构件、节点编号见图 5.3-61，其中圆圈标记单元发生断索。

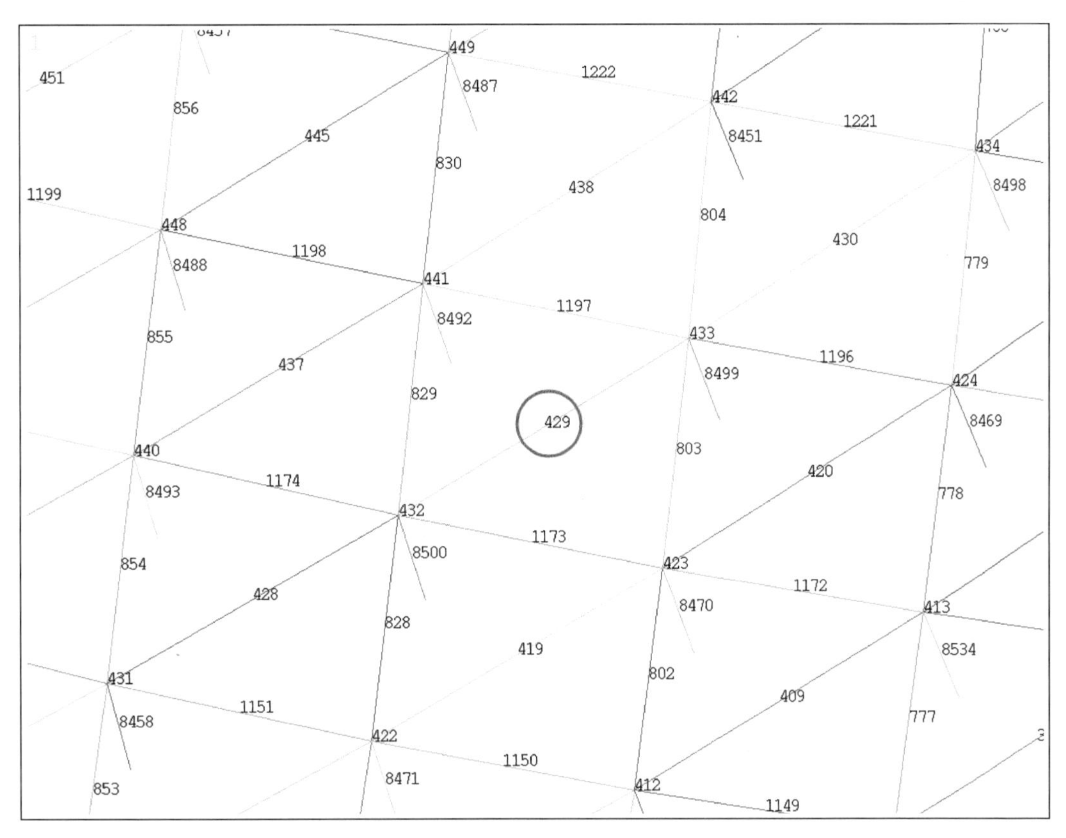

图 5.3-61 断索附近区域构件、节点编号

（1）位移

断索后，两端节点（编号 432、433）位移时程曲线如图 5.3-62、图 5.3-63 所示。由图可见，节点 432 断索前位移为 23.0mm，断索后位移迅速增大，断索后 0.05s 达到位移峰值 40.2mm，随后位移减小、增大往复变化，变化幅度不断减小，断索后 5s 位移基本稳定在 39.8mm；节点 433 断索前位移为 154.70mm，断索后位移迅速减小，断索后 0.02s 达到位移峰值 153.86mm，随后位移增加、减小往复变化，变化幅度不断减小，断索后 5s 位移基本稳定在 154.00mm。断索前、断索后位移达到峰值时以及断索后 5s 时的结构位移云图如图 5.3-64～图 5.3-66 所示。

采用拆除构件法进行静力分析，得到的断索后结构位移如图 5.3-67 所示。将动力分析结果与静力分析结果比较，根据式（5.2-3）～式（5.2-5）得到位移动力系数，如表 5.3-10 所示。由于节点 433 位移变化非常小（变化量小于 1mm），相应动力系数不作考察。

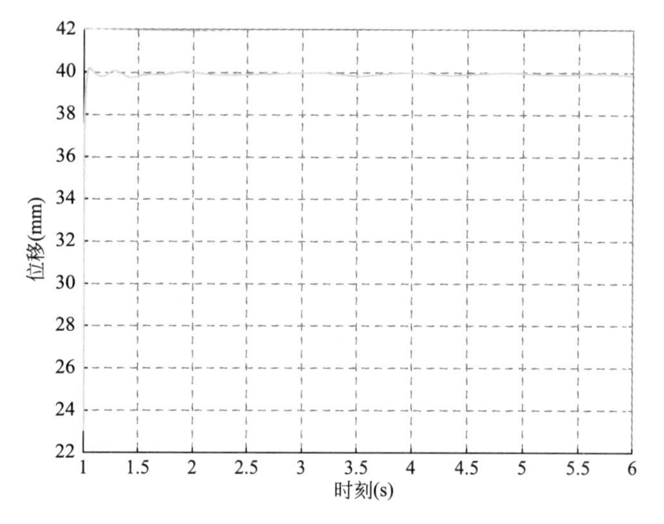

图 5.3-62　节点 432 位移时程曲线

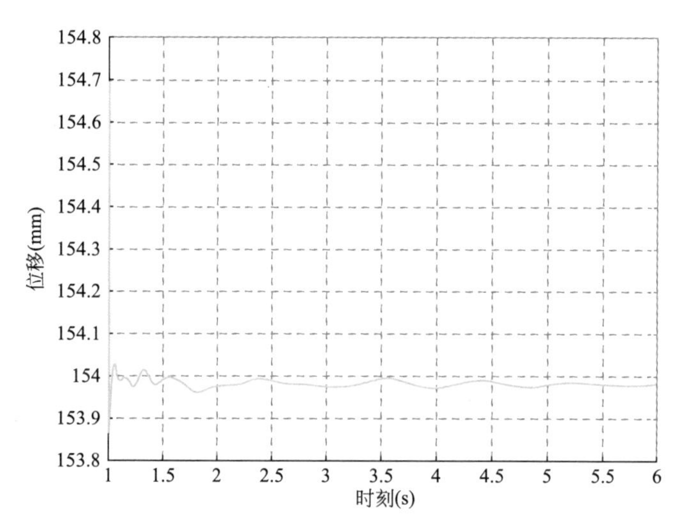

图 5.3-63　节点 433 位移时程曲线

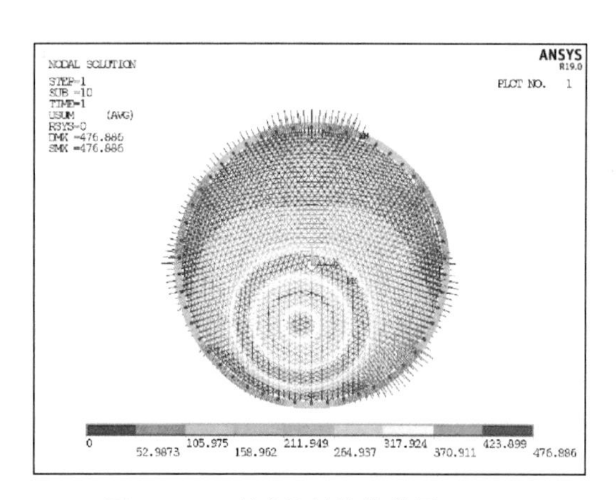

图 5.3-64　断索前结构位移图（mm）

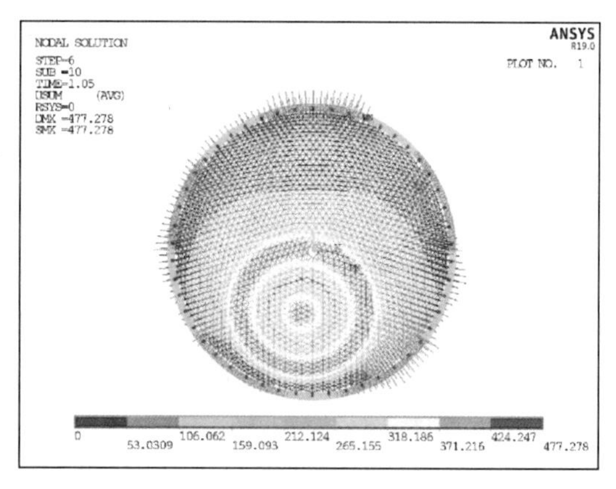

图 5.3-65　断索后 0.05s 结构位移图（mm）

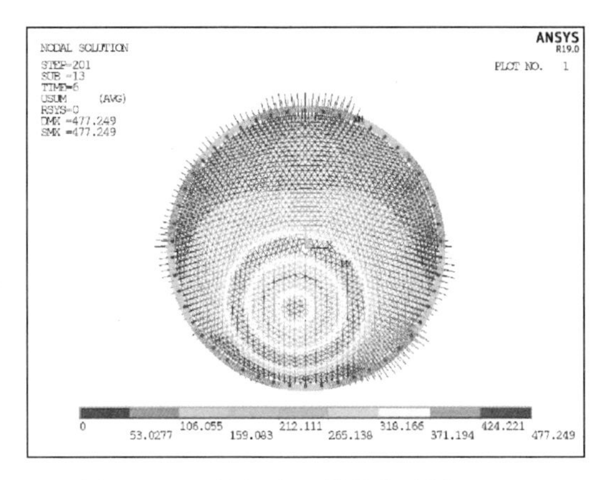

图 5.3-66 断索后 5s 结构位移图（mm）

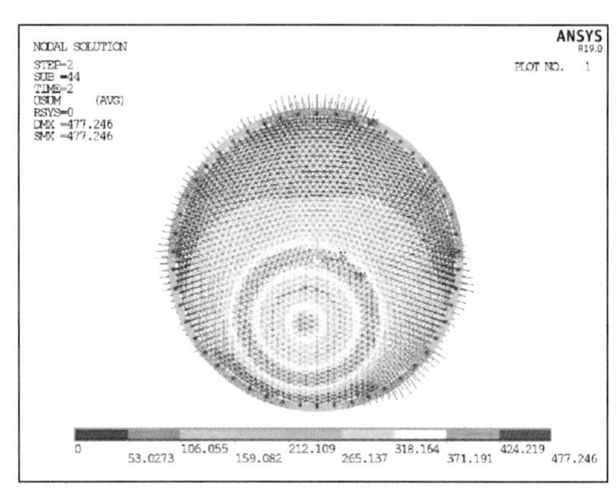

图 5.3-67 静力分析断索后结构位移图（mm）

静、动力分析的位移比较及动力系数 **表 5.3-10**

节点号	断索前位移 d_0(mm)	动力分析			静力分析		动力系数 η_d^d (d_d/d_s)
		断索后位移峰值 d_m(mm)	断索后 5s 位移 d_T(mm)	断索引起的位移峰值 d_d(mm)	断索后位移 d_1(mm)	断索引起的位移 d_s(mm)	
432	23.0	40.2	39.8	+17.2	39.9	+16.9	1.02
433	154.70	153.86	154.00	−0.84	153.97	−0.73	不考察

（2）应力

断索后，与该索两端节点（编号 432、433）相连的其他钢索应力时程曲线如图 5.3-68、图 5.3-69 所示，与该索两侧相邻节点（编号 423、441）相连的钢索应力时程曲线如

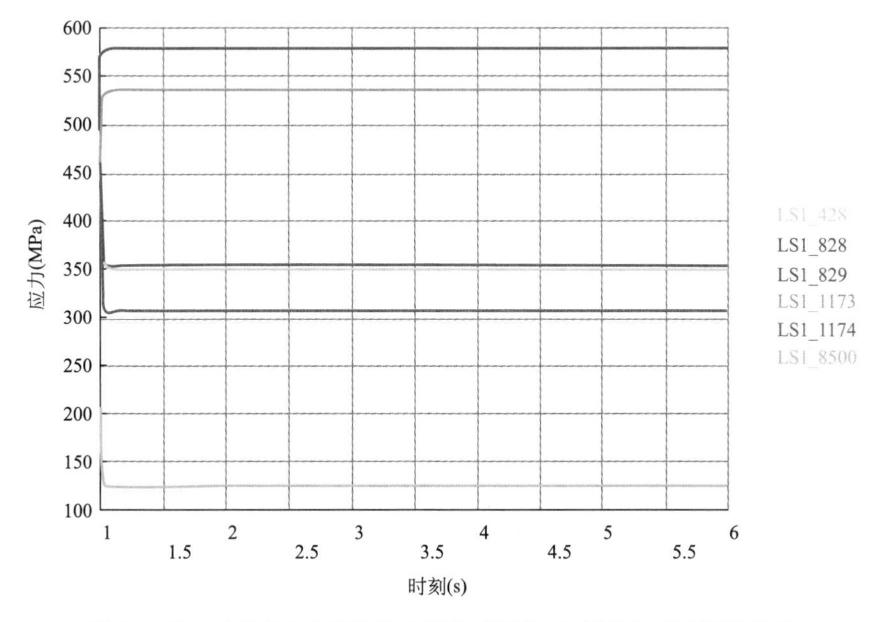

图 5.3-68 与节点 432 相连的 6 根索（断索 429 除外）应力时程曲线

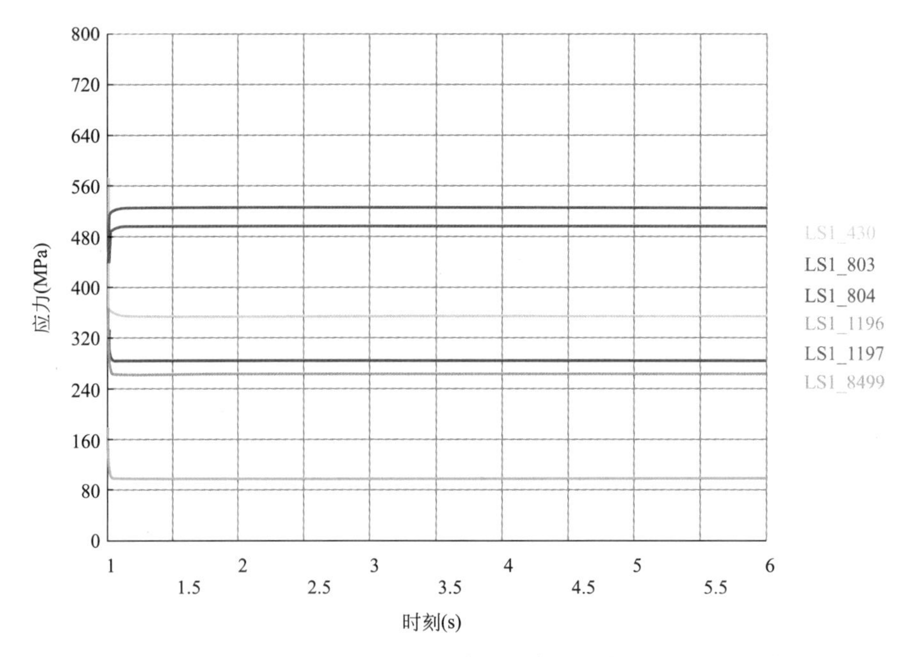

图 5.3-69　与节点 433 相连的 6 根索（断索 429 除外）应力时程曲线

图 5.3-70、图 5.3-71 所示。由图可见，断索后，与断索相连的各钢索中，与断索夹角小于 90°的主索应力增大，其余主索、下拉索应力均减小，应力增幅最大的钢索（编号 829）断索前应力为 495.5MPa，断索后 0.12s 达到应力峰值 580.3MPa，随后应力减小、增大往复变化，变化幅度很小，断索后 5s 应力基本稳定在 579.9MPa；应力降幅最大的钢索

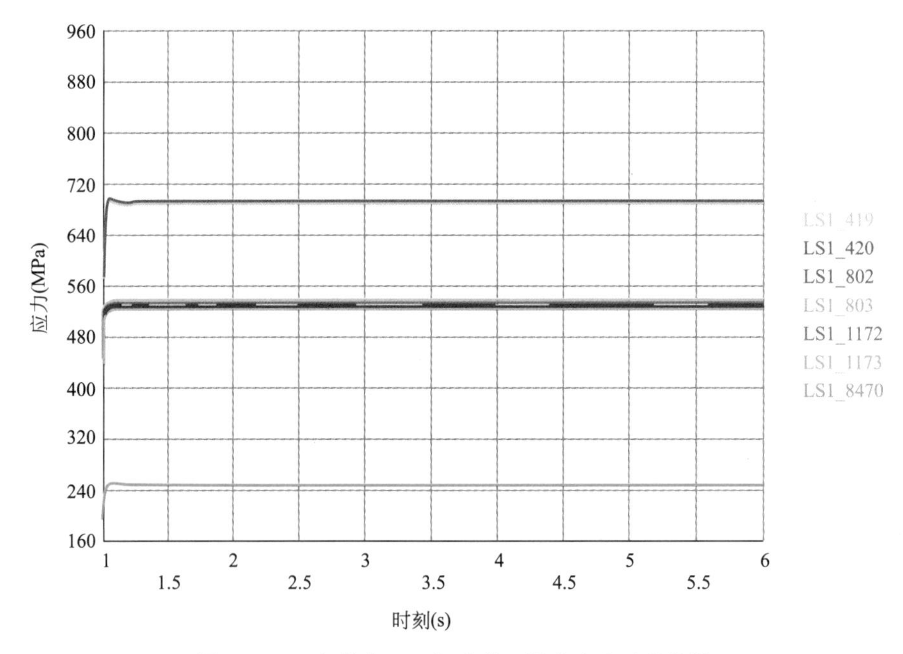

图 5.3-70　与节点 423 相连的 7 根索应力时程曲线

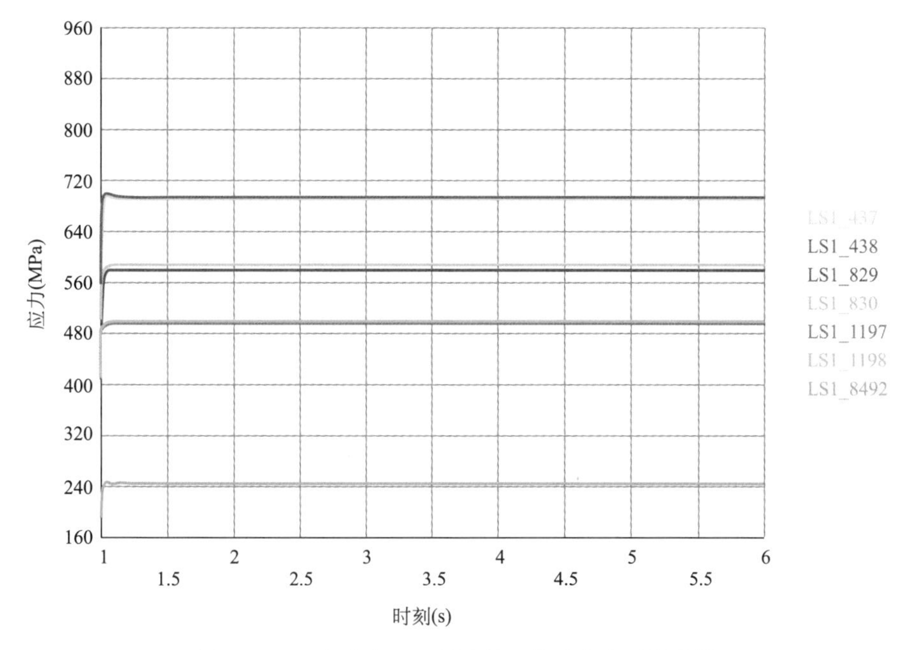

图 5.3-71 与节点 441 相连的 7 根索应力时程曲线

（编号 428）断索前应力为 569.9MPa，断索后 0.19s 达到应力峰值 350.2MPa，随后应力增大、减小往复变化，变化幅度很小，断索后 5s 应力基本稳定在 350.7MPa。与断索两侧相邻节点相连的各钢索中，各主索、下拉索应力均增大，应力最大的钢索（编号 438）断索前应力为 575.5MPa，断索后 0.05s 达到应力峰值 696.5MPa，随后应力减小、增大往复变化，变化幅度很小，断索后 5s 应力基本稳定在 692.8MPa。断索前、断索后应力达到峰值时以及断索后 5s 时的结构应力云图如图 5.3-72～图 5.3-74 所示。

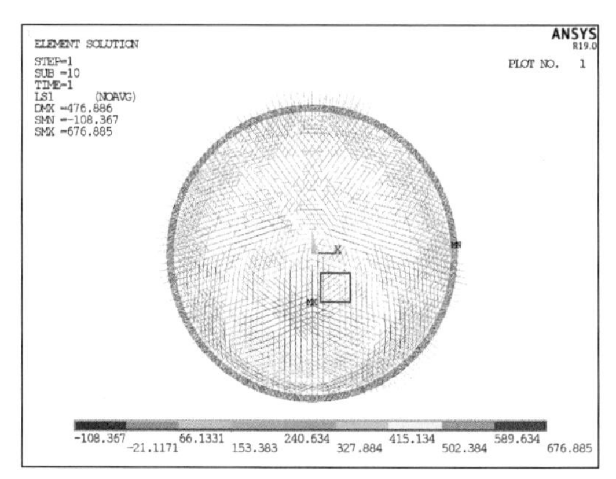

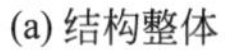

(a) 结构整体

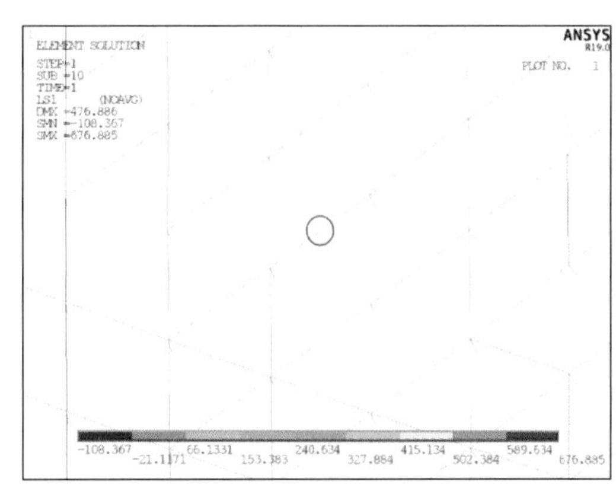

(b) 断索附近区域(圆圈标记单元为断索)

图 5.3-72 断索前结构应力图（MPa）

采用拆除构件法进行静力分析，得到断索后结构应力如图 5.3-75 所示。将动力分析结果与静力分析结果比较，根据式（5.2-6）～式（5.2-8）得到应力动力系数，如表 5.3-11 所示。

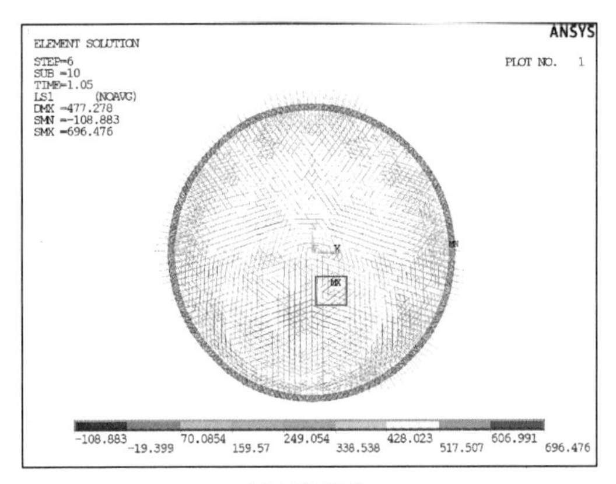

(a) 结构整体

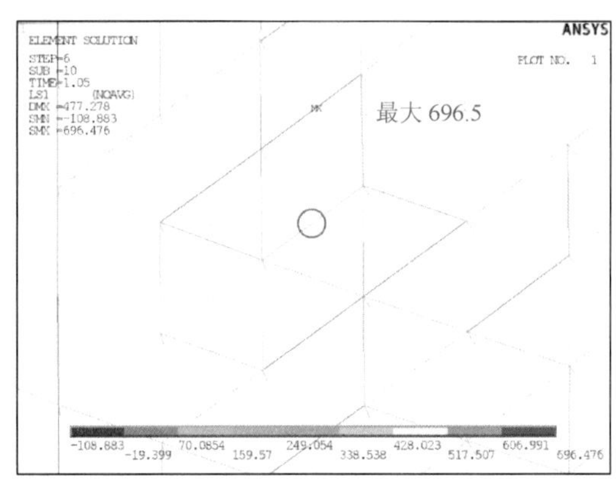

(b) 断索附近区域 (圆圈标记单元为断索)

图 5.3-73 断索后 0.05s 结构应力图（MPa）

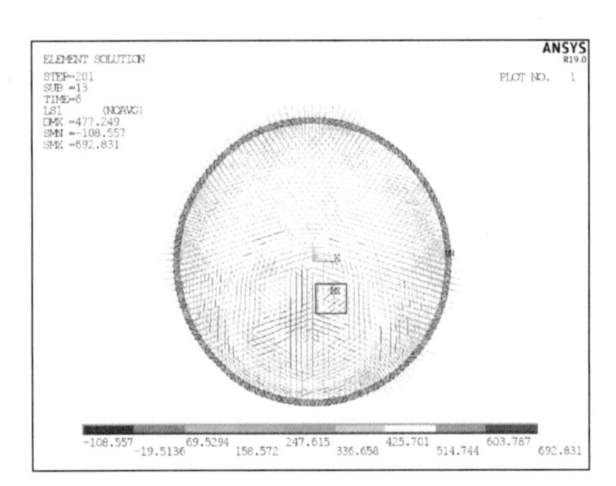

(a) 结构整体

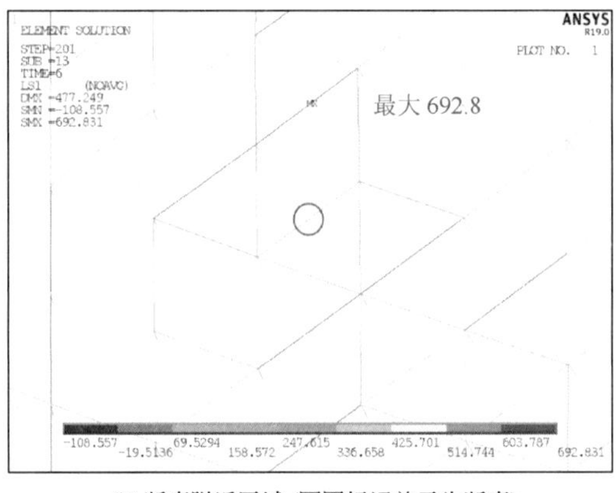

(b) 断索附近区域 (圆圈标记单元为断索)

图 5.3-74 断索后 5s 结构应力图（MPa）

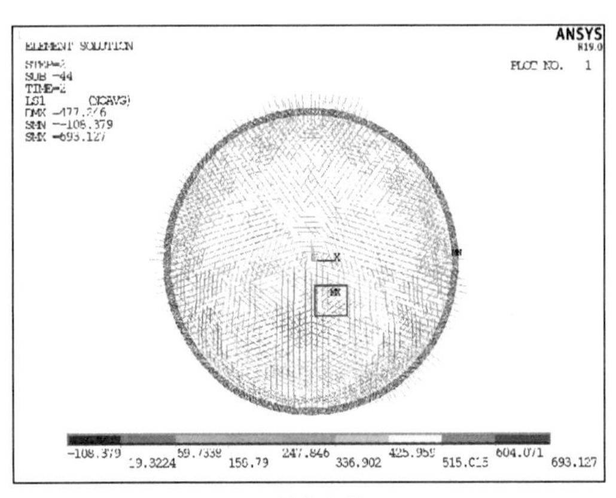

(a) 结构整体

(b) 断索附近区域 (圆圈标记单元为断索)

图 5.3-75 静力分析断索后结构应力图（MPa）

静、动力分析的应力比较及动力系数 **表 5.3-11**

构件类别	构件号	断索前应力 σ_0(MPa)	动力分析			静力分析		动力系数 η_d^σ (σ_d/σ_s)
			断索后应力峰值 σ_m(MPa)	断索后5s应力 σ_T(MPa)	断索引起的应力峰值 σ_d(MPa)	断索后应力 σ_1(MPa)	断索引起的应力 σ_s(MPa)	
直接相连索	829	495.5	580.3	579.9	+84.8	580.1	+84.6	1.00
	428	569.9	350.2	350.7	−219.7	350.8	−219.1	1.00
非直接相连索	438	575.5	696.5	692.8	+121.0	693.1	+117.6	1.03

从上述分析结果可知，抛物面状态下，应力幅在 440MPa 以上的主索（编号 429）发生断索，引起相邻主索应力变化较大，最大增加和减小分别为 121MPa 和 220MPa；相邻下拉索应力相对变化较小，最大增加和减小分别为 56MPa 和 80MPa；断索后最大应力达到 697MPa，小于 0.5 倍钢索破断应力，不会发生连续性破坏；断索前后两端节点最大相对位移为 17.2mm；断索两端节点位移动力系数和断索附近构件应力动力系数均小于 1.05，可见该主索断索引发的动力效应较小。结构其他部位应力和位移变化均很小，断索对结构其他部位影响不大。

6. 工况 14

工况 14 假定一根下拉索作用 200kN 牵引拉力时，该下拉索发生断索。断索单元编号为 8114，两端节点号分别为 5、10005，其中节点 5 为索节点，节点 10005 与地锚相连，该索周边构件、节点编号见图 5.3-76，其中圆圈标记单元发生断索。

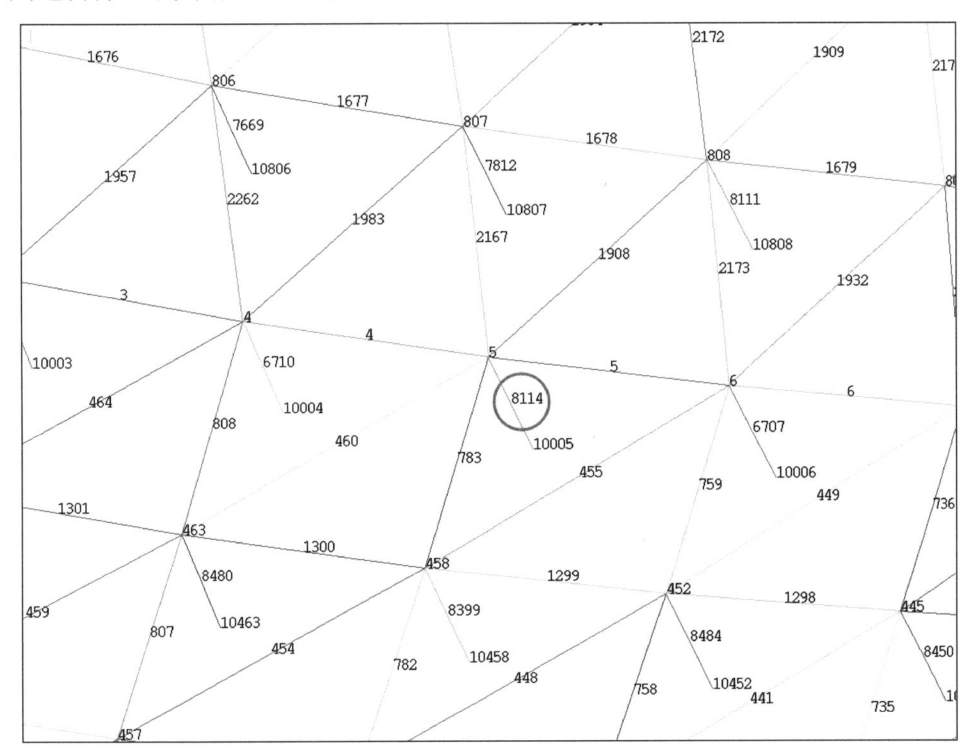

图 5.3-76　断索附近区域构件、节点编号

（1）位移

断索后，索节点（编号5）位移时程曲线如图5.3-77所示。由图可见，索节点（编号5）断索前位移为174.5mm，断索后位移迅速增大，断索后0.10s达到位移峰值950.6mm，随后位移减小、增大往复变化，变化幅度不断减小，断索后5s位移基本稳定在556.2mm。断索前、断索后位移达到峰值时以及断索后5s时的结构位移云图如图5.3-78～图5.3-80所示。

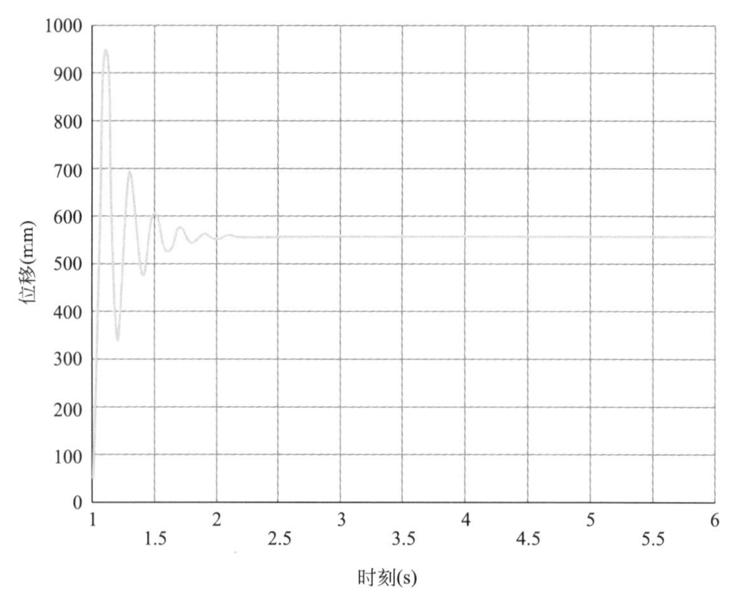

图5.3-77　断索节点位移时程曲线

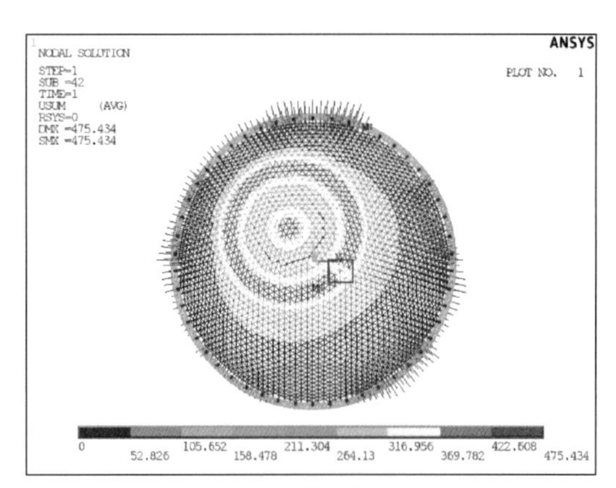

(a) 结构整体

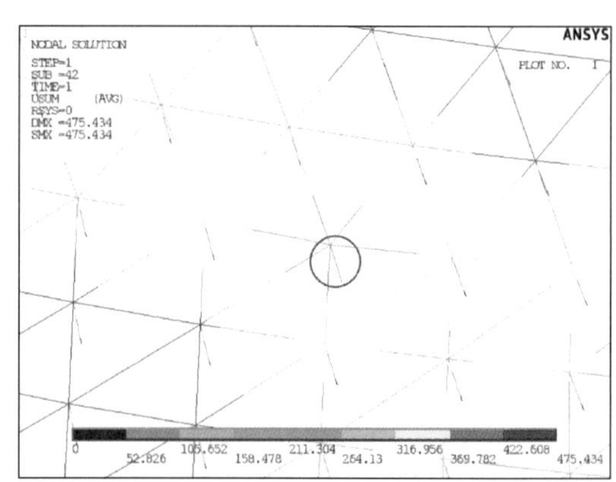

(b) 断索附近区域（圆圈标记单元为断索）

图5.3-78　断索前结构位移图（mm）

采用拆除构件法进行静力分析，得到断索后结构位移如图5.3-81所示。将动力分析结果与静力分析结果比较，根据式（5.2-3）～式（5.2-5）得到位移动力系数，如表5.3-12所示。

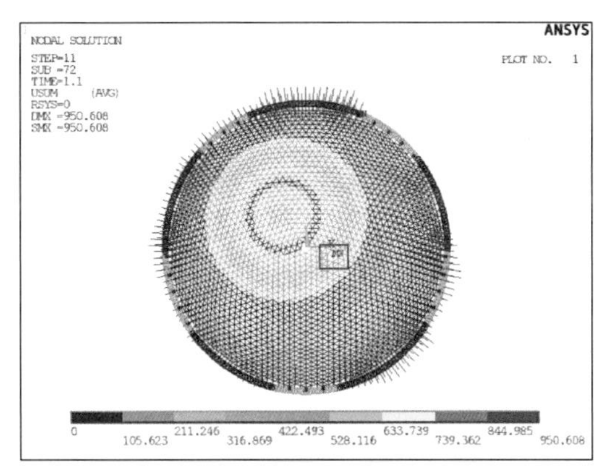

(a) 结构整体

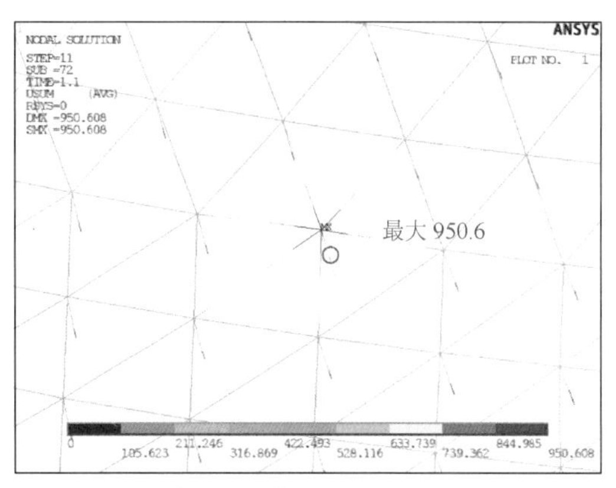

(b) 断索附近区域 (圆圈标记单元为断索)

图 5.3-79 断索后 0.10s 结构位移图（mm）

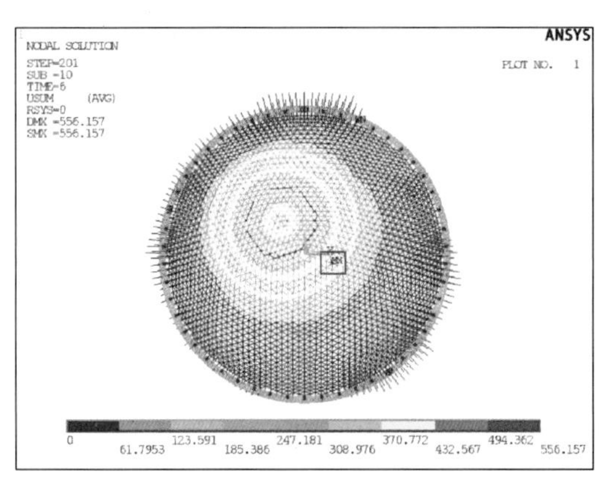

(a) 结构整体

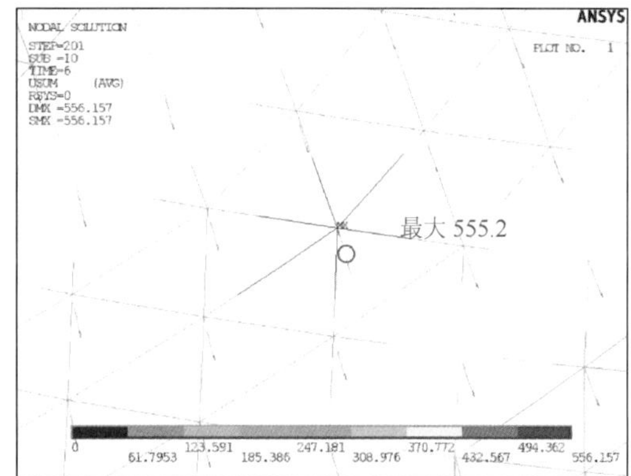

(b) 断索附近区域 (圆圈标记单元为断索)

图 5.3-80 断索后 5s 结构位移图（mm）

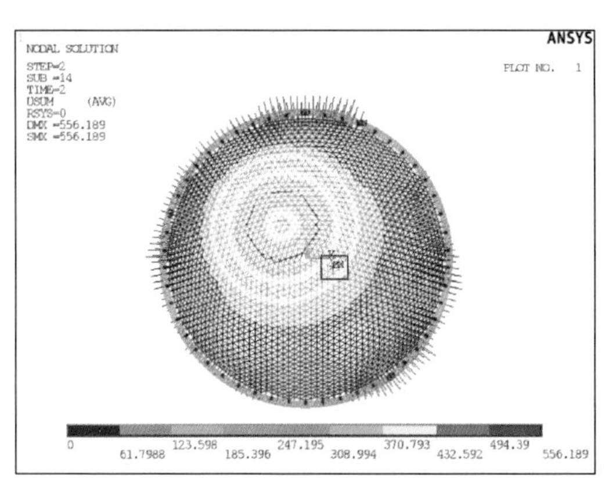

(a) 结构整体

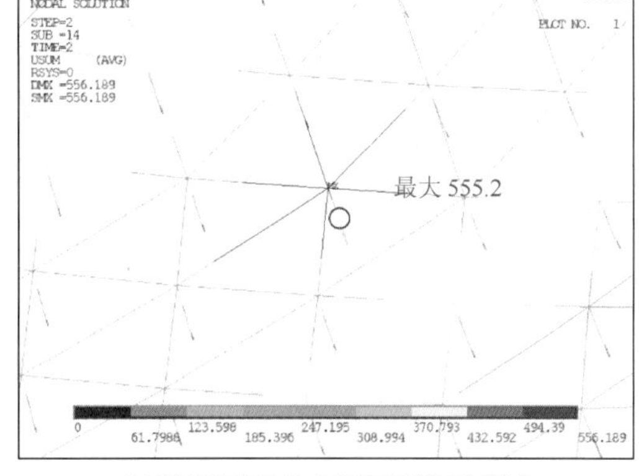

(b) 断索附近区域 (圆圈标记单元为断索)

图 5.3-81 静力分析断索后结构位移图（mm）

静、动力分析的位移比较及动力系数 表 5.3-12

节点号	断索前位移 d_0(mm)	动力分析			静力分析		动力系数 η_d^d (d_d/d_s)
		断索后位移峰值 d_m(mm)	断索后5s位移 d_T(mm)	断索引起的位移峰值 d_d(mm)	断索后位移 d_1(mm)	断索引起的位移 d_s(mm)	
5	174.5	950.6	556.2	+776.1	556.2	+381.7	2.03

（2）应力

断索后，与索节点（编号5）相连的其他钢索应力时程曲线如图5.3-82所示，与该索相邻的下拉索应力时程曲线如图5.3-83所示。由图可见，断索后，与断索相连的各钢索应力均减小，应力降幅最大的钢索（编号5）断索前应力为842.8MPa，断索后0.33s达到应力峰值508.2MPa，随后应力增大、减小往复变化，变化幅度很小，断索后5s应力基

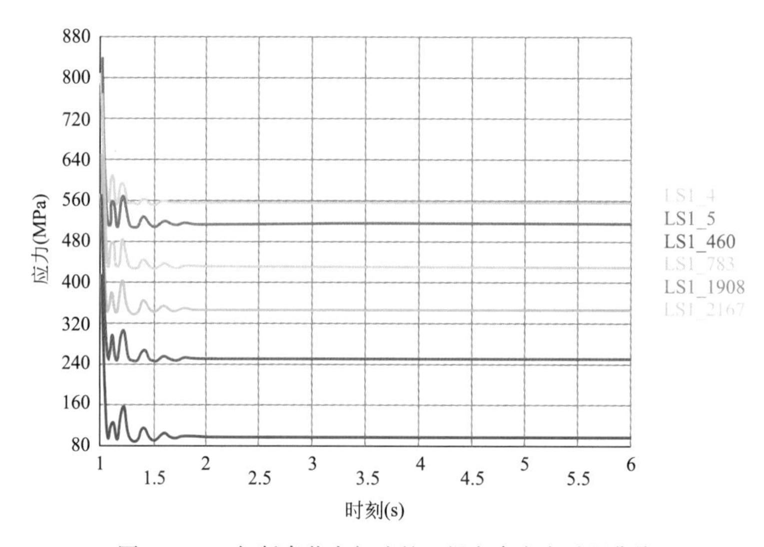

图5.3-82 与断索节点相连的6根主索应力时程曲线

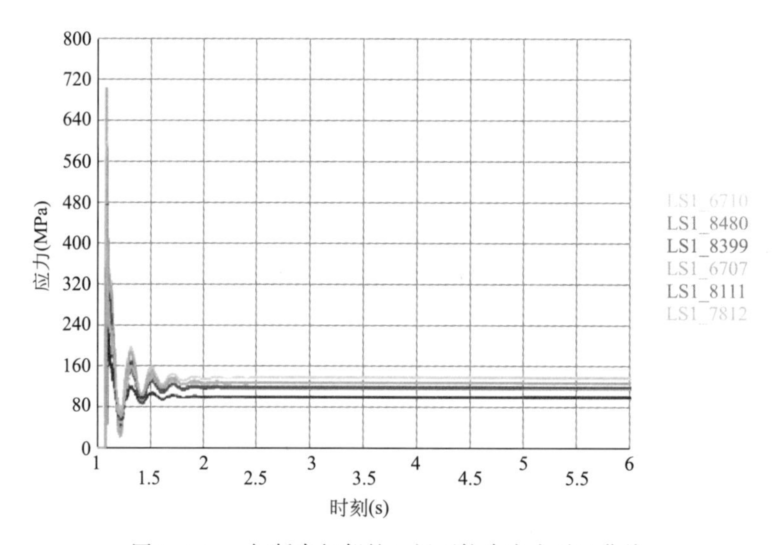

图5.3-83 与断索相邻的6根下拉索应力时程曲线

本稳定在 514.0MPa。断索后，与断索相邻的下拉索从断索前的松弛状态应力迅速大幅增加，然后振荡下降，应力增幅最大的下拉索（编号 6707）断索前应力为 0，断索后 0.07s 达到应力峰值 702.1MPa，随后应力振荡下降且变化幅度逐渐减小，断索后 5s 应力基本稳定在 128.3MPa。断索前、断索后应力达到峰值时以及断索后 5s 时的结构应力云图如图 5.3-84～图 5.3-86 所示。

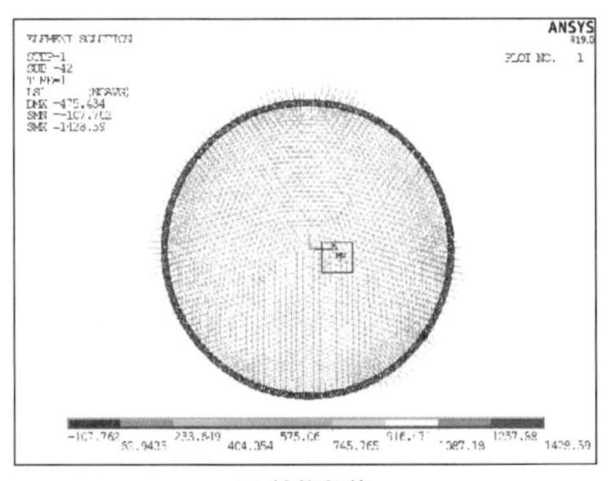

(a) 结构整体

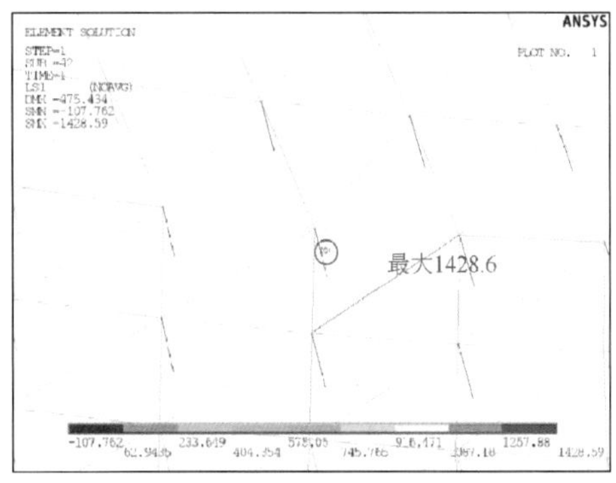

(b) 断索附近区域 (圆圈标记单元为断索)

图 5.3-84 断索前结构应力图（MPa）

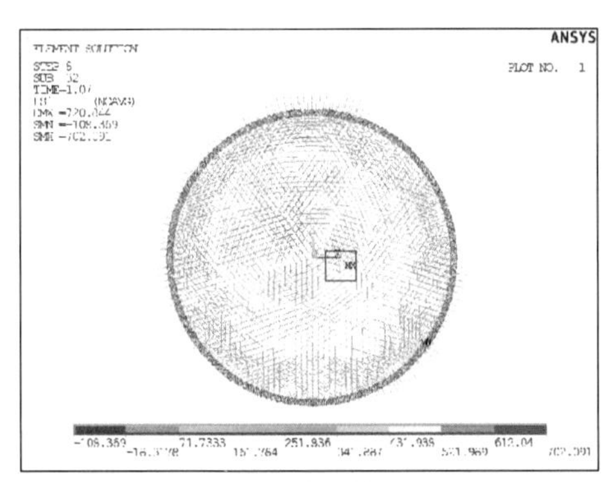

(a) 结构整体

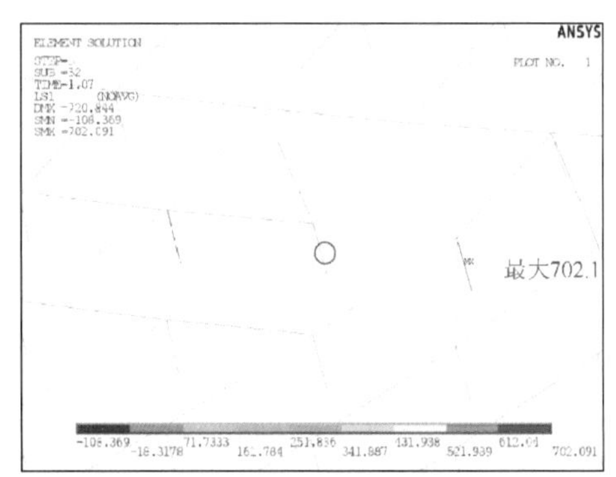

(b) 断索附近区域 (圆圈标记单元为断索)

图 5.3-85 断索后 0.07s 结构应力图（MPa）

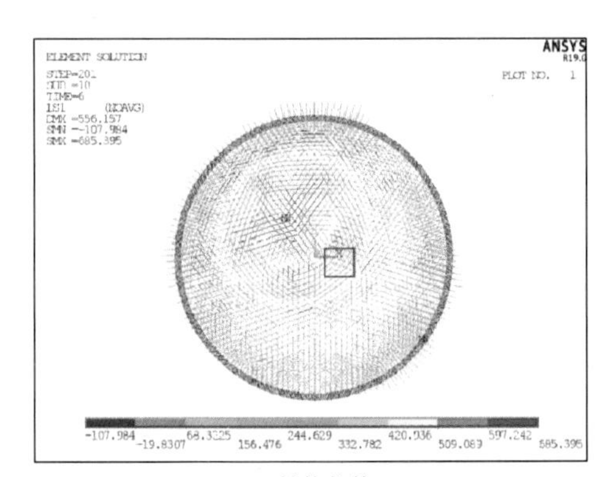

(a) 结构整体

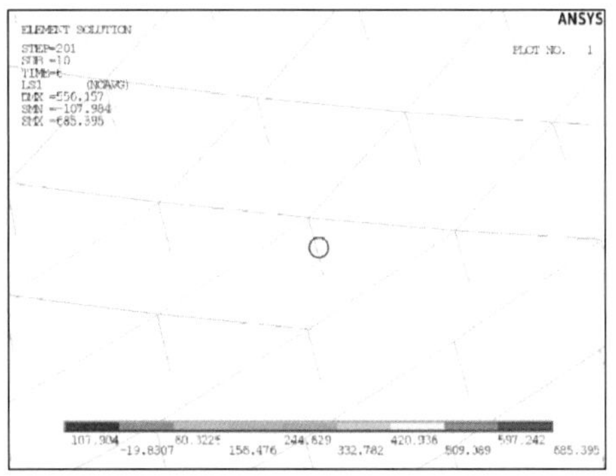

(b) 断索附近区域 (圆圈标记单元为断索)

图 5.3-86 断索后 5s 结构应力图（MPa）

采用拆除构件法进行静力分析，得到断索后结构应力如图 5.3-87 所示。将动力分析结果与静力分析结果比较，根据式（5.2-6）～式（5.2-8）得到应力动力系数，如表 5.3-13 所示。

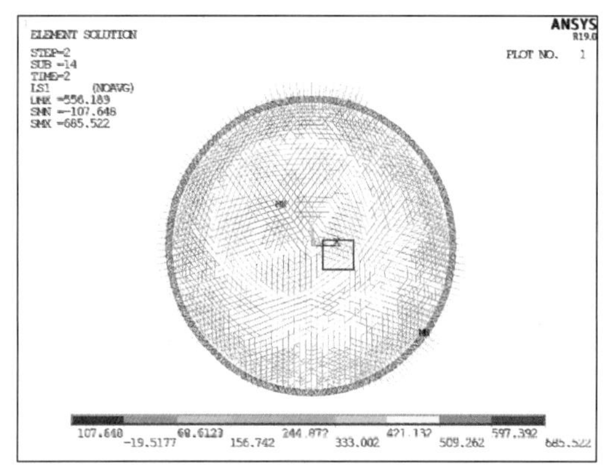

(a) 结构整体

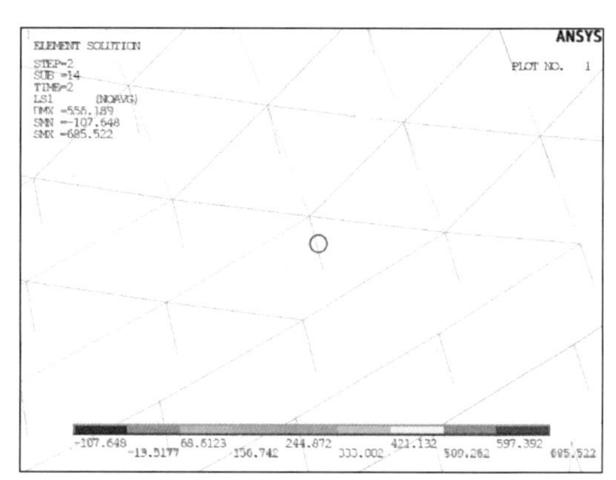

(b) 断索附近区域 (圆圈标记单元为断索)

图 5.3-87　静力分析断索后结构应力图（MPa）

静、动力分析的应力比较及动力系数　　表 5.3-13

构件类别	构件号	断索前应力 σ_0(MPa)	动力分析			静力分析		动力系数 η_d^σ (σ_d/σ_s)
			断索后应力峰值 σ_m(MPa)	断索后5s应力 σ_T(MPa)	断索引起的应力峰值 σ_d(MPa)	断索后应力 σ_1(MPa)	断索引起的应力 σ_s(MPa)	
直接相连索	5	842.8	508.2	514.0	−334.6	514.1	−328.7	1.02
相邻下拉索	6707	0	702.1	128.3	+702.1	128.3	+128.3	5.47

从上述分析结果可知，抛物面状态下，假定下拉索牵引拉力达到 200kN 时发生断索，引起相邻主索应力有较大幅度下降，相邻下拉索从断索前的松弛状态大幅增加，断索后最大应力增加到 702MPa；断索与相邻索连接节点出现较大变位，断索前后最大相对位移达到 776mm。从断索引发的动力效应来看，索节点位移动力系数达到 2.0，直接相连主索的应力动力系数小于 1.1，周边相邻下拉索的应力动力系数接近 5.5，可见下拉索断索对主索网产生的动力效应较小，对主索网面外方向、周边下拉索产生的动力效应较大。结构其他部位应力和位移变化均很小，断索对结构其他部位影响不大。

5.4　断索分析总结

统计 15 个断索工况的分析结果，列于表 5.4-1、表 5.4-2。图 5.4-1 和图 5.4-2 分别是各工况位移最大变化和拉索最大应力，图 5.4-3 和图 5.4-4 分别是主索、下拉索应力变化图，图 5.4-5 是断索引起的动力系数。

分析结果汇总表 **表 5.4-1**

工况			1	2	3	4	5	6	7	8
工况特点			应力最大的内部主索	应力最大的边缘主索	应力最大的下拉索	应力幅在 440MPa 以上的主索				
位移最大变化 d_d(mm)			32.3	567.8	144.6	12.8	12.3	15.5	12.8	14
位移动力系数 η_d^d			1.04	1.45	1.32	1.04	1.05	1.01	1.02	1.02
相邻主索	最大应力(MPa)		784	**912**	573	742	737	692	696	696
	最小应力(MPa)		226	**0**	210	162	166	283	273	289
	应力最大增幅(MPa)		+169	**+351**	/	+158	+155	+121	+122	+122
	应力最大降幅(MPa)		−287	**−616**	−27	−254	−223	−146	−154	−162
	应力动力系数 η_d^σ	直接相连索	1.00	**1.90**	1.02	1.00	1.01	1.01	1.02	1.02
		非直接相连索	1.03	1.08	1.02	1.04	1.03	1.03	1.03	1.03
相邻下拉索	最大应力(MPa)		269	296	285	280	281	251	259	253
	最小应力(MPa)		123	**0**	240	119	120	104	107	104
	应力最大增幅(MPa)		+57	+65	+84	+61	+63	+56	+56	+56
	应力最大降幅(MPa)		−90	**−219**	/	−88	−86	−79	−83	−80
	应力动力系数 η_d^σ	直接相连索	1.00	松弛不作考察	/	1.00	1.00	1.01	1.01	1.01
		非直接相连索	1.00	1.18	2.30	1.00	1.00	1.00	1.00	1.00

工况			9	10	11	12	13	14	15
工况特点			应力幅在 440MPa 以上的主索					下拉索在拉力 200kN 时断索	
位移最大变化 d_d(mm)			12.5	5.8	17.2	14.3	3.0	776.1	**785.0**
位移动力系数 η_d^d			1.02	1.04	1.02	1.04	1.03	2.03	**2.50**
相邻主索	最大应力(MPa)		772	736	697	702	718	553	526
	最小应力(MPa)		167	282	265	276	340	89	128
	应力最大增幅(MPa)		+161	+144	+121	+122	+134	/	/
	应力最大降幅(MPa)		−245	−221	−220	−165	−219	−335	−340
	应力动力系数 η_d^σ	直接相连索	1.01	1.02	1.00	1.02	1.01	1.02	1.03
		非直接相连索	1.03	1.04	1.03	1.03	1.03	1.12	**1.14**
相邻下拉索	最大应力(MPa)		287	318	248	245	336	**702**	690
	最小应力(MPa)		132	133	98	94	177	295	335
	应力最大增幅(MPa)		+53	+72	+56	+56	+62	**+702**	+690
	应力最大降幅(MPa)		−88	−101	−80	−80	−89	/	/
	应力动力系数 η_d^σ	直接相连索	1.01	1.00	1.01	1.00	1.01	/	/
		非直接相连索	1.00	1.03	1.00	1.02	1.00	**5.47**	5.00

断索对圈梁的影响 表 5.4-2

工况	工况特点	应力最大杆件		应力最小杆件		应力动力系数
		最大应力（MPa）	应力变化（MPa）	最小应力（MPa）	应力变化（MPa）	
2	应力最大的边缘主索	37	−81	−119	−31	1.01
3	应力最大的下拉索	55	+1	−79	−1	变化很小不作考察

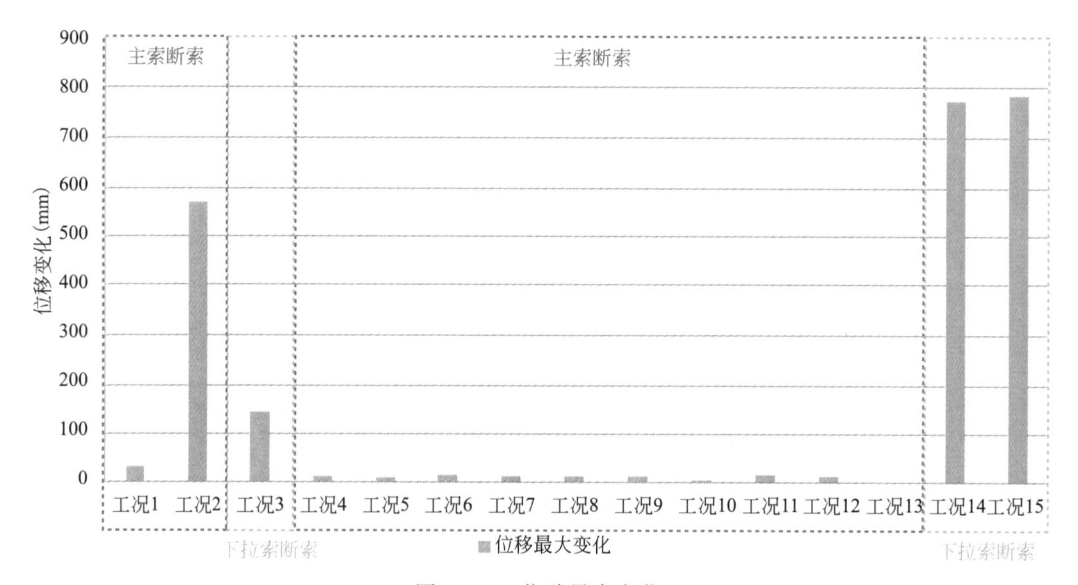

图 5.4-1 位移最大变化

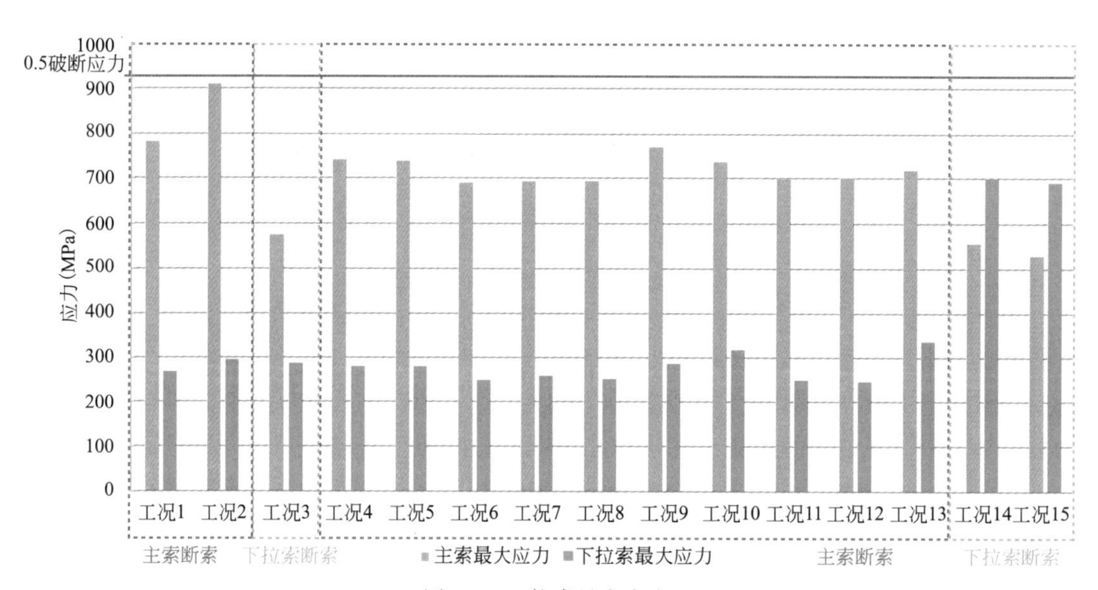

图 5.4-2 拉索最大应力

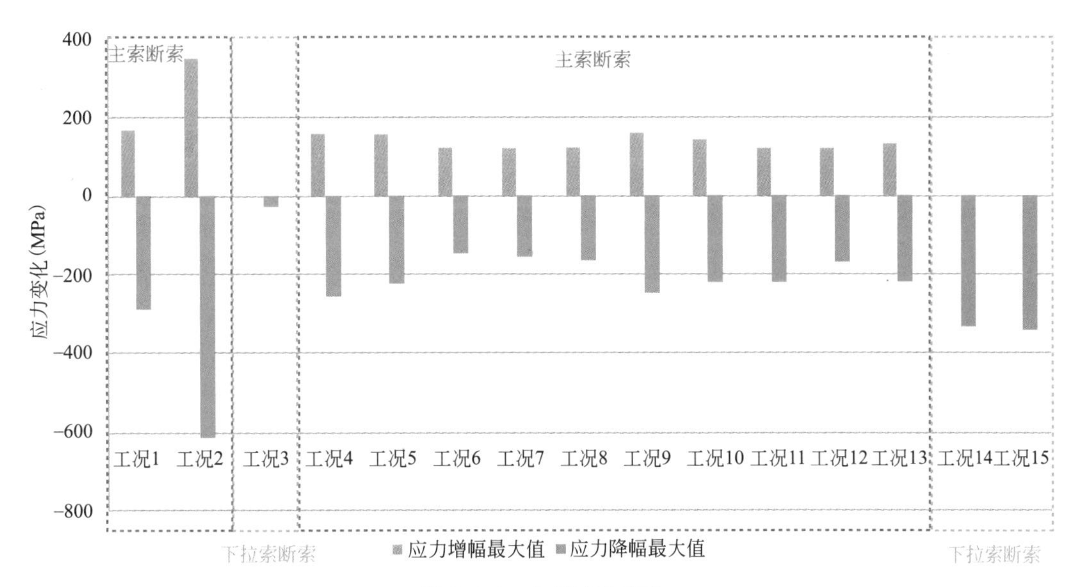

图 5.4-3　主索应力变化

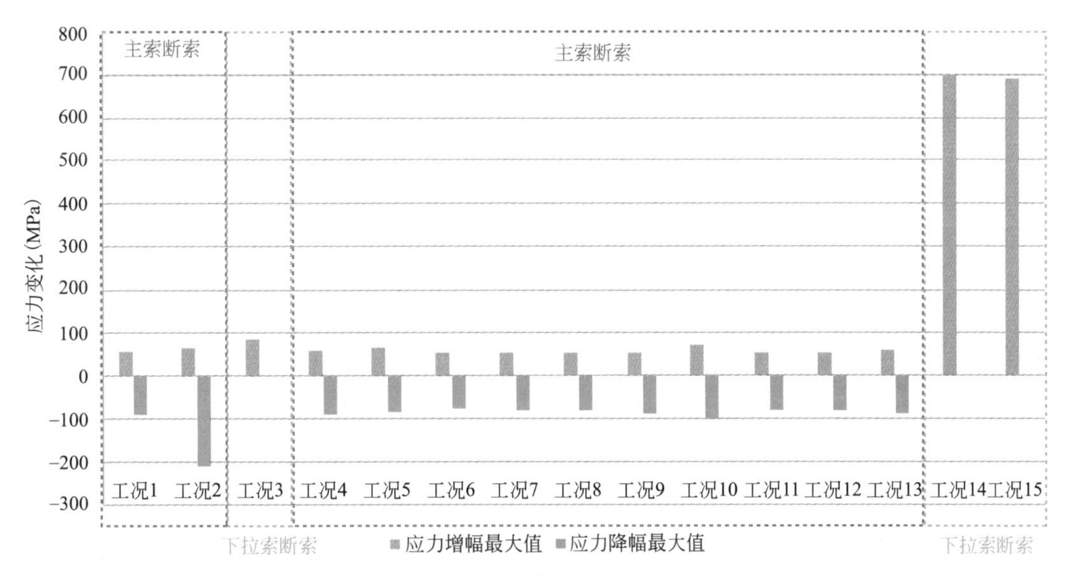

图 5.4-4　下拉索应力变化

根据上述分析结果，可以得出以下结论：

(1) 内部主索发生断索，即工况 1 和工况 4～13，引起相邻主索应力变化较大，增加和减小最大值分别为 169MPa 和 287MPa；下拉索应力相对变化较小，应力增加和减小最大值分别为 72MPa 和 101MPa；断索后主索最大应力达到 784MPa，下拉索最大应力为 336MPa，均小于 0.5 倍钢索破断应力，不会发生破坏；断索两端节点变位较小，位移最大变化为 32.3mm；节点位移系数和拉索应力系数均小于 1.05，内部主索断索引发的动力效应小。结构其他部位应力和位移变化均很小，断索对结构其他部位影响不大。

(2) 与圈梁连接的边缘主索发生断索，即工况 2，引起相邻主索应力大幅下降、个别索松弛退出工作，同时相邻主索应力大幅增加，应力增加和减小最大值分别为 351MPa 和

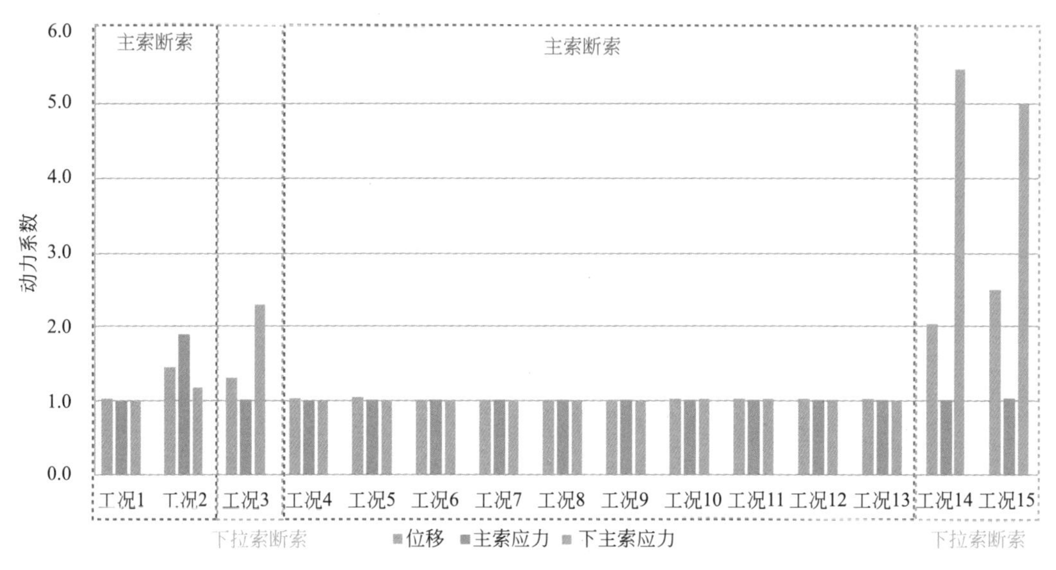

图 5.4-5　动力系数

616MPa，断索后最大应力达到 912MPa，但仍小于 0.5 倍钢索破断应力，不会发生破坏；相邻钢圈梁杆件应力最大变化 81MPa，最大应力为－119MPa；断索引起索网内部节点出现较大变位，位移最大变化达到 567.8mm。从断索引发的动力效应来看，索网内部节点位移动力系数小于 1.5，与断索直接相连钢索应力动力系数接近 2.0，非直接相连的钢索应力动力系数小于 1.1；与钢圈梁连接节点的位移动力系数小于 1.3，圈梁杆件应力动力系数均小于 1.05，可见边缘主索断索对直接相连的钢索产生的动力效应大，对钢圈梁和非直接相连的钢索产生的动力效应小。结构其他部位应力和位移变化均很小，断索对结构其他部位影响不大。

（3）下拉索发生断索，即工况 3，引起相邻主索应力小幅下降，下降最大值为 27MPa；相邻下拉索应力增加，增加最大值为 84MPa；断索引起圈梁杆件应力产生微小幅度变化；断索产生最大位移为 144.6mm。从断索引发的动力效应来看，索节点位移动力系数小于 1.4，相邻主索的应力动力系数小于 1.05，相邻下拉索的应力动力系数达到 2.3，下拉索断索对主索网产生的动力效应小，对周边下拉索产生的动力效应大。结构其他部位应力和位移变化均很小，断索对结构其他部位影响不大。

（4）下拉索牵引拉力达到 200kN 时发生断索，即工况 14 和工况 15，引起相邻主索应力有较大幅度下降，达到 340MPa；相邻下拉索从断索前的松弛状态大幅增加，断索后最大应力增加到 702MPa，小于 0.5 倍钢索破断应力，不会发生破坏；断索后相邻索节点出现较大变位，断索前后位移最大变化达到 785mm。从断索引发的动力效应来看，索节点位移动力系数达到 2.5，相邻主索的应力动力系数小于 1.2，相邻下拉索的应力动力系数达到 5.5，可见在下拉索牵引力较大时发生断索对主索网产生的动力效应较小，对主索网面外方向位移和周边下拉索产生的动力效应很大。结构其他部位应力和位移变化均很小，断索对结构其他部位影响不大。

综上所述，断索对局部影响较大，对整体结构影响不大。断索后其余拉索的应力均低于 0.5 倍钢索破断应力，具有两倍以上的安全储备，不会发生连续断索。

参考文献

[1] 中华人民共和国住房和城乡建设部. 高层建筑混凝土结构技术规程：JGJ 3—2010 [S]. 北京：中国建筑工业出版社，2011.

[2] 梁宸宇，高冠军，等. 三亚海棠湾国际购物中心主入口钢结构设计研究 [C]. 第十五届空间结构学术会议论文集，上海：2014.

[3] 秦凯，周忠发，等. 靖江市文化中心大跨度楼面结构设计 [J]. 建筑结构，2014，44 (10)：48-53.

[4] 王哲. 万达茂滑雪场中部钢结构整体稳定性分析 [J]. 钢结构，2015，30 (5)：36-39.

[5] 朱忠义，王哲，等. 北京新机场航站楼屋顶钢结构抗连续倒塌分析 [J]. 建筑结构，2017，47 (18)：10-14.

[6] 梁宸宇，朱忠义，等. 北京新机场航站楼屋顶钢结构抗震设计研究 [J]. 钢结构，2020，35 (5)：19-26.

[7] R. 克拉夫，J. 彭津. 结构动力学 [M]. 王光远，等. 译校. 第二版（修订版）. 北京：高等教育出版社，2006.

[8] 王新敏. ANSYS 工程结构数值分析 [M]. 北京：人民交通出版社，2007.

[9] 何键，袁行飞，金波. 索穹顶结构局部断索分析 [J]. 振动与冲击，2010，29 (11)：13-16.

[10] 龙驭球，包世华，等. 结构力学教程（II）[M]. 北京：高等教育出版社，2000.

第6章　风环境数值模拟

6.1　CFD数值模拟理论

目前风环境研究的方法主要有风洞试验和计算流体力学（Computational Fluid Dynamic，简称CFD）两种方法。

基于相似性理论的风洞试验是目前工程设计中最常用的一种方法，它的优点是边界条件、物理参数与实际状况符合相似性要求，试验得到的参数可靠；缺点是试验必须采用几何缩尺模型，无法合理正确地反映建筑物细部对风作用的响应；此外，建设风洞投资费用高，试验过程周期长、试验费用高，无法在短期进行多个方案的比较。

CFD数值模拟方法是近五十年发展起来的一种结构风工程研究方法，并逐渐形成了一门新兴的结构风工程分支——计算风工程学（Computational Wind Engineering，CWE）。应用CFD在计算机上对建筑物周围风流动所遵循的流体动力学方程进行数值求解，并借助计算机图形学技术将模拟结果形象地描述出来，以对建筑物周围风场进行仿真模拟。

目前CFD数值模拟方法可以分为直接数值模拟方法和非直接数值模拟方法。所谓直接数值模拟（DNS）方法就是直接用瞬时的Navier-Stokes方程对湍流进行计算，理论上可以得到准确的计算结果，但是DNS对内存空间及计算速度的要求非常高，目前还无法用于实际工程计算[1,2]。而非直接数值模拟方法就是不直接计算湍流的脉动特性，而是对湍流作某种程度的近似和简化。依赖所采用的近似和简化方法不同，非直接数值模拟方法分为大涡模拟[3]、统计平均法和Reynolds平均法（RANS）[4]。目前Reynolds平均法中的两方程模型在工程中使用最为广泛[5~11]。

虽然目前可供实际工程应用的CFD数值模拟方法引入了某种程度的近似和简化，但与风洞试验方法相比，其优点是不言而喻的，主要有：1）可以建立与建筑物原型尺寸相同的计算模型，模拟实际的风环境，可避免风洞试验由于尺寸效应所引起的误差；2）可以获得整个风场中各物理量如压力、速度、湍流动能等分布状态，可以对研究对象进行全面的分析研究；3）可以广泛地设定各种条件进行模拟，模拟不同条件的风环境，为优化风环境提供理论支撑；4）成本低；5）周期短。由于具有以上突出的优点，CFD数值模拟方法已经成功地应用于很多大型工程的风环境研究[12~16]。

由于FAST地处地形复杂的山区，该结构附近的流场受山区地形的影响而变得极其复杂，现行规范不能给出FAST反射面结构的风荷载分布，需要进行专门研究。由于FAST处于群山环抱之中，为了较准确地研究FAST反射面的风荷载，需要考虑FAST周边较大范围山体的影响。受到风洞尺寸的限制，在风洞中模拟大尺度的地形和FAST模型比较困难，需要借助CFD技术研究FAST反射面结构的风荷载。本章采用CFD技术对FAST

反射面、挡风墙及其周围风场进行数值模拟，得到 FAST 反射面、挡风墙的风压数据，并研究不同挡风墙方案对周围风场的影响，为 FAST 结构抗风设计提供依据。

在结构风工程中，结构物处于各类梯度低速风场中，因此可采用不可压缩的黏性流体模型。若不考虑流场中温度变化，则流体的动力学黏度 μ 和密度 ρ 为常数。在连续介质假设下，流场可通过下列基本方程描述[14]：

连续性方程

$$\frac{\partial v_i}{\partial x_i}=0 \tag{6.1-1}$$

运动方程

$$\frac{\partial v_i}{\partial t}+v_j\frac{\partial v_i}{\partial x_j}=f_i+\frac{1}{\rho}\frac{\partial p_{ji}}{\partial x_j} \tag{6.1-2}$$

本构方程

$$p_{ij}=-p\delta_{ij}+\mu\left(\frac{\partial v_i}{\partial x_j}+\frac{\partial v_j}{\partial x_i}\right) \tag{6.1-3}$$

将式（6.1-3）代入式（6.1-2），并考虑式（6.1-1），得到 Navier-Stokes 方程：

$$\frac{\partial v_i}{\partial t}+v_j\frac{\partial v_i}{\partial x_j}=f_i-\frac{1}{\rho}\frac{p}{\partial x_i}+\mu\frac{\partial^2 v_i}{\partial x_j\partial x_j} \tag{6.1-4}$$

式中，v_i 代表流体速度；f_i 为单位质量流体受到的体积力；ρ 为流体密度；p 为流体的压力；常温常压下（20℃，1个标准大气压），取空气的黏性系数 $\mu=1.7894\times10^{-5}\text{kg/m}\cdot\text{s}$；密度 $\rho=1.225\text{kg/m}^3$。式（6.1-4）与式（6.1-1）组成了求解 v_i 和 p 的基本方程。同时可根据具体问题，在边界上给出速度或压力的边界条件。通常在结构的求解域的入口处设置速度边界条件，如式（6.1-5）：

$$U_z=U_G\left(\frac{z}{z_G}\right)^{\alpha} \tag{6.1-5}$$

式中，z_G 为各类地貌所对应的梯度风高度（即大气边界层高度）；α 为反映各种地貌地面粗糙特性的平均风速分布幂指数；U_G 为梯度风速度；U_Z 为高度 Z 处的风速；出口边界为压力出流条件，取相对压力值为零；地面以及模型表面都设置为无滑移壁面边界；流域顶部和两侧采用与出流和入流协调的风速入口边界条件。

迄今，对于风场的模拟已提出不同的模型[17~19]。一般建筑、构筑物的雷诺数 Re 的数量级约为 10^7，采用 Reynolds 平均法可得到较为可靠的流场平均特性描述。在此，采用 Reynolds 平均法中的基于湍动能 k 和湍流动能耗散率 ε 的标准 k-ε 模型[4]，其控制方程组为：

湍动能方程：

$$v_j\frac{\partial(\rho k)}{\partial x_j}=\frac{\partial}{\partial x_j}\left(\frac{\mu_t}{\sigma_k}\frac{\partial k}{\partial x_j}\right)+\mu_t\Phi-\rho\varepsilon \tag{6.1-6}$$

湍流动能耗散率方程：

$$v_j\frac{\partial(\rho\varepsilon)}{\partial x_j}=\frac{\partial}{\partial x_j}\left(\frac{\mu_t}{\sigma_\varepsilon}\frac{\partial\varepsilon}{\partial x_j}\right)+C_{1\varepsilon}\mu_t\frac{\varepsilon}{k}\Phi-C_{2\varepsilon}\rho\frac{\varepsilon^2}{k} \tag{6.1-7}$$

式中，v_j 为时均速度分量，湍流黏度 $\mu_t=C_\mu\rho k^2/\varepsilon$。雷诺应力的再分配项为：

$$\Phi=\mu\left(\frac{\partial v_i}{\partial x_k}+\frac{\partial v_k}{\partial x_i}\right)\frac{\partial v_i}{\partial x_k} \tag{6.1-8}$$

式中，C_μ、$C_{1\varepsilon}$、$C_{2\varepsilon}$ 为经验常数；σ_k 和 σ_ε 分别是与湍动能 k 和湍流动能耗散率 ε 对应的 Prandtl 数[20]。各常数根据试验得到的取值为：

$$C_\mu=0.09,\ C_{1\varepsilon}=1.44,\ C_{2\varepsilon}=1.92,\ \sigma_k=1.0,\ \sigma_\varepsilon=1.3 \tag{6.1-9}$$

结构表面某节点 i 的风载压力体型系数 μ_{si} 和平均风压力体型系数 μ_s 分别为：

$$\mu_{si}=\frac{p_i-p_\infty}{0.5\rho U_{\infty Z}^2} \tag{6.1-10}$$

$$\mu_s=\frac{\left|\sum_{j=1}^{m}\int_{A_j}(p_i-p_\infty)\,\overline{\boldsymbol{n}}_j\,\mathrm{d}A_j\right|}{0.5\rho U_{\infty Z}^2 A_j} \tag{6.1-11}$$

式中，p_i 为 i 点的计算压强；p_∞ 和 $U_{\infty Z}$ 分别为无穷远处参考压力和高度 Z 处的梯度风速；A_j 为研究对象的 j 表面面积编号；$\overline{\boldsymbol{n}}_j$ 为表面 j 的法向矢量；m 为表面个数；ρ 为空气密度。

6.2 计算模型

采用 GAMBIT v2.4.6 和 RHINO v4.0 软件建模，采用 Ansys Fluent v12.0.16 软件分析。

6.2.1 区域山体模型

从航拍数据中读取以 FAST 为中心的 3000m×3000m 开挖前的地形数据，导入 RHINO 软件生成.igs 格式的山体曲面模型，再导入 GAMBIT 建立山体的几何模型，通过布尔运算，去掉 FAST 反射面区域内的山体，得到近似开挖后的山体。如图 6.2-1 所示。

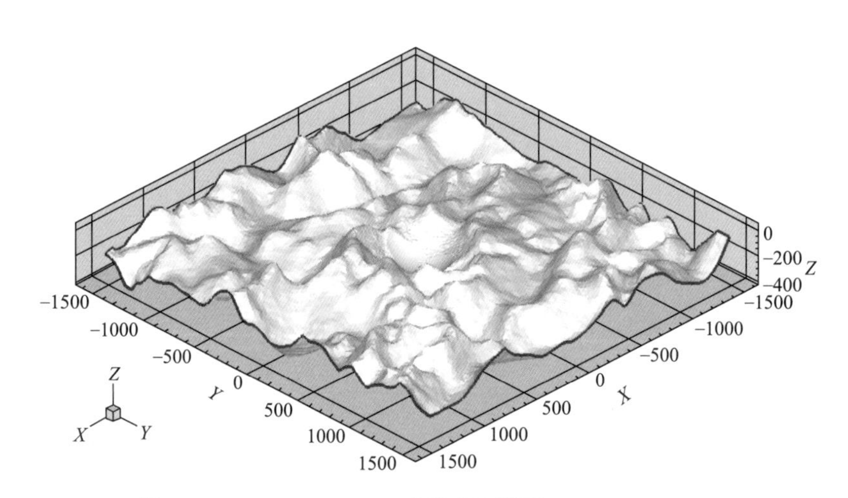

图 6.2-1　3000m×3000m 山体表面模型

6.2.2 风向角定义

风向角定义如图 6.2-2 所示。

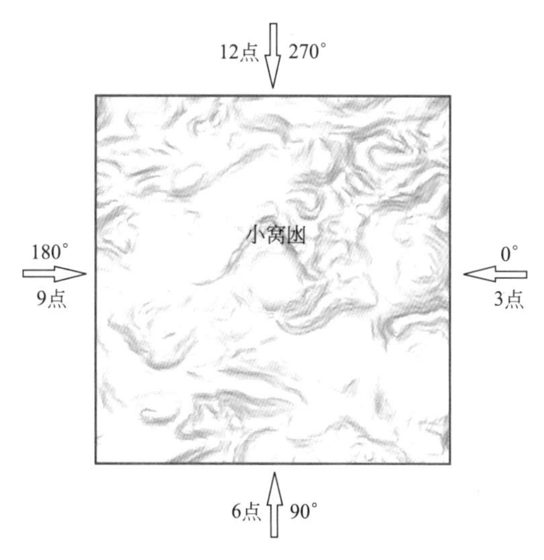

图 6.2-2 风向角定义

6.2.3 地形截断处理方法

由于山地模型的边界起伏不平，如山体周围的风场地面按平面建模，山地和平地之间不连续，存在地形截断问题，对风场会造成较大影响。为了解决地形截断问题，有学者提出“飞毯式”的建模方式[21]，如图 6.2-3 所示，即将山地模型悬浮于流场中，这种建模方式虽然避免了地形截断，但同时带来以下问题：1）风场入口大气边界层风剖面的定义时没有明确的地面参考位置；2）飞毯上下均有流场，不仅飞毯上方的流场受地形影响而状态复杂，飞毯下方的流场也会因为地形的影响而十分复杂，风场的下游区域，上下风场将相互影响，从而影响风场模拟的准确性；3）流场网格数将成倍增加，计算机用时大幅增加。作者提出一种新的处理方式[22]，将山地模型曲面边缘的边线沿着顺风向及横风向分别扫掠，延伸至计算域边界，如图 6.2-4 和图 6.2-5 所示。这种处理方式可以解决地形截断对风场影响的问题，同时在相同网格尺度下，核心区以外的网格数量与常规的平地建模方式相当，根据算例对比，每个迭代步比“飞毯式”的建模方式节约 46.3％的机时，显著提高了计算效率。

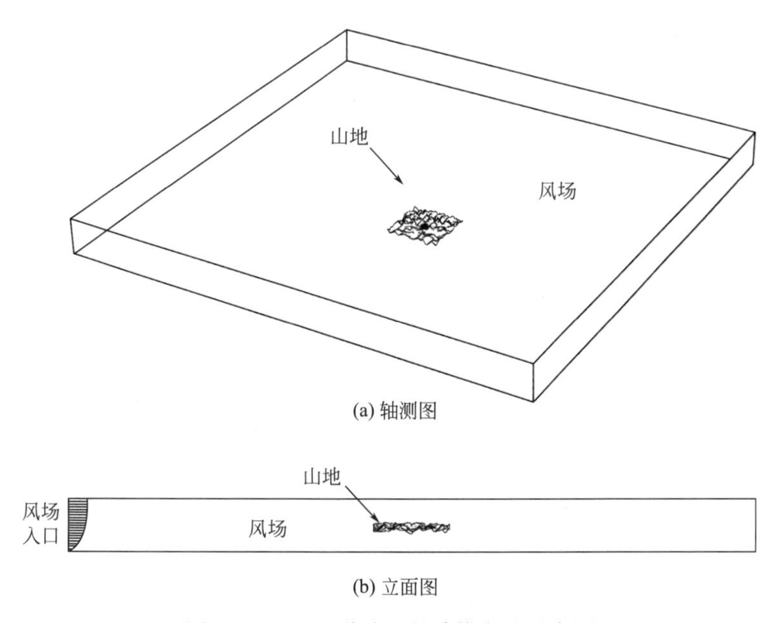

图 6.2-3 “飞毯式”的建模方法示意图

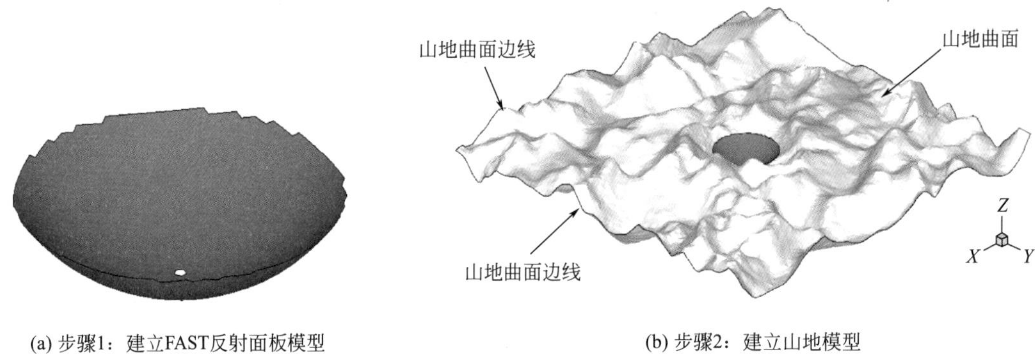

(a) 步骤1：建立FAST反射面板模型

(b) 步骤2：建立山地模型

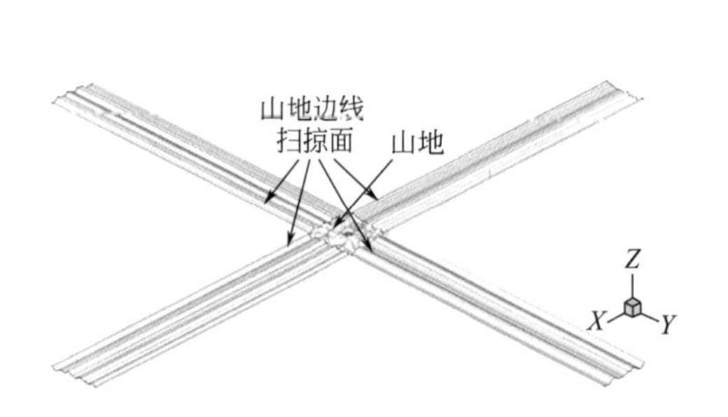

(c) 步骤3：将山地边线扫略至拟定的风场边界，得到山地边线扫掠面

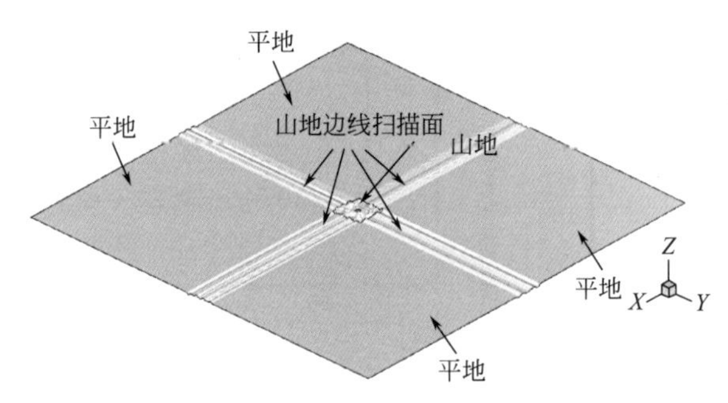

(d) 步骤4：在地面的其他区域用平面补充完整

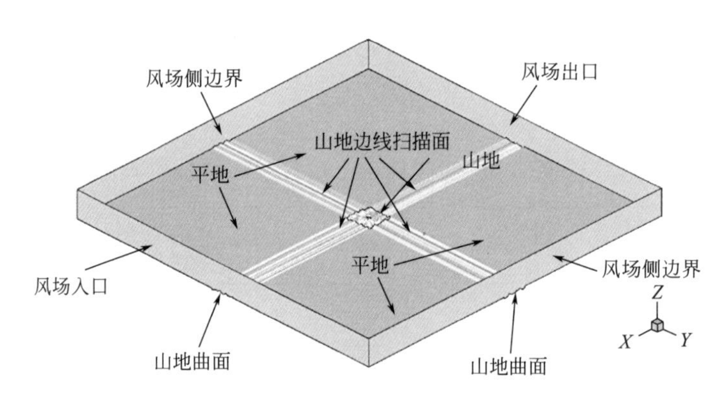

(e) 步骤5：建立流场并定义流场边界条件

图 6.2-4　边界延伸模型建立过程示意

6.2.4　网格模型的生成

整个风场的计算尺度（长×宽×高）为：40000m×40000m×3300m。考虑到硬件条件的限制，将 FAST 所在的核心区的网格划分相对密一些，核心区域以外的山体区域网格划分相对稀疏一些，图 6.2-6 和图 6.2-7 分别为 FAST 表面网格和山体表面的网格分布情况，图 6.2-8 为整个流场的网格分布情况。

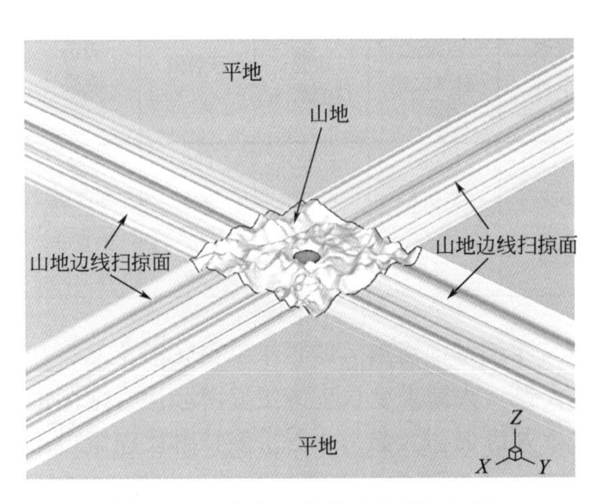

图 6.2-5 数值风洞模型局部放大图

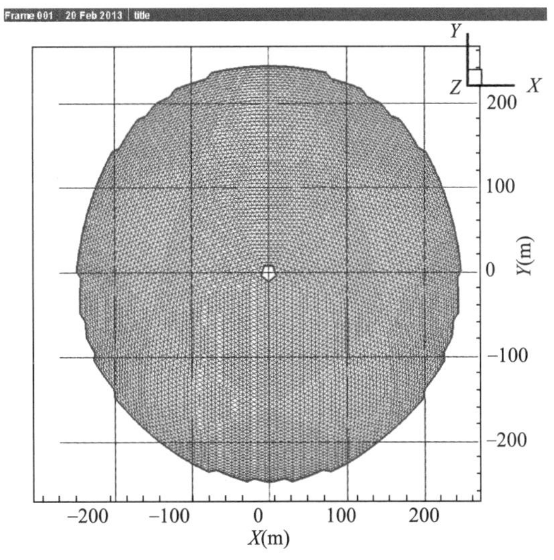

图 6.2-6 FAST 表面网格分布

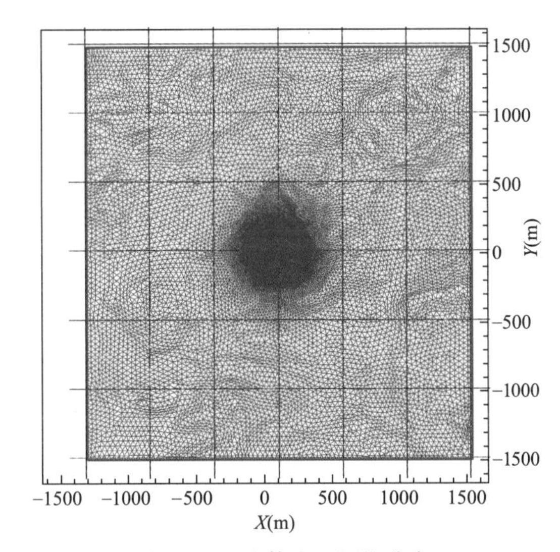

图 6.2-7 山体表面网格分布

图 6.2-8 流场网格分布

6.2.5 边界条件

1. 基准高度的确定

根据《建筑结构荷载规范》GB 50009—2012，近地面风速沿高度指数分布，速度基准高度一般为地面以上 10m 高度处。基准高度的不同将影响 FAST 表面风压的分布。本章将参考地面定在 3000m×3000m 山体边界截面的最低点，如图 6.2-9 所示。

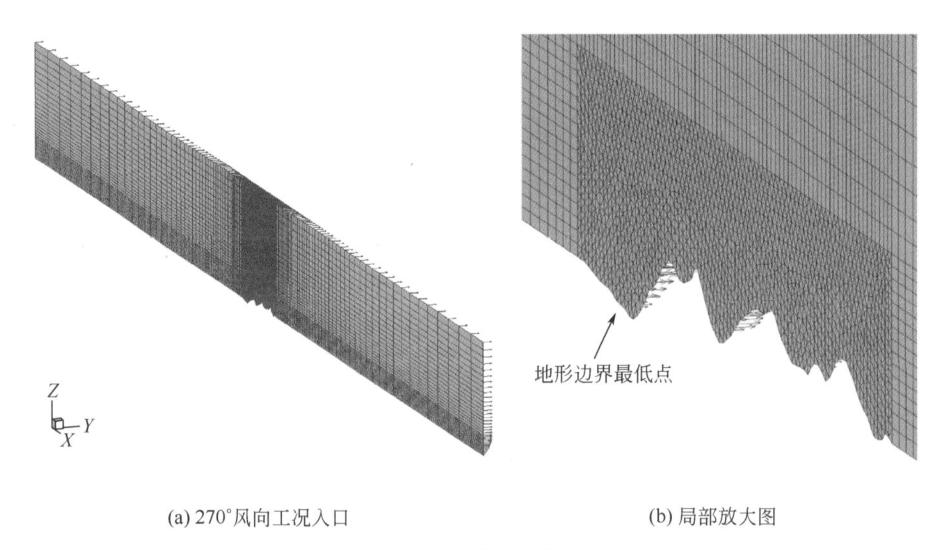

(a) 270°风向工况入口　　(b) 局部放大图

图 6.2-9　基准高度的确定

2. 流场边界条件

流场入口采用速度进流边界条件（velocity-inlet），出口为完全发展出流边界条件（outflow），流场顶部和两侧采用对称边界条件（symmentry），等价于自由滑移壁面；地面采用无滑移壁面条件（wall），FAST 结构表面采用多孔阶跃边界条件（Porous Jump）。

入口速度取 B 类地貌的指数分布，见式（6.2-1）。指数 $\alpha=0.16$，$z_b=10$m 参考高度处的速度基准 $\overline{v}_b$ 取 14m/s。

$$\frac{\overline{v}(z)}{\overline{v}_b}=\left(\frac{z}{z_b}\right)^{\alpha} \tag{6.2-1}$$

依式（6.2-2）、式（6.2-3）确定湍动能 k 及耗散率 ε 的入口边界条件：

$$k=1.5(\overline{v}\times I)^2 \tag{6.2-2}$$

$$\varepsilon=0.09^{0.75}k^{1.5}/L \tag{6.2-3}$$

式中，I 为湍流强度；L 为湍流积分尺度。

目前对于大气边界层湍流强度的测定，我国的荷载规范尚未给出这方面的规定，没有统一的标准，因而采用日本规范给出的湍流强度与湍流积分尺度的推荐值[23,24]，如表 6.2-1 所示。计算时，采用表中Ⅱ类粗糙度类别的相应数据。

湍流强度推荐值　　　　**表 6.2-1**

离地面高度 z		粗糙度类别				
		Ⅰ	Ⅱ	Ⅲ	Ⅳ	Ⅴ
z_b(m)		5	5	5	10	20
梯度风高度 z_G(m)		250	350	450	550	650
$I(z)$	$z \leqslant z_b$	0.18	0.23	0.31	0.36	0.40
	$z_b < z \leqslant z_G$	$0.1(Z/Z_G)^{-\alpha-0.05}$				

日本规范给出的湍流积分尺度的经验公式为[23]：

$$L_x = 100\left(\frac{z}{30}\right)^{0.5} \tag{6.2-4}$$

6.2.6　反射面板开孔问题

FAST 反射面开孔率约为 35.4%，板厚 1.2mm，开孔尺寸为 5mm，孔洞的中心距离为 8mm，开孔小而密集，试图直接将孔的模型反映在计算模型中是不现实的，忽略开孔效应也缺乏依据。为了考察反射面板开孔对流场的影响，采用 FLUENT 软件中多孔介质跳跃的边界条件模拟开孔反射面的空气动力学特性。为求解多孔介质跳跃的边界条件参数，首先通过数值模拟，计算空气流过实际穿孔面板后压降随速度的变化关系，然后根据这种速度压降关系，迭代求解得到多孔介质跳跃的边界条件所要求的面渗透性 $\alpha = 5.7e^{-6}$ 和惯性阻力因子 $C_2 = 94.342$[1]。

图 6.2-10 对比了不考虑反射面开孔和考虑反射面开孔两种情况，在 270°（12 点）风向角下，流场中面的流线状态。不考虑反射面开孔的情况下，由于面板的阻挡，在左侧小窝凼位置形成了两个旋涡。而在考虑反射面开孔的情况下，在小窝凼位置流线可穿过 FAST 面板，在小窝凼位置仅形成一个旋涡。说明反射面开孔对 FAST 周围风场的影响不可忽视，应考虑反射面板开孔率，采用多孔阶跃模型进行分析。

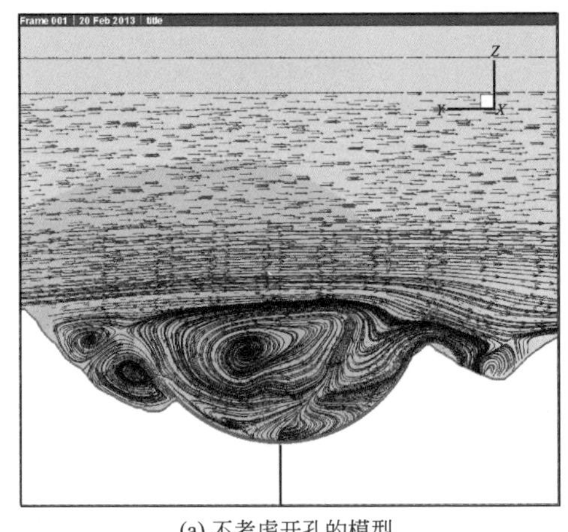

(a) 不考虑开孔的模型

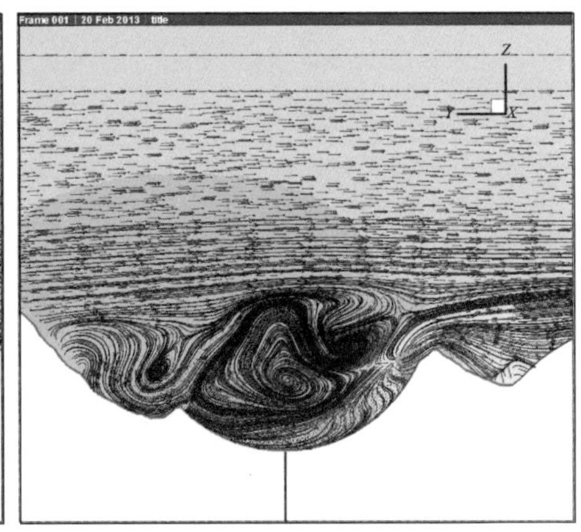

(b) 考虑开孔的多孔阶跃模型

图 6.2-10　不同模型中面流线结果对比

6.3 反射面风压计算结果

采用CFD技术，计算得到FAST反射面板的风压分布如图6.3-1～图6.3-12所示，风压值汇总于表6.3-1，表中 P_{max} 和 P_{min} 分别代表最大和最小压力，负值为方向背离球心，正值方向指向球心。从图表可以得到以下结论：

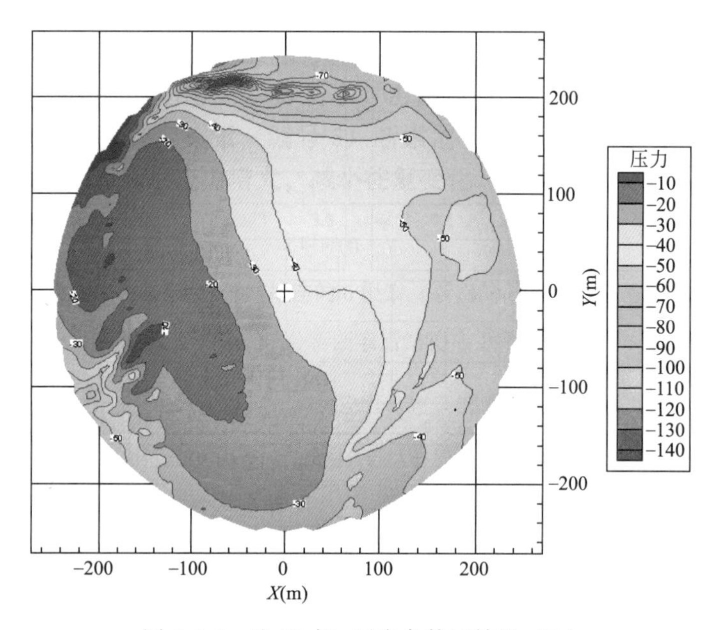

图6.3-1　0°（3点）风向角静压结果（Pa）

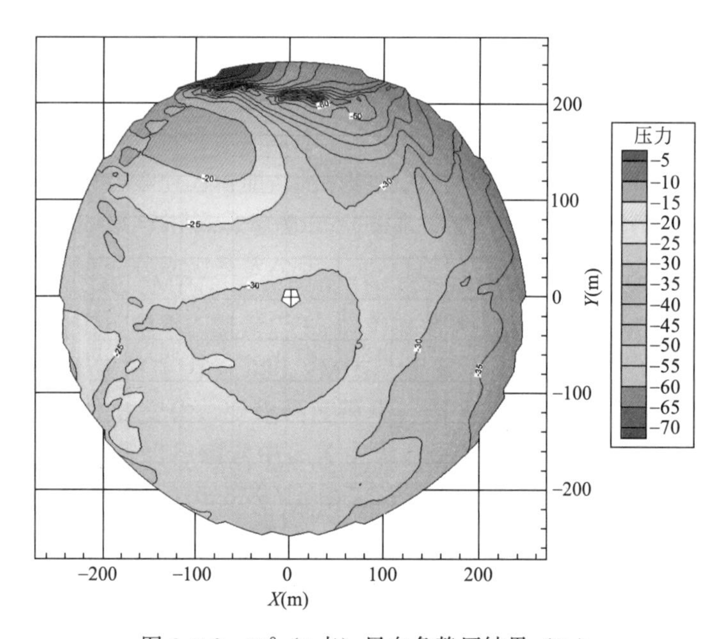

图6.3-2　30°（4点）风向角静压结果（Pa）

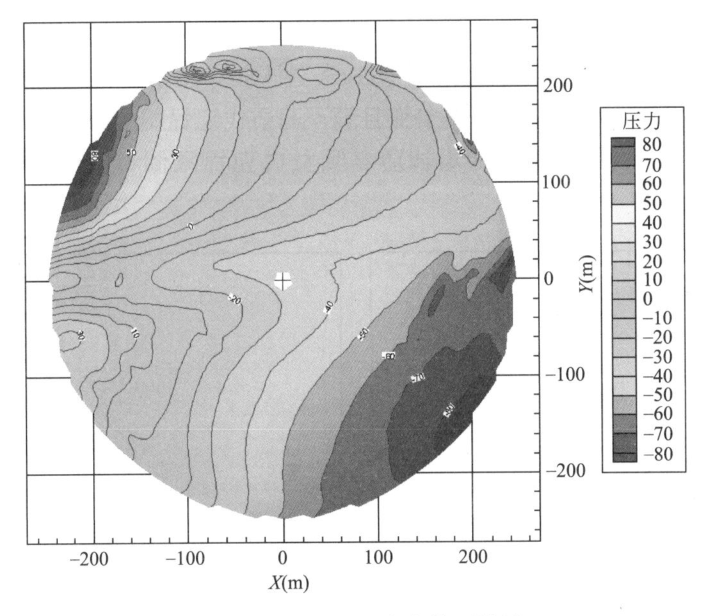

图 6.3-3　60°（5 点）风向角静压结果（Pa）

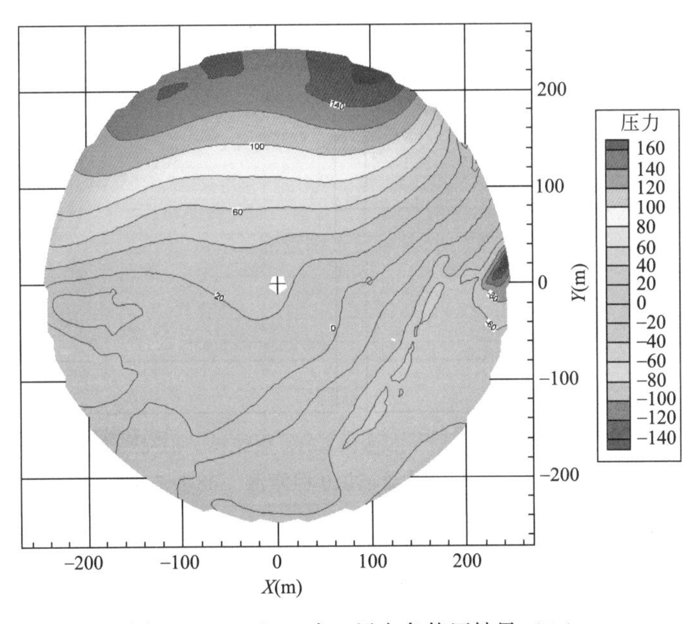

图 6.3-4　90°（6 点）风向角静压结果（Pa）

(1) FAST 周围山脉的起伏，使来流在到达 FAST 所在区域之前经历了频繁的局部绕流，形成了阻挡效应，整体上减小了来流的风速。各风向角对应的迎风区山脉起伏状态各不相同的，风向角对应位置为山峰的时候，山峰对来流的阻挡效应明显，当风向角对应位置为山谷的时候，山谷又会对来流有一定的加速效应。因此，不同风向角下，FAST 所在区域风场变化大，反射面的风压分布差异大。

(2) 所计算的 12 个风向角下，反射面表面风压数值在－140～160Pa 之间，风压不大。

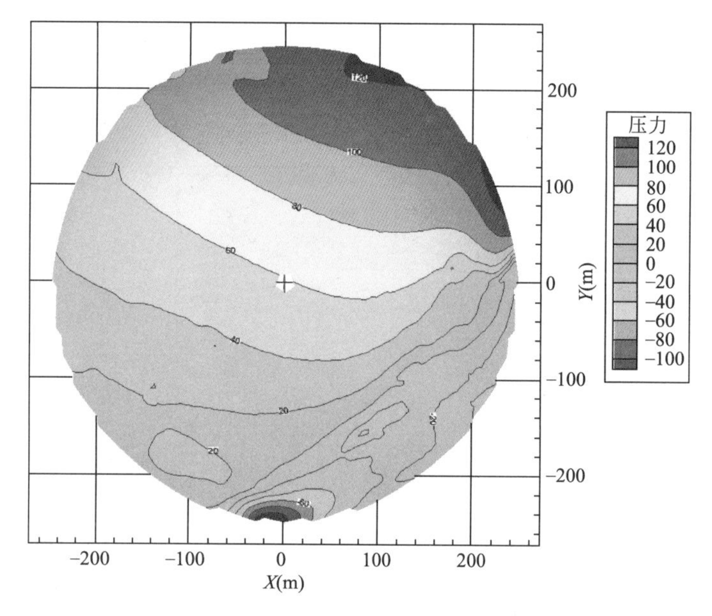

图 6.3-5　120°（7 点）风向角静压结果（Pa）

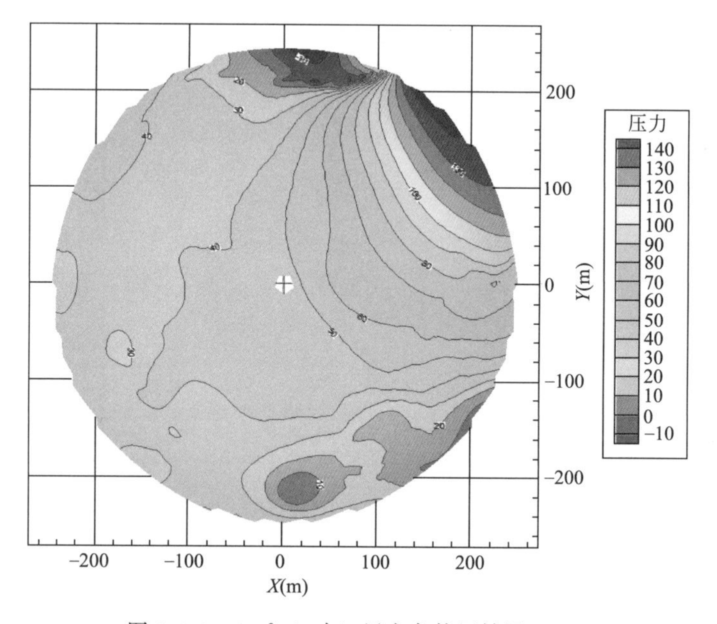

图 6.3-6　150°（8 点）风向角静压结果（Pa）

（3）从所计算的 12 个风向角看，可以发现 FAST 表面风压区和风吸区同时存在，风吸区域分布在风向的上游，风压区分布在风向的下游，整体上以风吸力为主。

（4）0°风向角（3 点方向），风向自东向西，在 FAST 北侧的小窝凼区域，局部风场受窝凼的影响，形成了局部的涡流场，导致该区域形成了局部风吸力较大的风吸区；90°风向角（6 点方向），风向自南向北，在 FAST 的西侧，受西侧一个小山谷的影响，形成了局部风吸力较大的风吸区；180°风向角（9 点方向），风向自西向东，上游山脉的阻挡效应显著，未形成局部涡流场，整个 FAST 均受风压作用，且呈现自西向东风压逐渐增大的规

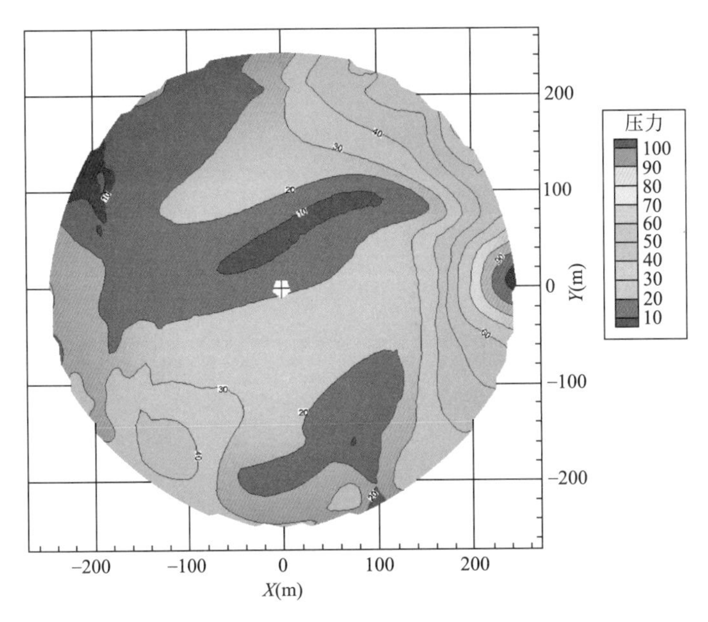

图 6.3-7 180°（9 点）风向角静压结果（Pa）

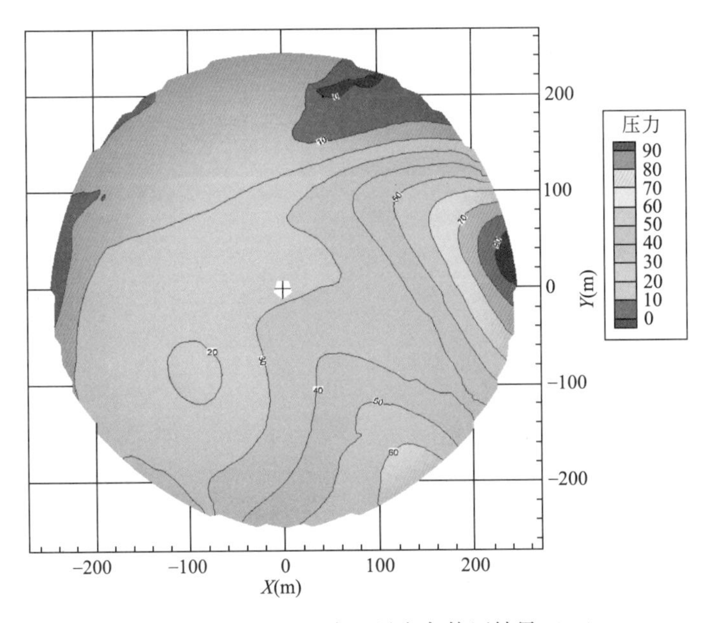

图 6.3-8 210°（10 点）风向角静压结果（Pa）

律；270°风向角（12 点方向），即小窝凼所在的风向，由于小窝凼的存在，FAST 大面积处于风吸作用，仅下游的局部区域受较小的风压作用。

（5）120°风向角（7 点方向），即南垭口（图 6.4-1）所在的风向，FAST 大面积处于风压作用，但在南垭口所在的上游区域的局部，形成了一个较强的风吸区域，并且由于南垭口对局部风场进行了一定的加速，导致 FAST 北侧大面积受较大的风压作用。为了减小该方向的风速和风压，在南垭口设置挡风墙，6.4 节给出了针对挡风墙的模拟结果。

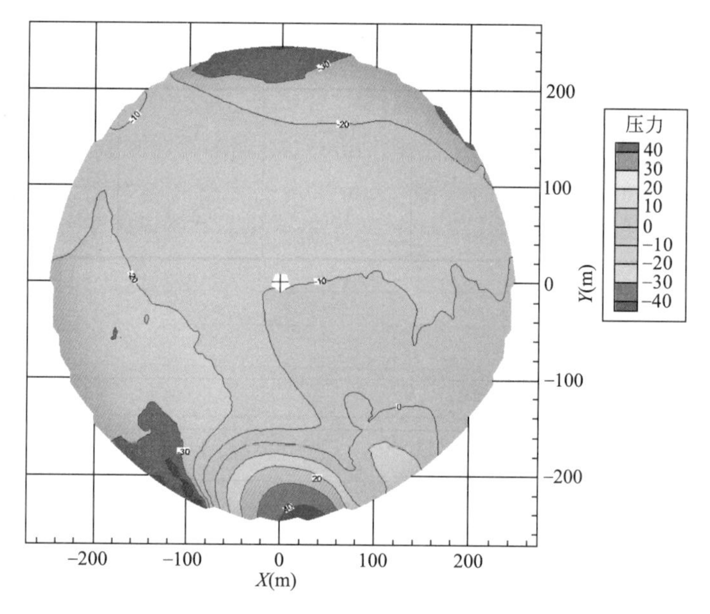

图 6.3-9　240°（11 点）风向角静压结果（Pa）

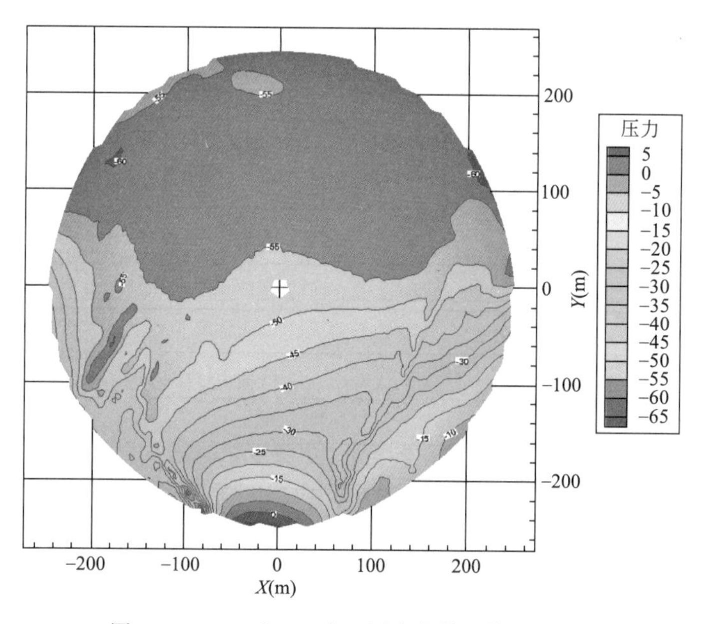

图 6.3-10　270°（12 点）风向角静压结果（Pa）

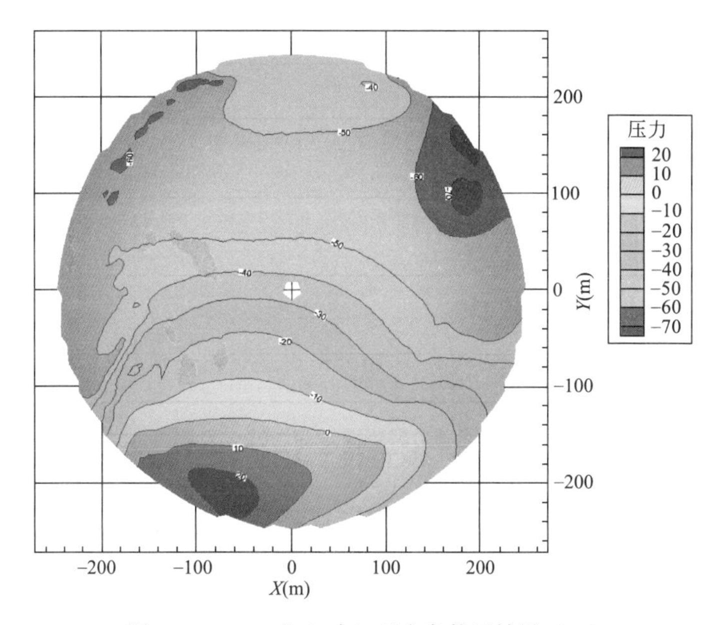

图 6.3-11　300°（1 点）风向角静压结果（Pa）

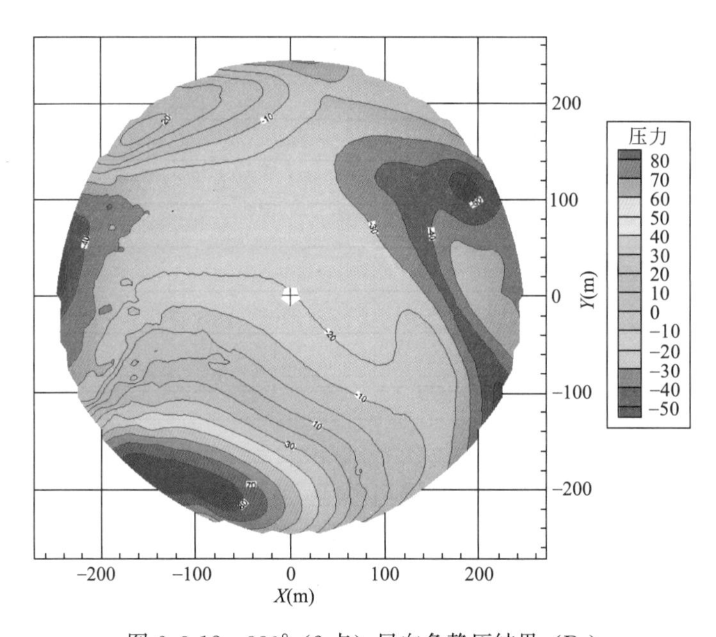

图 6.3-12　330°（2 点）风向角静压结果（Pa）

风压汇总　　表 6.3-1

风向角	P_{max}(Pa)	P_{min}(Pa)	风向角	P_{max}(Pa)	P_{min}(Pa)
0°	−10	−140	180°	100	10
30°	−5	−70	210°	90	0
60°	80	−80	240°	40	−40
90°	160	−140	270°	5	−65
120°	120	−100	300°	20	−70
150°	140	−10	330°	80	−50

6.4 挡风墙对风环境影响研究

南垭口如图 6.4-1 所示，此处形成风道，对风场有加速作用，对场区风环境和 FAST 反射面风压影响较大。为改善场区的风环境，减小反射面的风压，在南垭口设置了挡风墙。本节研究挡风墙的不同方案对风环境和 FAST 风压的影响。按照挡风墙设置位置（图 6.4-2）、高度不同，共 5 个方案：1）方案 1，挡风墙设置在位置 1，高 5m；2）方案 2，挡风墙设置在位置 1，高 10m；3）方案 3，挡风墙设置在位置 2，高 5m；4）方案 4，挡风墙设置在位置 2，高 10m；5）方案 5，挡风墙设置在位置 3，高 15m。图 6.4-3 为方案 1 风场模型中洼地表面网格划分情况。位置 1 平均高程 971m，长 122.4m；位置 2 平均高程 966m，长 92.8m；位置 3 平均高程 958m，长 75.6m。位置 1 和位置 2 平面距离约 10m，位置 2 和位置 3 平面平均距离约 15m。

图 6.4-1 南垭口现场情况

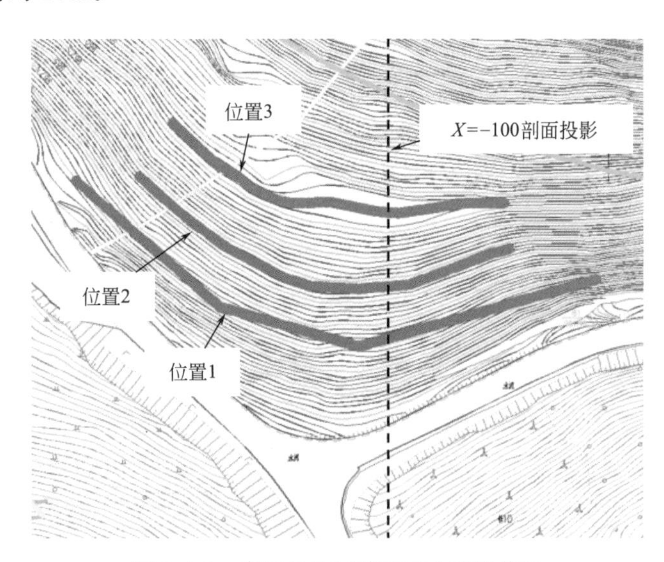

图 6.4-2 南垭口挡风墙的三个预选位置

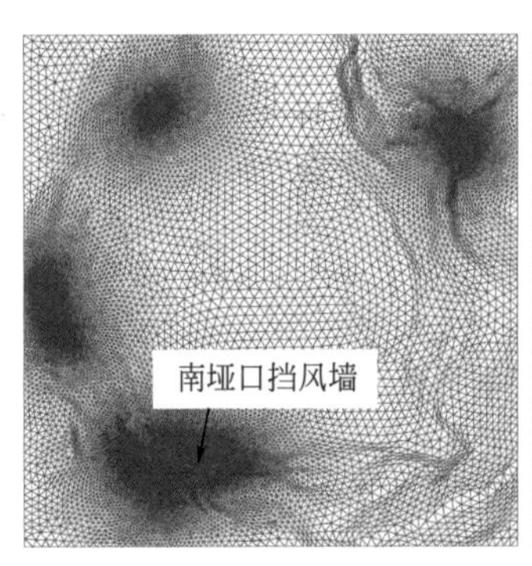

(a) FAST洼地表面

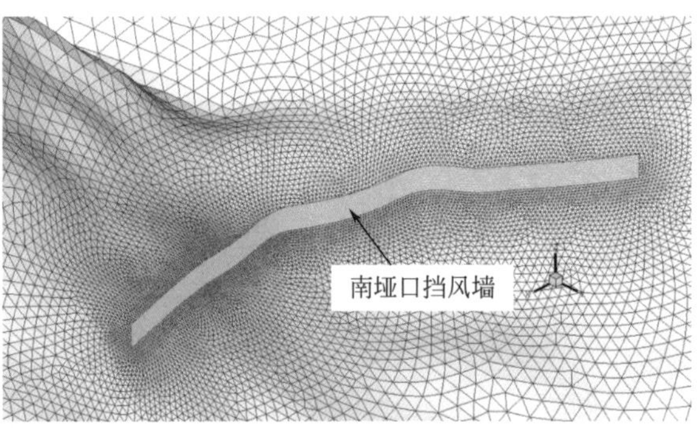

(b) 南垭口挡风墙区域

图 6.4-3 FAST 洼地表面网格划分情况

南垭口位于整体坐标系 $X=-169.4$ 至 $X=-59.5$m 范围内，根据 $X=-100$m 剖面上的风场变化，分析不同方案挡风墙对风场的影响。图 6.4-4 是 90°风向角下，$X=-100$m 剖面上，不同挡风墙方案下的风速云图。将方案 1～5 的速度云图与无挡风墙时的速度云图进行比较可以发现，由于挡风墙高度介于 5～15m，相对于整个洼地尺度很小，风速受挡风墙影响明显的区域主要位于挡风墙临近的局部区域。

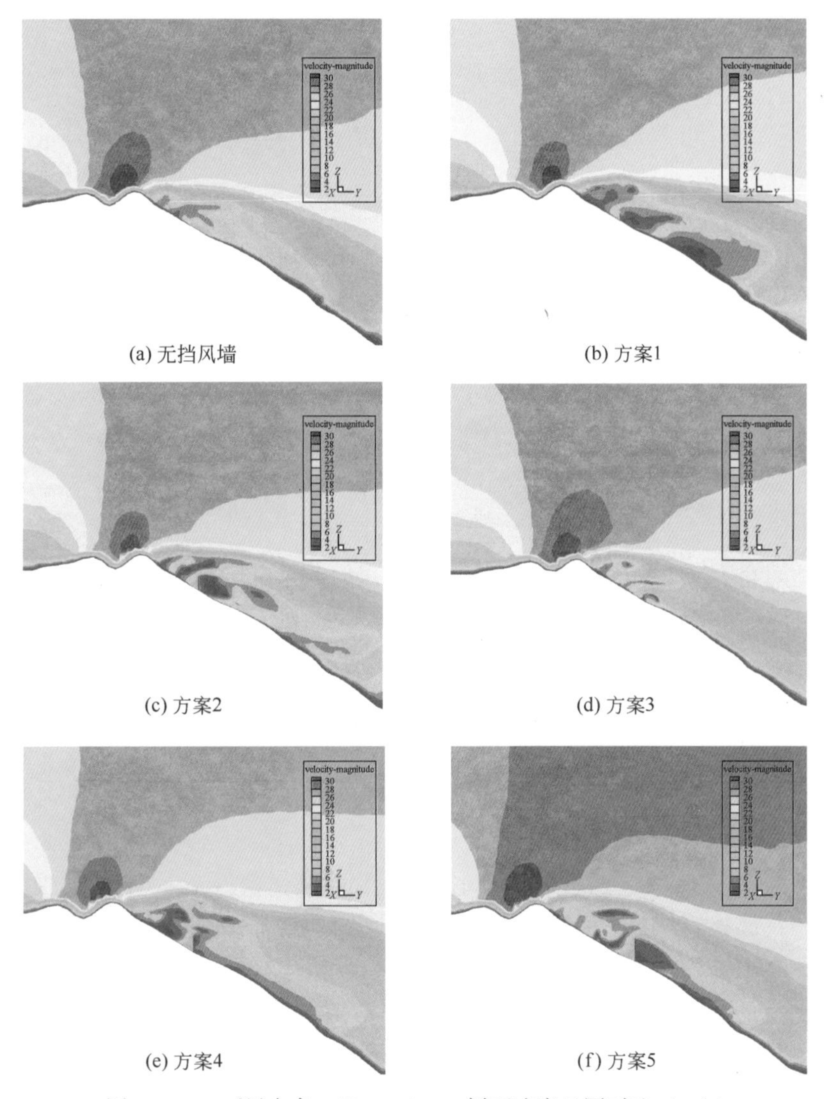

(a) 无挡风墙　(b) 方案1

(c) 方案2　(d) 方案3

(e) 方案4　(f) 方案5

图 6.4-4　90°风向角，$X=-100$m 剖面速度云图对比（m/s）

挡风墙所在位置的 Y 坐标介于-280～-250 之间。沿 $X=-100$m 剖面上，在 Y 坐标-270～0 之间每隔 10m 选取离地表竖直距离为 10m 的 28 个参考点，如图 6.4-5 所示。图 6.4-6 为 90°风向角下，各方案下各参考点的风速对比。由图可见，南垭口无挡风墙时，在 $Y=-160$m 处风速最大为 16.1m/s，并且风速较大的区域集中在 $Y\in$（-180，-140）区间内，其他区域风速相对较小。设置挡风墙后，挡风墙临近 70m 左右区域，风速受挡风墙的影响较大，当 $Y>-30$ 时，挡风墙对风速的影响逐渐减小。统计范围内，各挡风墙方案的极值风速均有所减小，方案 2、4、5 在统计范围内的风速均得到了有效的控制。而方案 1 在 $Y\in$（-110，-20）区间内的风速较无挡风墙情况有所增大，方案 3 在 $Y\in$（-260，-170）区间内的风速较无挡风墙情况大幅增大。

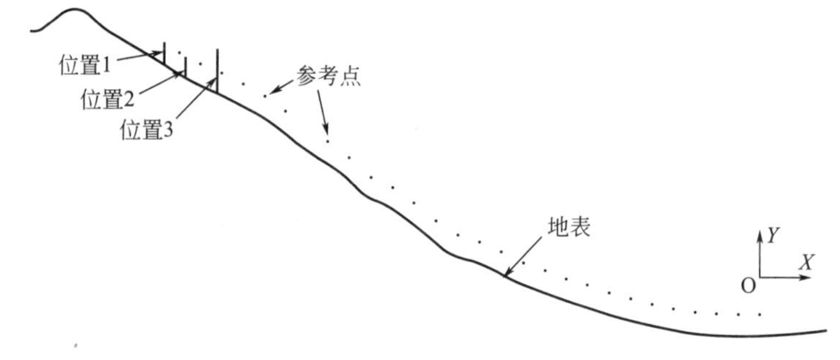

图 6.4-5 上游各参考点的位置示意图

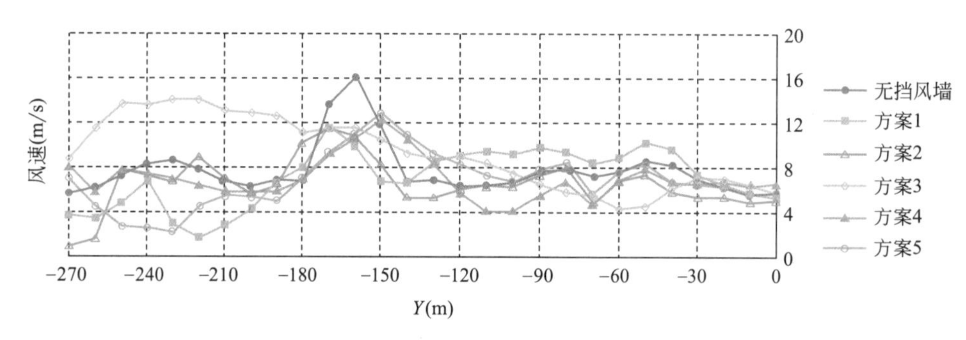

图 6.4-6 90°风向角，上游各参考点的风速

表 6.4-1 根据参考点处的风速值，统计了各工况下参考点的极值风速 v_{max} 和平均风速 v_{ave}，以及相应的降低比例。从平均风速看，除了方案 3，其余 4 个方案的平均风速与无挡风墙情况相比，均有一定降低，降低幅度最大为方案 2 的 14.6%；而方案 3 的平均风速反而增加了 21.2%，结合图 6.4-4（d）方案 3 的风速云图，在该位置处，高 5m 挡风墙对 10m 高度处的流场产生了扰动，风速反而大幅增加。从极值风速看，5 个方案的极值风速与无挡风墙情况相比，均有一定降低，降低幅度最大为方案 2 的 28%。

综上，5 个方案中，方案 3 挡风效果不明显，方案 2 效果最优，其次为方案 5、方案 1 和方案 4。

参考点风速统计 **表 6.4-1**

方案	v_{ave}(m/s)	平均风速降低比例	v_{max}(m/s)	极值风速降低比例
无挡风墙	7.7	—	16.1	—
方案 1	7.1	8.3%	11.8	26.7%
方案 2	6.6	14.6%	11.6	28.0%
方案 3	9.3	−21.2%	14.1	12.4%
方案 4	7.0	8.7%	12.4	23.0%
方案 5	6.8	11.3%	12.9	19.9%

参考文献

[1] Marzio Piller, Enrico Nobile, J. Thomas, DNS study of turbulent transport at low Prandtl numbers in a channel flow. Journal of Fluid Mechanics, (458): 419-441, 2002.

[2] J. G. Wissink. DNS of separating low Reynolds number flow in a tuibine cascade with incorning wakes. International Journal of Heat and Fluid Flow, 24 (4): 626-635, 2003.

[3] 沈炼，华旭刚，韩艳，等. 高精度入口边界的峡谷桥址风场数值模拟 [J]. 中国公路学报，2020，33 (07)：114-123.

[4] B. E. Launder, D. B. Spalding, Lectures in Mathematical Models of Turbulence. Academic Press, London, 1972.

[5] 周岱，马骏，李华峰，等. 大跨柔性空间结构风压和耦合风效应分析 [J]. 振动与冲击，2009，28 (06)：17-22，192.

[6] 李华峰，周岚，周岱. 考虑流固耦合效应的鞍形索膜结构体表风压和风致响应 [J]. 上海交通大学学报，2009，43 (06)：967-971.

[7] 李华峰，甘明，周岱. 考虑流固耦合作用的索膜结构风致响应研究 [C] //中国建筑科学研究院，中国土木工程学会桥梁及结构工程分会空间结构委员会. 第十二届空间结构学术会议论文集，2008：396-401.

[8] 周岱，李华峰. 考虑流固耦合作用的索膜结构开洞与封闭条件下的风压风振模拟 [J]. 空间结构，2008 (02)：3-7，13.

[9] 李如地，李华峰，周岱，等. 某典型细长索膜结构风振效应的数值模拟分析 [J]. 空间结构，2014，20 (03)：36-41.

[10] 李华锋，周岱，李磊，等. 非稳定不可压缩流动模拟的改进有限元数值方法（英文）[J]. 空间结构，2007 (03)：57-64.

[11] 李华峰. 空间结构数值风洞模拟与流固耦合风致响应 [D]. 上海交通大学，2008.

[12] 朱忠义，马骏，李华峰，等. 唐海国际专家服务中心屋盖风压与体型系数的数值模拟及群体互扰分析 [C] //中国建筑科学研究院，中国土木工程学会桥梁及结构工程分会空间结构委员会. 第十二届空间结构学术会议论文集，2008：576-581.

[13] 周岱，黄橙，朱忠义. 某大型复杂空间结构航站楼的风场数值模拟 [C] //天津大学. 第九届全国现代结构工程学术研讨会论文集. 2009：668-674.

[14] 马骏，周岱，李华锋，朱忠义，董石麟. 大跨度空间结构抗风分析的数值风洞方法 [J]. 工程力学，2007 (07)：77-85，93.

[15] 马骏. 大跨空间结构的风场和流固耦合风效应研究与精细识别 [D]. 上海交通大学，2009.

[16] 李华锋，马骏，周岱，等. 空间结构风场风载的数值模拟 [J]. 上海交通大学学报，2006 (12)：2112-2117.

[17] Bradshaw P. Understanding and prediction of turbulent flow [J]. International Journal of Heat and Fluid Flow, 1996, 18 (1): 45-54.

[18] Murakami S, Mochida A, Hayashi Y. Examining the k-ε model by means of a wind tunnel test and large-eddy simulation of the turbulence structure around a cube [J]. Journal of Wind Engineering and Industrial Aerodynamics, 1990, 35: 87-100.

[19] Tsuchiya M, Murakami S, Mochida A. Development of a new k-ε model for flow and pressure fields around bluff body [J]. Journal of Wind Engineering and Industrial Aerodynamics, 1997, 67-68: 169-182.

[20] 王福军. 计算流体动力学分析——CFD软件原理与应用 [M]. 北京：清华大学出版社，2004.

[21] 吴明长. FAST风环境数值模拟研究报告 [R]. 中国科学院国家天文台，2010.06.
[22] 朱忠义，李华峰，赵妍，等. 一种适用于山地建筑数值风洞模拟的建模方法 [P]. CN105512413A，2016.04.20.
[23] Tamura Y，Ohkuma T，Okada H，et al. Wind loading standards and design criteria in Japan [J]. Journal of Wind Engineering and Industrial Aerodynamic，1999，83 (1/2/3)：555-566.
[24] 黄本才. 结构抗风分析原理及应用 [M]. 上海：同济大学出版社，2001.02.

第7章　反射面单元变位分析

7.1　反射面单元

FAST反射面由支承系统和反射面单元组成。支承系统由主索网、下拉索、格构柱与圈梁构成。反射面单元由铝合金网架结构、反射面穿孔铝板以及与主索节点相连的连接机构共同组成。反射面单元平面为三角形[1]，边长10.4～12.4m，面板面积50～60m^2，单个最大重量约为480kg，共4295个。主索网支承反射面单元，反射面单元与主索网网格对应，每个主索节点上设置刚性节点盘，每个刚性节点盘支承六块反射面单元，如图7.1-1和图7.1-2所示。反射面单元之间留有10cm的间隙，避免抛物面变位过程中发生碰撞。

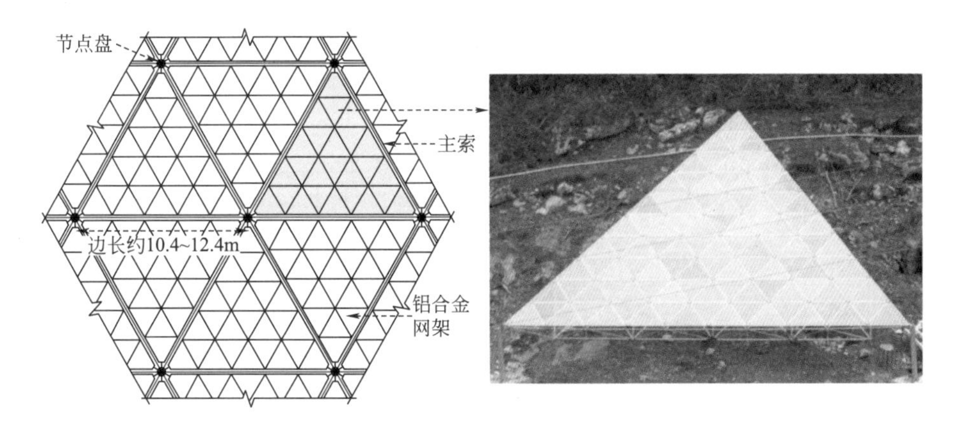

图7.1-1　主索网与反射面单元关系示意图

图7.1-2　主索网反射面单元照片

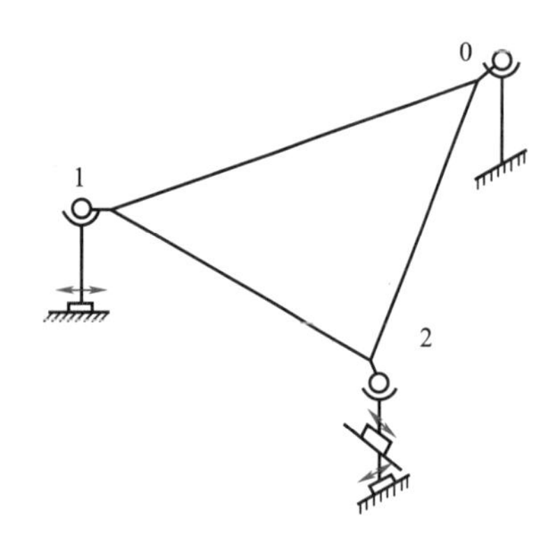

图 7.1-3 反射面单元自适应边界

反射面单元在三个顶点上均装有连接装置，支承于刚性节点盘上，与索网一起构成反射面系统。在索网变位工作过程中，为尽量减小反射面单元在 FAST 运行过程中对主索网受力及变位精度的影响，反射面单元的连接机构需要保证反射面单元能自适应于索网的变位运动，即每个三角形反射面单元与刚性节点盘的连接机构需满足反射面单元为静定结构，如图 7.1-3 所示。

在图 7.1-3 中，三个连接机构均为铰接，释放转动自由度。其中连接机构“0”约束节点的三个平动自由度（$U_x=U_y=U_z=0$），通过向心关节轴承实现铰接转动功能，如图 7.1-4 所示；连接机构“1”释放节点沿连接杆轴向的平动自由度（$U_y=U_z=0$），通过向心关节轴承实现铰接转动、通过销轴在轴承内轴向滑动实现单向滑动功能，如图 7.1-5 所示；连接机构“2”释放反射面单元平面内的两个平动自由度（$U_z=0$），通过向心关节轴承实现铰接转动、在刚性圆盘平面内任意方向滑动实现双向滑动功能，如图 7.1-6 所示。在此约束条件下，每个反射面单元为一静定结构，可以自适应索网的变位。

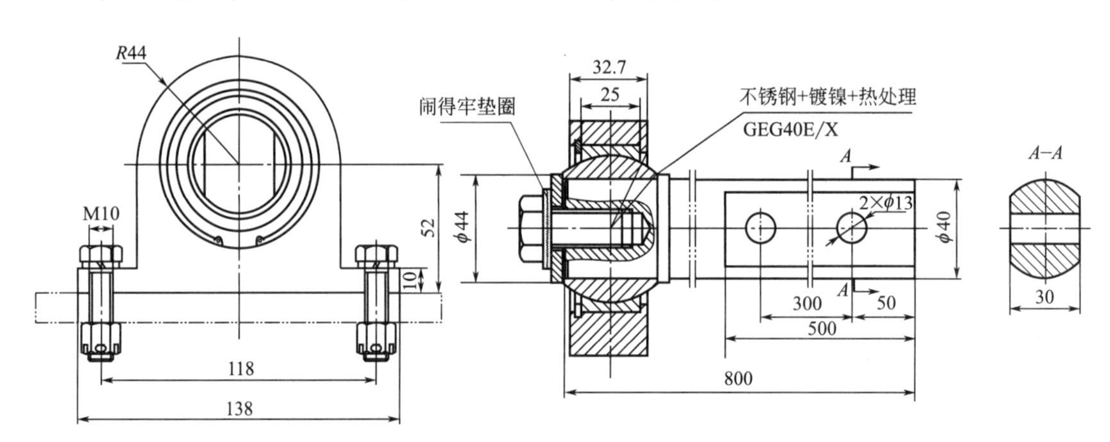

图 7.1-4 0 号连接机构构造做法

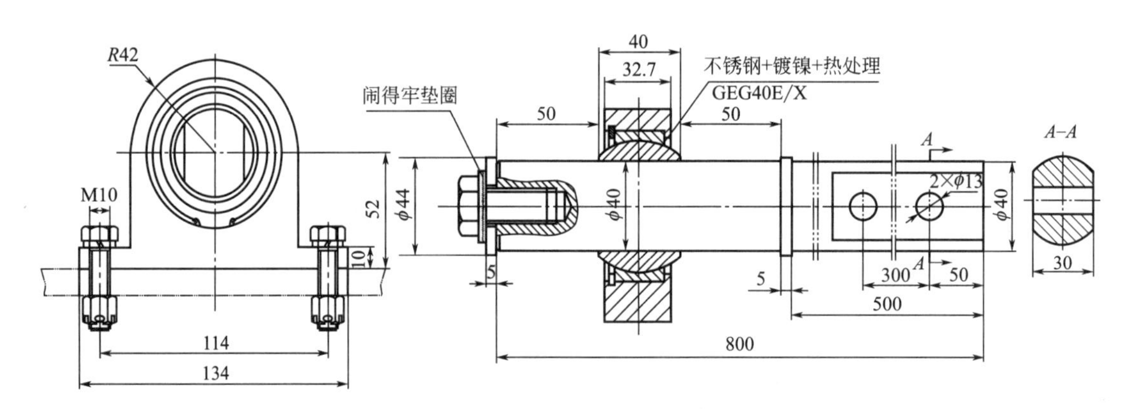

图 7.1-5 1 号连接机构构造做法

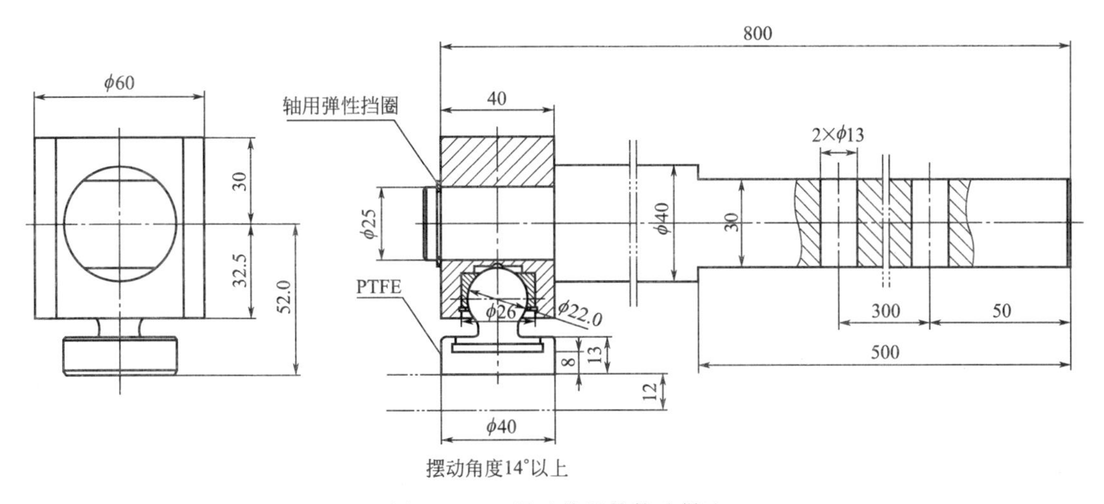

图 7.1-6　2 号连接机构构造做法

7.2　反射面单元运行机理分析

7.2.1　反射面系统模型

为研究反射面单元随索网变位时的运行机理，选择合理的自适应连接方式，即连接机构“0”号点、“1”号点及“2”号点布置的拓扑关系，实现不同连接机构在索网节点上的合理布置，需在计算模型中模拟主索节点与连接机构的关系。

由于主索节点为变厚度节点盘，不同规格钢索对应区域的节点盘厚度不同，见表 7.2-1。针对不同厚度的节点盘区域，建立有限元实体模型，如图 7.2-1 所示，计算得到不同规格钢索对应区域节点盘的刚度，并换算出刚度等效杆件的截面面积和截面惯性矩，见表 7.2-2。采用梁单元模拟主索节点区域，不同厚度区域的节点盘用不同截面的梁单元等代，如图 7.2-2 所示。

不同规格钢索对应的节点盘几何参数　表 7.2-1

拉索规格	t *（mm）	c *（mm）
S2、S2J	46	85
S3、S3J	46	85
S4、S4J	50	95
S5、S5J	55	110
S6、S6J	60	115
S7、S7J	65	125
S8、S8J	70	140
S9、S9J	70	140

注：t * 表示对应区域的节点盘厚度；c * 表示轴承孔中心到节点盘边缘距离。

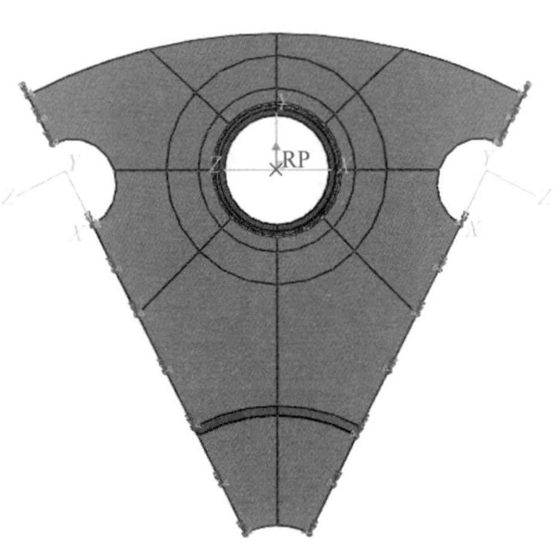

图 7.2-1　节点盘有限元计算模型

钢索对应区域节点盘等代梁单元特性表　　表 7.2-2

拉索规格	轴向刚度 K_1(N/mm)	平面外刚度 K_2(N/mm)	梁单元计算长度 L(mm)	等效截面面积 $A=K_1L/E$(mm^2)	等效截面惯性矩 $I_y=K_2L^3/(3E)$(mm^4)
S2、S2J	2 582 564.1	96 460.9	225	2820.8	1 777 911.6
S3、S3J	2 701 515.2	96 460.9	225	2950.7	1 777 911.6
S4、S4J	3 238 028.2	145 862.5	215	3379.5	2 345 690.3
S5、S5J	3 336 094.7	226 651.0	200	3238.9	2 933 993.3
S6、S6J	3 609 729.7	250 778.7	220	3855.1	4 320 859.6
S7、S7J	3 014 843.8	371 823.2	220	3219.7	6 406 430.1
S8、S8J	3 927 354.3	425 622.5	230	4384.9	8 379 528.5
S9、S9J	3 669 662.9	425 622.5	230	4097.2	8 379 528.5

采用 ANSYS 进行建模计算，用壳单元 SHELL63 模拟反射面面板及铝合金背架，用梁单元 BEAM44 模拟反射面单元的连接机构，通过梁端释放不同自由度模拟连接机构“0”“1”“2”的边界条件，如图 7.2-3 所示。基准态时，相邻反射面单元之间的缝隙取 10cm，对应邻边相互平行，连接机构轴向为相邻两主索夹角的平分线在节点盘平面内的投影方向。

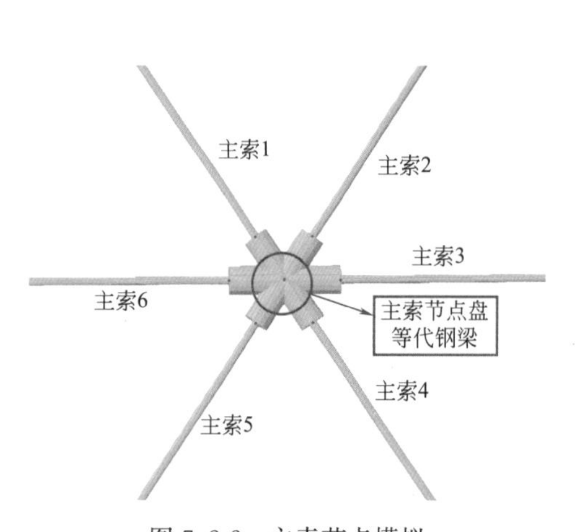

图 7.2-2　主索节点模拟

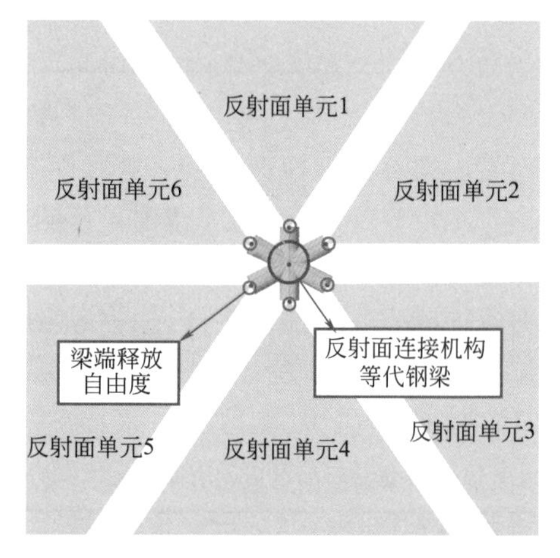

图 7.2-3　反射面单元的连接机构模拟

在实际构造中，反射面单元的连接机构需放置在一刚性圆盘上方，刚性圆盘通过圆钢管和加劲肋与主索节点盘相连接。在计算模型中，通过梁单元模拟这一区域的连接，如图 7.2-4 所示。反射面系统整体计算模型如图 7.2-5 所示。

7.2.2　反射面单元变位影响因素分析

1. 局部区域简化模型

反射面系统共包括 4295 个反射面单元，6670 根主索以及 2225 根下拉索，整个系统单元数目庞大，彼此间相互影响，运行机理复杂。为理清反射面单元连接机构的运行机理及与主索节点之间的关系，先选取局部区域进行研究。

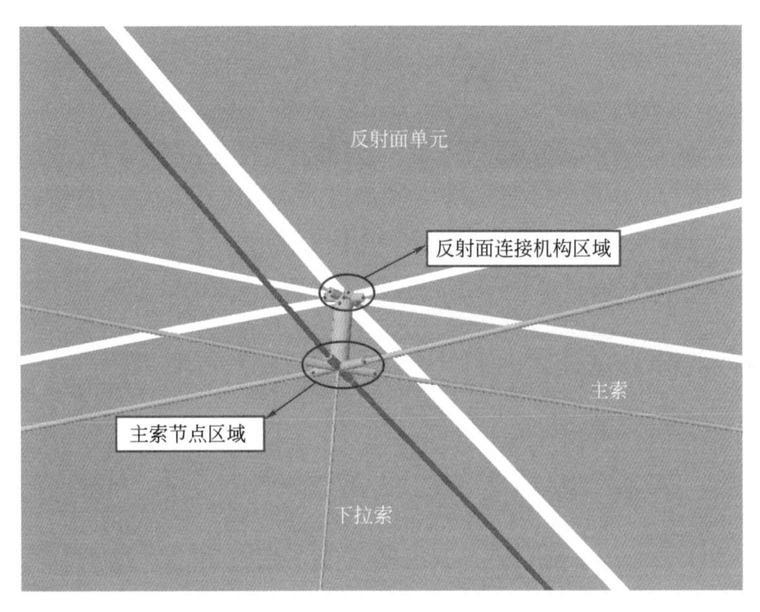

图 7.2-4 反射面单元与主索网连接方式

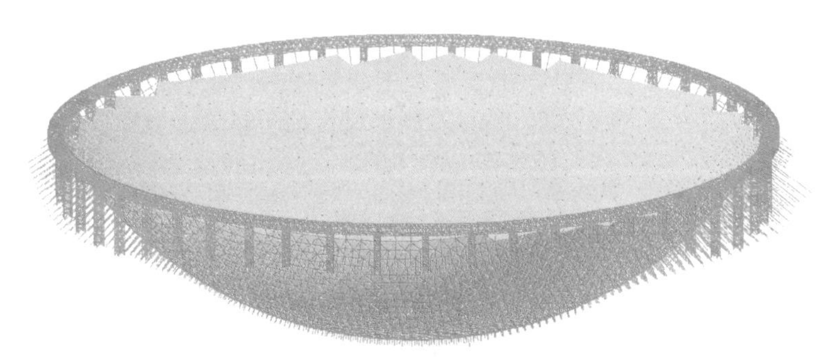

图 7.2-5 反射面系统整体计算模型

单个反射面单元通过三个连接机构（“0”“1”“2”）与主索节点相连，单个反射面单元为静定结构，因此可以建立简化的单个反射面单元模型。提取反射面系统整体模型计算得到的主索节点位移，作为支座强制位移赋值给单个反射面单元模型，进而可以分析连接机构节点的变位情况。三个点的强制位移分别表示为（d_{0x}，d_{0y}，d_{0z}）、（d_{1x}，d_{1y}，d_{1z}）和（d_{2x}，d_{2y}，d_{2z}），如图 7.2-6 所示。

考虑到主索节点盘在实际的运行过程中偏转幅度较小，盘面基本朝向主索网球面法线方向，不会发生较大的扭转，对反射面单元的几何位置影响不大，为简化计算，在单个反射面单元模型中施加强制位移时未考虑主索节点的转角位移。依据上述原则，选取一典型的局部区域，建立由六个反射面单元组成的局部区域简化模型，六个反射面单元的 0 号结构均位于高点，如图 7.2-7 所示。以抛物面中心点为 A073 的工况进行分析，点 A073 及选取的局部区域在整个索网中的位置如图 7.2-8 所示。对局部区域简化模型，固定主索节点并施加相应的支座强制位移，即由整体模型计算得到的主索节点位移，见表 7.2-3。

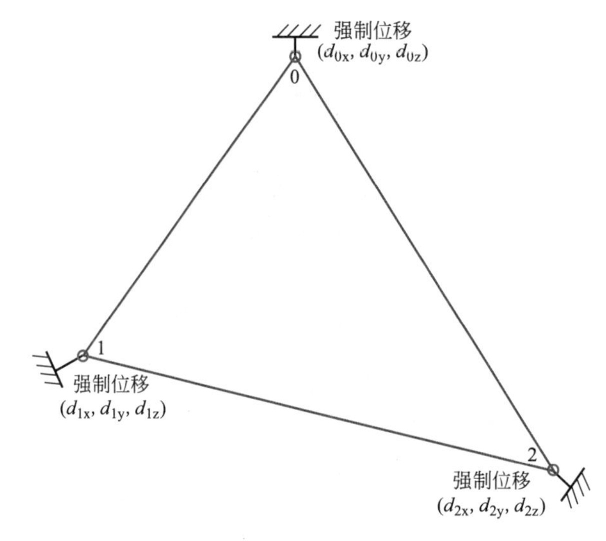

图 7.2-6　单个反射面单元示意图

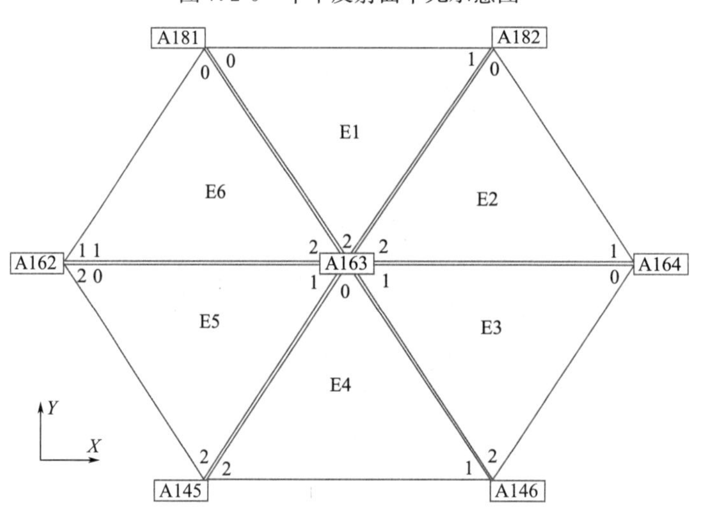

图 7.2-7　反射面局部区域模型

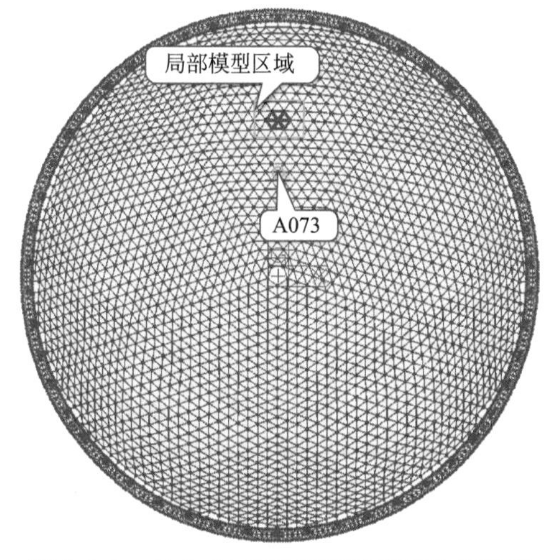

图 7.2-8　点 A073 及局部区域模型位置示意

主索节点强制位移 **表 7.2-3**

位移方向	主索节点						
	A146	A164	A145	A163	A182	A162	A181
U_X(mm)	−0.41	−5.98	3.96	1.76	−3.48	9.51	6.99
U_Y(mm)	22.97	−38.46	23.11	−31.40	−96.96	−38.19	−96.82
U_Z(mm)	−206.56	−91.80	−206.57	−105.90	6.90	−91.82	6.91

比较整体模型和局部区域简化模型计算得到的反射面连接机构节点位移，见表 7.2-4。由表中数据可以看出，采用图 7.2-7 所示的局部区域简化模型计算得到的位移误差在 2mm 以内，位移误差主要由未考虑主索节点盘的转动引起。说明可以依据上述原则，近似采用局部区域简化模型分析反射面单元的变位，同时也说明主索节点盘转动对连接机构的变位影响不大。

连接机构节点位移比较 **表 7.2-4**

反射面单元		主索节点	整体模型位移(mm)			局部模型位移(mm)			位移差(mm)		
			U_X	U_Y	U_Z	U_X	U_Y	U_Z	dU_X	dU_Y	dU_Z
E1	0	A181	6.97	−96.26	5.95	6.99	−96.82	6.91	−0.02	0.55	−0.95
	1	A182	6.97	−91.33	9.12	6.99	−91.86	10.08	−0.02	0.53	−0.97
	2	A163	11.98	−26.41	−100.48	12.02	−25.34	−102.12	−0.04	−1.08	1.64
E2	0	A182	−3.44	−95.89	5.16	−3.48	−96.96	6.90	0.04	1.06	**−1.75**
	1	A164	−4.64	−39.56	−91.59	−4.58	−39.16	−92.20	−0.06	−0.40	0.61
	2	A163	−4.32	−27.95	−102.79	−4.25	−27.46	−103.65	−0.07	−0.49	0.86
E3	0	A164	−5.93	−37.90	−92.84	−5.98	−38.46	−91.80	0.04	0.56	−1.04
	1	A163	−5.61	−27.21	−104.80	−5.65	−27.65	−103.91	0.04	0.44	−0.89
	2	A146	−6.12	27.06	−202.35	−6.12	27.97	−203.82	0.00	−0.90	1.47
E4	0	A163	1.76	−30.45	−107.60	1.76	−31.40	−105.90	0.00	0.95	−1.70
	1	A146	−0.84	22.78	−205.81	−0.80	23.17	−206.45	−0.04	−0.39	0.64
	2	A145	−0.84	25.48	−204.38	−0.80	25.83	−205.05	−0.04	−0.35	0.67
E5	0	A162	9.47	−37.63	−92.86	9.51	−38.19	−91.82	−0.04	0.56	−1.04
	1	A163	9.14	−27.20	−104.80	9.18	−27.64	−103.91	−0.04	0.44	−0.89
	2	A145	9.46	27.20	−202.36	9.47	28.10	−203.83	0.00	−0.90	1.47
E6	0	A181	6.95	−95.75	5.16	6.99	−96.82	6.91	−0.04	1.06	**−1.75**
	1	A162	8.08	−39.34	−91.63	8.01	−38.94	−92.24	0.06	−0.40	0.61
	2	A163	7.76	−27.88	−102.75	7.69	−27.40	−103.61	0.07	−0.49	0.86

为进一步研究反射面单元变位与主索节点位移及钢索内力之间的关系，在图 7.2-7 简化模型基础上，取消点 A163 的约束和强制位移，增加与其相连的主索及下拉索，并赋给以 A073 为抛物面中心点的抛物面工况下的钢索拉力值，建立带钢索的局部区域简化模型，如图 7.2-9 所示。

比较整体模型和图 7.2-9 所示的带钢索局部区域简化模型，计算出的反射面连接机构

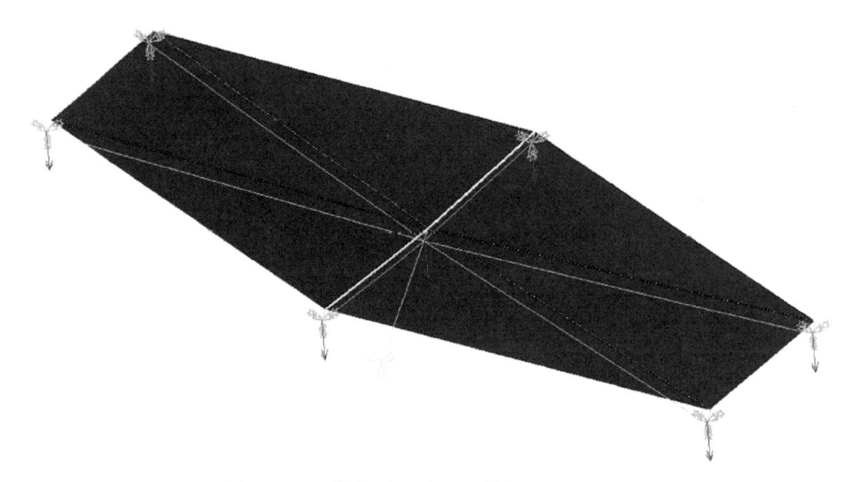

图 7.2-9　带钢索局部区域简化模型示意

节点位移，见表 7.2-5。由表中数据可以看出，位移误差在 2mm 以内，位移差也是未考虑主索节点盘的转动原因引起的。说明可以用带钢索的局部简化模型，分析反射面单元变位与主索节点位移及钢索内力之间的关系。

带钢索局部区域简化模型与整体模型节点位移比较　　表 7.2-5

反射面单元		主索节点	整体模型位移(mm)			带钢索局部模型位移(mm)			位移差(mm)		
			U_X	U_Y	U_Z	U_X	U_Y	U_Z	dU_X	dU_Y	dU_Z
E1	0	A181	6.97	−96.26	5.95	6.99	−96.82	6.91	−0.02	0.55	−0.95
	1	A182	6.97	−91.33	9.12	6.99	−91.86	10.08	−0.02	0.53	−0.97
	2	A163	11.98	−26.41	−100.48	12.02	−25.79	−101.40	−0.04	−0.63	0.92
E2	0	A182	−3.44	−95.89	5.16	−3.48	−96.96	6.90	0.04	1.06	**−1.75**
	1	A164	−4.64	−39.56	−91.59	−4.58	−39.16	−92.20	−0.06	−0.40	0.61
	2	A163	−4.32	−27.95	−102.79	−4.25	−27.39	−103.77	−0.07	−0.56	0.98
E3	0	A164	−5.93	−37.90	−92.84	−5.98	−38.46	−91.80	0.04	0.56	−1.04
	1	A163	−5.61	−27.21	−104.80	−5.60	−26.78	−105.89	0.00	−0.43	1.09
	2	A146	−6.12	27.06	−202.35	−5.92	27.86	−203.87	−0.19	−0.80	1.52
E4	0	A163	1.76	−30.45	−107.60	1.76	−30.01	−108.71	0.00	−0.44	1.11
	1	A146	−0.84	22.78	−205.81	−0.66	23.10	−206.49	−0.17	−0.32	0.68
	2	A145	−0.84	25.48	−204.38	−0.66	25.62	−205.16	−0.17	−0.14	0.78
E5	0	A162	9.47	−37.63	−92.86	9.51	−38.19	−91.82	−0.04	0.56	−1.04
	1	A163	9.14	−27.20	−104.80	9.14	−26.77	−105.89	0.00	−0.43	1.09
	2	A145	9.46	27.20	−202.36	9.27	28.00	−203.88	0.19	−0.80	1.52
E6	0	A181	6.95	−95.75	5.16	6.99	−96.82	6.91	−0.04	1.06	**−1.75**
	1	A162	8.08	−39.34	−91.63	8.01	−38.94	−92.24	0.06	−0.40	0.61
	2	A163	7.76	−27.88	−102.75	7.69	−27.32	−103.73	0.07	−0.56	0.98

2. 连接机构等代杆件长度的影响

反射面单元的连接机构“0”“1”“2”放置在一刚性圆盘上方，如图 7.2-10 所示。圆盘的大小决定了计算模型中连接机构等代杆件的长度，即决定了连接机构节点的位置范围。

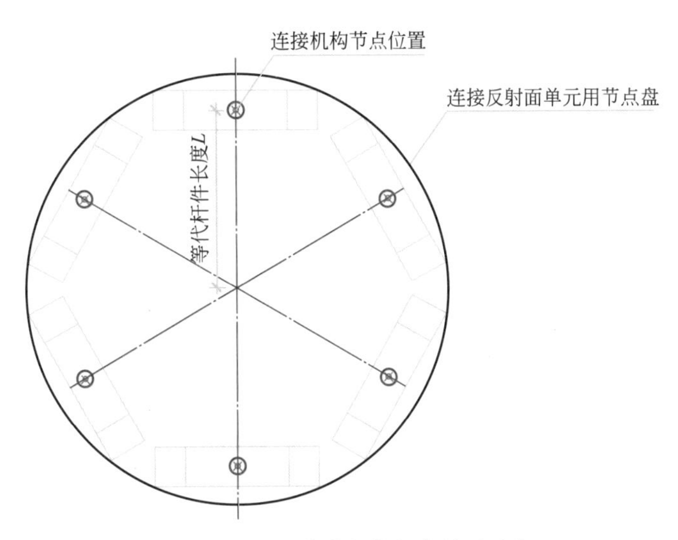

图 7.2-10 刚性圆盘与连接机构等代杆件长度关系示意

假定基准态下，计算模型中连接机构“0”“1”“2”的等代杆件长度相同，考虑连接机构构造尺寸，当圆盘直径为 360mm、400mm、450mm 时，对应的计算模型中等代杆件最大长度分别可取 150mm、170mm、195mm。采用单个反射面单元模型，分析等代杆件长度的影响，模型如图 7.2-11 所示。模型中连接机构等代杆件方向保持不变（都指向圆盘中心），长度分别取 110mm、150mm、170mm、195mm 进行计算，比较节点位移，见表 7.2-6。由表中数据可以看出，连接机构等代杆件长度在一定范围内变化，对连接机构节点位移基本没有影响。

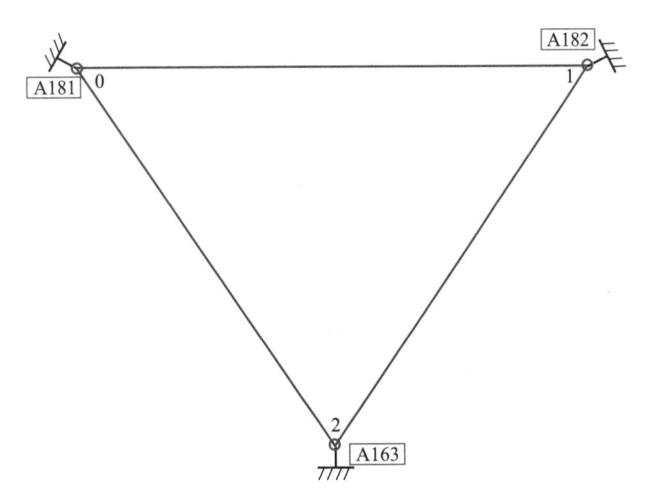

图 7.2-11 单个反射面单元模型

不同等代杆件长度节点位移比较　　表 7.2-6

连接杆长度	节点类型	U_X(mm)	U_Y(mm)	U_Z(mm)	U_{SUM}(mm)
110mm	0	6.99	−96.82	6.91	97.31
	1	6.99	−91.86	10.08	92.68
	2	12.02	−25.34	−102.12	105.90
150mm	0	6.99	−96.82	6.91	97.31
	1	6.99	−91.86	10.08	92.68
	2	12.02	−25.34	−102.12	105.90
170mm	0	6.99	−96.82	6.91	97.31
	1	6.99	−91.86	10.08	92.68
	2	12.02	−25.34	−102.12	105.90
195mm	0	6.99	−96.82	6.91	97.31
	1	6.99	−91.86	10.08	92.68
	2	12.02	−25.34	−102.12	105.90

3. 连接机构布置角度的影响

在刚性圆盘上，当采取不同的设计思路时，两两相邻的两个连接机构等代杆件之间的夹角可能会发生改变。因此有必要研究不同的连接机构夹角布置形式，对反射面单元运行的影响。

在单个反射面单元模型中，假定“0”“1”和“2”连接机构等代杆件在反射面平面内沿原杆件方向分别偏转+5°和−5°，计算各连接机构节点的位移。图 7.2-12 是“0”号连接机构等代杆件偏转示意图，逆时针方向为正。各连接机构节点的位移见表 7.2-7～表 7.2-9。由表中数据可以看出，连接机构“0”和“2”的等代杆件角度偏转，对节点位移基本无影响；连接机构“1”的等代杆件角度偏转，对节点位移有一定程度的影响，但影响也不大，最大在 1mm 左右。

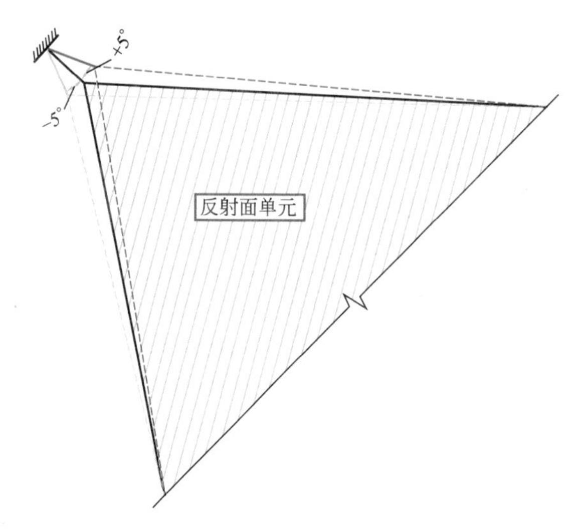

图 7.2-12　连接机构等代杆件角度偏转示意

"0"连接等代杆件偏转前后节点位移比较 表 7.2-7

角度偏转	节点类型	U_X(mm)	U_Y(mm)	U_Z(mm)	U_{SUM}(mm)
0°	0	6.99	−96.82	6.91	97.31
	1	6.99	−91.86	10.08	92.68
	2	12.02	−25.34	−102.12	105.90
+5°	0	6.99	−96.82	6.91	97.31
	1	7.00	−91.86	10.09	92.67
	2	12.03	−25.34	−102.12	105.90
−5°	0	6.99	−96.82	6.91	97.31
	1	6.99	−91.86	10.08	92.68
	2	12.02	−25.34	−102.12	105.90

"1"连接等代杆件偏转前后节点位移比较 表 7.2-8

角度偏转	节点类型	U_X(mm)	U_Y(mm)	U_Z(mm)	U_{SUM}(mm)
0°	0	6.99	−96.82	6.91	97.31
	1	6.99	−91.86	10.08	**92.68**
	2	12.02	−25.34	−102.12	105.90
+5°	0	6.99	−96.82	6.91	97.31
	1	7.00	−90.76	10.76	**91.67**
	2	13.12	−24.79	−101.78	105.57
−5°	0	6.99	−96.82	6.91	97.31
	1	6.99	−92.85	9.47	**93.59**
	2	11.03	−25.83	−102.42	106.21

"2"连接等代杆件偏转前后节点位移比较 表 7.2-9

角度偏转	节点类型	U_X(mm)	U_Y(mm)	U_Z(mm)	U_{SUM}(mm)
0°	0	6.99	−96.82	6.91	97.31
	1	6.99	−91.86	10.08	92.68
	2	12.02	−25.34	−102.12	105.90
+5°	0	6.99	−96.82	6.91	97.31
	1	6.99	−91.86	10.08	92.68
	2	12.02	−25.33	−102.14	105.92
−5°	0	6.99	−96.82	6.91	97.31
	1	6.99	−91.86	10.08	92.68
	2	12.02	−25.35	−102.10	105.88

4. 自重的影响

需要从两方面考虑自重对连接机构位移的影响，一方面是背架本身在自重下的弹性变形，另一方面是安装反射面单元前后索网变形。

（1）背架弹性变形

在前述的整体模型或局部模型分析中，为简化计算，反射面面板及背架采用SHELL63单元进行模拟，此方式可以模拟反射面单元的刚度和传力机理，但无法考虑反射面单元自重对其变位的影响。为评估这一影响，采用一典型的反射面背架模型进行分析，主索节点位置施加固定端约束（强制位移为0）。图7.2-13所示为平放和倾斜放置50°的铝合金网架模型。

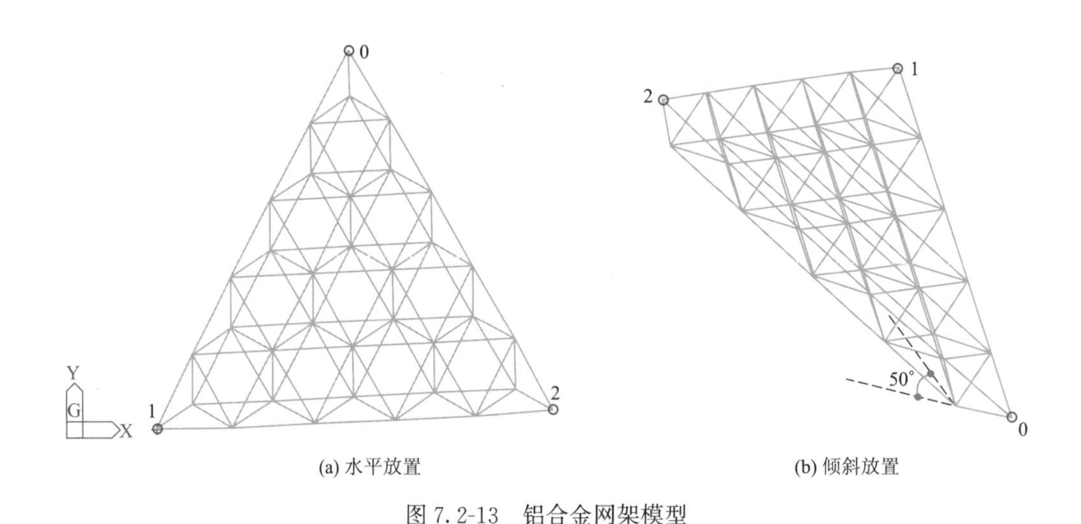

图7.2-13　铝合金网架模型

自重作用下连接机构的节点位移见表7.2-10。可以看到，自重作用下，连接机构“1”的轴向位移最大约为1.7mm；连接机构“2”的轴向位移最大约为0.7mm，切向位移最大约为2.0mm，说明自重对连接机构的变位影响不大。

自重作用下连接机构节点位移　　　　表7.2-10

计算模型	连接机构	轴向位移(mm)	切向位移(mm)
水平放置	1	−1.38	0.00
	2	−0.65	1.15
倾斜放置	1	−1.66	0.00
	2	−0.39	2.00

（2）索网变形的影响

施工阶段先张拉索网到位，然后再进行反射面单元的安装，反射面单元的自重会引起索网位形改变，从而导致连接机构节点位移。研究反射面单位安装前后，连接机构的位移变化情况，分别建立不考虑反射面单元自重和考虑反射面单元自重的整体模型进行计算分析，模型如图7.2-14所示。

提取反射面单元安装前后，连接机构的节点位移改变量，见表7.2-11。可以看到，安装反射面单元后，连接机构“1”的轴向位移最大改变量为2.6mm；连接机构“2”的轴向位移最大改变量为0.8mm，切向位移最大改变量为2.2mm。

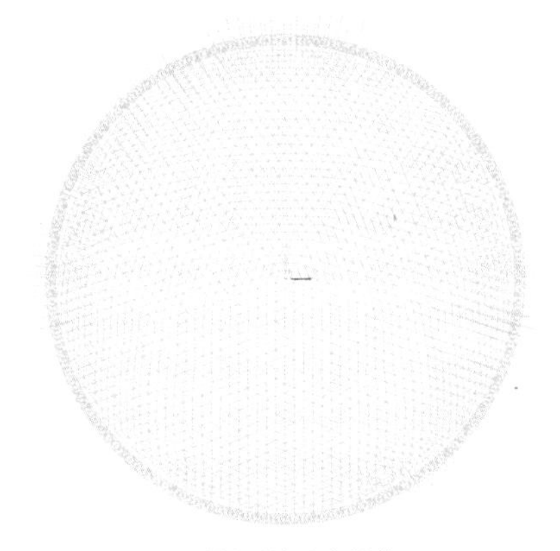

(a) 反射面单元安装前　　(b) 反射面单元安装后

图 7.2-14　反射面单元安装前后模型

反射面单元安装前后连接机构节点位移改变量　　**表 7.2-11**

	轴向外伸位移改变(mm)	轴向内收位移改变(mm)	切向位移改变(mm)
“1”号连接机构	2.58	−0.49	0.72
“2”号连接机构	0.68	−0.80	2.19

7.2.3　反射面单元变位的解析解

1. 解析公式推导

由于单个反射面单元为一静定结构，理论上如果已知支座位移，可以从几何关系和边界约束条件出发，采用解析的方式求解变形后连接机构节点的准确位置。为简化求解过程，忽略影响较小的因素，做出如下假定：

（1）三角形反射面单元为一刚性面板，不会发生弹性变形；

（2）变形前后“0”号连接机构都位于∠NMP 的角平分线上，如图 7.2-15 所示；

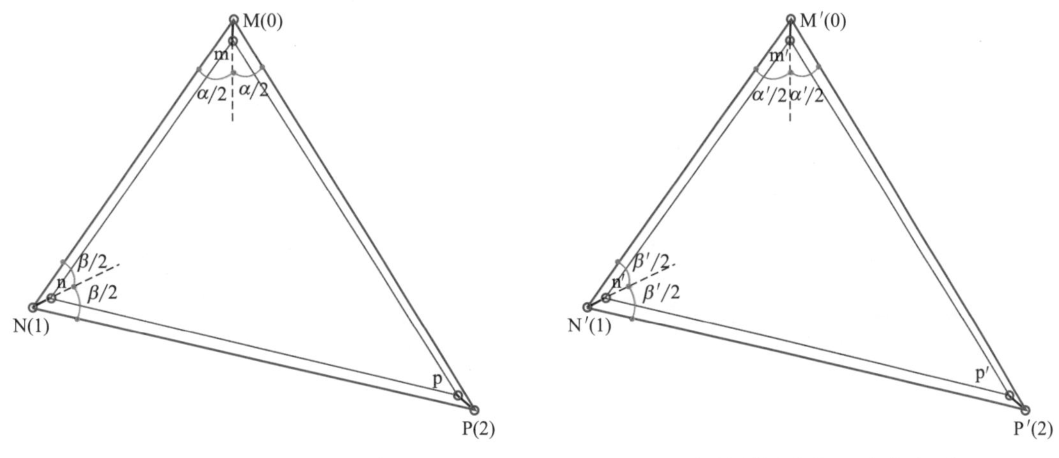

(a) 变形前节点编号及几何关系示意　　(b) 变形后节点编号及几何关系示意

图 7.2-15　单个反射面单元几何关系示意

（3）变形前后“1”号连接机构都位于$\angle MNP$的角平分线上，如图7.2-15所示；

（4）不考虑主索节点的转角位移。

由上述假定，结合连接机构等代杆件自由度约束条件，建立求解变形后连接机构“0”（m'）、连接机构“1”（n'）及连接机构“2”（p'）的节点坐标方程组[2]，见式（7.2-1）～式（7.2-3）。

m'坐标由式（7.2-1）求得：

$$\begin{cases}(x_{m'}-x_{M'})^2+(y_{m'}-y_{M'})^2+(z_{m'}-z_{M'})^2=L_{Mm}{}^2\\ \dfrac{x_{m'}-x_{M'}}{a_{M'm'}}=t_{m'}\\ \dfrac{y_{m'}-y_{M'}}{b_{M'm'}}=t_{m'}\\ \dfrac{z_{m'}-z_{M'}}{c_{M'm'}}=t_{m'}\end{cases}\tag{7.2-1}$$

n'坐标由式（7.2-2）求得：

$$\begin{cases}(x_{n'}-x_{m'})^2+(y_{n'}-y_{m'})^2+(z_{n'}-z_{m'})^2=L_{mn}{}^2\\ \dfrac{x_{n'}-x_{N'}}{a_{N'n'}}=t_{n'}\\ \dfrac{y_{n'}-y_{N'}}{b_{N'n'}}=t_{n'}\\ \dfrac{z_{n'}-z_{N'}}{c_{N'n'}}=t_{n'}\end{cases}\tag{7.2-2}$$

p'坐标由式（7.2-3）求得：

$$\begin{cases}ax_{p'}+by_{p'}+cz_{p'}=1\\ (x_{p'}-x_{m'})^2+(y_{p'}-y_{m'})^2+(z_{p'}-z_{m'})^2=L_{mp}{}^2\\ (x_{p'}-x_{n'})^2+(y_{p'}-y_{n'})^2+(z_{p'}-z_{n'})^2=L_{np}{}^2\end{cases}\tag{7.2-3}$$

变形前各节点坐标已知，变形后M'、N'、P'坐标已知，需求解m'、n'、p'三个节点的坐标以及参数$t_{m'}$及$t_{n'}$。以上共有11个方程，求解11个未知数。

方程组（7.2-1）中，后三个方程为$M'm'$所在直线的参数方程，向量$\overrightarrow{M'm'}$（$a_{M'm'}$，$b_{M'm'}$，$c_{M'm'}$）的方向与$\angle N'M'P'$的角平分线一致，可以由式（7.2-4）求得：

$$\overrightarrow{M'm'}=\frac{\overrightarrow{M'N'}}{|\overrightarrow{M'N'}|}+\frac{\overrightarrow{M'P'}}{|\overrightarrow{M'P'}|}\tag{7.2-4}$$

方程组（7.2-2）中，后三个方程为$N'n'$所在直线的参数方程，向量$\overrightarrow{N'n'}$（$a_{N'n'}$，$b_{N'n'}$，$c_{N'n'}$）的方向与$\angle M'N'P'$的角平分线一致，可以由式（7.2-5）求得：

$$\overrightarrow{N'n'}=\frac{\overrightarrow{N'M'}}{|\overrightarrow{N'M'}|}+\frac{\overrightarrow{N'P'}}{|\overrightarrow{N'P'}|}\tag{7.2-5}$$

方程组（7.2-3）中，a、b、c为反射面单元变形后所在的平面方程的三个实常数，可以由已知坐标M'（$x_{M'}$，$y_{M'}$，$z_{M'}$）、N'（$x_{N'}$，$y_{N'}$，$z_{N'}$）、P'（$x_{P'}$，$y_{P'}$，$z_{P'}$）通过式（7.2-6）求得：

$$\begin{cases}ax_{M'}+by_{M'}+cz_{M'}=1\\ax_{N'}+by_{N'}+cz_{N'}=1\\ax_{P'}+by_{P'}+cz_{P'}=1\end{cases}\tag{7.2-6}$$

变形前后连接机构“0”等代杆件长度不变，三角形 MNP 三条边长度也不变，这四条线段的长度可由式（7.2-7）～式（7.2-10）求得：

$$L_{Mm}=\sqrt{(x_m-x_M)^2+(y_m-y_M)^2+(z_m-z_M)^2}\tag{7.2-7}$$

$$L_{mn}=\sqrt{(x_n-x_m)^2+(y_n-y_m)^2+(z'_n-z_m)^2}\tag{7.2-8}$$

$$L_{mp}=\sqrt{(x_p-x_m)^2+(y_p-y_m)^2+(z_p-z_m)^2}\tag{7.2-9}$$

$$L_{mp}=\sqrt{(x_p-x_m)^2+(y_p-y_m)^2+(z_p-z_m)^2}\tag{7.2-10}$$

上述各式中$\overrightarrow{M'm'}$为点 M'到点 m'的向量，其余同类型符号表示各个不同的向量，各向量可利用节点坐标直接进行运算。

利用上述公式，并结合已知条件，可以解出 m'、n'、p'的坐标，但是各点求解出的位置都各有两个，不是唯一解，还需利用式（7.2-11）～式（7.2-13）进行判定。

m'坐标需满足：

$$\angle N'M'm'<\angle N'M'P'\tag{7.2-11}$$

n'坐标需满足：

$$L_{N'n'}=\min\ (L_{N'n'1},\ L_{N'n'2})\tag{7.2-12}$$

式中 n'_1和 n'_2为求解出的点 n'的两个位置，$L_{N'n'}$、$L_{N'n'1}$、$L_{N'n'2}$ 分别为点 N'到 n'、n'_1、n'_2的距离。

p'坐标需满足：

$$L_{P'p'}=\min\ (L_{P'p'1},\ L_{P'p'2})\tag{7.2-13}$$

式中 p'_1和 p'_2为点 p'的两个位置，$L_{P'p'}$、$L_{P'p'1}$、$L_{P'p'2}$ 分别为点 P'到 p'、p'_1、p'_2的距离。

通过上述原则，可以求得 m'、n'及 p'三点坐标的解析解。

2. 算例验证

对单个反射面单元，给出 M、N、P 三点坐标和强制位移，也即给出三点变形前后的坐标，利用解析方程组，求出单个反射面单元相应连接机构节点的位移值，并与 ANSYS 计算结果进行比较，见表 7.2-12。可以看出，用解析的方式计算出的节点位移与有限元软件计算出的结果基本一致，偏差不超过 2mm。

连接机构节点位移比较　　　　表 7.2-12

计算方法	节点类型	U_X(mm)	U_Y(mm)	U_Z(mm)	U_{SUM}(mm)
ANSYS 整体模型	0	6.97	−96.26	5.95	96.70
	1	6.97	−91.33	9.12	92.04
	2	11.98	−26.41	−100.48	104.58
ANSYS 局部模型	0	6.99	−96.82	6.91	97.31
	1	6.99	−91.86	10.08	92.68
	2	12.02	−25.34	−102.12	105.90

续表

计算方法	节点类型	U_X(mm)	U_Y(mm)	U_Z(mm)	U_{SUM}(mm)
解析解	0	6.96	−96.53	6.36	96.99
	1	6.96	−91.63	9.59	92.40
	2	11.97	−25.41	−100.61	104.46

利用上述解析方式，分析连接机构等代杆件长度的影响。在单个反射面单元中，连接机构等代杆件指向刚性圆盘中心，长度分别取为110mm、150mm、170mm、195mm进行计算，并与有限元局部模型计算出的结果进行比较，见表7.2-13。可以看出，两种算法得到的节点位移变化规律吻合。可以说明，连接机构等代杆件长度在一定范围内变化，对连接机构节点位移影响较小。

连接机构等代杆件长度变化时节点位移比较　　表7.2-13

连接杆长度	节点类型	ANSYS计算结果(mm)				解析解(mm)			
		U_X	U_Y	U_Z	U_{SUM}	U_X	U_Y	U_Z	U_{SUM}
110mm	0	6.99	−96.82	6.91	97.31	6.96	−96.50	6.31	96.96
	1	6.99	−91.86	10.08	92.68	6.96	−91.61	9.53	92.37
	2	12.02	−25.34	−102.12	105.90	11.97	−25.49	−100.50	104.37
150mm	0	6.99	−96.82	6.91	97.31	6.95	−96.39	6.09	96.83
	1	6.99	−91.86	10.08	92.68	6.95	−91.51	9.31	92.24
	2	12.02	−25.34	−102.12	105.90	11.94	−25.77	−100.10	104.05
170mm	0	6.99	−96.82	6.91	97.31	6.94	−96.33	5.98	96.77
	1	6.99	−91.86	10.08	92.68	6.94	−91.45	9.20	92.18
	2	12.02	−25.34	−102.12	105.90	11.93	−25.92	−99.90	103.90
195mm	0	6.99	−96.82	6.91	97.31	6.94	−96.26	5.84	96.68
	1	6.99	−91.86	10.08	92.68	6.94	−91.39	9.05	92.10
	2	12.02	−25.34	−102.12	105.90	11.92	−26.10	−99.65	103.70

用解析方式分析连接机构等代杆件角度偏转的影响。当连接机构等代杆件角度偏转时，其轴向方向不再位于对应夹角的角平分线上，为此可以假定节点变位前后，连接机构等代杆件轴向满足以下关系：

向量$\overrightarrow{M'm'}$：

$$\overrightarrow{Mm}=a\frac{\overrightarrow{MN}}{|\overrightarrow{MN}|}+b\frac{\overrightarrow{MP}}{|\overrightarrow{MP}|} \tag{7.2-14}$$

$$\overrightarrow{M'm'}=a\frac{\overrightarrow{M'N'}}{|\overrightarrow{M'N'}|}+b\frac{\overrightarrow{M'P'}}{|\overrightarrow{M'P'}|} \tag{7.2-15}$$

向量$\overrightarrow{N'n'}$：

$$\overrightarrow{Nn}=c\frac{\overrightarrow{NM}}{|\overrightarrow{NM}|}+d\frac{\overrightarrow{NP}}{|\overrightarrow{NP}|} \tag{7.2-16}$$

$$\overrightarrow{N'n'}=c\frac{\overrightarrow{N'M'}}{|\overrightarrow{N'M'}|}+d\frac{\overrightarrow{N'P'}}{|\overrightarrow{N'P'}|} \tag{7.2-17}$$

利用式（7.2-14）和式（7.2-16）求出参数 a、b、c、d，带入式（7.2-15）和式（7.2-17）中，即可求出向量$\overrightarrow{M'm'}$（$a_{M'm'}$，$b_{M'm'}$，$c_{M'm'}$）和向量$\overrightarrow{N'n'}$（$a_{N'n'}$，$b_{N'n'}$，$c_{N'n'}$）。

在单个反射面单元模型中，假定连接机构“1”等代杆件在反射面平面内沿原杆件方向分别偏转+5°和−5°（逆时针方向为正）。解析方法与有限元局部模型计算的结果进行比较，见表 7.2-14。可以看出，两种算法得到的连接机构节点位移变化规律基本吻合，可以说明“1”号机构等代杆件角度偏转对节点位移有一定程度的影响，但影响较小，在 1mm 左右。

连接机构“1”等代杆件角度偏转时节点位移比较　　表 7.2-14

角度偏转	节点类型	ANSYS 计算结果(mm)				解析解(mm)			
		U_X	U_Y	U_Z	U_{SUM}	U_X	U_Y	U_Z	U_{SUM}
0°	0	6.99	−96.82	6.91	97.31	6.96	−96.53	6.36	96.99
	1	6.99	−91.86	10.08	**92.68**	6.96	−91.63	9.59	**92.40**
	2	12.02	−25.34	−102.12	105.90	11.97	−25.41	−100.61	104.46
+5°	0	6.99	−96.82	6.91	97.31	6.97	−96.59	6.45	97.05
	1	7.00	−90.76	10.76	**91.67**	6.98	−90.48	10.18	**91.32**
	2	13.12	−24.79	−101.78	105.57	13.08	−24.87	−100.29	104.15
−5°	0	6.99	−96.82	6.91	97.31	6.96	−96.46	6.26	96.91
	1	6.99	−92.85	9.47	**93.59**	6.95	−92.68	9.07	**93.38**
	2	11.03	−25.83	−102.42	106.21	10.98	−25.88	−100.94	104.78

由上述分析可知，在已知变形前后主索节点坐标的前提下，可以用解析的方式近似求出反射面单元的变位情况。

选取以 A073 为中心点的抛物面工况，提取所有主索节点的坐标，采用解析的方式求出变位后所有连接机构节点坐标，并与有限元 ANSYS 整体模型计算的结果进行比较。列出解析方式求出的所有连接机构节点位置偏差，见表 7.2-15。由表中数据可以看到，用解析方式求解出的节点位置与 ANSYS 有限元计算出的结果最大偏差约为 4mm，其中“0”号连接机构节点位置的偏差小于“1”号及“2”号连接机构，“2”号连接机构节点位置的偏差最大。

连接机构节点最大位移偏差　　表 7.2-15

连接机构类型	最大位置偏差(mm)		
	d_x	d_y	d_z
“0”号连接机构	1.36	1.18	1.68
“1”号连接机构	2.55	1.16	1.02
“2”号连接机构	3.90	2.90	1.60

选出连接机构节点位置偏差超过 2mm 的节点，共 171 个点，如图 7.2-16 所示。由图

中分布可知，解析方式与有限元软件计算出的节点位置相差较大的区域主要集中在变位抛物面的边缘，在这一区域反射面的位形偏离基准态较多，主索节点盘发生偏转的角度较大，从而导致解析方式计算出的节点位置误差稍大。

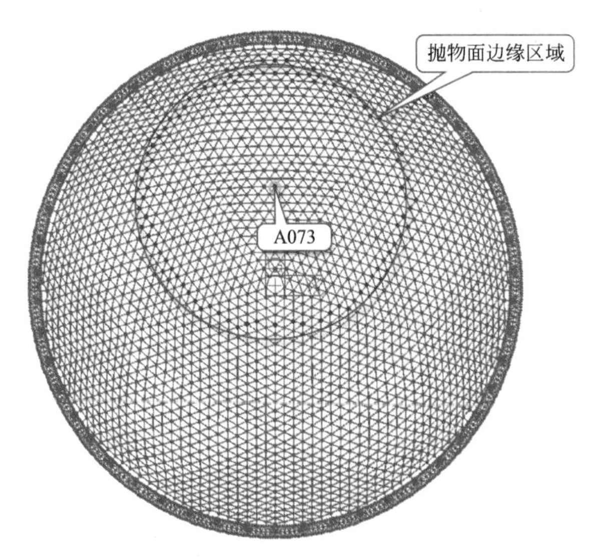

图 7.2-16　位置偏差较大的连接机构节点分布区域

7.3　自适应连接方式拓扑关系优化

7.3.1　连接机构布置形式分析

对于一个三角形反射面单元，通过布置“0”“1”“2”三种连接机构，可以满足结构静定的要求，可以自适应主索网的变位。在一个主索节点上，有四到六个反射面单元与它相连，也就有四到六个连接机构布置在主索节点上，这就需要考虑同一个节点上连接机构的布置形式。

由上节分析结果可知，在局部模型中，不同的连接机构布置形式对主索节点的内力和变形影响都较小，那么决定布置形式是否合理的关键则应该是反射面单元变形后的相对位置关系。综合考虑反射面单元安装的便捷性，并且避免抛物面变位工况下反射面面板碰撞，分析连接机构布置形式的影响。本节给出两种具有代表性的连接机构布置形式。

1. 第一种布置形式

第一种布置形式满足所有的反射面单元在基准态时，最高点布置连接机构“0”、次高点布置连接机构“1”、最低点布置连接机构“2”。这种布置形式有利于反射面单元的安装，可以保证在任何状态下，反射面单元的最高点的三个平动自由度都被约束，不会出现无法控制的位形变化。从整体模型中取出部分反射面单元的连接机构布置示意图，如图 7.3-1 所示。

由于主索网满足球面 1/5 旋转对称，可以用主索 1/5 扇区的布置情况反映整个反射面系统的连接机构分布。

2. 第二种布置形式

第二种布置形式满足在一个主索节点上，连接机构“0”“1”“2”间隔布置。由于连

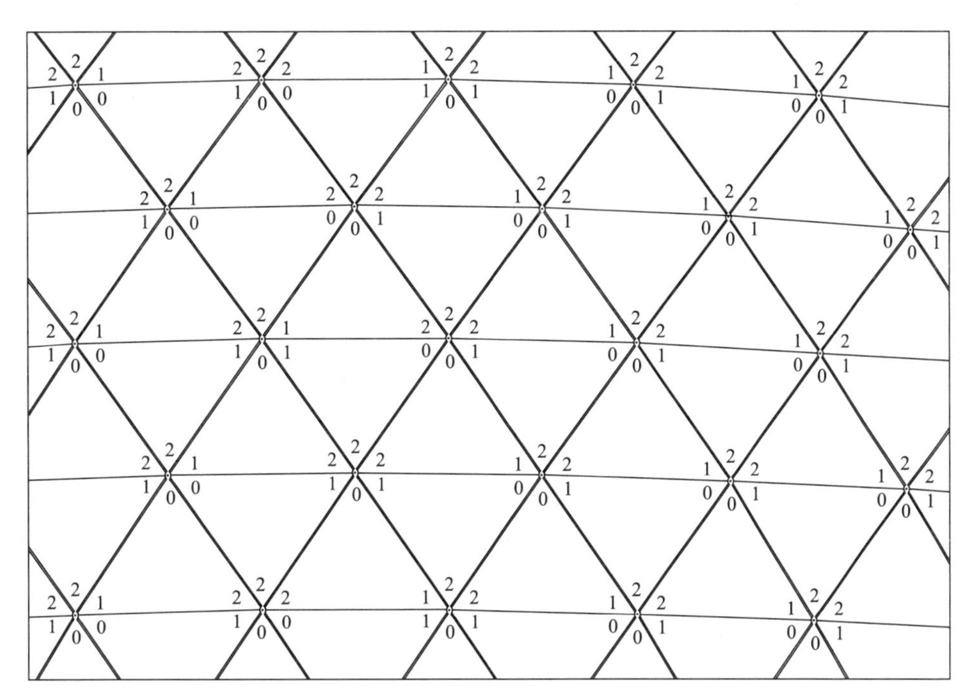

图 7.3-1　第一种连接机构布置形式示意

接机构“1”和连接机构“2”释放了相应的平动自由度，两个“2”或两个“1”相邻布置时容易出现干涉。这种间隔布置形式基本可以避免相邻两个连接机构都布置为“2”号连接或“1”号连接的情况，可以尽量减少在 FAST 运行过程中，连接机构出现相互干涉的可能性。从整体模型中取出部分反射面单元的连接机构布置示意图，如图 7.3-2 所示。

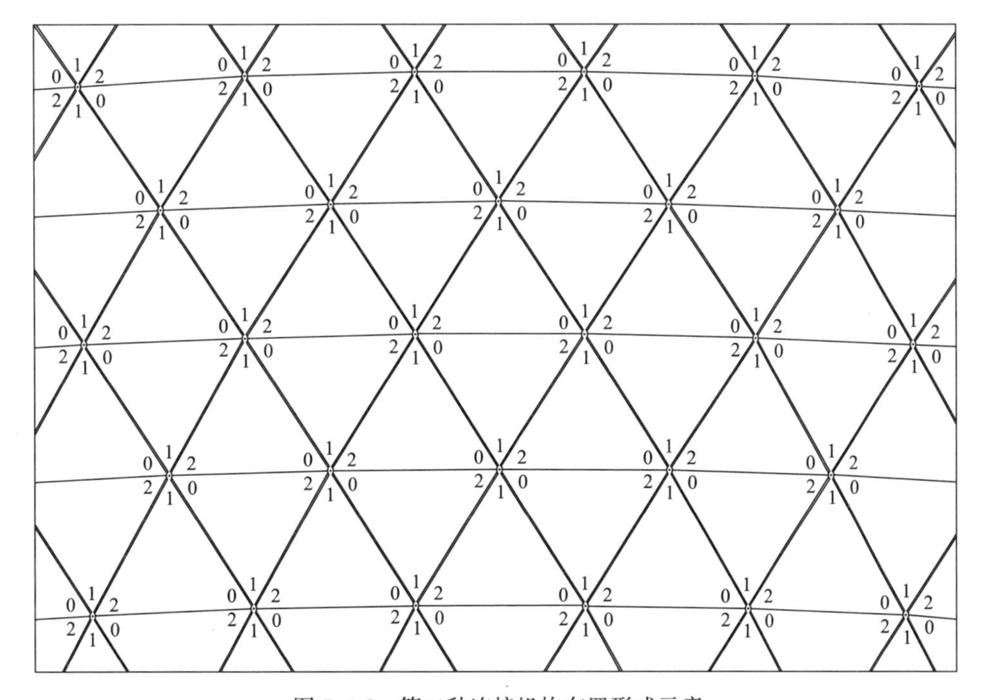

图 7.3-2　第二种连接机构布置形式示意

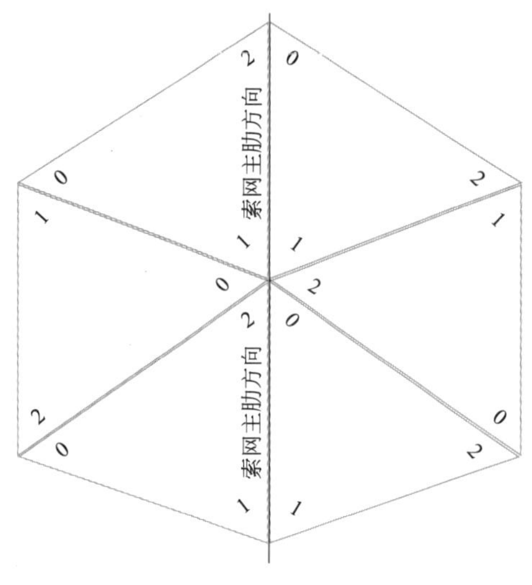

图 7.3-3　主索网主肋上连接机构布置示意

第二种连接机构布置形式在主索网的主肋上（五分之一对称区域分界线上），无法精确满足“0”“1”“2”间隔布置，会出现两个“1”号连接机构相邻布置的情况，如图 7.3-3 所示。

为尽量减小连接机构干涉出现的可能性，最好完全避免两个连接机构“2”和两个连接机构“1”相邻布置的情况出现。为此，按照“0”“1”“2”间隔布置的原则，对第二种连接机构布置顺序进行调整，避免在主索网的主肋节点上（对称区域分界线上）出现相邻的“1”号连接机构，得到改进后的第二种布置形式。从整体模型中取出部分反射面单元的连接机构布置，如图 7.3-4 所示。主肋上的布置情况如图 7.3-5 所示。

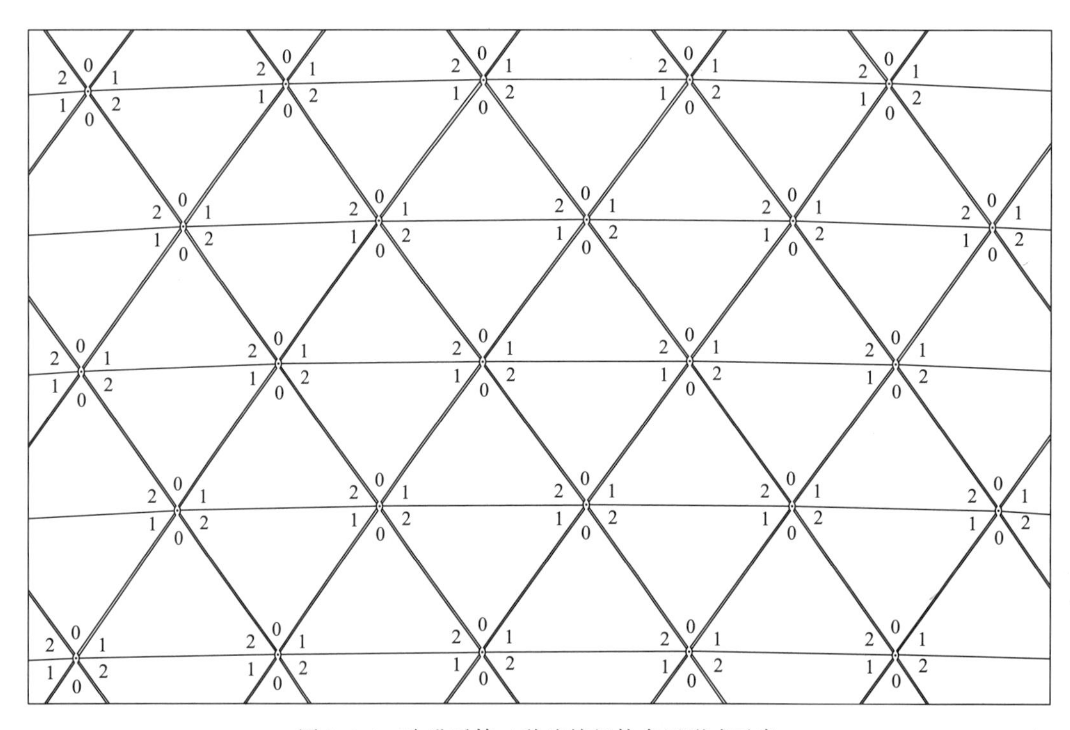

图 7.3-4　改进后第二种连接机构布置形式示意

7.3.2　反射面单元碰撞研究

自适应连接机构布置形式比选的目的是为了找到最优的布置形式，以确保反射面单元在 FAST 运行过程中不会出现碰撞。本节从几何拓扑关系出发，判断反射面单元发生碰撞的可能性。假定球面基准态时，两个反射面单元之间存在一定大小的初始缝隙，暂定为 10cm。两个反射面单元分缝处几何关系如图 7.3-6 所示。

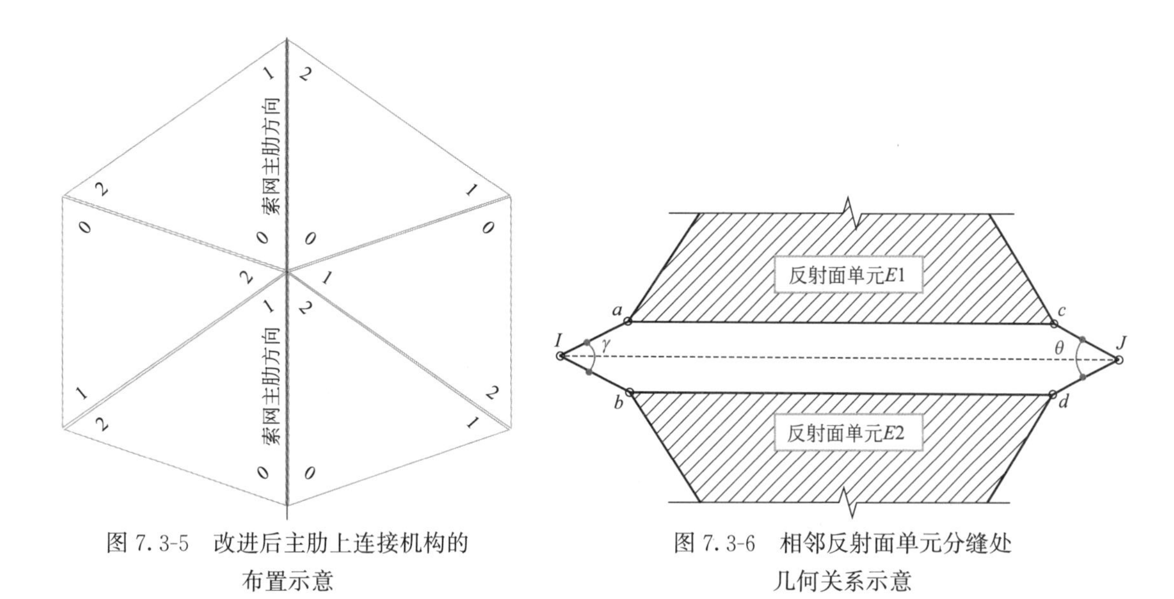

图 7.3-5　改进后主肋上连接机构的布置示意

图 7.3-6　相邻反射面单元分缝处几何关系示意

I、J 表示主索节点，a、b、c、d 表示连接机构等代杆件节点，γ 和 θ 表示与两个反射单元连接的连接机构等代杆件之间的夹角。如果反射面单元 $E1$、$E2$ 发生碰撞，则线段 ac 与线段 bd 会出现相交的情形。由向量 $\overrightarrow{Ia}$ 和 $\overrightarrow{Ib}$ 叉乘[2]，可以得到三角形 Iab 的面外法向量 $\boldsymbol{F}_{\mathrm{Iab}}$，由向量 $\overrightarrow{Jc}$ 和 $\overrightarrow{Jd}$ 叉乘，可以得到三角形 Jcd 的面外法向量 $\boldsymbol{F}_{\mathrm{Jcd}}$。由向量几何可知，如变位后线 ac 与线 bd 出现相交，必然会有法向量 $\boldsymbol{F}_{\mathrm{Iab}}$ 或 $\boldsymbol{F}_{\mathrm{Jcd}}$ 的方向改变超过 90°。因此，定义法向量 $\boldsymbol{F}_{\mathrm{Iab}}$ 和 $\boldsymbol{F}_{\mathrm{Jcd}}$ 的方向变化角度为反射面干涉判定条件，利用变形前后，法向量 $\boldsymbol{F}_{\mathrm{Iab}}$ 和 $\boldsymbol{F}_{\mathrm{Jcd}}$ 的方向变化角度，判定反射面单元是否碰撞。如果法向量 $\boldsymbol{F}_{\mathrm{Iab}}$ 和 $\boldsymbol{F}_{\mathrm{Jcd}}$ 的方向变化角度都小于 90°，则说明面板碰撞的情况不会出现。

由于反射面单元铝合金背架有一定的厚度（图 7.1-1），在反射面穿孔铝板发生碰撞之前，反射面单元背架有可能已经先与主索发生了干涉。为完全避免反射面单元背架与主索发生干涉，需保证变位后线段 ac 与线段 IJ、线段 bd 与线段 IJ 都不会出现相交的情况。在此情况下，同样可以依据向量几何，利用法向量 $\boldsymbol{F}_{\mathrm{IaJ}}$、$\boldsymbol{F}_{\mathrm{IbJ}}$、$\boldsymbol{F}_{\mathrm{JcI}}$、$\boldsymbol{F}_{\mathrm{JdI}}$ 的方向变化角度来判定反射面单元背架与主索是否干涉。如果法向量 $\boldsymbol{F}_{\mathrm{IaJ}}$、$\boldsymbol{F}_{\mathrm{IbJ}}$、$\boldsymbol{F}_{\mathrm{JcI}}$、$\boldsymbol{F}_{\mathrm{JdI}}$ 的方向变化角度都小于 90°，则说明背架与主索干涉的情况不会出现。定义法向量 $\boldsymbol{F}_{\mathrm{IaJ}}$、$\boldsymbol{F}_{\mathrm{IbJ}}$、$\boldsymbol{F}_{\mathrm{JcI}}$、$\boldsymbol{F}_{\mathrm{JdI}}$ 的方向变化角度为背架与主索的干涉判定条件。

分别采用 7.3.1 节中的第一种和第二种连接机构布置形式，建立模型进行计算，利用上述碰撞判定原则进行分析，综合统计 550 个抛物面工况下及其温度变形的计算结果，见表 7.3-1。由表可知，各判定用法向量方向变化角都小于 90°，说明这两种布置方式下反射面板都不会发生碰撞，且不会出现背架与主索干涉的情况。

反射面单元碰撞判定数据　　　　**表 7.3-1**

连接机构布置形式	温度(℃)	反射面干涉判定(°)	背架与主索干涉判定(°)
第一种	无	1.4	3.5
	+25	1.5	4.2
	−25	1.5	4.0

续表

连接机构布置形式	温度(℃)	反射面干涉判定(°)	背架与主索干涉判定(°)
第二种	无	2.2	3.6
	+25	2.4	3.6
	−25	2.4	4.2

7.3.3 反射面单元连接结构运动规律研究

表7.3-2和表7.3-3汇总了反射面单元的间隙、相邻连接杆夹角改变以及连接机构节点位移，计算温度工况时铝合金材料的线膨胀系数为2.3×10^{-5}/℃。从表中可以看出，第二种连接机构布置形式，在FAST运行过程中面板缝隙最小为49.6mm、最大为148.8mm，面板间隙最大改变量为50.4mm；在第二种连接机构布置形式下，相邻连接机构等代杆件的夹角γ和θ的改变量小于第 种布置形式，说明在“0”“1”“2”号连接机构间隔布置的情况下，相邻连接机构的相对切向位置改变较小，可以在一定程度上降低连接机构本身彼此发生干涉的可能性。两种连接机构布置形式下，连接机构的节点位移相差不大，其中连接机构“1”等代杆件轴向内收最大值为32.3mm、外伸最大值为19.1mm；连接机构“2”等代杆件轴向内收最大值为23.4mm、外伸最大值为18.0mm，切向位移最大值为40.1mm。由于受主索节点盘转动的影响，连接机构“0”和“1”也会有一定程度的切向位移出现，但都小于3.5mm。

反射面单元间隙及相邻连接机构杆夹角改变量　　表7.3-2

连接机构布置形式	温度(℃)	最小间隙(mm)	最大间隙(mm)	相邻连接杆夹角改变最小值(°)	相邻连接杆夹角改变最大值(°)
第一种布置形式	无	64.0	135.8	−19.6	23.8
	±25	56.1	144.3	−22.8	29.3
第二种布置形式	无	58.7	141.0	−17.1	17.1
	±25	**49.6**	**148.8**	−20.7	20.8

连接机构节点位移　　表7.3-3

连接机构布置形式	温度(℃)	“1”号连接机构		“2”号连接机构		
		轴向最大位移(mm)	轴向最小位移(mm)	轴向最大位移(mm)	轴向最小位移(mm)	切向最大位移(mm)
第一种布置形式	无	11.6	−25.3	15.0	−19.0	32.9
	±25	18.8	**−32.3**	**18.0**	−23.3	39.2
第二种布置形式	无	14.4	−23.5	13.7	−19.4	33.8
	±25	**19.1**	−30.0	16.9	**−23.4**	**40.1**

针对两种连接机构布置形式，分析 FAST 运行过程中连接机构的运行轨迹，得到连接机构的运动范围，可以更清楚地了解两种连接机构布置形式的运动规律。选取 5 个典型位置（图 7.3-7），计算 550 个抛物面变位形态下连接机构的运行轨迹，如图 7.3-8～图 7.3-12 所示。由上述运动轨迹图可以看出，连接机构“1”的位形分布范围为长度约 5cm 的直线，连接机构“2”的位形分布范围为长轴 8cm、短轴 4cm 左右的椭圆形；第二种布置形式能避免两个“2”号连接机构处于相邻位置，可以大幅度减小刚性节点盘的尺寸。

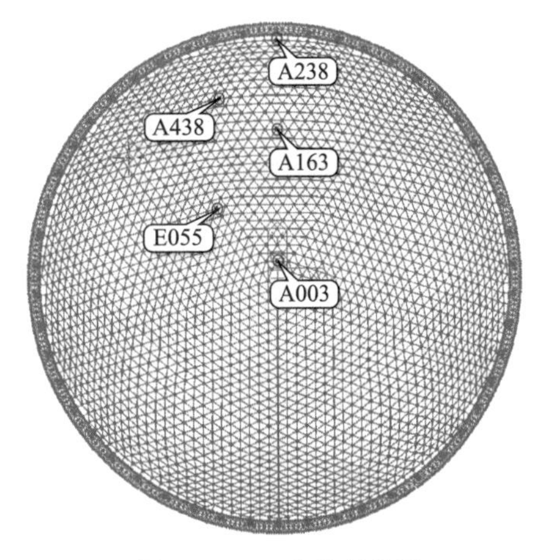

图 7.3-7 5 个典型位置

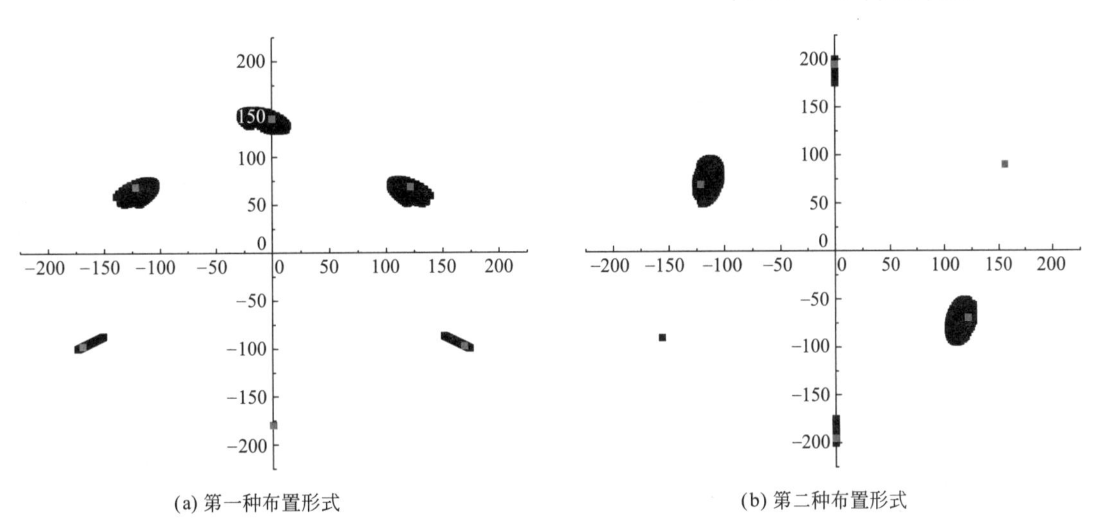

(a) 第一种布置形式　(b) 第二种布置形式

图 7.3-8 A163 连接机构节点位移轨迹

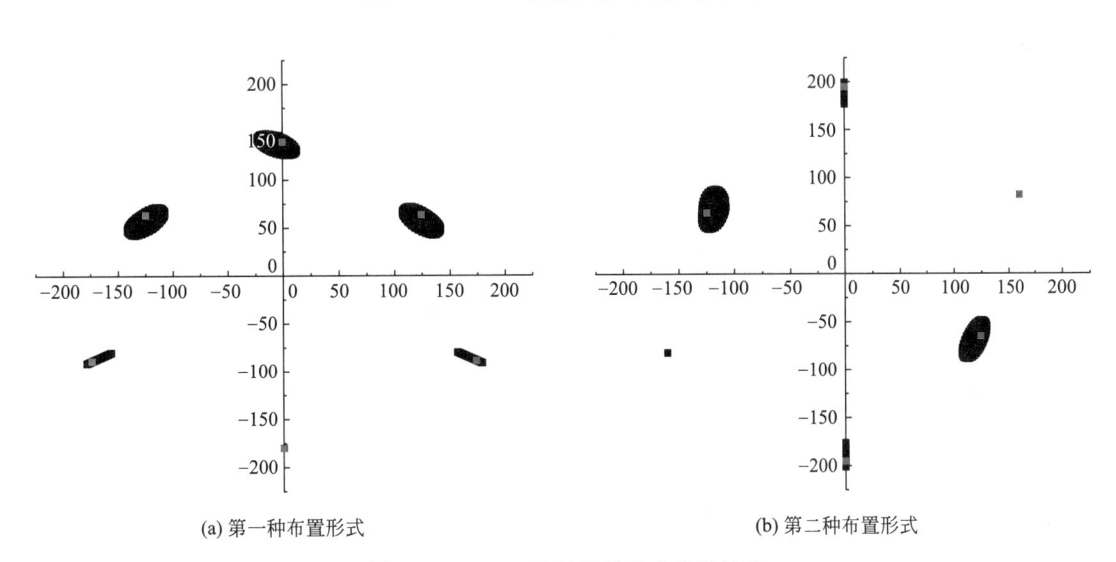

(a) 第一种布置形式　(b) 第二种布置形式

图 7.3-9 A003 连接机构节点位移轨迹

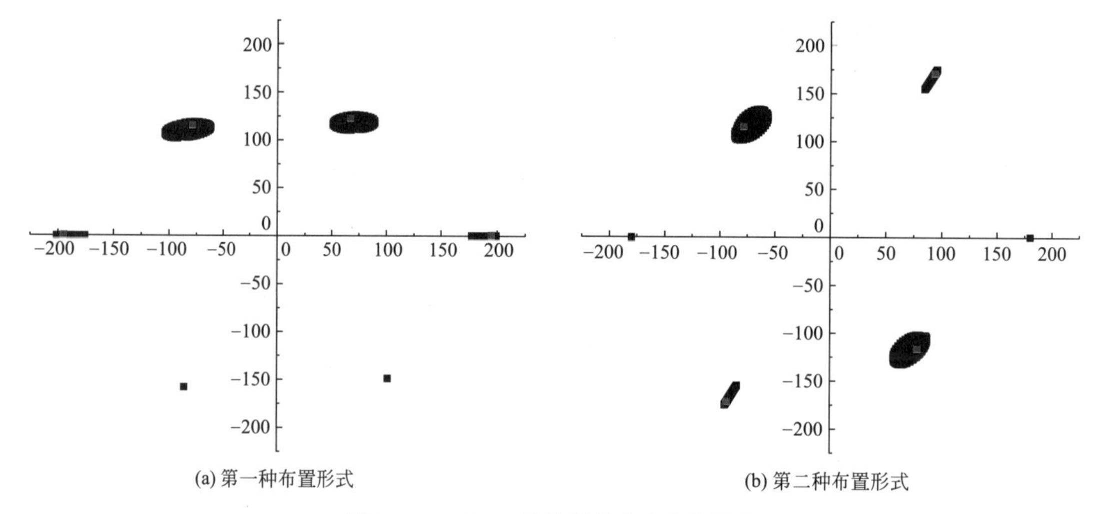

(a) 第一种布置形式　　(b) 第二种布置形式

图 7.3 10　E055 连接机构节点位移轨迹

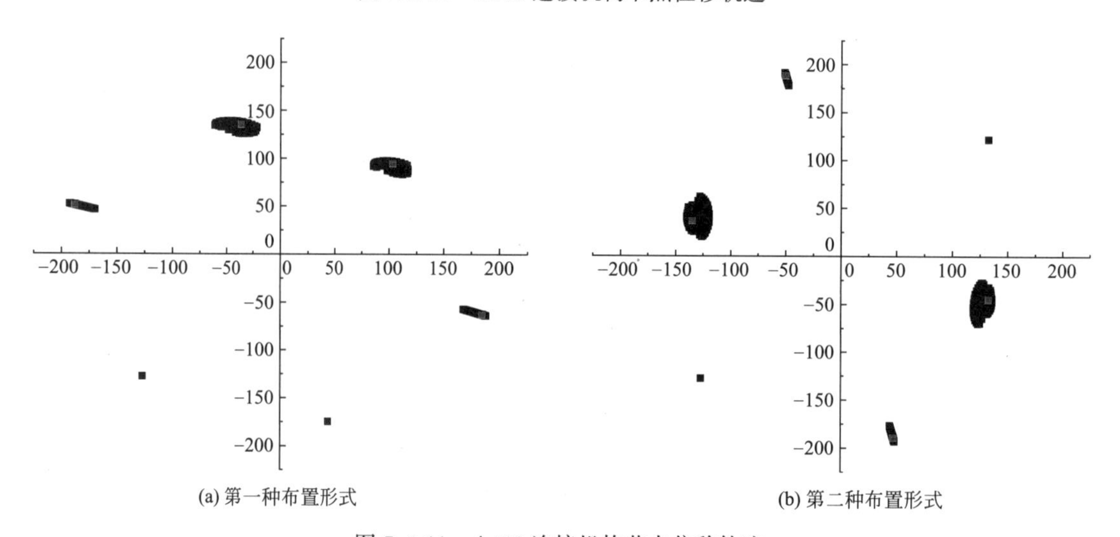

(a) 第一种布置形式　　(b) 第二种布置形式

图 7.3-11　A438 连接机构节点位移轨迹

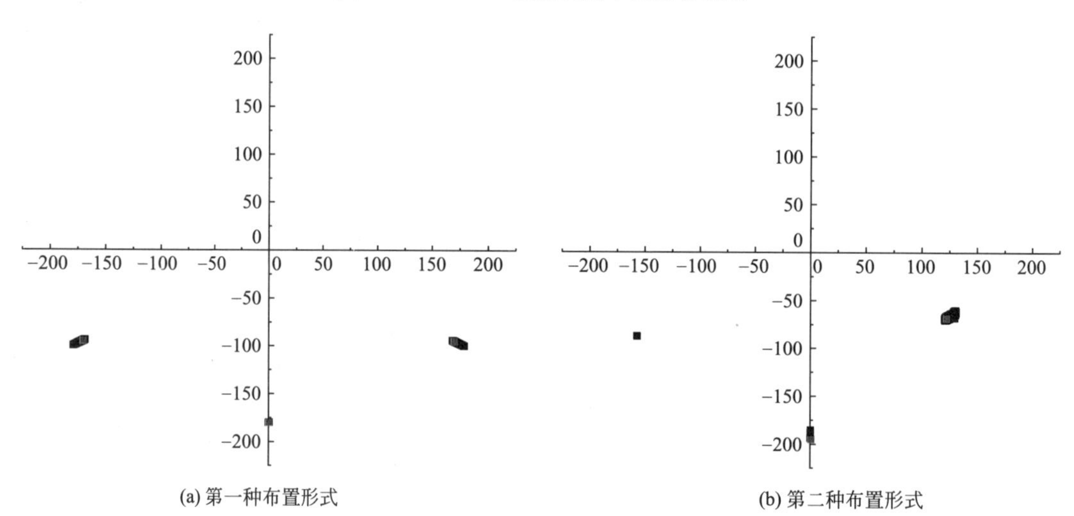

(a) 第一种布置形式　　(b) 第二种布置形式

图 7.3-12　A238 连接机构节点位移轨迹

参考文献

[1] 中国电子科技集团公司第五十四研究所、浙江东南网架股份有限公司.中国科学院国家天文台 FAST 工程反射面单元设计与制造设计方案报告 [R].2015 年 5 月.
[2] 同济大学数学系.工程数学.线性代数 [M].2 版.北京：高等教育出版社，2007.

第 8 章　促动器故障影响分析

FAST 索网结构共有 2225 根下拉索，每根下拉索[1,2] 串联一个促动器与地锚点相连。在索网的运行过程中，个别促动器有可能出现故障，从而影响索网的正常运行。为了评估促动器故障对索网的影响，本章考虑多种不利的促动器故障情形，进行数值模拟计算，分析其对索网结构的影响。

8.1　促动器故障情形

促动器的最大行程为±600mm，即促动器跟踪上限位为＋600mm，跟踪下限位为－600mm。运行过程中，促动器可能因各种不确定因素发生不同情形的故障，如图 8.1-1 所示为抛物面中心点位于球面最低点的两种故障工况：（1）主索网处于抛物面变位形态时，在基准态球面上方偏移较大的主索节点所对应的促动器出现故障，促动器运行至下限位（－600mm）处；（2）主索网处于抛物面变位形态时，在基准态球面下方偏移较大的主索节点（抛物面中心点）所对应的促动器出现故障，促动器运行至上限位（＋600mm）处。

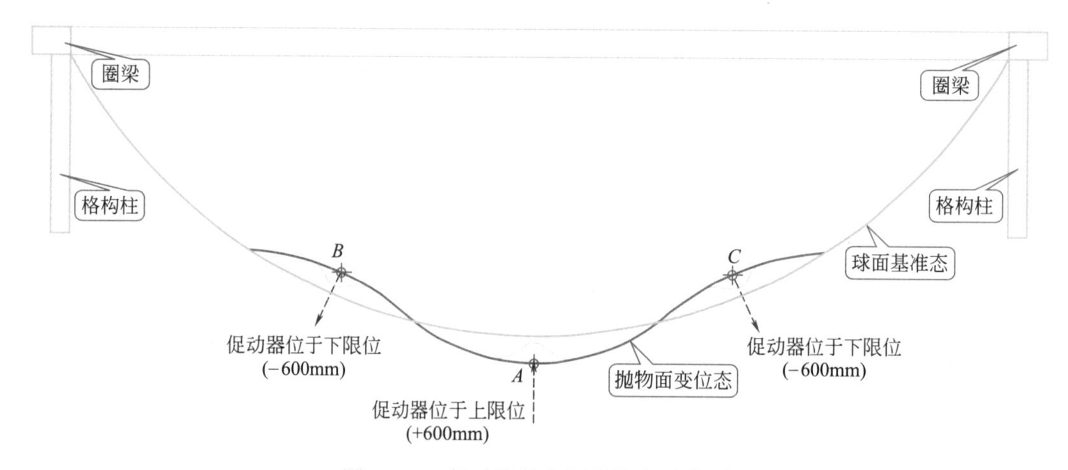

图 8.1-1　促动器最大行程故障示意图

将图 8.1-1 所示的故障分为以下八种极端的情形进行分析：

（1）故障情形 1：促动器 i 停留在跟踪下限位（－600mm），促动器 i 周边的 6 个促动器停留在上一次运行位置不动；

（2）故障情形 2：促动器 i 停留在跟踪下限位（－600mm），促动器 i 周边的 6 个促动器继续运行，尽量使其对应的主索节点到达目标位形；

（3）故障情形 3：促动器 i 停留在跟踪下限位（－600mm），促动器 i 周边的 6 个促动器继续运行，也达到跟踪下限位（－600mm）；

(4) 故障情形 4：促动器 i 停留在跟踪下限位（－600mm），促动器 i 周边的 6 个促动器继续运行，达到跟踪上限位（＋600mm）；

(5) 故障情形 5：促动器 i 停留在跟踪上限位（＋600mm），促动器 i 周边的 6 个促动器停留在上一次运行位置不动；

(6) 故障情形 6：促动器 i 停留在跟踪上限位（＋600mm），促动器 i 周边的 6 个促动器继续运行，尽量使其对应的主索节点到达目标位形；

(7) 故障情形 7：促动器 i 停留在跟踪上限位（＋600mm），促动器 i 周边的 6 个促动器继续运行，达到跟踪下限位（－600mm）；

(8) 故障情形 8：促动器 i 停留在跟踪上限位（＋600mm），促动器 i 周边的 6 个促动器继续运行，也达到跟踪上限位（＋600mm）。

8.2　最不利故障情形分析

8.2.1　促动器故障分析工况

考虑主索网的对称性，选取球面基准态和 8 个位置不同的抛物面态共 9 种形态作为出现促动器故障的变位形态，其中各抛物面态的中心点位置如图 8.2-1 所示，图中数字为抛物面态的编号。

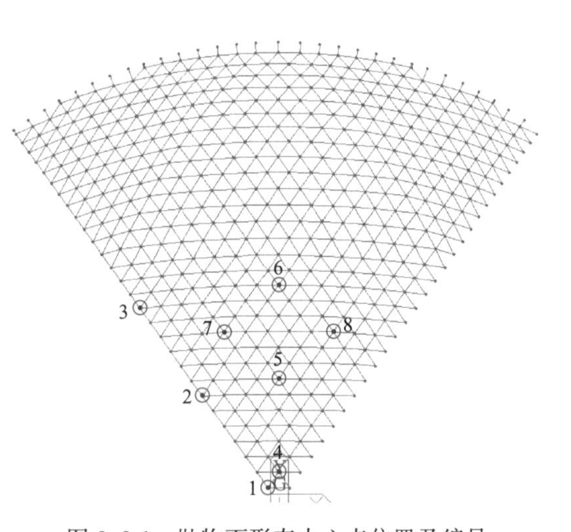

图 8.2-1　抛物面形态中心点位置及编号

抛物面态 1 的中心点位置如图 8.2-1 所示，选取该形态对应的两个典型位置，在这两个位置的促动器分别出现 8.1 节中规定的 8 种故障情形进行分析对比。典型位置 1 为在基准态球面上方偏移最大的点，节点编号为 743。典型位置 2 为在基准态球面下方偏移较大的点，即抛物面中心点，节点编号为 1248，如图 8.2-2 所示。

8.2.2　典型位置 1 故障情形分析

首先分析节点 743 对应的促动器出现故障的情况。节点 743 所连主索及下拉索的节点单元编号如图 8.2-3 所示。

分别按照情形 1～情形 8 考虑促动器的故障情形。以此变位形态下促动器不发生故障时的计算结果作为标准，将不同故障情形下的计算结果同标准结果进行比较，提取各种情形下主索应力变化情况以及下拉索（不包括与故障促动器相连的下拉索）索力变化情况，如图 8.2-4～图 8.2-11 所示。

由图 8.2-4～图 8.2-11 可以看到，对于节点 743，促动器出现上述各种故障时，主索

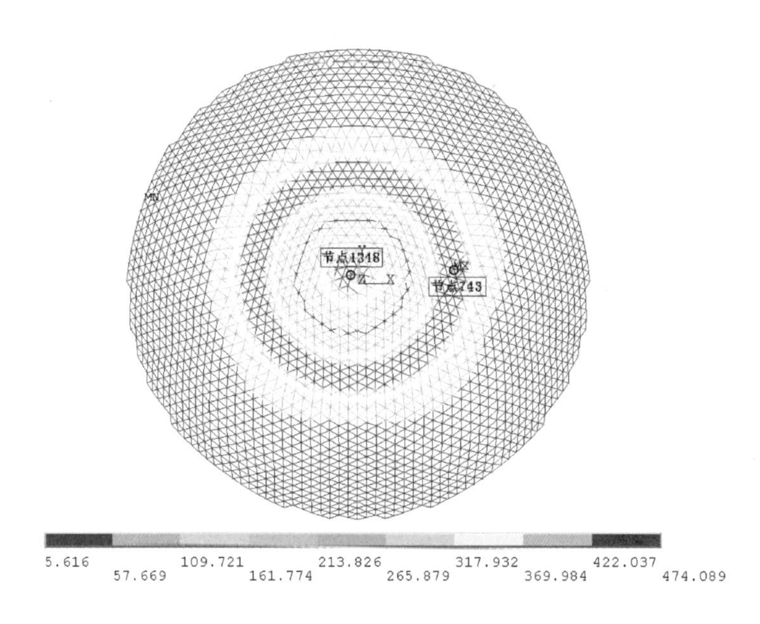

图 8.2-2　促动器出现故障的位置

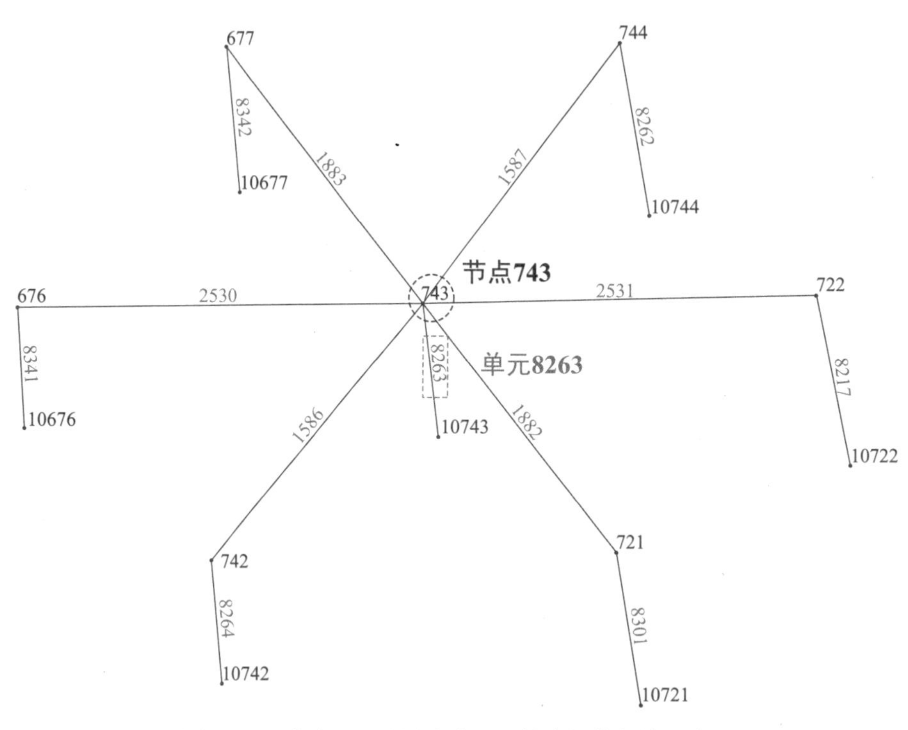

图 8.2-3　节点 743 所连主索及下拉索的节点单元编号

应力和下拉索索力较大变化的位置主要出现在故障点周围 2～3 圈的范围内，且改变幅度随着远离故障位置逐渐减小。当故障促动器停留在下限位（−600mm）时，钢索内力改变幅度较大，主索应力最大增幅在 550MPa 左右；故障点本身所连的下拉索索力增大，周圈下拉索索力减小。当故障促动器停留在上限位（+600mm）时，钢索内力改变幅度较小，主索应力最大增幅在 30MPa 左右；故障点本身所连的下拉索索力增大，周圈下拉索索力减小。

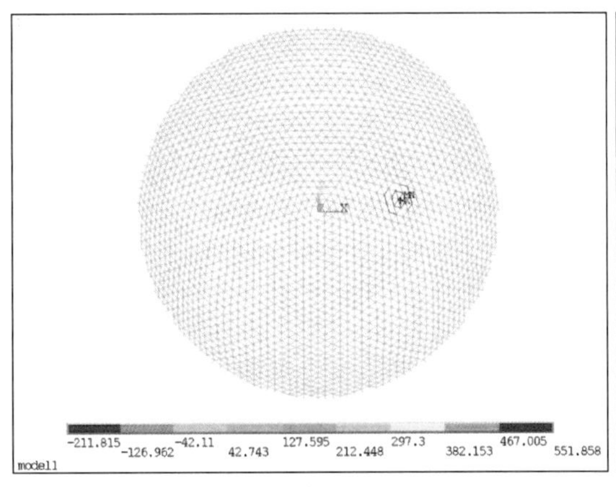

(a) 主索应力变化(MPa)

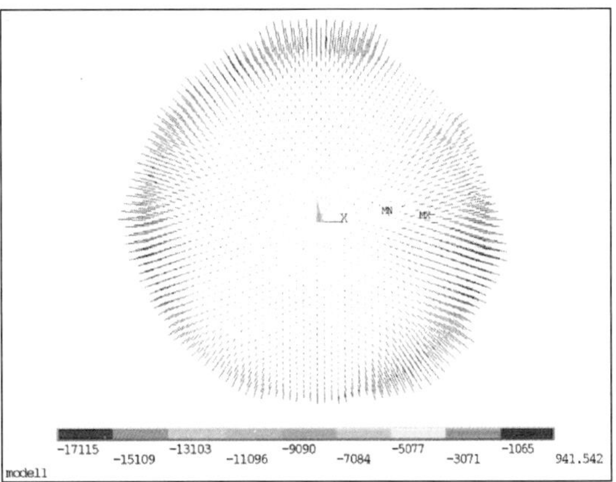

(b) 下拉索索力变化(N)

图 8.2-4　情形 1 索网应力和内力变化

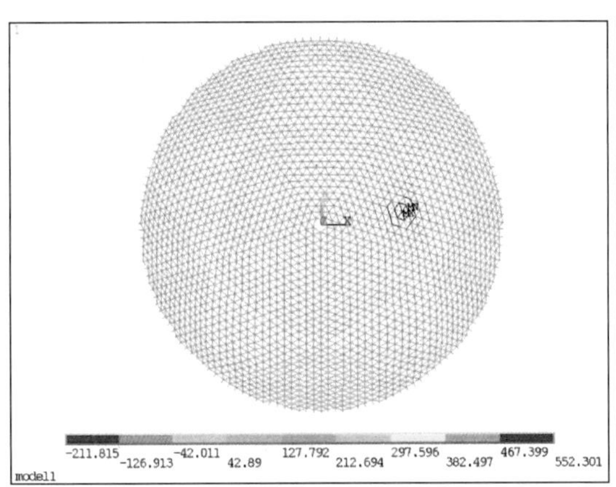

(a) 主索应力变化(MPa)

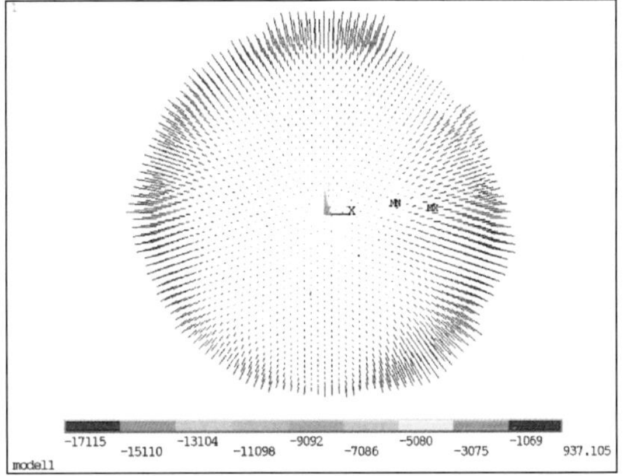

(b) 下拉索索力变化(N)

图 8.2-5　情形 2 索网应力和内力变化

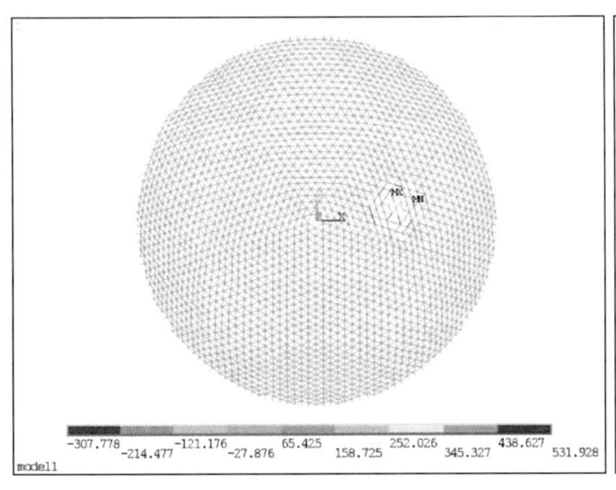

(a) 主索应力变化(MPa)

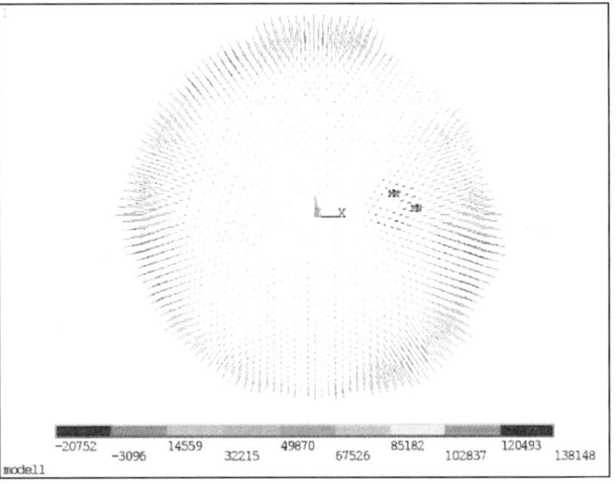

(b) 下拉索索力变化(N)

图 8.2-6　情形 3 索网应力和内力变化

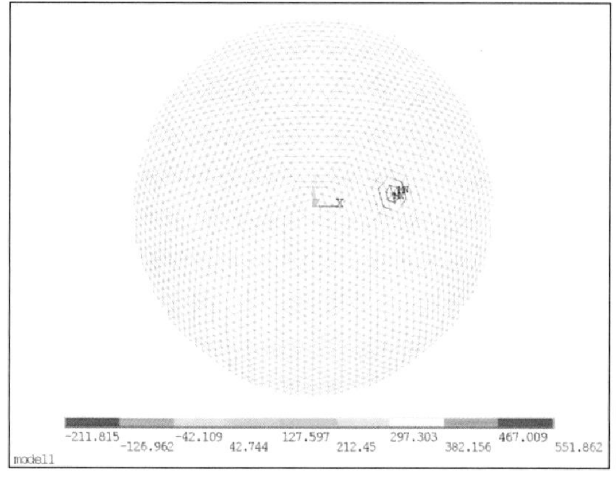

(a) 主索应力变化(MPa)

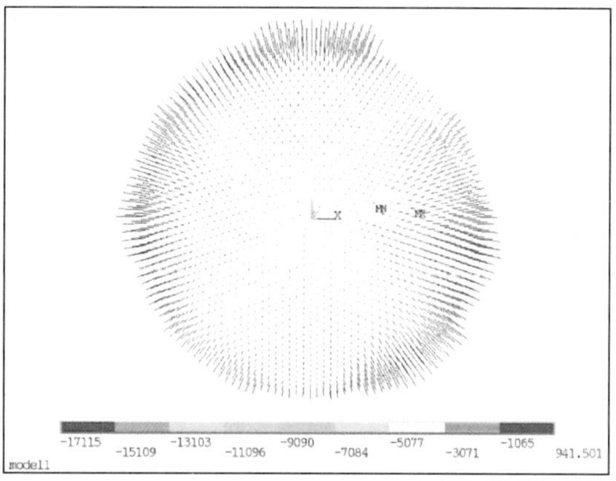

(b) 下拉索索力变化(N)

图 8.2-7　情形 4 索网应力和内力变化

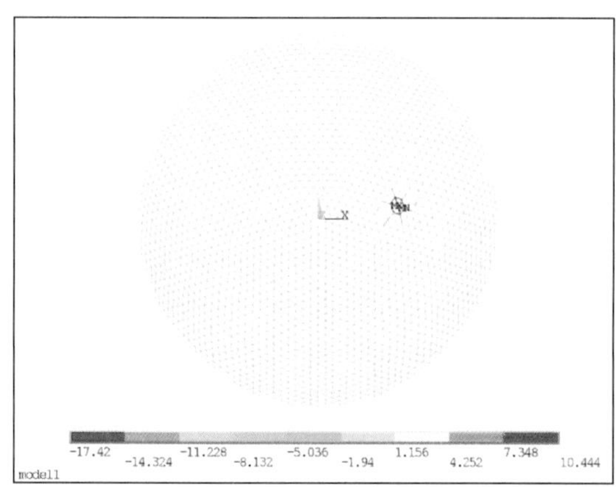

(a) 主索应力变化(MPa)

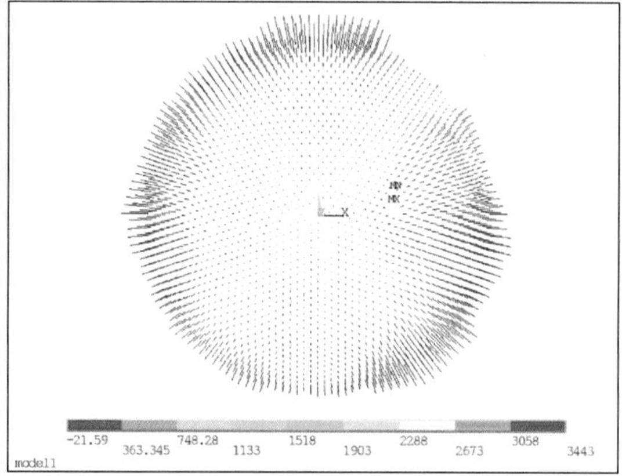

(b) 下拉索索力变化(N)

图 8.2-8　情形 5 索网应力和内力变化

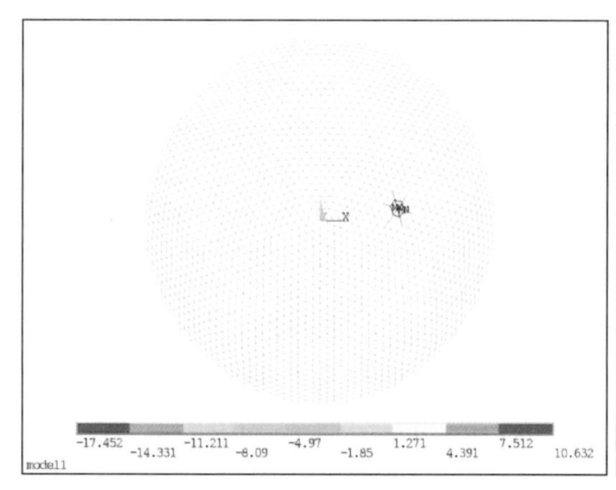

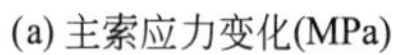

(a) 主索应力变化(MPa)

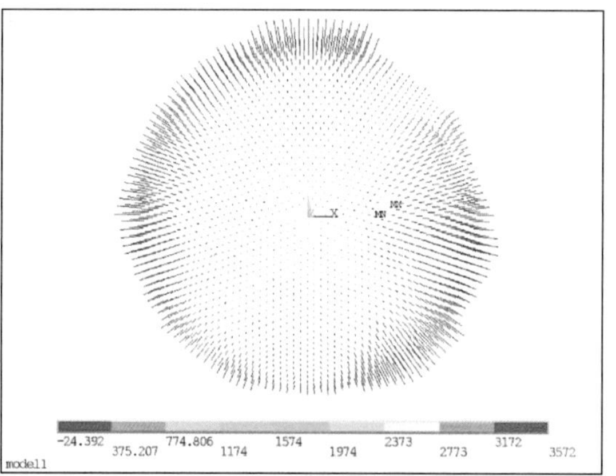

(b) 下拉索索力变化(N)

图 8.2-9　情形 6 索网应力和内力变化

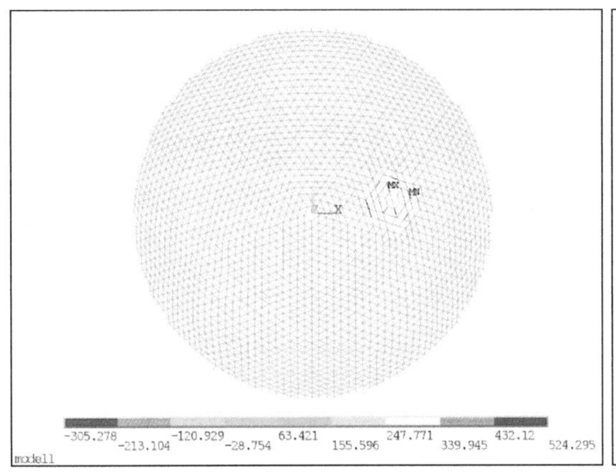

(a) 主索应力变化(MPa)

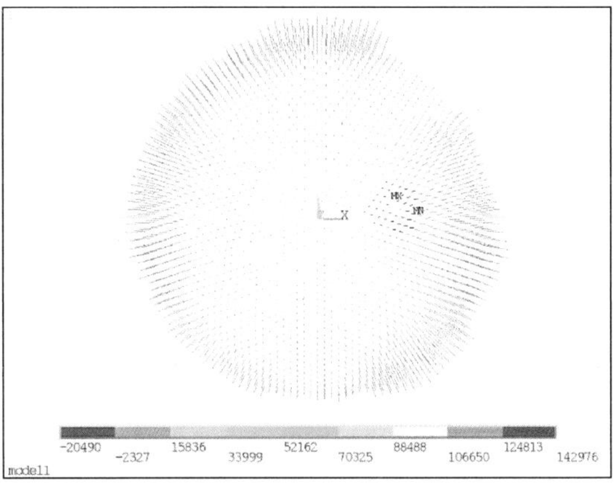

(b) 下拉索索力变化(N)

图 8.2-10　情形 7 索网应力和内力变化

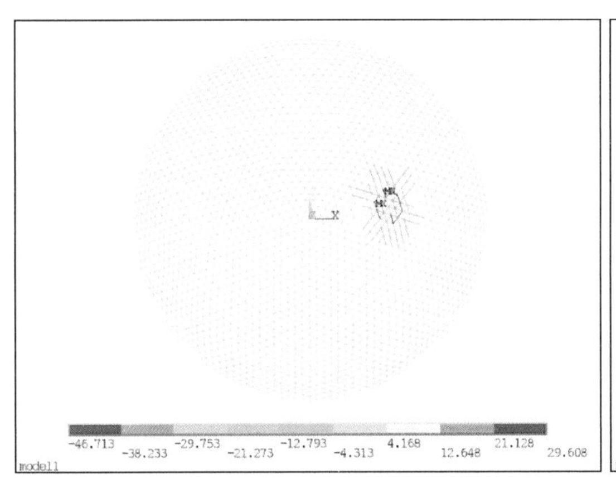

(a) 主索应力变化(MPa)

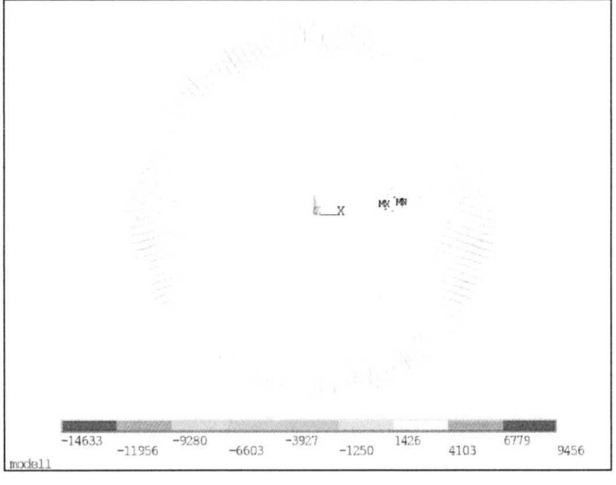

(b) 下拉索索力变化(N)

图 8.2-11　情形 8 索网应力和内力变化

进一步考察与节点 743 相连的下拉索及周围的 6 根下拉索索力和 6 根主索应力（单元编号如图 8.2-3 所示）的改变情况，如表 8.2-1 和表 8.2-2 所示。

下拉索索力变化　　　　**表 8.2-1**

故障类型	索力/差值	单元 8217	单元 8262	**单元 8263**	单元 8264	单元 8301	单元 8341	单元 8342
无故障	索力(N)	14 915.3	14 632.8	14 510.5	15 826.2	15 436.4	14 576.5	14 317.0
情形 1	索力(N)	0.0	0.0	**323 314.2**	0.0	0.0	0.0	0.0
	差值(N)	−14 915.3	−14 632.8	**308 803.7**	−15 826.2	−15 436.4	−14 576.5	−14 317.0
情形 2	索力(N)	0.0	0.0	**323 957.6**	0.0	0.0	0.0	0.0
	差值(N)	−14 915.3	−14 632.8	**309 447.1**	−15 826.2	−15 436.4	−14 576.5	−14 317.0
情形 3	索力(N)	**148 250.1**	**124 963.3**	54 086.7	**132 900.8**	**141 945.0**	**152 724.8**	**131 641.9**
	差值(N)	**133 334.8**	**110 330.5**	39 576.2	**117 074.6**	**126 508.6**	**138 148.3**	**117 324.9**

续表

故障类型	索力/差值	单元 8217	单元 8262	**单元 8263**	单元 8264	单元 8301	单元 8341	单元 8342
情形 4	索力(N)	0.0	0.0	**323 321.1**	0.0	0.0	0.0	0.0
	差值(N)	−14 915.3	−14 632.8	**308 810.6**	−15 826.2	−15 436.4	−14 576.5	−14 317.0
情形 5	索力(N)	15 726.5	18 039.7	0.0	19 269.1	17 718.6	15 179.5	16 738.3
	差值(N)	811.2	3406.9	−14 510.5	3442.8	2282.2	603.1	2421.3
情形 6	索力(N)	15 708.8	18 204.8	0.0	19 383.5	17 796.0	15 146.5	16 813.4
	差值(N)	793.5	3572.0	−14 510.5	3557.3	2359.5	570.0	2496.4
情形 7	索力(N)	**153 512.5**	**135 476.1**	0.0	**143 355.8**	**150 475.2**	**157 552.9**	**140 510.7**
	差值(N)	**138 597.2**	**120 843.3**	−14 510.5	**127 529.6**	**135 038.8**	**142 976.4**	**126 193.7**
情形 8	索力(N)	4264.1	0.0	14 665.1	2177.8	3439.2	4714.1	1000.6
	差值(N)	−10 651.2	−14 632.8	154.6	−13 648.5	−11 997.3	−9862.4	−13 316.4

注：标注下划线单元为促动器故障对应的下拉索。

主索应力变化 **表 8.2-2**

故障类型	应力/差值	单元 1586	单元 1587	单元 1882	单元 1883	单元 2530	单元 2531
无故障	应力(MPa)	543.2	529.2	408.2	425.0	152.7	211.5
情形 1	应力(MPa)	**1008.5**	**1009.8**	**920.6**	**918.4**	**650.4**	**763.3**
	差值(MPa)	**465.3**	**480.6**	**512.4**	**493.4**	**497.7**	**551.9**
情形 2	应力(MPa)	**1008.9**	**1010.3**	**921.4**	**919.0**	**651.0**	**763.8**
	差值(MPa)	**465.7**	**481.2**	**513.1**	**494.0**	**498.2**	**552.3**
情形 3	应力(MPa)	850.5	846.3	771.1	774.9	539.7	641.5
	差值(MPa)	307.4	317.1	362.9	349.9	387.0	430.0
情形 4	应力(MPa)	**1008.5**	**1009.8**	**920.6**	**918.4**	**650.4**	**763.4**
	差值(MPa)	**465.3**	**480.6**	**512.4**	**493.4**	**497.7**	**551.9**
情形 5	应力(MPa)	531.7	517.1	394.8	412.1	136.9	194.1
	差值(MPa)	−11.5	−12.0	−13.5	−12.9	−15.8	−17.4
情形 6	应力(MPa)	532.0	517.4	394.9	412.3	136.9	194.0
	差值(MPa)	−11.2	−11.7	−13.3	−12.7	−15.8	−17.5
情形 7	应力(MPa)	827.1	821.6	745.6	750.5	510.6	609.6
	差值(MPa)	283.9	292.4	337.4	325.6	357.9	398.1
情形 8	应力(MPa)	520.5	506.5	384.2	401.2	127.9	182.8
	差值(MPa)	−22.7	−22.7	−24.0	−23.8	−24.9	−28.6

可以看出，故障情形 1、情形 2、情形 4 出现时，与节点 743 相连的下拉索索力达到 320kN，周围 6 根下拉索全部松弛；主索应力达 1010MPa，应力变化幅度达 550MPa 以上。故障情形 3、情形 7 出现时，节点 743 周围 6 根下拉索索力约为 120～150kN；主索应力改变幅度在 280～430MPa 之间。因此，对于节点 743，出现各种促动器停留在下限位（−600mm）的故障时，主索的应力改变幅度达到 550MPa 以上，最大应力接近 1100MPa，其中情形 1、情形 2、情形 4 出现时，索网内力变化情况基本相同，下拉索索

力达到 320kN 左右。

提取各种故障情形下主索网的变形云图，如图 8.2-12～图 8.2-19 所示。

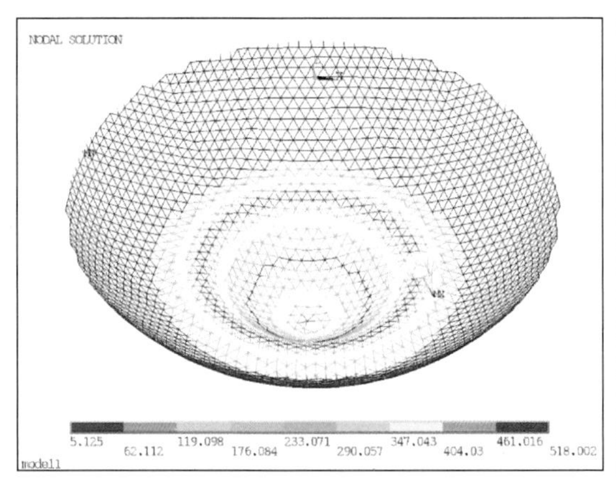

图 8.2-12　情形 1 主索网变形云图（mm）

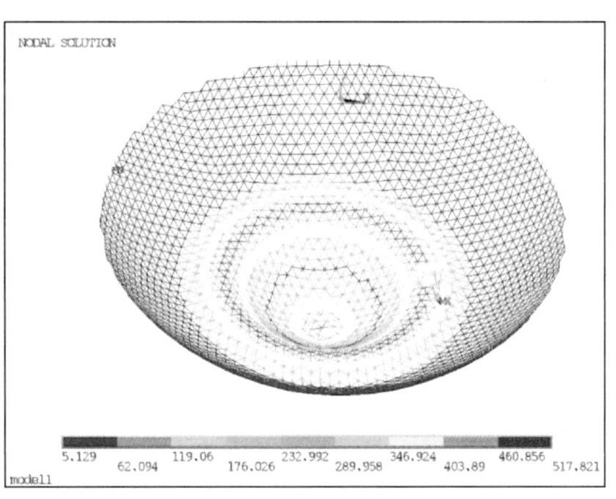

图 8.2-13　情形 2 主索网变形云图（mm）

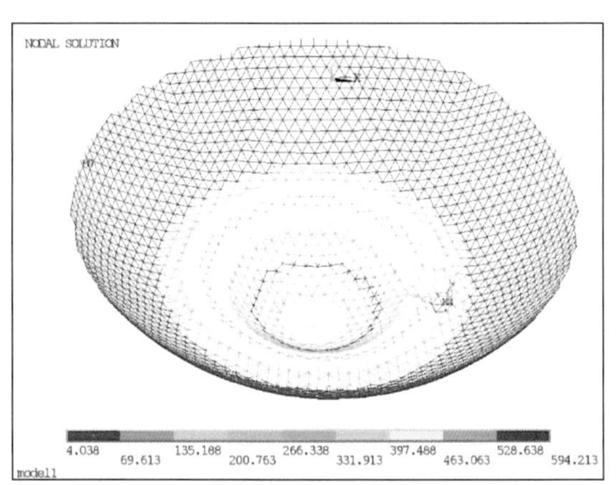

图 8.2-14　情形 3 主索网变形云图（mm）

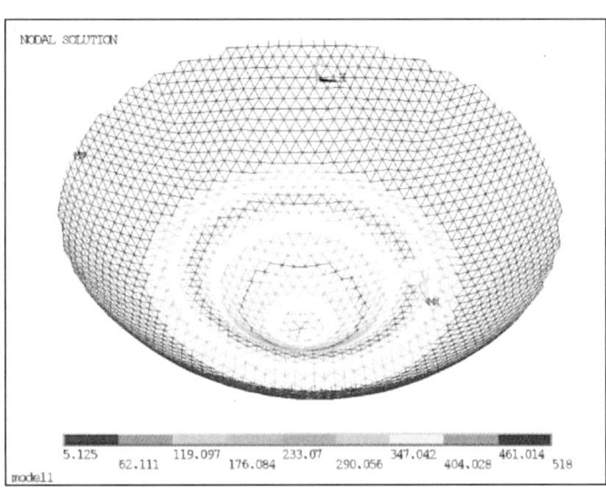

图 8.2-15　情形 4 主索网变形云图（mm）

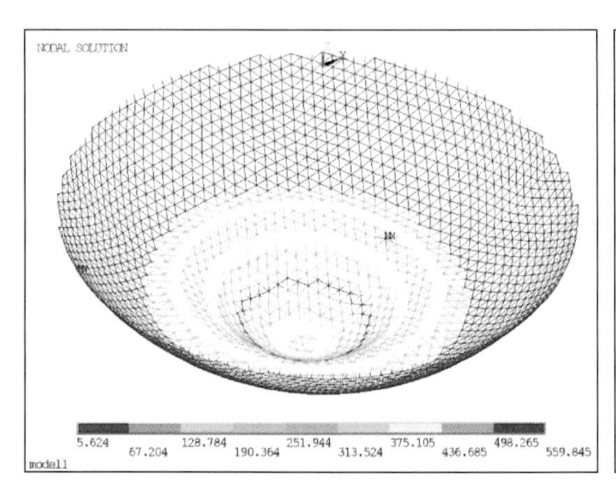

图 8.2-16　情形 5 主索网变形云图（mm）

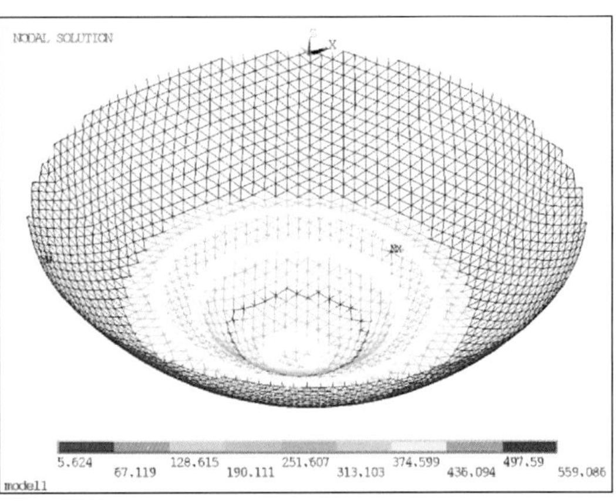

图 8.2-17　情形 6 主索网变形云图（mm）

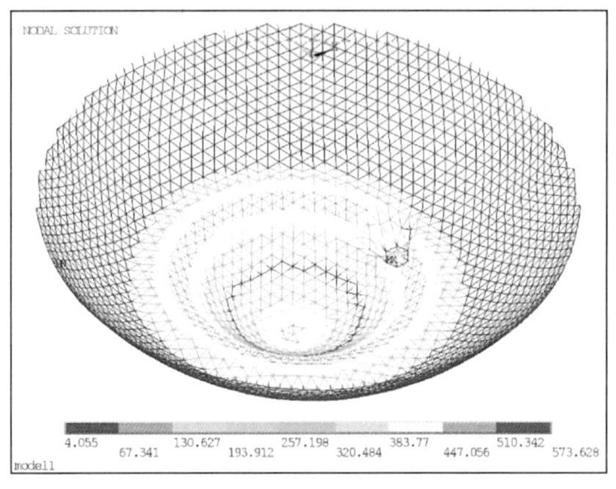

图 8.2-18　情形 7 主索网变形云图（mm）

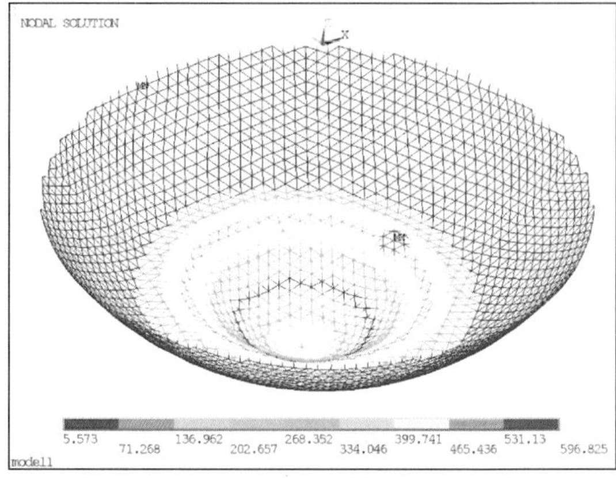

图 8.2-19　情形 8 主索网变形云图（mm）

由图 8.2-12～图 8.2-19 可以看到，对于节点 743，促动器出现上述各种故障时，主索节点相对于无故障时变形最大的位置主要出现在故障点周围 2～3 圈的范围内。当故障促动器停留在下限位（－600mm）时，周围的 1～2 圈节点会偏离到目标位形下方，且偏离的幅度随着远离故障位置而逐渐减小；大部分节点不会出现偏离到目标位形上方的情况，只有故障促动器外围 3～4 圈的部分节点会偏离到目标位形上方，且偏离幅度很小。当故障促动器停留在上限位（＋600mm）时，周围的 1～2 圈节点会偏离到目标位形上方，但偏离的幅度远小于促动器的行程变化量。

进一步考察节点 743 及周圈 6 个主索节点（节点编号如图 8.2-4 所示）的变形情况，如表 8.2-3～表 8.2-9 所示。

节点 743 位移比较　　　　**表 8.2-3**

故障类型	球面法向位移(mm)	球面纬向位移(mm)	球面经向位移(mm)	总位移(mm)
无故障	－472.7	－3.6	36.8	474.1
情形 1	516.6	－2.4	37.9	518.0
情形 2	516.4	－2.4	37.9	517.8
情形 3	**593.1**	－1.6	36.0	**594.2**
情形 4	516.6	－2.4	37.9	518.0
情形 5	－558.6	－3.7	36.8	559.8
情形 6	－557.9	－3.7	36.8	559.1
情形 7	416.5	－1.7	35.8	418.1
情形 8	**－595.7**	－3.8	36.9	**596.8**

节点 676 位移比较　　　　**表 8.2-4**

故障类型	球面法向位移(mm)	球面纬向位移(mm)	球面经向位移(mm)	总位移(mm)
无故障	－472.6	－3.8	34.1	473.9
情形 1	－312.9	－26.5	34.7	316.0
情形 2	－314.0	－26.5	34.8	317.0

续表

故障类型	球面法向位移(mm)	球面纬向位移(mm)	球面经向位移(mm)	总位移(mm)
情形 3	**571.4**	−22.9	36.2	**573.0**
情形 4	−312.9	−26.5	34.7	316.0
情形 5	−472.8	−3.3	34.1	474.0
情形 6	−472.6	−3.3	34.1	473.9
情形 7	570.2	−21.9	36.0	571.8
情形 8	**−594.1**	−0.4	33.9	**595.0**

节点 677 位移比较 **表 8.2-5**

故障类型	球面法向位移(mm)	球面纬向位移(mm)	球面经向位移(mm)	总位移(mm)
无故障	−454.0	−5.1	49.1	456.7
情形 1	−195.8	−19.9	34.9	199.9
情形 2	−197.2	−19.9	34.9	201.3
情形 3	**573.1**	−15.7	32.2	**574.2**
情形 4	−195.8	−19.9	34.9	199.9
情形 5	−454.6	−4.8	49.4	457.3
情形 6	−454.0	−4.8	49.4	456.7
情形 7	570.7	−15.1	32.7	571.9
情形 8	**−592.2**	−3.2	52.1	**594.5**

节点 721 位移比较 **表 8.2-6**

故障类型	球面法向位移(mm)	球面纬向位移(mm)	球面经向位移(mm)	总位移(mm)
无故障	−464.9	−1.2	23.4	465.5
情形 1	−234.5	20.2	36.8	238.2
情形 2	−235.8	20.3	36.7	239.5
情形 3	**569.0**	12.7	39.0	**570.4**
情形 4	−234.5	20.2	36.8	238.2
情形 5	−465.6	−1.6	23.1	466.1
情形 6	−464.9	−1.6	23.1	465.5
情形 7	566.6	11.9	38.3	568.0
情形 8	**−592.7**	−3.6	21.0	**593.1**

节点 722 位移比较 **表 8.2-7**

故障类型	球面法向位移(mm)	球面纬向位移(mm)	球面经向位移(mm)	总位移(mm)
无故障	−468.4	−2.8	39.2	470.0
情形 1	−299.8	19.3	35.4	302.5
情形 2	−302.0	19.3	35.4	304.7
情形 3	**561.6**	16.9	34.5	**562.9**

续表

故障类型	球面法向位移(mm)	球面纬向位移(mm)	球面经向位移(mm)	总位移(mm)
情形 4	−299.8	19.3	35.4	302.5
情形 5	−468.6	−3.3	39.3	470.3
情形 6	−468.4	−3.3	39.3	470.0
情形 7	559.9	15.9	34.6	561.2
情形 8	**−591.6**	−6.2	40.1	**593.0**

节点 742 位移比较 **表 8.2-8**

故障类型	球面法向位移(mm)	球面纬向位移(mm)	球面经向位移(mm)	总位移(mm)
无故障	−454.8	−2.2	20.3	455.3
情形 1	−173.7	−16.1	38.6	178.7
情形 2	−175.1	−16.1	38.6	180.0
情形 3	**574.8**	−10.0	40.1	**576.3**
情形 4	−173.7	−16.1	38.6	178.7
情形 5	−455.6	−1.9	19.9	456.1
情形 6	−454.8	−1.9	19.9	455.2
情形 7	572.2	−9.4	39.1	573.6
情形 8	**−593.3**	−0.8	17.2	**593.5**

节点 744 位移比较 **表 8.2-9**

故障类型	球面法向位移(mm)	球面纬向位移(mm)	球面经向位移(mm)	总位移(mm)
无故障	−441.0	−4.8	51.1	444.0
情形 1	−131.7	4.3	33.7	136.0
情形 2	−132.8	4.3	33.7	137.1
情形 3	**568.3**	3.9	30.0	**569.1**
情形 4	−131.7	4.3	33.7	136.0
情形 5	−442.1	−5.0	51.5	445.1
情形 6	−441.0	−5.0	51.5	444.0
情形 7	564.8	3.4	30.7	565.6
情形 8	**−585.1**	−6.2	54.7	**587.7**

由表 8.2-3～表 8.2-9 可以看出，促动器出现各种故障时，节点 743 及周围 6 个节点相对于无故障时的球面法向位移很大，经向位移较小，纬向位移最小。当节点 743 及周围 6 个节点对应的促动器同时停留在下限位（−600mm）时，节点偏离目标位形最大，位于目标位形下方，达到 1m 以上。当节点 743 及周围 6 个节点对应的促动器同时停留在上限位（+600mm）时，节点位于目标位形上方，偏离达 150mm。对于节点 743，出现各种促动器故障时，主索节点相对于无故障时变形最大的位置主要出现在故障点周围 2～3 圈的范围内。

8.2.3　典型位置 2 故障情形分析

分析节点 1248 对应的促动器出现故障的情况。节点 1248 所连主索及下拉索的节点单元编号如图 8.2-20 所示。

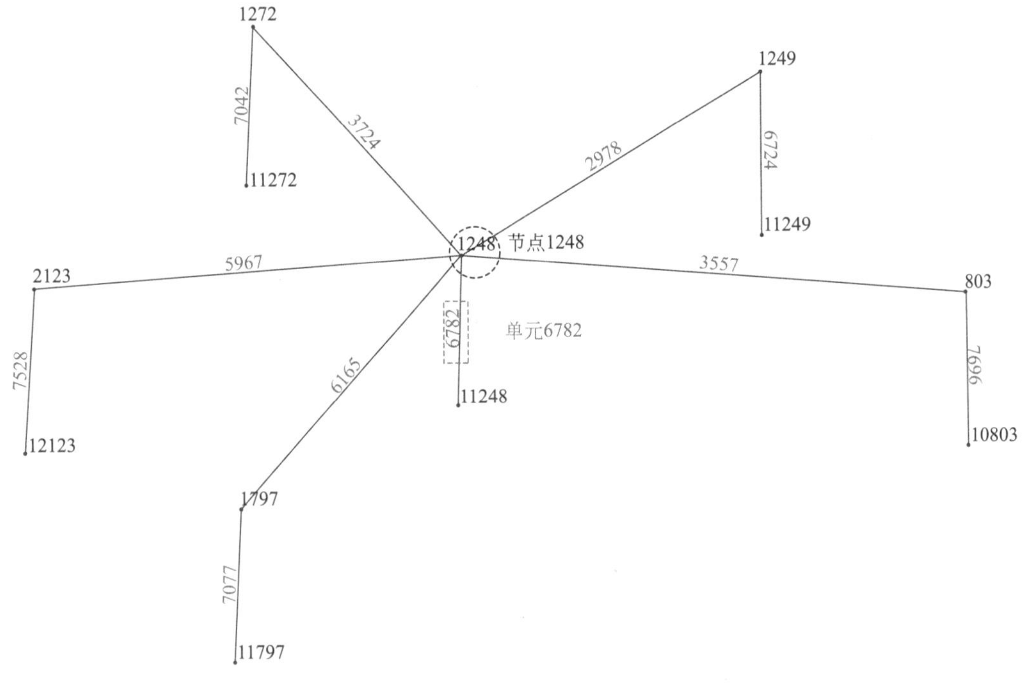

图 8.2-20　节点 1248 所连主索及下拉索的节点单元编号

分别按照情形 1～情形 8 考虑促动器的故障情形。以促动器不发生故障时的计算结果作为标准，将不同故障情形下的计算结果同标准结果进行比较，提取各种情形下主索应力变化情况以及下拉索（不包括与故障促动器相连的下拉索）索力变化情况，如图 8.2-21～图 8.2-28 所示。

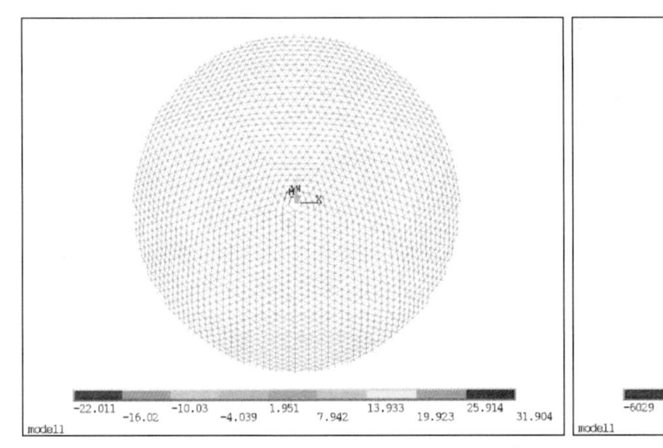

(a) 主索应力变化(MPa)

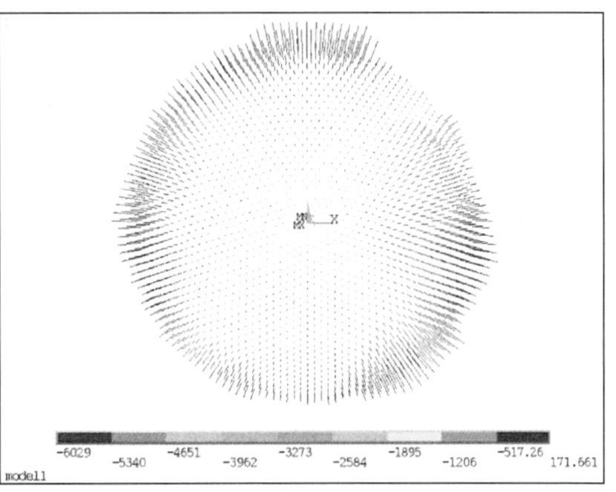

(b) 下拉索索力变化(N)

图 8.2-21　情形 1 索网应力和内力变化

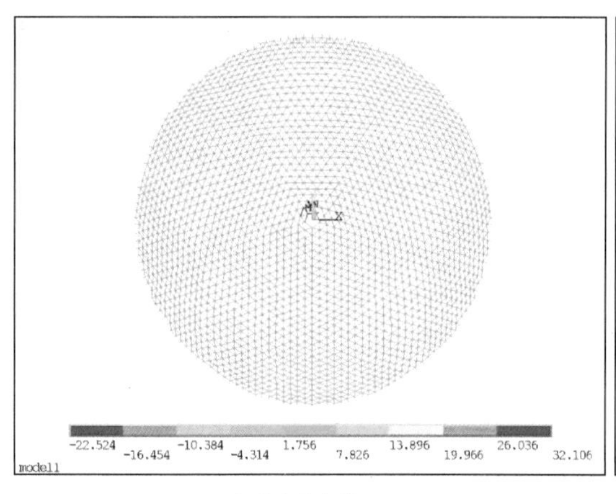

(a) 主索应力变化(MPa)

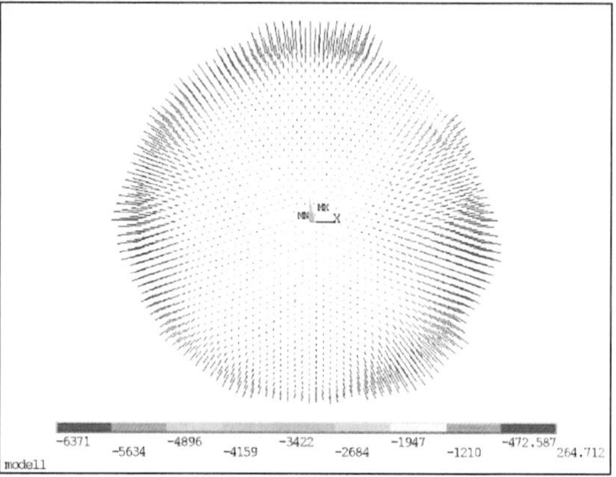

(b) 下拉索索力变化(N)

图 8.2-22　情形 2 索网应力和内力变化

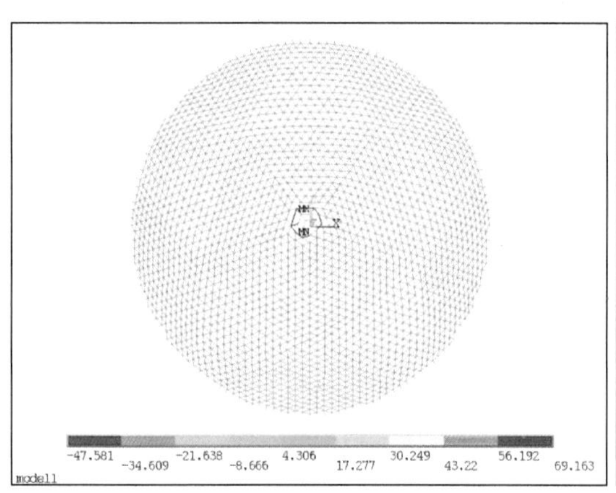

(a) 主索应力变化(MPa)

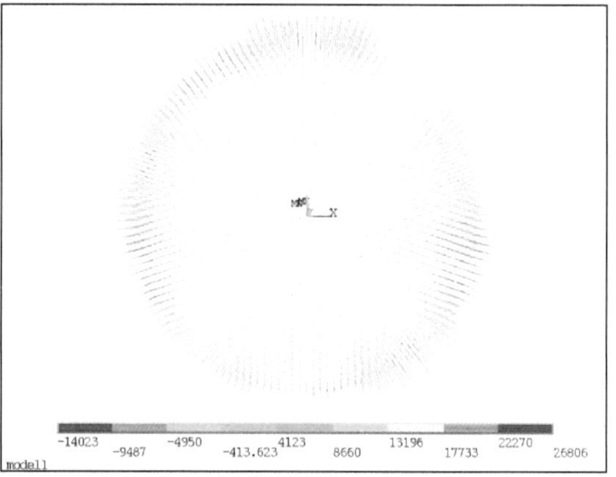

(b) 下拉索索力变化(N)

图 8.2-23　情形 3 索网应力和内力变化

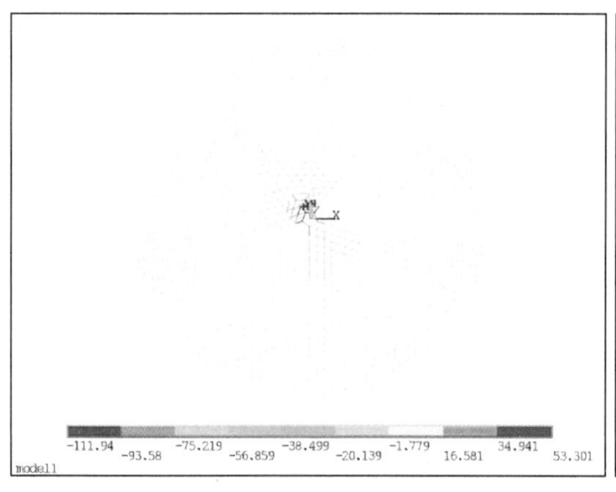

(a) 主索应力变化(MPa)

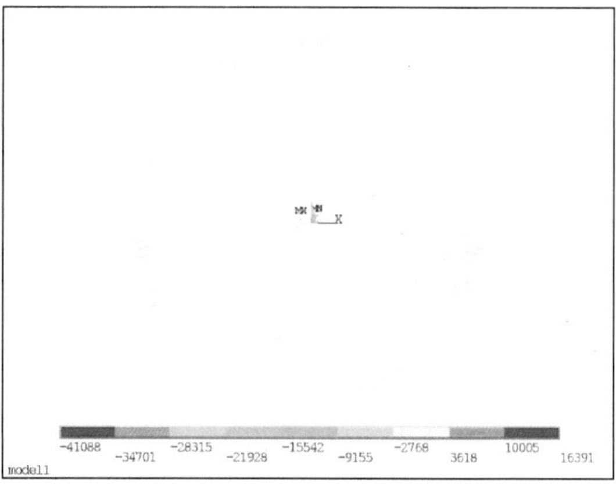

(b) 下拉索索力变化(N)

图 8.2-24　情形 4 索网应力和内力变化

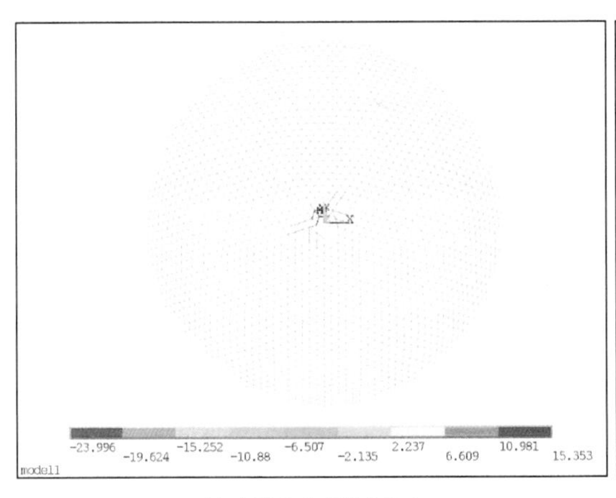

(a) 主索应力变化(MPa)

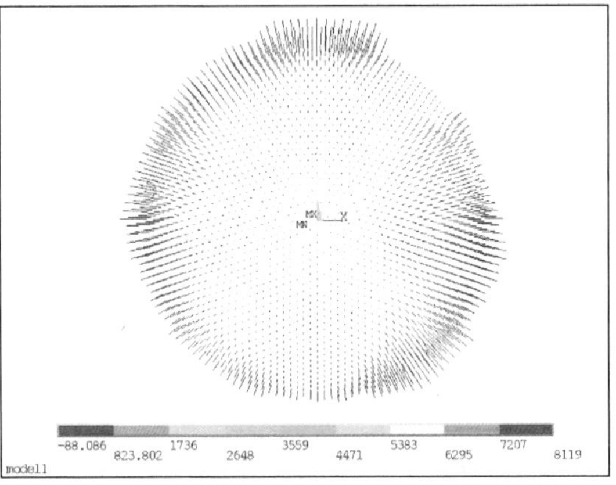

(b) 下拉索索力变化(N)

图 8.2-25　情形 5 索网应力和内力变化

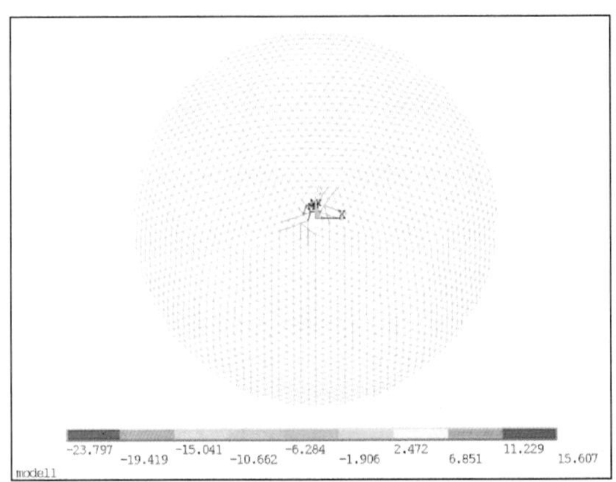

(a) 主索应力变化(MPa)

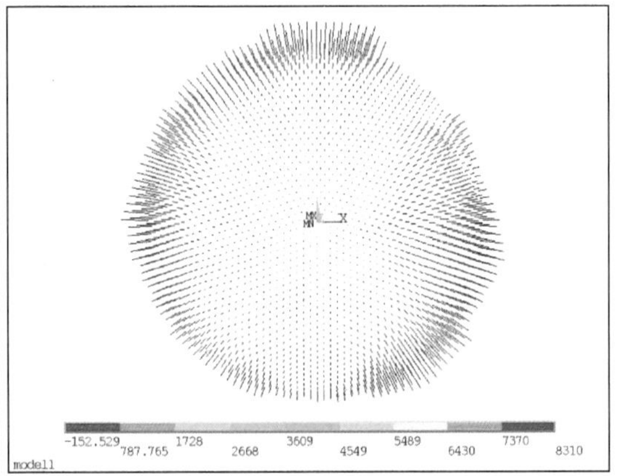

(b) 下拉索索力变化(N)

图 8.2-26　情形 6 索网应力和内力变化

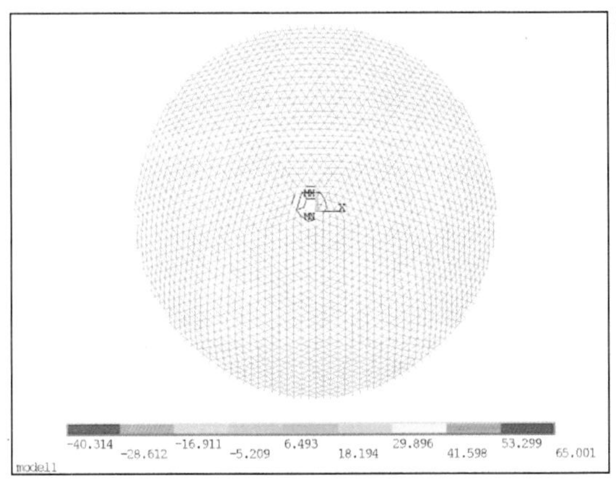

(a) 主索应力变化(MPa)

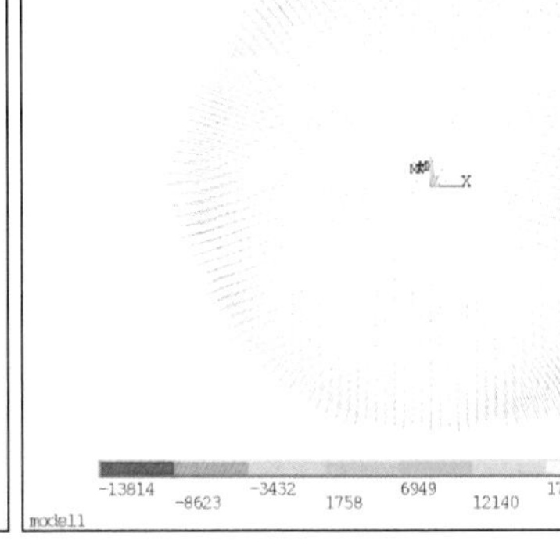

(b) 下拉索索力变化(N)

图 8.2-27　情形 7 索网应力和内力变化

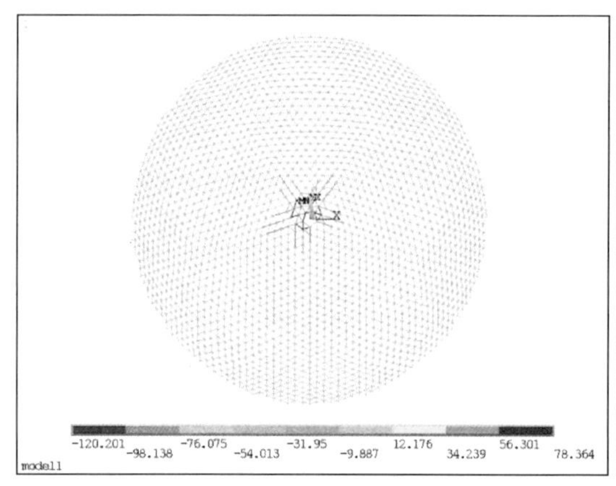

(a) 主索应力变化(MPa)

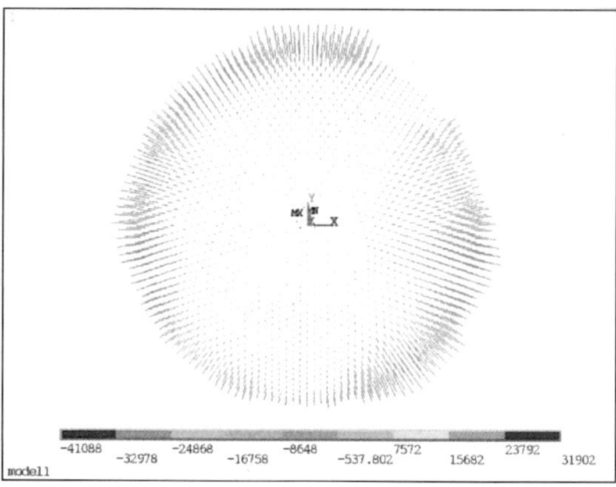

(b) 下拉索索力变化(N)

图 8.2-28 情形 8 索网应力和内力变化

由图 8.2-21～图 8.2-28 可以看到，对于节点 1248，促动器出现上述各种故障时，主索应力和下拉索索力出现较大变化的位置主要出现在故障点周围 2～3 圈的范围内，且改变幅度随着远离故障位置而逐渐减小。出现故障情形 8 时，主索网应力变化较大，最大增幅在 78MPa，最大减小幅度为 120MPa。出现故障情形 4、情形 7、情形 8 时，下拉索索力变化较大，最大增加 33kN，最大减小 41kN。

进一步考察与节点 1248 连接的下拉索以及周围的 5 根下拉索索力和 5 根主索应力（单元编号如图 8.2-20 所示）的改变情况，如表 8.2-10 和表 8.2-11 所示。

下拉索变化 **表 8.2-10**

故障类型	索力/差值	单元 6724	单元 6782	单元 7042	单元 7077	单元 7528	单元 7696
无故障	索力(N)	41 087.9	40 295.8	40 672.3	39 885.7	41 070.4	39 917.6
情形 1	索力(N)	35 067.1	71 960.7	35 816.8	34 805.8	35 041.7	34 829.3
	差值(N)	−6020.8	31 665.0	−4855.5	−5079.9	−6028.6	−5088.3
情形 2	索力(N)	34 724.6	72 186.3	35 707.0	34 698.4	34 699.4	34 721.8
	差值(N)	−6363.3	31 890.5	−4965.3	−5187.3	−6371.0	−5195.8
情形 3	索力(N)	64 453.6	40 590.3	67 478.4	64 736.9	64 435.3	64 777.7
	差值(N)	23 365.7	294.6	26 806.1	24 851.1	23 364.9	24 860.1
情形 4	索力(N)	0.0	**116 430.9**	0.0	0.0	0.0	0.0
	差值(N)	−41 087.9	**76 135.1**	−40 672.3	−39 885.7	−41 070.4	−39 917.6
情形 5	索力(N)	49 195.4	0.0	46 714.5	47 100.0	49 189.3	47 143.7
	差值(N)	8107.5	−40 295.8	6042.2	7214.2	8118.9	7226.1
情形 6	索力(N)	49 385.7	0.0	46 833.4	47 241.8	49 380.5	47 285.9
	差值(N)	8297.8	−40 295.8	6161.1	7356.0	8310.1	7368.3
情形 7	索力(N)	**72 557.5**	0.0	**73 574.7**	**71 889.3**	**72 549.7**	**71 941.1**
	差值(N)	**31 469.6**	−40 295.8	**32 902.5**	**32 003.6**	**31 479.3**	**32 023.4**

续表

故障类型	索力/差值	单元 6724	**单元 6782**	单元 7042	单元 7077	单元 7528	单元 7696
情形 8	索力(N)	0.0	0.0	0.0	0.0	0.0	0.0
	差值(N)	−41 087.9	−40 295.8	−40 672.3	−39 885.7	−41 070.4	−39 917.6

注：标注下划线的单元为促动器故障对应的下拉索。

主索应力变化 **表 8.2-11**

故障类型	应力/差值	单元 1586	单元 1587	单元 1882	单元 1883	单元 2530
无故障	应力(MPa)	575.8	659.4	606.5	576.6	658.5
情形 1	应力(MPa)	599.6	690.4	638.4	600.4	689.4
	差值(MPa)	23.8	31.0	31.9	23.8	31.0
情形 2	应力(MPa)	599.5	690.5	638.6	600.3	689.5
	差值(MPa)	23.7	31.0	32.1	23.7	31.0
情形 3	应力(MPa)	**618.6**	**709.4**	653.1	**619.4**	**708.4**
	差值(MPa)	**42.8**	**50.0**	46.5	**42.8**	**50.0**
情形 4	应力(MPa)	607.3	706.2	**659.8**	608.2	705.2
	差值(MPa)	31.5	46.7	**53.3**	31.5	46.7
情形 5	应力(MPa)	560.2	637.2	582.5	561.0	636.2
	差值(MPa)	−15.6	−22.3	−24.0	−15.6	−22.3
情形 6	应力(MPa)	560.5	637.5	582.7	561.4	636.5
	差值(MPa)	−15.3	−22.0	−23.8	−15.3	−22.0
情形 7	应力(MPa)	604.8	689.8	632.0	605.6	688.9
	差值(MPa)	29.0	30.4	25.5	29.0	30.4
情形 8	应力(MPa)	**487.9**	**559.7**	**515.6**	**488.7**	**558.7**
	差值(MPa)	**−88.0**	**−99.7**	**−90.9**	**−88.0**	**−99.7**

可以看出，在故障情形 4 出现时，与节点 1248 相连的下拉索索力最大，达到 116kN，周围 5 根下拉索全部松弛。在故障情形 3、情形 7 出现时，节点 1248 周围 5 根下拉索索力较大，为 65～74kN。在故障情形 3、情形 4 出现时，主索应力增长幅度较大，最大为 53MPa。在故障情形 8 出现时，主索应力减小幅度较大，最大减小约 100MPa。对于节点 1248，出现各种促动器故障时，索网内力变化幅度都不是很大。其中情形 8 出现时，主索应力改变幅度较大，为−120～78MPa；下拉索内力变化幅度也较大，为−41～32kN。

提取各种故障情形下主索网的变形云图，如图 8.2-29～图 8.2-36 所示。

由图 8.2-29～图 8.2-36 可以看到，对于节点 1248，促动器出现上述各种故障时，主索节点相对于无故障时变形最大的位置主要出现在故障点周围 2～3 圈的范围内，且偏离的幅度随着远离故障位置而逐渐减小。当故障促动器停留在下限位（−600mm）时，周围的 1～2 圈节点会偏离到目标位形下方，基本不会出现偏离到目标位形上方的情况。当故障促动器停留在上限位（+600mm）时，周围的 1～2 圈节点会偏离到目标位形上方，最大偏离达到 500mm。

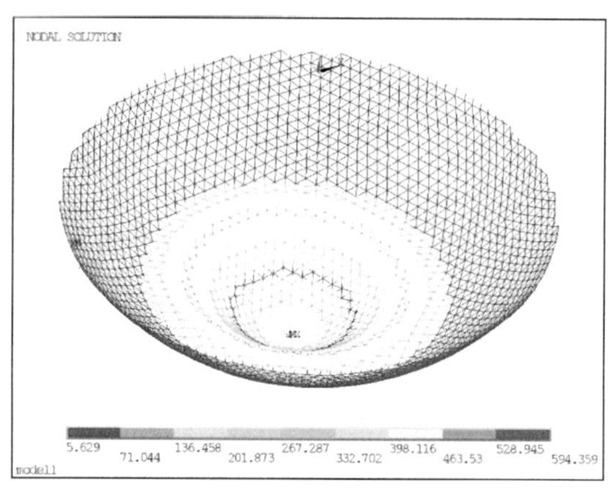

图 8.2-29　情形 1 主索网变形云图（mm）

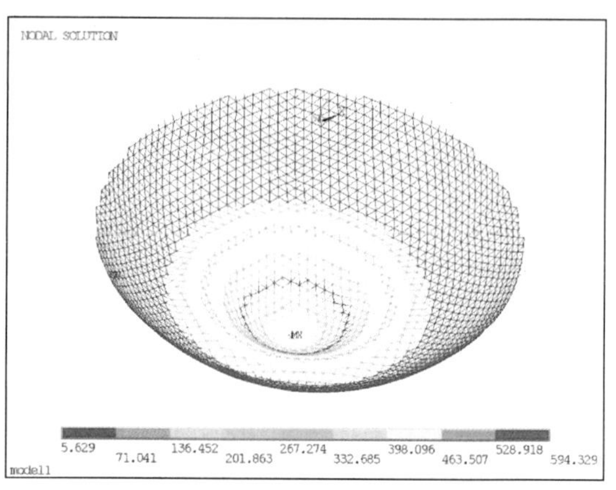

图 8.2-30　情形 2 主索网变形云图（mm）

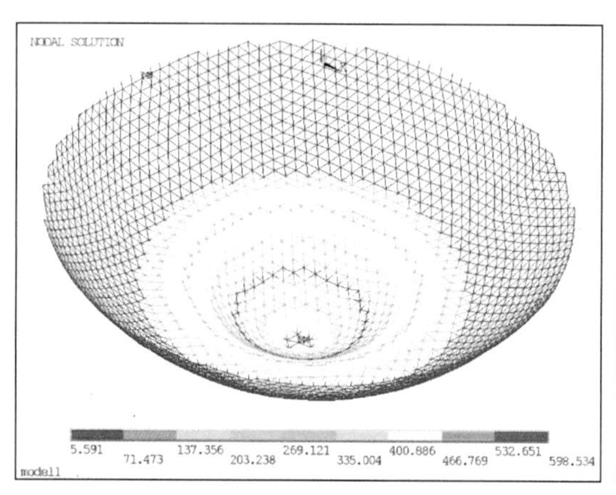

图 8.2-31　情形 3 主索网变形云图（mm）

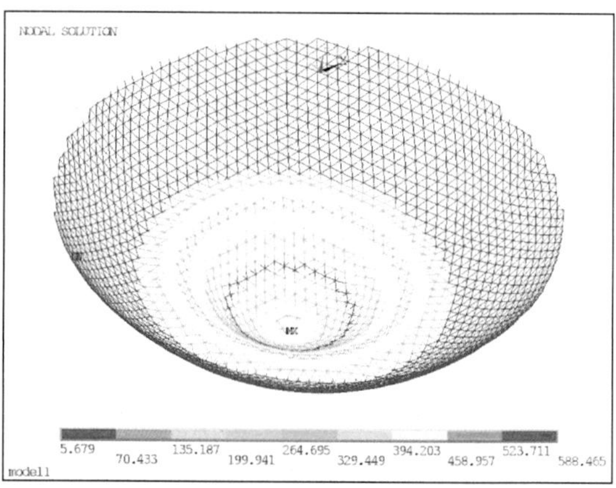

图 8.2-32　情形 4 主索网变形云图（mm）

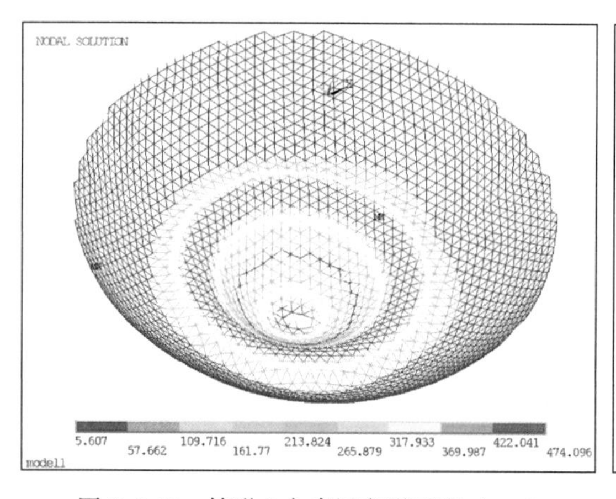

图 8.2-33　情形 5 主索网变形云图（mm）

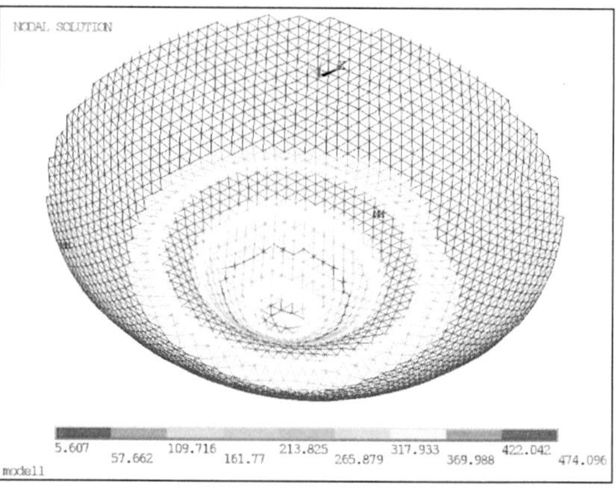

图 8.2-34　情形 6 主索网变形云图（mm）

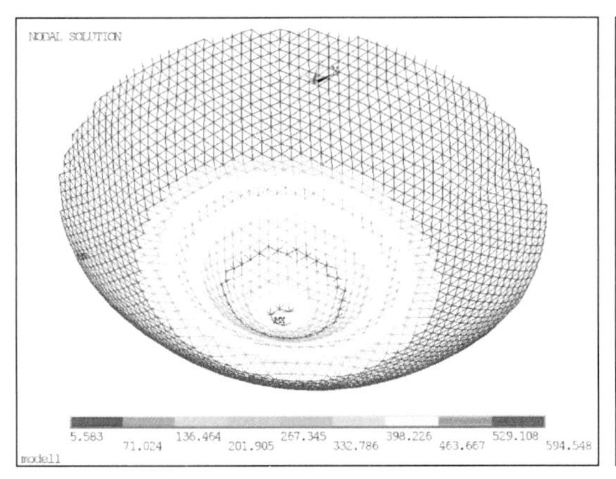

图 8.2-35　情形 7 主索网变形云图（mm）

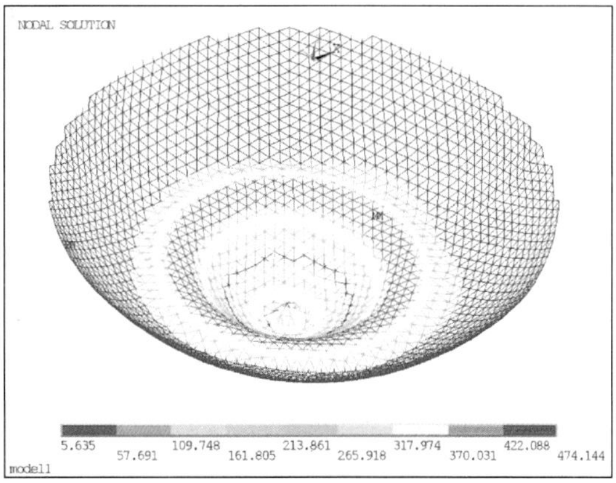

图 8.2-36　情形 8 主索网变形云图（mm）

进一步考察节点 1248 及周圈 5 个主索节点（节点编号如图 8.2-20）的变形情况，如表 8.2-12～表 8.2-17 所示。

节点 1248 位移　　表 8.2-12

故障类型	球面法向位移(mm)	球面纬向位移(mm)	球面经向位移(mm)	总位移(mm)
无故障	473.2	−0.6	−3.5	473.2
情形 1	594.4	−0.6	−2.4	594.4
情形 2	594.3	−0.6	−2.3	594.3
情形 3	**598.5**	−0.6	−4.9	**598.5**
情形 4	588.5	−0.6	1.8	588.5
情形 5	300.7	−0.6	−3.9	300.7
情形 6	301.7	−0.6	−3.9	301.7
情形 7	436.5	−0.6	−5.3	436.6
情形 8	**−28.5**	−0.6	−1.4	**28.6**

节点 803 位移　　表 8.2-13

故障类型	球面法向位移(mm)	球面纬向位移(mm)	球面经向位移(mm)	总位移(mm)
无故障	451.9	7.5	−8.7	452.1
情形 1	452.6	8.5	−11.1	452.8
情形 2	451.9	8.5	−11.1	452.2
情形 3	**595.3**	9.1	−9.6	**595.5**
情形 4	270.8	7.7	−14.0	271.3
情形 5	451.0	6.7	−7.0	451.1
情形 6	451.9	6.7	−7.0	452.0
情形 7	594.4	8.5	−8.1	594.5
情形 8	**108.2**	0.4	−2.1	**108.2**

节点 1249 位移 **表 8.2-14**

故障类型	球面法向位移(mm)	球面纬向位移(mm)	球面经向位移(mm)	总位移(mm)
无故障	457.8	4.3	−12.6	458.0
情形 1	458.6	5.4	−13.7	458.8
情形 2	457.2	5.4	−13.7	457.5
情形 3	**595.4**	5.2	−15.6	**595.6**
情形 4	280.8	6.1	−11.7	281.1
情形 5	456.7	3.6	−11.9	456.9
情形 6	457.8	3.6	−11.9	457.9
情形 7	594.3	4.6	−15.0	594.5
情形 8	**113.6**	0.1	−3.0	**113.7**

节点 1272 位移 **表 8.2-15**

故障类型	球面法向位移(mm)	球面纬向位移(mm)	球面经向位移(mm)	总位移(mm)
无故障	457.8	−0.6	−15.9	458.1
情形 1	458.4	−0.6	−16.2	458.7
情形 2	457.8	−0.6	−16.2	458.1
情形 3	**595.0**	−0.6	−19.7	**595.3**
情形 4	287.4	−0.6	−11.5	287.7
情形 5	457.0	−0.6	−15.6	457.3
情形 6	457.8	−0.6	−15.6	458.1
情形 7	594.2	−0.6	−19.4	594.5
情形 8	**153.6**	−0.6	−5.7	**153.7**

节点 1797 位移 **表 8.2-16**

故障类型	球面法向位移(mm)	球面纬向位移(mm)	球面经向位移(mm)	总位移(mm)
无故障	451.9	−7.9	−9.7	452.1
情形 1	452.6	−9.0	−12.1	452.9
情形 2	451.9	−9.0	−12.1	452.2
情形 3	**595.3**	−9.6	−10.6	**595.5**
情形 4	270.9	−8.2	−15.0	271.4
情形 5	451.0	−7.2	−8.0	451.1
情形 6	451.9	−7.2	−8.0	452.1
情形 7	594.4	−8.9	−9.1	594.5
情形 8	**108.3**	−0.8	−3.1	**108.3**

节点 2123 位移 **表 8.2-17**

故障类型	球面法向位移(mm)	球面纬向位移(mm)	球面经向位移(mm)	总位移(mm)
无故障	457.8	−5.3	−13.2	458.0
情形 1	458.6	−6.4	−14.3	458.8
情形 2	457.2	−6.4	−14.2	457.5

续表

故障类型	球面法向位移(mm)	球面纬向位移(mm)	球面经向位移(mm)	总位移(mm)
情形 3	**595.4**	−6.2	−16.2	**595.7**
情形 4	281.0	−7.1	−12.3	281.3
情形 5	456.7	−4.6	−12.5	456.9
情形 6	457.8	−4.6	−12.5	458.0
情形 7	594.3	−5.6	−15.5	594.6
情形 8	**113.7**	−1.1	−3.6	**113.7**

由表 8.2-12～表 8.2-17 可以看出，促动器出现各种故障时，节点 1248 及周围 5 个节点相对于无故障时的球面法向位移很大，经向位移较小，纬向位移最小。当节点 1248 及周围 5 个节点对应的促动器同时停留在上限位（+600mm）时节点偏离目标位形最大，位于目标位形上方，达到 500mm。当节点 1248 及周围 5 个节点对应的促动器同时停留在下限位（−600mm）时，节点位于目标位形下方，偏离 150mm。对于节点 1248，出现各种促动器故障时，主索节点相对于无故障时变形最大的位置主要出现在故障点周围 2～3 圈的范围内。

综合比较上述两个位置（节点 743 和节点 1248）促动器出现各种故障的计算结果，可以发现，在节点 743 出现促动器故障时对索网内力和变形的影响都较大，因此应当选择在基准态球面上方偏移较大的点分析最不利的促动器故障情形。对节点 743，故障情形 1、情形 2、情形 4 出现时，索网内力和变形情况基本一致，且都基本达到了最不利的情况，因此在后续计算中可以选择情形 4 作为最不利的故障情形进行分析。

8.3 不同变位形态下促动器故障分析

8.3.1 各形态下故障分析对比

考虑促动器出现故障情形 4，选取球面基准态和 8 个位置不同的抛物面态，共 9 种形态进行分析对比。各抛物面变位形态下，促动器出现故障的位置选择在基准态球面上方偏移较大的点，基准态促动器出现故障的位置选择与抛物面态 1 相同（节点 743），如图 8.3-1～图 8.3-9 所示。

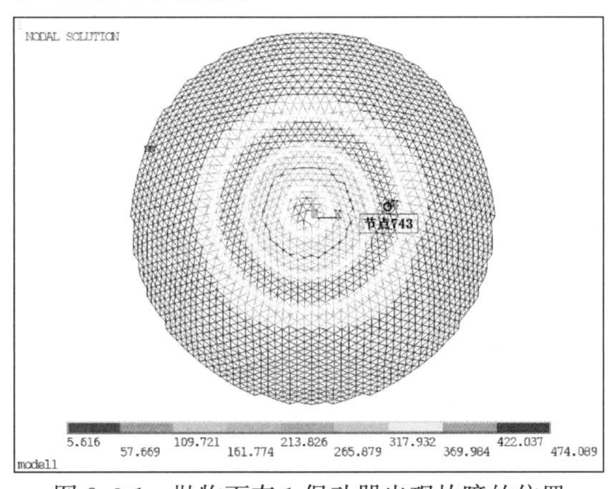

图 8.3-1 抛物面态 1 促动器出现故障的位置

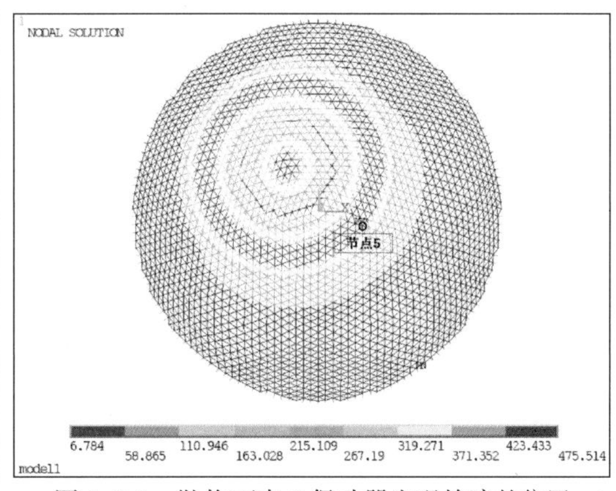

图 8.3-2 抛物面态 2 促动器出现故障的位置

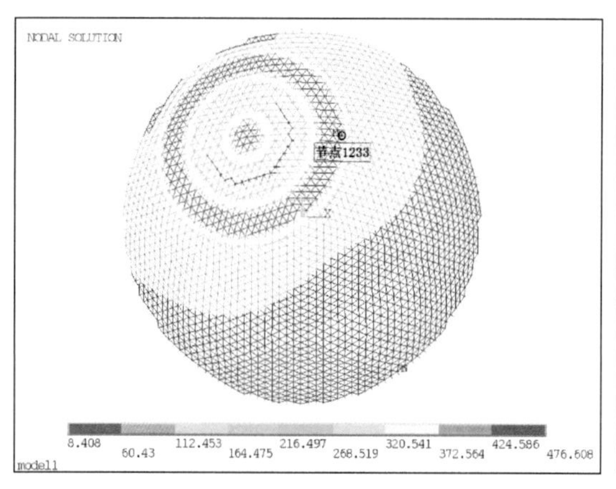

图 8.3-3　抛物面态 3 促动器出现故障的位置

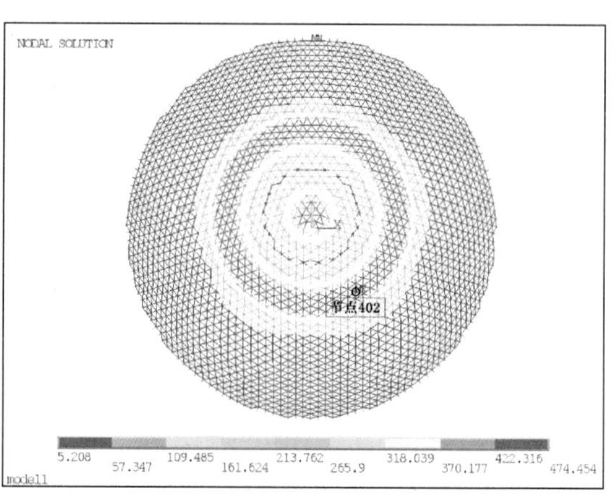

图 8.3-4　抛物面态 4 促动器出现故障的位置

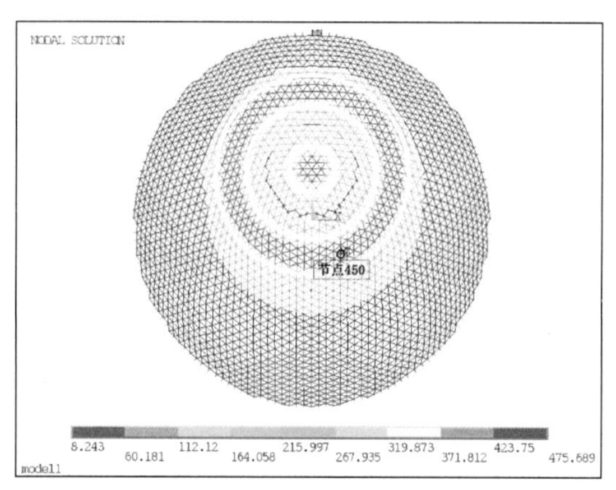

图 8.3-5　抛物面态 5 促动器出现故障的位置

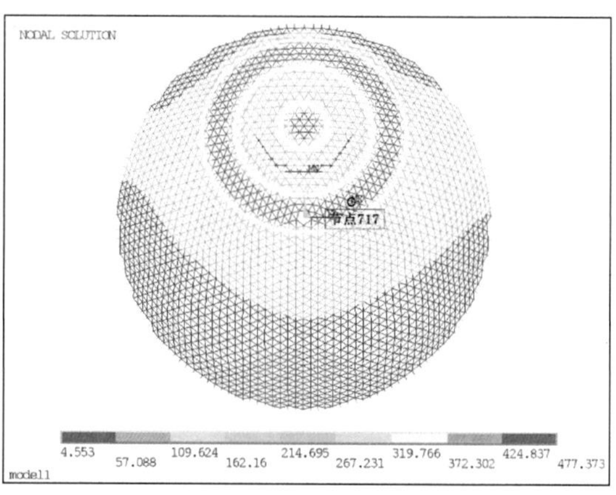

图 8.3-6　抛物面态 6 促动器出现故障的位置

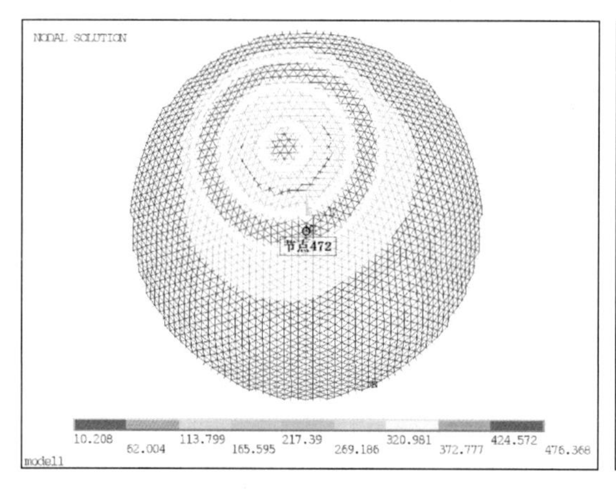

图 8.3-7　抛物面态 7 促动器出现故障的位置

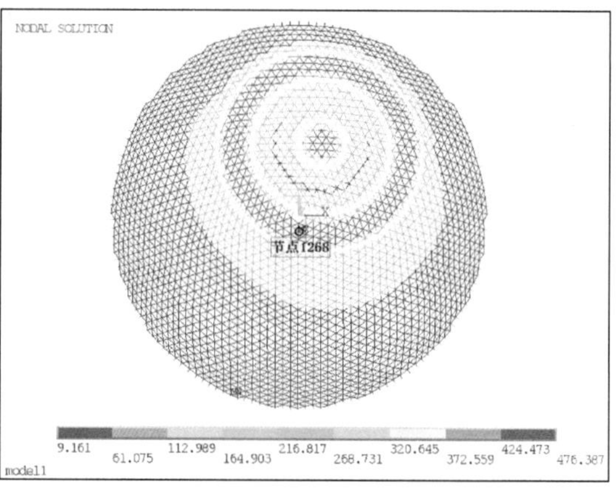

图 8.3-8　抛物面态 8 促动器出现故障的位置

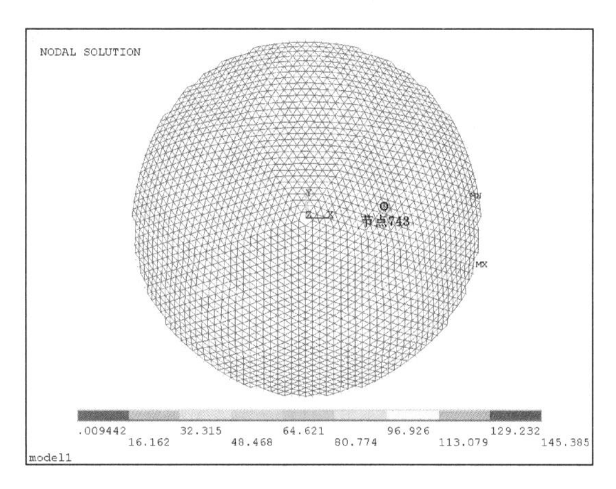

图 8.3-9　球面基准态促动器出现故障的位置

提取各分析工况下的下拉索索力和主索应力变化情况进行对比，如表 8.3-1 所示。可以看出，当促动器在不同变位形态下发生故障情形 4 时，各抛物面形态对应的下拉索索力最大值比较接近，在 350kN 上下，基准态下拉索最大索力为 232kN；各抛物面形态对应的主索应力最大值也比较接近，在 1100MPa 左右，基准态主索最大应力为 847MPa；各抛物面形态下的下拉索索力和主索应力的变化幅度也比较接近，均大于基准态下的下拉索索力和主索应力的变化幅度。

各变位形态下促动器出现故障情形 4 时的索网内力、应力比较　　表 8.3-1

变位形态	下拉索索力(N)			主索应力(MPa)		
	最大索力	差值最大	差值最小	最大应力	差值最大	差值最小
球面基准态	232 121.0	202 507.8	**−29 890.1**	847.4	307.8	−212.3
抛物面态 1	323 321.1	308 810.6	−17 115.3	1009.8	551.9	−211.8
抛物面态 2	**360 133.3**	**345 395.3**	−18 276.0	1092.0	564.4	−250.7
抛物面态 3	352 602.2	336 791.1	−17 253.1	**1117.1**	581.5	−283.6
抛物面态 4	335 231.9	320 779.0	−17 002.8	1059.2	554.1	−215.3
抛物面态 5	346 481.3	332 545.3	−16 326.7	1047.0	561.0	−214.1
抛物面态 6	356 819.0	341 596.2	−17 877.2	1095.0	577.0	−288.5
抛物面态 7	339 155.7	324 809.5	−18 914.2	1086.2	557.9	−239.1
抛物面态 8	339 140.0	320 540.5	−20 605.9	1068.8	**673.5**	**−303.4**

8.3.2　故障情况下“换源”分析

望远镜的“换源”过程反映在索网结构中，即为结构几何形态从当下抛物面态主动变位至另一个抛物面态。考虑促动器出现故障，索网仍继续运行并进行“换源”的情况。假定抛物面态 7 下主索节点 472 对应的促动器出现故障情形 4，故障未排除，索网继续运行，分别换源运行至抛物面态 1、抛物面态 2、抛物面态 5，对比换源前后与节点 472 相关的下拉索索力以及主索应力变化情况，如表 8.3-2 及表 8.3-3 所示。节点 472 所连主索及下拉索的单元编号如图 8. 3-10 所示。

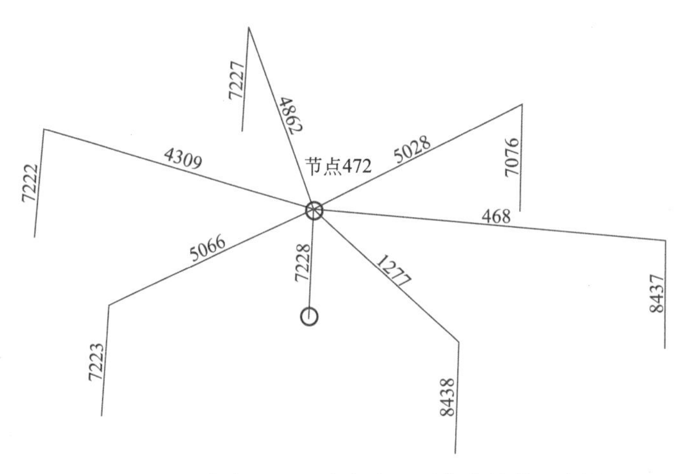

图 8. 3-10 节点 472 所连主索及下拉索的单元编号

由表 8. 3-2 及表 8. 3-3 可以看出，换源前后下拉索索力和主索应力都会发生一定程度的改变。由于在抛物面态 2 和抛物面态 5 下，节点 472 都在基准态球面上方偏移较大，所以换源后节点 472 周边的钢索内力分布与换源前（抛物面态 7）基本一致，下拉索最大索力和主索最大应力都较大。抛物面态 1 下节点 472 位于基准球面下方，换源后，节点 472 周边的钢索内力分布相对换源前（抛物面态 7）改变较大，下拉索最大索力和主索最大应力都变小了许多。

换源前后节点 472 所连下拉索及周圈下拉索索力比较（N） **表 8. 3-2**

索网形态	单元 7076	单元 7222	单元 7223	单元 7227	单元 7228	单元 8437	单元 8438
换源前	0.0	0.0	0.0	0.0	**339 443. 2**	0.0	0.0
抛物面态 1	28 606.0	24 250.5	22 097.6	30 492.1	113 648.7	29 768.1	22 906.7
抛物面态 2	0.0	0.0	0.0	0.0	314 138.8	0.0	0.0
抛物面态 5	0.0	0.0	0.0	0.0	309 246.1	0.0	0.0

注：标注下划线的单元为故障促动器对应的下拉索。

换源前后节点 472 所连主索应力比较（MPa） **表 8. 3-3**

索网形态	单元 468	单元 1277	单元 4309	单元 4862	单元 5028	单元 5066
换源前	828.0	872.5	748.5	1013.4	834.9	1086.3
抛物面态 1	645.2	683.7	668.5	668.0	668.9	757.0
抛物面态 2	738.2	**906. 3**	710.6	**1031. 1**	834.0	1044.1
抛物面态 5	**881. 8**	770.8	**770. 4**	882.2	**876. 4**	**1105. 6**

由上述分析可以发现，当选择在基准球面上方偏移较大的点对应的促动器出现故障情形 4 时，不同形态下故障位置附近的钢索内力分布和变化基本一致，说明通过分析某一典型故障工况就可以概括地了解促动器故障对索网内力变化的影响。当某一位置促动器出现故障以后，索网换源继续运行，钢索内力改变较大的位置仍然在故障点附近，索网内力改变情况与此变位形态下故障主索节点偏移基准球面的情况密切相关，故障主索节点在基准

态球面上方偏移较大时，下拉索最大索力和主索最大应力较大。

8.4　促动器过载保护分析

促动器可以设置过载保护机制，假定过载保护水平分别为100kN、160kN、200kN、250kN、300kN、350kN，选择抛物面态1形态下节点743进行分析，提取不同过载保护水平时与节点743相关的下拉索以及主索的内力变化情况，如表8.4-1及表8.4-2所示。

节点743所连下拉索及周圈下拉索索力比较（N）　　表8.4-1

过载值	单元8217	单元8262	**单元8263**	单元8264	单元8301	单元8341	单元8342
无故障	14 915.3	14 632.8	14 510.5	15 826.2	15 436.4	14 576.5	14 317.0
100kN	8206.1	0.0	100 001.4	0.0	2707.2	8882.0	958.9
160kN	0.0	0.0	160 005.8	0.0	0.0	0.0	0.0
200kN	0.0	0.0	200 000.7	0.0	0.0	0.0	0.0
250kN	0.0	0.0	250 004.5	0.0	0.0	0.0	0.0
300kN	0.0	0.0	299 999.5	0.0	0.0	0.0	0.0
350kN	0.0	0.0	350 000.5	0.0	0.0	0.0	0.0

注：标注下划线的单元为故障促动器对应的下拉索。

节点743所连主索应力比较（MPa）　　表8.4-2

过载值	单元1586	单元1587	单元1882	单元1883	单元2530	单元2531
无故障	543.2	529.2	408.2	425.0	152.7	211.5
100kN	668.2	658.5	546.2	557.6	293.2	367.1
160kN	769.9	762.6	656.0	664.1	399.1	485.8
200kN	833.5	828.0	725.6	731.3	467.3	561.7
250kN	907.7	904.6	806.8	809.9	545.5	648.7
300kN	979.0	978.0	884.9	885.3	618.5	729.8
350kN	**1041.8**	**1045.5**	**960.7**	**955.7**	**686.3**	**801.2**

由表8.4-1及表8.4-2可以看出，过载保护水平超过100kN以上时，节点743周圈下拉索开始松弛，随着过载保护水平的提高，与节点743相连的各根主索应力水平逐步提高，当过载保护水平为350kN时，主索最大应力达到1042MPa，应力增长幅度达到590MPa。

提取不同过载保护水平节点743及周圈6个主索节点的位移变化情况，如图8.4-1～图8.4-3所示。提取与节点743相连的各根主索应力变化值，如图8.4-4所示。

由图8.4-1～图8.4-3可以看出，随着过载保护水平的增大，相对无故障时，节点743及周圈6个主索节点各个方向的位移基本呈现线性变化，故障主索节点（节点743）球面法向位移变化非常大，球面纬向和球面经向位移变化相对较小。由图8.4-4可以看出，与节点743所连各主索的应力变化幅度随着过载保护水平的增大呈线性增长趋势。

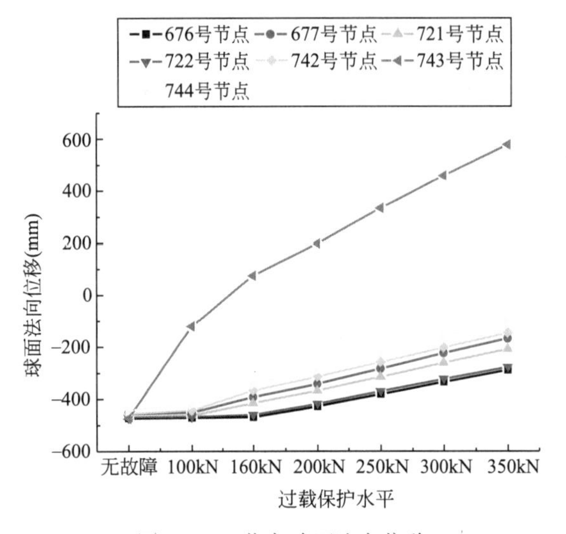

图 8.4-1 节点球面法向位移

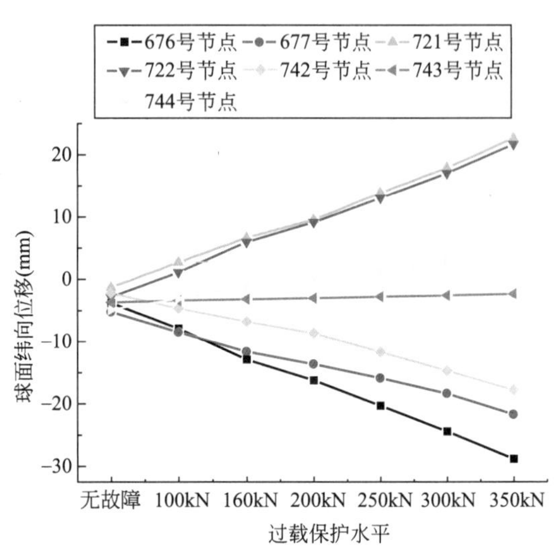

图 8.4-2 节点球面纬向位移

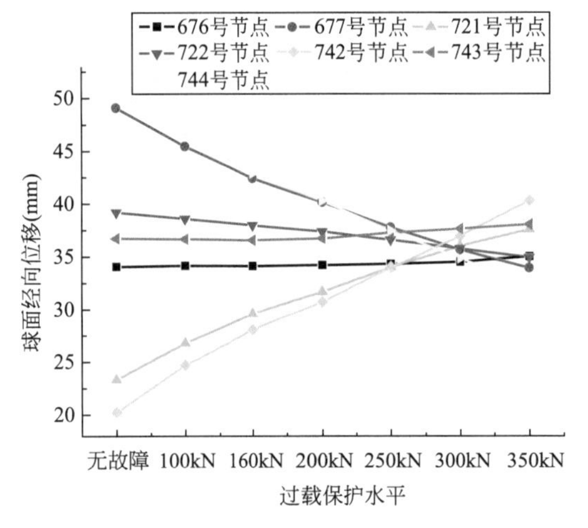

图 8.4-3 节点球面经向位移

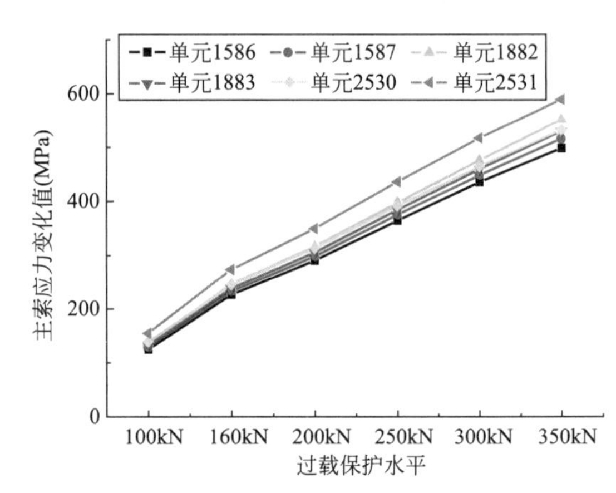

图 8.4-4 不同过载保护水平下主索应力变化情况

由上述分析可知，当下拉索力达到 160kN 时，与节点 743 相连的主索应力增大 270MPa 左右。钢索的设计承载力为 744MPa（1860×0.4＝744MPa），各种偶然因素下钢索的应力上限为破断力的 0.55 倍（1860×0.55＝1023MPa）。过载保护水平为 160kN 时，各主索的应力增大幅度为 270MPa，满足 744MPa＋270MPa＜1023MPa。

过载保护水平为 160kN 时，比较不同抛物面态下相应节点出现故障时的计算结果，如表 8.4-3 所示。由分析比较可以看到，不同位置的下拉索索力达到 160kN 时，主索的应力最大增加幅度在 246～274MPa 之间（见表 8.4-3），主索最大应力都小于破断力的 0.55 倍（1023MPa）。

不同抛物面态下主索应力变化最大值 **表 8.4-3**

索网形态	抛物面态 1（节点 743）	抛物面态 2（节点 5）	抛物面态 3（节点 1233）	抛物面态 4（节点 402）
应力变化最大值(MPa)	273.9	246.3	251.9	267.7

基于上述分析，建议控制促动器的过载保护水平为≤160kN。实际实施时，促动器的过载保护水平为 120kN。

8.5　促动器故障对反射面单元影响

考虑促动器达到最大行程和达到过载保护荷载两类故障。促动器达最大行程故障如图 8.1-1 所示。

依据中国科学院国家天文台提供的设计条件，促动器能够进行过载保护，安全荷载取为 120kN，当与促动器相连的下拉索索力达到 120kN 时，促动器将维持这一荷载水平随索网随动。对反射面单元而言，最不利的促动器故障情形如图 8.5-1 所示，有以下两种形式：1）主索网处于抛物面变位形态时，在基准态球面上方偏移较大的主索节点所对应的促动器出现故障，对应下拉索索力维持 120kN 随主索网随动；2）主索网处于抛物面变位形态时，在基准态球面下方偏移较大的主索节点（即抛物面中心点）所对应的促动器出现故障，对应下拉索索力维持 120kN 随主索网随动。

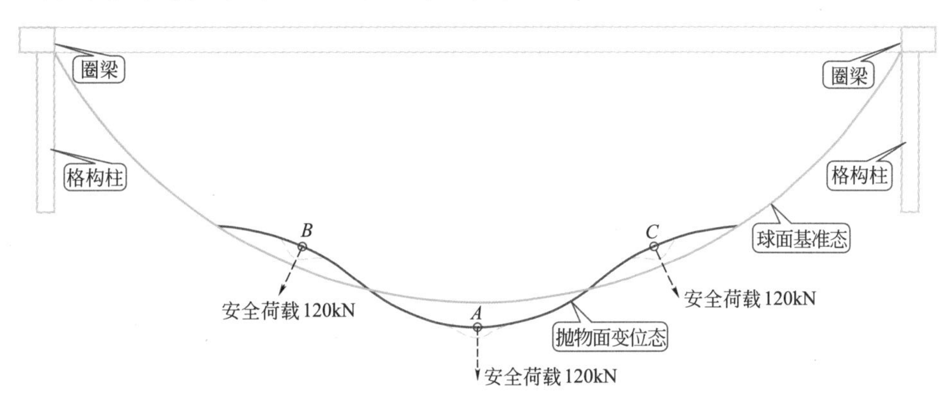

图 8.5-1　促动器安全荷载故障情形

选取三个典型的抛物面工况，抛物面工况的中心点如图 8.5-2 所示。考虑上述两类不利的故障情形，提取出现故障的主索节点以及周边一圈主索节点所对应的反射面单元连接机构[3] 的节点位移进行分析比较，故障分析区域如图 8.5-3 所示。

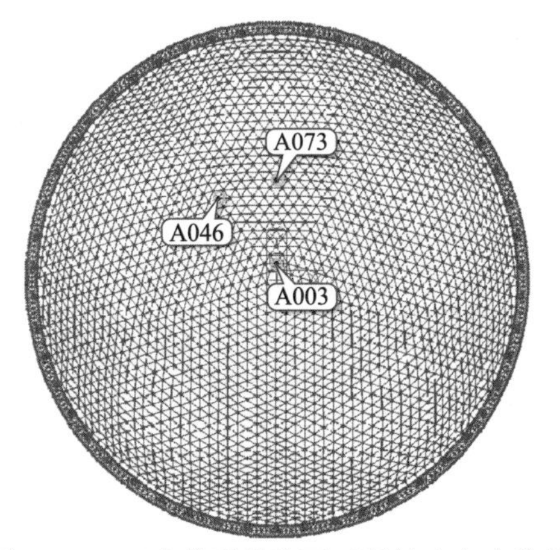

图 8.5-2　三个典型抛物面工况的中心点位置

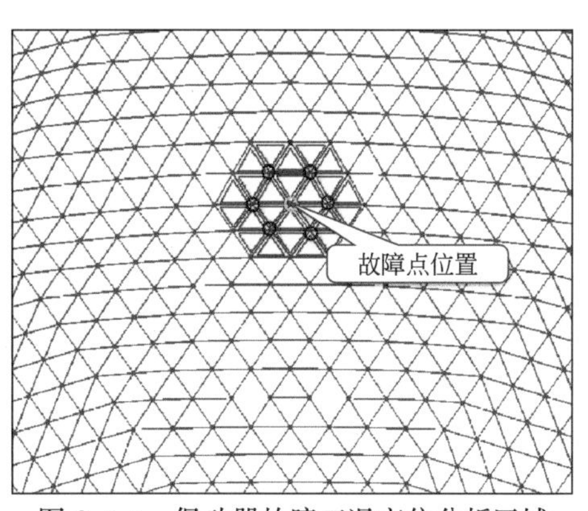

图 8.5-3　促动器故障工况变位分析区域

8.5.1 故障工况一

在以点 A046 为中心点的抛物面工况中，分别使点 A046（基准态球面下方偏移大的主索节点）对应的促动器置于上限位（＋600mm）或维持 120kN 安全荷载，点 A211 和点 A149（基准态球面上方偏移大的主索节点）对应的促动器置于下限位（－600mm）或维持 120kN 安全荷载，各故障点位置如图 8.5-4 所示。

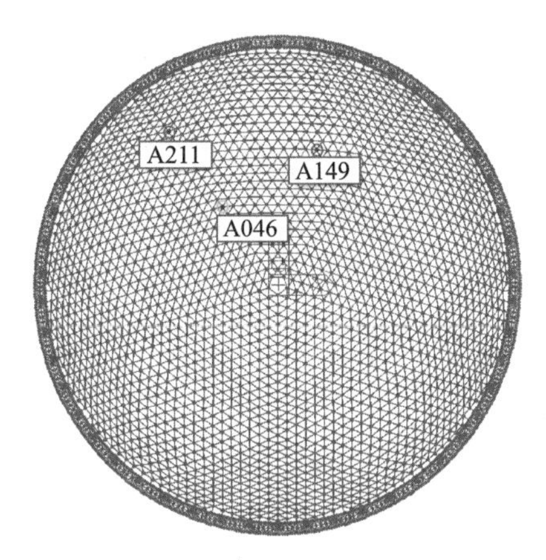

图 8.5-4　促动器出现故障的位置（中心为 A046 的抛物面工况）

促动器运行至极限位置时，利用 7.3.2 节中的碰撞判定原则进行分析，统计促动器故障区域（图 8.5-3）反射面单元连接机构的计算结果，见表 8.5-1；提取故障区域连接机构的节点位移，见表 8.5-2。由表中数据可知：促动器运行至极限位置时，反射面判定用法向量方向和背架与主索干涉判定用法向量的方向变化角均小于 90°，说明发生不利的故障情形时，这三个故障区域反射面板都不会发生碰撞，背架与主索不会出现干涉的情况；在反射面板初始间隙为 10cm 的前提下，三个典型故障情形中，面板最小缝隙为 40.5mm，最大缝隙为 154.6mm，反射面板间隙最大改变量为 59.5mm，相对无故障情形，最小间隙最多减小 45.3mm，最大间隙最多增大 34.1mm。连接机构“1”等代杆件轴向内收最大值为 52.9mm、外伸最大值为 26.6mm；连接机构“2”等代杆件轴向内收最大值为 26.4mm、外伸最大值为 38.8mm，切向位移最大值为 47.1mm，相对无故障情形，连接机构“1”轴向内收量最多增加 33.9mm、外伸量最多增加 24.2mm；连接机构“2”轴向内收量最多增加 17.8mm、外伸量最多增加 29.7mm，连接机构“2”切向位移最多增加 45.7mm。

反射面单元碰撞判定数据　　　　**表 8.5-1**

促动器故障情形		反射面干涉判定(°)	背架与主索干涉判定(°)	最小间隙(mm)	最大间隙(mm)	相邻连接杆角度改变最小值(°)	相邻连接杆角度改变最大值(°)
A046	无故障	0.6	0.8	96.5	105.4	－2.3	1.8
	上限位＋600mm	0.6	1.7	95.2	110.1	－3.6	3.6
	变化量	0.4	1.1	－3.3	6.2	－2.7	2.7

续表

促动器故障情形		反射面干涉判定(°)	背架与主索干涉判定(°)	最小间隙(mm)	最大间隙(mm)	相邻连接杆角度改变最小值(°)	相邻连接杆角度改变最大值(°)
A149	无故障	0.9	1.9	76.1	122.9	−11.3	11.3
	下限位−600mm	4.7	27.3	**40.5**	**154.6**	−23.0	23.0
	变化量	3.9	26.0	−39.4	**34.1**	−20.0	20.6
A211	无故障	0.9	1.4	79.2	116.1	−12.5	12.5
	下限位−600mm	3.7	60.1	50.2	149.1	−27.0	25.4
	变化量	3.5	59.1	**−45.3**	33.0	−27.8	25.7

连接机构节点位移比较 **表 8.5-2**

促动器故障情形		"1"号连接机构			"2"号连接机构		
		轴向最小位移(mm)	轴向最大位移(mm)	切向最大位移(mm)	轴向最小位移(mm)	轴向最大位移(mm)	切向最大位移(mm)
A046	无故障	1.3	3.6	0.8	0.6	2.5	4.3
	上限位+600mm	−0.4	6.6	0.8	−1.7	3.7	6.6
	变化量	−3.5	3.2	0.4	−2.6	2.6	4.5
A149	无故障	−19.6	−9.1	1.5	3.7	11.1	20.7
	下限位−600mm	**−52.9**	7.6	5.5	−4.7	**38.8**	43.8
	变化量	−33.4	24.2	4.9	−12.5	27.7	26.1
A211	无故障	−10.0	2.4	1.5	−12.2	2.0	19.8
	下限位−600mm	−43.3	**26.6**	4.5	**−26.4**	31.5	**47.1**
	变化量	**−33.9**	**24.2**	4.1	**−17.8**	**29.7**	**45.7**

促动器维持 120kN 随动时，利用碰撞判定原则进行分析，统计促动器故障区域反射面单元连接机构的计算结果，见表 8.5-3；提取故障区域连接机构的节点位移，见表 8.5-4。由表中数据可知：促动器维持 120kN 随动时，反射面判定用法向量和背架与主索干涉判定用法向量的方向变化角均小于 90°，说明这三个故障区域反射面板不会发生碰撞，背架与主索不会出现干涉的情况；面板最小缝隙为 59.3mm，最大缝隙为 138.4mm，反射面板间隙最大改变量为 40.7mm；相对无故障情形，最小间隙最多减小 21.2mm，最大间隙最多增大 18.3mm。连接机构"1"等代杆件轴向内收最大值为 37.6mm、外伸最大值为 14.1mm；连接机构"2"等代杆件轴向内收最大值为 18.6mm、外伸最大值为 25.5mm，切向位移最大值为 32.4mm；相对无故障情形，连接机构"1"轴向内收量最多增加 18.0mm、外伸量最多增加 11.7mm；连接机构"2"轴向内收量最多增加 8.7mm、外伸量最多增加 14.4mm，连接机构"2"切向位移最多增加 19.2mm。

反射面单元碰撞判定数据 表 8.5-3

促动器故障情形		反射面干涉判定(°)	背架与主索干涉判定(°)	最小间隙(mm)	最大间隙(mm)	相邻连接杆角度改变最小值(°)	相邻连接杆角度改变最大值(°)
A046	无故障	0.6	0.8	96.5	105.4	−2.3	1.8
	安全荷载 120kN	1.0	3.4	89.0	111.4	−6.7	6.3
	变化量	0.6	2.9	−11.2	6.0	−4.5	4.7
A149	无故障	0.9	1.9	76.1	122.9	−11.3	11.3
	安全荷载 120kN	2.4	10.7	**59.3**	**138.4**	−16.8	16.8
	变化量	1.5	9.4	−20.6	**18.3**	−9.5	10.1
A211	无故障	0.9	1.4	79.2	116.1	−12.5	12.5
	安全荷载 120kN	1.6	8.8	74.3	130.5	−18.0	18.0
	变化量	1.4	7.6	**−21.2**	14.7	−12.8	12.4

连接机构节点位移比较 表 8.5-4

促动器故障情形		"1"号连接机构			"2"号连接机构		
		轴向最小位移(mm)	轴向最大位移(mm)	切向最大位移(mm)	轴向最小位移(mm)	轴向最大位移(mm)	切向最大位移(mm)
A046	无故障	1.3	3.6	0.8	0.6	2.5	4.3
	安全荷载 120kN	−2.3	9.2	1.2	−3.3	6.5	12.2
	变化量	−5.7	6.1	0.7	−4.2	4.7	9.2
A149	无故障	−19.6	−9.1	1.5	3.7	11.1	20.7
	安全荷载 120kN	**−37.6**	−6.4	2.8	−0.2	**25.5**	**32.4**
	变化量	**−18.0**	10.2	2.2	−7.4	**14.4**	14.7
A211	无故障	−10.0	2.4	1.5	−12.2	2.0	19.8
	安全荷载 120kN	−26.2	**14.1**	2.4	**−18.6**	14.8	29.5
	变化量	−16.6	**11.7**	1.9	**−8.7**	13.8	**19.2**

8.5.2 故障工况二

在以点 A073 为中心点的抛物面工况中，分别使点 A073（基准态球面下方偏移大的主索节点）对应的促动器置于上限位（+600mm）或维持 120kN 安全荷载，点 A289 和点 E150（基准态球面上方偏移大的主索节点）对应的促动器置于下限位（−600mm）或维持 120kN 安全荷载，各故障点位置如图 8.5-5 所示。

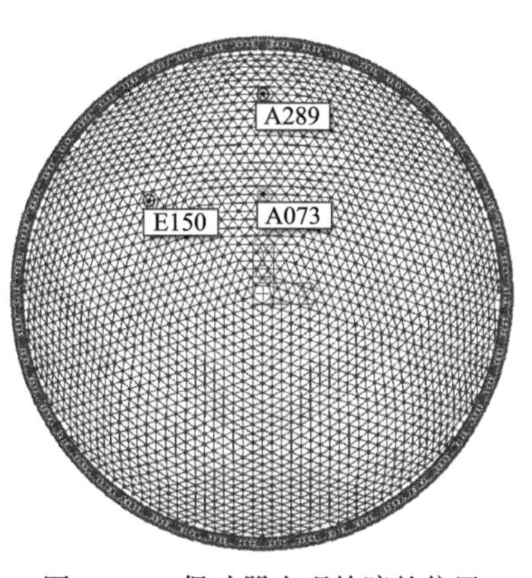

图 8.5-5 促动器出现故障的位置
（中心为 A073 的抛物面工况）

促动器运行至极限位置时，利用碰撞判定原则进行分析，统计促动器故障区域反射面单元连接机构的计算结果，见表 8.5-5；提取故障区域连接机构的节点位移，见表 8.5-6。由表中数据可知：促动器运行至极限位置时，反射面干涉判定用法向量方向变化角小于 90°，反射面板之间不会发生碰撞；背架与主索干涉判定用法向量方向变化角大于 90°，说明背架与主索之间可能出现干涉的情况；在反射面板初始间隙为 10cm 的前提下，三个典型故障情形中，面板最小缝隙为 28.0mm，最大缝隙为 132.0mm，面板间隙最大改变量为 72.0mm；相对无故障情形，最小间隙最多减小 49.7mm，最大间隙最多增大 26.8mm。连接机构“1”等代杆件轴向内收最大值为 23.4mm、外伸最大值为 28.6mm；连接机构“2”等代杆件轴向内收最大值为 27.4mm、外伸最大值为 18.9mm，切向位移最大值为 61.7mm；相对无故障情形，连接机构“1”轴向内收量最多增加 21.8mm、外伸量最多增加 25.4mm；连接机构“2”轴向内收量最多增加 17.4mm、外伸量最多增加 25.9mm，连接机构“2”切向位移最多增加 41.9mm。

反射面单元碰撞判定数据 **表 8.5-5**

促动器故障情形		反射面干涉判定(°)	背架与主索干涉判定(°)	最小间隙(mm)	最大间隙(mm)	相邻连接杆角度改变最小值(°)	相邻连接杆角度改变最大值(°)
A073	无故障	0.6	0.8	96.6	105.5	−2.3	2.0
	上限位+600mm	0.6	1.9	95.0	111.5	−3.8	3.8
	变化量	0.4	1.3	−3.9	6.5	−2.8	2.8
E150	无故障	0.7	1.8	88.9	101.8	−3.7	4.3
	下限位−600mm	3.7	14.9	53.0	122.5	−23.6	23.7
	变化量	3.2	13.9	−41.4	25.2	−25.4	24.2
A289	无故障	1.2	2.2	75.6	114.6	−13.3	13.5
	下限位−600mm	7.5	169.4	**28.0**	**132.0**	−38.3	38.4
	变化量	6.3	167.7	**−49.7**	**26.8**	−26.6	26.5

连接机构节点位移比较 **表 8.5-6**

促动器故障情形		“1”号连接机构			“2”号连接机构		
		轴向最小位移(mm)	轴向最大位移(mm)	切向最大位移(mm)	轴向最小位移(mm)	轴向最大位移(mm)	切向最大位移(mm)
A073	无故障	1.4	3.6	0.9	0.5	2.2	4.3
	上限位+600mm	−0.3	6.1	0.9	−1.5	4.0	7.1
	变化量	−3.4	3.2	0.4	−2.7	2.5	4.2
E150	无故障	0.4	3.3	1.2	−16.6	−7.3	7.2
	下限位−600mm	−19.1	**28.6**	**3.6**	**−27.4**	11.2	39.6
	变化量	**−21.8**	**25.4**	3.3	−13.7	23.0	37.7
A289	无故障	−5.2	0.4	1.9	−11.6	−3.7	22.7
	下限位−600mm	**−23.4**	22.1	4.1	−24.6	**18.9**	**61.7**
	变化量	−19.6	24.9	3.4	**−17.4**	**25.9**	**41.9**

促动器维持120kN随动时，利用碰撞判定原则进行分析，统计促动器故障区域反射面单元连接机构的计算结果，见表8.5-7；提取故障区域连接机构的节点位移，见表8.5-8。由表中数据可知：促动器维持120kN随动时，反射面判定用法向量和背架与主索干涉判定用法向量的方向变化角均小于90°，说明这三个故障区域反射面板不会发生碰撞，背架与主索不会出现干涉的情况；面板最小缝隙为48.2mm，最大缝隙为123.3mm，反射面板间隙最大改变量为51.8mm；相对无故障情形，最小间隙最多减小29.5mm，最大间隙最多增大14.0mm。连接机构“1”等代杆件轴向内收最大值为14.4mm、外伸最大值为11.9mm；连接机构“2”等代杆件轴向内收最大值为16.7mm、外伸最大值为6.5mm，切向位移最大值为44.8mm；相对无故障情形，连接机构“1”轴向内收量最多增加10.6mm、外伸量最多增加13.3mm；连接机构“2”轴向内收量最多增加8.3mm、外伸量最多增加13.0mm，连接机构“2”切向位移最多增加25.0mm。

反射面单元碰撞判定数据 **表8.5-7**

促动器故障情形		反射面干涉判定(°)	背架与主索干涉判定(°)	最小间隙(mm)	最大间隙(mm)	相邻连接杆角度改变最小值(°)	相邻连接杆角度改变最大值(°)
A073	无故障	0.6	0.8	96.6	105.5	−2.3	2.0
	安全荷载120kN	1.1	3.4	88.3	112.0	−6.9	6.6
	变化量	0.6	2.8	−11.5	6.6	−4.6	4.6
E150	无故障	0.7	1.8	88.9	101.8	−3.7	4.3
	安全荷载120kN	1.4	2.1	75.7	110.6	−12.6	12.6
	变化量	0.9	1.5	−14.7	12.0	−10.1	10.1
A289	无故障	1.2	2.2	75.6	114.6	−13.3	13.5
	安全荷载120kN	2.9	30.6	**48.2**	**123.3**	−27.8	27.8
	变化量	1.9	28.9	**−29.5**	**14.0**	−15.8	15.9

连接机构节点位移比较 **表8.5-8**

促动器故障情形		“1”号连接机构			“2”号连接机构		
		轴向最小位移(mm)	轴向最大位移(mm)	切向最大位移(mm)	轴向最小位移(mm)	轴向最大位移(mm)	切向最大位移(mm)
A073	无故障	1.43	3.59	0.86	0.52	2.25	4.31
	安全荷载120kN	−2.8	9.1	1.3	−2.4	6.7	12.8
	变化量	−5.7	5.9	0.7	−3.9	4.9	9.4
E150	无故障	0.4	3.3	1.2	−16.6	−7.3	7.2
	安全荷载120kN	−0.6	**11.9**	**1.2**	**−16.7**	−0.9	20.7
	变化量	−1	10.2	0	−2.4	7.1	17.6
A289	无故障	−5.2	0.4	1.9	−11.6	−3.7	22.7
	安全荷载120kN	**−14.4**	10.6	2.3	−15.4	**6.5**	**44.8**
	变化量	**−10.6**	**13.3**	1.6	**−8.3**	**13**	**25**

8.5.3　故障工况三

在以点 A003 为中心点的抛物面工况中，分别使点 A003（基准态球面下方偏移大的主索节点）对应的促动器置于上限位（+600mm）或 120kN 安全荷载，点 A129 和点 E098（基准态球面上方偏移大的主索节点）对应的促动器置于下限位（−600mm）或 120kN 安全荷载，各故障点位置如图 8.5-6 所示。

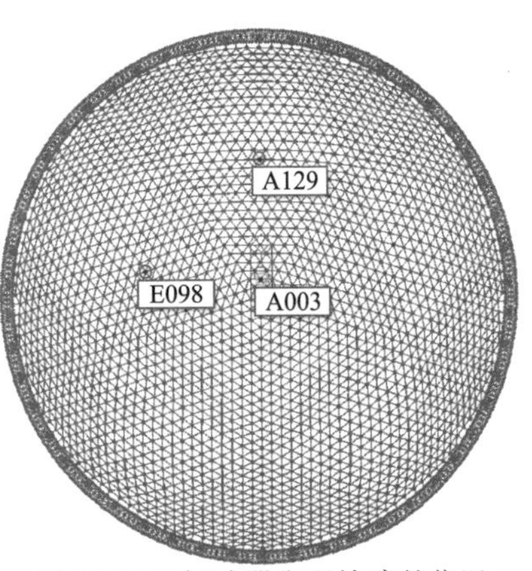

图 8.5-6　促动器出现故障的位置
（中心为 A003 的抛物面工况）

促动器运行至极限位置时，利用碰撞判定原则进行分析，统计促动器故障区域反射面单元连接机构的计算结果，见表 8.5-9；提取故障区域连接机构的节点位移，见表 8.5-10。由表中数据可知：促动器运行至极限位置时，反射面干涉判定用法向量方向变化角小于 90°，反射面板之间不会发生碰撞；背架与主索干涉判定用法向量方向变化角大于 90°，说明背架与主索之间可能存在干涉的情况；在反射面板初始间隙为 10cm 的前提下，三个典型故障情形中，面板最小缝隙为 27.2mm，最大缝隙为 134.5mm，面板间隙最大改变量为 72.8mm；相对无故障情形，最小间隙最多减小 50.1mm，最大间隙最多增大 26.4mm。连接机构“1”等代杆件轴向内收最大值为 24.2mm、外伸最大值为 27.1mm；连接机构“2”等代杆件轴向内收最大值为 30.4mm、外伸最大值为 17.9mm，切向位移最大值为 59.8mm；相对无故障情形，连接机构“1”轴向内收量最多增加 19.7mm、外伸量最多增加 27.0mm；连接机构“2”轴向内收量最多增加 18.5mm、外伸量最多增加 25.3mm，连接机构“2”切向位移最多增加 40.3mm。

反射面单元碰撞判定数据　　　　表 8.5-9

促动器故障情形		反射面干涉判定(°)	背架与主索干涉判定(°)	最小间隙(mm)	最大间隙(mm)	相邻连接杆角度改变最小值(°)	相邻连接杆角度改变最大值(°)
A003	无故障	0.4	0.6	96.9	105.5	−2.0	2.0
	上限位+600mm	0.4	1.6	94.1	111.7	−3.8	3.8
	变化量	0.0	1.4	−5.5	6.4	−2.7	2.7
A129	无故障	0.8	1.7	75.6	114.5	−12.1	12.3
	下限位−600mm	6.0	165.4	**27.2**	**134.5**	−34.2	34.3
	变化量	5.2	164.5	**−50.1**	**26.4**	−25.8	23.1
E098	无故障	0.7	1.3	80.5	108.7	−9.0	9.2
	下限位−600mm	4.8	133.5	38.1	129.6	−29.3	29.4
	变化量	4.1	132.7	−48.5	26.1	−27.6	23.9

连接机构节点位移比较 表 8.5-10

促动器故障情形		"1"号连接机构			"2"号连接机构		
		轴向最小位移(mm)	轴向最大位移(mm)	切向最大位移(mm)	轴向最小位移(mm)	轴向最大位移(mm)	切向最大位移(mm)
A003	无故障	1.2	3.7	0.5	0.3	2.7	5.0
	上限位+600mm	0.0	5.7	0.5	−1.4	4.0	7.3
	变化量	−3.3	3.8	0.0	−2.6	2.4	4.7
A129	无故障	−5.2	−0.9	1.1	−10.2	−2.9	21.7
	下限位−600mm	**−24.2**	22.4	3.7	−25.6	**17.9**	**59.8**
	变化量	**−19.7**	**27.0**	3.6	**−18.5**	**25.3**	39.9
E098	无故障	−2.4	2.3	1.1	−14.2	−7.3	16.4
	下限位−600mm	−20.5	**27.1**	3.8	**−30.4**	15.1	49.4
	变化量	−19.1	26.6	3.7	−17.7	24.5	**40.3**

促动器维持120kN随动时，利用碰撞判定原则进行分析，统计促动器故障区域反射面单元连接机构的计算结果，见表8.5-11；提取故障区域连接机构的节点位移，见表8.5-12。由表中数据可知：促动器维持120kN随动时，反射面判定用法向量和背架与主索干涉判定用法向量的方向变化角均小于90°，说明这三个故障区域反射面板不会发生碰撞，背架与主索不会出现干涉的情况；面板最小缝隙为48.2mm，最大缝隙为125.7mm，反射面板间隙最大改变量为51.8mm；相对无故障情形，最小间隙最多减小29.1mm，最大间隙最多增大14.4mm。连接机构"1"等代杆件在轴向内收最大值为14.8mm、外伸最大值为13.4mm；连接机构"2"等代杆件在轴向内收最大值为20.3mm、外伸最大值为6.7mm，切向位移最大值为43.8mm；相对无故障情形，连接机构"1"轴向内收量最多增加10.3mm、外伸量最多增加14.3mm；连接机构"2"轴向内收量最多增加9.2mm、外伸量最多增加13.1mm，连接机构"2"切向位移最多增加23.7mm。

反射面单元碰撞判定数据 表 8.5-11

促动器故障情形		反射面干涉判定(°)	背架与主索干涉判定(°)	最小间隙(mm)	最大间隙(mm)	相邻连接杆角度改变最小值(°)	相邻连接杆角度改变最大值(°)
A003	无故障	0.4	0.6	97.0	105.5	−2.0	2.0
	安全荷载120kN	0.9	3.4	86.9	111.5	−6.9	6.9
	变化量	0.7	3.1	−11	9.7	−5.1	5.1
A129	无故障	0.8	1.7	75.6	114.5	−12.1	12.3
	安全荷载120kN	2.6	24.1	**48.2**	**125.7**	−24.9	25
	变化量	1.8	23.2	**−29.1**	**14.4**	−13.8	13.8
E098	无故障	0.7	1.3	80.5	108.7	−9.0	9.2
	安全荷载120kN	1.9	7.4	60.9	115.9	−18.3	18.3
	变化量	1.4	6.6	−25.6	13.1	−13	12.9

连接机构节点位移比较 表 8.5-12

促动器故障情形		"1"号连接机构			"2"号连接机构		
		轴向最小位移(mm)	轴向最大位移(mm)	切向最大位移(mm)	轴向最小位移(mm)	轴向最大位移(mm)	切向最大位移(mm)
A003	无故障	1.2	3.7	0.5	0.3	2.7	5.1
	安全荷载 120kN	−5.4	9.1	1.0	−2.9	6.9	13.2
	变化量	−6.8	5.9	0.7	−3.8	5.0	9.7
A129	无故障	−5.2	−0.9	1.1	−10.2	−2.9	21.7
	安全荷载 120kN	**−14.8**	9.7	1.7	−16.4	**6.7**	**43.8**
	变化量	**−10.3**	**14.3**	1.6	**−9.2**	**13.1**	**23.7**
E098	无故障	−2.4	2.3	1.1	−14.2	−7.3	16.4
	安全荷载 120kN	−9.6	**13.4**	1.6	**−20.3**	1.6	31.3
	变化量	−8.3	12.9	1.6	−7.6	11.3	22.1

综合上述三个典型促动器故障工况的计算结果，提取相对无故障时反射面单元位形的最大变化量见表 8.5-13。由表中数据可以看出，促动器运行至极限位置时反射面单元的位形改变远大于促动器维持 120kN 随动时的情况，说明有必要对促动器设置安全荷载，保障 FAST 的正常运行。

典型故障工况反射面单元节点位移增量比较（mm） 表 8.5-13

促动器故障情形	抛物面中心点	最小间隙减小量	最大间隙增加量	"1"号连接机构		"2"号连接机构		
				轴向内收增加量	轴向外伸增加量	轴向内收增加量	轴向外伸增加量	切向位移增加量
运行至极限位置	A046	45.3	**34.1**	**33.9**	24.2	17.8	**29.7**	**45.7**
	A073	49.7	26.8	21.8	25.4	17.4	25.9	41.9
	A003	**50.1**	26.4	19.7	**27.0**	**18.5**	25.3	40.3
维持 120kN 安全荷载	A046	21.2	**18.3**	**18**	11.7	8.7	**14.4**	19.2
	A073	**29.5**	14	10.6	13.3	8.3	13	**25**
	A003	29.1	14.4	10.3	**14.3**	**9.2**	13.1	23.7

参考文献

[1] 王启明，高原，薛建兴，等.500 m 口径球面射电望远镜反射面液压促动器关键性能分析 [J]. 机械工程学报，2017，53 (2)：183-191.

[2] 朱明. FAST 促动器可靠性理论与试验研究 [D]. 北京：中国科学院大学，2015.

[3] 中国电子科技集团公司第五十四研究所，浙江东南网架股份有限公司. 中国科学院国家天文台 FAST 工程反射面单元设计与制造设计方案报告 [R]. 2015 年 5 月.

第9章　索网结构施工模拟分析

9.1　索网结构张拉施工模拟分析方法

由于FAST现场条件和施工设备的限制，在索网施工过程中，不可能同步张拉所有的钢索，需要分批张拉。同时，对于体量较大的索网结构，张拉过程中单根索的牵引和张拉行程长，无法一次张拉到位，需要分级进行张拉。在分批、分级张拉索网的过程中，后批索张拉会影响到前批已张拉索的索力及节点位形，下一级索张拉也会引起上一级张拉索力及节点位形的变化。

为了控制索网张拉过程的有效性和合理性，充分考虑分批、分级张拉时索的相互作用，有必要对整个施工过程进行数值模拟分析寻找合理的张拉方案，掌握整个张拉过程中钢索的内力和索网变形，以便在实际施工过程中实时对比现场数据，提高施工过程的可控性及精度[1~7]。

一般采用非线性有限元方法模拟索结构张拉施工分析。可以通过以下三种方式，模拟索结构的不同张拉过程：

（1）通过调整索的初张力水平来模拟索的张拉过程。如在ANSYS中[8]，可以采用修改“初始应变”或“负温度”来实现对索初张力的调整。这种调整本质上是对索的无应力长度进行修改，增大初始应变和增大负温度值都等效于减小索的无应力长度，此类方法比较适用于张拉过程中索长度变化较小的结构。

（2）通过给定强制位移来张紧或放松索。这种方法一般适用于索一端为支座的情况，如FAST索网中的下拉索，施加的强制位移值即为实际施工时下拉索所连促动器的张拉行程量。

（3）通过生死单元来实现施工过程的逆向分析。可以利用有限元软件中的生死单元功能，模拟下拉索的分批安装和张拉。如在ANSYS中[8]，可以通过“EKILL”和“EALIVE”命令“杀死”和“激活”索单元，从整个索网安装就位的初始状态，分批杀死张拉的索单元，模拟FAST索网的张拉施工的逆过程。

9.2　索网结构张拉施工模拟分析

9.2.1　张拉施工原则

FAST索网结构口径约500m，由6670根主索及2225根下拉索组成。索网通过150根边缘主索悬挂在圈梁上，并通过全部下拉索拉结到地面。由于索网体量巨大，分布面积广，结构张拉施工难度大。

由于所有的下拉索都通过串联促动器与地锚点连接，可以通过调节促动器来张紧或放松下拉索。利用FAST索网结构这一特点，确定索网加工及施工的原则为：与圈梁相连的150根主索制作为可调节索，其余各主索全部按定长索制造，整个施工过程通过促动器张拉下拉索来完成。

索网结构的张拉施工可以分为三个阶段：

（1）索网的安装。通过施工机具把主索拼装成索网，把下拉索与促动器串联并与地锚点连接。

（2）索网的张拉。通过促动器把下拉索张拉至标定的长度或设计内力水平，完成对整个结构预应力的施加。

（3）安装反射面单元。吊装反射面单元支承于主索节点，并依据现场监测数据对促动器进行微调，使面板位置满足球面基准态的位形精度要求。

9.2.2　索网安装过程分析

索网安装工作的主要内容是拼装主索以形成索网曲面。由于主索面积巨大，根数较多，安装方法和安装顺序会对结构受力和施工效率产生较大影响，因此需要一个合理的安装方案。在拼装过程中，不考虑下拉索的作用，即假定促动器可以伸长足够多，能够使下拉索在拼装过程中始终保持松弛状态，则主索拼装完成后的变形情况如图9.2-1所示。可以看出，主索偏离基准态球面的距离最多可以达到1m以上，但促动器设计最大行程仅为±600mm，因此在实际的安装过程中下拉索无法完全保持松弛状态，需要考虑促动器的实际行程范围来分析安装过程中结构的受力状态。

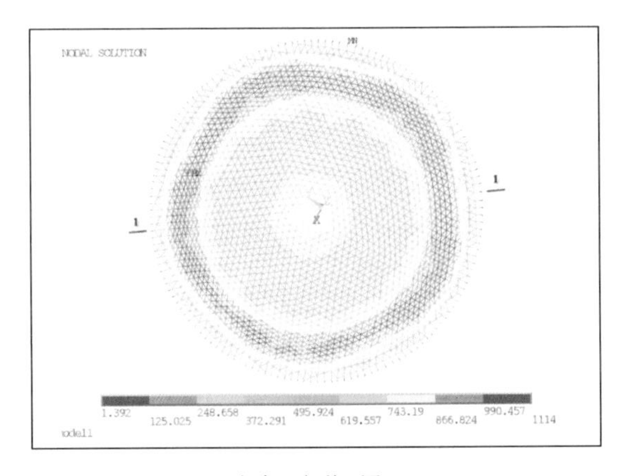

(a) 主索网变形云图(mm)

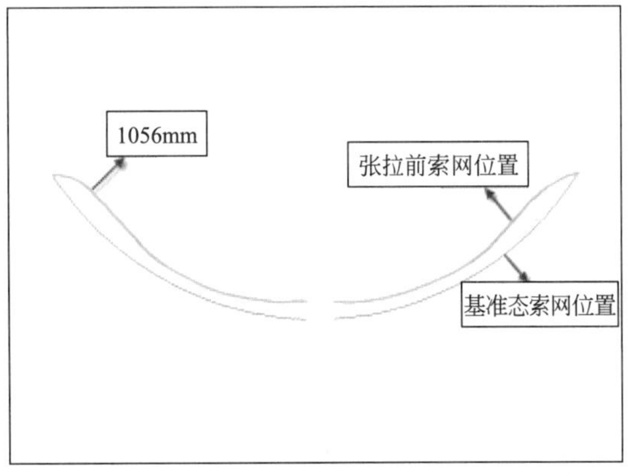

(b) 1-1剖面

图9.2-1　下拉索完全松弛时主索网位形示意

考虑在安装主索的同时，把下拉索与促动器串联并与地锚点连接，使促动器统一伸长500mm。采用设置径向施工导索和施工便道的方案分区域对称安装索网，安装过程参考文献［9］，分为15步，各安装步索网的内力分布如图9.2-2～图9.2-16所示。安装过程最大索力和最大应力，如表9.2-1所示。

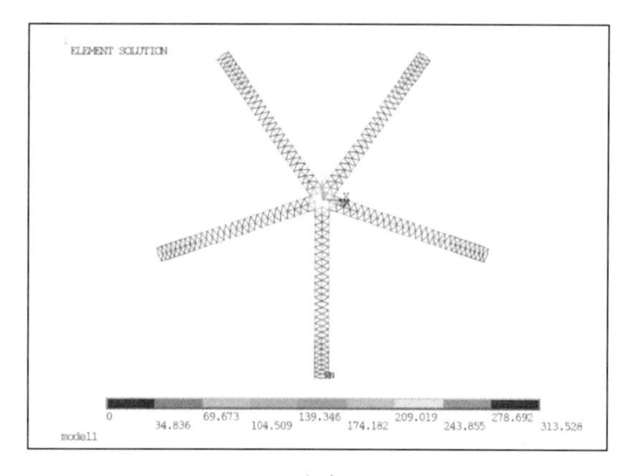

(a) 主索网

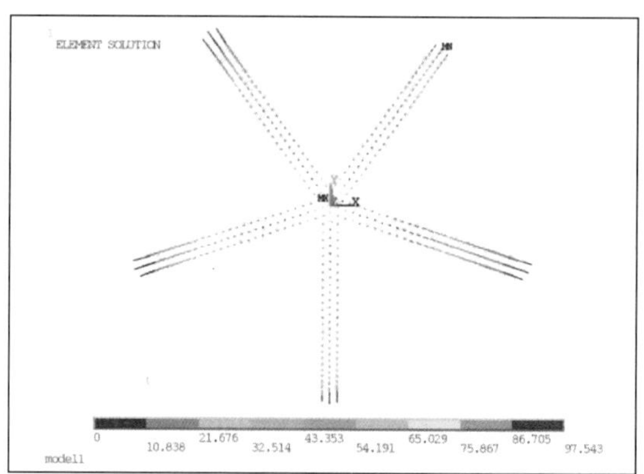

(b) 下拉索

图 9.2-2　安装步 1 索网应力分布（MPa）

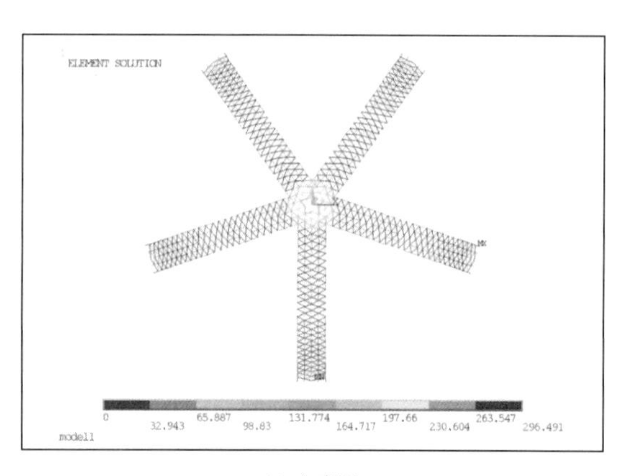

(a) 主索网

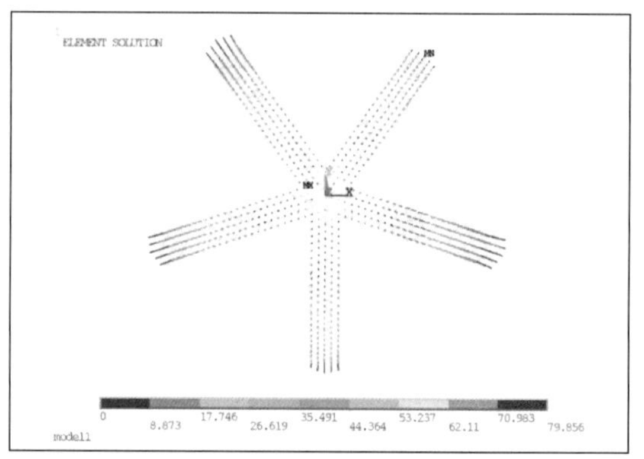

(b) 下拉索

图 9.2-3　安装步 2 索网应力分布（MPa）

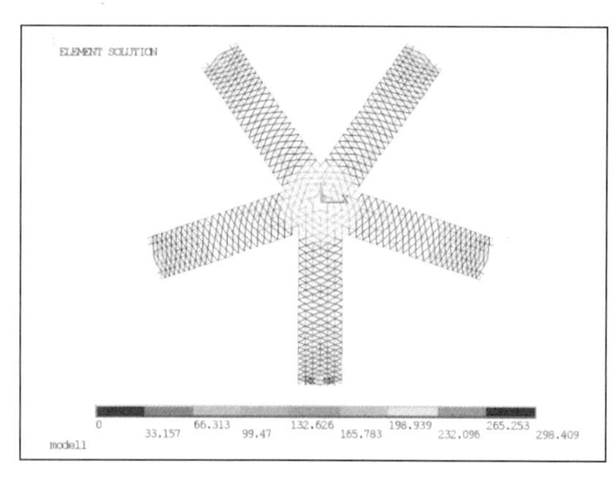

(a) 主索网

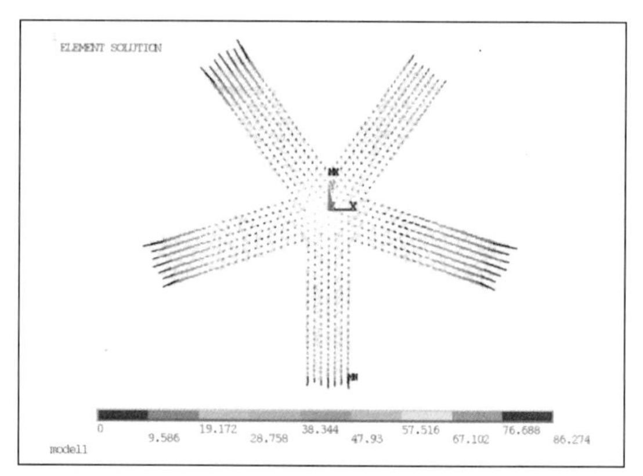

(b) 下拉索

图 9.2-4　安装步 3 索网应力分布（MPa）

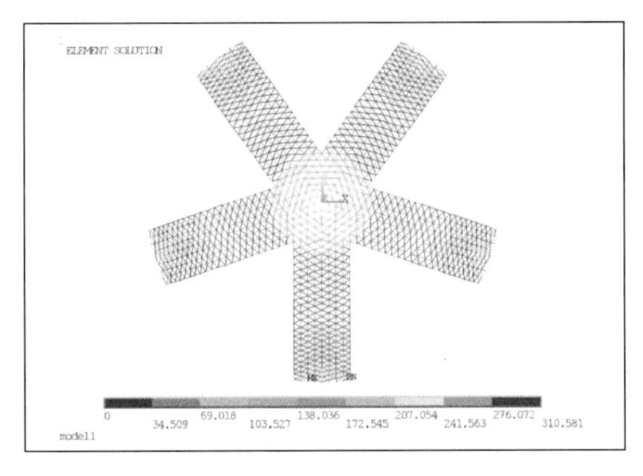

(a) 主索网

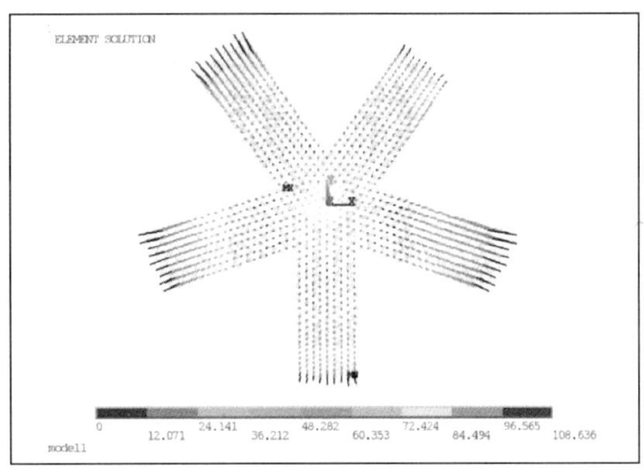

(b) 下拉索

图 9.2-5 安装步 4 索网应力分布（MPa）

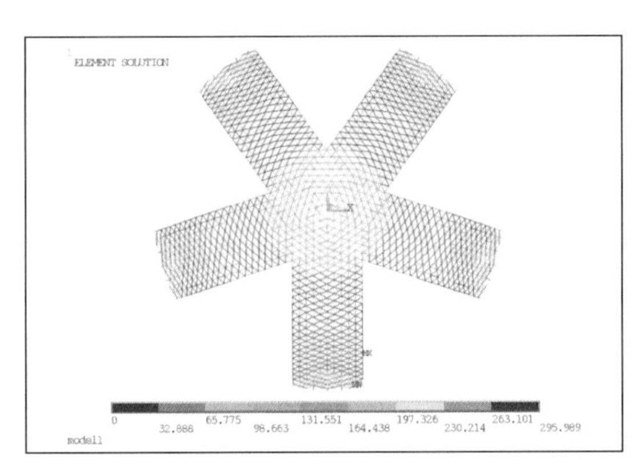

(a) 主索网

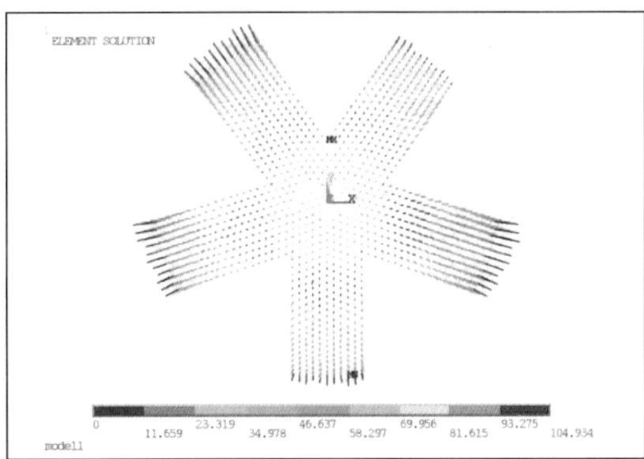

(b) 下拉索

图 9.2-6 安装步 5 索网应力分布（MPa）

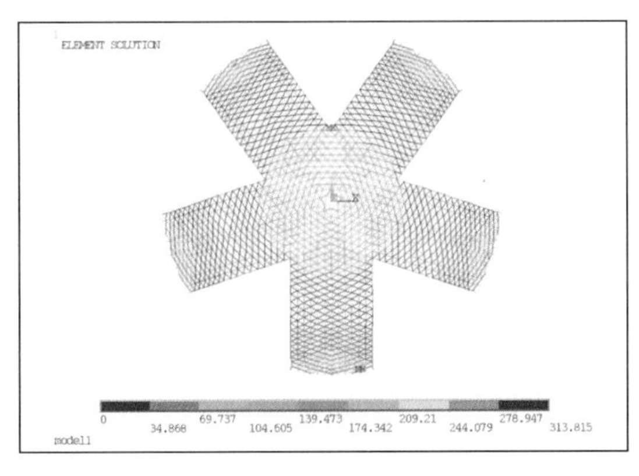

(a) 主索网

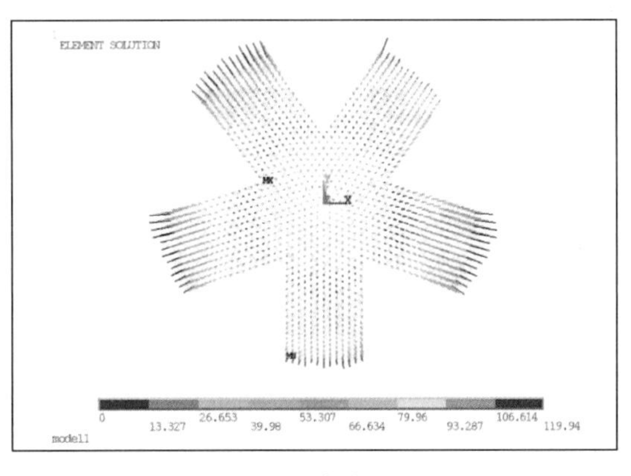

(b) 下拉索

图 9.2-7 安装步 6 索网应力分布（MPa）

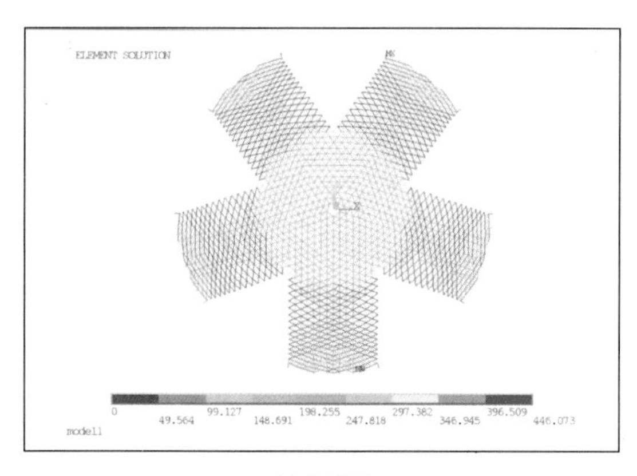

(a) 主索网

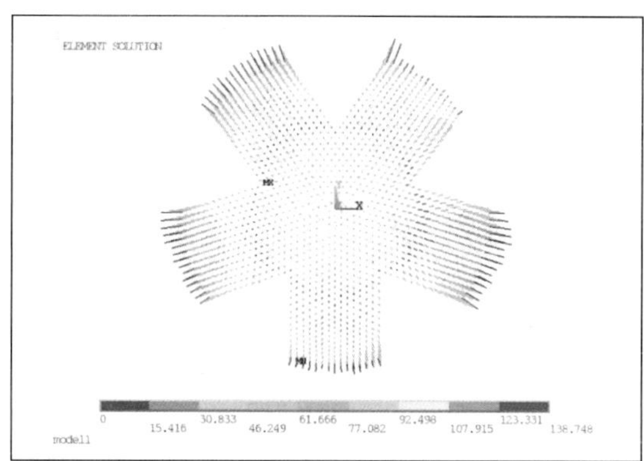

(b) 下拉索

图 9.2-8　安装步 7 索网应力分布（MPa）

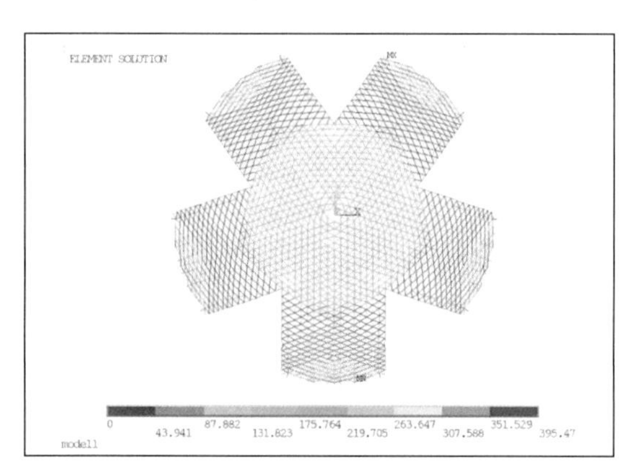

(a) 主索网

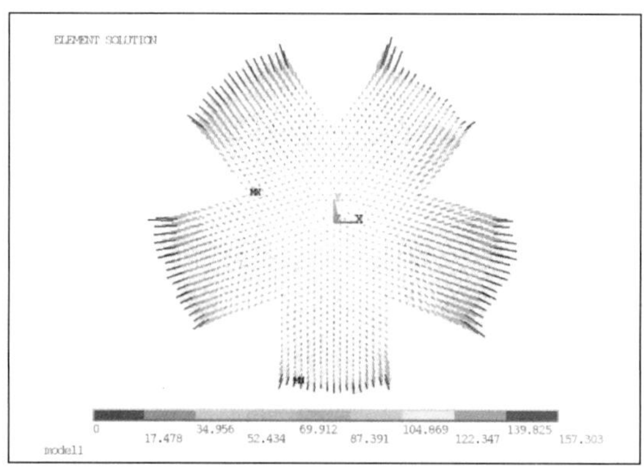

(b) 下拉索

图 9.2-9　安装步 8 索网应力分布（MPa）

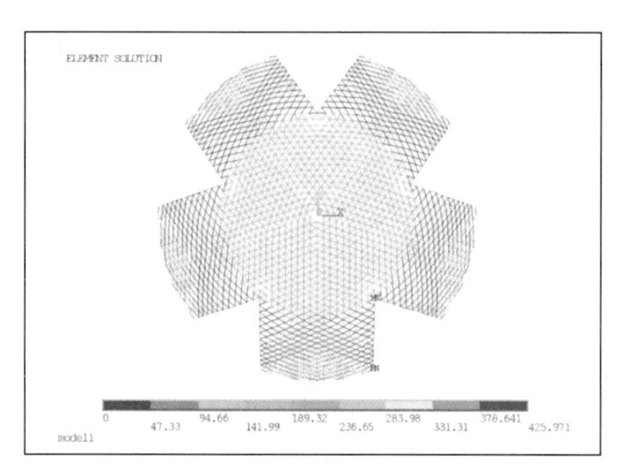

(a) 主索网

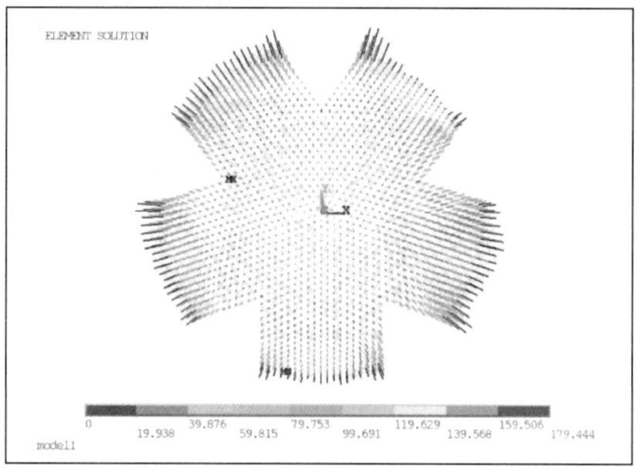

(b) 下拉索

图 9.2-10　安装步 9 索网应力分布（MPa）

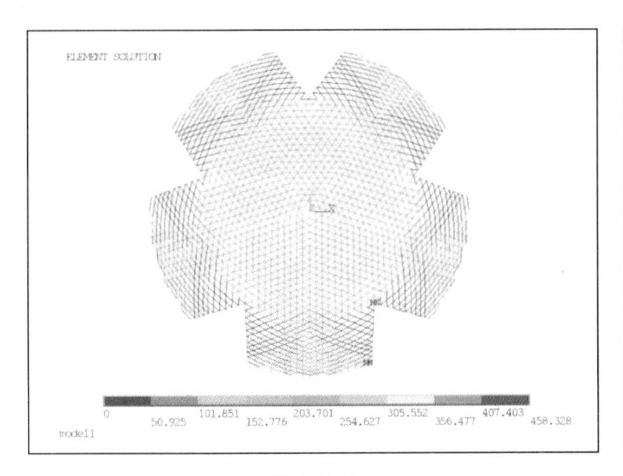

(a) 主索网

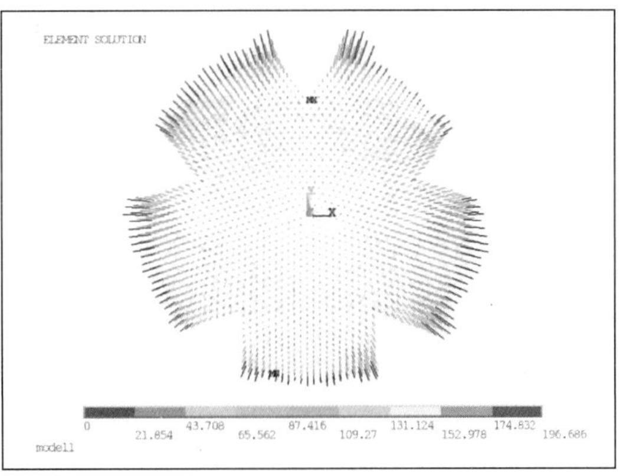

(b) 下拉索

图 9.2-11　安装步 10 索网应力分布（MPa）

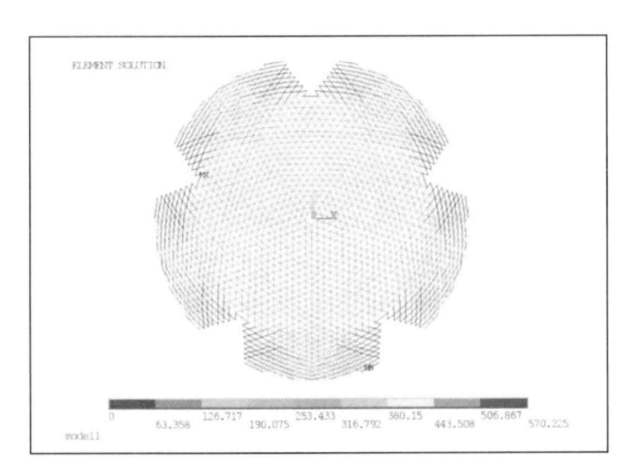

(a) 主索网

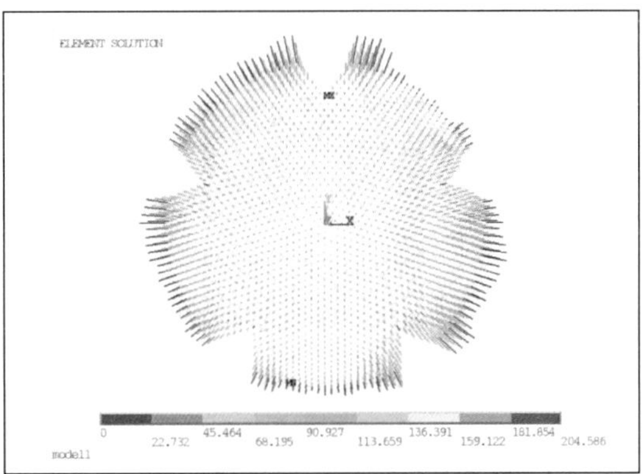

(b) 下拉索

图 9.2-12　安装步 11 索网应力分布（MPa）

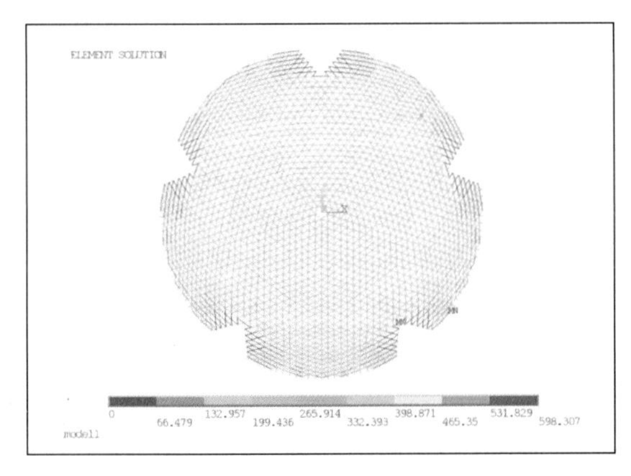

(a) 主索网

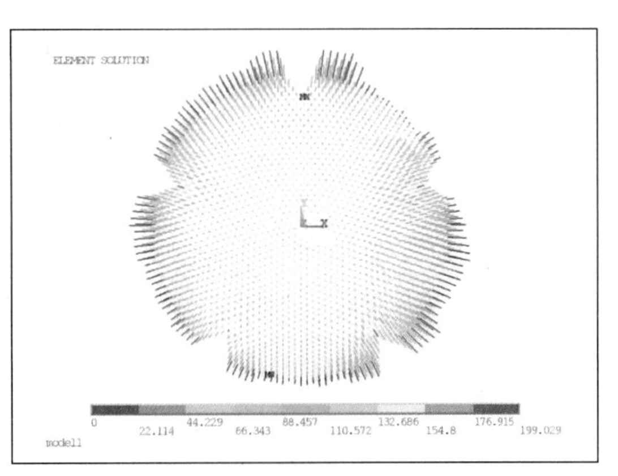

(b) 下拉索

图 9.2-13　安装步 12 索网应力分布（MPa）

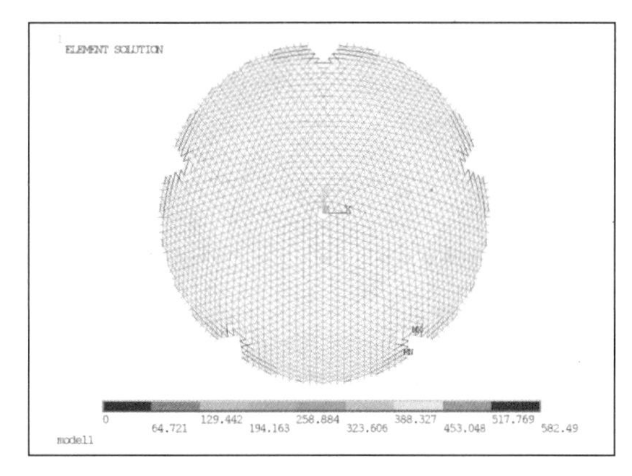

(a) 主索网

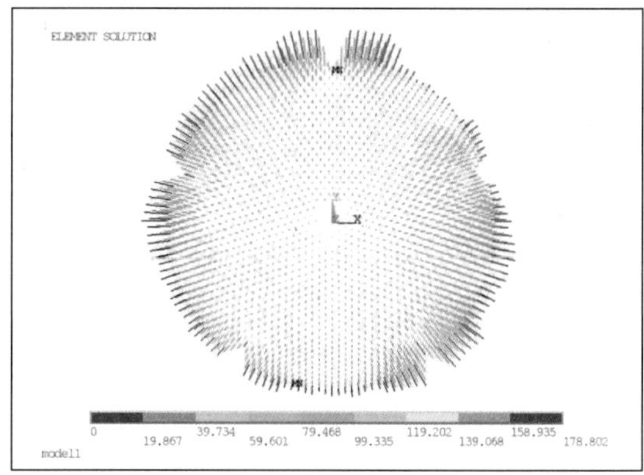

(b) 下拉索

图 9.2-14　安装步 13 索网应力分布（MPa）

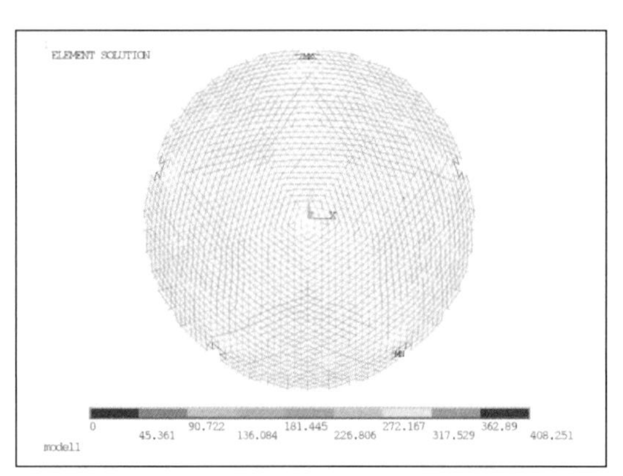

(a) 主索网

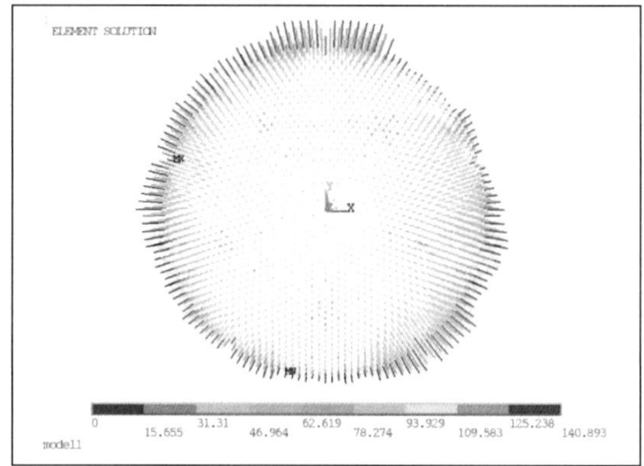

(b) 下拉索

图 9.2-15　安装步 14 索网应力分布（MPa）

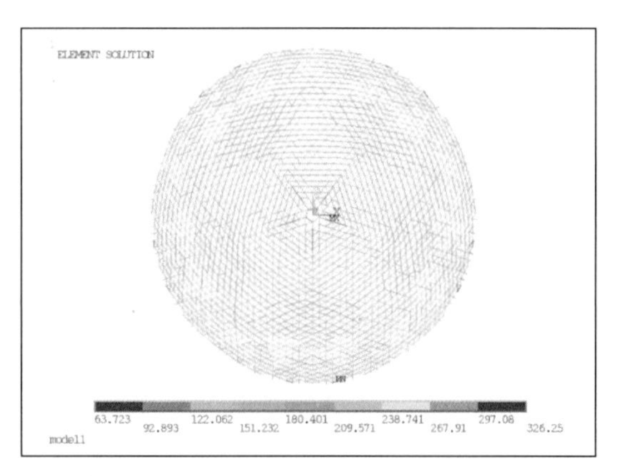

(a) 主索网

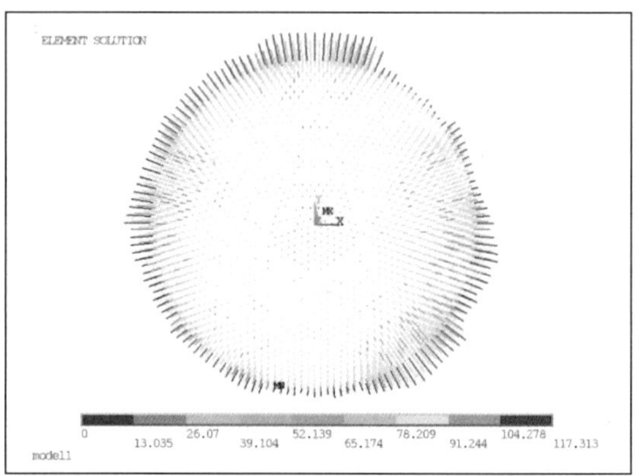

(b) 下拉索

图 9.2-16　安装步 15 索网应力分布（MPa）

索网安装过程中内力、应力比较　　表 9.2-1

施工步骤	最大索力(kN)		最大应力(MPa)	
	主索	下拉索	主索	下拉索
1	315.8	13.7	313.5	97.5
2	305.8	11.2	296.5	79.9
3	298.6	12.1	298.4	86.3
4	318.6	15.2	310.6	108.6
5	309.2	14.7	296.0	104.9
6	319.7	16.8	313.8	119.9
7	338.5	19.4	446.1	138.7
8	373.5	22.0	395.5	157.3
9	397.5	25.1	426.0	179.4
10	**430.5**	27.5	458.3	196.7
11	429.8	**28.6**	570.2	**204.6**
12	405.0	27.9	**598.3**	199.0
13	391.5	25.0	582.5	178.8
14	343.7	19.7	408.3	140.9
15	346.5	16.4	326.3	117.3

由上述图表可以看出：

(1) 在安装过程中，索网索力普遍保持在一个较低的水平，主索最大索力不超过440kN，下拉索最大索力不超过30kN，索力较大的主索主要分布在边缘与钢圈梁相连的区域，索力较大的下拉索主要分布在安装区域边界相交处。

(2) 在安装过程中，索网应力也普遍维持在一个较低的水平，主索最大应力不超过600MPa，下拉索最大应力不超过205MPa，安装完成前应力最大的索主要出现在安装区域边界相交处，安装完成后应力较大的索主要出现在整个索网的中间区域。

(3) 安装过程中，主索和下拉索最大索力和应力出现在步骤9～步骤13。

9.2.3 张拉方案分析

索网的张拉施工在索网安装完成以后开始进行，张拉过程的初始状态为索网安装完成时的状态，内力如图9.2-16所示，张拉过程的结束态为下拉索张拉至标定的长度或设计内力水平的状态。索网张拉完成后再进行反射面单元安装。

由于索网覆盖面积巨大，下拉索的张拉行程也比较大，考虑现场的施工条件和控制水平，整个索网张拉施工不可能一次完成。根据常规的张拉解决方案，可以对下拉索进行分批和分级张拉。结合图9.2-1中下拉索松弛时主索网的变形形态，并依据下拉索所在的位置，由内向外把下拉索分为四批进行张拉，见图9.2-17。考虑在索网安装完成时，下拉索已经全部与促动器连接且促动器统一伸长500mm，控制促动器的行程把张拉过程分为三级，第一级促动器收缩300mm，第二级促动器收缩150mm，第三级促动器收缩50mm。当促动器收缩至设计标定位置时认为张拉过程完成。

(a) 第一批下拉索张拉位置

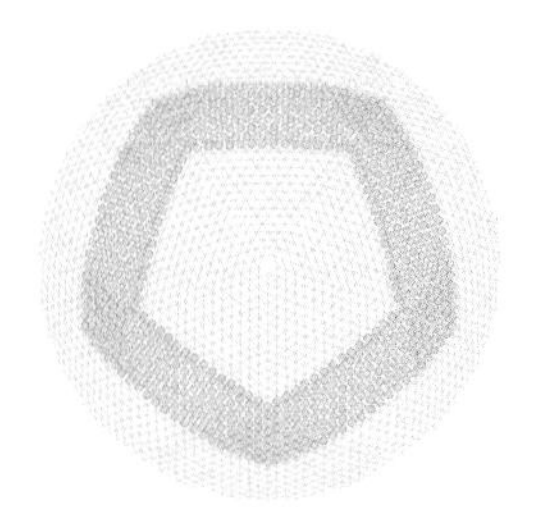

(b) 第二批下拉索张拉位置

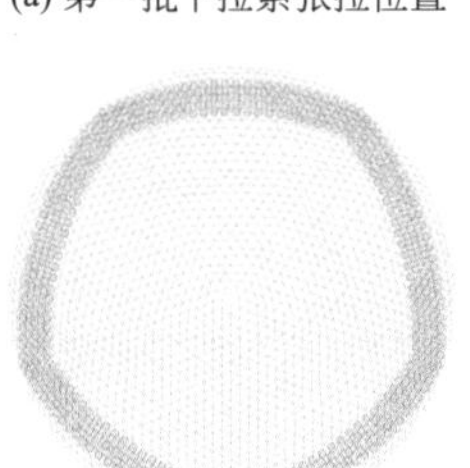

(c) 第三批下拉索张拉位置

(d) 第四批下拉索张拉位置

图 9.2-17　分批张拉下拉索位置示意

第一批张拉的下拉索共 525 根，对应的主索编号为 1～1500，下拉索编号为 1～525，主索节点编号为 1～525；第二批张拉的下拉索共 740 根，对应的主索编号为 1501～3680，下拉索编号为 526～1265，主索节点编号为 526～1265；第三批张拉的下拉索共 625 根，对应的主索编号为 3681～5530，下拉索编号为 1266～1890，主索节点编号为 1266～1890；第四批张拉的下拉索共 335 根，对应的主索编号为 5531～6670，下拉索编号为 1891～2225，主索节点编号为 1891～2225。

本节分别采用只分批张拉、只分级张拉以及分批和分级张拉相结合三种方案进行分析比较，以选择合理的张拉施工方案。

1. 分批张拉方案

按照由内向外的顺序对下拉索进行分批张拉，三个张拉阶段的索网变形如图 9.2-18～图 9.2-21 所示（图中位移值为节点在相应状态相对于球面基准态时的距离）。

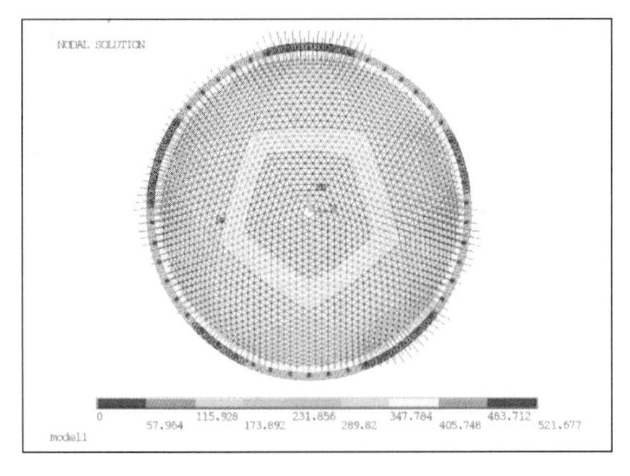

(a) 平面图

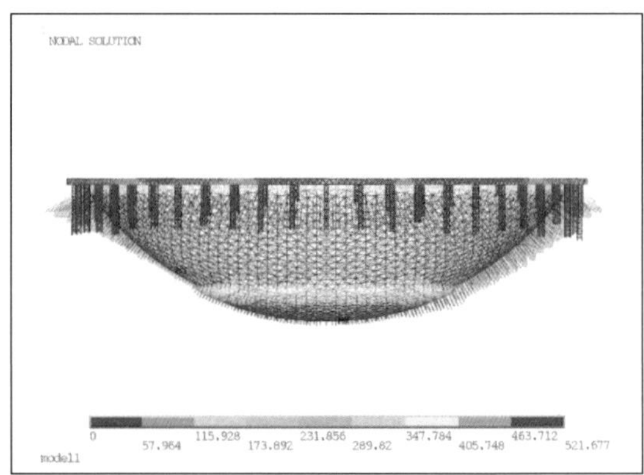

(b) 立面图

图 9.2-18　第一批下拉索张拉完成后索网变形图（mm）

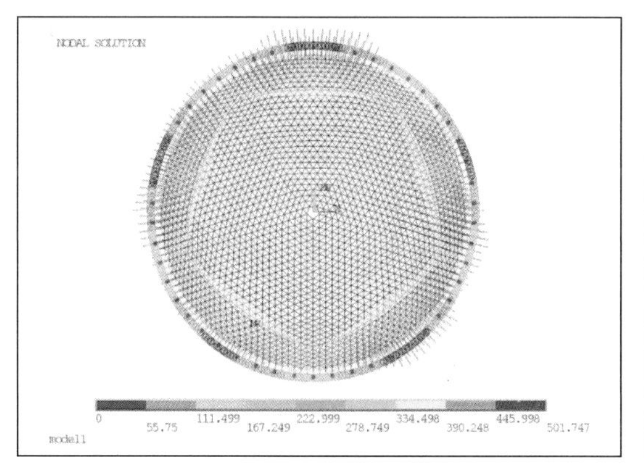

(a) 平面图

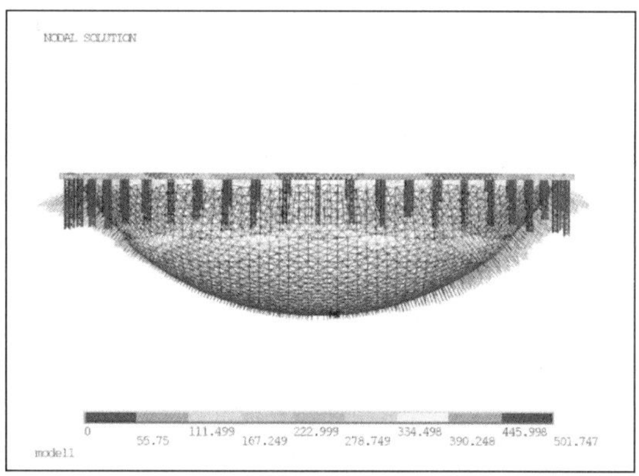

(b) 立面图

图 9.2-19　第二批下拉索张拉完成后索网变形图（mm）

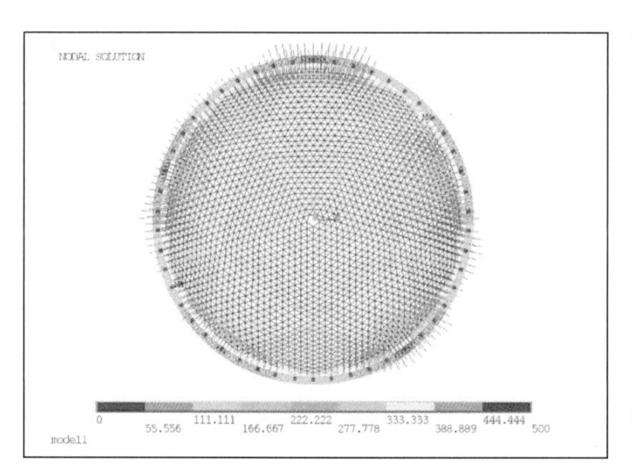

(a) 平面图

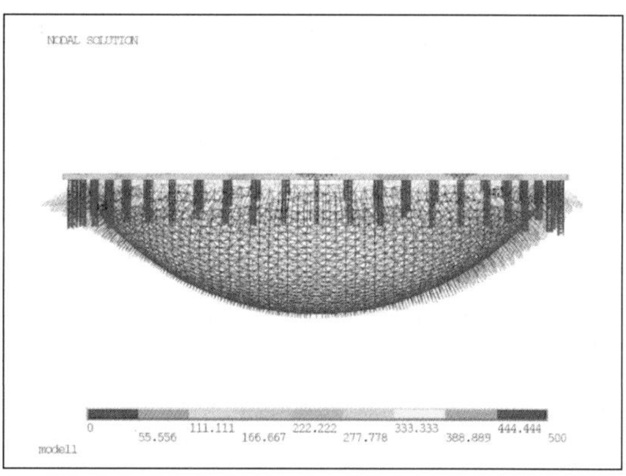

(b) 立面图

图 9.2-20　第三批下拉索张拉完成后索网变形图（mm）

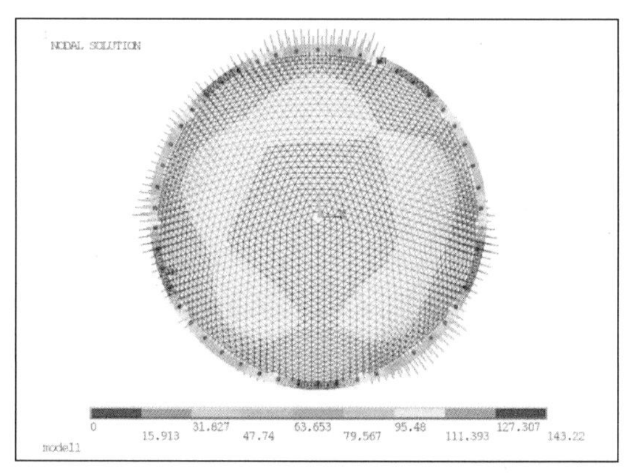

(a) 平面图

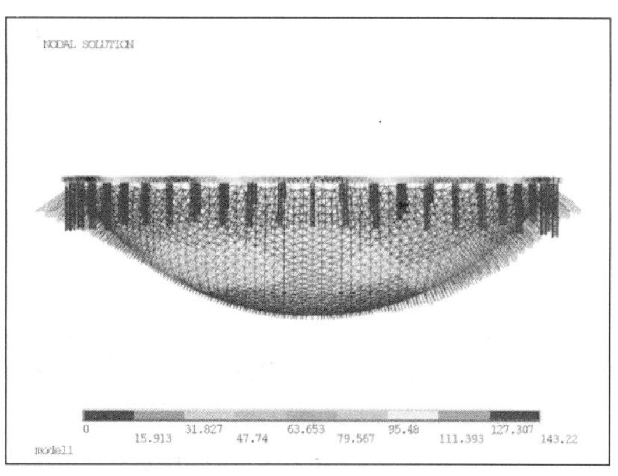

(b) 立面图

图 9.2-21　第四批下拉索张拉完成后索网变形图（mm）

三个阶段索网应力如图 9.2-22～图 9.2-25 所示。

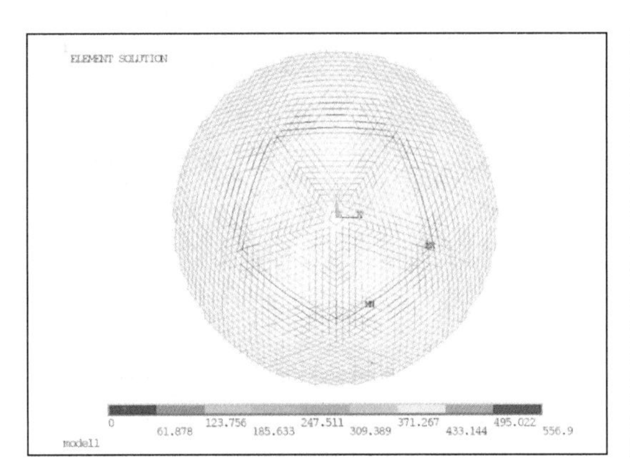

(a) 主索网

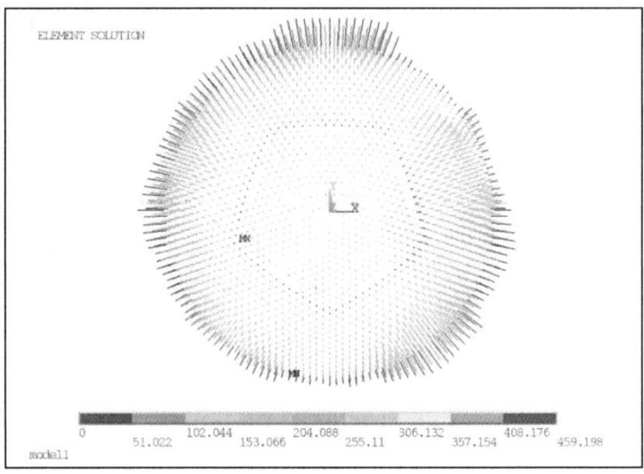

(b) 下拉索

图 9.2-22　第一批下拉索张拉完成后索网应力图（MPa）

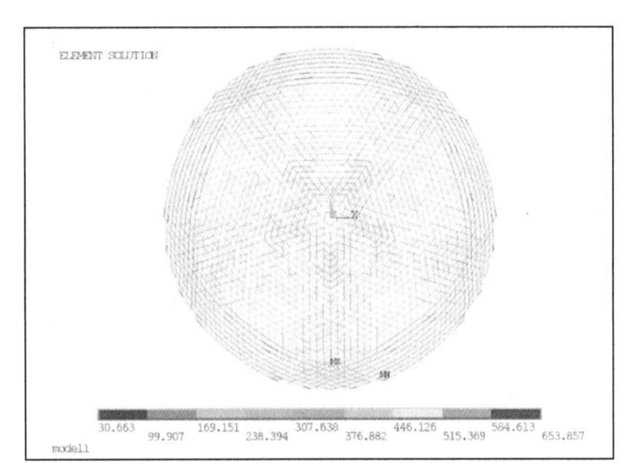

(a) 主索网

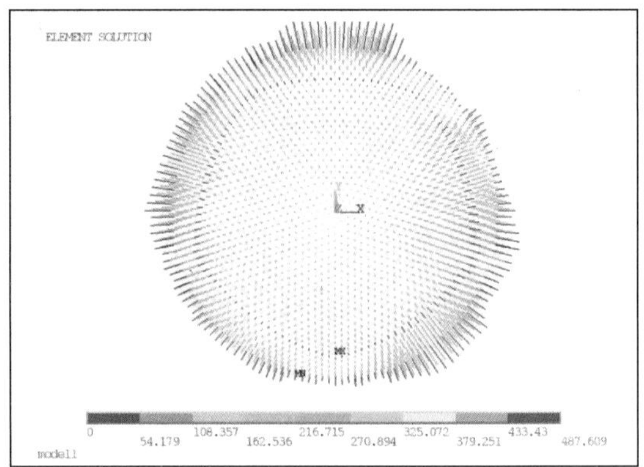

(b) 下拉索

图 9.2-23　第二批下拉索张拉完成后索网应力图（MPa）

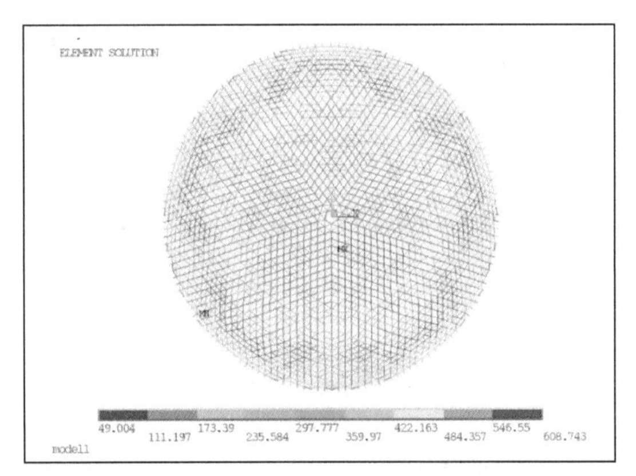

(a) 主索网

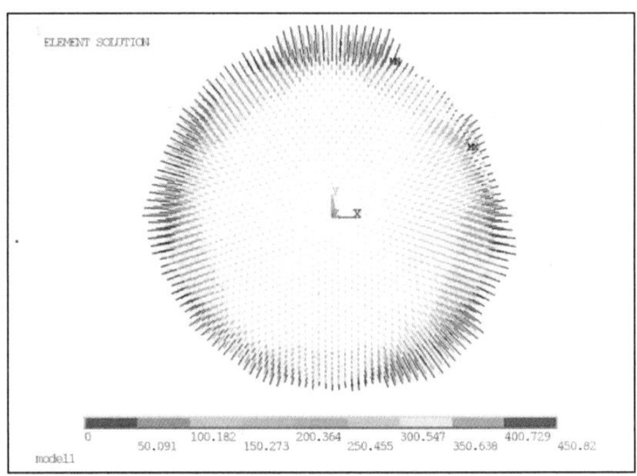

(b) 下拉索

图 9.2-24　第三批下拉索张拉完成后索网应力图（MPa）

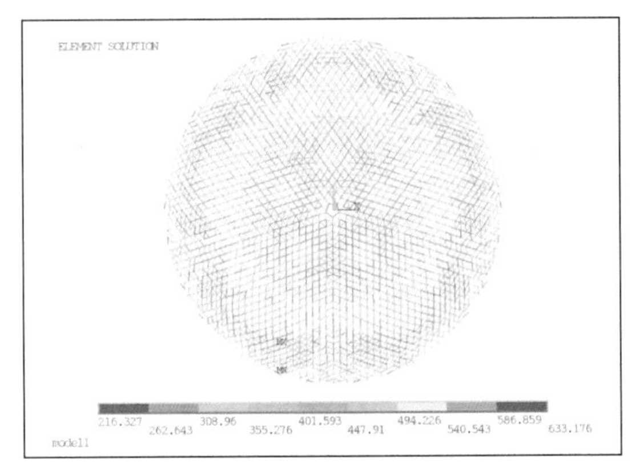

(a) 主索网

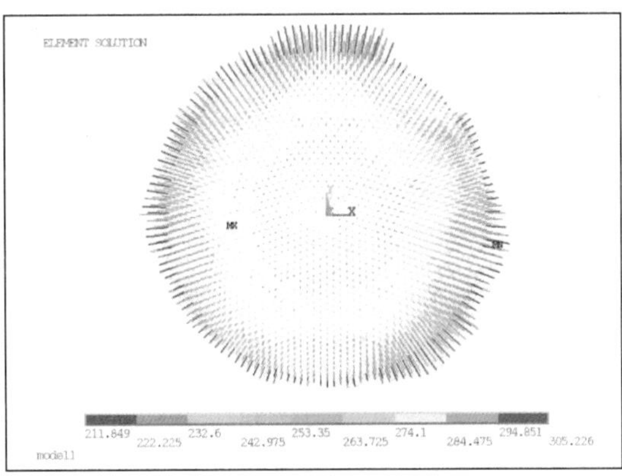

(b) 下拉索

图 9.2-25 第四批下拉索张拉完成后索网应力图（MPa）

综合比较分批张拉过程中索网的变形和应力，如图 9.2-26 及图 9.2-27 所示。可以发现，在分批张拉过程中，对应批次边缘的主索和下拉索内力和位形变化幅度最大，如在张拉第一批（即中间区域）的下拉索时，中间区域边缘部分的环索甚至出现松弛的情况。张拉第一、二、三批下拉索时，各批次边缘部分下拉索最大应力达到 450MPa 以上，即索力接近 70kN，远高于基准态下索力 30kN 左右的平均水平。

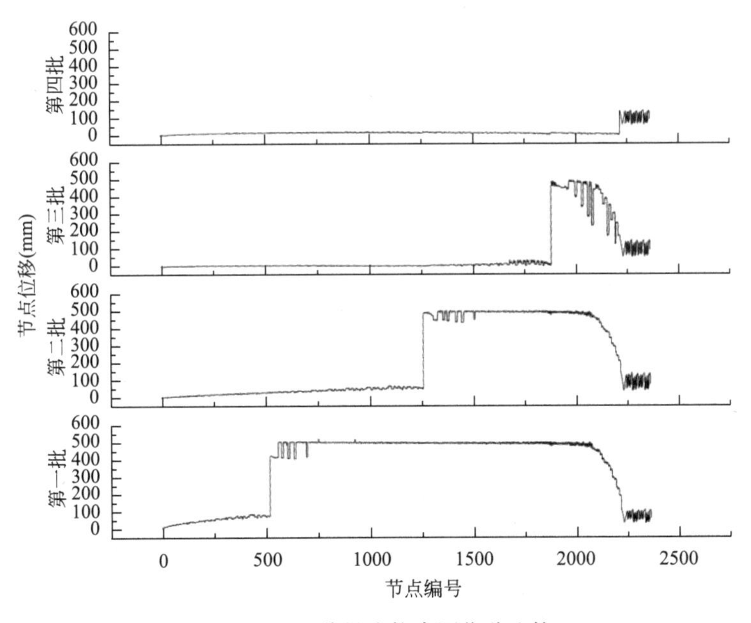

图 9.2-26 分批张拉索网位移比较

2. 分级张拉方案

采用对下拉索约束点施加强制位移的方式，按照 300mm、150mm、50mm 的张拉量对下拉索进行分级张拉，对应的索网变形如图 9.2-28～图 9.2-30 所示（图中位移值为节点在相应状态相对于球面基准态时的距离）。

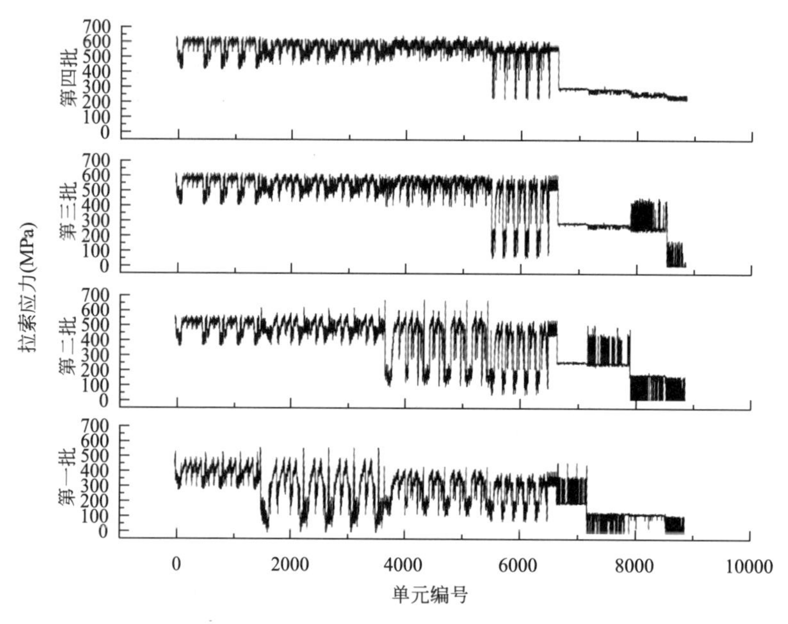

图 9.2-27　分批张拉索网应力比较

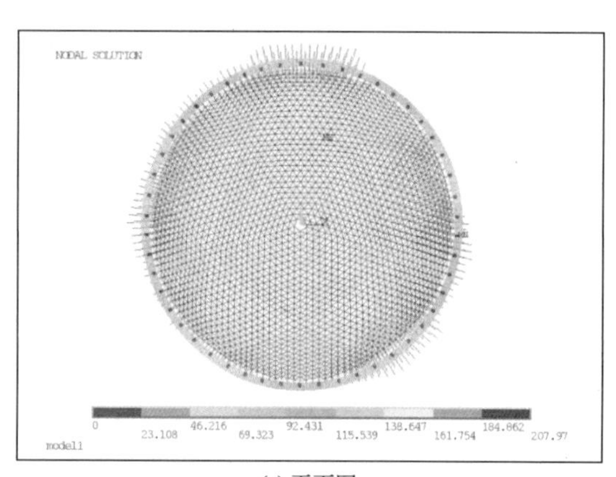

(a) 平面图

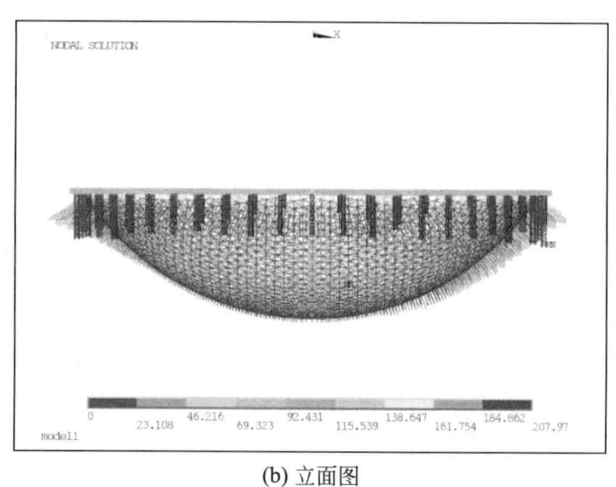

(b) 立面图

图 9.2-28　第一级张拉完成后索网变形图（mm）

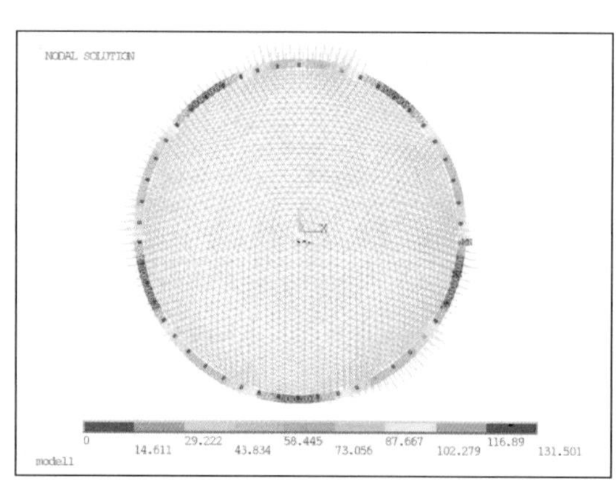

(a) 平面图

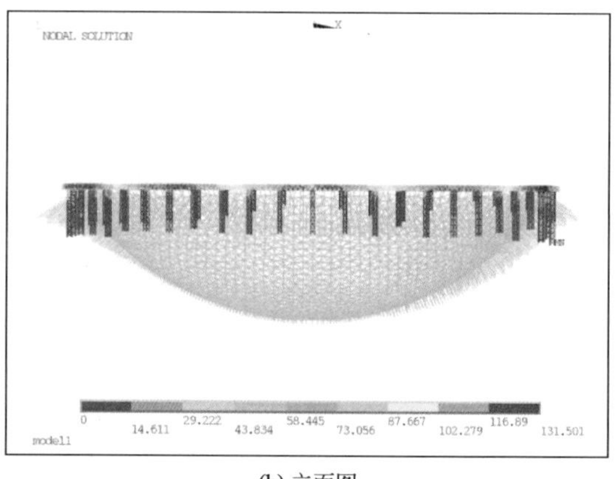

(b) 立面图

图 9.2-29　第二级张拉完成后索网变形图（mm）

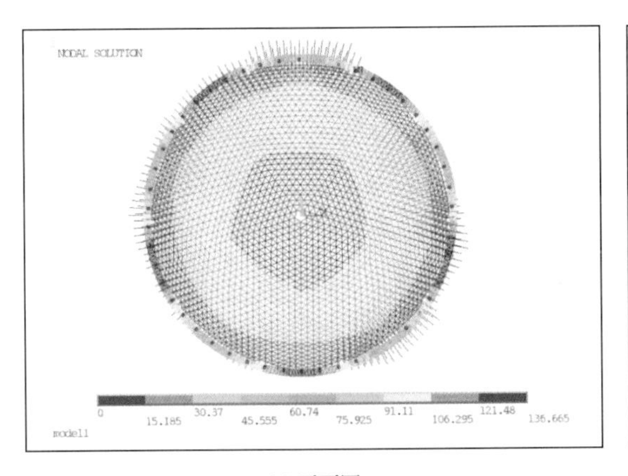

(a) 平面图

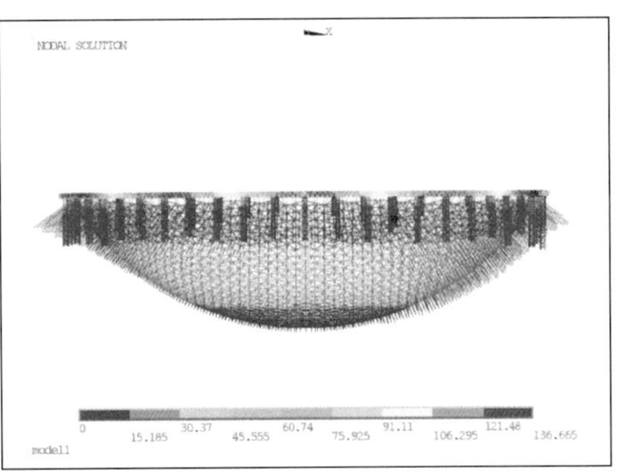

(b) 立面图

图 9.2-30　第三级张拉完成后索网变形图（mm）

三级张拉的索网应力如图 9.2-31～图 9.2-33 所示。

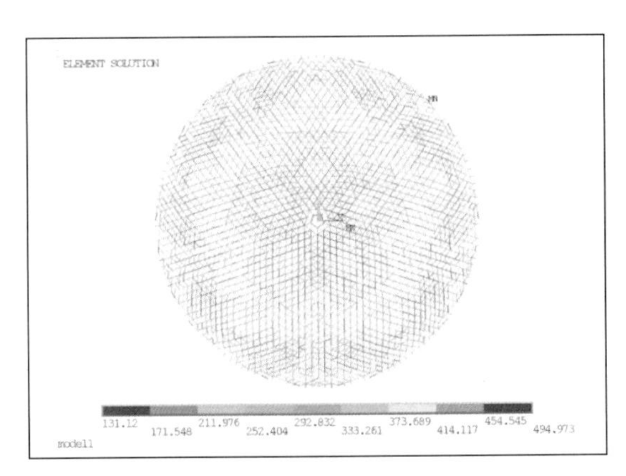

(a) 主索网

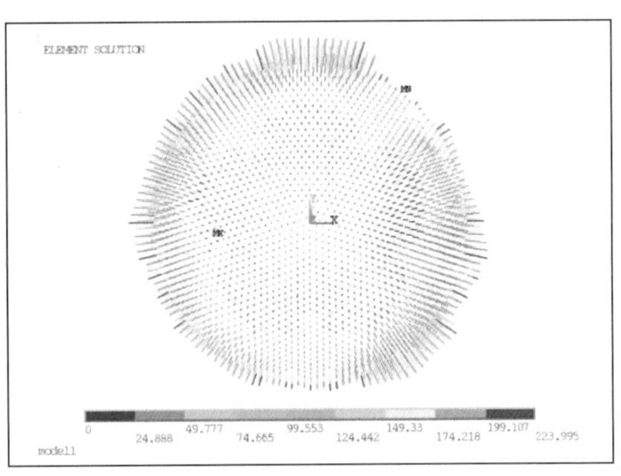

(b) 下拉索

图 9.2-31　第一级张拉完成后索网应力图（MPa）

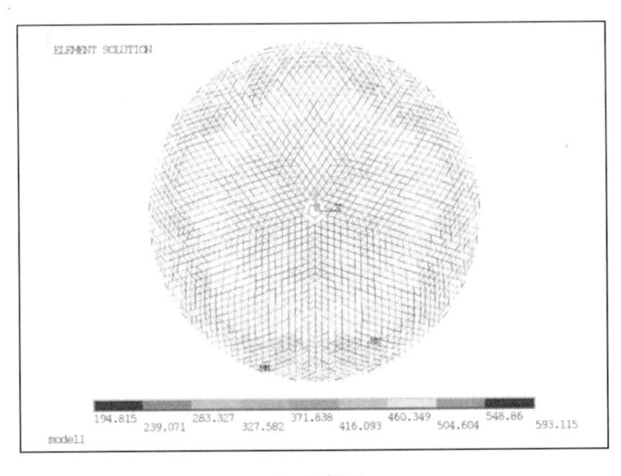

(a) 主索网

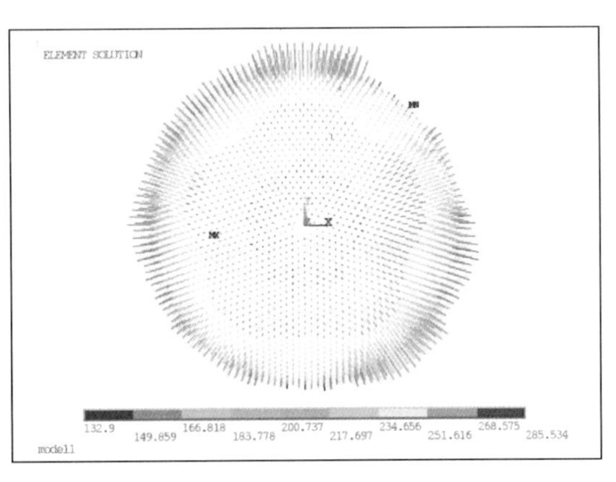

(b) 下拉索

图 9.2-32　第二级张拉完成后索网应力图（MPa）

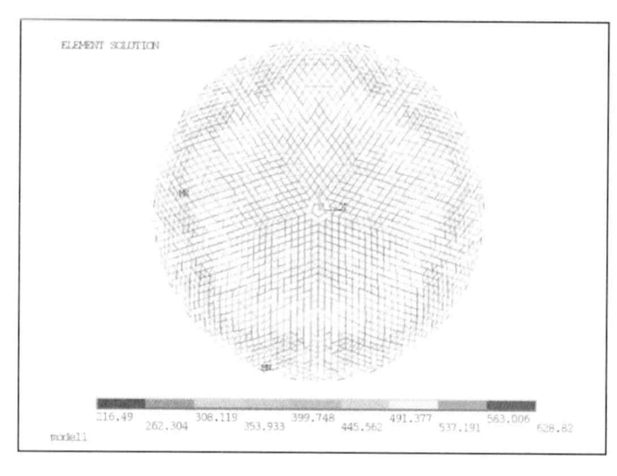

(a) 主索网

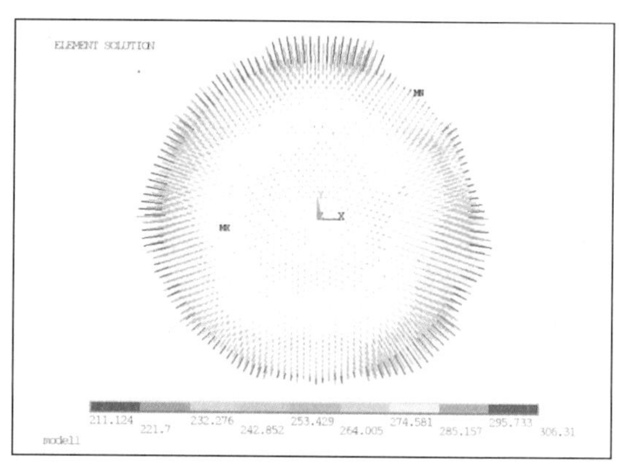

(b) 下拉索

图 9.2-33　第三级张拉完成后索网应力图（MPa）

比较分级张拉过程中索网的变形和应力如图 9.2-34 及图 9.2-35 所示。可以发现，采用分级张拉时，主索的应力水平稳步增长，没有出现主索松弛的情况，下拉索的应力水平也是逐步提高，整个张拉过程中下拉索索力均没有超过 45kN。

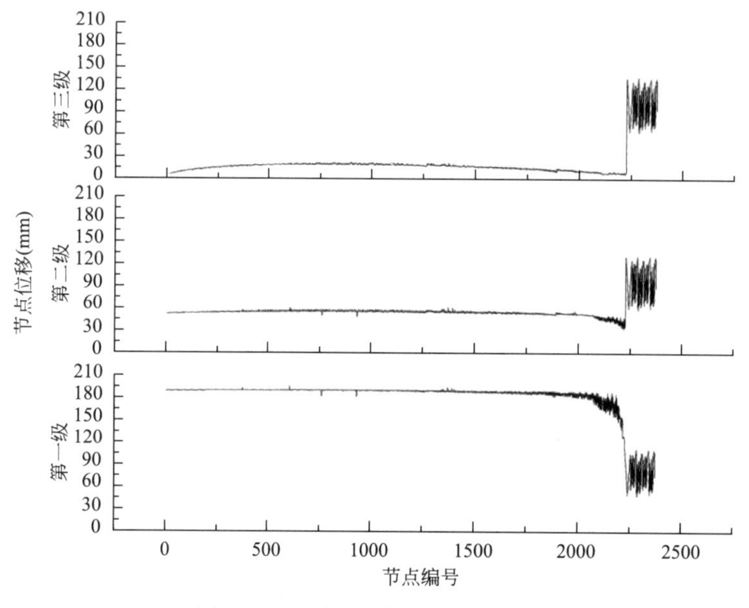

图 9.2-34　分级张拉索网位移比较

3. 分批和分级相结合张拉方案

综合分批张拉和分级张拉两种方案，把下拉索由内向外分为四批（图 9.2-17），按照 300mm、150mm、50mm 的张拉量分三级进行张拉。

第一级各批次下拉索张拉完成后索网变形如图 9.2-36～图 9.2-39 所示（图中位移值为节点在相应状态相对于球面基准态时的距离）；第一级各批次下拉索张拉完成后索网应力如图 9.2-40～图 9.2-43 所示。

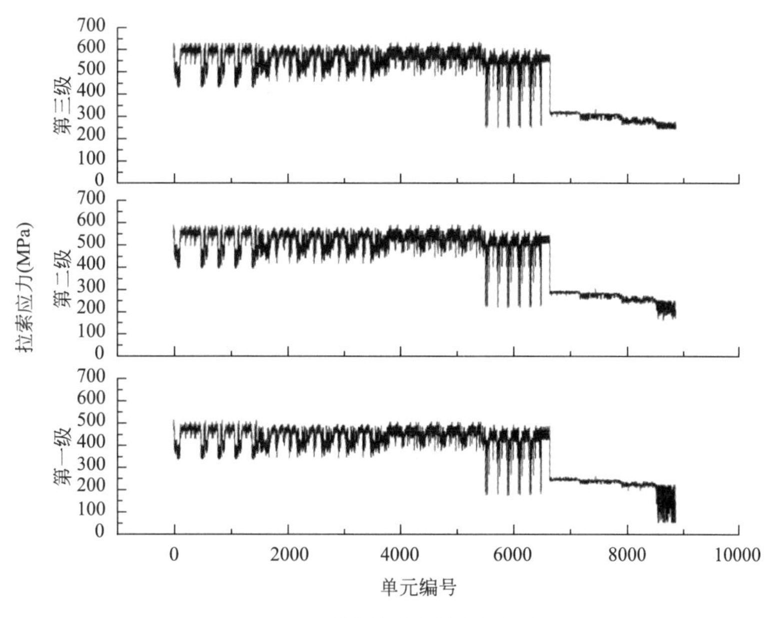

图 9.2-35 分级张拉索网应力比较

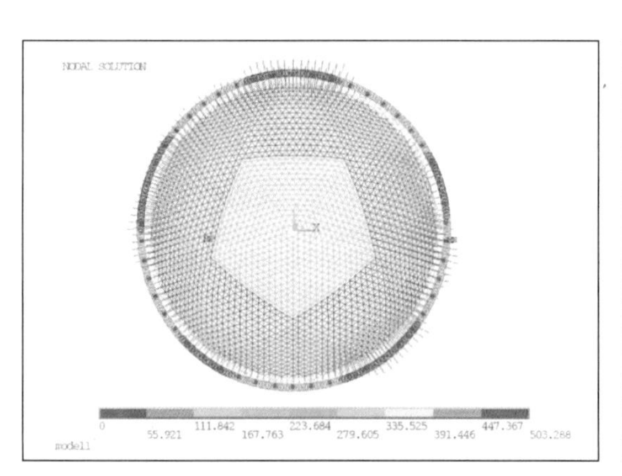

(a) 平面图

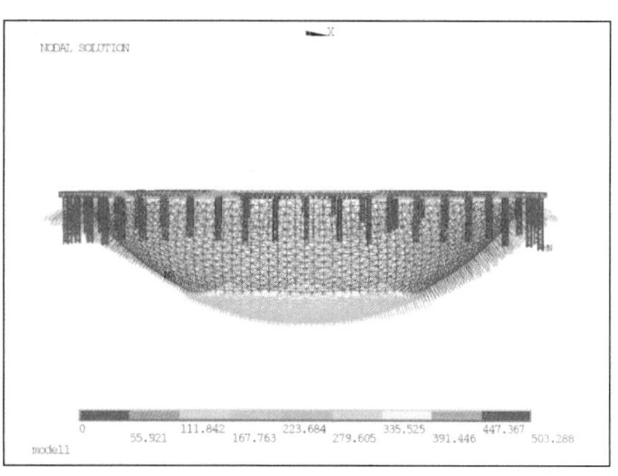

(b) 立面图

图 9.2-36 第一级第一批张拉完成后索网变形图（mm）

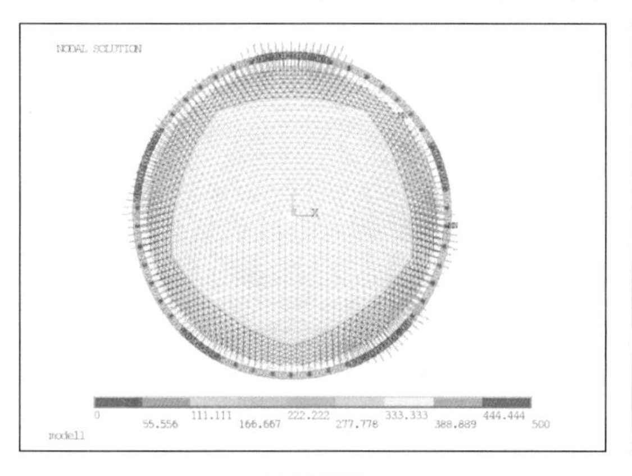

(a) 平面图

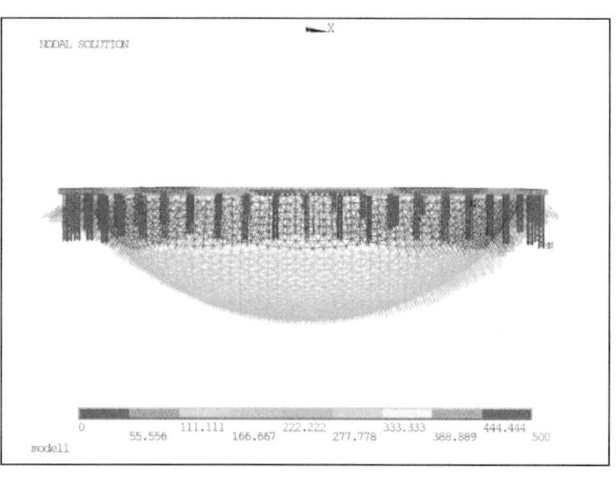

(b) 立面图

图 9.2-37 第一级第二批张拉完成后索网变形图（mm）

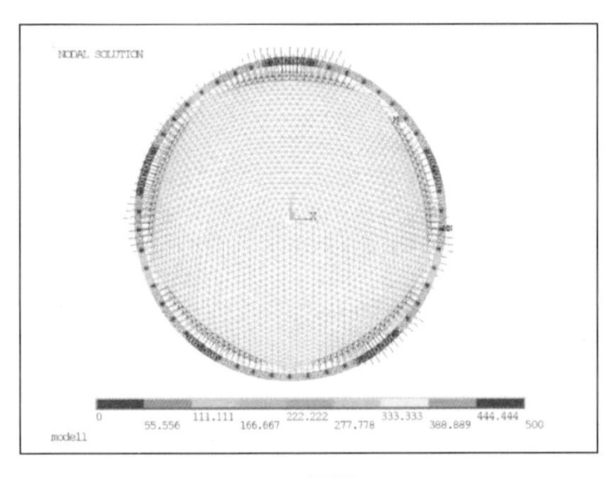

(a) 平面图

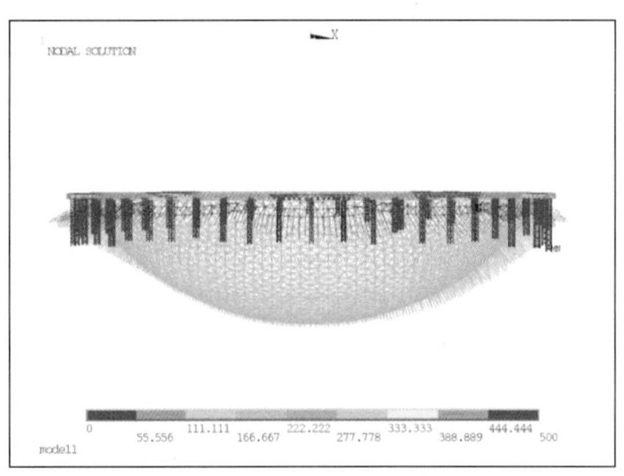

(b) 立面图

图 9.2-38　第一级第三批张拉完成后索网变形图（mm）

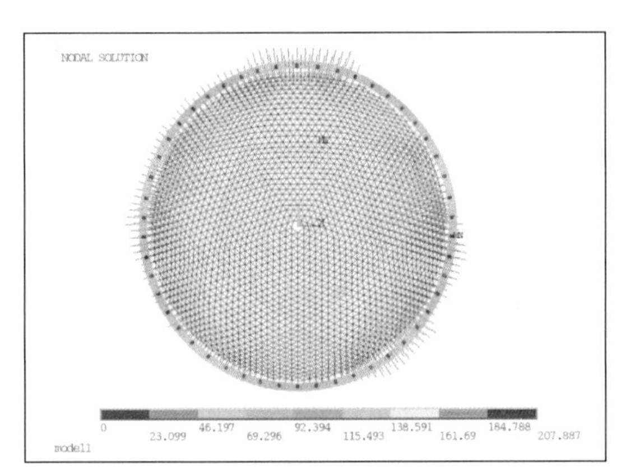

(a) 平面图

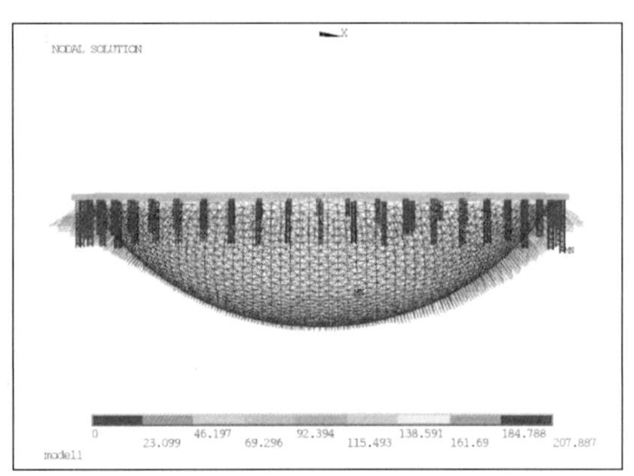

(b) 立面图

图 9.2-39　第一级第四批张拉完成后索网变形图（mm）

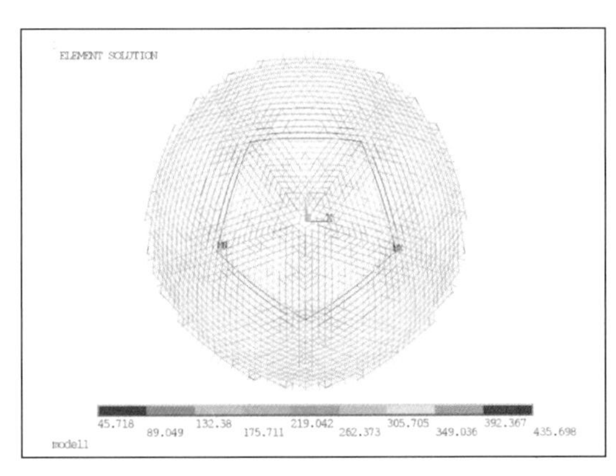

(a) 主索网

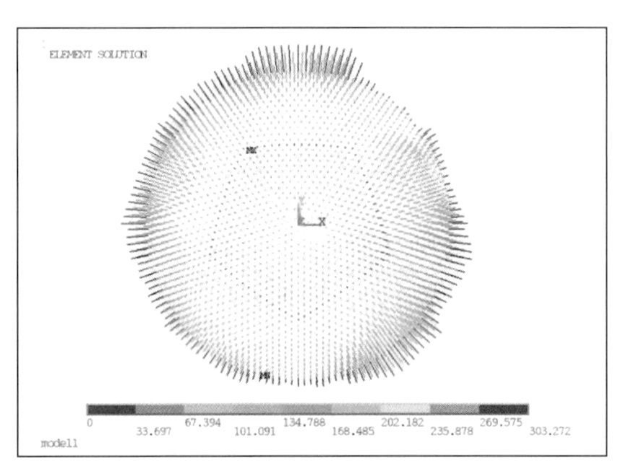

(b) 下拉索

图 9.2-40　第一级第一批张拉完成后索网应力图（MPa）

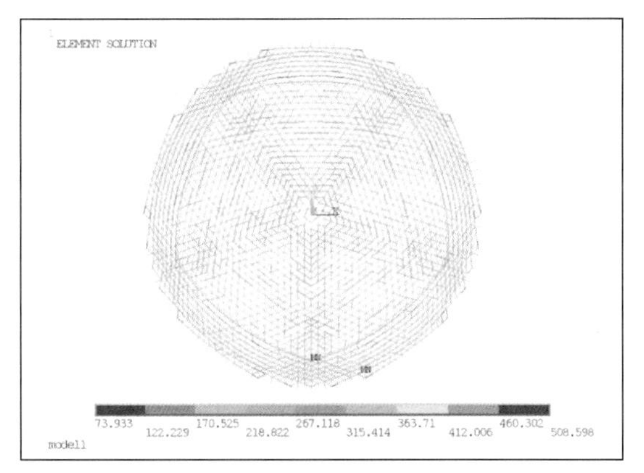

(a) 主索网

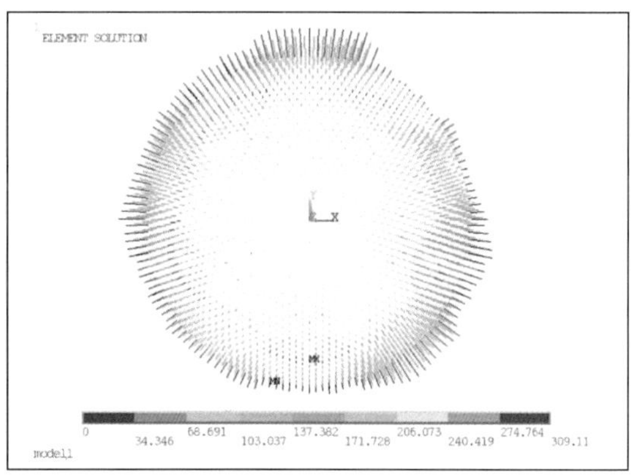

(b) 下拉索

图 9.2-41　第一级第二批张拉完成后索网应力图（MPa）

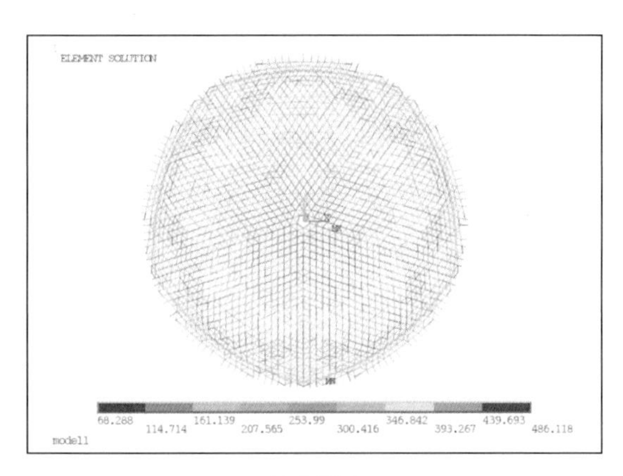

(a) 主索网

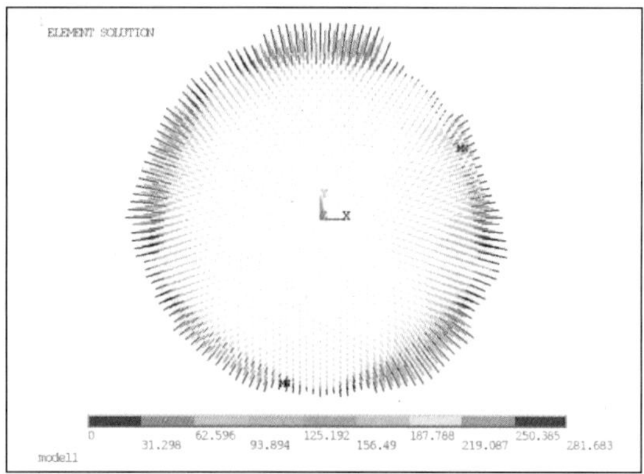

(b) 下拉索

图 9.2-42　第一级第三批张拉完成后索网应力图（MPa）

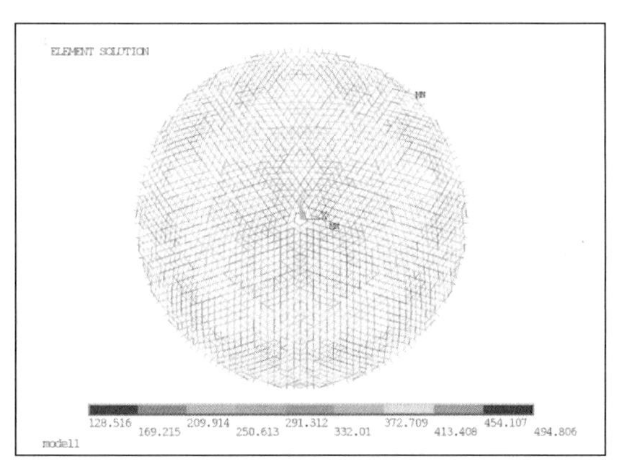

(a) 主索网

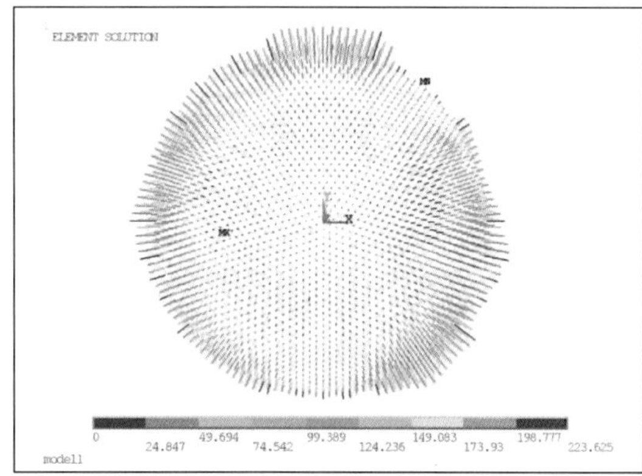

(b) 下拉索

图 9.2-43　第一级第四批张拉完成后索网应力图（MPa）

比较第一级各批次下拉索张拉过程中索网的变形和应力如图 9.2-44 及图 9.2-45 所示。

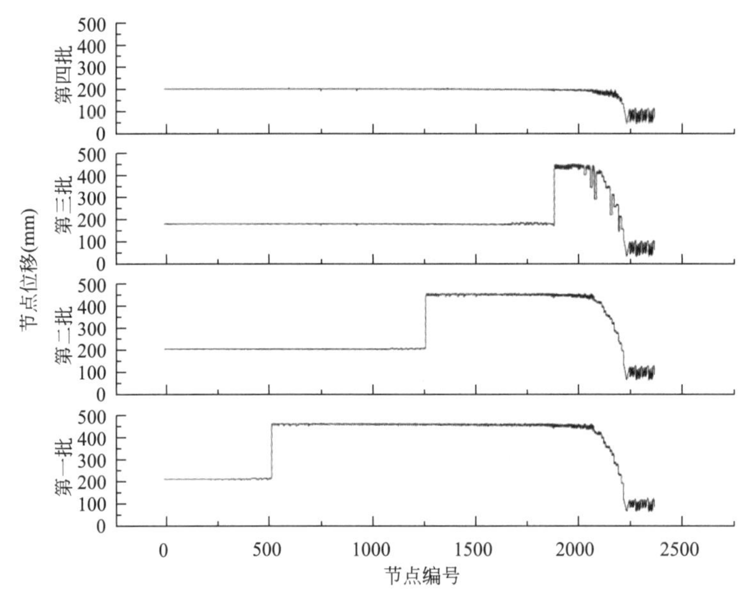

图 9.2-44 第一级各批次张拉索网位移比较

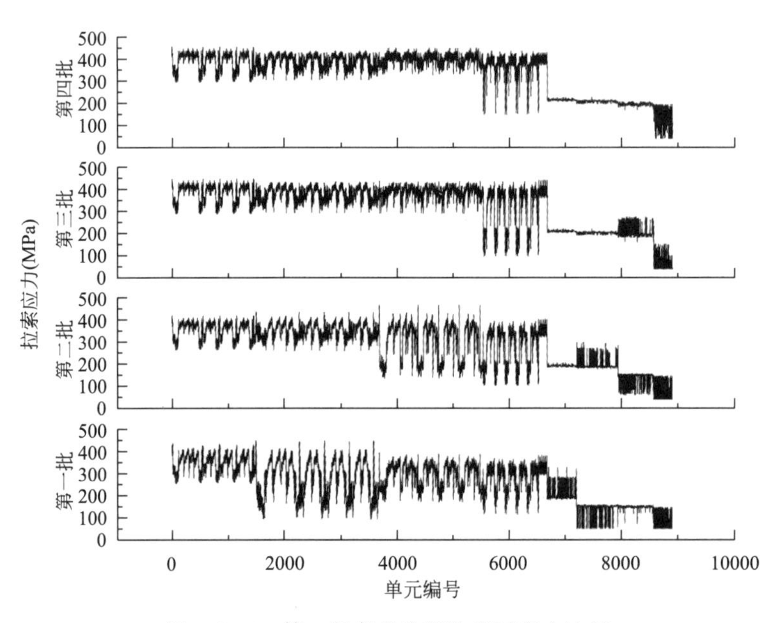

图 9.2-45 第一级各批次张拉索网应力比较

第二级各批次下拉索张拉完成后索网变形如图 9.2-46～图 9.2-49 所示（图中位移值为节点在相应状态相对于球面基准态时的距离）。

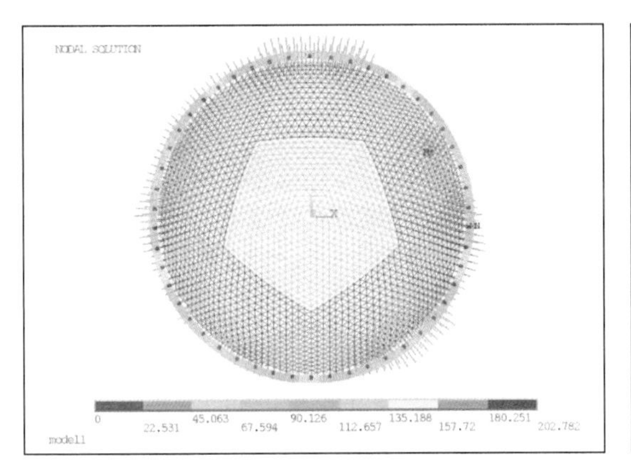

(a) 平面图

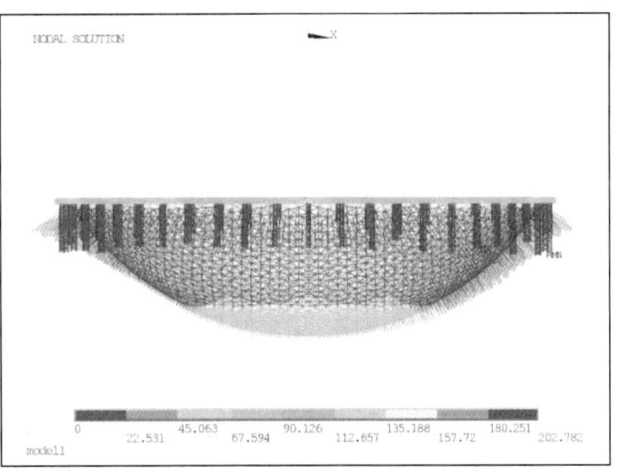

(b) 立面图

图 9.2-46　第二级第一批张拉完成后索网变形图（mm）

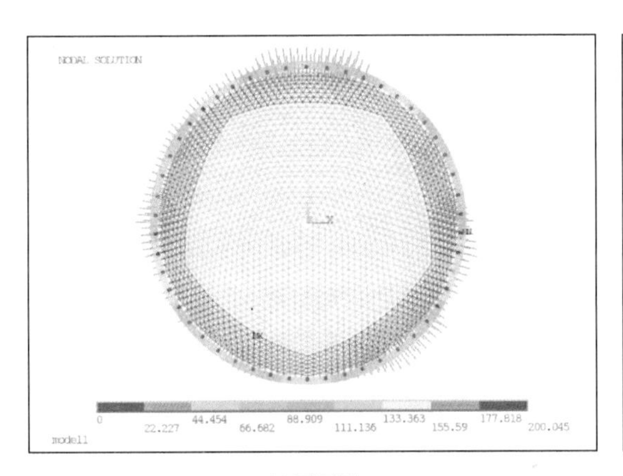

(a) 平面图

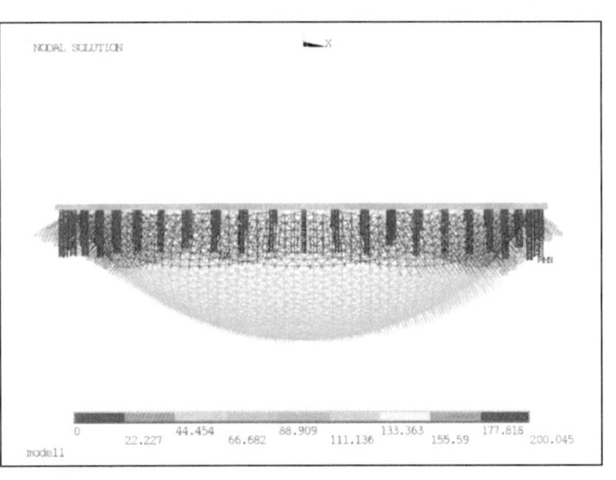

(b) 立面图

图 9.2-47　第二级第二批张拉完成后索网变形图（mm）

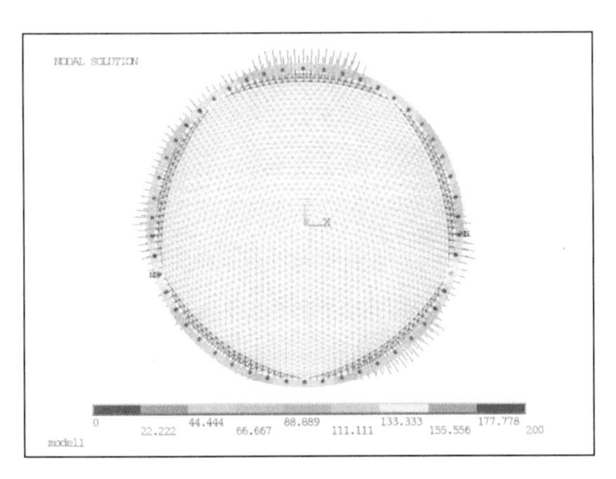

(a) 平面图

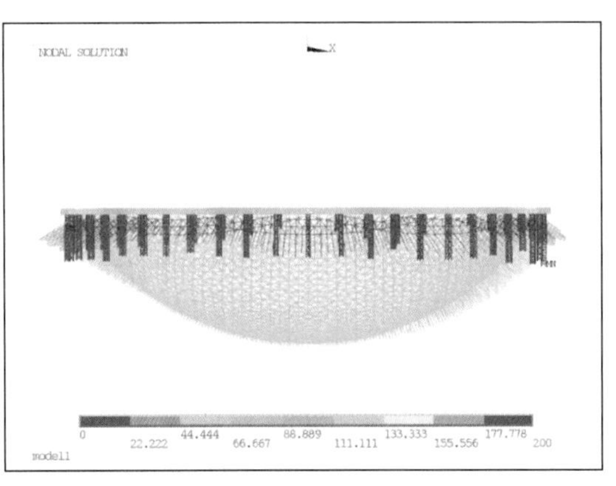

(b) 立面图

图 9.2-48　第二级第三批张拉完成后索网变形图（mm）

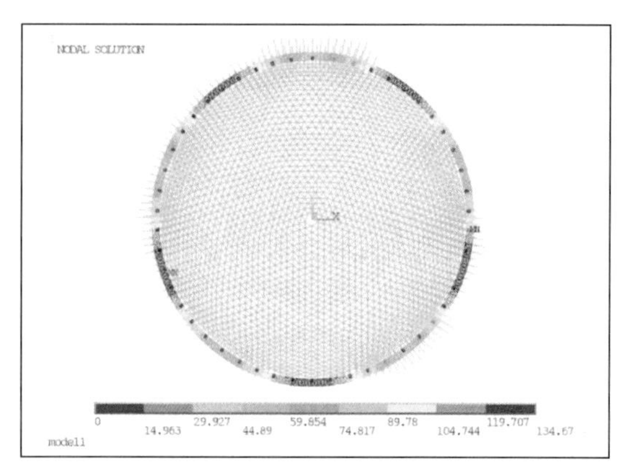

(a) 平面图

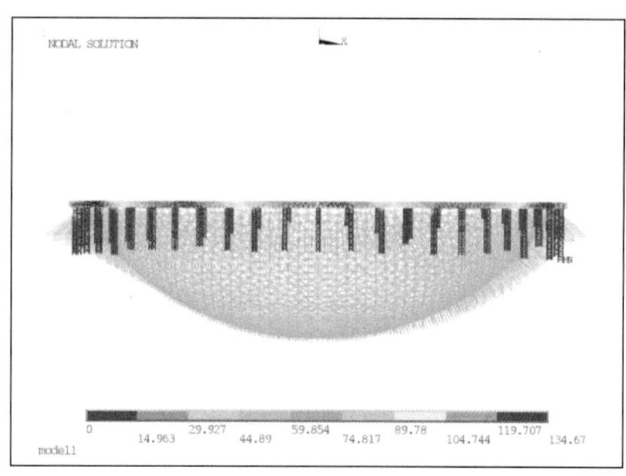

(b) 立面图

图 9.2-49　第二级第四批张拉完成后索网变形图（mm）

第二级各批次下拉索张拉完成后索网应力如图 9.2-50～图 9.2-53 所示。

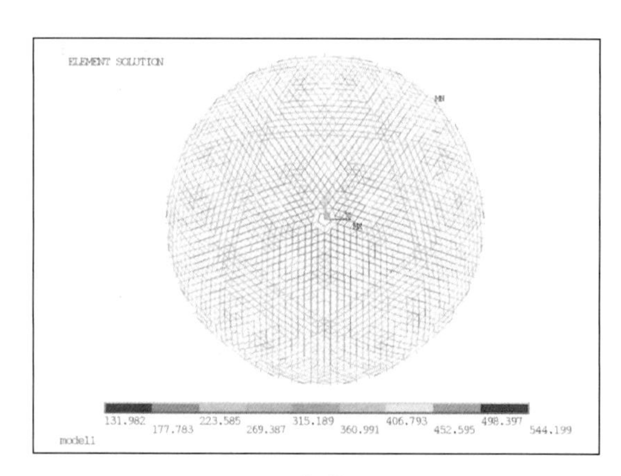

(a) 主索网

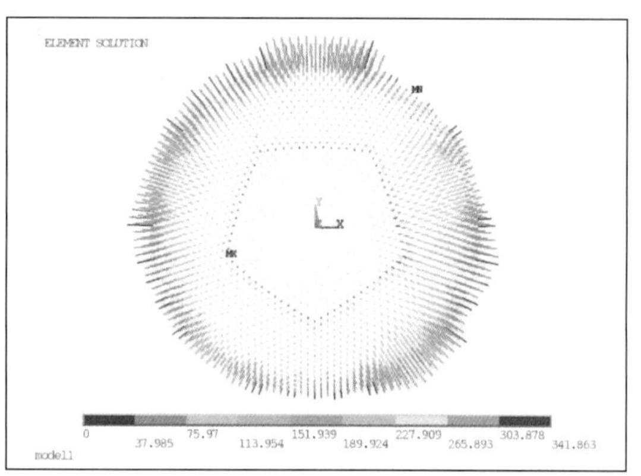

(b) 下拉索

图 9.2-50　第二级第一批张拉完成后索网应力图（MPa）

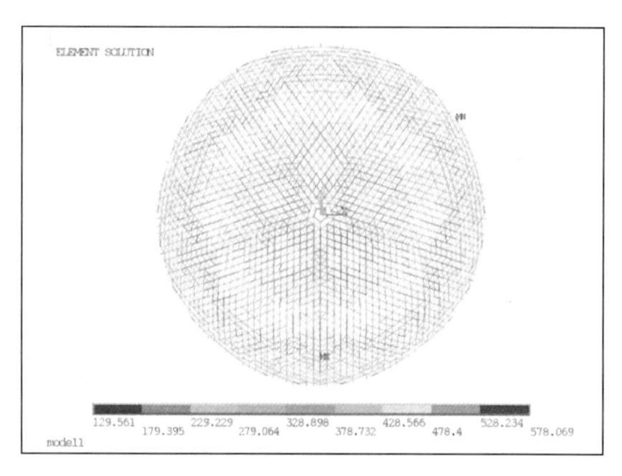

(a) 主索网

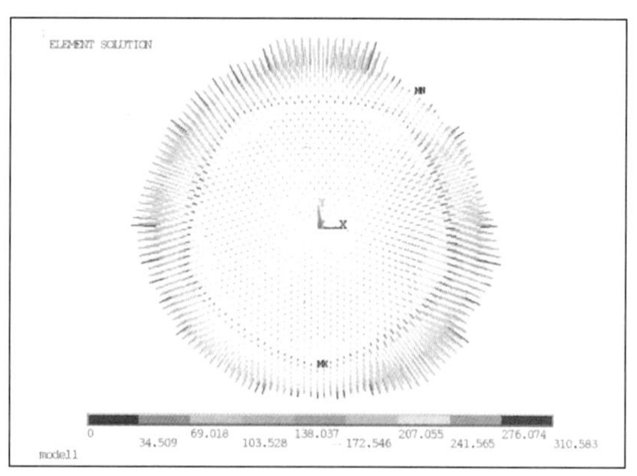

(b) 下拉索

图 9.2-51　第二级第二批张拉完成后索网应力图（MPa）

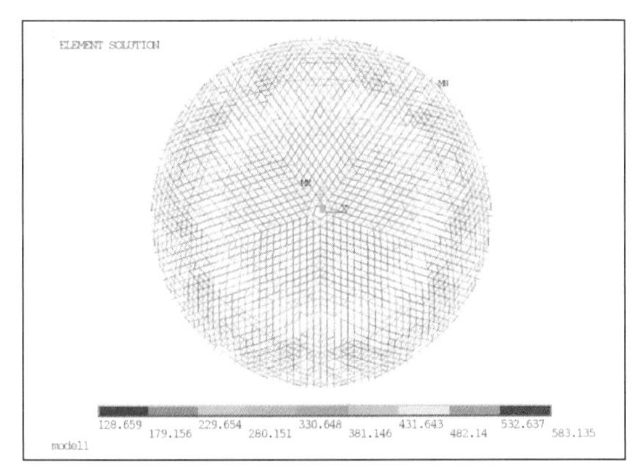

(a) 主索网

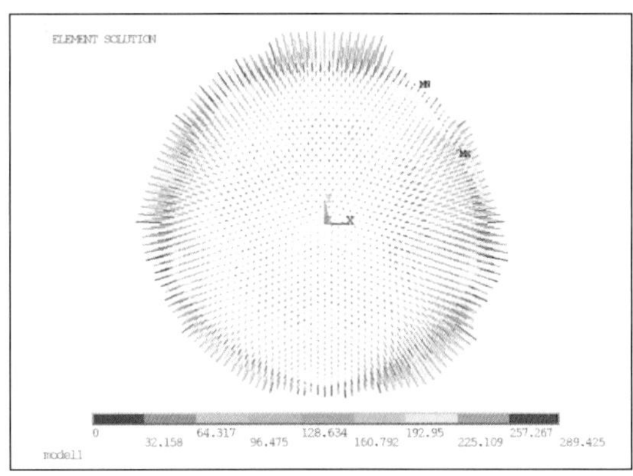

(b) 下拉索

图 9.2-52　第二级第三批张拉完成后索网应力图（MPa）

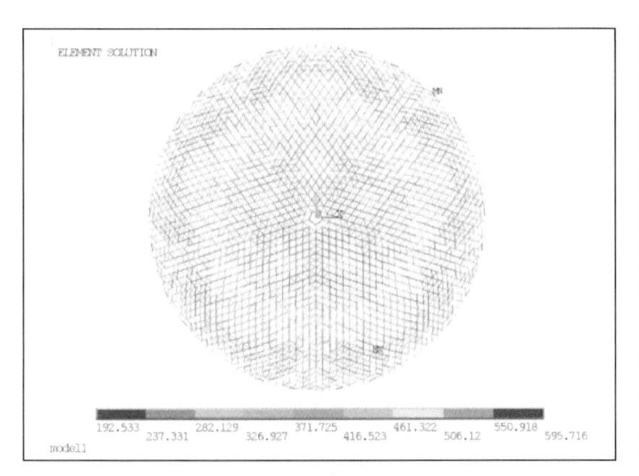

(a) 主索网

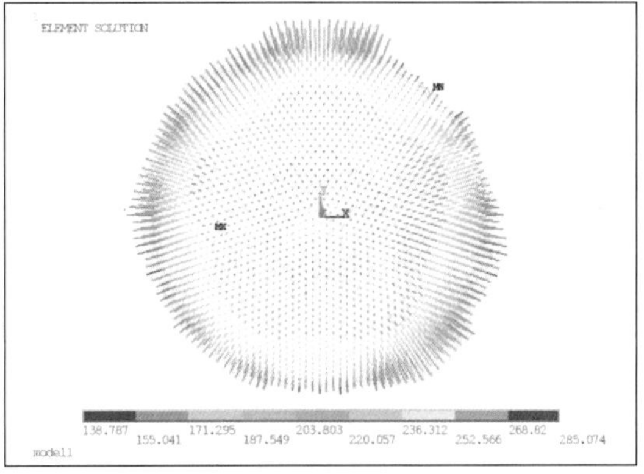

(b) 下拉索

图 9.2-53　第二级第四批张拉完成后索网应力图（MPa）

比较第二级各批次下拉索张拉过程中索网的变形和应力如图 9.2-54 及图 9.2-55 所示。

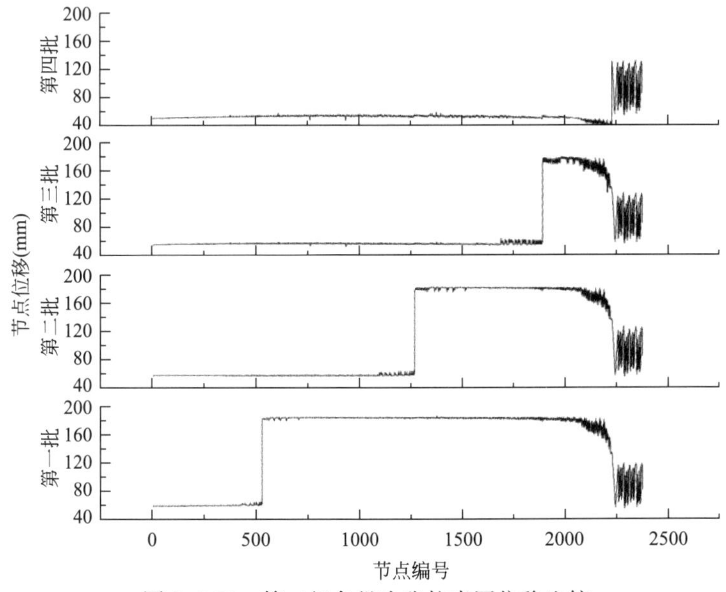

图 9.2-54　第二级各批次张拉索网位移比较

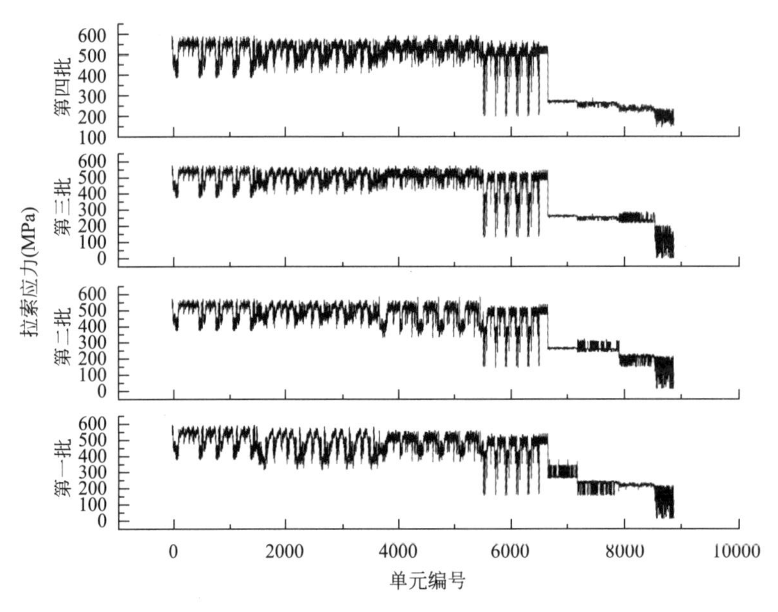

图 9.2-55　第二级各批次张拉索网应力比较

第三级各批次下拉索张拉完成后索网变形如图 9.2-56～图 9.2-59 所示（图中位移值为节点在相应状态相对于球面基准态时的距离）。

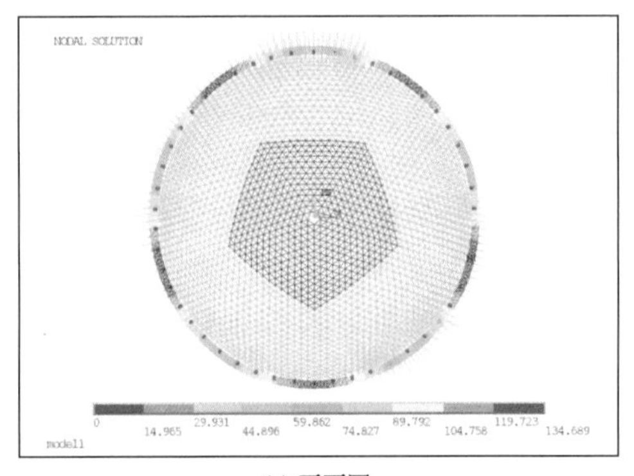

(a) 平面图

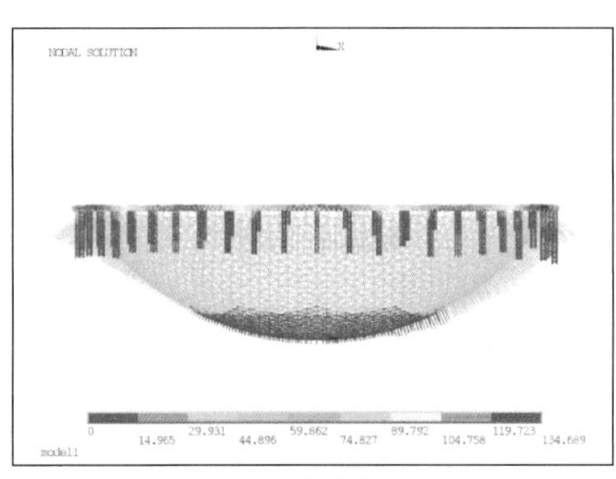

(b) 立面图

图 9.2-56　第三级第一批张拉完成后索网变形图（mm）

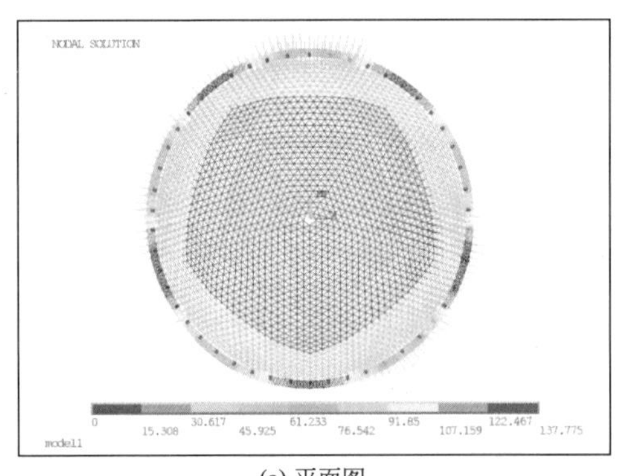

(a) 平面图

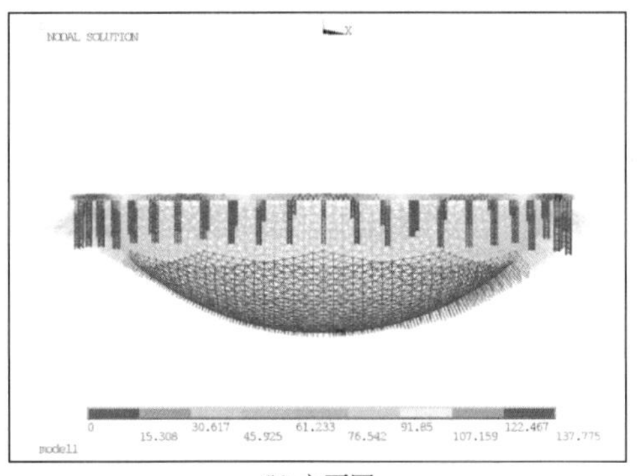

(b) 立面图

图 9.2-57　第三级第二批张拉完成后索网变形图（mm）

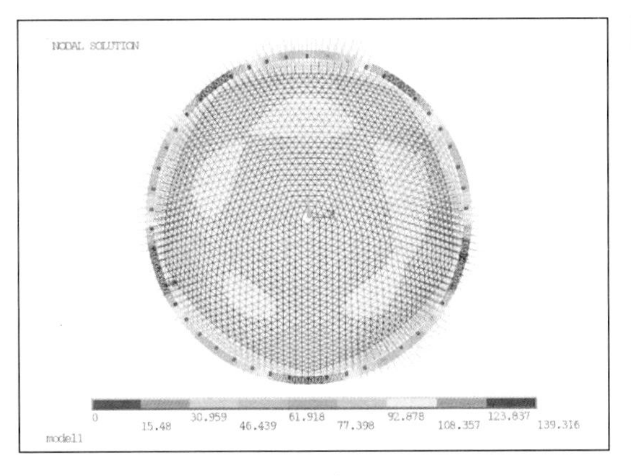

(a) 平面图

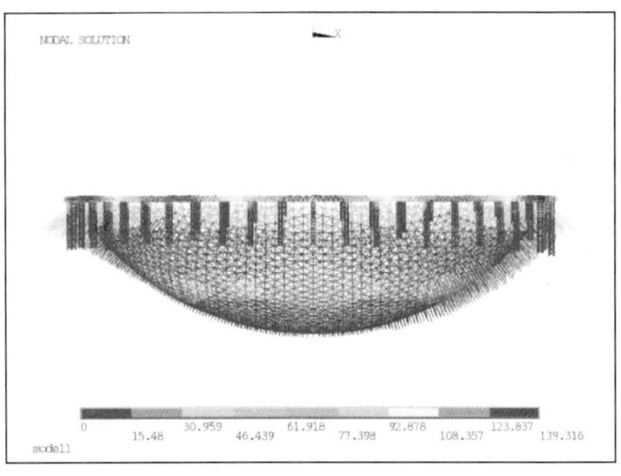

(b) 立面图

图 9.2-58　第三级第三批张拉完成后索网变形图（mm）

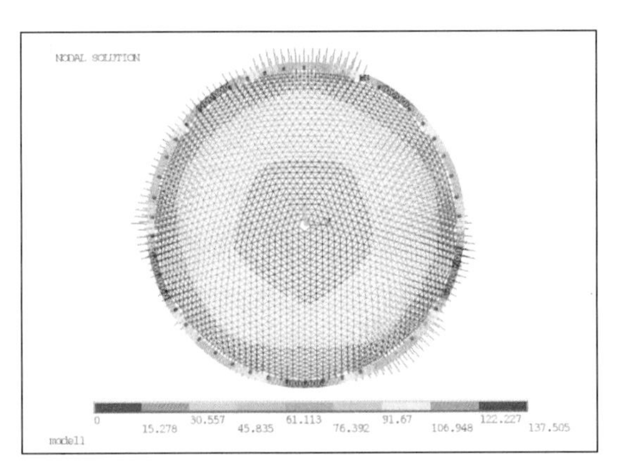

(a) 平面图

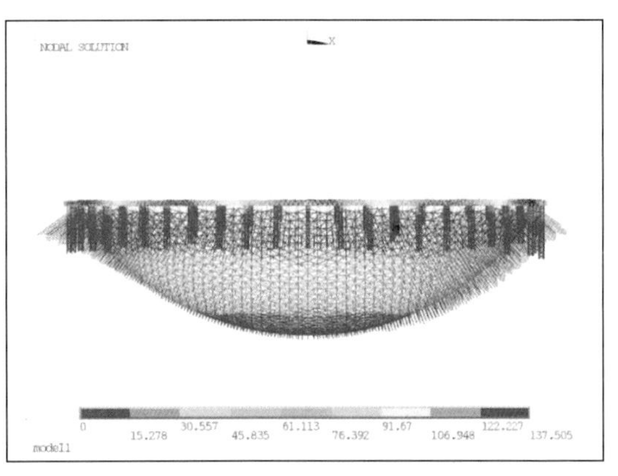

(b) 立面图

图 9.2-59　第三级第四批张拉完成后索网变形图（mm）

第三级各批次下拉索张拉完成后索网应力如图 9.2-60～图 9.2-63 所示。

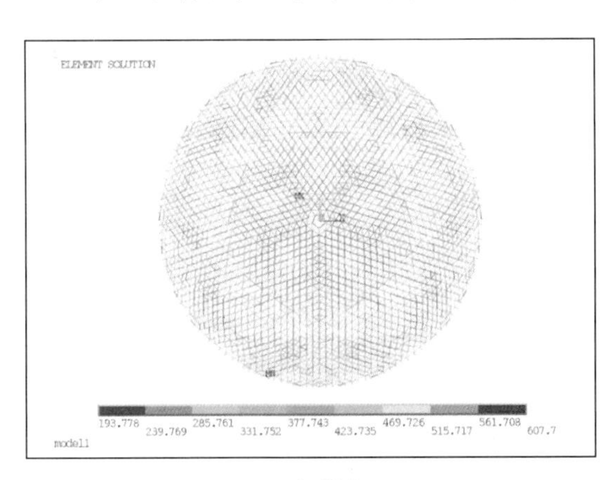

(a) 主索网

(b) 下拉索

图 9.2-60　第三级第一批张拉完成后索网应力图（MPa）

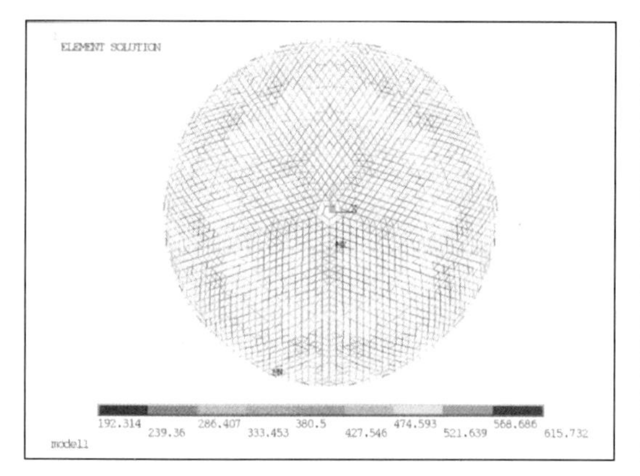

(a) 主索网

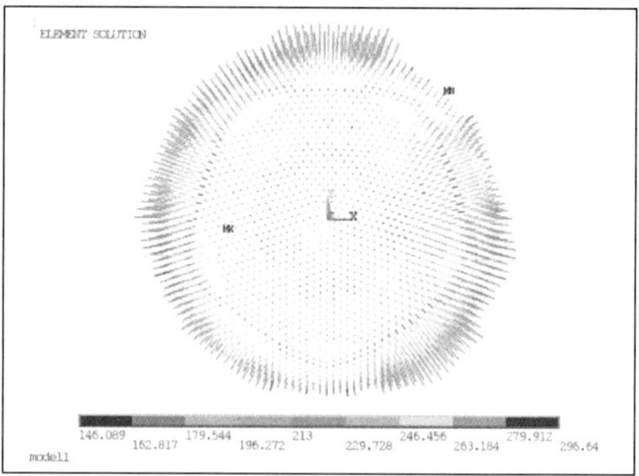

(b) 下拉索

图 9.2-61　第三级第二批张拉完成后索网应力图（MPa）

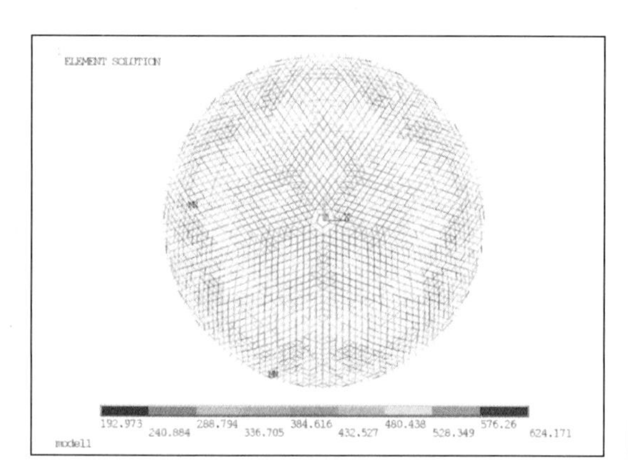

(a) 主索网

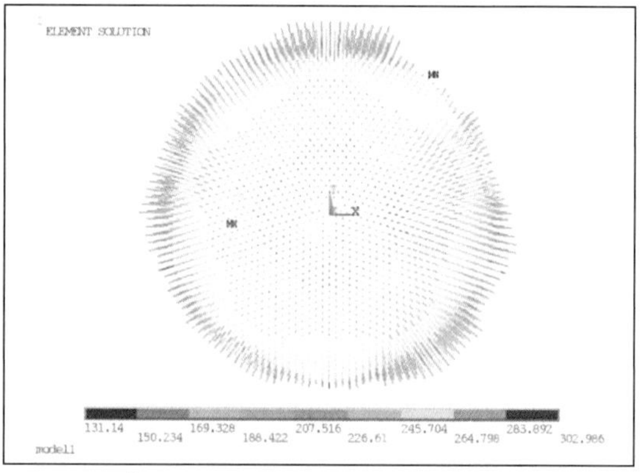

(b) 下拉索

图 9.2-62　第三级第三批张拉完成后索网应力图（MPa）

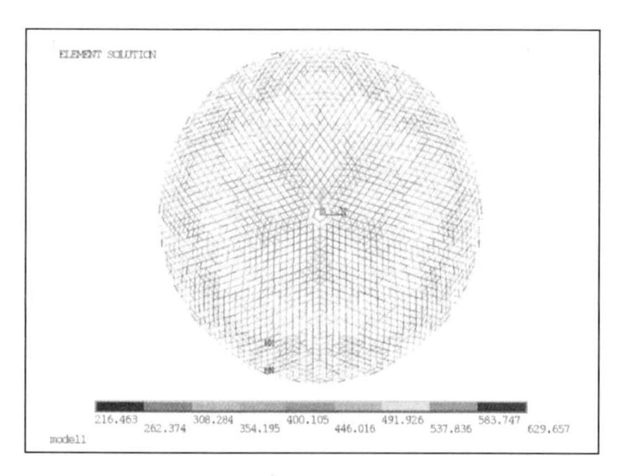

(a) 主索网

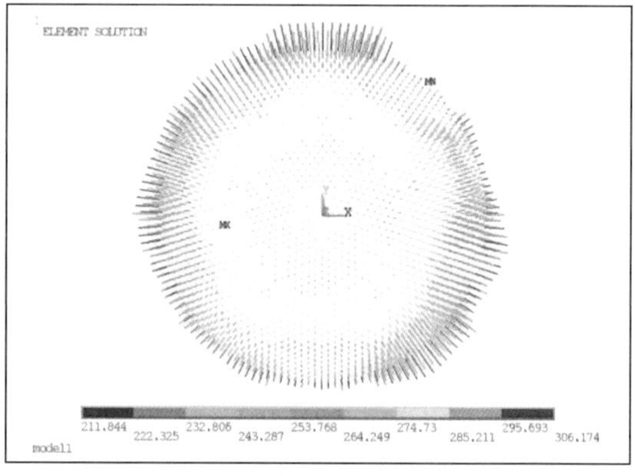

(b) 下拉索

图 9.2-63　第三级第四批张拉完成后索网应力图（MPa）

比较第三级各批次下拉索张拉过程中索网的变形和应力如图 9.2-64 及图 9.2-65 所示。可以发现，采用分批和分级相结合进行张拉时，主索的应力水平增长较为平稳，无松弛情况出现，下拉索的最大应力虽然有一些波动，但最大应力不超过 350MPa，即最大索力不超过 50kN。

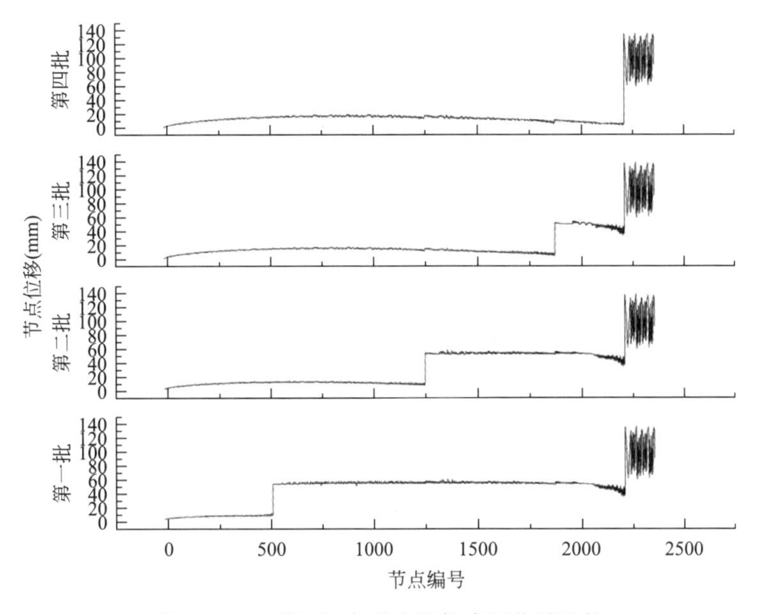

图 9.2-64　第三级各批次张拉索网位移比较

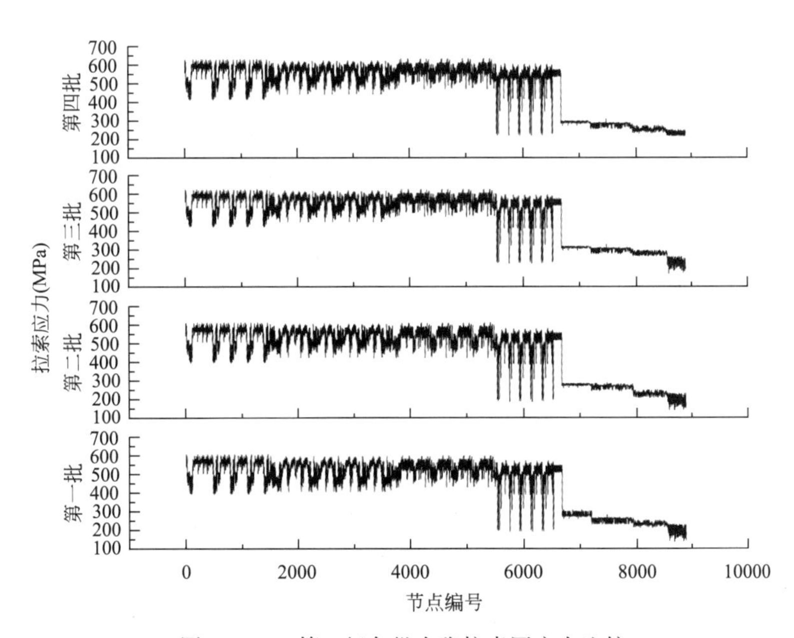

图 9.2-65　第三级各批次张拉索网应力比较

综合分析三种张拉方案的计算结果，提取主索和下拉索应力最大最小值进行比较，见图 9.2-66。

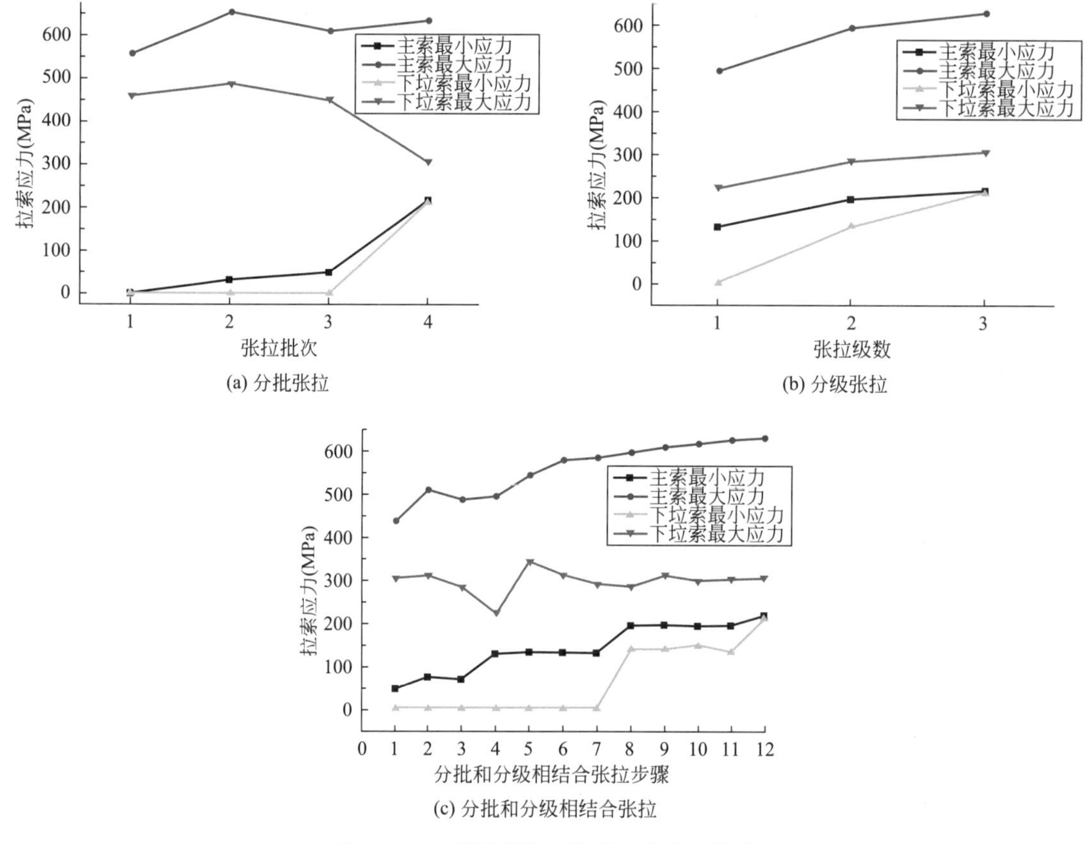

图 9.2-66 不同张拉方案索最大应力比较

综上，可以得到以下结论：

（1）分批张拉方案中，主索最大应力存在一定的波动，且部分主索在第一批张拉时出现松弛。下拉索内力波动较大，最大值接近 70kN，远大于基准态下拉索索力。

（2）分级张拉方案中，主索最大应力和下拉索最大应力都稳定增长，索网内力波动较小，最大内力值也不超过张拉完成时的水平。

（3）分批和分级相结合张拉方案中，主索的应力水平增长较为平稳，未出现超过张拉完成时索应力水平的情况。下拉索应力水平有一定程度的波动，但最大应力只稍高于张拉完成时的应力水平。

（4）考虑实际的张拉施工条件并结合索网在张拉过程中的受力和变形情况，可以采用分级张拉（促动器全部就位，可以同时张拉全部下拉索）或者分批和分级相结合张拉（无法进行同步张拉）的方案对 FAST 索网结构进行张拉施工。

9.2.4 索网张拉完成态

采用 9.2.3 节中的三种张拉施工方案，索网张拉完成后、面板安装前，索网达到的位形和应力状态相同，位形如图 9.2-67 所示，主索内力如图 9.2-68 所示，下拉索内力如图 9.2-69 所示。

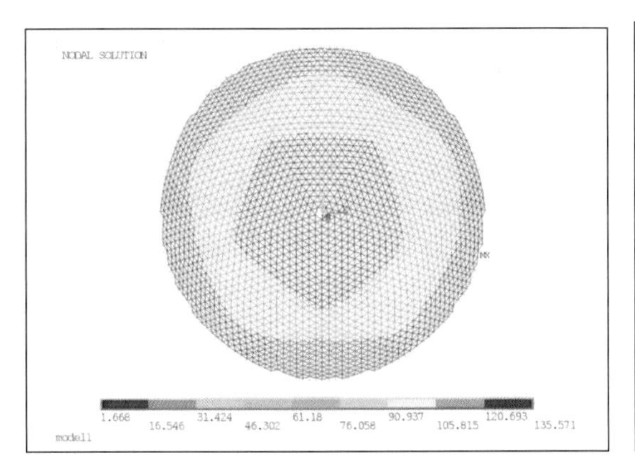

图 9.2-67 索网张拉完成的位形状态（mm）

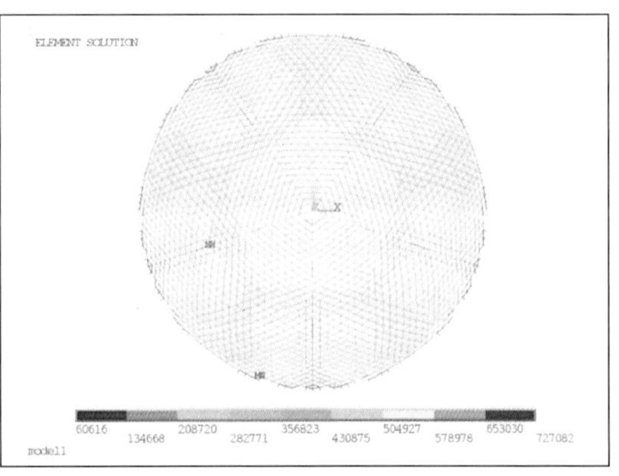

图 9.2-68 索网张拉完成的主索内力（N）

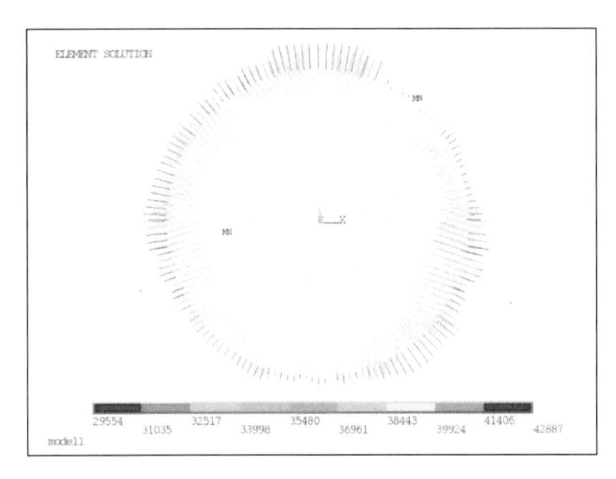

图 9.2-69 索网张拉完成的下拉索内力（N）

参考文献

[1] 张慎伟，罗晓群，张其林. 双曲索网结构施工张拉成形数值模拟分析与试验验证 [J]. 湖南大学学报（自然科学版），2009，36（1）：8-13.

[2] 宋浩，潘钦. 深圳宝安体育场索张拉结构精度控制的若干措施 [J]. 空间结构，2012，18（3）：68-74.

[3] 胡正平，郭彦林，陈忠辉. 预应力双曲面钢索结构张拉施工技术分析 [C] // 全国钢结构施工技术交流会. 2006.

[4] 郭正兴，许曙东，刘志仁. 预应力鞍形索网屋盖工程施工工艺研究 [J]. 施工技术，1999（12）：9-11.

[5] 吴文奇，刘航，李晨光，等. 广东佛山世纪莲花体育场屋盖索网结构施工仿真分析 [J]. 施工技术，2008，37（5）：26-29.

[6] 刘航，吴文奇，李晨光，等. 奥运 0829 训练场大跨度滑行索网结构施工技术 [J]. 施工技术，2010（10）：40-43.

[7] 郭正兴，孙岩，罗斌. 苏州游泳馆马鞍形单层索网拉索施工工艺研究 [J]. 施工技术，2016，45（14）：17-21.

[8] 王新敏. ANSYS 工程结构数值分析 [M]. 北京：人民交通出版社，2007.

[9] 东南大学. FAST 索网和圈梁结构优化设计及施工方案研究报告 [R]. 2012 年 3 月.

第10章　BIM技术开发和应用

10.1　BIM数据库构建

10.1.1　BIM简介

BIM为Building Information Modeling的缩写，中文通常译为“建筑信息模型”，是以三维数字技术为基础，集成了工程项目各种相关信息的工程数据模型，是对工程项目相关信息详尽的数字化表达[1]。建筑信息模型是数字技术在建筑工程中的直接应用，以解决建筑工程数字信息描述问题，使设计人员和工程技术人员能够对建筑信息做出正确的应对，并为协同工作提供坚实的基础。

BIM信息的内涵不只是描述模型的几何信息，还包括材料属性、结构分析、采购信息、造价、进度等大量非几何信息；涵盖了从设计到建成使用，再到运营管理，项目全生命周期的信息[2]。BIM信息不是一成不变的，也不是完全由任何一方建立的，在项目的全生命周期中，项目的各方共同参与了信息的创建和更新。

10.1.2　数据库在BIM中的应用

建筑设计的过程，实际上是建筑信息数据流动、交换的过程。传统的设计方式中，由于分工的细化，加上没有统一的信息管理平台，使得建筑信息分散于不同格式的文件中、不同的专业和不同的使用方，形成了一个个“信息孤岛”，难以形成协同设计和后期维护使用。

目前常用的几个大的BIM平台[3]，如Autodesk Revit，CATIA等，这些平台自身就是一个数据库，在这些平台上建模，相关的信息也就被存储在这个数据库中。但是，目前这些平台还不完善，主要问题有：1）设计过程中涉及的任务不能在一个平台中全部实现，我们必须进行不同平台或软件之间的信息交互，如图10.1-1所示；2）这些平台与其他平台或软件的接口不完善，即使已有的接口也会因为版本的更新而出现信息丢失；3）美国的一项研究资料表明，开发和维护20个软件之间直接进行信息交换所需要的成本，是开发和维护一个20个软件都支持的中间数据标准所需要成本的20倍[4]。因此，为了使信息流动更加畅通和简捷，我们单独定制了一个BIM数据库，并开发了BIM数据库与各BIM平台、软件之间的数据接口[5]，如图10.1-2所示。

结构专业BIM数据库的信息框架如图10.1-3所示。将数据库分为总信息库、形数据库和态数据库三部分。总信息库包含项目的场地、地震动、安全等级等结构设计参数，形数据库存储几何信息，态数据库存储有限元分析结果。形数据库可导出结构分析模型、风

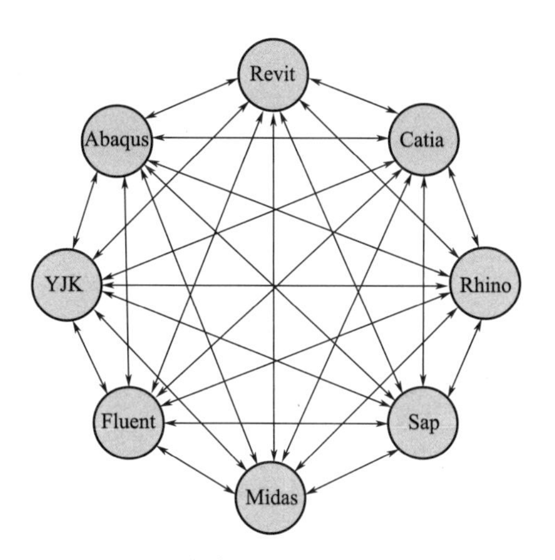

图 10.1-1　软件之间直接进行信息交互

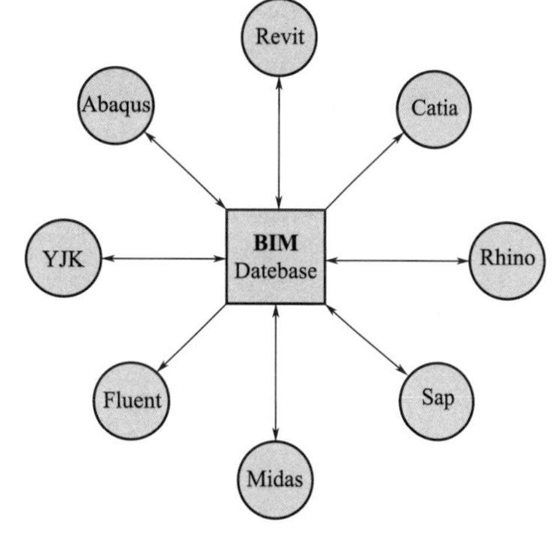

图 10.1-2　通过共同 BIM 数据库进行信息交互

场数值模拟的 CFD 模型等；态数据库可导出钢结构杆件、节点优化和校核信息、混凝土构件配筋校核信息。与传统项目不同的是，在 FAST 项目的 BIM 数据库中还加入了地形数据。

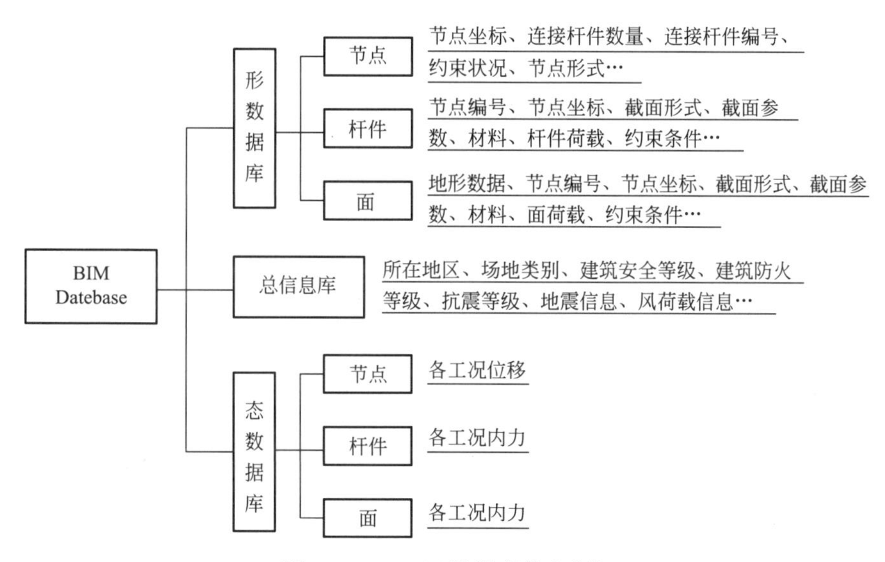

图 10.1-3　BIM 数据库信息框架

本项目选用 C♯语言实现数据库信息的输入和输出，选用 SQLite 作为数据库管理系统。SQLite 是一个可嵌入、零配置、功能齐全的轻型数据库，拥有管理简单、操作简单、使用简单、维护简单等优点[6]。如图 10.1-4 所示为索网节点信息数据库，包含节点编号、所连接的下拉索编号、主索编号、钢索对应的另一端节点编号、坐标、轴承规格和定位、连接的 6 根拉索的编号、索的截面和定位、轴承定位、尺寸规格等等，包含了索结构模型全部信息，为随后的信息传递提供基础数据。

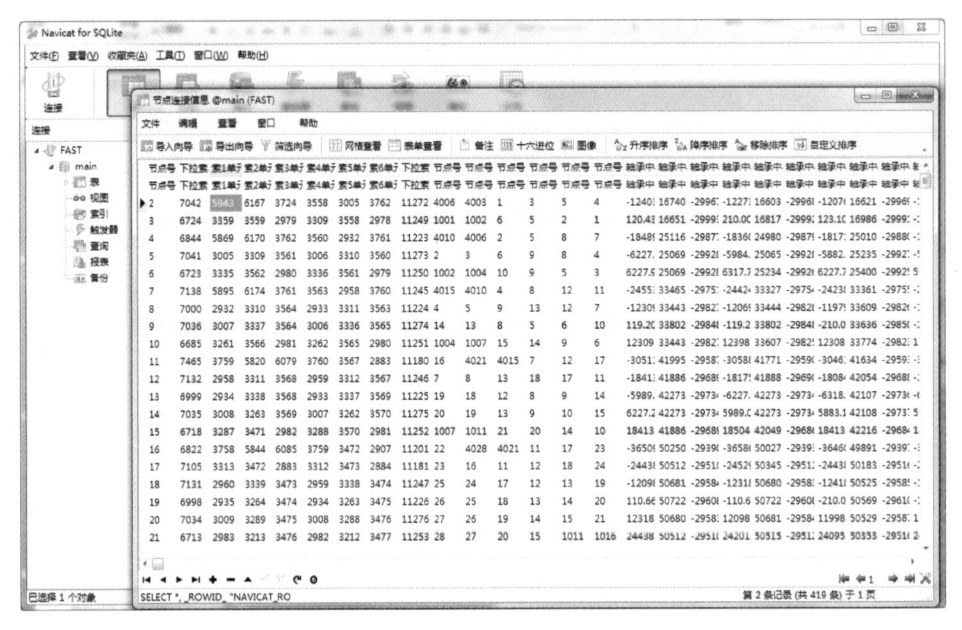

图 10.1-4　数据库节点数据

随着设计进程的推进，数据内容相应地不断完善，这些数据库与各软件间的信息交互通过开发的数据接口实现。在不同的设计阶段，数据信息在数据库中不断地添加和更新，各软件通过接口提取所需的数据用于分析。最后根据分析的结果，对 BIM 数据库相应模型进行创建和更新。

图 10.1-5 所示为 FAST 支承结构 BIM 流程，第一阶段，提取由结构计算和设计软件的相关数据结果，并存储到 SQLite 数据库；第二阶段，根据需要从数据库中提取相应的数据信息，在各 BIM 软件中针对各部分的模型分别进行建模，比如索网及其节点在 CATIA 中创建，圈梁和格构柱由 TEKLA 创建、促动器由 Inventor 创建等；第三阶段，将各 BIM 建模软件生成的各部分 BIM 模型，统一导入 Navisworks 中进行模型整合。

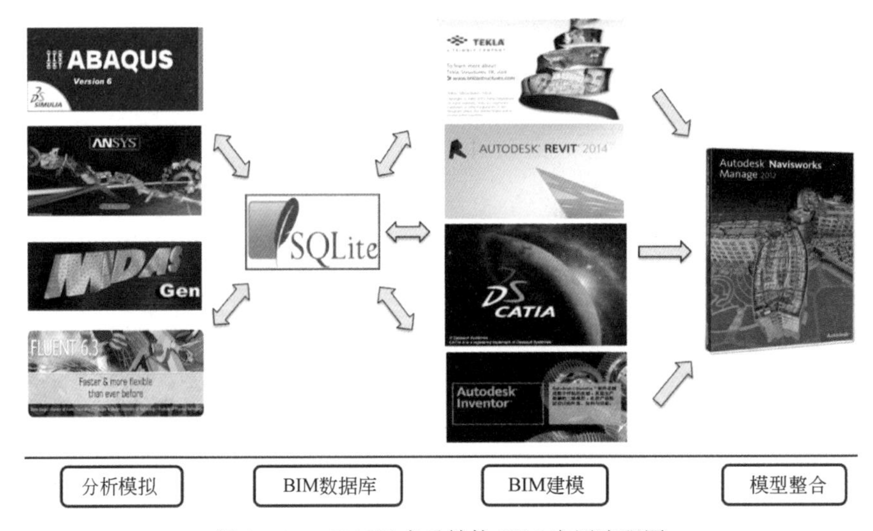

图 10.1-5　FAST 支承结构 BIM 应用流程图

10.2　主索网 BIM 模型

10.2.1　节点成型规则

主索网采用短程线型网格，按对称方式分为 5 个相同分区，三角形网格为基本单元，三角形边长在 10.5～12.5m 之间，如图 10.2-1 所示。主索网结构共有 6670 根主索、2225 个节点，每个节点对应一根下拉索。每个区域包含 445 个主索节点[7]。

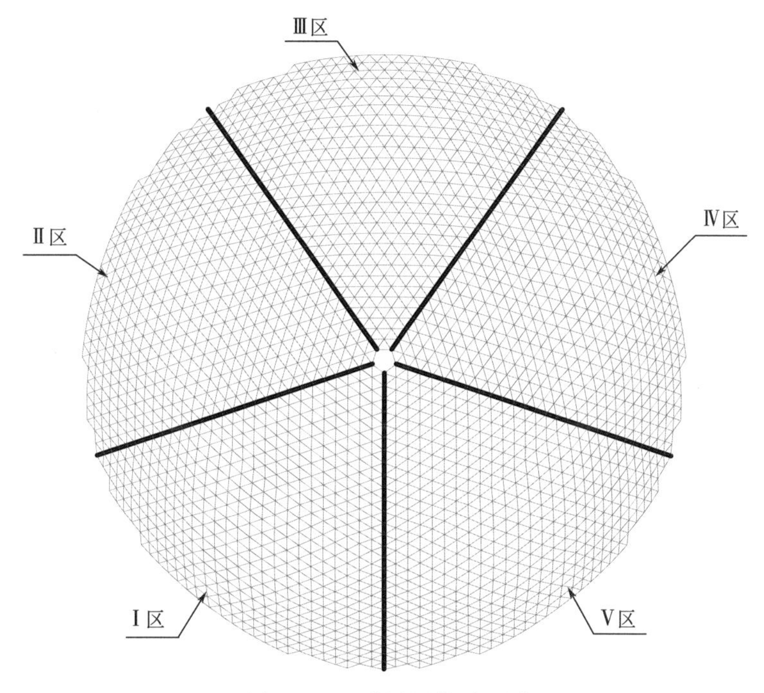

图 10.2-1　索网网格平面图

索网节点为索网结构的关键环节，起着连接各主索（图 10.2-2）、下拉索及反射面背架结构的重要作用。图 10.2-3～图 10.2-6 所示为连接 6 根主索 ZS_1～ZS_6、1 根下拉索 XLS 的节点盘示意图，用于说明典型节点盘的设计原则。索网节点理论中心位于半径为 300.4m 的球面上，下拉索轴线指向球心 O，主索通过向心关节轴承与圆形节点盘连接（图 10.2-3）。图中参数 N、N'、D、J_i、C_i、I_i、R_i、h_i 和 h 分别表示节点理论中心、节点盘中心点、节点盘外径、第 i 个钢索对应的向心关节轴承中心、第 i 个向心关节轴承中心到节点盘边缘的距离、第 i 个向心关节轴承中心在下拉索轴线的垂足、第 i 个向心关节轴承中心到下拉索轴线的垂直距离、N 到 I_i 之间的距离和 N 到 N'的距离。节点盘几何生成原则如下：

（1）向心关节轴承中心 J_i 位于主索轴线上，节点盘垂直于下拉索轴线。

（2）节点盘外径 D 为满足 FAST 运行时 6 根主索不发生干涉，由节点盘所连 6 根主索间的夹角和主索的规格确定。经过统计各节点及主索的相互关系，并且为了便于加工，最终将节点盘按照外径 D 和最大厚度归并为 5 种类型，见表 10.2-1。

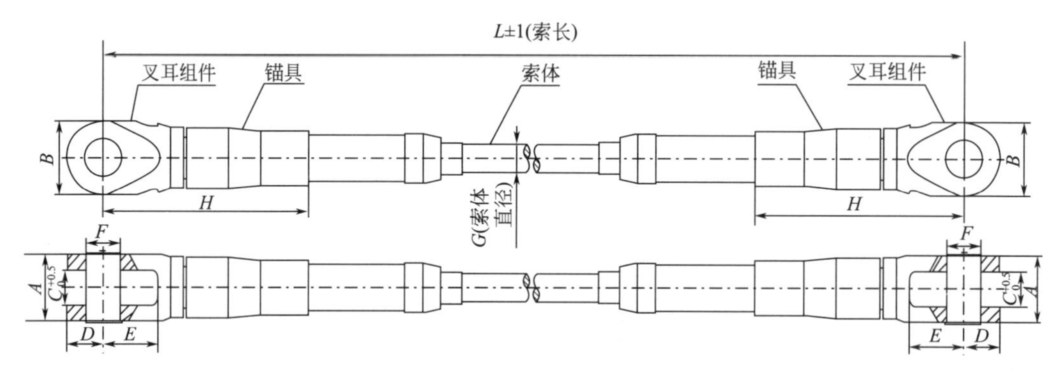

图 10.2-2　主索大样图

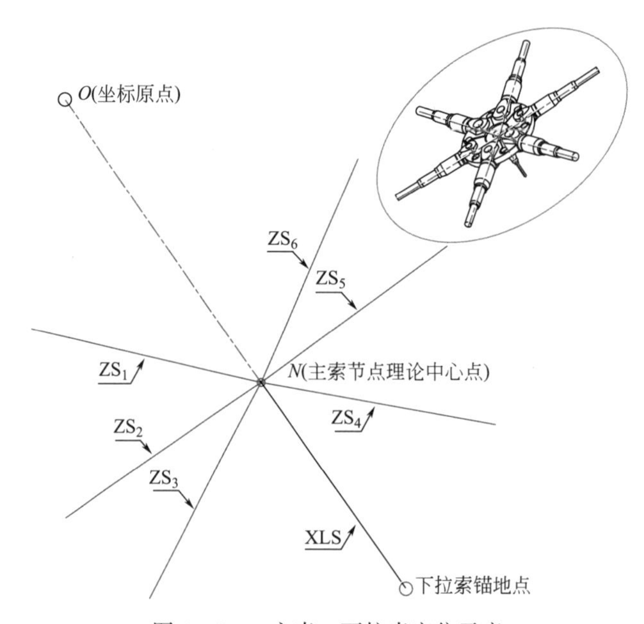

图 10.2-3　主索、下拉索定位示意

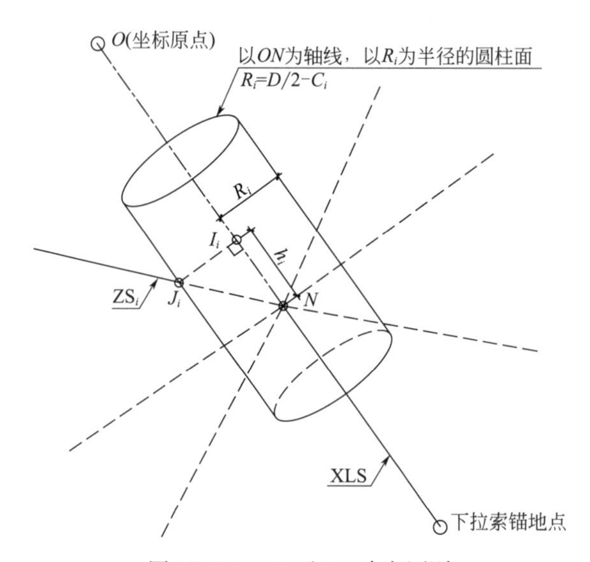

图 10.2-4　J_i 和 h_i 确定原则

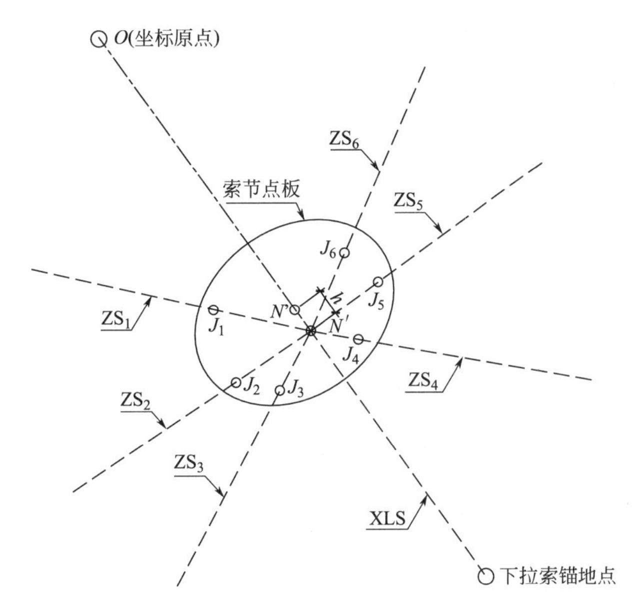

图 10.2-5　索节点盘中心 N'定位示意图

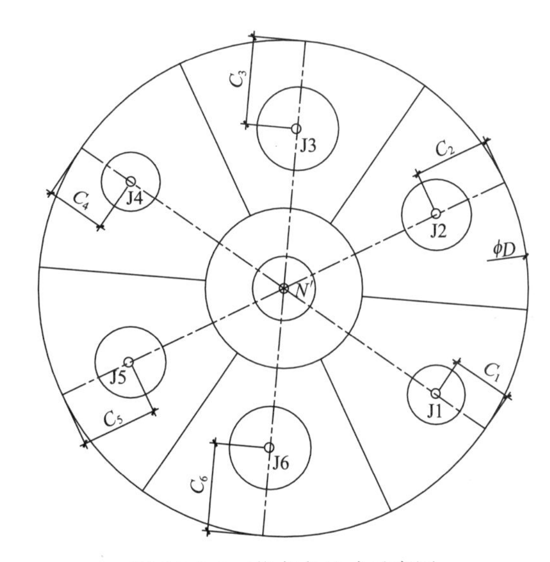

图 10.2-6　节点盘尺寸示意图

节点盘类型及对应参数　　**表 10.2-1**

节点板类型	对应的最大规格主索	最大厚度 T(mm)	直径 D(mm)	数量 n(个)
SJD-0	S4J	50	620	5
SJD-1	S5J	55	620	485
SJD-2	S6J	60	670	1010
SJD-3	S7J	65	690	505
SJD-4	S9J	70	740	220

(3) 各轴承孔中心 J_i 到板边缘距离 C_i 由各主索锚具的插耳深度确定，对应关系如表 10.2-2。

(4) 各轴承孔中心 J_i 到下拉索轴线的距离 R_i 由节点盘外径 D 与 C_i 确定，即 $R_i=\frac{D}{2}-C_i$，见图 10.2-4。

(5) 由于索网节点位于 300.4m 半径的球面上，且各主索 C_i 值也不相同，因此各主索轴承孔中心点 J_i 到下拉索轴线的投影垂足 I_i 不交于一点，相应的 h_i 也不相同。节点盘中心 N 到 N' 的距离 h 取 $(h_1+h_2+h_3+h_4+h_5+h_6)/6$。

(6) 按照各主索轴线间的角平分线作为分割线，将节点盘分成 6 个区域，每个区域的板厚依据主索规格选取，对应关系见表 10.2-2。各主索对应的连接轴承尺寸见表 10.2-3。

主索规格与节点板参数 t、c 对照表 **表 10.2-2**

拉索规格	厚度 t(mm)	C(mm)
S2、S2J	46	85
S3、S3J	46	85
S4、S4J	50	95
S5、S5J	55	110
S6、S6J	60	115
S7、S7J	65	125
S8、S8J	70	140
S9、S9J	70	140

主索规格与关节轴承参数对照表 **表 10.2-3**

拉索规格	D(mm)	B(mm)	C(mm)	ϕ_{dk}(mm)	向心关键轴承示意图
S2、S2J	90	44	36	80	D d C B ϕ_{dk} 轴承外圈 轴承内圈 d 与钢索销轴尺寸配合
S3、S3J	90	44	36	80	
S4、S4J	105	49	40	92	
S5、S5J	120	55	45	105	
S6、S6J	130	60	50	115	
S7、S7J	150	70	55	130	
S8、S8J	160	70	55	140	
S9、S9J	160	70	55	140	

除了索网中心以及部分边缘节点连接 5 根或 4 根主索外，其他节点均连接 6 根主索。5 索及 4 索的节点连接形式同 6 索。

10.2.2 节点参数化生成

CATIA 是法国 Dassualt 公司的 CAD/CAE/CAM 一体化软件，广泛应用于机械制造、电子、电器、消费品等行业。CATIA 提供了非常强大的参数化建模能力和复杂造型功能，能够进行复杂工程的参数化设计，支持创建大型复杂项目。CATIA 提供了宏、VBA、

CAA 等多种形式的二次开发方式，可以满足工程师个性化需求[8]。因此，主索节点的三维建模采用 CATIA 软件。

FAST 索网分为五个对称的分区。每个节点所连接钢索相对位置、型号各不相同，造成节点盘的外径尺寸、轴承孔尺寸及相对位置、厚度等一系列参数不同，因此需要对五分之一分区中的 445 个节点盘分别进行设计。由于各节点具有统一的成型规则，可以利用 CATIA 软件，对节点盘进行参数化设计，通过不同的参数驱动生成各节点模型。

以图 10.2-7 的编号 73 的节点盘为例，对所需的各配件分别建立模型并装配，装配和分解如图 10.2-8、图 10.2-9 所示。

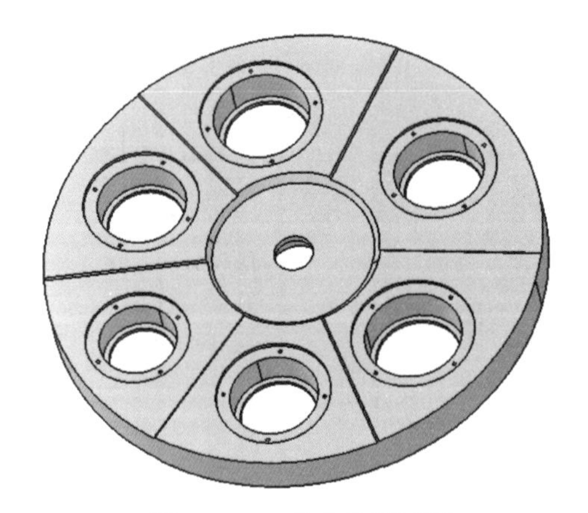

图 10.2-7　节点盘轴测图

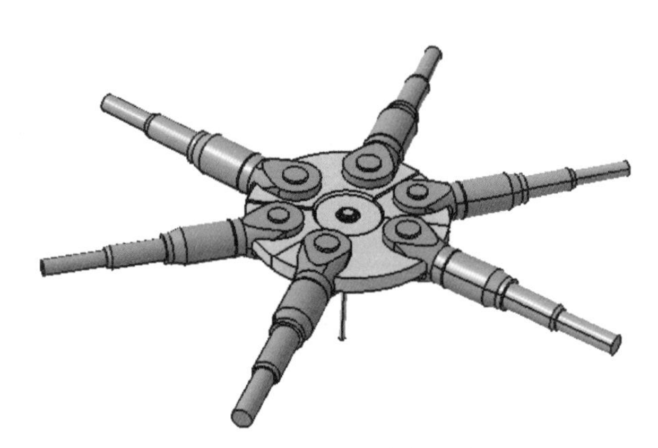

图 10.2-8　节点盘装配图

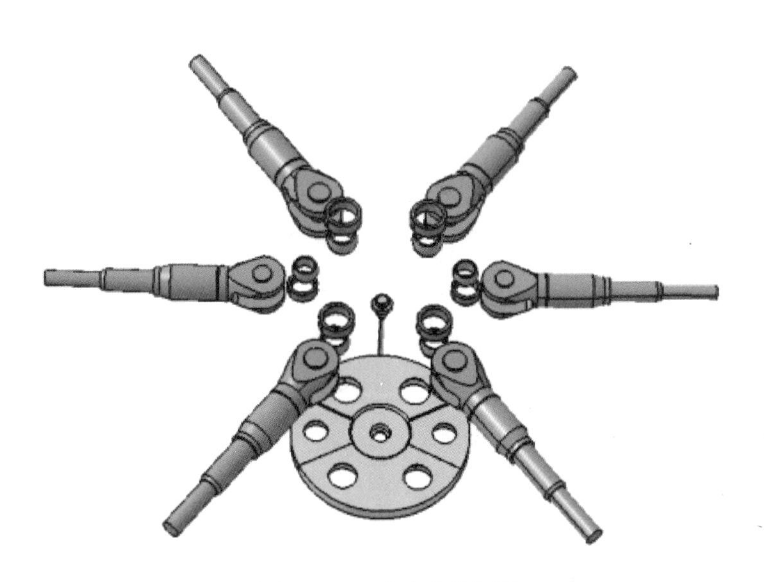

图 10.2-9　节点盘分解图

参数化的过程即为将模型的相关参数与数据文件关联的过程，这里的参数可以是字符串、整数、长度、体积等。对节点装配模型中与定位和尺寸有关的参数提取出来，并将这些参数与 BIM 数据库中的相关数据进行关联，此时模型中的相关参数与数据是实时关联的。调整相应的参数，可以实时驱动生成不同的模型。如图 10.2-10 所示，每一行数据对应了每个不同模型的参数。为了实现模型的快速参数化建模，本项目采用了二次开发的方式来实现。通过CATIA进行二次开发，编写宏代码，将模型分别与各行参数关联并保存，实现各模型的自动化创建。

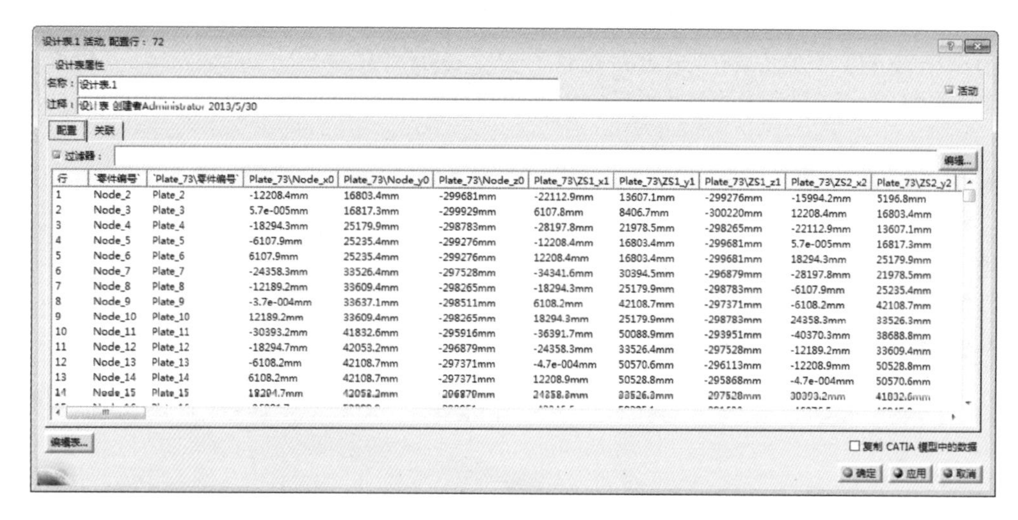

行	\`零件编号\`	\`Plate_73\零件编号\`	Plate_73\Node_x0	Plate_73\Node_y0	Plate_73\Node_z0	Plate_73\ZS1_x1	Plate_73\ZS1_y1	Plate_73\ZS1_z1	Plate_73\ZS2_x2	Plate_73\ZS2_y2
1	Node_2	Plate_2	-12208.4mm	16803.4mm	-299681mm	-22112.9mm	13607.1mm	-299276mm	-15994.2mm	5196.8mm
2	Node_3	Plate_3	5.7e-005mm	16817.3mm	-299929mm	6107.8mm	8406.7mm	-300220mm	12208.4mm	16803.4mm
3	Node_4	Plate_4	-18294.3mm	25179.9mm	-298783mm	-28197.8mm	21978.5mm	-298265mm	-22112.9mm	13607.1mm
4	Node_5	Plate_5	-6107.9mm	25235.4mm	-299276mm	-12208.4mm	16803.4mm	-299681mm	5.7e-005mm	16817.3mm
5	Node_6	Plate_6	6107.9mm	25235.4mm	-299276mm	12208.4mm	16803.4mm	-299681mm	18294.3mm	25179.9mm
6	Node_7	Plate_7	-24358.3mm	33526.4mm	-297528mm	-34341.6mm	30394.5mm	-296879mm	-28197.8mm	21978.5mm
7	Node_8	Plate_8	-12189.2mm	33609.4mm	-298265mm	-18294.3mm	25179.9mm	-298783mm	-6107.9mm	25235.4mm
8	Node_9	Plate_9	-3.7e-004mm	33637.1mm	-298511mm	6108.2mm	42108.7mm	-297371mm	-6108.2mm	42108.7mm
9	Node_10	Plate_10	12189.2mm	33609.4mm	-298265mm	18294.3mm	25179.9mm	-298783mm	24358.3mm	33526.3mm
10	Node_11	Plate_11	-30393.2mm	41832.6mm	-295916mm	-36391.7mm	50088.9mm	-293951mm	-40370.3mm	38688.8mm
11	Node_12	Plate_12	-18294.7mm	42053.2mm	-296879mm	-24358.3mm	33526.4mm	-297528mm	-12189.2mm	33609.4mm
12	Node_13	Plate_13	-6108.2mm	42108.7mm	-297371mm	-4.7e-004mm	50570.6mm	-296113mm	-12208.9mm	50528.8mm
13	Node_14	Plate_14	6108.2mm	42108.7mm	-297371mm	12208.9mm	50528.8mm	-295868mm	-4.7e-004mm	50570.6mm
14	Node_15	Plate_15	18294.7mm	42053.2mm	296879mm	24358.3mm	33526.3mm	297528mm	30393.2mm	41832.6mm

图 10.2-10　主索节点参数表

10.2.3　节点优化

在满足节点承载力和避免节点区钢索干涉的情况下，为减轻节点连接板重量、节约工程造价，对节点盘尺寸进行优化。按照初步方案创建各个节点模型后发现，部分节点存在轴承盖板凹槽与厚度区域分界线干涉的现象，如图10.2-11所示。这主要是由于厚度分界线是按主索轴线的夹角平分线定位导致的。由于各主索型号不同，其连接的轴承大小也不相同，就导致轴承大的轴承凹槽边界离分界线近、轴承小的离分界线远的情况。因此，为避免干涉现象，将分界线改为两轴承孔间的中线，使两侧的距离相同，如图10.2-12所示。

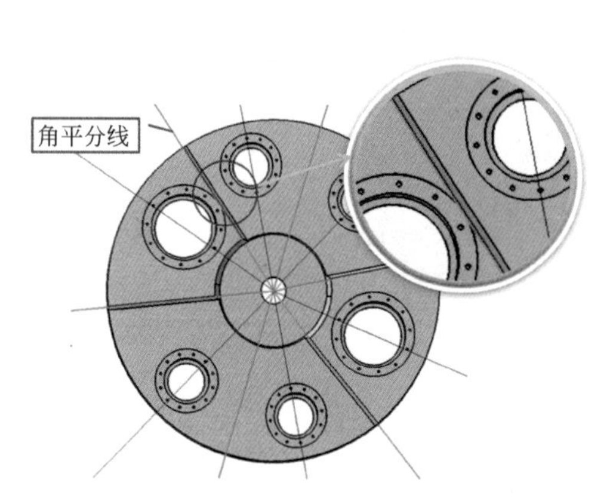

图 10.2-11　细部尺寸不合理

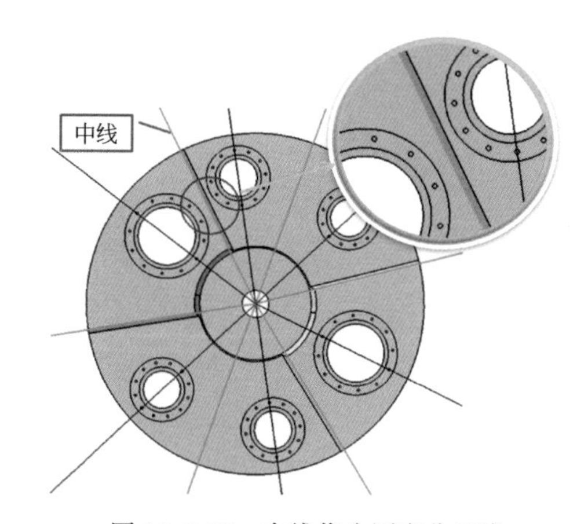

图 10.2-12　中线作为厚度分界线

在保证各元素合理间距的情况下，按照图10.2-13确定的节点盘优化原则如下：

(1) 节点盘各厚度区域边界由角平分线更改为中线，保持各轴承中心点到板外边缘距离不变。

(2) 限制条件：1) 各索最小间距 D_1 大于 20mm；2) 轴承凹槽外边缘到界线距离 D_2 大于 5mm；3) 轴承凹槽外边缘到内圈倒角外边缘距离 D_3 大于 10mm。

(3) 当同时满足上述 3 个条件时，按步长 10mm 对板外径 D 进行缩小；将最后一次同时满足所有 3 个条件时板的外径 D 作为最优解。

优化过程采用运行宏命令的方式实现，优化流程如图 10.2-14 所示，首先初步设定节点盘直径和细部尺寸，对节点盘外径、各轴承孔到板中心的距离在原值基础上减小 10mm，同时其他参数保持不变；更新参数及三维模型，自动测量各索间距、轴承凹槽边缘到厚度边界线距离、轴承凹槽外边缘到内圈倒角外边缘距离；若上述的测量结果满足 3 个限制条件，则再次循环，直至至少 1 个限制条件不满足为止。将满足所有 3 个限制条件的板外径最小值作为最终的优化结果。

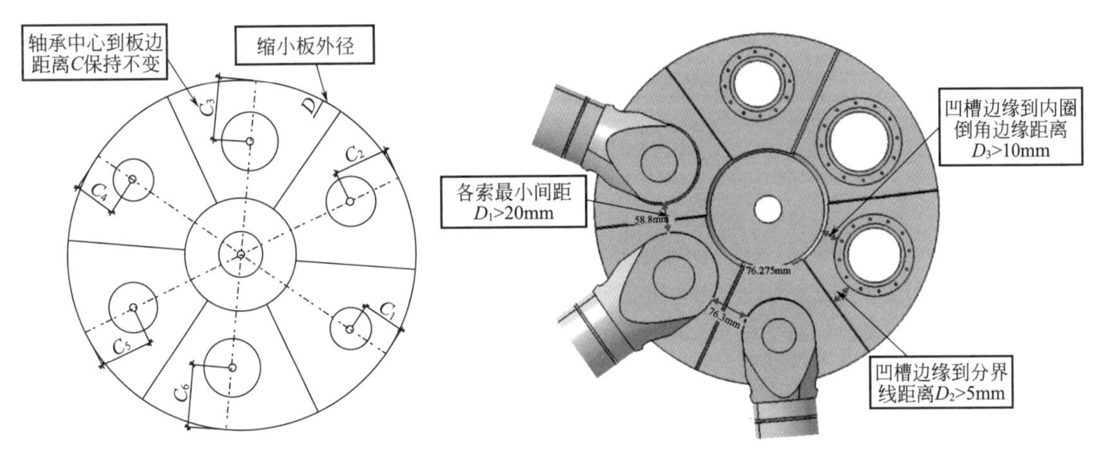

图 10.2-13 节点盘优化原则

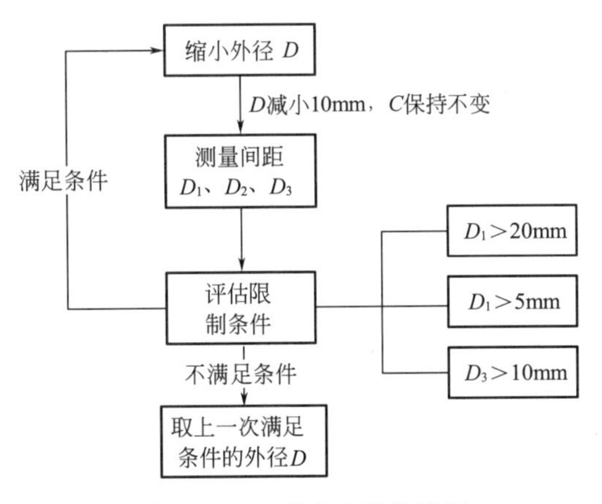

图 10.2-14 节点盘优化流程

图 10.2-15 所示为某节点盘优化前后对比，其外径由 620mm 缩小到 580mm。表 10.2-4 为优化后节点盘类型，节点盘由 5 种外径优化为 19 种外径。虽然节点盘的种类

有所增加，但是所有节点连接板总重由 258.2t 减少为 215.6t，减少重量约 42.6t，总共节约造价人民币 120 余万元。

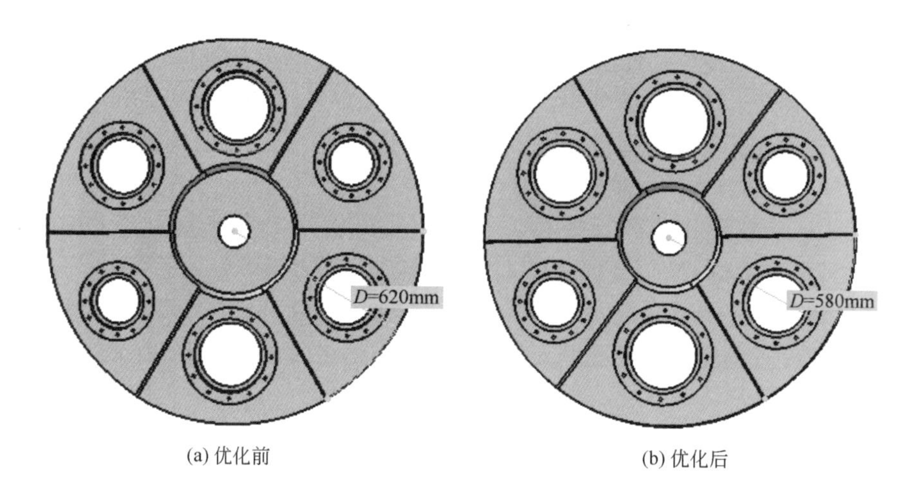

(a) 优化前　　(b) 优化后

图 10.2-15　优化前后某节点盘对比

优化前后节点板直径对照表　　**表 10.2-4**

节点板类型	对应最大规格主索	最大厚度 T(mm)	优化前直径 D(mm)	优化后直径 D(mm)	数量(个)	总计(个)
SJD-0	S4J	50	620	520	5	5
SJD-1	S5J	55	620	570	95	485
				580	290	
				590	70	
				600	10	
				610	20	
SJD-2	S6J	60	670	590	105	1010
				600	485	
				610	140	
				620	75	
				630	70	
				640	130	
				670	5	
SJD-3	S7J	65	690	630	130	505
				640	350	
				650	20	
				660	5	
SJD-4	S9J	70	740	680	175	220
				690	45	

10.2.4 索网 BIM 模型

所有的节点模型创建完毕后，接下来是拉索模型的创建。为便于批量创建，本项目拉索主体部分采用 Digital Project 软件建模，通过导入编写的 SDNF 文件方式完成。

SDNF（Structural steel Detailing Neutral Format）是 20 世纪 90 年代中期由美国的 Intergraph 公司为建筑钢结构设计而开发的一种交换格式。从实现方式层面上看，SDNF 是基于文件的数据交换格式，有点类似 DXF 格式，是由一个个的属性描述段（packets）组成[9]。SDNF3.0 包含了 6 段（Packet）数据来描述钢结构，包括直杆、连接板、对孔洞、对杆件荷载、连接节点、格栅板、弧梁，具体描述分类如下：

Packet 00-Title Packet

Packet 10-Linear Member Packet（直杆）

Packet 20-Plate Element Packet Version 3.0

Packet 22-Hole Element Packet Version 3.0

Packet 30-Member Loads Packet Version 3.0

Packet 40-Connection Details Packet Version 3.0

Packet 50-Grid Packet Version 3.0

Packet 60-Arc Member Packet Version 3.0

索体模型采用上述的 Packet 10 直杆的数据格式创建。从数据库中提取相应的索规格和位形数据，编写程序转换成 SDNF 数据文件。然后将 SDNF 文件导入 Digital Project 中生成索体构件模型，随后与节点盘进行装配，最终生成的索网系统整体模型[10]，如图 10.2-16、图 10.2-17 所示。

图 10.2-16 索网系统模型局部

在完成精确的三维 BIM 模型情况下，可以方便地导出工程量结果，可以用于检查模型、统计工程量、结构分析。如统计的索节点真实重量信息，可以作为调整索网的预应力状态的依据。

图 10.2-17　索网系统模型

10.2.5　可视化 BIM 模型

可视化作为 BIM 的基础功能，将大量的工程实物信息以三维的形式展示出来，使得工程参与人员能够提前发现和解决问题，为工程的设计、建造和运营提供了重要的帮助。图 10.2-18～图 10.2-21 所示为不同部位的可视化模型以及促动器、馈源塔、馈源仓、反射面板等系统的整合模型。

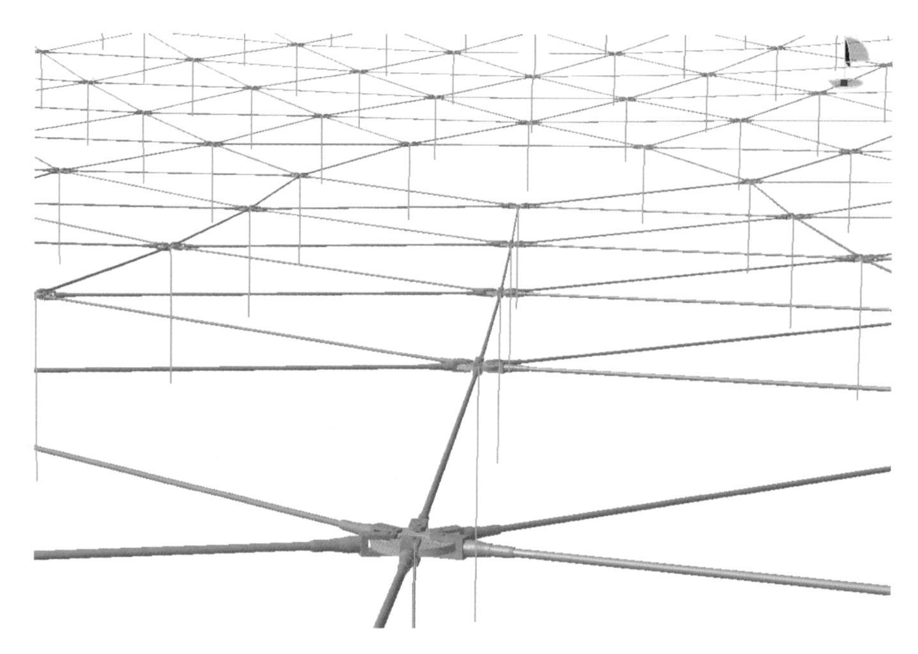

图 10.2-18　索网 BIM 模型

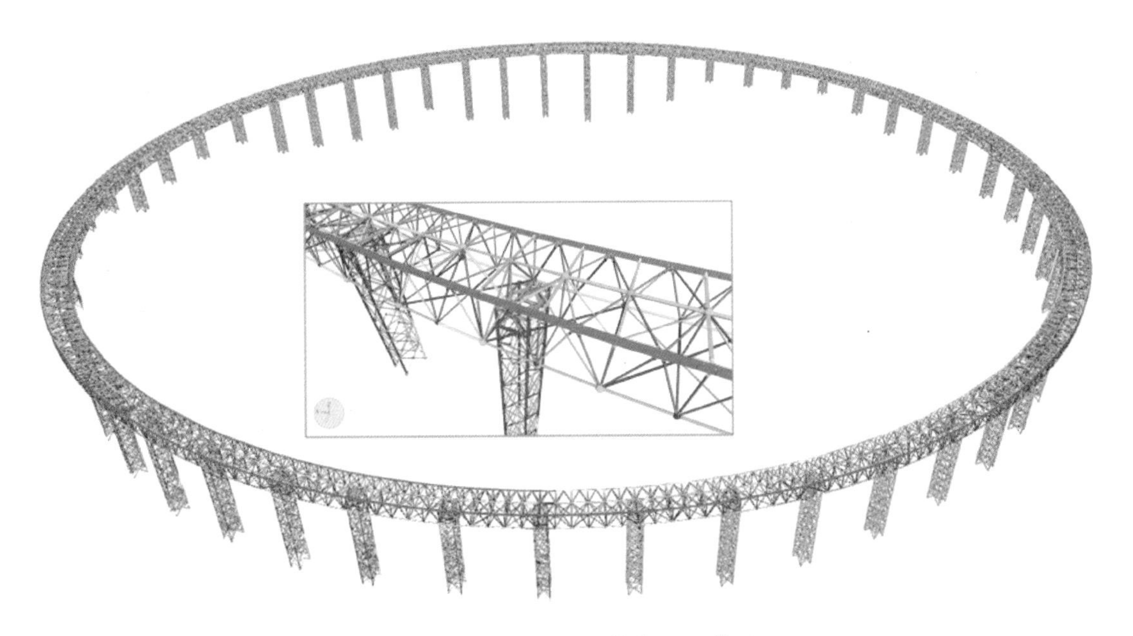

图 10.2-19　圈梁、格构柱 BIM 模型

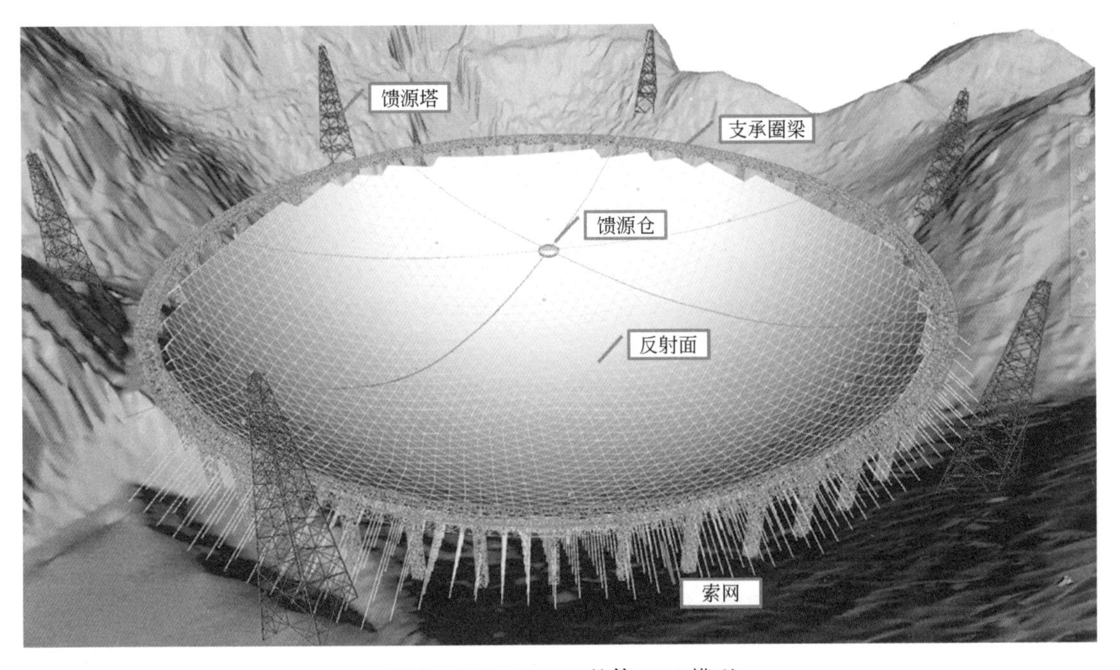

图 10.2-20　FAST 整体 BIM 模型

图 10.2-21　FAST 模型局部

10.3　BIM 为节点计算机辅助制造（CAM）提供支撑

计算机辅助制造（CAM，Computer Aided Manufacturing）定义为利用计算机辅助完成从生产准备到产品制造整个过程的活动，即通过直接或间接地把计算机与制造过程和生产设备相联系，用计算机系统进行制造过程的计划、管理以及对生产设备的控制与操作的运行，处理产品制造过程中所需的数据，控制和处理物料（毛坯和零件等）的流动，对产品进行测试和检验等[11]。

BIM 模型包含了丰富的节点材料、几何、尺寸、构造信息，为节点 CAM 提供了基础，通过以下过程，为 CAM 提供支撑：

（1）根据制造企业提供的制造工艺，在 BIM 模型中添加加工工艺、精度控制标准，生成加工模型和图纸（图 10.3-1）。

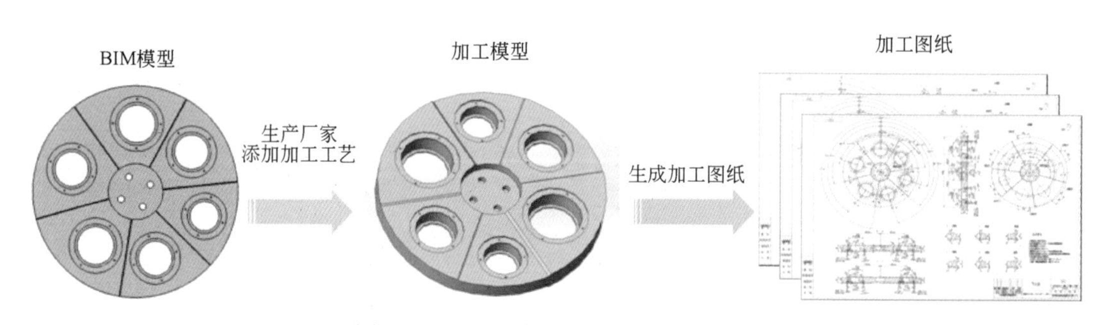

图 10.3-1　BIM 模型到加工模型和图纸

（2）校核检查节点盘的模型和图纸，数百种节点，每种节点板的数十个尺寸达到

0.1mm的精度，人工校核工作量大、容易出错，为此编写脚本生成BIM加工模型的校核程序，对节点装配的尺寸、连接等信息进行了自动校核，形成信息闭环（图10.3-2）。

（3）对校核无误的BIM加工模型，编写程序生成数控机床的代码程序，将代码输入数控机床，对钢坯进行加工，完成节点盘的制作（图10.3-3）。

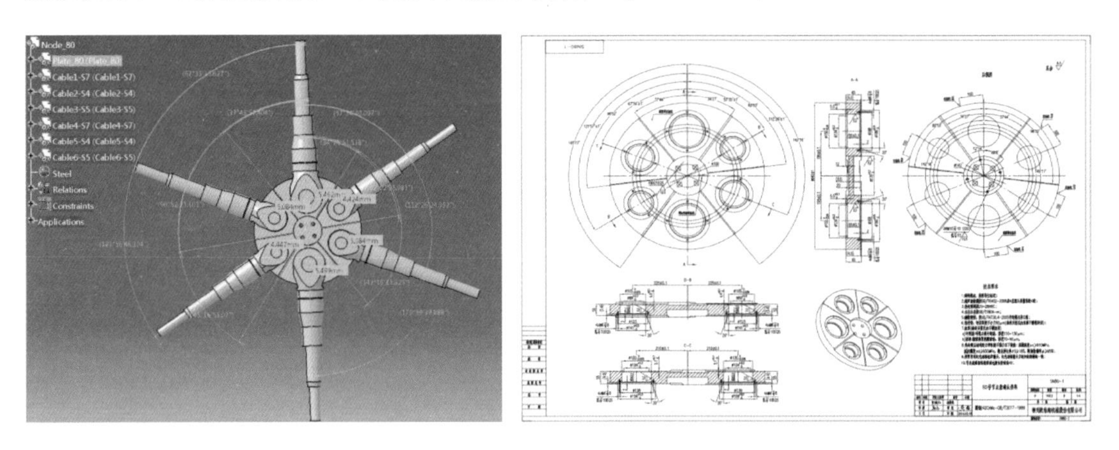

图10.3-2　节点加工模型和图纸校核

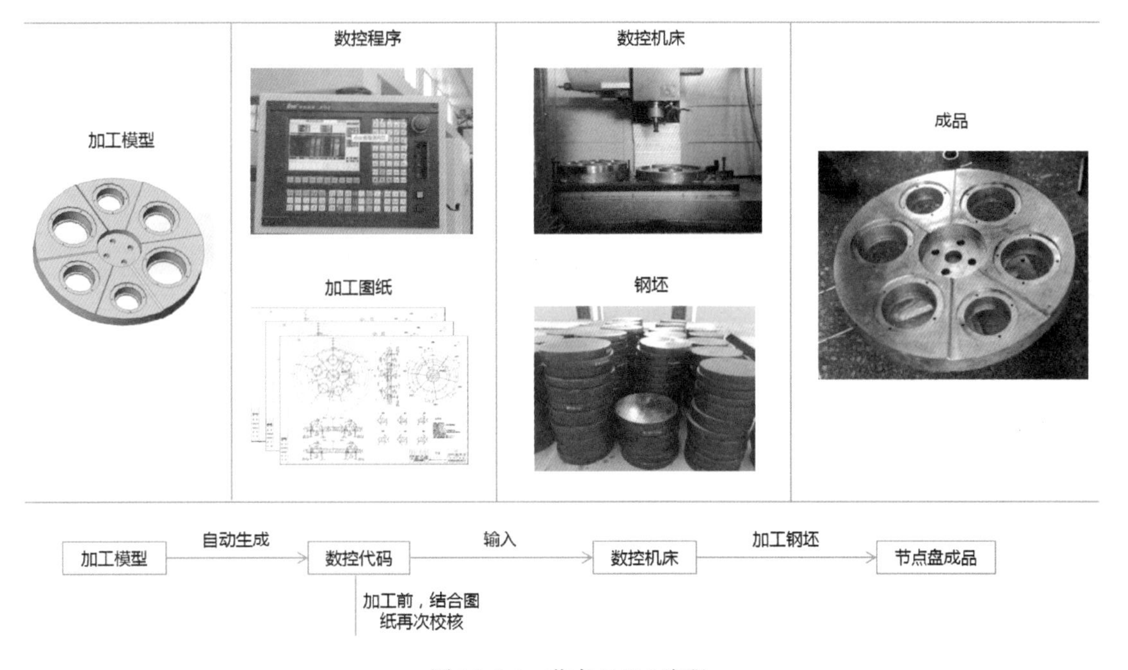

图10.3-3　节点CAM流程

参考文献

[1] 赵红红.信息化建筑设计——Autodesk Revit［M］.北京：中国建筑工业出版社，2005.16-16.

[2] 建筑信息模型（BIM）的概念.http：//www.chinabim.com/school/whatisbim/2009-04-16/108.html.

[3] Eastman，C，Teicholz，P，Saeks，R andListon，K.BIM Handbook：A Guide to Building Informa-

tion Modeling for Owners, Managers, Designers, Engineersand Contraetors. Published: Mareh31, 2008, Publisher: JohnWiley&Sons Inc.

[4] 何关培. 实现 BIM 价值的三大支柱-IFC/IDM/IFD [J]. 土木建筑工程信息技术, 2011, 03 (1): 108-116.

[5] 李华峰, 崔建华, 甘明, 张胜. BIM 技术在绍兴体育场开合结构设计中的应用 [J]. 建筑结构, 2013, 43 (17): 144-148.

[6] 史震宇. 基于嵌入式数据库 SQLite 的交通信息采集单元 [D]. 天津大学, 2007.

[7] 崔建华. 钢结构节点的 BIM 技术研究与应用 [D]. 北京建筑大学, 2013.

[8] 胡挺, 吴立军. CATIA 二次开发技术基础 [M]. 北京: 电子工业出版社, 2006.

[9] 魏亮, 郭艳军. 钢结构软件数据交换格式 SDNF 简介 [J]. 工业建筑, 2009, 39 (S1): 654-658.

[10] 崔建华, 朱忠义, 甘明, 李华峰, 张琳. FAST 工程索网节点优化设计 [C] //第十五届空间结构学术会议论文集, 上海: 2014.

[11] 肖辉进. 机械 CAD/CAM [M]. 成都: 电子科技大学出版社, 2007.